Springer-Lehrbuch

Springer

*Berlin
Heidelberg
New York
Barcelona
Budapest
Hongkong
London
Mailand
Paris
Singapur
Tokio*

Siegfried Matthes

MINERALOGIE

Eine Einführung in die
spezielle Mineralogie, Petrologie
und Lagerstättenkunde

Sechste, völlig überarbeitete und erweiterte Auflage

Mit 185 Abbildungen, 2 Tafeln
und 42 Tabellen

Springer

Professor Dr. Siegfried Matthes †
Professor Dr. Martin Okrusch
Institut für Mineralogie
Universität Würzburg
Am Hubland
97074 Würzburg

ISBN 3-540-67423-3 6. Auflage Springer-Verlag Berlin Heidelberg New York

ISBN 3-540-61046-4 5. Auflage Springer-Verlag Berlin Heidelberg New York

Die Deutsche Bibliothek – CIP-Einheitsaufnahme
Matthes, Siegfried:
Mineralogie : eine Einführung in die spezielle Mineralogie, Petrologie
und Lagerstättenkunde / Siegfried Matthes. Unter Mitarb. von Martin
Okrusch. – 6. Aufl. – Berlin ; Heidelberg ; New York ; Barcelona ;
Hongkong ; London ; Mailand ; Paris ; Singapur ; Tokyo : Springer,
2001
  ISBN 3-540-67423-3

Dieses Werk ist urheberrechtlich geschützt. Die dadurch begründeten Rechte, insbesondere die der Übersetzung, des Nachdruckes, des Vortrags, der Entnahme von Abbildungen und Tabellen, der Funksendung, der Mikroverfilmung oder der Vervielfältigung auf anderen Wegen und der Speicherung in Datenverarbeitungsanlagen, bleiben, auch bei nur auszugsweiser Verwertung, vorbehalten. Eine Vervielfältigung dieses Werkes oder von Teilen dieses Werkes ist auch im Einzelfall nur in den Grenzen der gesetzlichen Bestimmungen des Urheberrechtsgesetzes der Bundesrepublik Deutschland vom 9. September 1965 in der jeweils geltenden Fassung zulässig. Sie ist grundsätzlich vergütungspflichtig. Zuwiderhandlungen unterliegen den Strafbestimmungen des Urheberrechtsgesetzes.

Springer-Verlag Berlin Heidelberg New York
ein Unternehmen der BertelsmannSpringer Science+Business Media GmbH

© Springer-Verlag Berlin Heidelberg 1983, 1987, 1990, 1993, 1996, 2001
Printed in Germany

Die Wiedergabe von Gebrauchsnamen, Handelsnamen, Warenbezeichnungen usw. in diesem Werk berechtigt auch ohne besondere Kennzeichnung nicht zu der Annahme, daß solche Namen im Sinne der Warenzeichen- und Markenschutz-Gesetzgebung als frei zu betrachten wären und daher von jedermann benutzt werden dürften.

Einbandgestaltung: Design & Production, Heidelberg
Satz: Appl, Wemding

Gedruckt auf säurefreiem Papier – SPIN 10734952   32/3130as-5 4 3 2 1 0

Vorwort zur 6. Auflage

Siegfried Matthes war es nicht vergönnt, das Erscheinen der 6. Auflage seines erfolgreichen Mineralogie-Lehrbuches zu erleben: Am 2. Mai 1999 starb er nach kurzer schwerer Krankheit im 86. Lebensjahr. Bis zuletzt hat er sich mit seinem Lehrbuch auseinandergesetzt, hat um die Aktualisierung des Inhalts und um die bestmögliche didaktische Darstellung gerungen. Fast bis zu seinem Tode arbeitete er an der neuen Auflage, die zur Gänze seine Handschrift trägt.

Vollständig neu gestaltet hat Matthes das Kapitel über die Granitgenese und ihre experimentellen Grundlagen, in das wichtige neue Ergebnisse der experimentellen Petrologie eingearbeitet wurden. Im gesamten Buch werden jetzt konsequent die internationalen Mineralnamen anstelle der traditionellen deutschen Bezeichnungen verwendet.

Mir blieb die Aufgabe, nochmals die Konsistenz der Textänderungen zu überprüfen sowie formale Korrekturen und Verbesserungen vorzunehmen. Das geschah in enger Abstimmung mit Frau Heike Matthes, die ihrem Vater bei der Gestaltung der 6. Auflage zur Seite stand, und mit Herrn Dr. Wolfgang Engel vom Springer-Verlag. Herrn Professor Dr. Wolfgang Schubert danke ich für wervolle Anregungen, Herrn Klaus-Peter Kelber für die Reinzeichnung der neuen und die Korrektur einiger alter Abbildungen. Besonderer Dank gebührt wiederum einer Reihe von Fachkollegen, die durch ihre konstruktive Kritik zur Verbesserung von Textpassagen beigetragen haben.

Wir übergeben die 6. Auflage des „Matthes" in der Hoffnung, daß das Buch neue Freunde unter den Studierenden der Mineralogie, Geologie und anderer Geowissenschaften, aber auch unter interessierten Mineraliensammlern finden möge. In einer Zeit, in der sich die geowissenschaftlichen Studiengänge an den deutschen Universitäten im Umbruch befinden, kann das hier vorgelegte Werk sicher dazu beitragen, daß die Mineralogie wie bisher als eigenständige Stimme im Gesamtkonzertkonzert der Geowissenschaften zu hören ist.

Würzburg, im März 2000   Martin Okrusch

Vorwort zur 5. Auflage

Das Buch hat einen neuen Umschlag bekommen. Der Initiative von Herrn Dr. Wolfgang Engel und seinem Team vom Springer-Verlag ist zu danken, daß auch die Anordnung des Textes ein neues, ansprechenderes Layout erfahren hat, mit dem Ziel, die Annahme des Buches als Lernhilfe noch weiter zu verbessern. In diesem Zusammenhang war es möglich, elf der bisher als Strichzeichnungen gebrachten Dünnschliffbilder von Gesteinen durch Farbbilder mit größerer Aussagekraft auszutauschen.

Inhaltlich wurde der Text der neuen Auflage überarbeitet und an zahlreichen Stellen aktualisiert oder ergänzt. Wo immer möglich, wurden dabei Anregungen und Kritik von Benutzern oder Rezensenten berücksichtigt. Auch diesen ungenannten Helfern ist zu danken.

Im Teil I, *Spezielle Mineralogie,* wurden einige Minerale hinzugefügt: so unter Kap 3.5 die nichtmetallischen Sulfide Realgar und Auripigment, unter Kap. 8 in Ergänzung der Apatitgruppe die Minerale Vanadinit und Mimitesit, unter Kap. 9.2 das Sorosilikat Vesuvian. Außerdem ist der Text von Kap. 10 über die *Flüssigkeitseinschlüsse in Mineralen* von Herrn Priv.-Doz. Dr. Reiner Klemd erweitert und nach der genetischen Seite hin vertieft worden unter Hinzunahme des P-T-Diagramms (Abb. 83). Gleichzeitig wurde Abb. 82 c durch eine instruktivere Strichzeichnung ausgetauscht. Für diese Verbesserungen gebührt Herrn Klemd, Bremen, mein besonderer Dank.

Auch im Teil II, *Petrologie und Lagerstättenkunde,* Kap. 11, *Die magmatische Abfolge,* wurden an verschiedenen Stellen Ergänzungen und Aktualisierungen eingebracht, die hier im einzelnen nicht aufgeführt werden.

Bei der vorliegenden Neuauflage des Buches wurde mir vom hiesigen Institut vielseitige Hilfe zuteil. Hier gilt mein besonderer Dank wiederum meinen Kollegen, Herrn Prof. Martin Okrusch und Herrn Prof. Wolfgang Schubert. Herzlich danke ich auch Herrn Klaus-Peter Kelber für seine Mühe bei der Reinzeichnung der hinzugekommenen Abbildungen und v.a. für seine unentbehrliche Hilfe bei der Erstellung der Farbaufnahmen.

Würzburg, im Mai 1996   Siegfried Matthes

Vorwort zur 4. Auflage

Die Flut alljährlich hinzukommender neuer wissenschaftlicher Erkenntnisse kann nicht ohne Auswirkung auf den potentiellen Lehr- und Lernstoff in der Mineralogie sein. Der Autor ist aufrichtig darum bemüht, weittragende wissenschaftliche Ergebnisse in das tradierte Grundwissen dieses Lehrbuches einfließen zu lassen. Dabei soll in allen Fällen der einführende Charakter des Buches gewahrt bleiben. Zu spezielle und auf schwierigeren Voraussetzungen begründete Fakten sollten besser dem Aufbaustudium vorbehalten bleiben.

Der Text der vorliegenden Neuauflage ist erneut überarbeitet und an mehreren Stellen verändert worden. Wo immer möglich, wurden Anregungen und Kritik von Benutzern und Rezensenten berücksichtigt. Im Teil II: *Petrologie und Lagerstättenkunde* wurde eine stärkere Einbindung des tradierten Grundwissens in die moderne Globaltektonik angestrebt. So ist innerhalb des Kapitels A. *Die magmatische Abfolge* der Text durch hinzugekommene Abschnitte über die *Magmenbildung*, die *Globale Verbreitung der Basalte* und eine jetzt zunehmend gebräuchliche *Einteilung der Granite auf geochemischer Basis* erweitert worden. Innerhalb des Kapitels C. *Die Gesteinsmetamorphose* sind Abschnitte über *Hochdruck-Minerale als Geobarometer* und über die Anwendung der *Druck-Temperatur-Zeit-Pfade* hinzugekommen. Die neuen Texte sind durch 7 neue Abbildungen illustriert worden.

Wiederum habe ich mich auch bei dieser Neuauflage des Buches für die fördernde Hilfe aus dem hiesigen Mineralogischen Institut zu bedanken. Herr Prof. MARTIN OKRUSCH besorgte die kritische Durchsicht des erweiterten Manuskriptes. Herr Prof. WOLFGANG SCHUBERT gab wertvolle Ratschläge zur Stoffauswahl des Kapitels A. *Die magmatische Abfolge*. Herr Prof. ARMIN KIRFEL half bei der fallweise notwendigen Korrektur in der Verwendung der Begriffe Kristallstruktur/Kristallgitter im Teil I *Spezielle Mineralogie*. Herr KLAUS-PETER KELBER hat auch bei dieser Auflage die Umzeichnung der neu hinzugekommenen Abbildungen vorgenommen.

Prof. WERNER SCHREYER, Bochum, gab dankenswerterweise seine Zustimmung zur Übernahme der Figuren 2, 7 und 11 aus seiner einschlägigen Review-Arbeit (SCHREYER, 1988). Zur Abb. 143 stellte er das Original-Foto zur Verfügung.

Schließlich möchte ich dem Springer-Verlag, namentlich Herrn Dr. WOLFGANG ENGEL, für die jederzeit vertrauensvolle Zusammenarbeit wiederum sehr herzlich danken.

Würzburg, im Mai 1993   SIEGFRIED MATTHES

Vorwort zur 3. Auflage

Die 3. Auflage des Buches erscheint im Rahmen eines neuen Lehrbuchkonzeptes des Springer-Verlages. Hierzu wurde das Buch erneut kritisch durchgesehen. Wo immer möglich wurden Anregungen und Kritik von Benutzern und Rezensenten berücksichtigt. Im Hinblick auf die zunehmende Beachtung ist unter 10. ein Abschnitt über *Flüssigkeitseinschlüsse in Mineralen* am Ende von Teil I hinzugekommen. Einschlüsse von Mineralen liefern wichtige Informationen über Entstehungsvorgänge und Bildungsbedingungen von Mineralen, Gesteinen und Lagerstätten. Der Inhalt dieses Abschnittes wurde dem einführenden Charakter des Buches angepaßt. Für ein vertiefendes Studium der physikochemischen Grundlagen und der vielseitigen Untersuchungsmethoden sei auf das einschlägige Schrifttum im Literaturverzeichnis verwiesen.

Auch bei dieser Neuauflage wurde mir fördernde Hilfe aus dem hiesigen Institut zuteil. Dafür bin ich überaus dankbar. So verfaßte Herr Dr. REINER KLEMD den neu hinzugekommenen Abschnitt über *Flüssigkeitseinschlüsse in Mineralen*. Herr Prof. MARTIN OKRUSCH half bei der Durchsicht des Buches mit fundierten Anregungen.

Nicht zuletzt möchte ich dem Springer-Verlag für die gute Zusammenarbeit danken.

Würzburg, im Januar 1990 SIEGFRIED MATTHES

Vorwort zur 2. Auflage

Nach einem relativ kurzen Zeitraum ist eine Neuauflage des Buches notwendig geworden. Hierzu wurde das ganze Buch kritisch durchgesehen, Anregungen und Kritik von Benutzern und Rezensenten weitgehend berücksichtigt. Mängel wurden behoben, neue Erkenntnisse eingebracht. Darüberhinaus sind einige umfassendere Änderungen und Ergänzungen vorgenommen worden unter einer geringen Vermehrung der Zahl der Abbildungen im Text. Dadurch vergrößerte sich der Umfang des Buches um 27 Seiten.

So ist ein Abschnitt über *Magmatismus, erzbildende Prozesse und Plattentektonik* dem Teil III des Buches hinzugefügt worden, denn aus der modernen Globaltektonik sind grundlegende neue Erkenntnisse für die Entstehung von Magmen und die Bildung von Erzlagerstätten hervorgegangen. Magmatische Gesteine mit Schlüsselstellung, wie Karbonatite und Komatiit, wurden im Teil II, Abschnitt A *Die magmatische Abfolge*, aufgenommen. Die grundlegende Bedeutung der neuentdeckten Hochdruck-Paragenesen und ihre Ableitung aus Vorgängen der Plattentektonik wird bei der Besprechung der metamorphen Facies im Abschnitt C *Die Gesteinsmetamorphose* gewürdigt. Als eine wünschenswerte methodische Ergänzung des Abschnitts C wird nunmehr unter den graphischen Darstellungen metamorpher Mineralparagenesen neben den ACF- und A'KF-Diagrammen auch das AFM-Diagramm anhand von drei Abbildungen besprochen. Weiterhin ist der Abschnitt *Das hydrothermale Stadium* im Teil II, A *Die magmatische Abfolge* in wesentlichen Passagen abgeändert worden. Damit wurde die Gliederung nach dem klassischen Schema der „Formationen" aufgegeben. Die verbliebene Einteilung nach temperaturabhängigen Paragenesengruppen und geologischen Strukturtypen (Gänge, Imprägnationen, metasomatische Körper) ist nicht mehr ausschließlich magmatisch orientiert. Dabei wurde der genetische Zusammenhang mit dem magmatischen Geschehen, wenn vertretbar, gewahrt. Die Ausführung über den vulkano-sedimentären Lagerstättentyp erfuhr eine Vertiefung.

Auch bei der Neuauflage wurde mir aus dem hiesigen Institut vielseitige Hilfe zuteil. Herr Prof. MARTIN OKRUSCH besorgte die kritische Durchsicht der neuen Manuskriptteile. Seine Anregungen waren mir wiederum eine wertvolle Hilfe. Herr Prof. PETER RICHTER beriet mich bei der Neugestaltung des Abschnitts über die hydrothermalen Lagerstätten, Herr Prof. EKKEHART TILLMANNS bei mehreren kristallstrukturellen bzw. kristallchemischen Fragen. Herr KLAUS-PETER KELBER hat sich mit der Reinzeichnung der hinzugekommenen Abbildungen wiederum viel Mühe gemacht. Allen sei für die gewährte Hilfe herzlich gedankt!

Darüber hinaus gilt zahlreichen Fachgenossen mein aufrichtiger Dank, die mir nach Durchsicht der ersten Auflage des Buches mit ihren kritischen Anregungen geholfen oder mich durch ihre Zustimmung ermutigt haben.

Nicht zuletzt möchte ich dem Springer-Verlag für die auch bei der zweiten Auflage jederzeit gewährte vertrauensvolle Zusammenarbeit herzlich danken!

Würzburg, im Mai 1987   SIEGFRIED MATTHES

Vorwort zur 1. Auflage

Das vorliegende Buch ist eine Einführung in die Mineralogie, Petrologie und Lagerstättenkunde auf genetischer Grundlage. Es widmet sich dem *speziellen* Teil des Faches, wobei Grundkenntnisse aus dem allgemeinen Teil – der allgemeinen Mineralogie und der Kristallographie – vorausgesetzt werden. Darüber hinaus sind neben geologischen Kenntnissen Grundlagen der allgemeinen, anorganischen und physikalischen Chemie an vielen Stellen sehr nützlich.

Im einleitenden Teil werden wichtige Begriffe erläutert und definiert. Im Teil I folgte eine Auswahl der häufigsten Minerale in übersichtlicher Form und in Anlehnung an die Systematik von H. STRUNZ. Teil II ist der Petrologie und Lagerstättenkunde gewidmet. Er gliedert sich: *A* in die magmatische Abfolge mit Systematik und Genese der magmatischen Gesteine einschließlich der Mineral- und Lagerstättenbildung, die mit magmatischen Vorgängen im Zusammenhang steht, *B* in die sedimentäre Abfolge mit den Verwitterungsprodukten, Sedimenten und Sedimentgesteinen einschließlich der Mineral- und Lagerstättenbildung, *C* die Gesteinsmetamorphose einschließlich der Ultrametamorphose und der Metasomatose. Ein abschließender Teil III widmet sich dem Stoffbestand von Erde und Mond und in einem kurzen Abschnitt auch den Meteoriten. Den einschlägigen experimentellen Zustandsdiagrammen – Ein-, Zwei- und Drei-Komponentensystemen – wird der ihnen ihrer Bedeutung nach zukommende Raum gewährt. An allen möglichen Stellen finden sich Hinweise auf die technisch-wirtschaftliche Bedeutung der Minerale, Gesteine und Lagerstätten als Rohstoffe.

Das Buch ist aus Vorlesungen und Übungen hervorgegangen, die der Verfasser im Laufe der Zeit seit 1950 an den Universitäten Frankfurt (M) und Würzburg durchgeführt hat. So ist der Inhalt des Buches in erster Linie den Bedürfnissen des Unterrichts an Universitäten und Hochschulen angepaßt. Getroffene Auswahl und Umfang des Stoffes dieses speziellen Teiles des Faches entsprechen nach Ansicht des Verfassers weitgehend dem Lehrauftrag für das Grundstudium in Mineralogie. Für Studierende der Geologie und andere Studierende, die Mineralogie als Neben- bzw. Beifach wählen, dürfte das Buch auch bei den Anforderungen im Hauptstudium (Aufbaustudium) hilfreich sein. In allen Fällen kann es in Verbindung und zur Ergänzung von Vorlesungen und Übungen genutzt werden. Für das Weiterstudium und als Quellennachweis ist am Schluß des Buches ein Verzeichnis wichtiger Lehrbücher und Monographien aufgenommen worden. Das Buch richtet sich auch an diejenigen, die dem Fach Interesse entgegenbringen, um sich Grundkenntnisse zu erwerben oder es beruflich als Informationsquelle zu nützen. Verlag und Verfasser möchten glauben, daß das vorliegende Buch innerhalb des deutschsprachigen Schrifttums eine derzeit spürbare Lücke schließen hilft.

Die Kristallbilder sind dem Atlas der Kristallformen von V. GOLDSCHMIDT, die Kristallstrukturen großenteils dem Strukturbericht entnommen und umgezeichnet worden. Die meisten Diagramme und Strichzeichnungen stammen aus dem zitierten Schrifttum, teilweise vereinfacht, andere ergänzt. Die Zahl der Autotypien wurde mit Rücksicht auf die Preisgestaltung des Buches niedrig gehalten.

Bei der Fertigung des Buches erfuhr ich aus dem hiesigen Institut mannigfaltige Hilfe. Herr Prof. MARTIN OKRUSCH übernahm die kritische Durchsicht des Manuskriptes. Seine Ratschläge wurden als substantielle Verbesserungen dankbar anerkannt. Darüber hinaus gewährte er mir freundliche Hilfe beim Lesen der Korrektur. Herr KLAUS MEZGER vom hiesigen Institut unterstützte mich bei der Fertigung des Registers. Herr KLAUS-PETER KELBER hat sich mit der sorgfältigen Ausführung der Zeichnungen und allen Mineralfotos große Verdienste um das Buch erworben. Die Originalaufnahmen zu den Abbildungen 145 und 146 stellte Herr Prof. K.R. MEHNERT, Berlin, freundlicherweise zum Abdruck zur Verfügung. Die Fotos der Abb. 92 und 93 stammen vom Verfasser. Meine Tochter HEIKE hatte die lästige Aufgabe der Reinschrift des Manuskriptes übernommen. Allen sei für die gewährte Hilfe herzlich gedankt!

Schließlich habe ich dem Verlag für die jederzeit vertrauensvolle Zusammenarbeit, die Ausstattung des Buches und dessen erschwinglichen Preis zu danken, Herrn Dr. KONRAD F. SPRINGER für sein stets förderndes Interesse und Herrn Dr. DIETER HOHM für Mühewaltung und Umsicht während dieser Zusammenarbeit.

Würzburg, im Sommer 1983   SIEGFRIED MATTHES

Inhaltsverzeichnis

1	**Einführung und Grundbegriffe**	1
1.1	Der Mineralbegriff	1
1.2	Mineralarten und Mineralvarietäten	4
1.3	Vorkommen der Minerale, speziell als Bestandteile der Erdkruste	4
1.4	Der Gesteinsbegriff	6
1.5	Mineral- und Erzlagerstätten	7
1.6	Mineralogische Wissenschaften	7
1.7	Anwendungsgebiete der Mineralogie in Technik, Industrie und Bergbau	8
1.8	Bestimmung von Mineralen mit einfachen Hilfsmitteln	9

Teil I Spezielle Mineralogie

	Zur Systematik der Minerale	13
2	**Elemente**	15
2.1	Metalle	15
2.2	Semimetalle (Metalloide, Halbmetalle)	22
2.3	Nichtmetalle	23
	2.3.1 Diamant und Graphit	25
	2.3.1.1 Stabilität von Diamant und Graphit	29
3	**Sulfide, Arsenide und komplexe Sulfide (Sulfosalze)**	31
3.1	Metallische Sulfide mit Me:S > 1:1	32
3.2	Metallische Sulfide und Arsenide mit Me:S = 1:1	34
3.3	Metallische Sulfide, Sulfarsenide und Arsenide mit Me:S $\leqq$ 1:2	41
3.4	Komplexe Sulfide (Sulfosalze)	49
	3.4.1 Fahlerzreihe	50
3.5	Nichtmetallische Sulfide	52
4	**Oxide und Hydroxide**	55
4.1	X_2O-Verbindungen	56
4.2	X_2O_3-Verbindungen	56
4.3	XO_2-Verbindungen	59
	4.3.1 Die Quarz-Gruppe und andere SiO_2-Minerale	59
	4.3.1.1 Einiges über ihre Kristallstrukturen	59
	4.3.1.2 Die Phasenbeziehungen im System SiO_2	60

		4.3.1.3 Tief-Quarz	64

                4.3.1.3 Tief-Quarz 64
                4.3.1.4 Hoch-Quarz 69
4.4 XY_2O_4-Verbindungen: Die Spinell-Magnetit-Chromit-Gruppe 75
4.5   Hydroxide 77

5   Halogenide 79

6   Karbonate 83
6.1   Die Calcitreihe, $\bar{3}2/m$ 84
6.2   Die Aragonitreihe, 2/m2/m2/m 89
6.3   Die Dolomitreihe 93
6.4   Malachit-Azurit-Gruppe 95

7   Sulfate und Wolframverbindungen 97
7.1   Sulfate 98
7.2   Wolframverbindungen 101

8   Phosphate, Arsenate, Vanadate 105

9   Silikate 109
9.1   Nesosilikate (silikatische Inselstrukturen) 113
        9.1.1   Die Al_2SiO_5-Gruppe 119
9.2   Sorosilikate (silikatische Gruppenstrukturen) 123
9.3   Cyclosilikate (silikatische Ringstrukturen) 125
9.4   Inosilikate (Ketten- und Doppelkettensilikate) 128
        9.4.1   Die Pyroxen-Gruppe 129
        9.4.2   Die Amphibol-Gruppe 137
        9.4.2.1 Anthophyllit und Cummingtonit-Grünerit-Reihe 138
        9.4.2.2 Tremolit-Ferroaktinolith-Reihe 138
        9.4.2.3 Natronamphibolreihe 140
9.5   Phyllosilikate (Schicht- bzw. Blattsilikate) 140
        9.5.1   Talk-Pyrophyllit-Gruppe 142
        9.5.2   Glimmer-Gruppe 144
        9.5.3   Chlorit-Gruppe 146
        9.5.4   Serpentin-Gruppe 146
        9.5.5   Tonmineral-Gruppe 148
9.6   Tektosilikate (silikatische Gerüststrukturen) 150
        9.6.1   Die Feldspäte 151
        9.6.1.1 Das System der Feldspäte 151
        9.6.1.2 Die bekanntesten Zwillingsgesetze der Feldspäte 159
        9.6.1.3 Die Alkalifeldspäte (K,Na) [$AlSi_3O_8$] 161
        9.6.1.4 Die Plagioklase 164
        9.6.2   Feldspatoide (Foide, Feldspatvertreter) 166
        9.6.2.1 Feldspatoide ohne tetraederfremde Anionen 166
        9.6.2.2 Feldspatoide mit tetraederfremden Anionen: Sodalithreihe 168
        9.6.3   Die Zeolith-Gruppe 169

10   Flüssigkeitseinschlüsse in Mineralen 173

Teil II Petrologie und Lagerstättenkunde

11 Die magmatische Abfolge 183
11.1 Die magmatischen Gesteine (Magmatite) 183
    11.1.1 Einteilung und Klassifikation der magmatischen Gesteine 184
    11.1.1.1 Zuordnung nach der geologischen Stellung 184
    11.1.1.2 Zuordnung nach dem Gefüge 185
    11.1.1.3 Klassifikation nach dem Mineralbestand 185
    11.1.1.4 Chemismus, CIPW-Norm und NIGGLI-Werte 190
    11.1.2 Die Petrographie der Magmatite 196
    11.1.2.1 Die Kalkalkalimagmatite 196
    11.1.2.2 Die Alkalimagmatite................................ 206
    11.1.2.3 Karbonatite und lamprophyrartige Gesteine 210
    11.1.2.4 Häufigkeit der magmatischen Gesteine 212
    11.1.2.5 Pyroklastische Gesteine (Pyroklastika) 212
    11.1.3 Die geologischen Körper der magmatischen Gesteine 215
    11.1.3.1 Einteilung der Vulkane 215
    11.1.4 Magma und Lava 219
    11.1.4.1 Die Viskosität der Lava 220
    11.1.4.2 Temperaturen der Laven und der Magmen der Tiefe 222
    11.1.4.3 Die Gase im Magma 223
    11.1.5 Die magmatische Differentiation 224
    11.1.5.1 Die gravitative Kristallisationsdifferentiation 224
    11.1.5.2 Das Reaktionsprinzip von BOWEN 225
    11.1.6 Magmenbildung 229
    11.1.6.1 Magmatische Kristallisationsdifferentiation 229
    11.1.6.2 Aufschmelzung 231
    11.1.6.3 Kontamination 232
    11.1.6.4 Magmenmischung 233
    11.1.6.5 Entmischung im schmelzflüssigen Zustand 233
    11.1.7 Die experimentellen Modellsysteme 233
    11.1.7.1 Das System Diopsid – Anorthit 234
    11.1.7.2 Das System Diopsid – Anorthit – Albit 236
    11.1.7.3 Das System Diopsid – Forsterit – SiO_2 240
    11.1.8 Die Herkunft des Basalts 243
    11.1.8.1 Das Basalttetraeder von YODER und TILLEY 243
    11.1.8.2 Die globale Verbreitung der Basalte 245
    11.1.8.3 Die Bildung basaltischer Schmelzen aus Mantelperidotit 246
    11.1.8.4 Die geologischen Beziehungen des Basalts zum Oberen Erdmantel 247
    11.1.9 Die Herkunft des Granits 250
    11.1.9.1 Genetische Einteilung der Granite auf geochemischer Basis ... 250
    11.1.9.2 Zur Granitgenese, experimentelle Grundlagen 252
    11.1.9.3 Zur Entstehung nichtmagmatischer Granite 263
11.2 Mineral- und Lagerstättenbildung, die mit magmatischen Vorgängen im Zusammenhang steht 264
    11.2.1 Zustandsdiagramm der magmatischen Abfolge 264

11.2.2	Das magmatische Frühstadium	267
11.2.2.1	Gravitative Kristallisationsdifferentiation und Akkumulation	267
11.2.2.2	Liquation, Entmischung von Sulfidschmelzen	268
11.2.2.3	Liquation unter Beteiligung leichtflüchtiger Komponenten	271
11.2.3	Das magmatische Hauptstadium	271
11.2.4	Das pegmatitische Stadium	271
11.2.5	Das pneumatolytische (hypothermale) Stadium	274
11.2.5.1	Die pneumatolytischen Zinnerzlagerstätten	275
11.2.5.2	Die pneumatolytischen Wolframlagerstätten	278
11.2.5.3	Die pneumatolytischen Molybdänlagerstätten	278
11.2.5.4	Kontaktpneumatolytische Verdrängungslagerstätten	279
11.2.6	Das hydrothermale Stadium	279
11.2.6.1	Einteilung der hydrothermalen Bildungen	280
11.2.6.2	Intrakrustale hydrothermale Lagerstätten	281
11.2.6.3	Katathermale Paragenesengruppen	284
11.2.6.4	Mesothermale Paragenesengruppen	288
11.2.6.5	Epithermale Paragenesengruppen	292
11.2.6.6	(Tele)thermale Paragenesengruppen	293
11.2.6.7	Nichtmetallische hydrothermale Lagerstätten	295
11.2.7	Mineralbildende Vorgänge, die genetisch zum Vulkanismus gehören	297
11.2.7.1	Spät- und nachvulkanisches Stadium	297
11.2.7.2	Die Produkte der Fumarolen	297
11.2.7.3	Vulkanosedimentäre Lagerstätten	298

12 Die sedimentäre Abfolge, Sedimente und Sedimentgesteine 301

12.1	Die Verwitterung und die mineralbildenden Vorgänge im Boden	301
12.1.1	Die mechanische Verwitterung	301
12.1.2	Die chemische Verwitterung	302
12.1.2.1	Die Agenzien der chemischen Verwitterung	302
12.1.2.2	Das Verhalten ausgewählter Minerale bei der chemischen Verwitterung	303
12.1.3	Subaerische Verwitterung und Klimazonen	307
12.1.4	Zur Abgrenzung des Begriffs Boden	308
12.1.5	Verwitterungsbildungen, Verwitterungslagerstätten	308
12.1.5.1	Residualtone, Kaolin	308
12.1.5.2	Bentonit und seine Verwendung	309
12.1.5.3	Bauxit und seine Vorkommen	309
12.1.5.4	Laterit und Basalteisenstein	310
12.1.5.5	Nickelhydrosilikaterze	311
12.1.5.6	Metallkonzentrationen in ariden Schuttgesteinen	311
12.1.5.7	Die Verwitterung sulfidischer Erzkörper	312
12.1.5.8	Mineralneubildungen innerhalb der Oxidationszone von Erzkörpern	316
12.2	Sedimente und Sedimentgesteine	317
12.2.1	Grundlagen	318
12.2.1.1	Einteilung der Sedimente und Sedimentgesteine	318

12.2.1.2	Das Gefüge der Sedimente und Sedimentgesteine	318
12.2.2	Die klastischen Sedimente und Sedimentgesteine	319
12.2.2.1	Transport und Ablagerung des bei der Verwitterung entstandenen klastischen Materials	320
12.2.2.2	Chemische Veränderungen während des Transports	321
12.2.2.3	Metallkonzentrationen am Ozeanboden	321
12.2.2.4	Korngrößenverteilung bei klastischen Sedimenten und ihre Darstellung	321
12.2.2.5	Diagenese der klastischen Sedimentgesteine	322
12.2.2.6	Konkretionen als Bestandteile pelitischer Sedimentgesteine	325
12.2.2.7	Einteilung der Psephite und Psammite	325
12.2.2.8	Schwerminerale in den Psammiten	328
12.2.2.9	Fluviatile und marine Seifen	329
12.2.2.10	Einteilung der Pelite	331
12.2.2.11	Diagenese von silikatischen Stäuben und Schlämmen zu Silt- und Tonsteinen	333
12.2.2.12	Das Spätstadium der Diagenese, Übergang zur niedriggradigen Metamorphose	334
12.2.3	Die chemischen Sedimente (Ausscheidungssedimente)	334
12.2.3.1	Die karbonatischen Sedimente und Sedimentgesteine	335
12.2.3.2	Die eisenreichen Sedimente und sedimentären Eisenerze	339
12.2.3.3	Kieselige Sedimente und Sedimentgesteine	341
12.2.3.4	Sedimentäre Phosphatgesteine	343
12.2.3.5	Evaporite (Salzgesteine)	344
13	**Die Gesteinsmetamorphose**	**351**
13.1	Grundlagen	351
13.1.1	Abgrenzung der Metamorphose von der Diagenese	351
13.1.2.	Zur Kennzeichnung metamorpher Produkte	352
13.1.3	Auslösende Faktoren	352
13.1.3.1	Temperatur und Druck	352
13.1.3.2	Herkunft der thermischen Energie	352
13.1.3.3	Die Wirkung des Drucks	353
13.1.3.4	Die Rolle des Chemismus	355
13.1.3.5	Die retrograde Metamorphose	355
13.2	Das geologische Auftreten der Gesteinsmetamorphose und ihrer Produkte	356
13.2.1	Die Kontaktmetamorphose und ihre Gesteinsprodukte	356
13.2.1.1	Die Kontaktmetamorphose an Plutonen	356
13.2.1.2	Die Kontaktmetamorphose an magmatischen Gängen und Lagergängen	361
13.2.2	Die Dislokationsmetamorphose (Dynamometamorphose) und ihre Gesteinsprodukte	362
13.2.3	Die Regionalmetamorphose und ihre Gesteinsprodukte	364
13.2.3.1	Die regionale Versenkungsmetamorphose	364

13.2.3.2 Die thermisch-kinetische Umkristallisationsmetamorphose (Thermodynamometamorphose) (Regionalmetamorphose in Orogenzonen) ... 365
13.2.4 Die Ocean-floor(Ozeanboden)-Metamorphose ... 366
13.3 Auswahl wichtiger metamorpher Gesteine ... 366
    13.3.1 Kontaktmetamorphe Gesteine ... 367
    13.3.2 Gesteinsprodukte der Dislokationsmetamorphose ... 368
    13.3.3 Gesteinsprodukt der Schockmetamorphose (Stoßwellenmetamorphose) ... 368
    13.3.4 Gesteinsprodukte der Regionalmetamorphose ... 368
13.4 Zuordnungsprinzipien der metamorphen Gesteine ... 374
    13.4.1 Die Zoneneinteilung nach BARROW und TILLEY ... 374
    13.4.2 Die Zoneneinteilung nach BECKE, GRUBENMANN und GRUBENMANN und NIGGLI ... 374
    13.4.3 Das Prinzip der Mineralfacies nach ESKOLA ... 375
13.5 Gleichgewichtsbeziehungen in metamorphen Gesteinen ... 376
    13.5.1 Die Feststellung des thermodynamischen Gleichgewichts ... 376
    13.5.2 GIBBS – Phasenregel und die mineralogische Phasenregel von GOLDSCHMIDT ... 377
13.6 Beispiele experimentell untersuchter metamorpher Reaktionen ... 379
    13.6.1 Die Wollastonitreaktion ... 379
    13.6.2 Entwässerungsreaktionen ... 382
    13.6.3 Polymorphe Umwandlungen und Reaktionen ohne Entbindung einer fluiden Phase ... 384
13.7 Graphische Darstellung metamorpher Mineralparagenesen ... 386
    13.7.1 ACF- und A'KF-Diagramme ... 386
    13.7.2 AFM-Diagramm ... 389
13.8 Klassifikation der metamorphen Gesteine nach ihrer Mineralfacies ... 392
    13.8.1 Die Faciesserien ... 393
    13.8.2 Die metamorphen Facies ... 395
    13.8.2.1 Zeolith- und Prehnit-Pumpellyitfacies ... 395
    13.8.2.2 Grünschieferfacies ... 396
    13.8.2.3 Epidot-Amphibolitfacies ... 399
    13.8.2.4 Amphibolitfacies ... 400
    13.8.2.5 Granulitfacies ... 402
    13.8.2.6 Hornfelsfacies ... 404
    13.8.2.7 Sanidinitfacies ... 406
    13.8.2.8 Glaukophanschieferfacies ... 406
    13.8.2.9 Eklogitfacies ... 408
    13.8.2.10 Höchstdruckparagenesen ... 409
13.9 Einteilung nach Reaktionsisograden ... 410
13.10 Hochdruckminerale als Geobarometer ... 412
13.11 Druck-Temperatur-Zeit-Pfade ... 415
13.12 Gefügeeigenschaften und Gefügeregelung der metamophen Gesteine ... 418
    13.12.1 Das kristalloblastische Gefüge ... 418
    13.12.2 Die Gefügeregelung der metamorphen Gesteine ... 419
    13.12.2.1 Grundbegriffe ... 419

		13.12.2.2	Kornregelung	419
		13.12.2.3	Das Gefügediagramm	421
		13.12.2.4	Haupttypen der Regelung	422
		13.12.2.5	Homogene und nicht homogene Verformung	423
13.13	Ultrametamorphose und die Bildung von Migmatiten			426
	13.13.1		Der Migmatitbegriff	426
	13.13.2		Die Bildung von Migmatiten, experimentelle Grundlagen	428
	13.13.3		Die stoffliche Bilanz bei der Entstehung von Migmatiten	431
13.14	Metasomatose			431
	13.14.1		Kontaktmetasomatose	432
	13.14.2		Autometasomatose	434
	13.14.3		Die Spilite als Produkte einer Natronmetasomatose	435
	13.14.4		Die metasomatische Bildung granitischer Gesteine	436

Teil III Stoffbestand und Bau von Erde und Mond

14 Die Erde ... 441
14.1 Der Schalenbau ... 441
14.2 Physikalische Eigenschaften und Alter ... 443
14.3 Die Erdkruste ... 444
    14.3.1 Die kontinentale Erdkruste ... 444
    14.3.2 Die ozeanische Erdkruste ... 446
14.4 Der Erdmantel ... 447
    14.4.1 Der Obere Erdmantel ... 447
    14.4.2 Die Übergangszone ... 449
    14.4.3 Der Untere Erdmantel ... 451
14.5 Der Erdkern ... 452

15 Magmatismus, erzbildende Prozesse und Plattentektonik ... 453
15.1 Zur Theorie der Plattentektonik ... 453
15.2 Platten, Plattenbewegungen und Plattengrenzen ... 453
15.3 Der Magmatismus der mittelozeanischen Rücken ... 457
15.4 Der ozeanische Intraplattenmagmatismus außerhalb der mittelozeanischen Rücken ... 459
15.5 Der Magmatismus der Inselbögen und instabilen Kontinentalränder ... 460
15.6 Die kontinentalen Plateaubasalte (Trappbasalte, continental flood basalts) ... 462
15.7 Der intrakontinentale Alkalimagmatismus an Riftzonen ... 462
15.8 Die intrakontinentalen Kimberlit-Pipes ... 463
15.9 Der Magmatismus der alten Schilde ... 463

16 Aufbau und Stoffbestand des Monds ... 467
16.1 Die Kruste des Monds ... 467
    16.1.1 Die Hochlandregion ... 468
    16.1.2 Die Region der Maria ... 468
    16.1.3 Die Minerale der Mondgesteine ... 469
    16.1.4 Bedeutung für unsere Vorstellungen zur Erdentstehung ... 469

17 Die Meteorite 471
17.1 Einteilung der Meteorite 471

Anhang 473

Literatur- und Quellenverzeichnis 477

Sachverzeichnis 485

1 Einführung und Grundbegriffe

1.1 Der Mineralbegriff

> *Mineralogie* bedeutet wörtlich *Lehre vom Mineral.*

Der Begriff Mineral ist erst im ausgehenden Mittelalter geprägt worden. Er geht auf das mittellateinische mina = Schacht (minare = Bergbau treiben) zurück. Im Altertum, z. B. bei den Griechen und Römern, hat man nur von Steinen gesprochen. Es sind besonders die durch Glanz, Farbe und Härte ausgezeichneten Schmucksteine, denen man schon in vorgriechischer Zeit bei allen Kulturvölkern besondere Beachtung schenkte. Das *Steinbuch des Artistoteles* bringt bereits eine Fülle von Beobachtungen und Tatsachen.

> *Minerale sind homogene natürliche Festkörper der Erde, des Monds und anderer Himmelskörper.* Von wenigen Ausnahmen abgesehen, sind Minerale *anorganisch* und *kristallisiert*.

Das Mineral, Plural: die Minerale oder gleichfalls gebräuchlich die Mineralien (verwendet in Mineraliensammlung oder Mineralienbörse etc.).

Diese sehr allgemein gehaltene Mineraldefinition sei im folgenden schrittweise erläutert:

- *Minerale sind natürliche Produkte,* d. h., sie sind durch natürliche Vorgänge und ohne Einflußnahme des Menschen entstanden. Ein künstlich im Laboratorium hergestellter Quarz z. B. wird als *synthetischer Quarz* vom natürlichen Mineral unterschieden. Der synthetische Quarz ist zwar physikalisch und chemisch mit dem natürlichen Quarz identisch, jedoch als Kunstprodukt im Sinn der obigen Definition kein Mineral. Man spricht allerdings von *Mineralsynthese* und meint die künstliche Herstellung eines Minerals mit allen ihm zukommenden Eigenschaften. Auch ist es üblich, z. B. einen künstlich hergestellten Smaragd von Edelsteinqualität als *synthetischen Edelstein* zu bezeichnen.
  In ihrer weit überwiegenden Mehrzahl sind Minerale durch *anorganische Vorgänge* gebildet worden. Darüber hinaus können Minerale in oder unter Mitwirkung von Organismen entstehen. So bilden Calcit, Aragonit und Opal Skelette

oder Schalen von Mikroorganismen und Invertebraten (Wirbellosen); Apatit ist ein wesentlicher Bestandteil von Knochen und Zähnen der Wirbeltiere; elementarer Schwefel, Pyrit und andere Sulfidminerale können durch Reduktion unter dem Einfluß von Bakterien entstehen.

Minerale bilden die *Gemengteile von Gesteinen* und bauen als solche wesentliche Teile der Erde auf. Derzeit zugänglich sind uns die kontinentale Erdkruste, Serien von Bohrkernen der ozeanischen Kruste und untergeordnet Fragmente des Oberen Erdmantels. Wir müssen aber annehmen, daß der gesamte Erdmantel, der bis zu einer Tiefe von 2900 km reicht, sowie der innere Erdkern (unterhalb einer Tiefe von etwa 5100 km) aus Mineralen bestehen, über die allerdings nur theoretische oder hypothetische Vorstellungen existieren. Analoge Überlegungen gelten für den Mond, die erdähnlichen Planeten Merkur, Venus, Mars und dessen Satelliten sowie für die Asteroiden. Proben der Mondkruste sind durch die Apollo-Missionen der NASA der Untersuchung zugänglich geworden; Bruchstücke aus dem Asteroidengürtel, vielleicht auch von Kometen fallen gelegentlich als Meteorite (S. 471 f.) auf die Erde. *Asteroiden* (Planetoiden) sind die kleinen planetenähnlichen Körper, die in der Mehrzahl zwischen der Mars- und Jupiterbahn die Sonne umkreisen.

- *Minerale sind physikalisch und chemisch homogene* (einheitliche) *Festkörper. Sie sind meistens kristallisiert.*

Als *homogener Körper* läßt sich jedes Mineral auf mechanischem Weg in (theoretisch) beliebig viele Teile zerlegen, die alle die gleichen physikalischen (z. B. Dichte, Lichtbrechung etc.) und chemischen Eigenschaften aufweisen. Man bezeichnet allgemein Materie als physikalisch und chemisch homogen, wenn beim Fortschreiten in einer Richtung immer wieder dieselben physikalischen und chemischen Verhältnisse (Eigenschaften) angetroffen werden und wenn sich diese gleichen Eigenschaften auch mindestens in parallelen Richtungen wiederholen. Alles andere wäre heterogen.

Die *chemische Homogenität* besteht darin, daß jedes Mineral eine ganz bestimmte oder in festgelegten Grenzen schwankende stoffliche Zusammensetzung aufweist. Diese läßt sich in einer individuellen chemischen Formel ausdrücken.

Die weitaus überwiegende Zahl der Minerale sind *anorganische Verbindungen*. Nur sehr wenige Minerale stellen organische Verbindungen dar, wie beispielsweise das Kalziumoxalat Whewellit $CaC_2O_4 \cdot H_2O$. Untergeordnet treten auch chemische Elemente auf. Öfter sind es einfache chemische Verbindungen mit ganz bestimmter Zusammensetzung, wie z. B. Quarz SiO_2. In zahlreichen weiteren Fällen variiert der Mineralchemismus zwischen 2 oder mehreren Endgliedern als festgelegte Grenzen, so im Mineral Olivin zwischen den Endgliedern Forsterit (Mg_2SiO_4) und Fayalit (Fe_2SiO_4). Olivin besitzt die Eigenschaft eines *Mischkristalls*. Bei Mischkristallen führen Wachstumsstörungen (zonares Wachstum z. B.) oder nachträgliche Entmischungen (Aussonderung einer im Wirtkristall nicht mehr löslichen chemischen Verbindung) zu einer mehr oder weniger deutlich hervortretenden Inhomogenität im Mineral. Alle diese Unregelmäßigkeiten schließt der Mineralbegriff ein.

Eine Aussage darüber, ob die Forderung der Homogenität einer Mineralprobe erfüllt ist, stößt beim Mineralbestimmen nach äußeren Kennzeichen immer wieder auf Schwierigkeiten, weil eine solche Entscheidung wesentlich von der Bezugsskala abhängt. So kann eine

Probe mit bloßem Auge betrachtet durchaus homogen erscheinen, während sie sich unter dem Polarisationsmikroskop bei stärkerer Vergrößerung als uneinheitlich erweist. In Wirklichkeit liegt ein mikroskopisch feines Verwachsungsaggregat aus zahlreichen Mineralkörnern oder Mineralfasern vor. In vielen Fällen kann die Homogenität erst durch die Röntgenanalyse nachgewiesen werden.

- *Minerale sind in aller Regel Festkörper.* Die einzige Ausnahme bildet Gediegen Quecksilber (elementares Hg), das sich bei gewöhnlicher Temperatur in flüssigem Zustand befindet. (Wasser zählt nicht zu den Mineralen.) Meistens handelt es sich bei den Mineralen zudem um *kristallisierte* Festkörper (Einkristalle), deren Bausteine (Atome, Ionen, Ionenkomplexe), ungeachtet zahlreicher Baufehler und Unregelmäßigkeiten, 3dimensional periodisch geordnet sind. Jedes kristallisierte Mineral zeichnet sich durch einen ihm eigenen, geometrisch definierten Feinbau aus, der als Kristallstruktur bezeichnet wird. Das Kristallpolyeder (Vielflächner als äußere geometrische Form) ist ein Wachstumskörper, dessen Kristalltracht von den jeweiligen Wachstumsbedingungen des betreffenden Mineralkristalls abhängig ist. Wegen gegenseitiger Behinderung in ihrem Wachstum können die meisten Mineralkristalle ihre Kristallgestalt nicht oder nicht voll entwickeln, so in den Gesteinen.

Demgegenüber befinden sich nur wenige Minerale im *amorphen*, d.h. *nichtkristallisierten* Zustand. Ihr Feinbau ist dann geometrisch ungeordnet. Zu ihnen gehören als bekanntester Vertreter der Opal ($SiO_2 \cdot n\, H_2O$) oder auch das seltene natürliche Kieselglas SiO_2 (Lechatelierit), das in der Natur als Bindemittel zusammengeschmolzener Sandkörper vorkommt und seine Entstehung einem Blitzschlag verdankt. Es wurde auch in mehreren Meteoritenkratern, den Einschlagstellen von großen Meteoriten auf der Erdoberfläche, vorgefunden. Die vulkanischen Gläser (Obsidian) zählen wegen ihrer häufig heterogenen Zusammensetzung und ihres variablen Chemismus nicht zu den Mineralen. Sie werden den vulkanischen Gesteinen zugeordnet. Opal entwickelt wie alle amorph gebildeten Minerale im freien Raum unter dem Einfluß der Oberflächenspannung traubig-nierige Formen und niemals durch ebene Flächen begrenzte Polyeder (Kristallformen).

In den amerikanischen Lehrbüchern wird der Begriff mineral häufig auf kristallisierte Minerale beschränkt, und die nicht in einem kristallisierten Zustand befindlichen Minerale wie Opal oder Gediegen Quecksilber werden als mineraloids (Mineraloide) bezeichnet. (Diese Abgrenzung ist im deutschen Sprachraum nicht eingeführt.)

Nichts zu tun mit Mineralen haben Begriffe wie Mineralwasser, Mineralöl, Mineralsalze in den Nahrungsmitteln etc. Bei diesen Bezeichnungen geht es lediglich um eine Herausstellung von Naturprodukten.

Gelegentlich wird der Mineralbegriff aus völliger Unkenntnis für chemische Elemente bzw. Ionen fälschlich eingesetzt wie z.B. in dem Artikel „Superstar der Küche, die Tomate" Reader's Digest, 1991, Nr. 5: „Sie ... enthält die Vitamine A, B, C und E sowie Mineralien (darunter Eisen, Kalzium und Kalium.)"

1.2 Mineralarten und Mineralvarietäten

Zu einer *Mineralart* gehören alle Mineralindividuen mit übereinstimmender chemischer Zusammensetzung und Kristallstruktur. Dabei können sich die chemischen und physikalischen Eigenschaften von Individuum zu Individuum im Sinn von Mineralvarietäten innerhalb gewisser Grenzen unterscheiden. In der Zoologie und Botanik ist der Artbegriff Einheit der biologischen Systematik. Eine grundlegende Rolle spielt er in der Mineralogie nicht.

Es gibt rund 3500 definierte Mineralarten. Dazu rechnet der Quarz als eine der am meisten verbreiteten Arten. Vorwiegend durch verbesserte Bestimmungsmethoden kamen in der letzten Zeit jährlich etwa 100 neue Minerale hinzu. Dabei besitzen nur rund 10 Mineralarten durch ihr häufiges Auftreten als gesteinsbildende Gemengeteile zusammen einen Verbreitungsanteil von rund 95 Vol.% (Tabelle 22, S. 181). Die meisten Minerale sind nicht sehr häufig oder ausgesprochen selten.

Geringe Unterschiede im Chemismus einschließlich des Spurenchemismus und bei den physikalischen Eigenschaften einschließlich Kristalltracht und Kristallhabitus führen bei einer gegebenen Mineralart in den meisten Fällen zur Unterscheidung von *Mineralvarietäten*. Bei der Mineralart Quarz unterscheidet man z. B. eine größere Anzahl von Varietäten wie: Bergkristall, Rauchquarz, Citrin, Amethyst, Rosenquarz etc.

Über die rund 3500 jetzt definierten Mineralarten hinaus gibt es rund 4000 weitere, das Schrifttum belastende und nach dem jetzigen Stand der Wissenschaft überflüssige Bezeichnungen. Meistens handelt es sich dabei um nicht mehr gebräuchliche Synonyma oder um unreine Mineralgemenge bzw. submikroskopisch feine Verwachsungen verschiedener Minerale.

1.3 Vorkommen der Minerale, speziell als Bestandteile der Erdkruste

Zur Beschreibung und Identifizierung eines Minerals gehören nicht nur seine kristallographischen, physikalischen und chemischen Eigenschaften, sondern auch Kenntnisse über sein Auftreten und Vorkommen in der Natur. Für Rückschlüsse auf seine Entstehungsbedingungen ist dieser Befund unerläßlich.

> Minerale finden sich entweder auf Wänden von Klüften, Spalten oder Hohlräumen aufgewachsen oder im Innern von Gesteinen eingewachsen.

Die im Gestein *eingewachsenen* Minerale (Abb. 1) haben sich bei ihrem Wachstum, wenn sie gleichzeitig gewachsen sind, gegenseitig behindert. Sie weisen deshalb i. allg. eine mehr zufällige, kornartige Begrenzung auf. Eine solche Mineralausbildung im Gestein wird als *xenomorph* bezeichnet. In anderen Fällen sind eingewachsene Minerale dennoch von ebenen Flächen begrenzt. Ihre Entwicklung wird dann als *idiomorph* (eigengestaltig) bezeichnet. Eingewachsene, idiomorph ausgebildete Minerale treten besonders als sog. *Einsprenglinge* in vulkanischen Gesteinen oder als sog. *Porphyroblasten* in metamorphen Gesteinen auf. Im 1. Fall handelt es sich

1.3 Vorkommen der Minerale, speziell als Bestandteile der Erdkruste

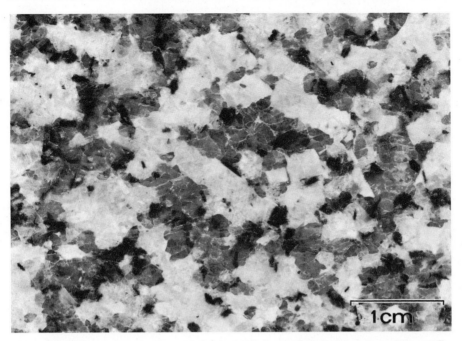

Abb. 1. Minerale mit gegenseitiger Wachstumsbehinderung bei *Granit*, polierte Platte; Epprechtstein, Fichtelgebirge. Hypidiomorph-körniges Plutonitgefüge: Plagioklas, Mikroklinperthit, teilweise idiomorph ausgebildet *(hell)*, Biotit *(dunkel)*, Quarz meist xenomorph *(grau)*

um Frühausscheidungen aus einer Schmelze, im 2. Fall um Minerale mit überdurchschnittlichem Kristallisationsvermögen.

Die frei *aufgewachsenen* Minerale konnten hingegen immer die ihnen eigene Kristallform entwickeln (Abb. 2). Sie verdanken es dem günstigen Umstand, daß sie in einen freien Raum (Hohlraum, Kluft oder Spalte) ungehindert hineinwachsen konnten. Ihnen fehlen allerdings ebene Begrenzungen an ihrer Anwachsstelle, es sei denn, daß sie schwebend im Hohlraum oder in einem lockeren Medium gewachsen sind.

Unter *Kristalldruse* versteht man eine Vereinigung zahlreicher Kristalle, die auf einer gemeinsamen Unterlage aufsitzen bzw. aufgewachsen sind. Bei sehr vielen kleineren Kriställchen spricht man auch von einem Kristallrasen.

Unter *Geoden* und *Mandeln* versteht man Mineralmassen, die rundliche Hohlräume im Gestein vollständig oder teilweise ausfüllen. Nicht selten enthalten sie im Innern eine Kristalldruse, so die bekannten Achatmandeln eine Amethystdruse. Die ‚Kristallkeller' aus den Schweizer Alpen sind ausgeweitete Zerrklüfte mit bis zu metergroßen Individuen von Bergkristall oder Rauchquarz. Auch Gipshöhlen enthalten mitunter große und schön ausgebildete Kristalle von Gips.

Als *Mineralaggregate* bezeichnet man beliebige, auch räumlich eng begrenzte natürliche Assoziationen der gleichen oder verschiedener Mineralarten. Schön kristallisierte Mineralaggregate bzw. Kristalldrusen von kommerziellem oder Liebhaberwert werden Mineralstufen genannt.

Abb. 2. Kristallgruppe von Quarz, Varietät Bergkristall, Arkansas, USA. Etwa natürliche Größe

1.4 Der Gesteinsbegriff

Gesteine (Abb. 1) *sind vielkörnige Mineralaggregate, relativ selten natürliche Gläser.*

Die Erfahrung zeigt, daß die verschiedenen Minerale nicht in allen denkbaren Kombinationen und Mengenverhältnissen gesteinsbildend auftreten. Auswahlprinzipien sind wirksam, und einige Kombinationen sind vorherrschend. *Gesteine treten in selbständigen, zusammenhängenden, geologisch kartier- und profilierbaren Körpern auf.* Aus Gesteinen bestehen die Erdkruste und die Kruste des Monds. Darüber hinaus kennt man Gesteinsproben aus dem Oberen Erdmantel und Gesteinsfragmente aus dem interplanetaren Raum, die als Meteorite bezeichnet werden. Es ist mit einiger Sicherheit anzunehmen, daß sie auch andere Himmelskörper aufbauen.

Im Unterschied zum Mineral sind Gesteine heterogene Naturkörper.

Gesteine werden charakterisiert durch ihre mineralogische und chemische Zusammensetzung, ihr Gefüge und ihren geologischen Verband. Aus diesen Eigenschaften lassen sich Rückschlüsse auf die Bildungsbedingungen eines Gesteins ziehen.

1.5 Mineral- und Erzlagerstätten

> *Als Lagerstätte (Minerallagerstätte) bezeichnet man eine natürliche, räumlich begrenzte Konzentration von Mineralen in und auf der Erdkruste.*

Bei genügender Konzentration als technisch und wirtschaftlich gewinnbarer Rohstoff spricht man von einer *nutzbaren* (bauwürdigen) *Lagerstätte*. Zu den Lagerstätten zählen Bodenschätze aller Art wie insbesondere Minerale, Gesteine, Erze, Salze, Kohle, Erdöl und Erdgas.

Erzlagerstätten sind die natürlichen Fundorte von Erzen, speziell in und auf der Erdkurste einschließlich des Ozeanbodens.

Erze sind Mineraggregate oder Gesteine aus Erzmineralen, in denen Metalle oder Metallverbindungen und Kernbrennstoffe (mit Uran oder Thorium) konzentriert sind. Die metallhaltigen Minerale nennt man Erzminerale. Verwertbare Minerale, die keine metallischen Elemente enthalten, werden als Nichterze bezeichnet.

1.6 Mineralogische Wissenschaften

> *Mineralogie,* über die Lehre vom bloßen Mineral hinausgehend, umfaßt heutzutage als Überbegriff die folgenden mineralogischen Wissenschaften: neben Mineralogie im engeren Sinn, bestehend aus allgemeiner und spezieller Mineralogie, Teilgebieten der Kristallographie (Kristallmorphologie, Kristallstrukturlehre, Kristallphysik, Kristallchemie), Gesteinskunde (Petrographie-Petrologie, Petrologie besonders im Sinn von experimenteller und theoretischer Petrologie), Geochemie, Lagerstättenkunde und angewandte Mineralogie, bis zur technischen Mineralogie.

Die *Kristallographie* (Kristallkunde) widmet sich dem kristallisierten Zustand der Natur- *und* Kunstprodukte. Untersuchungsgegenstände sind anorganische und organische Stoffe, Einkristalle und Kristallaggregate. Diese Wissenschaft untersucht Eigenschaften, Vorgänge und Veränderungen am Kristall und feinkristallinen Kristallaggregat. Dabei spielt die Kristallstruktur neben den Methoden der Kristallstrukturbestimmung eine wichtige Rolle.

Aufgabe der *Kristallchemie* ist speziell die Aufklärung der Zusammenhänge zwischen der Atomanordnung in den Kristallen und ihrer chemischen Zusammensetzung. Auch die Auswirkungen von Atomanordnung und Atombindung in den (Mineral)kristallen auf deren Eigenschaften gehört in dieses Gebiet.

Aufgabe der *Kristallphysik* ist speziell die Aufklärung der Zusammenhänge zwischen den physikalischen Eigenschaften der Kristalle (mechanische, magnetische, elektrische, optische Eigenschaften etc.) und dem Aufbau ihrer Kristallgitter.

Die *Petrographie-Petrologie* (Gesteinskunde) widmet sich dem Vorkommen, dem Mineralbestand, dem Gefüge, dem Chemismus und der Genese der Gesteine. Die Gesteinskunde hat naturgemäß eine besonders enge Beziehung zur Geologie. Eine wichtige Rolle spielt bereits seit einiger Zeit die *experimentelle Petrologie*. Zudem hat sich zusehends eine theoretische Richtung als *theoretische Petrologie* entwickelt.

Mit ihrer Hoch- und Höchstdruckforschung besitzt die experimentelle Petrologie Beziehungen zur Festkörperphysik und zur Werkstoffkunde.

Die Gesteinskunde hat auch eine angewandte Richtung, die *technische Gesteinskunde*. Das dem Gestein analoge technische Produkt wird in der Industrie meistens als Stein bezeichnet.

Die *Geochemie* (Chemie der Erde) erforscht die Gesetz- und Regelmäßigkeiten der chemischen Elemente und Isotope und deren Verteilung in den Mineralen und Gesteinen, darüber hinaus auch in Naturprodukten organischer Abkunft (ein Spezialgebiet, das als organische Geochemie bezeichnet wird). Ein wichtiges Forschungsgebiet der Geochemie ist die radiometrische (isotopische) Altersbestimmung, die u. a. an irdischem und kosmischem Material durchgeführt wird. Nach den Methoden der Isotopengeochemie erhält man z. B. Daten über das Bildungsalter von Mineralen und Gesteinen.

Spezielle *Anwendungsgebiete der Geochemie* sind geochemische Prospektion (die Suche nach Lagerstätten mit Hilfe geochemischer Methoden) und, auf dem Gebiet des Umweltschutzes, die Feststellung von Spuren anorganischer Schadstoffe wie Kadmium, Quecksilber, Blei u. a. im Boden, in den Gewässern etc.

Die *Lagerstättenkunde* widmet sich der regionalen Verbreitung, dem stofflichen Inhalt, den genetischen Verhältnissen und der Auffindung (Prospektion und Exploration) und Bewertung von natürlichen Rohstoffen (Erze, Steine und Erden, Industrieminerale, Energierohstoffe).

Die *Angewandte Lagerstättenkunde* befaßt sich praxisorientiert mit Lagerstätten und darüber hinaus mit den technischen und wirtschaftlichen Bedingungen ihrer bergmännischen Gewinnung, ihrer Aufbereitung und Weiterverarbeitung aus geowissenschaftlicher Sicht. Die mineralischen Rohstoffe bilden einen Schwerpunkt in fast jeder industriellen Wirtschaft.

Grundlagenfächer der Lagerstättenkunde sind neben Mineralogie, Gesteinskunde und Geochemie insbesondere Geologie und Geophysik.

1.7 Anwendungsgebiete der Mineralogie in Technik, Industrie und Bergbau

Die Mineralogie besitzt nicht nur in der Lagerstättenkunde technisch wichtige Anwendungsgebiete. Solche finden sich neben dem Bergbau, dem Hüttenwesen, den Industrien der Steine und Erden insbesondere in der keramischen Industrie, der Industrie feuerfester Erzeugnisse, der Zementindustrie, der Baustoffindustrie, der optischen Industrie, der Glasindustrie, der Schleifmittel- und Hartstoffindustrie und der Industrie der Schmuck- und Edelsteine, um nur die wichtigsten technischen Einsatzmöglichkeiten zu nennen. Die Anwendung mineralogischer *Methoden* ist meistens hier gefragt, und nur zu einem geringen Teil sind es die eigentlichen fachwissenschaftlichen Fragestellungen.

1.8 Bestimmung von Mineralen mit einfachen Hilfsmitteln

Einige Übung und Erfahrung sind erforderlich, um äußere Kennzeichen und die physikalischen Eigenschaften zutreffend beurteilen zu können.

Äußere Kennzeichen und physikalische Eigenschaften sind: Morphologische Ausbildung (Einkristall – Kristallaggregat – Gestein), Kristallform (Tracht – Habitus), Zwillingsbildung, Flächenstreifung, Spaltbarkeit, Bruch, mechanisches Verhalten (Elastizität, Sprödigkeit, Dehnbarkeit), Ritzhärte, Dichte, Farbe (Farbwandlung), Glanz, Lichtdurchlässigkeit, Strich auf rauher Porzellanplatte, Fluoreszenz, magnetisches Verhalten, Radioaktivität.

Hierzu leisten Bestimmungstafeln Hilfe: HOCHLEITNER et al. (1996), SCHÜLLER (1960). Siehe das Literaturverzeichnis am Schluß des Buchs.

Teil I Spezielle Mineralogie

(Eine Auswahl wichtiger Minerale)

Zur Systematik der Minerale

ZUSAMMENFASSUNG

Die Klassifikation wird nach den international bewährten *Mineralogischen Tabellen* von STRUNZ vorgenommen. Sie beruht auf einer Kombination von chemischen und kristallchemischen Gesichtspunkten. Die Einteilung erfolgt in 9 Klassen, die mit Beispielen in Tabelle 1 aufgeführt sind. Das chemische Einteilungsprinzip beruht hierbei auf der dominierenden Stellung der Anionen oder Anionengruppen, so die Gliederung in Sulfide, Halogenide, Karbonate, Sulfate, Phosphate, Silikate etc. Die Anionen bzw. Anionengruppen (Anionenkomplexe) sind viel besser geeignet, Gemeinsames herauszustellen, als die Kationen.

Bei den Silikaten bilden die kristallstrukturellen Eigenschaften ein ausgezeichnetes Gerüst für eine unumstrittene Gliederung. Die Präfixe zu den international gültigen Namen für die Strukturtypen der Silikate sind aus dem Griechischen entnommen und die in deutscher Sprache gebräuchlichen Bezeichnungen in Klammern gesetzt. Auch bei den chemischen Formeln wird die Schreibweise nach den Mineralogischen Tabellen von STRUNZ angewandt. Sie erfolgt für einen komplexen Chemismus wie etwa den der Phosphate oder Silikate in der Weise, daß innerhalb einer eckigen Klammer die Anionen F, Cl, OH etc. – durch einen Vertikalstrich (/) getrennt – vor den Komplexionen (PO_4 oder SiO_4) stehen. Beispiele: $Ca_5[(F, Cl, OH)/(PO_4)_3]$ oder $(Mg, Fe)_7[(OH)_2/Si_8O_{22}]$. Im angloamerikanischen Schrifttum werden die sog. Anionen 2. Stellung meistens hinten angesetzt: $(Mg, Fe)_7Si_8O_{22}(OH)_2$.

Tabelle 1. Chemische Einteilung der Minerale (vereinfacht nach STRUNZ, 1957, 1978)

1. *Elemente*
   Gediegene Metalle
   z. B. Cu, Ag, Au, Platinmetalle, Hg
   Semimetalle (Metalloide) und Nichtmetalle
   z. B. As, Sb, Bi
   z. B. C (Diamant, Graphit), S, Se, Te

2. *Sulfide* (Selenide, Telluride, Arsenide, Antimonide, Bismutide)
   z. B. Galenit (Bleiglanz) PbS
   Sphalerit (Zinkblende) ZnS
   Argentit (Hoch-Silberglanz) Ag_2S
   Löllingit $FeAs_2$

3. *Halogenide*
   z. B. Halit (Steinsalz) NaCl, Fluorit (Flußspat) CaF_2

4. *Oxide und Hydroxide*
   z. B. Korund Al_2O_3, Quarz, Hämatit (Eisenglanz) Fe_2O_3
   Gibbsit γ-$Al(OH)_3$

5. *Nitrate, Karbonate, Borate*
   z. B. Calcit (Kalkspat) $CaCO_3$

6. *Sulfate, Chromate, Molybdate, Wolframate*
   z. B. Baryt (Schwerspat) $BaSO_4$

7. *Phosphate, Arsenate, Vanadate*
   z. B. Apatit $Ca_5 [F, Cl, (OH)/(PO_4)_3]$

8. *Silikate*
   Nesosilikate
   (Inselstrukturen)   z. B. Olivin $(Mg,Fe)_2[SiO_4]$
   Sorosilikate
   (Silikate mit endlichen Gruppen)
   Cyclosilikate
   (Ringstrukturen)   Beryll $Al_2Be_3[Si_6O_{18}]$
   Inosilikate
   (Silikate mit Einfach- und Doppel-   Pyroxene, z. B. Diopsid $CaMg[Si_2O_6]$
   ketten)   Amphibole, z. B. Aktinolith
                                                  $Ca_2(Mg,Fe)_5[(OH)_2/Si_8O_{22}]$
   Phyllosilikate
   (Silikate mit Schichten)   Glimmer, z. B. Muscovit $KAl_2[(OH,F)_2/$
                                                  $AlSi_3O_{10}]$
   Tektosilikate
   (Gerüstsilikate)   Feldspäte, z. B. Kalifeldspat $K[AlSi_3O_8]$

9. *Organische Minerale*
   z. B. Whewellit $Ca(C_2O_4) \cdot H_2O$

2 Elemente

ALLGEMEINES

Im elementaren Zustand treten in der Natur etwa 20 chemische Elemente auf. Darunter befinden sich Metalle, Metalloide (Halbmetalle) und Nichtmetalle. Die Metalle sind meistens legiert: Sie neigen zur Mischkristallbildung, z. B. (Au, Ag). Es können im beabsichtigten Rahmen dieser Einführung, wie auch bei den übrigen Mineralgruppen, nur die wichtigsten Vertreter aufgeführt werden.

Tabelle 2. In der Natur elementar auftretende chemische Elemente

Metalle		Metalloide (Halbmetalle)		Nichtmetalle	
Gold-Gruppe		*Arsen-Gruppe*			
Gold	Au	Arsen	As	Schwefel	S
Silber	Ag	Antimon	Sb	Diamant	C
Kupfer	Cu	Wismut	Bi	Graphit	C
Platin-Gruppe					
Platin	Pt				
Eisen-Gruppe					
Eisen	α-Fe				
Kamacit	α-Fe, Ni (Ni-ärmer)				
Taenit	δ-Fe, Ni (Ni-reicher)				
Quecksilber-Gruppe					
Quecksilber	Hg				
Amalgam	Hg, Ag				

2.1 Metalle

In den Kristallstrukturen der metallischen Elemente ist eine möglichst hohe Raumerfüllung und hohe Symmetrie angestrebt. Besonders bei der Gold-Gruppe und bei Platin, die jeweils flächenzentrierte kubische Gitter aufweisen, ist mit ihrer kubisch dichten Kugelpackung / / {111} eine hohe Packungsdichte gewährleistet. Innerhalb der Eisen-Gruppe mit ihrem teilweise raumzentrierten kubischen Gittertyp (α-Fe, Kamacit) ist die Packungsdichte etwas geringer. Die physikalischen Eigenschaften, wie große Dichte, große thermische und elektrische Leitfähigkeit, Metallglanz, optisches Verhalten und mechanische Eigenschaften sind durch die Packungsdichte oder die metallischen Bindungskräfte in ihren Strukturen begründet. So beruht die vorzügliche Deformierbarkeit der Metalle Au, Ag, Cu und Pt auf der ausgeprägten Translation ihre Strukturen nach Ebenen dichtester Besetzung mit Atomen. Das sind die Ebenen / / {111}.

In den Anordnungen der dichten Kugelpackungen sind die Atomkugeln (rein geometrisch gesehen) so dicht zusammengepackt, wie es überhaupt möglich ist. Bei ihnen ist jedes Atom von 12 gleichartigen Nachbarn im gleichen Abstand umgeben, d.h. seine Koordinationszahl ist [12]. Man unterscheidet die kubisch dichte KP (kubisch flächenzentriertes Gitter) mit einer Schichtenfolge 123123 ... (rein schematisch) von der hexagonal dichten KP. Bei ihr ist die Schichtenfolge 1212 ..., wobei jede 3. Schicht mit der 1. eine identische Lage aufweist. Die echten Metalle kristallisieren mit wenigen Ausnahmen in diesen Strukturen.

◆ **Gold, Au**

Ausbildung und Kristallform: Kristallklasse $4/m\bar{3}2/m$, Gediegen Gold (engl.: native gold) bildet in der Natur undeutlich entwickelte Kriställchen mit unebener, gekrümmter Oberfläche, meistens nach dem Oktaeder {111}, seltener Würfel {100} oder Rhombendodekaeder {110}, daneben verschiedene Kombinationen dieser und anderer kubischer Formen. Meistens sind die Goldkriställchen stark verzerrt. Sie gruppieren sich zu bizarren, blech- bis drahtförmigen, meist dendritischen (skelettförmigen) Aggregaten (Abb. 3). Verbreiteter ist Gediegen Gold in winzigen, mikroskopisch sichtbaren oder submikroskopischen Einschlüssen im Pyrit (FeS_2) oder Arsenopyrit (FeAsS) sulfidischer Erze.

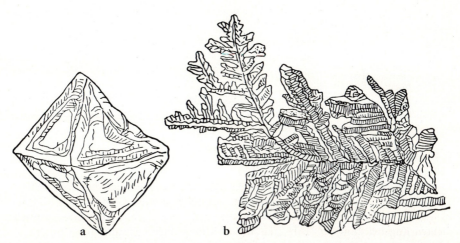

Abb. 3 a, b. Gediegen Gold. **a** Oktaeder mit typisch gekrümmter Oberfläche, **b** mit dendritischem (skelettförmigem) Wachstum. (Aus HURLBLUT und KLEIN, 1977, Fig. 7.2, S. 221)

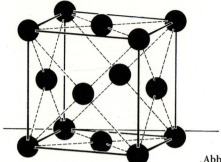
Abb. 4. Kubisch-flächenzentriertes Gitter

Physikalische Eigenschaften:
Spaltbarkeit   fehlt
Bruch   hakig, plastisch verformbar
Härte (Mohs)   2,5–3
Dichte (g/cm^3)   19–16 mit Zunahme des Ag-Gehalts
Farbe, Glanz   goldgelber Metallglanz, durch Ag-Gehalt heller: keine Anlauffarben
Strich   goldgelb, metallglänzend

Gold unterscheidet sich von gelb aussehenden Sulfiden wie Pyrit oder Kupferkies (Chalcopyrit), $CuFeS_2$, durch seinen goldfarbenen Strich auf rauher Porzellanplatte.

Struktur: Kubisch-flächenzentriert (Abb. 4). Wegen der etwa gleichen Größe (1,44 Å) der Atomradien von Au und Ag besteht auch in der Natur die Möglichkeit einer beachtlichen Aufnahme von Ag in die Struktur des Golds.

Chemismus: Das natürliche Gold enthält immer etwas Silber. Legierungen mit 20% Ag und mehr werden als *Elektrum* bezeichnet. Geringe Beimengungen von Cu und Fe kommen neben Spurengehalten weiterer Metalle, so auch von Platinmetallen, häufig vor.

Vorkommen: Im Unterschied zu dem oben beschriebenen primär gebildeten sog. *Berggold* kommt Gediegen Au auf sekundärer Lagerstätte in Form von Blättchen und Körnern *(Nuggets)* an ganz bestimmten Stellen inmitten von Geröllablagerungen einzelner Bäche oder Flüsse als sog. *Seifengold* bzw. *Waschgold* vor.

Bedeutung: Gediegen Gold ist als sog. *Freigold* das wichtigste Goldmineral und wichtigster Gemengteil von Golderzen. Chemische Verbindungen mit Au sind als Minerale sehr viel weniger verbreitet.

Gewinnung und Verwendung: Die Gewinnung des Golds aus Erzen kann durch Behandlung mit Hg (Amalgamierung) oder über eine Auslaugung durch seine Löslichkeit in KCN- oder NaCN-Laugen (Zyanidverfahren) erfolgen.

Gold ist wichtigstes Währungsmetall, heute seltener auch Münzmetall, dazu kommt seine Verwendung in der Computertechnologie, für Geräte der Chemie, als Zahngold und für Schmuckgegenstände.

◆ Silber, Ag

Ausbildung und Kristallformen: Kristallklasse $4/m\bar{3}2/m$, Gediegen Silber kommt meistens in draht-, haar- oder moosförmigen bis dendritischen Aggregaten vor. Bekannt sind die prächtigen ‚Silberlocken' (Abb. 5), die nach einer Oktaederkante [110], der dichtest besetzten Gittergeraden, ihr bevorzugtes Wachstum entwickelt haben. Wohlausgebildete kubische Kriställchen einschließlich deren Kombinationen sind relativ selten. Gelegentliche Zwillinge nach (111) sind nach ihrer Zwillingsebene plattenförmig verzerrt.

Physikalische Eigenschaften:

Spaltbarkeit	fehlt
Bruch	hakig, plastisch verformbar
Härte (Mohs)	2,5–3
Dichte (g/cm^3)	10–12, wesentlich niedriger als die des Golds
Farbe, Glanz	silberweißer Metallglanz nur auf frischer Bruchfläche, meistens gelblich bis bräunlich angelaufen durch Überzug von Silbersulfid
Strich	silberweiß bis gelblich, metallglänzend

Struktur: Kubisch-flächenzentriert. Somit gleicht seine Atompackung der des Golds mit einer kubisch dichten Kugelpackung der Ag-Atome.

Abb. 5. Gediegen Silber mit typisch lockenförmigem Wachstum, Kongsberg, Norwegen. Etwa natürliche Größe

Chemismus: Gediegen Silber enthält häufig Au, gelegentlich Hg, Cu und Bi beigemischt.

Vorkommen: In der sekundär entstandenen sog. Zementationszone sehr vieler Ag-führender Lagerstätten.

Bedeutung: Im Gegensatz zu Au spielt Gediegen Silber als Erzmineral in den Silberlagerstätten nur eine örtliche und gelegentliche Rolle gegenüber chemischen Ag-Verbindungen, v. a. Sulfiden wie Ag_2S (Silberglanz) und dem Ag-haltigen Bleiglanz (PbS).

♦ **Kupfer, Cu**

Ausbildung und Kristallformen: Kristallklasse $4/m\bar{3}2/m$, Gediegen Kupfer tritt wie Au und Ag in dendritischen oder moosförmigen Aggregaten, häufig auch in plattigen bis massigen Formen auf. An den skelettartigen Aggregaten erkennbare Kristallformen sind meistens stark verzerrt (Abb. 6). Häufig sind Würfel, Rhombendodekaeder, Oktaeder oder deren Kombinationen entwickelt. Solche Wachstumsformen sind i. allg. bei Gediegen Kupfer viel weniger zierlich ausgebildet als bei den beiden Edelmetallen, und die Kristalle sind größer als bei Gold.

Abb. 6. Gediegen Kupfer mit dendritischem Wachstum, Keweenaw-Halbinsel, Michigan, USA. Etwa natürliche Größe

Physikalische Eigenschaften:

Spaltbarkeit	fehlt
Bruch	hakig, dehnbar
Härte (Mohs)	2,5–3
Dichte (g/cm³)	8,5–9
Farbe, Glanz	kupferroter Metallglanz, matte Anlauffarbe durch dünne Oxidschicht
Strich	kupferrot, metallglänzend

Struktur: Kubisch-flächenzentriert. Wegen seines wesentlich kleineren Atomradius mit Au und Ag keine Mischkristallreihen bildend.
Chemismus: Gediegen Kupfer kommt bis auf Spurengehalte relativ rein in der Natur vor.
Vorkommen: Gediegen Kupfer tritt relativ verbreitet, jedoch meistens nur in kleinen Mengen auf, so innerhalb der Verwitterungszone von Kupferlagerstätten.
Die stattlichen Stufen von Gediegen Kupfer in den Mineraliensammlungen stammen aus einer im Abbau befindlichen primären Kupferlagerstätte auf der Keweenaw-Halbinsel, Michigan, im Lake Superior.
Wirtschaftliche Bedeutung: Als Kupfererz gegenüber Kupfersulfiden von relativ geringerer wirtschaftlicher Bedeutung.

◆ **Platin, Pt**

Ausbildung und Kristallformen: Kristallklasse $4/m\bar{3}2/m$, nur selten kubische Kriställchen, eher Körner oder abgerollte Klümpchen, meistens von mikroskopischer Feinheit.
Physikalische Eigenschaften:

Spaltbarkeit	fehlt
Bruch	hakig, dehnbar
Härte (Mohs)	4–4,5, härter als Minerale der Gold-Gruppe
Dichte (g/cm³)	15–19 in Abhängigkeit vom legierten Fe
Farbe, Glanz	stahlgrau, metallisch glänzend, oxidiert nicht an der Luft
Strich	silberweiß

Struktur und Chemismus: Kubisch-flächenzentriertes Gitter. Gediegen Platin ist immer mit Fe legiert, i. a. zwischen 4 und 11 %, in einzelnen Fällen auch darüber. Es enthält gewöhnlich auch andere Platinmetalle wie Ir, Os, Rh, Pd, aber auch Cu, Au, Ni.
Vorkommen: Akzessorisch in ultramafischen Gesteinen, besonders Duniten. Auf sekundärer Lagerstätte in den Platinseifen. Hier kommt es in winzigen Plättchen, seltener als Nuggets vor.
Verwendung: Elektroindustrie, physikalische und chemische Geräte, Katalysator, chemische Industrie, Zahntechnik, Schmuckgegenstände.

◆ **Eisen, α-Fe**

Ausbildung: Kristallklasse $4/m\bar{3}2/m$, größere Blöcke, derbe Massen und knollige Aggregate.

Physikalische Eigenschaften:

Bruch	hakig
Härte (Mohs)	4–5
Dichte (g/cm³)	7,5
Farbe, Glanz	stahlgrau bis eisenschwarz, metallisch
Strich	stahlgrau
Weitere Eigenschaft	stark magnetisch

Struktur und Chemismus: Kubisch-innenzentriertes Gitter des α-Fe, als Tieftemperaturform 1 der 4 Modifikationen des metallischen Eisens. Der Strukturunterschied zur Gold- und Platin-Gruppe bedingt die etwas verschiedenen mechanischen Eigenschaften.

Das irdische Eisen, das aus der Erdkruste stammt, enthält in der Regel nur wenig Ni. Unter den oxidierenden Einflüssen der Atmosphäre geht es in kurzer Zeit in Eisenoxidhydrat (Limonit FeO · OH) über.

Vorkommen von terrestrischem Eisen: Gediegen Eisen hat sich in Knollenform unter reduzierendem Einfluß von Kohlenflözen bei der Auskristallisation von basaltischer Schmelze aus deren reichlichem Fe-Gehalt gebildet. Auch unter den reduzierenden Bedingungen bei der Kristallisation der Mondbasalte ist häufig Gediegen Eisen als ein relativ untergeordneter Gemengteil gebildet worden. Eisen ist mit größter Wahrscheinlichkeit Hauptbestandteil des Erdkerns.

Das kosmische Eisen: Kosmisches Eisen, das gelegentlich auf die Erdoberfläche gelangt, unterscheidet sich stets durch einen größeren Nickelgehalt. Es findet sich in den *Eisen-* und den *Stein-Eisen-Meteoriten*. (Meteorite sind extraterrestrische Bruchstücke größerer Körper aus dem Asteroidengürtel unseres Sonnensystems, also Material des interplanetaren Raums, das auf die Erdoberfläche gelangt). Es sind derbe Massen mit schwarzer Schmelzkruste. Der bisher größte bekanntgewordene Eisenmeteorit ist rund 60 t schwer und liegt bei der Farm Hoba-West im Norden Namibias. Ein 63,3 kg schwerer Eisenmeteorit ist 1916 bei Marburg an der Lahn gefallen.

Das Meteoreisen ist meistens nicht einheitlich zusammengesetzt. Es besteht im wesentlichen aus 2 metallischen Mineralphasen, die nach {111} orientierte Verwachsungen aufweisen. Durch Anätzen einer polierten Fläche mit verdünnter Salpetersäure tritt diese Struktur deutlich hervor. Man bezeichnet sie als WIDMANNSTÄTTEN-*Figuren* (Abb. 7). Das relativ nickelarme Eisen solcher Eisenmeteorite wird als Balkeneisen, auch als *Kamacit* bezeichnet. Kamacit enthält etwa 5 Gew.% Ni. Kamacit wird, wenn es von dem nickelreichen Bandeisen umsäumt ist, als *Taenit* bezeichnet. Taenit enthält 27–65% Ni. Ein feinverwachsenes Aggregat von beiden, das Fülleisen (Plessit), findet sich in den Zwischenräumen zwischen beiden.

◆ Quecksilber, Hg

Gediegen Quecksilber ist das einzige bei gewöhnlicher Temperatur flüssige Metall. Bei −38,9 °C geht es unter Atmosphärendruck in den kristallisierten Zustand über. Es ist stark metallglänzend, silberweiß. Mit D = 13,6 hat es eine sehr hohe Dichte. Hg ist giftig und kann im Spurenbereich in der Natur als Schadstoff auftreten!

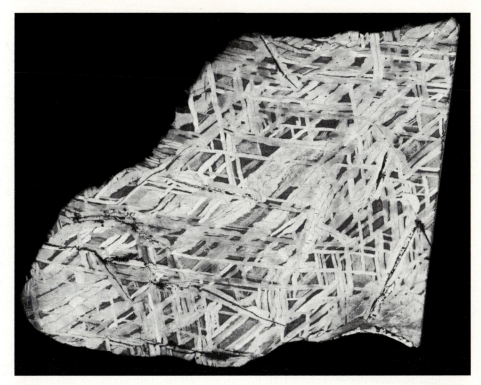

Abb. 7. Kosmisches Nickeleisen (Fe, Ni). Angeätzter Eisenmeteorit läßt die charakteristischen WIDMANNSTÄTTEN-*Figuren* hervortreten. Sperriges Gerüst im wesentlichen aus Kamacit (Balkeneisen), in den Lücken Plessit (Fülleisen), Joe Wright Mountain, Arkansas, USA, gefunden 1884. Vergrößerung 1,4fach

Gediegen Quecksilber kommt in kleinen Tropfen in der Verwitterungszone von Zinnoberlagerstätten (Cinnabarit, Zinnober = HgS) vor. Gegenüber Cinnabarit ist es als Quecksilbererzmittel unbedeutend.

Als natürliches *Amalgam* mit Ag oder Au legiert.

2.2 Semimetalle (Metalloide, Halbmetalle)

Die Semimetalle *Arsen, Antimon* und *Wismut* gehören alle dem gleichen Strukturtyp an. Ihr Feinbau weicht nicht viel von einem mäßig rhomboedrisch defomierten, kubischen Gitter ab. Die relativ starke homöopolare Bindung zwischen 4 dicht benachbarten Atomen und die relativ schwachen Bindungskräfte außerhalb derselben bewirken eine vollkommene Spaltbarkeit nach einem etwas welligen Schichtenbau // (0001). Die 3 Semimetalle haben ähnliche physikalische Eigenschaften. Sie sind relativ spröde und schlechtere Leiter von Wärme und Elektrizität als die Metalle.

Arsen, As

Gediegen Arsen findet sich gewöhnlich in äußerst feinkristallinen, dunkelgrau angelaufenen, nierig-schaligen Massen, die auch als *Scherbenkobalt* bezeichnet werden. Auf frischen Bruchflächen ist Gediegen Arsen hellbleigrau und metallglänzend, läuft an der Luft relativ schnell an und wird dabei dunkelgrau. H = 3–4.

Gediegen Arsen kommt lokal in Erzgängen von Ag- und Ni-Co-Bi-Erzen vor.

Antimon, Sb

Gediegen Antimon tritt meistens körnig und in Verwachsung mit Arsen auf. Es besitzt eine vollkommene Spaltbarkeit nach (0001), ist zinnweiß und metallisch glänzend. H = 3–3$^1/_2$. Gediegen Antimon ist sehr viel seltener als Gediegen Arsen.

Wismut, Bi

Gediegen Wismut tritt meistens in charakteristischen dendritischen, federförmigen Wachstumsskeletten auf, derb in blättrig-körnigen Aggregaten; die seltenen Kristalle sind würfelähnlich. Gediegen Wismut zeigt silberweißen bis rötlichgelben Metallglanz, Strich grau. Vollkommene Spaltbarkeit nach (0001), H = 2–2$^1/_2$.

Gediegen Wismut kommt mit Ag-Ni-Co- oder Zinn-Silber-Erzgängen vor. Wichtiges Mineral zur Gewinnung von Bi.

Verwendung als Legierungsmetall besonders leicht schmelzender Legierungen, pharmazeutische Präparate.

2.3 Nichtmetalle

Schwefel, α-S

Ausbildung und Kristallformen: Kristallklasse 2/m2/m2/m, oft in schönen aufgewachsenen Kristallen, meistens bipyramidale Tracht, oft 2 Bipyramiden entwickelt, von denen die steilere, meistens {111}, vorherrscht, ein Längsprisma und die Basis {001} (Abb. 8 a–c). Bisweilen auch hemiedrische Ausbildung mit dem rhombischen Bisphenoid (Abb. 8 d). Viel häufiger feinkristallin in Krusten oder Massen.

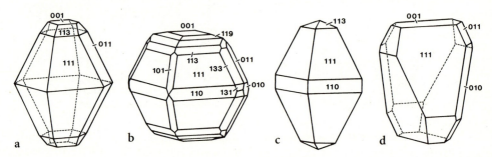

Abb. 8. α-Schwefel; **a–c** Kristalle in holoedrischer; **d** in hemiedrischer Ausbildung

Monokliner Schwefel (β-Schwefel) entsteht als heißer Kristallrasen in Vulkankratern. Er geht unterhalb +95,6 °C sehr bald in den rhombischen α-Schwefel über.

Physikalische Eigenschaften

Spaltbarkeit	angedeutet
Bruch	muschelig, spröde
Härte (Mohs)	1,5–2
Dichte (g/cm^3)	2,0–2,1
Farbe, Glanz	schwefelgelb, durch Bitumen braun, bei geringem Selengehalt gelborange (Selenschwefel)
	Auf Kristallflächen Diamantglanz, auf Bruchflächen Fett- bzw. Wachsglanz. In dünnen Splittern durchscheinend
Strich	weiß

Struktur: Die Elementarzelle der Struktur des rhombischen Schwefels enthält die große Zahl von 128 Schwefelatomen. 8 S-Atome bilden jeweils ein ringförmiges elektrisch geladenes Molekül, und die Elementarzelle enthält 16 derartige S_8-Moleküle (Abb. 9). Die Bindungskräfte innerhalb der Ringe sind stark homöopolar.

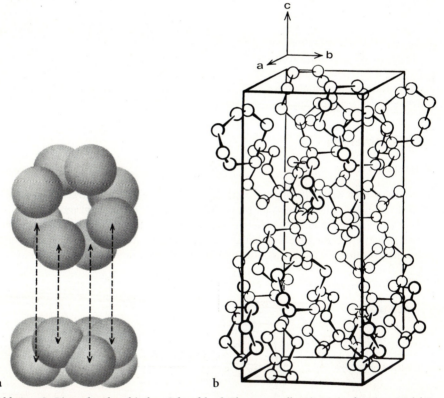

Abb. 9. a S_8-Ringe des rhombischen Schwefels; **b** Elementarzelle mit 16 ringförmigen Molekülen S_8, die in den Richtungen [110] und [1$\bar{1}$0] geldrollenartig aneinandergereiht sind. Diese Richtungen entsprechen den morphologisch wichtigsten Zonen des Schwefelkristalls. (HURLBLUT und KLEIN, 1977, Fig. 7.7)

Zwischen den Ringmolekülen herrschen nur schwache VAN-DER-WAALS-Bindungskräfte. Aus seiner Struktur erklären sich die schlechte Leitfähigkeit von Wärme und Elektrizität des Schwefels, die niedrige Schmelz- und Sublimationstemperatur sowie die geringe Härte und Dichte.

Vorkommen: Schwefel wird aus vulkanischen Exhalationen und Thermen abgeschieden. Er bildet sich v. a. auch sedimentär aus der Reduktion von Sulfaten durch die Tätigkeit von Schwefelbakterien.

Wirtschaftliche Bedeutung: Herstellung von Schwefelsäure, Vulkanisieren von Kautschuk, Zellstoffindustrie, Schädlingsbekämpfungsmittel, Pyrotechnik.

2.3.1 Diamant und Graphit

◆ **Diamant, C**

Diamant ist die Hochdruckmodifikation des Kohlenstoffs.

Ausbildung und Kristallformen: Kristallklasse $4/m\bar{3}2/m$. Wachstumsformen meistens das Oktaeder, daneben Rhombendodekaeder, Hexakisoktaeder und Würfel, andere Formen nicht ganz so häufig (Abb. 10). Durch Lösungsvorgänge gerundete Flächen, Ätzerscheinungen und Streifung der Flächen sind charakteristisch. Auch verzerrte und linsenförmig gerundete Kristalle sind nicht selten. Zwillingsverwachsungen nach (111), dem Spinellgesetz, sind häufig; gewöhnlich abgeflacht nach (111).

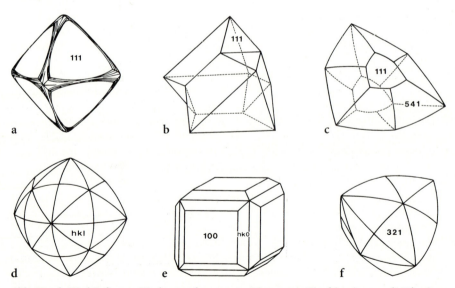

Abb. 10 a–f. Die häufigeren Wachstumsformen von Diamant; **a** Kombination von {111} mit gerundetem Hexakisoktaeder {hkl}; **b** Kontaktzwilling nach dem Spinellgesetz (111); **c** Zwilling nach (111) mit linsenförmigem Habitus kombiniert mit Hexakistetraeder {541}; **d** Hexakisoktaeder {hkl}; **e** {100} mit Tetrakishexaeder {hk0}; **f** Hexakistetraeder {321}; kantengerundet

Physikalische Eigenschaften:

Spaltbarkeit	{111} vollkommen
Bruch	muschelig, spröde
Härte (Mohs)	10, härtestes Mineral. Es bestehen Härteunterschiede auf den verschiedenen Flächen und in den verschiedenen Richtungen auf einer gegebenen Fläche (sog. Anisotropie der Härte), wobei Härte auf (111) > (110) $\geqq$ (100)
Dichte (g/cm^3)	3,52
Lichtbrechung	2,4–2,5 sehr hoch, dabei starke Dispersion des Lichts (Farbenzerstreuung), die den als Edelstein so geschätzten Glanz und das *Feuer* der geschliffenen Steine hervorbringen
Farbe, Glanz	die wertvollsten Steine sind völlig farblos, andere sehr häufig schwach getönt, gelblich, grau oder grünlich. Reine, intensive Farben sind sehr selten. Reine Diamanten sind durchsichtig, von zahlreichen Einschlüssen durchsetzte durchscheinend bis undurchsichtig. Der charakteristische hohe Glanz des Diamanten wird als *Diamantglanz* bezeichnet

Struktur: In der Diamantstruktur sind 2 flächenzentrierte kubische Gitter mit den Atomkoordinaten 000 und 1/4 1/4 1/4 ineinandergestellt (Abb. 11 a). Jedes C-Atom ist von 4 Nachbaratomen tetraedrisch umgeben. Die Bindungskräfte in der Diamantstruktur sind ausschließlich homöopolar. Unabhängig von den starken homöopolaren Bindungskräften im Diamantgitter handelt es sich um eine nicht gerade dicht gepackte Struktur. Nur 34 % Raumerfüllung liegen vor. Geometrisch bestehen //(111) dichtest mit Atomen besetzte, in sich gewellte Schichten mit C-C-Abständen von 1,54 Å (Abb. 11 b). Zwischen diesen dichtbesetzten Netzebenen nach {111} besteht jeweils nur 1 C-C-Bindung pro Atom. So ist es verständlich, daß {111} die beste Spaltfläche des Diamanten ist.

Vorkommen: Auf *primärer* Lagerstätte findet sich Diamant als relativ seltener Gemengteil im Kimberlit, einem Gestein, das etwa einem umgewandelten Peridotit entspricht. Kimberlit füllt als eine Schlotbreccie vulkanogene Durchschlagsröhren, die als *Pipes* bezeichnet werden. Es wird angenommen, daß sich Diamant innerhalb seines thermodynamischen Stabilitätsfelds gebildet hat (Abb. 13). Er muß deshalb in einer Erdtiefe von mehr als 130 km im Oberen Mantel der Erde entstanden sein. Auf *sekundärer* Lagerstätte findet sich Diamant in Sand- oder Geröllablagerungen als Diamantseife.

Viele Fundstellen von Diamant sind bekannt geworden, aber nur wenige sind als Lagerstätten bemerkenswert. Seit ältesten Zeiten sind Diamanten in Indien gefunden worden, später sind Vorkommen in Brasilien, 1867 in Südafrika, 1908 in Südwestafrika entdeckt worden und seither findet darüber hinaus ihre Gewinnung in mehreren Gebieten vornehmlich innerhalb des mittleren Afrika statt. Neue und ausgedehnte Diamantvorkommen wurden 1955 im ostsibirischen Jakutien entdeckt. Die erst 1970 aufgefundenen primären Lagerstätten in Westaustralien und New South Wales ließen Australien in kurzer Zeit zum größten Diamantproduzenten aufsteigen. Die Argyle Mine, erst 1979 entdeckt, ist derzeit die erdgrößte Diamantmine.

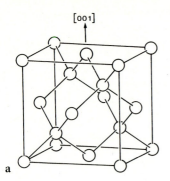

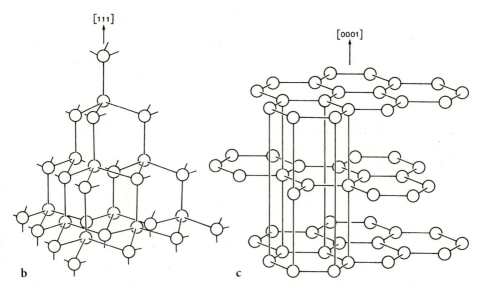

Abb. 11. a Struktur von Diamant, **b–c** Beziehung der Diamantstruktur **b** zur Graphitstruktur **c**. s. Text

Wirtschaftliche Bedeutung: Diamant, wohl der begehrteste aller Edelsteine, wird am häufigsten in der Brillantform geschliffen (Abb. 12). Durch Größenverhältnis, Anzahl und Winkel der Facetten wird mit dem Brillantschliff ein Maximum an Wirkung erreicht. Der seither größte Diamant wurde im Jahre 1905 in der Premier-Mine bei Pretoria gefunden. Er wog 3025 Karat, das sind 610 g, und erhielt den Namen *Cullinan*. Aus ihm wurden 105 Steine geschliffen, deren größter $516^{1}/_{2}$ Karat wiegt. Letzterer gehört seither zu den britischen Kronjuwelen.

Wichtig ist daneben der Industriediamant, als Bort oder in anderer Form als Carbonado bezeichnet. Er findet Verwendung als Schleif- und Poliermittel, zur Herstellung von Schneidescheiben, zur Besetzung von Bohrkronen und nicht zuletzt für die Bearbeitung der schleifwürdigen Diamanten.

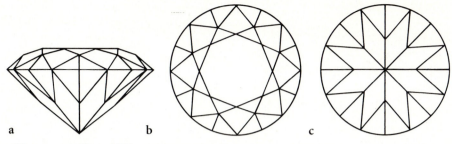

Abb. 12 a–c. Brillantschliff; **a** Seitenansicht; **b** Oberseite; **c** Unterseite

Die künstliche Herstellung von Diamant, die Diamantsynthese, ist im Jahr 1955 in den USA gelungen. Heute wird etwa die Hälfte des Bedarfs an Industriediamanten synthetisch hergestellt, und diese Produkte sind seither auf dem Weltmarkt voll konkurrenzfähig.

◆ **Graphit, C**

Ausbildung und Kristallformen: Kristallklasse 6/m2/m2/m, in blättrigen bis zu äußerst feinschuppigen Massen.

Physikalische Eigenschaften:

Spaltbarkeit	vollkommen, Translation nach (0001)
Mechanische Eigenschaft	Blättchen sind unelastisch verbiegbar
Härte (Mohs)	1, sehr weich, schwarz abfärbend
Dichte (g/cm^3)	2,25
Farbe, Glanz	schwarz, metallglänzend, opak
Strich	schwarz
Weitere Eigenschaft	guter Leiter der Elektrizität

Struktur: Graphit besitzt eine typische Schichtstruktur (Abb. 11 c). In jeder Schicht wird 1 C von 3 C im gleichen Abstand von 1,42 Å umgeben. Es werden 2dimensional unendliche Sechsecknetze gebildet, an deren Ecken sich jeweils 1 C befindet. Die übereinanderliegenden Schichten sind derart gegeneinander verschoben, daß 1 Atom der 2. Schicht genau über der Mitte eines Sechsecks der 1. Schicht zu liegen kommt. So befindet sich die 3. Schicht in identischer Lage mit der ersten. Die Schichtfolge ist also 121212. Der Abstand von Schicht zu Schicht ist mit 3,44 Å bedeutend größer als derjenige zwischen benachbarten C-Atomen innerhalb einer Schicht. Das ist darauf zurückzuführen, daß nur schwache VAN-DER-WAALS-Restkräfte zwischen den Schichten wirken. Hierdurch werden die ausgezeichnete blättchenförmige Spaltbarkeit und Translatierfähigkeit nach (0001) sowie auch die starke Anisotropie anderer physikalischer Eigenschaften des Graphits verständlich. Im Graphit führen starke metallische Bindungskräfte innerhalb der Schichten zu guter elektrischer Leitfähigkeit.

Graphit-2-H mit der Schichtenfolge 121212 und hexagonaler Symmetrie ist die häufigste Strukturvarietät des Graphits.

Ein Vergleich mit der Diamantstruktur ergibt sich aus der Gegenüberstellung in Abb. 11 b und c. [0001] in der Graphitstruktur entspricht [111] in der Diamantstruktur.

Vorkommen: Akzessorisch als einzelne Schüppchen in vielen Gesteinen, in Nestern und Flözen innerhalb metamorpher Gesteine, hier teilweise von wirtschaftlicher Bedeutung. Graphit entsteht häufig bei der Metamorphose aus kohligen oder bituminösen Ablagerungen.

Industrielle Verwendung: Fertigung von Schmelztiegeln, Graphitelektroden, Bleistiftminen, Kohlestäbchen, Schmier- und Poliermittel, als Elektrographit Moderator in Atomreaktoren zur Abbremsung freiwerdender Neutronen, in der Eisen-, Stahl- und Gießereiindustrie.

2.3.1.1 Stabilität von Diamant und Graphit

Diamant ist gegenüber Graphit die unter höheren Drücken stabile Modifikation des Kohlenstoffs. Das geht bereits aus seiner größeren Dichte bzw. dichteren Packung seiner Atome hervor. Unter niedrigem Druck ist Diamant gegenüber Graphit die metastabile Phase. Die extrem langsame Umstellung des Diamantgitters in das Graphitgitter ist der Grund dafür, daß Diamant und Graphit unter Zimmertemperatur und Atmosphärendruck nebeneinander bestehen können. Für eine Umwandlung von Graphit → Diamant als stabile Phase sind mit zunehmend höherer Temperatur immer höhere Drücke notwendig, wie aus dem Druck-Temperatur-Diagramm des Kohlenstoffs (Abb. 13) hervorgeht.

Trägt man in dieses Diagramm zusätzlich den Verlauf eines (wahrscheinlichen) geothermischen Gradienten ein, so deutet der Schnitt E bei rund 40 kbar den nöti-

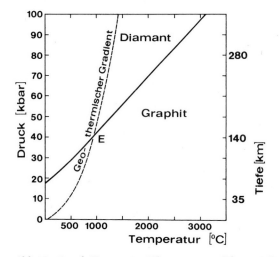

Abb. 13. Druck-Temperatur-Diagramm zur Diamant-Graphit-Beziehung. Dazu der subkontinentale geothermische Gradient mit vermutetem Verlauf in Erdkruste und Oberem Erdmantel (nach BUNDY et al. und BERMAN, aus ERNST, 1976). Unter dem *geothermischen Gradienten* versteht man die Änderung der Temperatur mit zunehmender Erdtiefe

gen Mindestdruck für die Diamantbildung im Muttergestein Kimberlit an. Ein solcher Belastungsdruck durch überlagerndes Gestein würde in rund 140 km Tiefe innerhalb des Oberen Erdmantels erreicht sein. (Die von mancher Seite angenommene entscheidende Beteiligung von Gasdrücken bei der Diamantbildung im Kimberlit bleibt dabei allerdings unberücksichtigt). Demgegenüber ist Graphit innerhalb der gesamten Erdkruste, an deren kontinentaler Untergrenze ein hydrostatischer Druck von im Durchschnitt rund 10 kbar (1 kbar = 1000 bar, 1 bar = 0,9869 atm) geschätzt wird, die stabile Form des Kohlenstoffs.

3 Sulfide, Arsenide und komplexe Sulfide (Sulfosalze)

ALLGEMEINES UND UNTERTEILUNG

Diese Mineralklasse stellt den größten Teil der Erzminerale. Die sich opak verhaltenden Minerale unter ihnen besitzen einen in der Farbe unterschiedenen Metallglanz. Die nichtopaken unter ihnen sind in dünnen Schichten durchscheinend, besitzen eine sehr hohe Lichtbrechung und zeigen Diamantglanz. Alle geben auf rauher Porzellanplatte einen diagnostisch verwertbaren Strich bei der Mineralbestimmung nach äußeren Kennzeichen.

Es gibt unter den Sulfiden und Arseniden kleine Gruppen mit ähnlicher Kristallstruktur, jedoch ist es nicht möglich, allgemeine Zusammenhänge zwischen den verschiedenen Kristallstrukturen für eine Systematik herauszustellen. In ihren Gittern herrschen Mischbindungen zwischen metallischen, heteropolaren und homöopolaren Bindungskräften vor. Insbesondere bei den auftretenden Schichtstrukturen trifft man auch VAN-DER-WAALS-Bindungskräfte an.

Bindungskräfte in der Kristallstruktur. Für das physikalische Verhalten der Minerale ganz allgemein sind die Bindungskräfte in der betreffenden Kristallstruktur entscheidend. Sie sind insbesondere von den Elektronen der Außenschalen der Partikel (Ionen, Atome etc.) abhängig. Man unterscheidet: Ionenbindung (heteropolare Bindung), Atombindung (homöopolare Bindung), metallische Bindung. Die VAN-DER-WAALS-Bindungskräfte sind verglichen mit den genannten Hauptbindungsarten nur relativ schwach. Sie beruhen auf Restvalenzen, die zwischen Atomen, Ionen oder Molekülen bestehen. Bei den Mineralen liegen meistens Mischbindungen vor.

Die hier vorgenommene Unterteilung erfolgt nach Gruppen mit abnehmendem Metall-Nichtmetall-Verhältnis im wesentlichen nach dem Vorschlag in den *Mineralogischen Tabellen* von STRUNZ:

Abteilung A. Sulfide etc. mit Metall : Schwefel $> 1:1$
Abteilung B. Sulfide etc. mit Me : S $= 1:1$
Abteilung C. Sulfide etc. mit Me : S $< 1:1$
Abteilung D: Komplexe Sulfide (Sulfosalze)
Abteilung E: Sulfide mit nichtmetallischem Charakter

Einer früher im deutschen Sprachraum bewährten Einteilung dieser Mineralklasse in 4 Gruppen, nämlich *Kiese, Glanze, Blenden* und *Fahle*, kann nur noch bei Bestimmungstabellen nach äußeren Kennzeichen ein gewisser Vorzug gegeben werden. Wegen ihrer für den Anfänger größeren Aussagekraft werden in der vorliegenden Einführung die alten deutschen Bezeichnungen teilweise beibehalten und die international gebräuchlichen Namen in Klammer gesetzt.

3.1 Metallische Sulfide mit Me:S > 1:1

Tabelle 3. Metallische Sulfide mit Me:S > 1:1

Chalkosin (Kupferglanz)	Cu_2S	Cu 79,8 %	Stabil	> 103 °C < 103 °C	Hexagonal $2/m$
Bornit (Buntkupferkies)	Cu_5FeS_4	Cu 63,3 %	Stabil	> 228° < 228°	$4/m\bar{3}2/m$ $\bar{4}2m$
Argentit Akanthit (Silberglanz)	Ag_2S	Ag 87,1 %	Stabil	> 179° < 179°	$4/m\bar{3}2/m$ $2/m$
Pentlandit	$(Ni, Fe)_9S_8$	Ni 30–35 %			$4/m\bar{3}2/m$

◆ Chalkosin (Kupferglanz), Cu_2S

Ausbildung: Kristallformen sind relativ selten entwickelt, gewöhnlich in kompakten Massen.

Physikalische Eigenschaften:

Spaltbarkeit	undeutlich nach {110}
Bruch	muschelig
Härte (Mohs)	$2^1/_2$–3
Dichte (g/cm³)	5,5–5,8
Farbe, Glanz	bleigrau auf frischem Bruch, Metallglanz, an der Luft matt und schwarz anlaufend
Strich	grauschwarz, metallisch glänzend

Struktur und Chemismus: Chalkosin ist dimorph, < 103 °C monoklin, > 103 °C hexagonal. Es gibt mehrere ähnlich zusammengesetzte Minerale, deren komplizierte Beziehungen bis jetzt nur teilweise geklärt sind.

Vorkommen: Primäres, hydrothermal gebildetes Erzmineral, sekundär in der Zementationszone von Kupferlagerstätten. Chalkosin verwittert leicht unter Bildung von Cuprit Cu_2O, mitunter Gediegen Kupfer und letztlich zu Cu-Hydrokarbonaten wie Azurit und Malachit.

Bedeutung: Chalkosin ist ein sehr wichtiges Cu-Erzmineral.

◆ Bornit (Buntkupferkies), Cu_5FeS_4

Ausbildung: Kristallformen sind seltener, bisweilen Aggregate verzerrter Würfel, meistens als massiges Erz.

Physikalische Eigenschaften:

Spaltbarkeit	selten deutlich
Bruch	muschelig
Härte (Mohs)	3
Dichte (g/cm³)	4,9–5,1
Farbe, Glanz	rötlich bronzefarben auf frischer Bruchfläche, bunt (rot und blau) anlaufend, zuletzt schwarz. Metallglanz
Strich	grauschwarz

Struktur: Die Kristallstrukturen der beiden Modifikationen sind relativ komplex. Die Tieftemperaturform weist zusätzliche Defekte in ihrer Struktur auf, die eine große Variation im Cu-Fe-S-Verhältnis zulassen.
Chemismus: Zusammensetzung schwankend durch Löslichkeit für Cu_2S und etwas weniger für $CuFeS_2$. Bornit weist innerhalb des Systems Cu-Fe-S ausgedehnte Mischkristallbildung auf.
Vorkommen: Vorwiegend hydrothermal gebildetes Erzmineral, sekundär in der Zementationszone und sedimentär als Imprägnation. Bornit verwittert leicht unter zwischenzeitlicher Bildung von Chalkosin und Covellin CuS, Verwitterungsendprodukt schließlich Azurit und Malachit.
Bedeutung: Bornit ist ein wichtiges Cu-Erzmineral.

◆ Argentit und Akanthit (Silberglanz), Ag_2S

Ausbildung: Kristalle von Argentit zeigen kubische Formen, häufig dominiert die würfelige Tracht. Meistens derb und massig, als sog. *Silberschwärze* pulverig. Gelegentlich pseudomorph nach Gediegen Silber.
Physikalische Eigenschaften:

Spaltbarkeit	fehlt
Bruch	geschmeidig, mit dem Messer schneidbar, aus Silberglanz wurden in früherer Zeit Münzen geprägt
Härte (Mohs)	$2-2^1/_2$
Dichte (g/cm^3)	7,3
Farbe, Glanz	auf frischer Schnittfläche bleigrauer Metallglanz, unter Verwitterungseinfluß matter Überzug und schwarz anlaufend, schließlich pulveriger Zerfall
Strich	dunkelbleigrau, metallisch glänzend

Struktur: Argentit kristallisiert kubisch flächenzentriert und entsteht unter höherer Temperatur, bei Abkühlung Zerfall in den monoklinen Akanthit.
Vorkommen: Primäres, hydrothermal gebildetes Erzmineral und als Silberträger im Galenit PbS, sekundär in der Zementationszone.
Bedeutung: Wichtiges Ag-Erzmineral, auch als wesentlicher Silberträger im Galenit.

◆ Pentlandit, $(Ni, Fe)_9S_8$

Ausbildung: Meistens in körnigen Aggregaten.
Physikalische Eigenschaften:

Spaltbarkeit	deutlich nach {111}
Bruch	spröde
Härte (Mohs)	$3^1/_2-4$
Dichte (g/cm^3)	4,6-5
Farbe, Glanz	bronzegelb, Metallglanz
Strich	schwarz

Unterscheidende Eigenschaft: Im Unterschied zu Pyrrhotin nicht magnetisch.

Struktur und Chemismus: Gewöhnlich bildet Pentlandit Körner oder Entmischungslamellen im Pyrrhotin. Das Verhältnis von Fe:Ni im Pentlandit ist nahe 1:1, gewöhnlich enthält Pentlandit auch etwas Co.

Vorkommen: Zusammen mit Pyrrhotin meistens liquidmagmatische Ausscheidung z. B. in der bedeutenden Nickellagerstätte von Sudbury, Ontario, Kanada.

Bedeutung: Pentlandit ist das wichtigste Ni-Erzmineral.

Nickel als metallischer Rohstoff: Ni ist in erster Linie ein wichtiges Stahlveredelungsmetall. Nickelstahl enthält $2^1/_2$–$3^1/_2$% Ni, dabei erhöht Ni die Festigkeit und Korrosionsbeständigkeit des Stahls. Verwendung als Legierungsmetall in Form von Hochtemperaturwerkstoffen in der Kraftwerkstechnik, im Turbinen- und im chemischen Apparatebau sowie in der Galvanotechnik, als Münzmetall, Nickelüberzug, Katalysator etc.

3.2 Metallische Sulfide und Arsenide mit Me:S = 1:1

Tabelle 4. Metallische Sulfide und Arsenide mit Me:S = 1:1

Galenit (Bleiglanz)	PbS	Pb 86,6%	$4/m\bar{3}2/m$
Sphalerit (Zinkblende)	ZnS	Zn 67,1	$\bar{4}3\,m$
Wurtzit	β-ZnS		6 mm
Chalkopyrit (Kupferkies)	CuFeS$_2$	Cu 34,6	$\bar{4}2\,m$
Pyrrhotin (Magnetkies)	FeS–Fe$_{1-x}$S		6/m2/m2/m
Nickelin (Rotnickelkies)	NiAs	Ni 43,9	6/m2/m2/m
Covellin (Kupferindig)	CuS	Cu 66,4	6/m2/m2/m
Cinnabarit (Zinnober)	HgS	Hg 86,2	32

◆ **Galenit (Bleiglanz), PbS**

Ausbildung: Kristallklasse $4/m\bar{3}2/m$, häufig gut ausgebildete Kristalle bis zu beträchtlicher Größe aus zahlreichen Fundorten, als Kristallformen (Abb. 14) herrschen vor: {100} und {111} allein oder in Kombination (als sog. Kubooktaeder), daneben das Rhombendodekaeder {110} und das Trisoktaeder {221} und andere Formen. Gewöhnlich körnig oder spätig, oft feinkörnige bis dichte Erze bildend, bisweilen stark deformiert und gestriemt (sog. Bleischweif), Gleitzwillinge.

Physikalische Eigenschaften:

Spaltbarkeit	{100} vollkommen
Härte (Mohs)	$2^1/_2$–3
Dichte (g/cm^3)	7,4–7,6
Farbe, Glanz	bleigrau, gelegentlich matte Anlauffarben, starker Metallglanz auf den frischen Spaltflächen
Strich	grauschwarz

Struktur: Die PbS-Struktur entspricht geometrisch dem NaCl-Typ (Abb. 15). Jedes Pb-Atom ist von 6 S, jedes S-Atom seinerseits von 6 Pb ebenfalls oktaedrisch, d.h. mit der Koordinationszahl [6] umgeben. Geometrisch ist die Galenitstruktur

3.2 Metallische Sulfide und Arsenide mit Me:S = 1:1   35

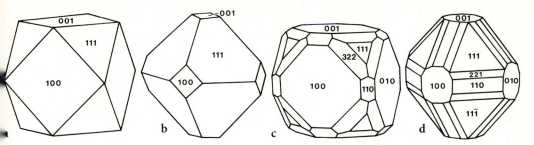

Abb. 14 a–d. Galenit, verbreitete Kristallkombinationen; **a** Kubooktaeder; **b–d** verschiedene Kombinationen

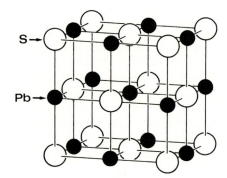

Abb. 15. Kristallstruktur von Galenit

als 2 flächenzentrierte kubische Gitter (Würfel) zu beschreiben, 1 mit Pb, das andere mit S. Beide sind mit einer Verschiebung von $1/2$ a (a = Würfelkante) ineinandergestellt. Die Bindungskräfte im Gitter sind ausgesprochen metallisch.

Chemismus: PbS, Galenit weist gewöhnlich einen geringen Silbergehalt auf, meistens zwischen 0,01 und 0,3 %, mitunter bis zu 1 %. Dieser geht entweder auf einen diadochen Einbau im Galenitgitter zurück oder auf Einschlüsse. Solche Einschlüsse bestehen aus den verschiedensten Silbermineralen, vorwiegend aus Silberglanz.

Vorkommen: Zusammen mit Sphalerit auf hydrothermalen Gängen, als Verdrängungsbildung in Kalksteinen etc.

Bedeutung: Wichtigstes und häufigstes Pb-Erzmineral und wegen seiner großen Verbreitung in der neueren Zeit zugleich auch wichtigstes Silbererz.

Blei als metallischer Rohstoff: Verwendung für Akkumulatoren, Bleikabel, Bleiplatten, als Legierungsmetall, Tetraäthylblei (Antiklopfmittel im Benzin) etc.

◆ Sphalerit (Zinkblende), ZnS

Ausbildung: Kristallklasse $\bar{4}3m$, kommt in gut ausgebildeten Kristallen vor (Abb. 16), oft tetraedrische Tracht, bei einer Kombination des positiven mit dem negativen Tetraeder lassen sich die beiden verschiedenen Tetraeder durch

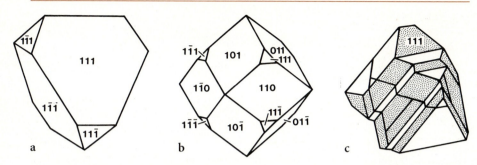

Abb. 16a–c. Kristallkombinationen von Sphalerit; a tetraedrische Tracht; b das Rhombendodekaeder dominiert; c Zwillingsverwachsung nach (111)

die Art ihres Glanzes und ihrer Ätzfiguren unterscheiden. Weitere verbreitete Form ist das Rhombendodekaeder {110}, bisweilen in Kombination mit dem positiven und negativen Tristetraeder {311} und {3$\bar{1}\bar{1}$}. Durch wiederholte Verzwillingung nach einer Tetraederfläche ist die Form der Kristalle oft schwer bestimmbar. Darüber hinaus ist Sphalerit besonders als spätiges oder feinkörniges Erz weit verbreitet.

Als *Schalenblende* werden Stücke mit feinstengeliger, schalig-krustenartiger Struktur und nierenförmiger Oberfläche bezeichnet. Es handelt sich nur teilweise um reinen Sphalerit, häufiger um Verwachsungsaggregate von Zinkblende und Wurtzit oder seltener auch um Wurtzit allein.

Physikalische Eigenschaften:

Spaltbarkeit	nach {110} vollkommen, spröde
Härte (Mohs)	$3^1/_2$–4
Dichte (g/cm^3)	3,9–4,1
Farbe, Glanz	weiß (selten), gelb (sog. *Honigblende*), braun, rot (sog. *Rubinblende*), ölgrün oder schwarz. Starker *(blendeartiger)* Glanz (Diamantglanz), besonders auf Spaltflächen. Durchsichtig bis lediglich kantendurchscheinend, niemals völlig opak
Strich	gelblich bis dunkelbraun, niemals schwarz

Struktur: Zn und S bilden für sich allein je ein flächenzentriertes kubisches Gitter (Abb. 17). Geometrisch sind diese beiden Gitter um $1/4$ ihrer Raumdiagonalen gegeneinander verschoben und ineinandergestellt. Jedes Zn-Atom ist tetraedrisch von 4 S-Atomen und jedes S-Atom von 4 Zn-Atomen umgeben. Die gegenseitige Koordinationszahl ist [4]. Man kann auch die Sphaleritstruktur aus der Diamantstruktur ableiten, derart, daß man eine Hälfte der C-Atome der Diamantstruktur durch Zn und die andere Hälfte durch S ersetzt. (Die Symmetrie der Kristallklasse wird damit von $4/m\bar{3}2/m$ auf $\bar{4}3m$ erniedrigt). Im Unterschied zu den Verhältnissen in der Diamantstruktur sind die Bindungskräfte in der Sphaleritstruktur nicht rein homöopolar. Sie besitzen als Mischbindungen einen gewissen heteropolaren Charakter. Daraus erklärt sich insbesondere auch die unterschiedliche Lage der Spaltflächen bei Sphalerit und Diamant: {110} gegenüber {111}.

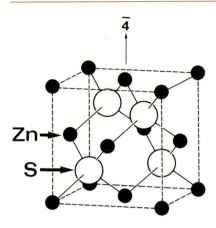

Abb. 17. Kristallstruktur von Sphalerit

Chemismus: ZnS, dieser theoretischen chemischen Formel ist stets FeS diadoch beigemischt, beim dunklen Sphalerit bis zu 26 %. Die Farbe von Sphalerit hängt wesentlich von ihrem Fe-Gehalt ab. Daneben enthält Sphalerit gewöhnlich auch Mn und Cd, in geringen Mengen auch die seltenen Metalle Indium, Gallium, Thallium und Germanium.

Stabilitätsbeziehung: Sphalerit ist bei Atmosphärendruck und gewöhnlicher Temperatur gegenüber dem im folgenden zu besprechenden Wurtzit die *stabile* Modifikation von ZnS.

Vorkommen: Zusammen mit Galenit auf hydrothermalen Gängen, als Verdrängungsbildung im Kalkstein, auch synsedimentär.

Bedeutung: Wichtigstes und häufigstes Zn-Erzmineral. Als Beiprodukte werden die anderen genannten Elemente, besonders Cd, bei der Verhüttung von Zinkerzen mitgewonnen.

Zink als metallischer Rohstoff: Verzinken von Eisen, für Drähte und Bleche, wichtiges Legierungsmetall (Messing), Verwendung in galvanischen Elementen. Außerdem findet Zinkblende in geringeren Mengen unmittelbare Verwendung bei der Herstellung von Zinkweiß und Lithopon. Das als Beiprodukt gewonnene Kadmium wird als Bestandteil leicht schmelzender Legierungen (WOOD-Metall) verwendet, in der Reaktortechnik, als Korrosionsschutz und als Farbstoff.

◆ **Wurtzit, β-ZnS**

Ausbildung: Häufig in büschligen oder radialfaserigen Aggregaten, oft zusammen mit Sphalerit als Verwachsung in der *Schalenblende,* pyramidal-kurzsäulige Kristalle sind unvollkommen ausgebildet und relativ selten.

Physikalische Eigenschaften:

| Spaltbarkeit, Härte, Dichte, Farbe, Glanz und Strich | Die physikalischen Eigenschaften sind denen von Sphalerit sehr ähnlich, vollkommene Spaltbarkeit nach {10$\bar{1}$0}, nach (0001) deutlich. |

Struktur: Die Koordinationsverhältnisse in der Wurtzitstruktur gleichen denen der Sphaleritstruktur. So ist Zn von 4 S, S von 4 Zn tetraedrisch umgeben. Unterschiede bestehen durch die Art der Überlagerung der dichtest besetzten Anionenebenen in den beiden Gittern. Die Sphaleritstruktur gleicht hiernach einer kubisch dichten Kugelpackung, die Wurtzitstruktur einer hexagonal dichten Packung.

Stabilitätsbeziehung: Wurtzit kann als die Hochtemperaturmodifikation von ZnS angesehen werden. Hohe Cd-Gehalte begünstigen ebenfalls die Bildung von Wurtzit.

◆ Chalkopyrit (Kupferkies), $CuFeS_2$

Ausbildung: Kristallklasse $\bar{4}2m$, bei den Kristallformen ist das tetragonale Bisphenoid vorherrschend, häufig kombiniert mit dem negativen Bisphenoid und dem tetragonalen Skalenoeder (Abb. 18). Gewöhnlich Zwillingsverwachsungen nach (111) und stark verzerrte Kristalle. Meistens kommt Chalkopyrit in derben bis feinkörnigen Massen vor.

Physikalische Eigenschaften:

Spaltbarkeit	fehlt
Bruch	muschelig
Härte (Mohs)	$3^1/_2$–4, viel geringer als diejenige von Pyrit (FeS_2)
Dichte (g/cm³)	4,1–4,3
Farbe, Glanz	grünlich-gelber bis dunkelgelber (messingfarbener) Metallglanz, oft bunt angelaufen
Strich	schwarz bis grünlich-schwarz

Struktur: Die Kristallstruktur von Chalkopyrit (Abb. 19) ist aus derjenigen der Zinkblende durch Verdoppelung der Elementarzelle bei gleichzeitigem Ersatz von 2 Zn durch Cu und Fe ableitbar. Die enge Strukturverwandtschaft zwischen Chalkopyrit und Sphalerit führt zu mikroskopisch feinen orientierten Verwachsungen beider Minerale.

Vorkommen: Chalkopyrit ist das verbreitetste Cu-Erzmineral. Liquidmagmatisches Ausscheidungsprodukt zusammen mit Magnetkies und Pentlandit. In hydrother-

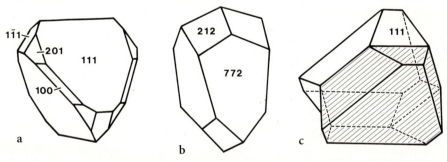

Abb. 18a–c. Kristallkombinationen von Chalkopyrit; **a** das tetragonale Bisphenoid {111} herrscht vor; **b** Kombination eines steilen tetragonalen Bisphenoids mit tetragonalem Skalenoeder {212}; **c** Zwilling nach Art der Spinellverzwillingung

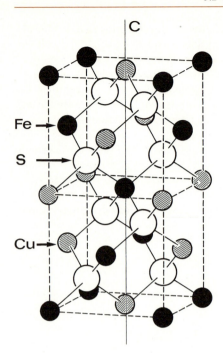

Abb. 19. Kristallstruktur von Chalkopyrit

malen Gängen, in Stöcken (sog. Kiesstöcken) und Lagern, auch als Imprägnation. Bei seiner Verwitterung entsteht ein inhomogenes Verwitterungserz (Kupferpecherz bzw. Ziegelerz), das aus Azurit $Cu_3[OH/CO_3]_2$, Malachit $Cu_2[(OH)_2/CO_3]$, Cuprit Cu_2O, Covellin CuS, Bornit, viel Brauneisenerz (Limonit) FeOOH und anderen Mineralen besteht.

Bedeutung: Chalkopyrit ist nach Chalkosin das wirtschaftlich wichtigste Cu-Erzmineral.

◆ **Pyrrhotin (Magnetkies), FeS–Fe$_{1-x}$S**

Ausbildung: Kristallklasse 6/m2/m2/m, die hexagonale Hochtemperaturmodifikation ist oberhalb ~ 300 °C stabil. Ausgebildete Kristalle sind nicht sehr häufig, so als 6seitige Tafeln aus Basispinakoid {0001} und schmalem Prisma, vielfach rosettenförmig angeordent. Meistens jedoch derb und eingesprengt, körnig bis blättrig.

Physikalische Eigenschaften:

Spaltbarkeit	nach (0001) und {11$\bar{2}$0} in grobkörnigen Stücken deutlich
Bruch	muschelig, spröde
Härte (Mohs)	4
Dichte (g/cm^3)	4,6–4,7
Farbe, Glanz	hell bronzefarben, mattbraun anlaufend, Metallglanz
Strich	grauschwarz
Weitere Eigenschaft	meistens magnetisch

Struktur: Die Kristallstruktur des Pyrrhotins kann durch eine hexagonal dichte Packung von S-Atomen beschrieben werden, in deren oktaedrischen Lücken die Fe-Atome untergebracht sind. Dabei besitzt Pyrrhotin meistens einen Unterschuß an Fe relativ zu S, wie die Formel $Fe_{1-x}S$ mit x nahe 0–0,2 andeutet. Die genaueren Strukturbestimmungen der letzten Jahre haben gezeigt, daß es, je nach dem Fe-Gehalt, mehrere Strukturvarietäten gibt. Im Troilit (FeS), dessen Auftreten auf Meteorite beschränkt ist, sind alle Fe-Positionen besetzt. Die Struktur des Pyrrhotins entspricht geometrisch derjenigen des NiAs-Typs.

Chemismus: Nickelgehalte und untergeordnete Co-Gehalte im Pyrrhotin liegen als Entmischungseinschlüsse von Pentlandit vor. (Vor Kenntnis dieses Sachverhalts früher als Nickelmagnetkies bezeichnet im Unterschied zum Ni-freien Magnetkies.)

Bedeutung: Der Pentlandit-führende Pyrrhotin ist ein sehr wichtiges Ni-Erz. Reiner Pyrrhotin wird gelegentlich zur Herstellung von Eisenvitriol oder Polierrot verwendet. Pyrrhotin ist kein eigentliches Eisenerzmineral.

◆ Nickelin (Niccolit, Rotnickelkies), NiAs

Ausbildung: Kristallklasse 6/m2/m2/m, nur sehr selten Kristallformen, gewöhnlich in derben, körnigen Massen.

Physikalische Eigenschaften:

Spaltbarkeit	nach $\{10\bar{1}0\}$ und (0001) nur bisweilen erkennbar
Bruch	muschelig, spröde
Härte (Mohs)	5–5$\frac{1}{2}$
Dichte (g/cm³)	7,8
Farbe, Glanz	hell kupferrot, dunkler anlaufend, Metallglanz, opak
Strich	bräunlichschwarz

Struktur: Kristallisiert im NiAs-Typ wie Pyrrhotin, etwas As kann durch Sb diadoch ersetzt sein. Wichtiger Strukturtyp.

Vorkommen: Auf hydrothermalen Gängen.

Bedeutung: Nickelin ist ein lokal bedeutsames Ni-Erzmineral.

◆ Covellin (Kupferindig), CuS

Ausbildung: Kristallklasse 6/m2/m2/m, selten tafelige Kristalle, gewöhnlich derb, feinkörnig oder spätig.

Physikalische Eigenschaften:

Spaltbarkeit	vollkommen nach (0001)
Härte (Mohs)	1$\frac{1}{2}$–2
Dichte (g/cm³)	4,6–4,8
Farbe, Glanz	blauschwarz bis indigoblau, halbmetallischer Glanz, in dünnen Blättchen durchscheinend
Strich	bläulichschwarz

Struktur: Schichtgitter.

Vorkommen und Bedeutung: Covellin bildet keine selbständigen Lagerstätten. In relativ kleinen Mengen kommt er in allen kupfersulfidhaltigen Erzen als Sekundärmineral vor.

◆ **Cinnabarit (Zinnober), HgS**

Ausbildung: Kristallklasse 32, kommt nur selten in deutlichen rhomboedrischen bis dicktafeligen Kristallen vor, meistens derb-körnige bis dichte oder erdige Massen in Imprägnationen.
Physikalische Eigenschaften:

Spaltbarkeit	nach {10$\bar{1}$0} ziemlich vollkommen
Härte (Mohs)	2–2$^1/_2$
Dichte (g/cm^3)	8,1
Farbe und Strich	rot, Diamantglanz, in dünnen Schüppchen durchscheinend, oft durch Einschlüsse von Bitumen verunreinigt (sog. Lebererz der Lagerstätte Idrija).

Kristallstruktur: Kann beschrieben werden als eine in Richtung Raumdiagonale deformierte PbS-Struktur. Dabei nimmt Hg die Position von Pb ein.
Vorkommen: Als hydrothermale Imprägnation und Verdrängung in tektonisch gestörtem Nebengestein.
Bedeutung: Cinnabarit ist das wichtigste Hg-Erzmineral.
Verwendung: Von Hg als metallischer Rohstoff, hauptsächlich als Goldamalgam in der Zahntechnik, für verschiedene Chemikalien und in physikalischen Geräten.

3.3 Metallische Sulfide, Sulfarsenide und Arsenide mit Me:S $\leq$ 1:2

Tabelle 5. Metallische Sulfide, Sulfarsenide und Arsenide mit Me:S $\leq$ 1:2

Antimonit (Antimonglanz)	Sb$_2$S$_3$	Sb 71,4%	2/m2/m2/m
Molybdänit (Molybdänglanz)	MoS$_2$	Mo 59,9	6/m2/m2/m
Pyrit (Eisenkies, Schwefelkies)	FeS$_2$	Fe 46,6, S 53,8	2/m$\bar{3}$
Markasit	FeS$_2$		2/m2/m2/m
Arsenopyrit (Arsenkies)	FeAsS	Fe 34,3, As 46	2/m
Cobaltin (Kobaltglanz)	(Co, Fe)AsS	Co + Fe 35,4	23
Löllingit	FeAs$_2$	As 72,8	2/m2/m2/m
Skutterudit (Speiskobalt)	(Co, Ni)As$_3$		2/m$\bar{3}$
Chloanthit (Nickelskutterudit)	(Ni, Co)As$_3$		
Safflorit	CoAs$_2$	Co 28,2	
Rammelsbergit	NiAs$_2$	Ni 28,2	2/m2/m2/m

◆ **Antimonit (Antimonglanz), Sb$_2$S$_3$**

Ausbildung: Kristallklasse 2/m2/m2/m, rhombische, nach c gestreckte, oft flächenreiche Kristalle (Abb. 20), meistens vertikal gestreift, spieß- und nadelförmig, bisweilen büschelig oder wirr-strahlig aggregiert. Häufig // b wellenförmige, geknickte, gebogene oder gedrehte Kristalle. Als Erz häufig in derb-körnigen bis dichten Massen.
Physikalische Eigenschaften:

Spaltbarkeit	sehr vollkommen nach {010} mit häufiger Translation in (010)//[001]. Dadurch entsteht Horizontalstreifung auf den leicht wellig verbogenen Spaltflächen

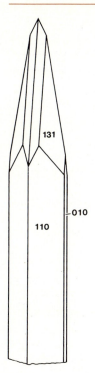

Abb. 20. Antimonit, nadelförmig nach c gestreckte Kristallkombination

Härte (Mohs)	2–2,5
Dichte (g/cm³)	4,5–4,6
Farbe, Glanz	bleigrau, läuft metallschwärzlich bis bläulich an, starker Metallglanz, opak
Strich	dunkelbleigrau

Struktur: Die Kristallstruktur weist Doppelketten // c entsprechend der Streckung der Kristalle auf.
Vorkommen: In hydrothermalen Gängen mit Quarz.
Bedeutung: Antimonit ist das wichtigste Sb-Erzmineral.
Verwendung: Als Letternmetall, Metallegierungen, als Hartblei, Zusatz von Akkumulatorenblei und zum Lötzinn.

◆ Molybdänit (Molybdänglanz), MoS$_2$

Ausbildung: Kristallklasse 6/m2/m2/m, hexagonale, unvollkommen ausgebildete Tafeln, meistens in krummblättrigen, schuppigen Aggregaten.
Physikalische Eigenschaften:

Spaltbarkeit	sehr vollkommen nach (0001), sehr biegsame, unelastische Spaltblättchen
Härte (Mohs)	1–1$^1/_2$ sehr gering
Dichte (g/cm³)	4,7–4,8

Farbe, Glanz	bleigrau, Metallglanz
Strich	dunkelgrau
Weitere Eigenschaft	fühlt sich fettig an und färbt ab

Struktur: Hexagonale Schichtstruktur mit // (0001) verlaufenden MoS_2-Schichten, die in sich valenzmäßig abgesättigt sind. Zwischen den Schichten schwache VAN-DER-WAALS-Bindungskräfte, woraus sich die vollkommene Spaltbarkeit nach (0001) erklärt.

Chemismus: MoS_2 mit einem geringen Gehalt an Rhenium, bis zu 0,3 %.

Vorkommen: In Pegmatitgängen und pneumatolytischen Lagerstätten.

Bedeutung: Molybdänit ist das wichtigste Mo-Erzmineral.

Verwendung: Molybdän ist in erster Linie wichtiges Stahlveredlungsmetall (Molybdänstahl), Gußeisen, Verwendung in der Elektrotechnik, als Reaktormetall und Baustoff in der Raketentechnik wegen seines hohen Schmelzpunkts.

◆ **Pyrit (Eisenkies, Schwefelkies), FeS_2**

Ausbildung: Kristallklasse kubisch disdodekaedrisch $2/m\bar{3}$, formenreich und auch in gut ausgebildeten Kristallen weit verbreitet. Als häufigste Form treten auf: Würfel, Pentagondodekaeder {210}, Oktaeder und Disdodekaeder {321}, häufig auch miteinander kombiniert (Abb. 21). Die Würfelflächen des Pyrits sind meist gestreift, womit die Hemiedrie des Würfels in dieser Kristallklasse angezeigt ist. Es handelt sich um eine Wachstumsstreifung (sog. Kombinationsstreifung) im aufeinanderfolgenden Wechsel von Würfel- und Pentagondodekaederfläche. Durchdringungs-

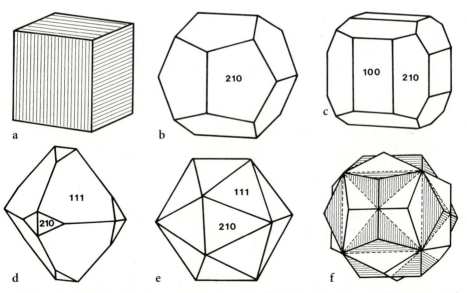

Abb. 21 a–f. Kristallkombinationen von Pyrit; **a** Würfel mit Kombinationsstreifung; **f** Durchdringungszwilling mit [001] als Zwillingsachse

zwillinge sind nicht selten. Als Gemengteil von Erzen ist Pyrit meistens wegen gegenseitiger Wachstumsbehinderung körnig ausgebildet.

Physikalische Eigenschaften:

Spaltbarkeit	{100} sehr undeutlich
Bruch	muschelig, spröde
Härte (Mohs)	6–6$^1/_2$, für ein Sulfid ungewöhnlich hart
Dichte (g/cm^3)	5,0
Farbe, Glanz	lichtmessinggelber Metallglanz, mitunter bunt angelaufen, opak
Strich	grün- bis bräunlichschwarz
Unterscheidung von Gediegen Gold	Gold ist viel weicher, dehnbar und geschmeidig, es hat goldgelben Strich und eine vom Ag-Gehalt abhängige gold- bis weißgelbe Farbe

Struktur: Die Pyritstruktur hat geometrisch große Ähnlichkeit mit der NaCl-Struktur (Abb. 22): Die Na$^+$-Plätze sind im Pyrit von Fe besetzt, während in den Schwerpunkten der Cl$^-$-Ionen die Zentren von hantelförmigen S$_2$-Gruppen sitzen. Die Achsen der S$_2$-Hanteln liegen jeweils // {111}. Jedes Fe-Atom hat 6 S-Nachbarn im gleichen Abstand. Innerhalb der S$_2$-Hantel herrscht eine ausgesprochene Atombindung, zwischen ihr und dem Fe-Atom ist die Bindung metallisch.

Chemismus: Innerhalb der Formel FeS$_2$ kann das Fe durch kleine Mengen von Ni oder Co ersetzt sein, mitunter winzige Einschlüsse von Gediegen Gold.

Vorkommen: Pyrit ist das weitaus häufigste Sulfidmineral. Er besitzt ein weites Stabilitätsfeld und kommt überall dort vor, wo sich nur irgendwie eine stoffliche Voraussetzung bietet. Bildet oft mächtige Pyritlager (Kieslager), ist Bestandteil

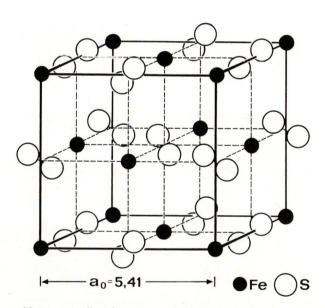

Abb. 22. Kristallstruktur von Pyrit (s. Text)

der meisten sulfidischen Erze und akzessorischer Gemengteile in fast allen mafischen Gesteinen und tritt als Imprägnation oder Konkretion in vielen Sedimentgesteinen auf.

Der atmosphärischen Verwitterung ausgesetzt, geht Pyrit über verschiedene Zwischenverbindungen schließlich in Eisenoxidhydrat FeO · OH (Limonit, Brauneisenerz) über. Pseudomorphosen von Limonit nach Pyrit sind nicht selten.

Bedeutung als Rohstoff: Aus Pyriterzen wird Schwefelsäure gewonnen. Ihre Abröstungsrückstände, die sog. Kiesabbrände, werden als Eisenerz, Polierpulver und zur Herstellung von Farben verwendet. Örtlich wegen seines Goldgehalts Golderz, bei Verwachsung mit Chalkopyrit bisweilen wichtiges Kupfererz.

♦ **Markasit, FeS$_2$**

Ausbildung: Kristallklasse 2/m2/m2/m, rhombische Modifikation von FeS$_2$. Einzelkristalle (Abb. 23) gewöhnlich tafelig nach {001}, seltener prismatisch nach [001], viel häufiger verzwillingt, als Viellinge in zyklischer Wiederholung in hahnenkammförmigen und speerartigen Gruppen (deshalb als Kammkies oder Speerkies bezeichnet). Vielfach auch strahlig oder in Krusten als Überzug anderer Minerale, dichte Massen.

Physikalische Eigenschaften:

Spaltbarkeit	{110} unvollkommen
Bruch	uneben, spröde
Härte (Mohs)	6–6$^1/_2$
Dichte (g/cm^3)	4,8–4,9, etwas niedriger als diejenige des Pyrits
Farbe, Glanz	Farbe gegenüber Pyrit mehr grünlichgelb, grünlich anlaufend, Metallglanz, opak
Strich	grünlich- bis schwärzlichgrau

Struktur: Die Kristallstruktur des Markasits besitzt bei verminderter Symmetrie enge Beziehungen zur Pyritstruktur.

Die Stabilitätsbeziehungen zwischen Pyrit und Markasit sind noch nicht ganz geklärt. Experimentelle Untersuchungen haben gezeigt, daß Markasit relativ zu Pyrit und Magnetkies über rund 150 °C die metastabile Phase darstellt. Auch seine Vorkommen in der Natur sprechen für eine niedrige Bildungstemperatur des Markasits.

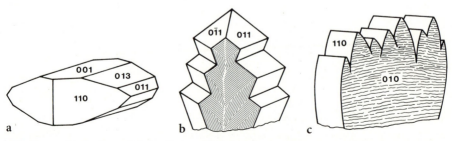

Abb. 23 a–c. Markasit; a Einkristall; b Zwillingskristall; c Vielling (s. Text)

Dabei entsteht Markasit bevorzugt aus sauren Lösungen. Über etwa 400 °C geht Markasit in Pyrit über.

◆ Arsenopyrit (Arsenkies), FeAsS

Ausbildung: Kristallklasse 2/m, monokline (pseudorhombische) Kristalle sind prismatisch nach c oder nach a entwickelt. Die einfachste Tracht besteht aus einer Kombination von Vertikal- und Längsprisma {110} und {014} (Abb. 24). Die Streifung auf den Flächen r // zur a-Achse dient als ein Bestimmungskennzeichen. Zwillinge sind häufig, seltener auch Drillingsverwachsungen. Verbreitet als derbkörnige Massen.

Physikalische Eigenschaften:

Spaltbarkeit	{110} einigermaßen deutlich
Bruch	uneben, spröde
Härte (Mohs)	$5^{1}/_{2}$–6
Dichte (g/cm³)	5,9–6,1
Farbe, Glanz	zinnweiß, dunkel anlaufend oder auch bunte Anlauffarben. Metallglanz, opak
Strich	schwarz

Struktur: Die Kristallstruktur von Arsenopyrit leitet sich aus der Markasitstruktur ab, wobei die Hälfte der S-Atome durch As-Atome ersetzt ist. Dabei kommt es zur Erniedrigung der Symmerie von rhombisch zu monoklin.

Chemismus: Arsenopyrit zeigt häufig Abweichungen im Verhältnis As:S gegenüber der theoretischen Formel. Darüber hinaus kann Fe oder Co oder auch Ni diadoch ersetzt sein. Der nicht selten vorhandene Goldgehalt liegt wie im Pyrit als Umwachsungseinschluß vor.

Vorkommen: Verbreitet in pneumatolytischen und hydrothermalen Gängen.

Bedeutung: Arsenopyrit ist das am meisten verbreitete Arsenmineral.

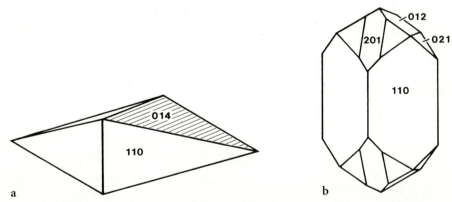

Abb. 24a, b. Kristallformen von Arsenopyrit; a einfachste Kombination aus Vertikalprisma {110} und Längsprisma {014}; b flächenreichere Tracht, nach c gestreckt

◆ Cobaltin (Kobaltglanz), CoAsS

Ausbildung: Kristallklasse 23, teilweise gut ausgebildete Kristalle mit {210}, häufig kombiniert mit Oktaeder und (seltener) Würfel, Würfelflächen gestreift wie bei Pyrit. Meistens in derben und körnigen Aggregaten.

Physikalische Eigenschaften:

Spaltbarkeit	{100} nicht immer deutlich
Bruch	uneben, spröde
Härte (Mohs)	$5^{1}/_{2}$
Dichte (g/cm^3)	6,3
Farbe, Glanz	(rötlich) silberweiß, rötlichgrau anlaufend. Metallglanz, opak
Strich	grauschwarz

Struktur: Dem Pyrit ähnliche Kristallstruktur, bei der unter Beibehaltung ihres gemeinsamen Schwerpunkts die Hälfte der S_2-Paare durch As ersetzt ist. Dieser Ersatz erniedrigt die Gesamtsymmetrie des Gitters gegenüber der von Pyrit.

Chemismus: Theoretisch 35,4 % Co enthaltend, jedoch ist stets ein Teil des Co durch Fe ersetzt, und zwar bis zu 10 %.

Vorkommen: Bisweilen auf hydrothermalen Gängen, auch kontaktpneumatolytisch.

Bedeutung: Wichtiges Co-Erzmineral.

Verwendung von Kobalt: Legierungsmetall (Hochtemperaturlegierungen), Metallurgie: Stahlveredelungsmetall (Bestandteil verschleißfester Werkzeugstähle), im Chemiebereich (Farben, Pigmente, Glasuren, Katalysatoren).

◆ Löllingit, FeAs$_2$

Ausbildung: Kristallklasse 2/m2/m2/m, Kristalle prismatisch entwickelt, meistens körnige bis stengelige Aggregate, derbe Massen.

Physikalische Eigenschaften:

Spaltbarkeit	(001) deutlich
Bruch	uneben, spröde
Härte (Mohs)	5, weicher als Arsenkies
Dichte (g/cm^3)	7,0–7,4
Farbe, Glanz	am frischen Bruch heller als Arsenkies, graue Anlauffarben, Metallglanz, opak
Strich	grauschwarz

Struktur: Es besteht keine Homöotypie mit Markasit oder Arsenkies.

Chemismus: Das Fe-As-Verhältnis schwankt gegenüber der chemischen Formel. Häufig Gehalte an S, Sb, Co und Ni. Die bisweiligen Goldgehalte gehen auf winzige Einschlüsse zurück.

Vorkommen: In hydrothermalen Gängen, kontaktmetasomatisch.

Bedeutung: Als Löllingiterz wirtschaftliche Bedeutung für die Arsengewinnung.

◆ Skutterudit (Speiskobalt), (Co, Ni)As$_3$ – Chloanthit (Nickelskutterudit), (Ni, Co)As$_3$

Lückenlose Mischkristallreihe
Ausbildung: Kristallklasse 2/m$\bar{3}$, Kristallformen: Würfel, Oktaeder, seltener Rhombendodekaeder und Pentagondodekaeder {210} sowie deren Kombinationen. Meistens massig in dicht bis körnigem Erz.
Physikalische Eigenschaften:

Spaltbarkeit	fehlt
Bruch	uneben, spröde
Härte (Mohs)	$5^1/_2$–6
Dichte (g/cm^3)	6,4–6,8
Farbe, Glanz	zinnweiß bis stahlgrau, Anlauffarben, Metallglanz, opak
Strich	grauschwarz bis schwarz

Chemismus: Fe ersetzt stets diadoch etwas Co und Ni.
Vorkommen: In hydrothermalen Gängen. Bei beginnenden Verwitterungsprozessen je nach dem Co-Ni-Verhältnis Überzug mit pfirsichblütenfarbenem Erythrin (Kobaltblüte) oder grünem Annabergit (Nickelblüte). Beides sind Arsenate.
Bedeutung: Wirtschaftlich wichtige Co- und Ni-Erzminerale.

◆ Safflorit, CoAs$_2$ und Rammelsbergit, NiAs$_2$

Früher wurde ein Teil des Safflorits als *Speiskobalt* angesprochen. Safflorit ist jedoch verbreiteter als damals angenommen wurde. Nach RAMDOHR und STRUNZ, 1978 bestehen die früher vermuteten engen Beziehungen zwischen Safflorit und Rammelsbergit nicht. Es gibt auch keine Mischkristalle zwischen Safflorit und Rammelsbergit.

◆ Safflorit, CoAs$_2$

Ausbildung: Monoklin-pseudorhombisch, winzige Kristalle. Verbreitet sind die unter dem Erzmikroskop im Querschnitt hervortretenden sternförmigen Drillinge nach (011). Öfter derb-körnige oder feinstrahlige Aggregate.
Physikalische Eigenschaften:

Spaltbarkeit	kaum deutlich
Bruch	uneben, spröde
Härte (Mohs)	$4^1/_2$–$5^1/_2$ mit Fe-Gehalt wechselnd
Dichte (g/cm^3)	6,9–7,3
Farbe, Glanz	zinnweiß, nachdunkelnd, Metallglanz, opak
Strich	schwarz

Chemismus: Diadocher Einbau von Fe, jedoch kaum von Ni anstelle von Co.
Bedeutung: Wichtiges Co-Erzmineral.

◆ **Rammelsbergit, NiAs$_2$**

Ausbildung: Rhombisch, kleine Kristalle, unter dem Erzmikroskop feiner Lamellenbau und zudem verzwillingt. Keine sternförmigen Drillinge wie bei Safflorit.
Physikalische Eigenschaften:
  Ähnlich denen von Safflorit.
Chemismus: Diadocher Einbau von Fe, kaum jedoch von Co anstelle von Ni.
Vorkommen: Wie Safflorit auf hydrothermalen Gängen.

3.4 Komplexe Sulfide (Sulfosalze)

$A_x B_y S_n$ mit
$A = Ag, Cu, Pb$ etc.
$B = As, Sb, Bi$

Die komplexen Sulfide (Sulfosalze) bilden eine relativ große Gruppe teilweise verschiedenartiger Erzminerale, jedoch besitzen nur wenige eine größere Bedeutung. Sie unterscheiden sich von den bisher besprochenen Sulfiden und Arseniden dadurch, daß As und Sb innerhalb ihrer jeweiligen Kristallstruktur mehr oder weniger die Rolle eines Metalls einnehmen. In den Arseniden hingegen nehmen As und Sb die Position des S ein.

Tabelle 6. Sulfosalze

Pyrargyrit	Ag$_3$SbS$_3$	Ag 59,7	3 m
Proustit	Ag$_3$AsS$_3$	Ag 65,4	3 m
Tetraedrit ⎱ Fahlerz	Cu$_{12}$Sb$_4$S$_{13}$		$\bar{4}3$ m
Tennantit ⎰	Cu$_{12}$As$_4$S$_{13}$		
Enargit	Cu$_3$AsS$_4$	Cu 48,3	mm 2

◆ **Pyrargyrit (dunkles Rotgültigerz, Antimonsilberblende), Ag$_3$SbS$_3$**
  Proustit (lichtes Rotgültigerz, Arsensilberblende), Ag$_3$AsS$_3$

Beide Minerale sind in ihren Kristallstrukturen homöotyp, besitzen ähnliche Kristallformen und physikalische Eigenschaften und treten in vergleichbaren Vorkommen auf. Ihre gegenseitige Mischbarkeit ist indessen nur außerordentlich gering.
Ausbildung: Mitunter schöne, flächen- und formenreich entwickelte ditrigonal-pyramidale Kristalle besonders bei Pyrargyrit (Abb. 25). Die Tracht der Kristalle ist vorwiegend prismatisch, indem das hexagonale Prisma {11$\bar{2}$0} dominiert, anderenfalls scheinbar skalenoedrisch bzw. rhomboedrisch durch Auftreten ditrigonaler {2$\bar{1}$31} oder trigonaler {10$\bar{1}$1} Pyramiden an einseitig aufgewachsenen Kristallen. Da die Kristalle fast stets auf einer Unterlage aufgewachsen sind, ist ihre Hemimorphie meistens verdeckt. Verbreitet Zwillinge. Wenn die Kristalle dann noch verzerrt sind, können die zahlreichen möglichen Trachten mitunter nur schwierig gedeutet werden. Daneben sehr häufig auch derb und eingesprengt.

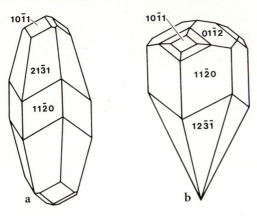

Abb. 25 a, b. Kristallkombinationen von Pyrargyrit

Physikalische Eigenschaften:

Spaltbarkeit	{$10\bar{1}1$} deutlich
Bruch	muschelig, spröde
Härte (Mohs)	$2-2^{1}/_{2}$
Dichte (g/cm³)	5,8 (Pyrargyrit), 5,6 (Proustit)
Farbe, Glanz, Strich	*Pyrargyrit:* Im auffallenden Licht dunkelrot bis grauschwarz, im durchfallenden Licht rot durchscheinend, starker blendeartiger Glanz, Strich kirschrot
	Proustit: Scharlach- bis zinnoberrot, wird am Licht oberflächlich dunkler, blendeartiger Diamantglanz, durchscheinend bis fast durchsichtig, Strich scharlach- bis zinnoberrot

Die Unterscheidung zwischen Pyrargyrit und Proustit nach äußeren Kennzeichen allein ist dennoch nicht immer möglich!

Struktur: Die Kristallstrukturen von Pyrargyrit und Proustit lassen sich als rhomboedrische Gitter beschreiben, in denen SbS_3- bzw. AsS_3-Gruppen die Ecken und das Zentrum einer rhomboedrischen Zelle besetzen. Die SbS_3- und AsS_3-Gruppen bilden flache Pyramiden mit einer Sb- bzw. As-Spitze, in deren Lücken sich die Ag-Atome befinden. Jedes S-Atom hat 2 Ag-Atome als nächste Nachbarn.

Vorkommen: In hydrothermalen Gängen mit anderen edlen Silbermineralen.

Bedeutung: Pyrargyrit ist ein wichtiges und relativ häufiges Ag-Erzmineral, häufiger als Proustit. Beide kommen zusammen vor.

3.4.1 Fahlerzreihe

◆ **Tetraedrit (Antimonfahlerz), $Cu_{12}Sb_4S_{13}$ – Tennantit (Arsenfahlerz), $Cu_{12}As_4S_{13}$**

Ausbildung: Kristallklasse $\bar{4}3m$, Kristalle sind meistens tetraedrisch ausgebildet (Abb. 26), Durchkreuzungszwillinge nicht selten. Häufig derb, eingesprengt oder körnig.

3.4 Komplexe Sulfide (Sulfosalze)

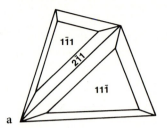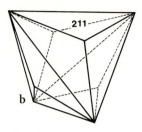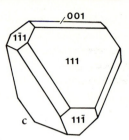

Abb. 26 a–c. Kristallkombinationen von Fahlerz

Physikalische Eigenschaften:

Spaltbarkeit	keine
Bruch	muschelig, spröde
Härte (Mohs)	3–4$^1/_2$ wechselnd mit der chemischen Zusammensetzung
Dichte (g/cm³)	4,6–5,1
Farbe, Glanz	stahlgrau, grünlich bis bläulich. Tetraedrit ist meistens dunkler als Tennantit, fahler Metallglanz, in dünnen Splittern nicht völlig opak
Strich	grauschwarz bei Tetraedrit, rötlichgrau bis rotbraun bei Tennantit

Struktur: Die Kristallstruktur kann aus dem ZnS-Typ abgeleitet werden.

Chemismus: Fahlerze sind in erster Linie Kupferminerale, bei denen Teile des Cu durch Fe, Zn, Ag oder Hg diadoch ersetzt sein können. Zwischen Tetraedrit (Antimonfahlerz) und Tennantit (Arsenfahlerz) besteht außerdem eine lückenlose Mischungsreihe. In selteneren Fällen kann zudem Bi das Sb diadoch ersetzen. Fe ist immer anwesend und kann bis zu 13 %, Zn maximal 8 % erreichen. Der nicht seltene Silbergehalt kann 2–4 %, im *Freibergit* bis 18 % betragen. Hg kann im *Schwazit* bis zu 17 % ausmachen, der so ein wichtiges Hg-Erzmineral darstellt.

Vorkommen: In hydrothermalen Gängen.

Bedeutung: Fahlerze sind wichtige Erzminerale von Ag, Cu und örtlich auch von Hg.

♦ Enargit, Cu₃AsS₄

Ausbildung: Kristallklasse mm 2, rhombisch (pseudohexagonal), die prismatischen Kristalle sind nach c gestreckt und vertikal gestreift, auch tafelig nach (001), Drillinge. Gewöhnlich derb in strahligen oder spätig-körnigen Aggregaten.

Physikalische Eigenschaften:

Spaltbarkeit	{110} vollkommen, {100} und {010} deutlich
Bruch	uneben, spröde
Härte (Mohs)	3$^1/_2$
Dichte (g/cm³)	4,5
Farbe, Glanz	grau bis grauschwarz, blendeartiger Glanz, opak
Strich	schwarz

Struktur: Die Kristallstruktur ist derjenigen des Wurtzits ähnlich, wobei $^3/_4$ des Zn durch Cu und $^1/_4$ durch As ersetzt sind.
Chemismus: As kann bis zu 6% durch Sb ersetzt sein, etwas Fe und Zn sind gewöhnlich eingebaut.
Vorkommen: Auf hydrothermalen Gängen, als Verdrängung und Imprägnation.
Bedeutung: Enargit ist örtlich ein wichtiges Cu-Erzmineral.

3.5 Nichtmetallische Sulfide

Tabelle 7. Nichtmetallische Sulfide

| Realgar | As_4S_4 | As 70,1 | 2/m |
| Auripigment | As_2S_3 | As 61,0 | 2/m |

◆ Realgar, As_4S_4

Ausbildung: Kristallklasse 2/m, die monoklinen, kurzprismatischchen Kristalle sind vertikal gestreift und meistens klein. Gewöhnlich körnig, auch als feiner Belag. Häufig zusammen mit Auripigment.
Physikalische Eigenschaften:

Spaltbarkeit	(010) und (210) ziemlich vollkommen
Bruch	muschelig, spröde
Härte (Mohs)	$1^1/_2$–2
Dichte (g/cm^3)	3,4–3,5
Farbe, Glanz	rot bis orange, diamantähnlicher Glanz bis Fettglanz, an den Kanten durchscheinend bis durchsichtig, Zerfall unter Lichteinwirkung
Strich	orangegelb

Struktur: Ringförmige Gruppen von As_4S_4 ähnlich den Ringen von S_8 im Schwefel. Innerhalb der Ringe homöopolare, zwischen den Ringen schwache VAN-DER-WAALS-Bindungskräfte.
Chemismus: 70,1% As, 29,9% S.
Vorkommen: Tieftemperiert auf hydrothermalen Gängen und als Imprägnation zusammen mit Auripigment, Abscheidung an Thermen und Sublimationsprodukt vulkanischer Gase. Verwitterungsprodukt As- und S-haltiger Erzminerale.
Bedeutung: Heute nur noch geringe Bedeutung, in der Pyrotechnik und Glasindustrie.

◆ Auripigment, As_2S_3

Ausbildung: Kristallklasse 2/m, die monoklinen Kristalle sind meistens klein, tafelig nach (010) oder kurzprismatischer Habitus. Vorwiegend derbe Massen oder als pulvriger Anflug. Häufig zusammen mit Realgar.

Physikalische Eigenschaften:

Spaltbarkeit	(010) ziemlich vollkommen
Bruch	in (010) biegsam
Härte (Mohs)	$1^1/_2$–2
Dichte (g/cm^3)	3,4–3,5
Farbe, Glanz	zitronengelb, blendeartiger Fettglanz, auf der Spaltfläche Fettglanz, durchscheinend, Strich gelb

Struktur: As_2S_3-Schichten parallel (010). Innerhalb dieser Schichten relativ feste homöopolare Bindungen, von Schicht zu Schicht nur schwache van-der-Waals-Bindungskräfte. Die As-Atome sind jeweils von 3 S-Atomen umgeben.

Chemismus: 61 % As, 39 % S, bis zu 2,7 % isomorphe Gehalte an Sb.

Vorkommen: Häufig Umwandlungsprodukt von Realgar, im übrigen Vorkommen wie Realgar.

Bedeutung: Wie Realgar.

4 Oxide und Hydroxide

ALLGEMEINES ZUR KRISTALLCHEMIE

Innerhalb der Klasse der Oxide bildet der Sauerstoff Verbindungen mit 1, 2 oder mehreren Metallen. In ihren Kristallstrukturen liegen im Unterschied zu den Sulfiden jeweils annähernd Ionenbindungen mit teilweise Übergängen zur homöopolaren Bindung vor.

Durch Unterschiede in ihrem Metall-Sauerstoff-Verhältnis X:O zeichnen sich mehrere Verbindungstypen ab, wie X_2O, XO, X_2O_3 und XO_2. Neben diesen einfachen Oxiden gibt es kompliziertere oxidische Verbindungen mit 2 oder mehreren Metallionen wie $X^{[4]}Y^{[6]}{}_2O_4$, die als Spinelltyp bezeichnet werden. Im gewöhnlichen Spinell nimmt Mg^{2+} die tetraedrisch koordinierte Position von X und Al^{3+} die oktaedrisch koordinierte Position von Y ein, im Magnetit (Fe_3O_4) nehmen (Fe^{2+}, Fe^{3+}) die Position von X und (Fe^{3+}, Fe^{2+}) die Position von Y ein.

Zu den wichtigsten Vertretern der Klasse der Oxide zählen nach Verbindungstypen geordnet:

Tabelle 8. Wichtige Vertreter der Oxide

1. X_2O-Verbindungen					
Cuprit (Rotkupfererz)	Cu_2O	Cu	88,8 %		$4/m\bar{3}2/m$
2. X_2O_3-Verbindungen (Korund-Ilmenit-Gruppe)					
Korund	Al_2O_3	Al	52,9		$\bar{3}2/m$
Hämatit (Eisenglanz)	Fe_2O_3	Fe	70		$\bar{3}2/m$
Ilmenit (Titaneisenerz)	$FeTiO_3$	Fe	36,8	Ti 31,6	$\bar{3}$
3. XO_2-Verbindungen (Quarz-Rutil-Gruppe)					
Quarz und weitere SiO_2-Modifikationen	SiO_2	Si	46,7	O 53,3	Polymorph
Rutil	TiO_2	Ti	60,0		$4/m2/m2/m$
Kassiterit (Zinnstein)	SnO_2	Sn	78,6		$4/m2/m2/m$
Pyrolusit (z. T. Braunstein)	MnO_2	Mn	63,2		$4/m2/m2/m$
Uraninit (Uranpecherz)	UO_2	U	60		$4/m\bar{3}2/m$
4. XY_2O_4-Verbindungen (Spinell-Gruppe)					
Spinell	$MgAl_2O_4$				$4/m\bar{3}2/m$
Magnetit (Magneteisenerz)	Fe_3O_4	Fe	72,4		$4/m\bar{3}2/m$
Chromit (Chromeisenerz)	$FeCr_2O_4$	Cr	46,5		$4/m\bar{3}2/m$

4 Oxide und Hydroxide

4.1 X_2O-Verbindungen

♦ Cuprit (Rotkupfererz), Cu_2O

Ausbildung: Kristallklasse $4/m\bar{3}2/m$, Kristalle am häufigsten mit {111} und {100}, seltener {110}, Kombinationen, mitunter größere aufgewachsene Kristalle, derbe, dichte bis körnige Aggregate, auch pulverige Massen.

Physikalische Eigenschaften:

Spaltbarkeit	{111} deutlich
Bruch	uneben, spröde
Härte (Mohs)	$3\frac{1}{2}$–4
Dichte (g/cm³)	6,1
Farbe, Glanz	rot durchscheinend bis undurchsichtig, derbe Stücke metallisch grau bis rotbraun. Vorzugsweise auf frischen Bruchflächen der Kristalle blendeartiger Diamantglanz
Strich	braunrot

Vorkommen: Oxidationsprodukt von sulfidischen Kupfermineralen und Gediegen Kupfer. Ziegelerz ist ein rotbraunes Gemenge aus Cuprit und anderen Cu-Mineralen mit erdigem Limonit.

Bedeutung: Cuprit ist weit verbreitet, jedoch nur lokal ein wichtiges Cu-Erzmineral.

4.2 X_2O_3-Verbindungen

Die O-Ionen bilden eine (annähernd) hexagonal dichte Kugelpackung und die Kationen besetzen $^2/_3$ der dazwischenliegenden oktaedrischen Lücken. Es handelt sich um Lücken, in denen Al oder Fe^{3+} jeweils 6 O als nächste Nachbarn haben.

♦ Korund, Al_2O_3

Ausbildung: Kristallklasse $\bar{3}2/m$, Kristalle mit prismatischem, tafeligem oder rhomboedrischem Habitus. Häufig treten verschiedene steile Bipyramiden gemeinsam auf. Dadurch entstehen charakteristische tonnenförmig gewölbte Kristallformen (Abb. 27). Nicht selten kommen große Kristalle vor, die sich durch unebene und rauhe Flächen auszeichnen. Anwachsstreifen und Lamellenbau durch polysynthetische Verzwillingung in den meisten Kristallen. Diese Erscheinung ist als äußeres Kennzeichen in einer Streifung nach {0001} und {10$\bar{1}$1} erkennbar. Gewöhnlich tritt Korund in derben, körnigen Aggregaten auf. Gesteinsbildend im *Smirgel* oder als akzessorischer Gemengteil in manchen Gesteinen.

Physikalische Eigenschaften:

Spaltbarkeit	Absonderung nach den oben genannten Anwachsstreifen // {0001} und {10$\bar{1}$1}
Bruch	muschelig
Härte (Mohs)	9, außerordentlich hart
Dichte (g/cm³)	3,9–4,1

4.2 X₂O₃-Verbindungen

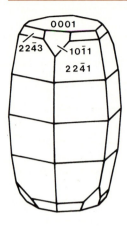

Abb. 27. Kristallkombination von Korund

Farbe, Glanz	farblos bis gelblich- oder bläulichgrau bei sog. gemeinem Korund, kantendurchscheinend. Die edlen Korunde sind durchscheinend bis durchsichtig, rote Varietät (Rubin) mit Cr, die blaue Varietät (Saphir) mit Fe oder Ti als farbgebenden Spurenelementen, eine farblose Varietät ist der Leukosaphir.

Vorkommen: Akzessorisch besonders in Pegmatiten, Produkt der Kontakt- und Regionalmetamorphose von Gesteinen mit extremem Al-Überschuß, insbesondere Bauxiten, als Smirgel. Edle Varietäten in metamorphen Kalksteinen und Dolomiten. Sekundär als Bestandteil von Edelsteinseifen.

Korund als Rohstoff und Edelstein: Korund findet wegen seiner großen Härte Verwendung als Schleifmittel (Korundschleifscheiben, Schleifpulver, Smirgelpapier). Die edlen Varietäten Rubin und Saphir sind wertvolle Edelsteine.

Anstelle des natürlichen Korunds wird heute körniger Korund durch elektrisches Schmelzen tonerdereicher Gesteine, insbesondere von Bauxit, hergestellt. Allerdings wird Korund schon seit einiger Zeit zunehmend durch das härtere Carborundum, SiC, ersetzt. Rubin und Saphir werden mit allen Eigenschaften natürlicher Steine seit langem nach dem sog. Verneuil-Verfahren künstlich (synthetisch) hergestellt. Dabei entsteht als Einzelkristall eine Schmelzbirne bis zu etwa 6–8 cm Länge.

◆ Hämatit (Eisenglanz, Roteisenerz), Fe_2O_3

Ausbildung: Kristallklasse ditrigonal-skalenoedrisch wie Korund. Hämatit kommt in rhomboedrischen, bipyramidalen und tafeligen Kristallen vor, die oft außerordentlich formenreich sind (Abb. 28). Als Flächen treten besonders auf: die Rhomboeder $\{10\bar{1}1\}$ und $\{10\bar{1}4\}$ und ein hochindiziertes ditrigonales Skalenoeder $\{22\bar{4}3\}$. Infolge polysynthetischer Verzwillingung nach dem Rhomboeder $\{10\bar{1}1\}$ sind die Basisflächen $\{0001\}$ gewöhnlich mit einer Dreiecksstreifung bedeckt. Der Formenreichtum der Hämatitkristalle geht auf die unterschiedlichen Bil-

4 Oxide und Hydroxide

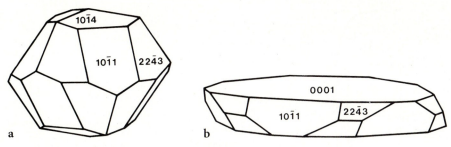

Abb. 28 a, b. Kristallkombinationen von Hämatit

dungsbedingungen zurück. Bei niedriger Temperatur herrscht z. B. dünntafeliger Habitus vor. Noch niedriger sind die Temperaturen für die aus Gelen entstandenen nierig-traubigen Formen mit radial-stengeligem Aufbau anzusetzen. Mit ihrer stark glänzenden Oberfläche werden sie als Roter Glaskopf bezeichnet. Verbreitet ist Hämatit besonders in derben, körnigen, blättrig-schuppigen oder auch dichten sowie erdigen Massen. Solche tonhaltige erdige Massen bezeichnet man als *Rötel*, früher als Farberde verwendet.

Physikalische Eigenschaften:

Spaltbarkeit	die Ablösung nach {0001} infolge Translation wird besonders bei dünntafelig-blättrigem Hämatit (nicht ganz glücklich auch als Eisenglimmer bezeichnet) angetroffen. Ablösung auch nach Gleitzwillingsebenen //{10$\bar{1}$2}
Bruch	muschelig, spröde
Härte (Mohs)	$5^1/_2$–$6^1/_2$
Dichte (g/cm^3)	5,2
Farbe, Glanz	in dünnen Blättchen rot durchscheinend, als rot färbendes Pigment zahlreicher Minerale und Gesteine. Kristalle rötlichgrau bis eisenschwarz, mitunter bunte Anlauffarben. Kristalle und Kristallaggregate besitzen Metallglanz und sind opak, die dichten und erdig-zerreiblichen Massen sind rot gefärbt und unmetallisch
Strich	auch der schwarze Kristall besitzt stets einen kirschroten, bei beginnender Umwandlung in Limonit auch rotbraunen Strich

Struktur und Chemismus: Homöotyp mit Korund bei fehlender Mischkristallbildung zwischen beiden Mineralen. Lückenlose Mischkristallreihe mit Ilmenit bei hohen Temperaturen > 950 °C. Geringe Gehalte an Mg, Mn und Ti.

Vorkommen: In hydrothermalen und pneumatolytischen Gängen, metasomatisch an Kalksteine gebunden (z. B. Insel Elba), als Gemengteil im Itabirit in Wechsellagerung mit metamorphen Gesteinen, als vulkanisches Exhalationsprodukt, auf alpinen Klüften. Sekundär aus Magnetit (Martit), durch Verwitterungsvorgänge langsamer Übergang in Limonit.

Bedeutung: Als Roteisenerz bzw. Roteisenstein wichtiges Eisenerz. Gewinnung von Stahl und Gußeisen, Verwendung von Roteisen als Pigment, Polierrot und roter Ockerfarbe.

◆ **Ilmenit (Titaneisenerz), FeTiO$_3$**

Ausbildung: Trigonal-rhomboedrische Kristalle mit wechselnder Ausbildung, rhomboedrisch bis dicktafelig (keine Skalenoeder oder hexagonale Bipyramiden wie bei Hämatit). Polysynthetische Verzwillingung (nach $\{10\bar{1}1\}$ ähnlich wie bei Hämatit. Gewöhnlich derb in körnigen Aggregaten, als akzessorischer Gemengteil im Gestein, in dünnen glimmerartigen Blättchen lose in Sanden.

Physikalische Eigenschaften:

Spaltbarkeit	fehlt, jedoch wie bei Hämatit Teilbarkeit nach $\{10\bar{1}1\}$ durch lamellaren Zwillingsbau
Bruch	muschelig, spröde
Härte (Mohs)	$5^1/_2$–6
Dichte (g/cm^3)	4,5–5,0, um so höher, je mehr durch höhere Bildungstemperatur Fe enthalten ist, allerdings teilweise Entmischung bei der Abkühlung
Farbe, Glanz	braunschwarz bis stahlgrau, nur auf frischem Bruch Metallglanz, sonst matt. In dünnen Splittern braun durchscheinend, sonst opak
Strich	schwarz, fein zerrieben dunkelbraun

Struktur und Chemismus: Die Kristallstruktur von Ilmenit ist derjenigen des Korunds und des Hämatits sehr ähnlich. Gegenüber der Korundstruktur werden in der Ilmenitstruktur die Plätze des Al^{3+} abwechselnd von Fe^{2+} und Ti^{4+} eingenommen. Ein derartiger Ersatz durch ungleichartige Atome führt zur Herabsetzung der Symmetrie. Mischkristallbildung mit Fe$_2$O$_3$, MgTiO$_3$ und MnTiO$_3$. Die Mischbarkeit mit Fe$_2$O$_3$ ist nur bei hoher Temperatur unbeschränkt. Bei langsamer Abkühlung bilden sich Entmischungslamellen von Hämatit im Ilmenit // (0001).

Vorkommen: Als Differentiationsprodukt basischer magmatischer Gesteine, akzessorisch in vielen magmatischen Gesteinen, sekundär als Ilmenitsand an zahlreichen Meeresküsten.

Bedeutung: Ilmenit ist ein wichtiges Ti-Mineral.

Titan als metallischer Rohstoff: Ti-haltige Spezialstähle und Legierungen mit Fe (Ferrotitan) für Flugzeugbau und Raumfahrt. Herstellung von Titanweiß (von außergewöhnlicher Deckkraft), Glasuren etc.

Als Eisenerz sind Ilmenit-führende Erze nicht geschätzt, weil Titan die Schlacke bei der Verhüttung des Erzes sehr viskos macht.

4.3 XO$_2$-Verbindungen

4.3.1 Die Quarz-Gruppe und andere SiO$_2$-Minerale

4.3.1.1 Einiges über ihre Kristallstrukturen

In Tabelle 9 sind die wichtigsten aus der Natur und von Syntheseprodukten her bekannten kristallisierten und amorphen Modifikationen des SiO$_2$ aufgeführt. In ihren Kristallstrukturen haben Quarz, Tridymit, Cristobalit und Coesit gemeinsam, daß ihre Si-Ionen von 4 O-Ionen tetraedrisch umgeben sind. Damit ist jedes O-Ion 2

4 Oxide und Hydroxide

Tabelle 9. SiO$_2$-Minerale in der Natur

	Kristallsystem	Dichte (g/cm^3)
Tief-Quarz	Trigonal	2,65
Hoch-Quarz	Hexagonal	2,53
Tief-Tridymit	Monoklin	2,27
Hoch-Tridymit	Hexagonal	2,26
Tief-Cristobalit	Tetragonal	2,32
Hoch-Cristobalit	Kubisch	2,20
Coesit	Monoklin	3,01
Stishovit	Tetragonal	4,35
Lechatelierit (Natürliches Kieselglas)	Amorph	2,20
Opal (SiO$_2 \cdot$ aq)	Amorph	2,1–2,2

Si-Ionen zugeordnet, und es entfallen auf jedes Si-Ion deshalb nur 4/2 O-Ionen. Daraus erklärt sich das formelmäßige Verhältnis SiO$_2$. (Genauer handelt es sich um eine gemischte Bindung aus ionaren und atomaren Bindungskräften, eine sp^3-Hybrid-Bindung.)

Abb. 29 zeigt ein Modell der relativ lockeren Sauerstoffpackung des Quarzes.

Mit Ausnahme der Höchstdruckmodifikation Stishovit liegt ein 3dimensional zusammenhängendes Gerüst von [SiO$_4$]$^{4-}$-Tetraedern vor. Die wechselnde gegenseitige Verdrehung der zusammenhängenden SiO$_4$-Tetraeder ergibt bei unterschiedlicher Symmetrie eine verschiedengradig aufgelockerte Kristallstruktur. Bei Quarz bilden die SiO$_4$-Tetraeder zusammenhängende, rechts- oder linkssinnig gewundene Spiralen in der kristallographischen c-Richtung (Abb. 30). Die Identitätsperiode der Kette besteht aus 3 Tetraedern. Dichte (Tabelle 9) und Brechungsquotienten n$_\beta$ von Tridymit 1,47, Quarz 1,55, Coesit 1,59 und Stishovit 1,81 sind ein zahlenmäßiger Ausdruck der unterschiedlichen Packungsdichte der Gitter.

Das Ladungsgleichgewicht in diesen relativ einfach gebauten Strukturen verhindert die Einlagerung von über Spurengehalte hinausgehenden Mengen weiterer Kationen. Deshalb haben Quarz und die übrigen SiO$_2$-Modifikationen ungeachtet ihres relativ weitmaschigen Tetraedergerüsts durchwegs die simple Formel SiO$_2$.

In der Struktur der Hochdruckmodifikation Coesit ist das Si gegenüber O wie bei den übrigen SiO$_2$-Modifikationen noch tetraedrisch, im Stishovit hingegen höher, oktaedrisch koordiniert. Stishovit hat die gleiche Struktur wie Rutil TiO$_2$. Die damit verbundene dichtere Packung kommt in der noch höheren Dichte von 4,35 und dem hohen Brechungsquotienten n$_\beta$ = 1,81 besonders zum Ausdruck.

4.3.1.2 Die Phasenbeziehungen im System SiO$_2$

Das Temperatur-Druck-Verhalten von SiO$_2$ ist jetzt bis zu Drücken weit über 100 kbar erforscht. Von den aus der Natur und von Syntheseprodukten her bekannten kristallinen Modifikationen des SiO$_2$ sind nur 6 – in Abb. 31 dargestellt – stabil. Aus dem Temperatur (T)-Druck (P)-Diagramm erkennt man, daß sich Tief-Quarz

4.3 XO$_2$-Verbindungen   61

Abb. 29. Dieses Modell zeigt die relativ lockere Sauerstoffpackung des Quarzes (die Kugeln entsprechen dem Sauerstoff). Prismen- und Rhomboederflächen sind angedeutet. In den winzigen (tetraedrischen) Lücken zwischen 4 Sauerstoffkugeln befindet sich das kleine Si. Die unregelmäßige Absonderung des muscheligen Bruchs des Quarzes verläuft innerhalb der relativ großen Lücken zwischen den geringsten Bindungskräften der Struktur. (Orig. Min. Inst., Würzburg, Entw. EBERHARD)

unter Atmosphärendruck bei einer Temperatur von 573 °C in Hoch-Quarz umwandelt. (Die Beziehungen α- und β-Quarz werden wegen ihres unterschiedlichen Gebrauchs nicht verwendet.) Der trigonal-trapezoedrische Tief-Quarz geht unter Erhaltung seiner äußeren Kristallform ohne Verzögerung in den strukturell sehr ähnlichen hexagonal-trapezoedrischen Hoch-Quarz über. Bei diesem Übergang bleiben die Bindungen zwischen den SiO$_2$-Tetraedern unter Änderung der Winkelung der

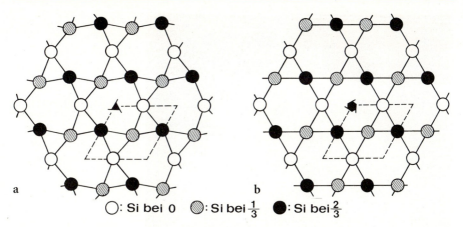

Abb. 30. Die Strukturen des trigonalen Tief- (**a**) und des hexagonalen Hoch-Quarzes (**b**) projiziert auf die (0001)-Ebene senkrecht zur morphologischen c-Achse, die als 3- bzw. 6zählige Schraubenachse ausgebildet ist. Es sind in diesem Fall lediglich die Si-Teilchen eingezeichnet. Sie sind umgeben von O-Teilchen und befinden sich in deren tetraedrischen Lücken. Der strukturelle Übergang von Hoch- zu Tief-Quarz beruht auf einer Einwinkelung der Si-O-Si-Bindungsrichtungen. (STRUNZ, 1957, Fig. 30)

O-Si-O-Bindung erhalten (Abb. 30). Die höhere Symmetrie wird durch Verdrehung der Tetraeder erreicht. Der Umwandlungsvorgang ist reversibel (enantiotrop).

Bei weiterer Wärmezuführung wandelt sich der Hoch-Quarz bei 870°C (unter 1,013 bar Druck) in Tridymit um, und zwar in die hexagonale Modifikation Hoch-Tridymit. Unter den gleichen niedrigen Drücken geht bei 1470°C Tridymit in die kubische Modifikation Hoch-Cristobalit über. Die Übergänge in Hoch-Tridymit und Hoch-Cristobalit machen ein Aufbrechen der Tetraederverbände erforderlich. Wegen der starken Verzögerung dieser Umwandlung kann Hoch-Quarz in den Stabilitätsfeldern von Tridymit und Cristobalit metastabil erhalten bleiben und bei rund 1730°C unmittelbar zum Schmelzen gebracht werden. Die Umwandlung von Hoch-Quarz in Tridymit kann jedoch ohne Verzögerung erfolgen, wenn Fremdionen zugegeben werden, wie z. B. Alkaliverbindungen. (So bestehen nach neueren Untersuchungen gewisse Zweifel, ob Tridymit überhaupt als eine reine SiO_2-Modifikation angesprochen werden kann.)

Die beiden Hochtemperaturphasen Tridymit und Cristobalit sind auf relativ niedrige Drücke beschränkt. Hoch- und Tief-Quarz dagegen haben zusammen ein sehr großes Existenzfeld, das fast alle möglichen P,T-Bedingungen innerhalb der Erdkruste und von Teilen des obersten Erdmantels umfaßt. Das ist einer der Gründe, weshalb Quarz zu den am meisten verbreiteten Mineralen der Erdkruste zählt.

Quarz kann sich im Unterschied zu Tridymit und Cristobalit nur innerhalb seines Stabilitätsfelds bilden. Seine Anwesenheit in einem vulkanischen Gestein z. B. bedeutet, daß seine Kristallisationstemperatur aus schmelzflüssiger Lava nicht wesentlich höher als 870°C gewesen sein kann.

Die Umwandlungstemperatur für Tief-Quarz in Hoch-Quarz steigt bei *positivem* Verlauf der Umwandlungsgrenze (Abb. 31) um 0,0212 °C/bar (0,0215 °C/1 atm) Druck

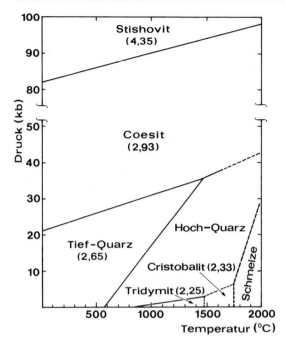

Abb. 31. Das System SiO_2, P, T-Diagramm der SiO_2-Modifikationen. In Klammern gesetzt sind die Dichten (g/cm³). (SCHREYER, 1976, Fig. 6)

entsprechend der Beziehung $dP/dT = \Delta S/\Delta V$ der Gleichung von CLAUSIUS-CLAPEYRON.[1] Bei einer Umwandlung innerhalb einer gewissen Tiefe der Gesteinskruste – sagen wir von 6 km mit einem zugehörigen Belastungsdruck durch überlagerndes Gestein von rund 2000 bar – würde sich eine um rund 43 °C höhere Temperatur als 573 °C, also rund 616 °C, als Umwandlungstemperatur errechnen lassen. Diese Abhängigkeit wird bisweilen als ein orientierendes sog. *geologisches Thermometer* verwendet, immer nur unter der Voraussetzung, daß der herrschende Belastungsdruck abgeschätzt werden kann. Da im Unterschied zu Quarz Tridymit und Cristobalit auch metastabil im stabilen Feld des Quarzes gebildet werden können und Umwandlungsvorgänge bei ihnen sehr träge verlaufen, können sie nicht als Thermometer verwendet werden.

Unter sehr hohen Drücken von 20–40 kbar wandelt sich Quarz in die Hochdruckmodifikation Coesit um (Abb. 31). Dieser geht bei einer weiteren beachtlichen Druckerhöhung auf 80–100 kbar in Stishovit über. Zur synthetischen Herstellung von Stishovit bei 1200 °C z. B. benötigt man einen Druck von rund 150 kbar. (Der zuge-

---

[1] CLAUSIUS-CLAPEYRON-Gleichung: $dT/dP = T \cdot (V-V')/L = \Delta V/\Delta S$, wobei: T = absolute Temperatur, P = Druck, L = latente Umwandlungswärme, V = spezifisches Volumen der Hochtemperaturphase, V' = spezifisches Volumen der Tieftemperaturphase. Entropie S = Q/T, wobei der Messung nur eine Entropieänderung ΔS zugänglich ist, die durch das Verhältnis der einem Körper zugeführten Wärmemenge Q zu der absoluten Temperatur T bestimmt wird. Einheit der Entropieänderung J /°C.

hörige darstellende Punkt würde rechts außerhalb des vorliegenden Diagramms zu liegen kommen.) Es müssen schon recht ungewöhnliche Verhältnisse geherrscht haben, wenn diese beiden Hochdruckminerale einmal in der uns zugänglichen Natur gebildet worden sind.

Beim Abkühlen einer reinen SiO_2-Schmelze erstarrt diese v. a. wegen ihrer hohen Viskosität als Kieselglas in einem metastabilen Zustand.

In Lösungen kann SiO_2 als Kieselsäure H_4SiO_4 bzw. in den Ionen $H_3^+SiO_4^-$, $H_2^+SiO_4^{2-}$ vorliegen. Darüber hinaus kommt Kieselsäure in Form von Kolloiden vor, deren Teilchen eine Größe von 10^3–10^9 Atomen haben. Diese Kolloide können zu Gelen koagulieren, die sehr schwammige, wasserreiche Flocken bilden. In weitestgehend entwässerter Form kommen diese Gele als Opal in der Natur vor.

4.3.1.3 *Tief-Quarz*, SiO_2

Ausbildung: Kristallklasse 32, die trigonal-trapezoedrischen Kristalle, sind meistens prismatisch ausgebildet. Das hexagonale Prisma $\{10\bar{1}0\}$, meistens mit Horizontalstreifung (Abb. 32 a–d), dominiert und wird bei den vorwiegend aufgewachsenen Kristallen nur einseitig durch Rhomboederflächen begrenzt. Das positive Rhomboeder (bzw. Hauptrhomboeder) $\{10\bar{1}1\}$ ist häufig größer entwickelt als das negative Rhomboeder $\{01\bar{1}1\}$ und zeigt einen deutlichen Glanz. Über den Kanten des Prismas befinden sich nicht selten außerdem winzige Flächen eines trigonalen Trapezoeders (wegen ihrer Form auch als Trapezflächen bezeichnet) $\{51\bar{6}1\}$ und einer trigonalen Dipyramide (auch als Rhombenfläche bezeichnet) $\{11\bar{2}1\}$. Diese kleinen Flächen sind, wenn sie überhaupt auftreten, häufig nur 1- oder 2mal ausgebildet, weil Quarzkristalle meistens ein verzerrtes Wachstum aufweisen. Je nachdem, ob die Trapezflächen links oder rechts vom Hauptrhomboeder auftreten, unterscheidet man zwischen Links- und Rechtsquarz. Neben den aufgewachsenen Kristallen kommen bei Tief-Quarz (sehr viel seltener) auch schwebend gebildete Kristalle vor, die dann beidseitig entwickelt sind. Bekannt sind die Suttroper Quarze, Doppelender von modellartig hexagonal erscheinender Entwicklung. Neben der prismatischen Trachtentwicklung kommen besonders in manchen alpinen Vorkommen Quarzkristalle mit spitzrhomboedrischer Trachtentwicklung vor. Infolge mehrerer steiler Rhomboederflächen erscheinen diese Kristalle nach einem Ende hin (bei einseitiger Ausbildung) mehr oder weniger stark zugespitzt.

Verbreitet weisen gerade die Kristalle des Tief-Quarzes bei strenger Winkelkonstanz eine ungleichmäßige Flächenentwicklung und starke Verzerrung auf (Abb. 32 d). Hier dient die oben bereits erwähnte horizontale Streifung der Prismenflächen (Abb. 32 a) zur Orientierung des Kristalls.

Die natürlichen Quarzkristalle sind im Unterschied zu den synthetischen Quarzen fast stets verzwillingt, wodurch die polaren 2zähligen Achsen und damit technisch wichtige physikalische Eigenschaften wie Piezoelektrizität verlorengehen. Die wichtigsten unter zahlreichen Zwillingsgesetzen des Quarzes sind:

Das *Dauphinéer* oder *Schweizer Gesetz* (Abb. 32 e). Zwei gleichgroße Rechtsquarz- oder Linksquarzkristalle (RR oder LL) mit c als Zwillingsachse sind gegeneinander um 60 °C gedreht und miteinander // verwachsen. Damit unterscheiden sie sich, wie alle sog. Ergänzungszwillinge, äußerlich nur bei genauerem Hinsehen von einfachen

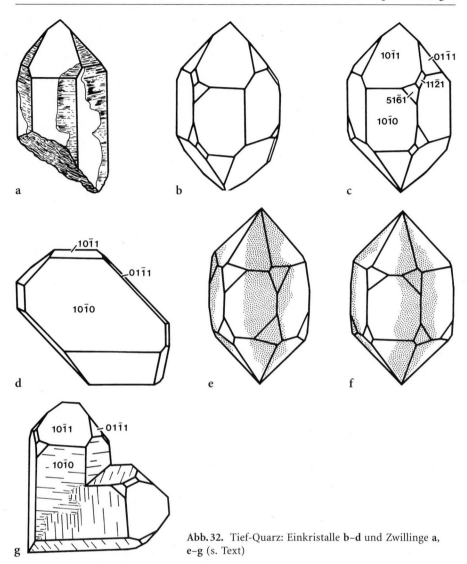

Abb. 32. Tief-Quarz: Einkristalle **b–d** und Zwillinge **a**, **e–g** (s. Text)

Kristallen. Es kommen nämlich dabei die Prismenflächen der beiden verzwillingten Individuen zur Deckung und die Flächen des positiven Rhomboeders des einen fallen mit den Flächen des negativen Rhomboeders des anderen Individuums zusammen. Jedoch treten bei Entwicklung der Trapezoederfläche und/oder der Bipyramidenfläche durch die Anwesenheit dieser kleinen Flächen Kriterien auf, mit denen man auch über RR oder LL entscheiden kann. Häufig sind gewundene Verwachsungsnähte auf den Prismen- und Rhomboederflächen erkennbar, die über eine Verzwillingung ganz allgemein befinden lassen. Das Dauphinéer Gesetz ist oft an den Bergkristallen und Rauchquarzen der Westalpen gut ausgebildet.

4 Oxide und Hydroxide

Das *Brasilianer Gesetz* (Abb. 32 f). Ein Rechts- und ein Linksquarzkristall (RL) gleicher Größe durchdringen sich symmetrisch, wobei die positiven Rhomboederflächen des einen mit den positiven Rhomboederflächen des anderen Individuums zusammenfallen. Die kritischen Trapezoederflächen treten, wenn sie überhaupt ausgebildet sind, 3mal, jeweils links und rechts über einer Prismenkante, auf. Die Verwachsungsnähte sind im Unterschied zum Dauphinéer Gesetz geradlinig. Brasilianer Zwillinge treten häufig an Amethysten brasilianischer Fundpunkte auf.

Das *Japaner Gesetz* (Abb. 32 g). Die selteneren Japaner-Zwillinge haben eine Verwachsung 2er Kristalle mit fast rechtwinkelig (84° 33′) zueinander geneigten c-Achsen.

Häufiger als in gut ausgebildeten Kristallen liegt Tief-Quarz in körnigen Verwachsungsaggregaten vor, wobei die Individuen infolge Wachstumsbehinderung ihre Kristallform nicht ausbilden konnten.

Physikalische Eigenschaften:

Spaltbarkeit	fehlt bis auf selten beobachtete Ausnahmen
Bruch	muschelig
Härte (Mohs)	7, die große Härte und die fast fehlende Spaltbarkeit erklären sich aus den allseitig starken Si-O-Bindungen der Quarzstruktur
Dichte (g/cm^3)	2,65
Farbe	reiner Quarz ist farblos wie die Varietät Bergkristall. Die wichtigsten gefärbten Varietäten sind unten aufgeführt
Glanz	Glasglanz auf den Prismenflächen, Fettglanz auf den muscheligen Bruchflächen, durchscheinend bis durchsichtig
Lichtbrechung	$n_\varepsilon = 1{,}5442$, $n_\omega = 1{,}5533$ (Na-Licht)

Varietäten des Tief-Quarzes

Man unterscheidet nach Farbe, Ausbildung, Transparenz und anderen Eigenschaften zahlreiche Varietäten des Tief-Quarzes. Nur die makrokristallinen Varietäten treten in Kristallformen auf, die mikrokristallinen Varietäten bilden derbe, dichtkörnige oder dichtfasrige Massen, die muschelig brechen.

Nach der *Farbe* lassen sich folgende *makrokristalline Varietäten* unterscheiden:

- *Bergkristall* (Abb. 2, S. 6), farblos, wasserklar durchsichtige und stets von Kristallflächen begrenzte Varietät, von mm- bis zu m-Größe, meistens auf Klüften oder in Hohlräumen vorkommende Kristallgruppen, in Drusen oder als Kristallrasen auf einer Gesteinsunterlage aufsitzend.
- *Rauchquarz*, rauchbraun, durchsichtig bis durchscheinend, Vorkommen ähnlich denen des Bergkristalls, jedoch seltener. Als Ursache der Färbung werden Leerstellen (Punktdefekte) in der Kationenbesetzung infolge natürlicher radioaktiver Bestrahlung (Höhenstrahlung) angenommen. Schwarzer oder fast schwarzer Rauchquarz wird als *Morion* bezeichnet. Die Farbe geht beim Glühen zurück.
- *Citrin*, zitronengelb, durchsichtig bis durchscheinend, wie bei Bergkristall und Rauchquarz nicht selten große Kristalle. Als Ursache der Färbung wird ionisierende Strahlung, gebunden an bestimmte Strukturbaufehler, angenommen.

- *Amethyst,* violett durchscheinend, bisweilen violette Farbe fleckig-trüb, auch mit zonarer oder streifiger Farbverteilung, prächtige Kristalldrusen in Hohlräumen vulkanischer Gesteine auf Achat aufsitzend (sog. Geoden). Als Ursache der violetten Färbung werden Einlagerungen von Fe^{3+} und radioaktive Bestrahlung angenommen. Durch Brennen von Amethyst entsteht citrinfarbener Quarz. Dieses Kunstprodukt wurde im Edelsteinhandel oft fälschlich und irreführend als Goldtopas oder Madeiratopas bezeichnet, eine Bezeichnung, die nach der Internationalen Nomenklatur von Edel- und Schmucksteinen nicht mehr zulässig ist. Amethyst kommt auch in körnigen Aggregaten vor.
- *Rosenquarz,* rosarot durchscheinend bis kantendurchscheinend, milchig-trüb, in grob- bis großkörnigen Aggregaten vorkommend; nur selten treten auch Kristalle von Rosenquarz auf. Als Ursache der Färbung werden der Einbau von Spuren an Ti^{3+} auf Zwischengitterplätzen, aber auch Tyndall-Streuung an orientiert eingelagerten Nädelchen von Rutil (TiO_2) angenommen. Eine glockenförmig überlagernde Absorptionskurve spricht gleichzeitig für eingelagertes Mn^{3+}.
- *Gemeiner Quarz,* farblos, meistens trüb und lediglich kantendurchscheinend, Kristalle in kleinen Drusen Hohlräume füllend, auf derbem Quarz aufsitzend, Fett- bis Glasglanz. Wesentlicher Gemengteil in zahlreichen Gesteinen, als Gangquarz Spalten füllend, oft milchigtrüb durch unzählige Gas- und Flüssigkeitseinschlüsse.

Bei gemeinem Quarz unterscheidet man häufig *Varietäten,* die auf *Wachstumseigenheiten* zurückzuführen sind:

- *Kappenquarz,* bei dem die Kristalle Wachstumszonen parallel zu den Rhomboederflächen aufweisen, die sich als kappenförmige Schalen relativ leicht abschlagen lassen.
- Der *Sternquarz* bildet radialstrahlige Aggregate.
- Beim *Babylonquarz* verjüngt sich die Prismenzone des Kristalls mit treppenartig aufeinanderfolgenden Rhomboederflächen.
- *Zellquarz* zeigt zellig-zerhackte Formen.
- *Fensterquarz* zeichnet sich durch bevorzugtes Kantenwachstum aus. Die Flächenmitten sind aus Substanzmangel beim Wachstum als Fenster zurückgeblieben.

Das ist nur eine kleine Auswahl einer historisch weit zurückliegenden, oft phantasievollen Namensgebung.

Schließlich gehen zahlreiche *Varietäten* auf *Einschlüsse* im Quarz oder innige *Verwachsungen* von Quarz mit parallelfaserigen bis stengelig-nadeligen Fremdmineralen zurück.

- Im *Milchquarz* sind es winzige Flüssigkeitseinschlüsse, die den Quarz milchigtrüb erscheinen lassen.
- *Tigerauge* und *Falkenauge* bestehen aus verkieseltem Amphibolasbest (Krokydolith), im Tigerauge ist der blaue Asbest durch Oxidation des Fe^{2+} zu Fe^{3+} bronzegelb schillernd, im Falkenauge unverändert blau, im geschliffenen und polierten Zustand wogender Seidenglanz.
- Das gewöhnliche *Katzenauge* ist ebenfalls ein mehr oder weniger pseudomorph verquarzter graugrüner, faseriger Amphibol (Aktinolith) von asbestförmiger Beschaffenheit.

- *Saphirquarz* oder *Blauquarz* ist gemeiner Quarz mit orientiert eingelagerten winzigen Rutilnädelchen in kolloider Größenordnung, die jene trübe Blaufärbung verursachen können.
- *Prasem* ist lauchgrün gefärbter derber Quarz, dessen Farbe ebenfalls auf eingelagerte, winzige Amphibolnädelchen zurückgeht.
- *Aventurinquarz* ist durch Einlagerung winziger Glimmerschüppchen grünlich schillernd.
- *Eisenkiesel* in Kristallaggregaten oder derb ist durch Fe-Oxide gelb, braun oder rot gefärbt.

Zu den *mikro-* bis *kryptokristallinen Varietäten* des Quarzes gehören: Die Chalcedon- und die Jaspis-Gruppe.

- Chalcedon schließt alle mikro- und kryptokristallinen *parallelfaserig* strukturierten, makroskopisch dichten Quarzvarietäten ein. Sie enthalten, entsprechend ihrer Abkunft, bisweilen noch röntgenamorphe Opalsubstanz. In solchen Fällen ist Chalcedon nachweislich aus einem Kieselsäuregel entstanden.
- *Chalcedon* im engeren Sinn ist meistens bläulich gefärbt, besitzt häufig eine glaskopfartige, traubig-nierige Oberfläche und ist bei seiner dichtfaserigen Ausbildung splittrig brechend. Mit Flüssigkeit gefüllte Chalcedonmandeln werden als *Enhydros* bezeichnet.
- *Karneol* ist ein fleischfarbener Chalcedon und wird als Schmuckstein verschliffen.
- *Achate* sind rhythmisch gebänderte, feinschichtige und oft Hohlräume umschließende Chalcedone. Als sog. Achatmandeln füllen sie Hohlräume in manchen vulkanischen Gesteinen.
- *Onyx* ist ein speziell schwarzweiß gebänderter, *Sardonyx (Sarder)* ist ein braunweiß gebänderter Chalcedon bzw. Achat.
- *Chrysopras,* in guter Qualität ein begehrter Edelstein, ist durch gelagerte Ni-Ionen grün gefärbt.
- *Moosachat* besitzt graue, moosähnlich gezeichnete dendritische Einschlüsse. Besonders bei den Achaten gibt es zahlreiche mit Phantasienamen belegte Spielarten.

Bei den Vertretern der Jaspis-Gruppe ist im Unterschied zu denen der Chalcedon-Gruppe die mikro- bis kryptokristalline Quarzsubstanz fein*körnig* beschaffen. Jaspis im engeren Sinn ist meistens intensiv (schmutzig) braun, rot, gelb oder grün gefärbt, seine makroskopisch derb-dichten Massen sind spröde und brechen muschelig, häufig schwach wachsglänzend, kantendurchscheinend bis undurchsichtig.

Zur *Jaspis-Gruppe* gehören zahlreiche Varietäten, so u. a.:

- *Plasma,* dunkelgrün durch Fe^{2+}, Chloriteinschlüsse.
- *Heliotrop,* wie Plasma, jedoch durch blutrote Tropfen aus Hämatit (Fe_2O_3) ausgezeichnet. Verwendung als Schmuckstein.
- *Hornstein* und *Feuerstein (Flint),* die beide in Knollenform als Konkretion bzw. Sekretion auftreten und mitunter noch röntgenamorphe Opalsubstanz enthalten.
- *Porzellan-* oder *Bandjaspis* bezeichnete Varietäten sind entsprechend ihrer inhomogenen Beschaffenheit und ihrer Genese eher als Gesteine einzustufen.

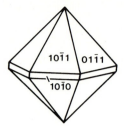

Abb. 33. Hoch-Quarz, Kristalltracht

4.3.1.4 Hoch-Quarz, SiO_2

Ausbildung: Kristallklasse 622, die Eigenschaften des hexagonal-trapezoedrischen Hoch-Quarzes sind denen des Tief-Quarzes sehr ähnlich. Als Hoch-Quarz gebildeter Quarz unterscheidet sich durch seine Kristalltracht. Bei ihr tritt in gedrungenen Kristallen die hexagonale Bipyramide $\{10\bar{1}1\}$ allein oder kombiniert mit schmalem hexagonalem Prisma $\{10\bar{1}0\}$ auf (Abb. 33). Bekannt ist das Vorkommen des Hoch-Quarzes als sog. Quarz-Dihexaeder-Einsprenglinge in vulkanischen Gesteinen wie Quarzporphyren bzw. Rhyolithen. Diese Einsprenglinge sind als Hoch-Quarz bei einer Temperatur > 573 °C auskristallisiert. Bei ihrer Abkühlung vollzog sich eine sprunghafte (wenn auch relativ geringe) Änderung verschiedener physikalischer Eigenschaften – ausgelöst durch einen Umbau in die Tief-Quarz-Struktur – unter Erhaltung der äußeren Kristallform.

Quarz als wichtiger Rohstoff: Quarz ist Rohstoff für die Herstellung von Glas, speziell auch dem Kieselglas als Spezialglas, das aus reinem SiO_2 besteht. Quarz findet Verwendung in der keramischen Industrie, der Feuerfestindustrie (Silikasteine), der Baustoffindustrie (Silikatbeton). Quarz dient außerdem der Herstellung von Carborundum (SiC) in der Schleifmittelindustrie, er ist als Rohstoff beteiligt an verschiedenen Erzeugnissen der chemischen Industrie, so der Herstellung von Silikonen (Schmiermittel, hydraulische Flüssigkeiten, Lackgrundlage etc.), von Silikagel (Verwendung als Absorptionsmittel, zum Trocknen von Gasen etc.), schließlich zur Gewinnung des chemischen Elements Silizium zur Züchtung von Si-Einkristallen für die Halbleiterindustrie (Herstellung von Transistoren etc.). Edle Varietäten des Quarzes sind als Schmuck- oder Edelstein geschätzt, wie Amethyst, Rauchquarz, Citrin, Rosenquarz, Chrysopras, Achat oder Onyx. Achat dient darüber hinaus der Fabrikation von Lagersteinen in der feinmechanischen Industrie. Hochwertige und reine Quarzkristalle finden Verwendung in der optischen Industrie, als Piezoquarze zur Steuerung elektrischer Schwingungen (z. B. in der Quarzuhr) und in der Elektroakustik bei der Erzeugung von Ultraschall (als Wandler in Mikrophonen, Lautsprechern und Ultraschallgeräten), als Steuerquarze zur genauen Abstimmung der Frequenz von Rundfunkwellen etc.

Die beschränkten natürlichen Vorräte an unverzwillingten hochwertigen Quarzkristallen werden seit längerer Zeit durch die Herstellung synthetischer Quarze ergänzt.

4 Oxide und Hydroxide

◆ Tridymit und Cristobalit, SiO_2

Hoch-Tridymit bildet kleine 6seitig begrenzte, grauweiße Täfelchen, vorwiegend zu Drillingen gruppiert in fächerförmiger Anordnung, Hoch-Cristobalit erscheint in winzigen hellen oktaedrischen Kriställchen. Beide kommen in Blasenräumen vulkanischer Gesteine vor. Cristobalit ist z. B. auch aus der Grundmasse von Trachyten beschrieben worden.

◆ Coesit und Stishovit, SiO_2

Die Hochdruckmodifikationen Coesit und Stishovit sind in Meteoritenkratern, so im Nördlinger Ries, als mikroskopischer Gemengteil zusammen mit Kieselglas gebildet worden. Coesit wurde kürzlich auch in einem Eklogit einer sog. Pipe (vulkanische Durchschlagröhre) in Südafrika festgestellt, ebenso in verschiedenen Eklogiten u. a. des Nordfjordgebiets (Norwegen) und in einem Granatquarzit des Dora-Maira-Massivs in den italienischen Alpen.

◆ Lechatelierit, SiO_2

Natürliches Kieselglas hat sich in den sog. Blitzröhren (auch als Fulgurit bezeichnet) durch Blitzeinschläge in reine Quarzsande unter lokaler Schmelzung des Quarzes gebildet. Natürliches Kieselglas gelangt auch in Meteoritenkratern zur Ausbildung.

◆ Opal, $SiO_2 \cdot n\ H_2O$

Ausbildung: Amorph, glasartige und dichte Massen, bisweilen in nierig-traubiger oder stalaktitischer Ausbildung als typischer Gelform.
Physikalische Eigenschaften:

Bruch	muschelig
Härte (Mohs)	$5\frac{1}{2}-6\frac{1}{2}$
Dichte (g/cm³)	2,1–2,2, vom H_2O-Gehalt abhängig
Farbe, Glanz	wasserklar farblos oder in blassen Farben, dunklere Farben gehen auf Verunreinigungen zurück, Glasglanz oder Wachsglanz, durchsichtig bis milchig-durchscheinend. Die edlen Opale mit anmutigem Farbenspiel, auch als Opalisieren bezeichnet

Struktur: Röntgenographisch verhält sich Opal entweder amorph oder er besteht aus fehlgeordneten Bereichen von Cristobalit und/oder Tridymit. Eine 3dimensionale Ordnung ist erst mit dem Übergang in krypto- bis mikrokristallinen Quarz der Varietäten Chalcedon oder Jaspis erreicht. Dabei nehmen Härte, Dichte und Lichtbrechung zu. Rund 25 % der Si-O-Si-Bindungen in der Opalstruktur sind durch Einbau von Wasser oder Hydroxylionen nicht ausgebildet.
Chemismus: $SiO_2 \cdot aq$, der Wassergehalt des Opals, liegt zwischen 4 und 9 %, gelegentlich erreicht er 20 %.

Vorkommen: Zersetzungsprodukt jungvulkanischer Gesteine, als Kieselsinter krustenförmiger Absatz aus heißen Quellen und Geysiren (Geyserit). Bestandteil gesteinsbildender Organismen (Diatomeen, Radiolarien).

Varietäten von Opal

- *Hyalit (Glasopal).* Glasglänzend und wasserklar mit traubig-nieriger Oberfläche, meistens als krustenförmiger Überzug in den Hohlräumen vulkanischer Gesteine.
- *Edelopal.* Ausgezeichnet durch sein lebhaftes buntes Farbenspiel (Opalisieren). Dieses Farbenspiel wird jetzt erklärt als Reflexion an dichtesten Kugelpackungen von Kieselsphärolithen, die elektronenmikroskopisch erkennbar sind (RAMDOHR und STRUNZ, 1978, Abb. 186, S. 528). Diese Sphärolithe sind teils amorph oder sie bestehen aus fehlgeordnetem Cristobalit und/oder Tridymit. Edelopal ist in guter Qualität ein wertvoller Edelstein.
- *Hydrophan* (Milchopal). Milchigweiß, geht durch Wasserverlust aus Edelopal hervor.
- *Feueropal.* Bernsteinfarben bis hyazinthrot, durchscheinend, bisweilen von Edelsteinqualität.
- *Gemeiner Opal.* Mit verschiedener unreiner Färbung, derb und wachsglänzend, kantendurchscheinend bis undurchsichtig; hoher Gehalt an nichtflüchtigen Verunreinigungen. Seine Struktur besteht nach FLÖRKE et al., 1985 aus einer ungeordneten Cristobalit-Tridymit-Stapelfolge.
- *Holzopal.* Unter Wahrung der Struktur des Holzes, von gelber bis braunroter Opalsubstanz durchsetztes Holz, meistens von Baumstämmen, häufig erfolgter Übergang in Jaspis bzw. Chalcedon. Neuerdings wurde die Beteiligung von Hoch-Tridymit festgestellt.
- *Kieselgur, Tripel, Kieselschiefer.* Lockere, feinporöse Massen oder Gesteine aus Opalsubstanz, vorwiegend aus Opalpanzern von Diatomeen oder Radiolarien bestehend, teilweise nachträglich umkristallisiert in kryptokristallinen Quarz oder in Tief-Cristobalit. Ihre technische Verwendung durch Eigenschaften wie enorme Saugfähigkeit oder Wärmedämmung ist vielseitig.

◆ **Rutil, TiO_2**

Ausbildung: Kristallklasse 4/m2/m2/m, die tetragonalen Kristalle besitzen gedrungensäuligen bis stengelig-nadeligen Habitus (haarförmige Rutileinlagerungen im Quarz), Vertikalprismen mit Längsstreifung und Dipyramiden, charakteristische Kniezwillinge, Zwillingsebene ist (101). Drillinge und Viellinge. Bisweilen kompakte Aggregate und Körner.

Physikalische Eigenschaften:

Spaltbarkeit	{110} vollkommen
Bruch	muschelig, spröde
Härte (Mohs)	6–6$\frac{1}{2}$
Dichte (g/cm^3)	4,2–4,3

Farbe, Glanz	dunkelrot, braun bis gelblich, seltener schwarz, blendeartiger Diamantglanz, durchscheinend, Lichtbrechung sehr hoch, etwa vergleichbar mit derjenigen von Diamant
Strich	gelblich bis bräunlich

Struktur: Die Kristallstruktur von Rutil wird als besonderer Typ (Rutiltyp) herausgestellt. Dabei bilden die Ti-Ionen eine raumzentrierte tetragonale Elementarzelle. In ihr sind die Ti-Ionen annähernd in gleichen Abständen von 6 O-Ionen oktaedrisch umgeben, während die O-Ionen jeweils nur 3 Ti-Nachbarn haben. In Richtung der c-Achse reihen sich unendliche Ketten solcher Oktaeder aneinander. Zwischen diesen deformierten Ketten besteht jeweils nur eine Verknüpfung durch das O-Ion einer gemeinsamen Oktaederecke. Die Strukturformel des Rutils ist folgendermaßen zu schreiben: $Ti^{[6]}O_2^{[3]}t$ (t = tetragonal). TiO_2 ist *trimorph*. In der Natur kommen neben Rutil die beiden Minerale *Anatas* und *Brookit* vor, wenn auch in geringerer Verbreitung.

Chemismus: Manche Rutile weisen beträchtliche Gehalte an Fe^{2+}, Fe^{3+}, Nb und Ta auf. Durch Ersatz von Ti^{4+} durch Fe^{2+} wird der elektrostatische Valenzausgleich für den Eintritt von Nb^{5+} und Ta^{5+} in das Rutilgitter ermöglicht.

Vorkommen: Akzessorisch in zahlreichen Gesteinen, oft als mikroskopischer Gemengteil, als dünne Nädelchen in Sedimentgesteinen wie Tonschiefern, in metamorphen Gesteinen in größeren Kristallen, so auch in gewissen Pegmatiten. Sekundär als Gemengteil zahlreicher Sande.

Bedeutung: Rutil ist ein wichtiges Ti-Mineral. Gelegentliche Titangewinnung.

Künstliche Herstellung von Rutil: Wie Korund nach dem VERNEUIL-Verfahren in Form von Schmelzbirnen. Wegen seiner diamantähnlichen optischen Eigenschaften (Lichtbrechung und Dispersion) ist er in dieser künstlichen Form besonders in blauen oder gelben Farben geschätzt und wird so als Schmuckstein verwendbar.

◆ **Kassiterit (Zinnstein), SnO_2**

Ausbildung: Kristallklasse 4/m2/m2/m, wie bei Rutil sind Prismen und Dipyramiden 1. und 2. Stellung die am meisten verbreiteten Trachten. Wechselnde Entwicklung von Tracht und Habitus der Kristalle je nach Vorkommen. Entweder Vorherrschen der Dipyramide {111} ohne oder nur mit schmalem Prisma {110} oder gedrungen säulig mit Prismen und Dipyramiden 1. und 2. Stellung (Abb. 34 a) oder gestreckt säulig mit guter Ausbildung von Prisma {110} und der ditetragonalen Bipyramide {321} oder schließlich langstengelig-nadelig mit {110}, {111} und {321} als sog. Nadelzinn (Abb. 34 d). Darüber hinaus tritt Kassiterit nierig-glaskopfartig mit konzentrisch-schaliger Struktur als sog. Holzzinn auf. Alle Formen des Kassiterits sind stark von ihrer jeweiligen Bildungstemperatur abhängig. Die aufgeführte Reihenfolge entspricht etwa einer Abnahme der Temperatur.

Der gedrungen säulige Kristalltyp des Kassiterits ist meistens nach (011) verzwillingt (Abb. 34 b, c). Die knieförmig gewinkelten Zwillingskristalle sind früher von den Bergleuten im sächsischen und böhmischen Erzgebirge als *Visiergraupen*, die gewöhnlichen (unverzwillingten) Kristalle bzw. Körner von Kassiterit als Graupen bezeichnet worden. Oft feinkörnige Imprägnation von Kassiterit im pneumatolytisch veränderten Granit, vom Bergmann ehemals als *Zinnzwitter* bezeichnet.

4.3 XO$_2$-Verbindungen 73

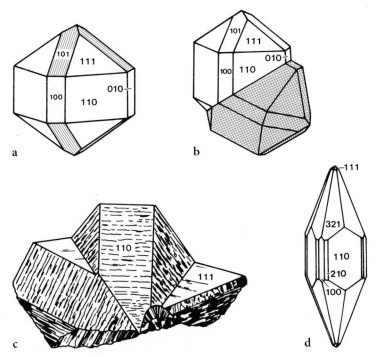

Abb. 34 a–d. Kassiterit; **a** kurzsäulig; **b, c** Zwillinge nach (011) (sog. Visiergruppen); **d** ‚Nadelzinn' nadelförmig nach [001]

Physikalische Eigenschaften:
  Spaltbarkeit   {100} bisweilen angedeutet
  Bruch   muschelig, spröde
  Härte (Mohs)   6–7
  Dichte (g/cm^3)   6,8–7,1
  Farbe, Glanz   gelbbraun bis schwarzbraun durch Beimengungen, selten fast farblos, auf Kristallflächen blendeartiger Glanz, auf Bruchflächen eher Fettglanz, durchscheinend
  Strich   gelb bis fast farblos

Struktur: Die Kristallstruktur des Kassiterits entspricht dem Rutiltyp.

Chemismus: Nach der chemischen Formel 78,6% Sn, jedoch meistens isomorphe Beimengungen insbesondere von Fe^{2+}, Fe^{3+}, Ti, auch Nb, Ta und Zr.

Vorkommen: In Pegmatitgängen, Gemengteil in pneumatolytischen Gängen und Imprägnationen, gelegentlich auch in hydrothermalen Gängen zusammen mit Sulfiden wie z. B. dem Stannin (Zinnkies) Cu_2FeSnS_4. Auf sekundärer Lagerstätte als Seifenzinn, begünstigt durch seine Schwermineraleigenschaft.

Bedeutung: Das einzige wirtschaftlich wichtige Zinnerzmineral.

Zinn als metallischer Rohstoff: Herstellung von Weißblech, schwer oxidierbaren Legierungen wie Bronze, mit Blei legiert als Lötzinn, Zinngegenstände, Lagermetalle, in der Keramik (Email und Farben).

4 Oxide und Hydroxide

◆ Pyrolusit (Braunstein), β-MnO_2

Ausbildung: Kristallklasse 4/m2/m2/m, kommt in strahligen Aggregaten oder porösen, körnig-erdigen Massen und als Konkretionen (Manganknollen) vor. Dendriten sind baum- bis moosförmige Abscheidungen auf Schicht- und Kluftflächen. Es handelt sich dabei um ein skelettförmiges Kristallwachstum. Auch in krustenartigen Überzügen. Als *Psilomelan* in traubig-nierigen oder zapfenförmigen Abscheidungen aus Gelen gebildet und als Schwarzer Glaskopf bezeichnet, als *Wad* in erdig-mulmigen Massen, häufig Verwitterungsrückstand. Braunstein ist ein ungenau definierter Sammelbegriff für unterschiedliche Manganoxide.

Physikalische Eigenschaften:

Spaltbarkeit	an Kristallen deutlich nach {110}
Bruch	muschelig, spröde
Härte (Mohs)	nicht bestimmbar, 1–6, bei den Varietäten Polianit und Psilomelan (auch als Hartmanganerz bezeichnet) 6–6$^1/_2$
Dichte (g/cm^3)	schwankt ebenso stark, je nach der Beschaffenheit
Farbe, Glanz	dunkelgrau, Metallglanz, opak
Strich	schwarz

Struktur: Rutiltyp, Mn befindet sich in oktaedrischer Koordination mit O.
Chemismus: Mn-Gehalt bis rund 63%, meistens zahlreiche fremde Beimengungen enthaltend, die z.T. absorptiv angelagert sind, häufig auch bis zu 1–2% H_2O, daher die unterschiedlichen physikalischen Eigenschaften.
Vorkommen: Bestandteil von Verwitterungserzen, oft neben Limonit, sedimentär.
Bedeutung: Wichtigstes Mn-Erzmineral.
Mn als metallischer Rohstoff: Vor allem Stahlveredlungsmetall (Spiegeleisen und Ferromangan), Legierungsmetall mit anderen Metallen, Entschwefelung im Eisenhüttenprozeß, Rohstoff in der chemischen Industrie und der Elektroindustrie (Trockenelemente), Entfärben von Glas etc.
Varietäten wie Psilomelan, Manganomelan gehören zur Modifikation des β-MnO_2 und sind äußerlich kaum abgrenzbar.

◆ Uraninit (Uranpecherz, Pechblende), UO_2

Ausbildung: Kristallklasse 4/m$\bar{3}$2/m, {111} auch mit {100} und {110} kombiniert als Uraninit, jedoch sind gut ausgebildete Kristalle selten. Gewöhnlich derb, oft mit traubig-nieriger, stark glänzender Oberfläche als Uranpecherz.

Physikalische Eigenschaften:

Spaltbarkeit	{111} deutlich
Bruch	muschelig, spröde
Härte (Mohs)	5–6
Dichte (g/cm^3)	9,0–10,5, ungewöhnlich hoch, traubig-nierig ausgebildetes Uranpecherz 6,5–8,5
Farbe, Glanz	schwarz, halbmetallischer bis pechartiger Glanz
Strich	bräunlichschwarz

Besondere Eigenschaft: Stark radioaktiv. Mit dem radioaktiven Zerfall der Uranisotope U^{238} und U^{235} entstehen 3 stabile Bleiisotope (Pb^{206}, Pb^{207} und Pb^{208}) neben

Helium (α-Strahler). Die Pb-Menge ist gesetzmäßig abhängig vom Alter der betreffenden Uraninitprobe. Hierauf basieren die Pb-U- und die He-U-Methode der absoluten Altersbestimmung. Unter den Elementen der radioaktiven Zerfallsreihe von U^{238} und U^{235} befindet sich insbesondere auch das Radium, jedoch in einem extrem niedrigen Verhältnis zum Urananteil.

In der Pechblende von St. Joachimsthal (Jachymov) wurde 1898 durch das Ehepaar CURIE das Element Radium entdeckt.

Struktur: Die Kristallstruktur des Uraninits entspricht dem Fluorittyp. Durch den radioaktiven Einfluß ist sie jedoch meistens weitgehend gestört.

Chemismus: Bei seiner Bildung sicher UO_2 mit diadocher Vertretung des U durch Thorium und Seltene Erden, besonders Ce. Durch seinen radioaktiven Zerfall Bildung von Pb und He. Dazu zahlreiche mechanische Einlagerungen im Pecherz.

Vorkommen: Gemengteil in Graniten, Pegmatiten und hydrothermalen Gängen. Sedimentär Uraninit als Seifenmineral, so auch im goldführenden Quarzkonglomerat vom Witwatersrand in Südafrika oder im Konglomerat der Provinz Ontario in Kanada. Uranpecherz verwittert sehr leicht. Es wird relativ leicht oxidiert unter Aufnahme vieler Fremdelemente. Als sekundäre Uranminerale bilden sich Hydroxide, Sulfate, Karbonate, Phosphate, Vanadate etc., alle mit grellbunten Farben, insbesondere gelb, grün oder orange.

Bedeutung: Uranpecherz ist das wichtiste primäre Uranmineral zur Gewinnung von Uran. Aus ihm wird außerdem Radium gewonnen, das es in extrem geringer Menge enthält.

Gewinnung und Verwendung des Urans: Bemerkenswert ist, daß Uranpechblende, die früher bei der Silbergewinnung anfiel, noch vor der Entdeckung des Radiums zur Herstellung von Uranfarben verwendet wurde. Seit der letzten Jahrhundertwende nutzte man die Uranabgänge nach Verarbeitung dieser Erze zu Radiumpräparaten noch immer zum gleichen Zweck. Erst nach dem 2. Weltkrieg erlangte das Uran im Zusammenhang mit der Gewinnung und Nutzbarmachung der Kernenergie eine besondere weltwirtschaftliche Bedeutung. Demgegenüber spielt die Verwendung der Uranoxide zur Herstellung von Leuchtfarben und zu fluoreszierendem Glas nur noch eine begrenzte Rolle.

Das bei der Verhüttung von Uranerzen gewonnene Radium findet in erster Linie seine Verwendung in der Medizin.

4.4 XY_2O_4-Verbindungen: Die Spinell-Magnetit-Chromit-Gruppe

Diese Mineralgruppe mit der allgemeinen Formel $X^{2+}Y_2^{3+}O_4$ weist strukturell eine kubisch-dichte Kugelpackung der O-Ionen auf. Jedes O-Ion hat 3 Al- und 1 Mg-Ion als nächste Nachbarn. In den Lücken der O-Ionen der Elementarzelle befinden sich 8 X-Ionen in tetraedrischer und 16 Y-Ionen in oktaedrischer Koordination. Als 2wertige Kationen (X^{2+}) können sich in den normalen Spinellen Mg, Fe^{2+}, Zn oder Mn, als 3wertige Kationen (Y^{3+}) Al, Fe^{3+}, Mn oder Cr gegenseitig diadoch ersetzen. Dabei besteht eine vollkommene Mischbarkeit zwischen den 2wertigen, eine nur wenig vollkommene zwischen den 3wertigen Kationen. Die vielartige Diadochie äußert sich in den sehr verschiedenen physikalischen Eigenschaften dieser Mineralgruppe.

Man unterscheidet Aluminatspinelle (Spinell $MgAl_2O_4$, Hercynit $FeAl_2O_4$) – Ferritspinelle (z.B. Magnetit $FeFe_2O_4$) – Chromitspinelle (Chromit $FeCr_2O_4$).

◆ Aluminatspinelle

Ausbildung: Kristallklasse wie bei allen Spinellen $4/m\bar{3}2/m$, Kristalle meistens oktaedrisch ausgebildet, seltener Kombinationen mit Rhombendodekaeder und Trisoktaeder, häufig verzwillingt nach (111) (dem sog. Spinellgesetz). Vielfach körnig.
Physikalische Eigenschaften:

Spaltbarkeit	nach {111} kaum deutlich
Bruch	muschelig
Härte (Mohs)	$7^1/_2$–8
Dichte (g/cm³)	3,8–4,1
Farbe, Glanz	in vielen Farben durchsichtig bis durchscheinend, hiernach Varietäten: Edler Spinell, besonders rot mit Spuren von Cr, aber auch blau oder grün. Hercynit ($FeAl_2O_4$) und Pleonast [Mischkristall der Zusammensetzung (Mg, Fe^{2+}) (Al, $Fe^{3+})_2O_4$], schwarz, in dünnen Splittern grün durchscheinend. Picotit (Chromspinell) (Fe, Mg) (Al, Cr, $Fe^{3+})_2O_4$, schwarz, in dünnen Splittern bräunlich durchscheinend; meist Glasglanz

Bedeutung: Der tiefrot gefärbte edle Spinell ist ein wertvoller Edelstein. Seine Synthese wird in allen Farben nach dem VERNEUIL-Verfahren als Schmelzbirne vorgenommen.

◆ Magnetit (Magneteisenerz), Fe_3O_4

Ausbildung: Die kubischen Kristalle weisen vorwiegend {111} auf, seltener {110} oder die Kombination zwischen beiden. Zwillinge nach dem Spinellgesetz. Im übrigen meistens als derb-körniges Erz, daneben akzessorischer Gemengteil in verschiedenen Gesteinen. *Martit* ist eine Pseudomorphose von Hämatit nach Magnetit.
Physikalische Eigenschaften:

Spaltbarkeit	Teilbarkeit nach {111} angedeutet
Bruch	muschelig, spröde
Härte (Mohs)	6
Dichte (g/cm³)	5,2
Farbe, Glanz	schwarz, stumpfer Metallglanz, bisweilen blaugraue Anlauffarben, opak
Strich	schwarz
Besondere Eigenschaft	stark ferromagnetisch

Chemismus: Fe total 72,4 %, häufig etwas Mg oder Mn^{2+} für Fe^{2+} und Al, Cr, Mn^{3+}, Ti^{4+} für Fe^{3+}. Häufig Ausscheidung von Ilmenitlamellen //{111}. Bei sehr schneller Abkühlung in vulkanischen Gesteinen unterbleibt häufig diese Entmischung. So unterscheidet man entmischte Magnetite und unentmischte Titanomagnetite.

Vorkommen: Als magmatisches Frühdifferentiat bedeutende Eisenerzlagerstätten bildend, akzessorischer Gemengteil in vielen Gesteinen, kontaktpneumatolytisch, daneben metamorph aus anderen Fe-Mineralen.
Bedeutung: Wichtigstes Eisenerzmineral.

◆ Chromit (Chromeisenerz), $FeCr_2O_4$

Ausbildung: Die kubischen Kristalle nach {111} sind klein und selten. Gewöhnlich körnig-kompaktes Erz bildend, auch eingesprengt im ultramafischen Gestein in schlieren- oder kokardenförmigen Aggregaten.
Physikalische Eigenschaften:

Spaltbarkeit	fehlt
Bruch	muschelig, spröde
Härte (Mohs)	$5^1/_2$
Dichte (g/cm³)	4,6
Farbe, Glanz	schwarz bis bräunlichschwarz, fettiger Metallglanz bis halb-metallischer Glanz, in dünnen Splittern braun durchscheinend
Strich	stets dunkelbraun

Chemismus: Zusammensetzung schwankend, bis 58 % Cr_2O_3, Mischkristallbeziehungen zu Picotit $(Mg, Fe)(Cr, Al, Fe)_2O_4$.
Vorkommen: In band- oder nesterförmiger Anordnung in ultramafischen Gesteinen, dort als magmatisches Frühdifferentiat entstanden. Auch als kompakter Chromeisenstein. Sekundär als Seifenmineral gelegentlich zusammen mit Gediegen Platin.
Bedeutung: Das einzige wirtschaftlich wichtige Chromerzmineral.
Verwendung: Stahlveredlungsmetall (Chromstähle), Fe-Ni-Legierungen (Ferrochrom), galvanische Verchromung, feuerfeste Chromitmagnesitsteine, Chromsalze für Pigmente in Farben und Lacken.

4.5 Hydroxide

Alle Kristallstrukturen der Hydroxide weisen Hydroxylgruppen $(OH)^-$ oder H_2O-Moleküle auf, wobei die Bindungskräfte i. allg. schwächer als bei den Oxiden sind.

◆ Goethit (Nadeleisenerz), α-FeOOH

Ausbildung: Kristallklasse 2/m2/m2/m, die prismatisch-nadelförmigen Kristalle sind nach c gestreckt, mit Längsstreifung und häufig kugelig-strahlige Aggregate bildend, als Brauner Glaskopf mit spiegelglatter Oberfläche, traubig-nierige, zapfenförmige und stalaktitähnliche Formen mit radialstrahligem Gefüge. In anderen Fällen derbe, dichte, und poröse oder pulverartige Massen bildend. Pseudomorphosen nach verschiedenen Eisenmineralen.
Physikalische Eigenschaften:

Spaltbarkeit	{010} vollkommen
Bruch	muschelig
Härte (Mohs)	$5-5^1/_2$

Dichte (g/cm³)	4,5 im Mittel
Farbe, Glanz	schwarzbraun bis lichtgelb, halbmetallisch auch seidenglänzend, daneben matt und erdig, in dünnen Splittern braun oder gelblich durchscheinend
Strich	braun bis gelblich

Struktur: Die Kristallstruktur ist isotyp mit derjenigen von Diaspor (α-AlOOH).

Chemismus: Ungefähr 62% Fe, wechselnder Gehalt an H_2O. Der aus Gelen kristallisierte Goethit (nur noch aus seinen äußeren Formen erschließbar) weist in seinen Aggregaten einen durchwegs höheren H_2O-Gehalt in Form von absorbiertem oder kapillarem Wasser auf als es der Formel mit 10,1% entspricht (sie wäre dann entsprechend FeOOH · nH_2O zu schreiben). Außerdem sind aus dem ehemaligen Gel Verunreinigungen wie z.B. Si, P, Mn, Al, V etc. übernommen worden.

Vorkommen: Als typische Verwitterungsbildungen, daneben sedimentäre Eisensteine bildend.

Bedeutung: Als Eisenerze, so die marinen sedimentären Eisenerze (Minette), Bohnerze, Raseneisenerze, Seerze etc.

◆ **Lepidokrokit (Rubinglimmer), γ-FeOOH**

Ausbildung: Rhombisch, dünne Täfelchen nach {010}, bisweilen auch divergentblättrig angeordnet.

Physikalische Eigenschaften:

Spaltbarkeit	(010) vollkommen, angedeutet nach (100), (001)
Härte (Mohs)	5
Dichte (g/cm³)	4,0
Farbe, Glanz	in Splittern rot bis gelbrot durchscheinend, lebhafter metallischer Glanz
Strich	bräunlichgelb bis orangebraun

Viele Eigenschaften sind denen des Goethits sehr ähnlich

Struktur: Die Kristallstruktur des Lepidokrokits ist homöotyp mit derjenigen des Boehmits (γ-AlOOH).

Vorkommen: Seltener als Goethit, ebenso Verwitterungsprodukt Fe-haltiger Minerale und Gesteine.

Bedeutung: Als Bestandteil des Brauneisensteins besitzt er eine gewisse wirtschaftliche Bedeutung.

5 Halogenide

ALLGEMEINES ZUR KRISTALLCHEMIE

Die Minerale dieser Klasse zeichnen sich in ihren Strukturen durch große elektronegativ geladene Halogenionen aus, wie Cl^-, F^-, Br^- und J^-. Diese sind mit ebenfalls relativ großen Kationen von niedriger Wertigkeit koordiniert. Ihre Ionengitter besitzen die höchstmögliche Symmetrie $4/m\overline{3}2/m$, so die Minerale Halit, Sylvin und Fluorit. Die Minerale dieser Klasse sind farblos, wenn gefärbt, dann allochromatisch, d.h. durch Fremdionen oder Fremdeinschlüsse. Sie besitzen geringe Dichte, niedrige Lichtbrechung, einen relativ schwachen Glanz und teilweise leichte Löslichkeit in Wasser.

◆ **Halit (Steinsalz), NaCl**

Ausbildung: Meistens {100} mit gerundeten Flächen, in körnig-spätigen Aggregaten auch als Gestein, gelegentlich faserig. Pseudomorphosen von Ton nach Halit.

Physikalische Eigenschaften:

Spaltbarkeit	{100} vollkommen, Translation auf {110}
Bruch	muschelig, spröde
Härte (Mohs)	2
Dichte (g/cm^3)	2,1–2,2
Farbe, Glanz	farblos und durchsichtig, bisweilen gelb durch Einlagerung von Hämatit oder Limonit, grau durch Einschlüsse von Ton, braunschwarz durch Bitumen. Die gelegentliche Blaufärbung des Halits ist an Gitterstörstellen verschiedener Art geknüpft, sog. Farbzentren, und durch Bestrahlung hervorgerufen. Die Strahlungsquelle ist jedoch noch nicht genau bekannt
Weitere Eigenschaft	leicht wasserlöslich, salziger Geschmack

Struktur: In der Halitstruktur besetzen Na^+- und Cl^--Ionen jedes für sich Punkte eines flächenzentrierten Würfels (Abb. 35). Beide Gitter sind geometrisch um $1/2$ Kantenlänge gegeneinander // verschoben und ineinandergestellt. Jedes Na^+ ist gegenüber 6 Cl^- oktaedrisch koordiniert, wie in gleicher Weise jedes Cl^- gegenüber 6 Na^+ oktaedrisch koordiniert ist.

Die schwachen heteropolaren Bindungskräfte zwischen 2 großen 1wertigen Ionen bewirken die niedrige Härte. Die relativ dichte Ionenbesetzung // {100} ist ver-

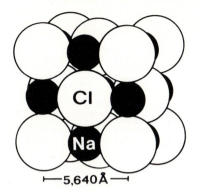

Abb. 35. Die Struktur von Halit als Packungsmodell. Die größeren Cl⁻ bilden einen flächenzentrierten Würfel, in dessen Kantenmitten sich die Na⁺ befinden. Beide Ionenarten sind zueinander [6]-koordiniert

antwortlich für die vollkommene Spaltbarkeit des Halits, zumal die Zahl der Bindungen etwas kleiner ist als senkrecht zu jeder anderen möglichen Ebene. Die Durchsichtigkeit des farblosen Steinsalzes wird kristallphysikalisch dadurch hervorgerufen, daß keine freien Elektronen zur Absorption des einfallenden Lichts zur Verfügung stehen.

Vorkommen: Als Ausscheidungssediment in Wechsellagerung mit Anhydrit- bzw. Gipsgestein oder Kalisalzen. Als Ausblühung in Steppen und Wüsten, am Rand von Salzseen, als Sublimationsprodukt von Vulkanen.

Wirtschaftliche Bedeutung: Als Gestein sehr wichtiger Rohstoff in der chemischen Industrie (Gewinnung von metallischem Natrium, Soda, Ätznatron, Chlorgas, Salzsäure etc.), als Konservierungsmittel; Speisesalz wird meistens aus Salzsolen und Meeressalinen gewonnen.

♦ Sylvin, KCl

Ausbildung: Kristallklasse 4/m$\bar{3}$2/m, {100} häufig in Kombination mit {111}, meistens körnig-spätige Aggregate.

Physikalische Eigenschaften: Ähnlich wie diejenigen des Halits.

Spaltbarkeit	{100} vollkommen
Härte (Mohs)	2
Dichte (g/cm³)	1,99, wenig niedriger als die von Halit
Farbe, Glanz	mit Halit vergleichbar

Unterscheidungsmerkmale gegenüber Halit: Der bittersalzige Geschmack ist gegenüber Halit diagnostisch verwertbar, so auch die rötlichviolette Flammenfärbung

Struktur: Mit Halit isotyp bei sehr ähnlichen Bindungskräften.

Chemismus: Der diadoche Einbau von Na⁺ im Sylvin ist in den Salzlagerstätten nur sehr gering. Jedoch können beide als Sublimationsprodukt an den Kraterrändern der Vulkane bei Bildungstemperaturen über 500 °C eine lückenlose Mischkristallreihe bilden. Cl⁻ im Sylvin kann bis zu 0,5 % durch Br⁻ ersetzt sein. Der Einbau von Rb oder Cs anstelle von K geht über Spuren nicht hinaus.

Vorkommen: Ausscheidungssediment und Sublimationsprodukt von Vulkanen. Sylvinit ist ein Gestein aus Sylvin und Halit.

Wirtschaftliche Bedeutung: Sylvin als Gemengteil von Kalisalzen ist Ausgangsprodukt für ein hochwertiges Kalidüngersalz, Rohstoff in der chemischen Industrie (Herstellung von Kaliverbindungen) und Bestandteil der Glasherstellung.

♦ Fluorit (Flußspat), CaF_2

Ausbildung: Kristallklasse $4/m\bar{3}2/m$, gut ausgebildete kubische Kristalle sind häufig, vorwiegend {100}, bisweilen kombiniert mit {111}, {110}, Tetrakishexaeder und Hexakisoktaeder, seltener {111} oder {110} allein, weiterhin {100} als Durchkreuzungszwillinge nach (111) (Abb. 36). Zonarbau. Derb in spätigen bis feinkörnigen, auch farbig gebänderten Aggregaten.

Physikalische Eigenschaften:

Spaltbarkeit	{111} vollkommen
Härte (Mohs)	4
Dichte (g/cm³)	3,0–3,5
Farbe, Glanz	fast in allen Farben vorkommend, insbesondere grün, violett, gelb, farblos, auch schwarzviolett. Meistens sind die Farben blaß. Farbursache unterschiedlich: entweder durch Spurenelemente, Strukturfehler oder radioaktive Einwirkung. Viele der intensiver gefärbten Fluorite zeigen im UV-Licht eine starke Fluoreszenz, bedingt durch den Eintritt von geringen Mengen an Seltenen Erden in die Struktur anstelle des Ca^{2+}. Im Yttrofluorit $(Ca^{2+}, Y^{3+})F_{2-3}$ z. B. ist dies der Fall, wobei ein zusätzlicher Einbau von F^- auf freie Plätze der Struktur angenommen wird. Die tiefblauen bis schwarzvioletten Fluorite verdanken ihre Farbe der radioaktiven Einwirkung eingewachsener Uranminerale, wie z. B. der sog. Stinkspat von Wölsendorf in der bayerischen Oberpfalz. Hierbei erfolgt eine Loslösung und Neutralisierung von Ionen aus dem Gitterzusammenhang. Beim Zerschlagen dieses Fluorits entweicht freies Fluorgas (daher Stinkspat), und als farbgebendes Pigment wird metallisches Ca in kolloidaler Verteilung nachgewiesen. Die Farbursache ist mit der des blauen Halits vergleichbar. Glasglanz, durchscheinend bis durchsichtig

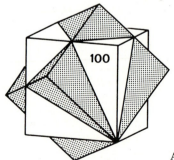

Abb. 36. Fluorit, Durchkreuzungszwilling nach (111)

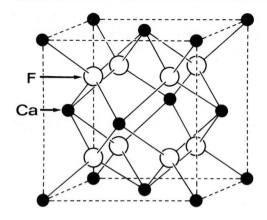

Abb. 37. Fluorit, Kristallstruktur (s. Text)

Struktur: Die Ca^{2+}-Ionen bilden einen flächenzentrierten Würfel, der geometrisch einen primitiven Würfel, d.h. einen nur an den 8 Würfelecken mit F^--Ionen besetzten Würfel von halber Kantenlänge, einschließt (Abb. 37). Ca^{2+} ist dabei würfelförmig von 8 F und F tetraedrisch von 4 Ca umgeben. Die vollkommene Spaltbarkeit nach {111} verläuft // zu den Netzebenen, die nur mit einer Ionenart besetzt sind.

Kristallchemischer Hinweis: Seltene Erden, wie Yttrium (Y^{3+}) und Cer (Ce^{3+}) ersetzen Ca^{2+}. Yttrofluorit [$(Ca, Y) F_{2-3}$] oder Cerfluorit bilden sog. Additionsmischkristalle.

Vorkommen: Als pneumatolytische Gänge und Imprägnationen, hydrothermale Gänge, schichtgebunden in Sedimenten. Letztere Vorkommen gewinnen als Lagerstätten immer größere Bedeutung.

Bedeutung als Rohstoff: Fluorit ist ein wichtiger, vielseitig verwendbarer Rohstoff. Hauptsächliche Verwendung in der Metallurgie als Flußmittel (als sog. Hüttenspat) und zur Gewinnung von Flußsäure und Fluorverbindungen in der Fluorchemie (als sog. Säurespat). Zur Herstellung künstlicher Kryolithschmelze (Na_3AlF_6), die der Tonerde für die elektrolytische Gewinnung von Al-Metall zugesetzt wird. Farbloser, völlig reiner natürlicher Flußspat wird in der Optik zu Linsen scharf zeichnender Objektive (Apochromate) verschliffen. Schließlich auch Verwendung bei der Herstellung von Glas und Email etc.

6 Karbonate

(Zu dieser Klasse gehören auch Nitrate und Borate)

ALLGEMEINES ZUR KRISTALLCHEMIE

Chemisch sind die Karbonate Salze der Kohlensäure H_2CO_3. Strukturell ist ihnen ein inselartiger Anionenkomplex $[CO_3]^{2-}$ gemeinsam. Die zugehörigen Kationen können dabei einen kleineren oder einen größeren Ionenradius besitzen als das Ca^{2+} mit 1,06 Å. Die Karbonate mit einem kleineren Kation wie z. B. Mg^{2+}, Zn^{2+}, Fe^{2+} oder Mn^{2+} kristallisieren ditrigonal-skalenoedrisch wie Calcit. Ihre Strukturen entsprechen derjenigen des Calcits. Demgegenüber kristallisieren die Karbonate mit größeren Kationen wie Sr^{2+}, Pb^{2+} oder Ba^{2+} mit einem Radius > 1,06 Å rhombisch, und die Strukturen ihrer Karbonate entsprechen derjenigen des Aragonits. In der Aragonitstruktur haben diese größeren Kationen 9 O als nächste Nachbarn anstatt 6 O, und es steht ihnen ein entsprechend größerer Raum in der Struktur zur Verfügung. Die Dimorphie des $CaCO_3$, sowohl als Calcit im Calcittyp als auch in der Aragonitstruktur zu kristallisieren, erklärt sich wesentlich aus der mittleren Größe des Ca^{2+} und seinem mittleren Raumbedarf.

Bei den komplizierten Strukturen der Malachit-Azurit-Gruppe ist in sehr vereinfachter Beschreibung das Cu^{2+} oktaedrisch gegenüber O^{2-} und $(OH)^-$ koordiniert. Diese oktaedrischen Einheiten sind kettenförmig aneinandergereiht, und es besteht über O-Brücken seitlich eine Verknüpfung mit den (CO_3)-Gruppen.

Tabelle 10. Wasserfreie und wasserhaltige Karbonate

Wasserfreie Karbonate *Calcitreihe* (32/m)			Ionenradius	*Aragonitreihe* (2/m2/m2/m)			
Calcit	$CaCO_3$	Ca^{2+}	1,06 Å	Aragonit	$CaCO_3$	Ca^{2+}	1,06 Å
Rhodochrosit	$MnCO_3$	Mn^{2+}	0,91 Å	Strontianit	$SrCO_3$	Sr^{2+}	1,27 Å
Siderit	$FeCO_3$	Fe^{2+}	0,83 Å	Cerussit	$PbCO_3$	Pb^{2+}	1,32 Å
Smithsonit	$ZnCO_3$	Zn^{2+}	0,83 Å	Witherit	$BaCO_3$	Ba^{2+}	1,43 Å
Magnesit	$MgCO_3$	Mg^{2+}	0,78 Å				
Dolomitreihe ($\bar{3}$)							
Dolomit	$CaMg(CO_3)_2$	Ca^{2+}	1,06 Å		Mg^{2+}	0,78 Å	
Ankerit	$CaFe(CO_3)_2$	Ca^{2+}	1,06 Å		Fe^{2+}	0,83 Å	
Wasserhaltige Karbonate mit $(OH)^-$ *Malachit-Azurit-Gruppe* (2/m)							
Malachit	$Cu_2[(OH)_2/CO_3]$						
Azurit	$Cu_3[(OH)/CO_3]_2$						

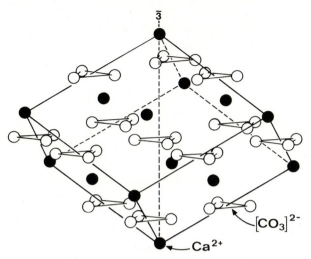

Abb. 38. Calcit, Anordnung der Ionen in einem Spaltrhomboeder nach $\{10\bar{1}1\}$. (Es handelt sich nicht um die Elementarzelle von Calcit). (Aus EVANS, 1964, Fig. 10.03)

6.1 Die Calcitreihe, $\bar{3}2/m$

Die dieser Gruppe eigene Struktur läßt sich als ein auf eine Ecke gestelltes NaCl-Gitter beschreiben, so daß die Raumdiagonale des Würfels der 3zähligen trigonalen Drehinversionsachse $\bar{3}$ der Calcitstruktur entspricht (Abb. 38). Gleichzeitig denkt man sich das NaCl-Gitter in Richtung der Raumdiagonalen zusammengedrückt, Na durch Ca und Cl durch den Schwerpunkt der CO_3-Gruppe ersetzt. Jedes Ca wird (entsprechend der NaCl-Struktur) oktaedrisch von 6 O umgeben. Die CO_3-Komplexe sind so aufgebaut, daß 1 C von 3 O in der Art eines gleichseitigen Dreiecks umgeben wird, wobei das C in der Mitte des Dreiecks liegt. Die CO_3-Komplexe sind planar // zu (0001) ausgerichtet. Der Polkantenwinkel der rhomboedrischen Zelle des Calcits beträgt rund 103 statt 90° bei dem parallel gestellten Würfel. Die Bindungskräfte zwischen Ca^{2+} und $(CO_3)^{2-}$ sind wie in der NaCl-Struktur heteropolar. Sie werden viel leichter aufgebrochen als die festeren homöopolaren Bindungen zwischen C und O. Die vollkommene Spaltbarkeit des Calcits nach dem Spaltrhomboeder $\{10\bar{1}1\}$ entspricht der vollkommenen Spaltbarkeit des Steinsalzes nach $\{100\}$. Diese Spaltbarkeit verläuft ebenfalls parallel zu den dichtest besetzten Netzebenen des Gitters, wobei die Zahl der Bindungen senkrecht zu diesen Ebenen besonders klein ist.

♦ **Calcit (Kalkspat), $CaCO_3$**

Ausbildung: Kristallklasse $\bar{3}2/m$, ditrigonal-skalenoedrisch, an Kristallformen nach Tracht und Habitus[2] ungewöhnlich reich, mehr als 1000 Flächenkombinationen

---

[2] Wir verwenden die Begriffe *Tracht* und *Habitus* folgendermaßen, weisen jedoch darauf hin, daß in manchen Büchern auch eine entgegengesetzte Verwendung vorgenommen wird.

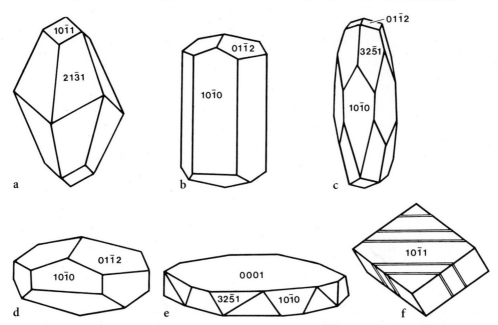

Abb. 39 a–f. Calcit, Kristallformen; **a** ditrigonales Skalenoeder {21̄31} kombiniert mit Rhomboeder {101̄1}; **b** hexagonales Prisma {101̄0} kombiniert mit Rhomboeder {011̄2}; **c** hexagonales Prisma {101̄0} kombiniert mit ditrigonalem Skalenoeder {325̄1} und Rhomboeder {011̄2} etwa im Gleichgewicht; **d** Rhomboeder {011̄2} kombiniert mit hexagonalem Prisma {101̄0}; **e** Basispinakoid {0001} dominiert stark gegenüber Prisma und Skalenoeder; **f** Spaltrhomboeder mit polysynthetischer Druckzwillingslamellierung verursacht durch Gleitung nach (011̄2)

sind beschrieben worden. Nach dem Vorherrschen einfacher Formen lassen sich 4 wichtige Trachten unterscheiden:
Die *rhomboedrische* Ausbildung (Abb. 39 d), bei der Rhomboeder verschiedener Stellung und Steilheit gegenüber anderen Flächen dominieren. Dabei ist die Flächenlage des Spaltrhomboeders {101̄1} als Wachstumsfläche nicht so häufig wie bei den übrigen Mineralen der Calcitreihe anzutreffen.
Die *prismatische* Ausbildung (Abb. 39 b), säulig bis gedrungen säulig mit {101̄0}, dem Prisma und durch das Basispinakoid {0001} oder ein stumpfes Rhomboeder {011̄2} begrenzt; bei sehr schmalem Prisma und Überwiegen des Basispinakoids Übergang zu einer *tafeligen* Ausbildung (Abb. 39 e und Abb. 40), das Basispinakoid {0001} tritt ausschließlich hervor, alle anderen Flächen treten völlig zurück

---

Die Gesamtheit aller Flächen, die an einem Kristall (Mineralkristall) auftritt, bezeichnet man als Tracht (Kristalltracht). Dabei können Kristalle mit gleicher Tracht, bedingt durch die relative Flächenentwicklung, eine unterschiedliche Gestalt aufweisen. Diese Tatsache wird als Habitus (Kristallhabitus) bezeichnet. Hier spielt das Größenverhältnis der einzelnen Flächen eine entscheidende Rolle. Man unterscheidet: tafeligen, blättrigen, prismatischen, stengeligen, fasrigen Habitus. Tritt keine bevorzugte Richtung hervor, so spricht man von einem isometrischen Habitus.

Abb. 40. Kristallgruppe von Calcit mit tafeliger Ausbildung nach {0001}, St. Andreasberg, Harz

und gelangen höchstens schmal zur Ausbildung. Typisch ist der sog. Blätterspat mit seinem blättrigen Habitus.

Die *skalenoedrische* Ausbildung (Abb. 39 a, c), bei der das ditrigonale Skalenoeder dominiert, am verbreitetsten {21$\bar{3}$1}, nicht selten durch ein flaches Rhomboeder abgestumpft oder seitlich durch Prismenflächen begrenzt.

Zwillingsbildung ist bei Calcit sehr verbreitet, am häufigsten ist in der Zwillingsebene das negative Rhomboeder {01$\bar{1}$2} mit lamellarer Wiederholung (sog. polysynthetische Zwillingslamellierung ist auf Spaltflächen als feine Parallelstreifung erkennbar) (Abb. 39 f). Die polysynthetische Zwillingslamellierung wird teilweise durch Einwirkung tektonischer Verformung bei metamorphen Kalksteinen in der Natur in Form von Druckzwillingen hervorgerufen. Druckzwillingslamellierung kann auch künstlich erzeugt werden. Nicht selten ist das Basispinakoid {0001} Zwillingsebene.

Physikalische Eigenschaften:

Spaltbarkeit	{10$\bar{1}$1} vollkommen, {01$\bar{1}$2} Gleitfläche
Härte (Mohs)	3
Dichte (g/cm³)	2,7
Farbe, Glanz, optisches Verhalten	i. allg. farblos, milchigweiß, durchscheinend bis klar durchsichtig, durch organische Einschlüsse braun bis schwarz. Perlmutterglanz. Optisch rein als Isländischer Doppelspat, sehr starke negative Doppelbrechung

Kristallchemie: Calcit bildet Mischkristalle mit Rhodochrosit (Manganspat) wegen ähnlicher Größe der Ionenradien, nur begrenzte Mischbarkeit mit Siderit (Eisenspat) und Smithsonit (Zinkspat). Die Diadochie von Ca^{2+} durch Mg^{2+} ist unter gewöhnlichen Bedingungen außerordentlich gering.

Vorkommen: Calcit gehört in körnig-spätiger Ausbildung zu den verbreitetsten Mineralen, insbesondere durch seine Eigenschaft als gesteinsbildendes Mineral in Kalksteinen. Alleiniger Gemengteil in vielen Kalksintern und Thermalabsätzen, soweit nicht Aragonit. Als Bestandteil von Tropfstein, als Gangmineral in Erzgängen und als Kluftfüllung. Bemerkenswert ist das Auftreten von Calcit und anderen Karbonaten in magmatischen Gesteinen wie den Karbonatiten.

Technische Verwendung: Klar durchsichtige Kristalle von Calcit als Isländischer Doppelspat sind in der optischen Industrie nach wie vor begehrt. Die verschiedenen Kalksteine mit mehr oder weniger hohem oder ausschließlichem Calcitanteil bilden volkswirtschaftlich außerordentlich wichtige Rohstoffe: u.a. als Bau- und Dekorationsstein, polierfähige und schön aussehende Kalksteine als technischer Marmor, als weißer körniger Statuenmarmor oder als Travertin, in der Lithographie, in breiter Verwendung als Rohstoff in der chemischen Industrie, bei der Glas- und Zellstoffherstellung. Größter Bedarf in der Zementindustrie (Portlandzement), als Flußmittel in der Hüttenindustrie, in der Baustoffindustrie als Mörtel.

♦ Rhodochrosit (Manganspat), $MnCO_3$

Ausbildung: Meistens nur winzige rhomboedrische Kriställchen $\{10\bar{1}1\}$ mit sattelförmig gekrümmten Flächen, auch in kleinen Drusen, gewöhnlich körnig-spätige Aggregate, gebänderte Krusten mit traubig-nieriger Oberfläche und radialem Gefüge. In größeren Massen unansehnlich zellig-krustig oder erdig.

Physikalische Eigenschaften:

Spaltbarkeit	$\{10\bar{1}1\}$ vollkommen, spröde
Härte (Mohs)	3,5–4
Dichte (g/cm³)	3,5–3,6
Farbe, Glanz	Farben von blaßrosa über rosarot bis himbeerfarben (Himbeerspat). Glasglanz, durchscheinend
Strich	weiß

Struktur: Isotyp mit Calcit.
Chemismus: Eine lückenlose Mischkristallreihe besteht mit Siderit, weniger mit Calcit und nur sehr begrenzt mit Magnesit und Smithsonit mischbar.
Vorkommen: Als hydrothermales Gangmineral, Produkt der Oxidationszone.
Verwendung: Poliert als Schmuckstein.

♦ Smithsonit (Zinkspat), $ZnCO_3$

Ausbildung: Wie bei Rhodochrosit nur kleinere rhomboedrische Kristalle, meistens derb in Krusten, nierige und zapfenförmige Aggregate, oft zerreiblich.
Physikalische Eigenschaften: Mechanische Eigenschaften ähnlich denen von Rhodochrosit.

Härte (Mohs)	$4^1/_2$
Dichte (g/cm³)	4,4
Farbe, Glanz	farblos, gelblich, grünlich, bräunlich, zartviolett (durch Co^{2+}), bläulich (Cu^{2+}), starker Glasglanz, durchscheinend bis trüb

Struktur: Isotyp mit Calcit.
Chemismus: ZnO-Gehalt maximal 64,8 %, meistens Mn^{2+} und Fe^{2+} enthaltend, weniger Ca^{2+} oder Mg^{2+}, bisweilen Gehalt an Cd^{2+}.
Vorkommen. Produkt der Oxidationszone von Zinkerzlagerstätten innerhalb von Kalksteinen. Sulfatische Zinklösungen, die bei der Verwitterung z.B. von Zinkblende entstehen, werden durch Kalkstein ausgefällt.
Bedeutung: Als Gemenge mit Hemimorphit (Kieselzinkerz) unter dem Namen *Galmei* wichtiges Zinkerz.

◆ Siderit (Eisenspat), FeCO₃

Ausbildung: Kristallklasse $\bar{3}2/m$, aufgewachsene Kristalle meistens als sattelförmige Rhomboeder $\{10\bar{1}1\}$ mit gekrümmten Flächen, spätig in kompaktem Gestein, kugelförmige oder nierig-traubige Gebilde aus Siderit werden als *Sphärosiderit* bezeichnet.

Physikalische Eigenschaften:

Spaltbarkeit	$\{10\bar{1}1\}$ vollkommen
Härte (Mohs)	$3^1/_2$–4
Dichte (g/cm³)	3,7–3,9
Farbe, Glanz	lichtgraugelb, mit zunehmendem Oxidationseinfluß gelblich bis gelbbraun und schließlich dunkelbraun, dabei bunt anlaufend, Glas- bis Perlmutterglanz, durchscheinend bis undurchsichtig

Struktur: Isotyp mit Calcit.
Chemismus: Fe 48,2 %, gewöhnlich mit einem größeren Gehalt an Mn^{2+} und etwas Ca^{2+}, auch als diadocher Ersatz Mg^{2+}. Es besteht lückenlose Mischbarkeit mit Rhodochrosit und Magnesit.
Vorkommen: In hydrothermalen Gängen, sedimentär oder metasomatisch, bei der Verwitterung Übergang in Limonit.
Bedeutung: Als Spateisenstein wegen seines häufigen Mangangehalts und seiner leichten Verhüttung wertvolles Eisenerz.

◆ Magnesit, MgCO₃

Ausbildung: Kristallklasse $\bar{3}2/m$, Kristalle mit einfacher rhomboedrischer Tracht $\{10\bar{1}1\}$, im Gestein eingewachsen, vorwiegend in spätigen (als sog. *Spat-* oder *Kristallmagnesit*) oder in dichten, mikrokristallinen Aggregaten, dann oft mit Geltexturen (als sog. *Gelmagnesit*).

Physikalische Eigenschaften:

Spaltbarkeit	die spätigen Kristalle vollkommen nach $\{10\bar{1}1\}$
Bruch	muschelig bei Gelmagnesit

Härte (Mohs)	4–4$^1/_2$
Dichte (g/cm³)	3,0
Farbe, Glanz	farblos, grau- bis gelblichweiß, grauschwarz auf Spaltflächen, Glas- bis Perlmutterglanz, Gelmagnesit mit matter Bruchfläche

Struktur: Isotyp mit Calcit.

Chemismus: $MgCO_3$, Fe-haltiger Magnesit wird als *Breunnerit* bezeichnet.

Vorkommen: Als Spatmagnesit in räumlichem Verband mit Dolomitgesteinen oder dolomitischem Kalkstein, als Gelmagnesit in Trümern oder Einschaltungen in Serpentingesteinen als deren Zersetzungsprodukt.

Technische Bedeutung als Rohstoff: Herstellung von Sintermagnesit. Hierbei wird Magnesit bei etwa 1800 °C unter Bildung von kristallinem MgO gesintert und mit Wasser zu Ziegeln oder Tiegeln geformt und dann erneut gebrannt. Diese Sintermagnesitziegel werden wegen ihrer großen Feuerfestigkeit zum Auskleiden von Hochöfen, Konvertern, Glasöfen oder Puddelöfen verwendet.

In einem anderen Verfahren wird Magnesit bei nur 800 °C kaustisch behandelt und dabei lediglich das CO_2 entfernt. Die daraus gewonnene $MgCl_2$-Lauge wird mit einem Füllstoff versehen und zu Sorelzement verarbeitet. Letzterer dient der Herstellung feuerfester Baumaterialien und Isoliermassen.

Das Metall Magnesium wird derzeit nur untergeordnet aus Magnesit gewonnen. Man gewinnt es vielmehr aus Rückständen der K-Mg-Salz-Verarbeitung oder aus Meerwasser.

6.2 Die Aragonitreihe, 2/m2/m2/m

Der Aragonitreihe liegt die rhombische (pseudohexagonale) Aragonitstruktur zugrunde. Hierbei befinden sich (bei gewissen Unterschieden) die planaren CO_3-Komplexe wie bei der Calcitstruktur // der Basis (001). Ca ist hier jedoch von 9 O als nächste Nachbarn umgeben. Die höhere Koordinationszahl im Aragonit entspricht den größeren Kationenradien der vorliegenden Reihe. Die nach c pseudohexagonale Aragonitstruktur läßt sich so geometrisch auf den hexagonalen Typ des NiAs-Gitters beziehen. Denkt man sich im NiAs-Gitter die As-Atome durch Ca-Ionen, die Ni-Atome durch (CO_3)-Gruppen ersetzt, so entsteht bei geringer Deformation (Verformung) die Aragonitstruktur.

Entsprechend der nur pseudohexagonalen Symmetrie der Aragonitstruktur wird eine hexagonal dichteste Packung der Folge ABABAB ... gegenüber der NiAs-Struktur nur annähernd erreicht.

◆ Aragonit, $CaCO_3$

Ausbildung: Kristallklasse 2/m2/m2/m, prismatische Ausbildung der rhombisch-bipyramidalen Kristalle, häufiger nach c gestreckt mit spitzpyramidaler Endigung, gewöhnlich nadelig-strahlige Aggregate, häufiger Zwillinge nach {110}, Drillinge mit pseudohexagonaler Form und Verwachsungsnähten bzw. Längsfurchen (Abb. 41), auch polysynthetische Viellinge. Verbreitet tritt Aragonit in derben,

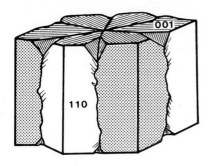

Abb. 41. Aragonit, Drilling nach (110) mit pseudohexagonaler Symmetrie

feinkörnigen Massen und Krusten auf, auch als konzentrisch-schalige Kügelchen im Pisolith (Erbsenstein).

Physikalische Eigenschaften:

Spaltbarkeit	{010}, jedoch sehr undeutlich wie {110}
Bruch	muschelig
Härte (Mohs)	$3^1/_2$–4, die etwas größere Härte gegenüber Calcit erklärt sich aus der größeren Zahl von Ca-O-Bindungen und der dichteren Packung des Gitters
Dichte (g/cm³)	2,95, die dichtere Packung bewirkt auch die größere Dichte des Aragonits
Farbe, Glanz	farblos bis zart gefärbt, Glasglanz auf Kristallflächen, auf Bruchflächen Fettglanz, durchsichtig bis durchscheinend

Chemismus: $CaCO_3$, diadocher Ersatz von Ca^{2+} besonders durch Sr^{2+}, auch Pb^{2+}.

Vorkommen: Viel seltener als Calcit und nur begrenzt gesteinsbildend; in Hohlräumen vulkanischer Gesteine, Bestandteil von Sinterkrusten oder als Sprudelstein aus heißen Quellen oder Geysiren abgesetzt, organogen als Perlmutterschicht natürlicher Perlen und der Schalen gewisser Mollusken.

Bildungsbedingungen von Aragonit: Aragonit ist unter gewöhnlicher Temperatur und Atmosphärendruck metastabil, jedenfalls weniger stabil als Calcit (Abb. 42). Bei Anwesenheit eines Lösungsmittels oder längerem Reiben im Mörser geht Aragonit langsam in Calcit über. Diese Umwandlung ist monotrop, d. h., sie ist nicht umkehrbar. Der Nachweis ist in diesem Fall nur röntgenographisch zu erbringen. Bei Erhöhung der Temperatur auf 400 °C [< 1,013 bar (<1 atm) Druck] vollzieht sich diese Umwandlung sehr schnell. Demgegenüber ist festgestellt worden, daß Aragonit dann keine Umwandlung in Calcit erfährt, wenn Strontium in die Aragonitstruktur eingebaut ist. Strontium übt in dieser Hinsicht einen stabilisierenden Einfluß auf die Aragonitstruktur aus.

Aragonit mit seiner etwas dichteren Struktur als Calcit ist unter gegebener Temperatur die relativ druckbegünstigte Modifikation von $CaCO_3$, wie Abb. 42 zeigt, Calcit die relativ temperaturbegünstigte Modifikation. Aragonit ist auch Mineral der Hochdruckmetamorphose.

Einfaches Unterscheidungsmerkmal zwischen Aragonit und Calcit: Aragonitpulver wird in Kobaltnitratlösung beim Sieden violett, während Calcitpulver sich fast nicht verändert (als MEIGEN-Reaktion bezeichnet).

6.2 Die Aragonitreihe, 2/m2/m2/m

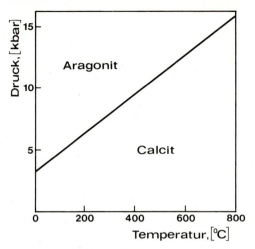

Abb. 42. Die Stabilitätsfelder von Calcit und Aragonit im P, T-Diagramm (nach BOETTCHER und WYLLIE, 1968)

◆ **Strontianit, SrCO$_3$**

Ausbildung: Kristallklasse 2/m2/m2/m, Kristalle wie Aragonit nadelig oder dünnstengelig und oft büschelig gruppiert, Zwillingsbildungen wie Aragonit. Verbreiteter stengelige und körnige Aggregate.

Physikalische Eigenschaften:

Spaltbarkeit	{110} deutlich
Bruch	muschelig
Härte (Mohs)	$3^1/_2$–4
Dichte (g/cm^3)	3,8, deutlich höher als bei Aragonit
Farbe, Glanz	farblos oder durch Spurengehalte sehr schwach gefärbt, auf Kristallflächen Glas-, auf Bruchflächen Fettglanz, durchsichtig bis durchscheinend

Struktur: Isotyp mit Aragonit.
Chemismus: SrCO$_3$, etwas Sr stets durch Ca diadoch ersetzt, viel Ca im Calciostrontianit.
Vorkommen: Als Kluftfüllung im Kalkstein oder Kalkmergel, aus Gehalten des Nebengesteins stammend (*Lateralsekretion*).
Technische Verwendung: In der Pyrotechnik, früher Bedeutung bei der Zuckergewinnung, Glas- und Keramikindustrie, Gewinnung des Metalls Strontium.

◆ **Cerussit (Weißbleierz), PbCO$_3$**

Ausbildung: Kristallklasse 2/m2/m2/m, einzelne Kristalle oder in Gruppen aufgewachsen oder eingewachsen. Tafeliger Habitus nach {010} oder nadelig bis spießförmig. Viel häufiger Drillinge nach {110}, dadurch pseudohexagonal (Abb. 43),

6 Karbonate

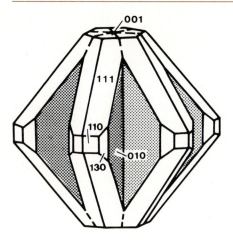

Abb. 43. Cerussit, pseudohexagonaler Drilling nach (110)

bei tafeliger Ausbildung stern- bis wabenförmige Verwachsungen, auch pulverig-erdig.

Physikalische Eigenschaften: Charakteristisch gegenüber Aragonit und Strontianit sind seine höhere Dichte, sein lebhafter Diamantglanz und seine wesentlich höhere Lichtbrechung mit $n\gamma = 2{,}08$.

Spaltbarkeit	{110}, {021} wenig deutlich
Bruch	muschelig, spröde
Härte	$3-3^{1}/_{2}$
Dichte (g/cm^3)	6,5
Farbe, Glanz	weiß, gelblich, braun, Diamantglanz, durchsichtig bis durchscheinend

Struktur: Isotyp mit Aragonit.
Vorkommen: Zusammen mit Bleiglanz in der Verwitterungs- und Auslaugungszone von Bleilagerstätten, aus dem er sich als Sekundärmineral bildet.
Bedeutung: Gelegentlich wichtiges Bleierzmineral.

◆ **Witherit, BaCO$_3$**

Ausbildung: Kristallklasse 2/m2/m2/m, Kristalle fast stets als Drillingsverwachsungen nach {110} mit pseudohexagonalen Bipyramiden, auch derb oder in stengelig-blättrigen Verwachsungen.
Physikalische Eigenschaften: Ähnlich denen von Aragonit und Strontianit.

Spaltbarkeit	{010} deutlich
Bruch	muschelig, spröde
Härte (Mohs)	$3^{1}/_{2}$
Dichte (g/cm^3)	4,3, höher als diejenige von Aragonit und Strontianit, jedoch niedriger als die von Cerussit
Farbe, Glanz	farblos, weiß, gelblich, Glasglanz, auf Bruchflächen Fettglanz

Struktur: Isotyp mit Aragonit.
Chemismus: $BaCO_3$, gewöhnlich mit geringen Beimengungen von Sr und Ca.
Vorkommen: Seltener als Aragonit, Strontianit oder Cerussit.

6.3 Die Dolomitreihe

Das Mineral Dolomit $CaMg(CO_3)_2$ ist eine stöchiometrische Verbindung, ein Doppelsalz mit einem Verhältnis Ca : Mg = 1 : 1, jedoch kein Mischkristall zwischen Calcit und Magnesit. Die Dolomitstruktur ist analog der Calcitstruktur gebaut mit dem Unterschied, daß Ca^{2+} und Mg^{2+} abwechselnd schichtenweise in Ebenen // (0001) angeordnet sind. Die am Calcitkristall äußerlich erkennbaren Spiegelebenen // c entfallen am Dolomitkristall. Stattdessen treten in der Struktur Gleitspiegelebenen auf. Das belegen auch sehr schön die sorgfältig erzeugten künstlichen Ätzfiguren auf der Rhomboederfläche (Abb. 44).

Bei höherer Temperatur, etwa ab 500 °C, kann Dolomit eine geringe Abweichung gegenüber dem Verhältnis Ca : Mg = 1 : 1 besitzen, wie Abb. 45 belegt. Außerdem zeigt dieses Diagramm, daß unter höherer Temperatur neben Dolomit gebildeter Calcit auch mehr Mg aufnehmen kann. Das führt zu einer vollkommenen Mischbarkeit zwischen Calcit und Dolomit etwa ab 1100 °C. Andererseits kann Magnesit im Unterschied dazu auch unter so hohen Temperaturen nur relativ wenig Dolomitkomponente aufnehmen. Die Zusammensetzung von gleichzeitig neben Dolomit gebildetem Calcit kann als geologisches Thermometer zu einer Abschätzung der jeweiligen Bildungstemperatur dieser Paragenese benutzt werden.

♦ **Dolomit (Bitterspat), $CaMg(CO_3)_2$**

Ausbildung: Kristallklasse $\bar{3}$, die ein- und aufgewachsenen Kristalle besitzen fast stets das Grundrhomboeder $\{10\bar{1}1\}$ als Kristallform, nicht selten aus Subindividuen aufgebaut und mit sattelförmig gekrümmten Flächen. Druckzwillinge nach $\{02\bar{2}1\}$ sind sehr viel seltener als bei Calcit und verlaufen // der kurzen und nicht der langen Diagonalen des Spaltrhomboeders. In körnigen Aggregaten gesteinsbildend.

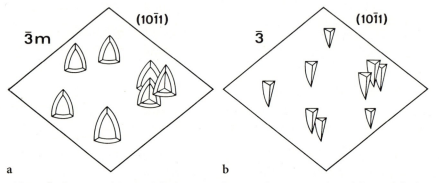

Abb. 44. Ätzfiguren auf der Spaltfläche von Calcit **a** sind symmetrisch, auf der Spaltfläche von Dolomit **b** asymmetrisch ausgebildet in Abhängigkeit von der Kristallsymmetrie (s. Text)

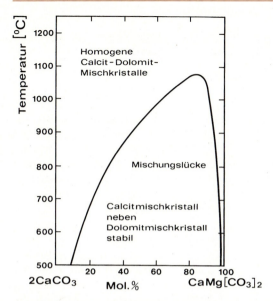

Abb. 45. Das isobare Temperatur-Konzentrations-Diagramm zur Phasenbeziehung im System Calcit – Dolomit. (Nach GOLDSMITH and HEARD, 1961). Der CO_2-Druck ist niedrig, etwa 50 bar, jedoch ausreichend, um eine Dekarbonatisierung zu verhindern

Physikalische Eigenschaften:

Spaltbarkeit	$\{10\bar{1}1\}$ vollkommen
Bruch	muschelig
Härte (Mohs)	$3^1/_2$–4
Dichte (g/cm³)	2,9–3
Farbe, Glanz	farblos, weiß, häufig auch zart gefärbt, gelblich bis bräunlich, nicht selten braunschwarz bis schwarz, Glasglanz, durchsichtig bis durchscheinend

Vorkommen: Wichtiges gesteinsbildendes Mineral, in Kalksteinen und Marmoren auch neben Calcit auftretend, als Gangart in Erzgängen, als metasomatisches Verdrängungsprodukt aus Kalkstein.

Bedeutung als Rohstoff: Als basisches Futter im Thomas-Prozeß bei der Stahlherstellung, als Rohstoff in der Feuerfest- und Baustoffindustrie.

♦ Ankerit (Braunspat), Ca(Fe, Mg) (CO$_3$)$_2$

Ausbildung: Kristallform und physikalische Eigenschaften wie Dolomit, jedoch Dichte und Lichtbrechung merklich höher; gelblichweiß, durch Oxidation von Fe^{2+} braun werdend.

Fe^{2+} ist zu einem großen Teil durch Mg, untergeordnet auch durch Mn^{2+} ersetzt. Es besteht eine vollständige Mischreihe zwischen Dolomit und Ankerit Ca (Fe, Mg) (CO$_3$)$_2$.

Vorkommen: Als Gangart in Erzgängen, als Verdrängungsprodukt von Kalkstein.

6.4 Malachit-Azurit-Gruppe

◆ **Malachit, $Cu_2[(OH)_2/CO_3]$**

Ausbildung: Kristallklasse 2/m, Kristalle selten, meistens nadelig, haarförmig in Büscheln, häufiger derb, nierig-traubig mit glaskopfartiger Oberfläche, gebändert, erdig.

Physikalische Eigenschaften:

Spaltbarkeit	{201} gut, {010} deutlich
Bruch	muschelig
Härte (Mohs)	$3^1/_2$–4 wie Azurit
Dichte (g/cm³)	4
Farbe, Glanz	dunkelgrün, in erdigen Massen hellgrün, Glas- oder Seidenglanz, auch matt
Strich	lichtgrün

Chemismus: Cu-Gehalt 57,4 %.
Vorkommen: Verbreitetes Cu-Mineral, oft neben Azurit in der Oxidationszone von primären Kupfererzen, viel häufiger als Azurit. Imprägnation von Sandsteinen.
Wirtschaftliche Bedeutung: Örtlich wichtiges Kupfererz. In poliertem Zustand Verwendung als Schmuckstein, Verarbeitung zu Ziergegenständen.

◆ **Azurit (Kupferlasur), $Cu_3[(OH)/CO_3]_2$**

Ausbildung: Kristallklasse 2/m, mitunter in sehr guten Kristallen und flächenreichen Formen, kurzsäulig bis dicktafelig, zu kugeligen Gruppen aggregiert. Häufig derb, traubig-nierige Oberfläche, erdig und als Anflug.

Physikalische Eigenschaften:

Spaltbarkeit	{011} und {100} ziemlich vollkommen
Bruch	muschelig
Härte (Mohs)	$3^1/_2$–4
Dichte (g/cm³)	3,8
Farbe, Glanz	azurblau, in erdigen Massen hellblau, Glasglanz, durchscheinend
Strich	hellblau

Chemismus: Cu-Gehalt 55,3 %.
Vorkommen: Oxidationsprodukt von Fahlerz und Enargit, Mineral der Oxidationszone von Kupfererzen, Imprägnation in Sandsteinen. Häufig Übergang zu Malachit unter Wasseraufnahme: Pseudomorphosen von Malachit nach Azurit.
Bedeutung: Im Mittelalter als Farbe für Gemälde verwendet.

7 Sulfate und Wolframverbindungen

(In diese Klasse werden auch die etwas selteneren Molybdate und Chromate eingereiht)

ALLGEMEINES ÜBER DIE KRISTALLSTRUKTUREN

Bei den Kristallstrukturen der wasserfreien Sulfate bildet der Anionenkomplex $[SO_4]^{2-}$ mit S im Mittelpunkt ein mehr oder weniger leicht verzerrtes Tetraeder, an dessen Ecken sich 4 O befinden. Der $[SO_4]$-Komplex wird durch starke homöopolare Bindungskräfte zusammengehalten. Bei den Kristallstrukturen von Baryt, Coelestin und Anglesit mit ihren relativ großen Kationen Ba^{2+}, Sr^{2+} und Pb^{2+} bilden 12 O die nächsten Nachbarn in etwas verschiedenen Abständen. Zudem gehören die 12 O verschiedenen Tetraedern an. Die Bindungskräfte der großen Kationen gegenüber dem $[SO_4]$-Komplex sind ausgesprochen heteropolar. Bei Anhydrit mit dem kleineren Ca^{2+} hat jedes Ca 8 und in diesem Fall fast gleich weit entfernte O-Nachbarn. Der Anionenkomplex ist dabei weniger verzerrt. Dieser Unterschied erklärt geometrische Unterschiede in der Anhydritstruktur gegenüber Baryt. Man kann die Anhydritstruktur – wie auch die Strukturen der Baryt-Gruppe – als deformierte NaCl-Struktur beschreiben, dessen Na-Ionen durch Ca-Ionen und die Cl-Ionen durch SO_4-Tetraeder ersetzt sind.

Bei rhombischer Symmetrie ergeben sich bei der Baryt-Gruppe Spaltbarkeiten nach: {001} sehr vollkommen und nach {210} vollkommen; bei Anhydrit 3 unterschiedliche Spaltbarkeiten nach {001} sehr vollkommen, nach {010} vollkommen und nach {100} deutlich.

Gips als wasserhaltiges Sulfat besitzt in seiner Kristallstruktur $[SO_4]^{2-}$-Schichten // (010) mit starker Bindung zu Ca^{2+}. Diese Schichtenfolge wird seitlich durch Schichten von H_2O-Molekülen begrenzt. Die Bindung zwischen den H_2O-Molekülen nach Art von van-der-Waals-Kräften ist schwach. Das erklärt die vorzügliche Spaltbarkeit des Gipses nach {010}.

Tabelle 11. Wichtigste Sulfate in der Natur

Wasserfreie Sulfate			Wasserhaltige Sulfate		
Baryt	$BaSO_4$	⎫	Gips	$CaSO_4 \cdot 2H_2O$	2/m
Coelestin	$SrSO_4$	⎬ 2/m2/m2/m			
Anglesit	$PbSO_4$	⎭			
Anhydrit	$CaSO_4$	2/m2/m2/m			

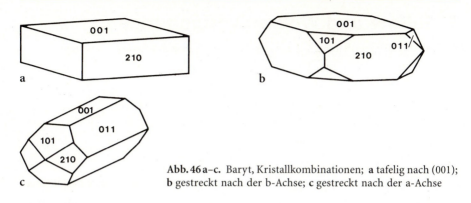

Abb. 46 a–c. Baryt, Kristallkombinationen; **a** tafelig nach (001); **b** gestreckt nach der b-Achse; **c** gestreckt nach der a-Achse

7.1 Sulfate

◆ **Baryt (Schwerspat), $BaSO_4$**

Ausbildung: Kristallklasse 2/m2/m2/m, die rhombischen Kristalle sind nicht selten gut ausgebildet (Abb. 46), bisweilen flächenreich, vorwiegend tafelig nach {001}, die Kombination Basis {001} mit dem Vertikelprisma {210} wird oft beobachtet, dem Spaltkörper entsprechend. Weiterhin kommen nach dem Querprisma {101} entsprechend b oder dem Längsprisma {011} entsprechend a gestreckte Kristalle häufiger vor. Meistens körnige oder blättrige Aggregate und tafelige Kristalle in hahnenkammartigen bis halbkugelförmigen Verwachsungen (bekannt als Barytrosen).

Physikalische Eigenschaften:

Spaltbarkeit	{001} sehr vollkommen, {210} vollkommen
Härte (Mohs)	$3-3^1/_2$
Dichte (g/cm³)	4,5 ist für ein nichtmetallisch aussehendes Mineral auffallend hoch und diagnostisch verwertbar
Farbe, Glanz	farblos, weiß oder in verschiedenen blassen Farben, auf Spaltfläche (001) Perlmutterglanz, sonst Glasglanz, durchsichtig, viel häufiger trüb, durchscheinend bis undurchsichtig

Chemismus: $BaSO_4$, Sr^{2+} kann Ba^{2+} diadoch ersetzen.

Vorkommen: Verbreitetes Mineral, in Gangform oder als Gangart Bestandteil von Erzgängen, in flözartigen Lagen oder Nestern, bisweilen durch Bitumengehalt grauschwarz gefärbt.

Bedeutung als mineralischer Rohstoff: Verwendung zum Beschweren des Spülwassers bei Erdöl- und Gasbohrungen, Rohstoff für weiße Farbe (Lithopone), zum Glätten von Kunstdruckpapier, als Bariummehl in der Medizin und als Strahlenschutz in der Röntgentechnik, in der Chemie zur Darstellung von Bariumpräparaten, Bestandteil des Bariumbetons.

◆ Coelestin, SrSO$_4$

Ausbildung: Kristallformen ähnlich denen des Baryts, tafelförmig nach {001} oder prismatisch nach a oder b gestreckt, auf Klüften und in Hohlräumen von Kalkstein faserig, auch körnige und spätige Aggregate, mitunter in Form von Knollen.

Physikalische Eigenschaften:

Spaltbarkeit	wie Baryt nach {001} vollkommen, nach {210} weniger vollkommen
Bruch	muschelig
Härte (Mohs)	3–3^1/$_2$
Dichte (g/cm^3)	3,9
Farbe, Glanz	farblos bis weiß, häufig blau oder bläulich (Name!) bis bläulichgrün. Perlmutterglanz und Glasglanz, auf muscheligem Bruch Fettglanz, durchscheinend bis durchsichtig

Chemismus: Ca oder Ba häufig isomorph beigemengt, vollkommene Mischkristallreihe besteht zwischen Coelestin und Baryt.

Vorkommen: Seltener als Baryt. Besonders auf Klüften und in Hohlräumen von Kalkstein und als Konkretion.

Verwendung als mineralischer Rohstoff: Wie Strontianit.

◆ Anglesit, PbSO$_4$

Ausbildung: Kristallklasse 2/m2/m2/m, die kleinen, jedoch oft gut ausgebildeten Kristalle sind vorwiegend tafelig, flächenreich und oft einzeln aufgewachsen, langprismatischer Habitus seltener, Kristallformen denen des Baryts ähnlich. Derbe Krusten auf Bleiglanz neben Cerussit sind sekundär aus ersterem gebildet.

Physikalische Eigenschaften:

Spaltbarkeit	{001} vollkommen, {210} weniger deutlich
Bruch	muschelig
Härte (Mohs)	3
Dichte (g/cm^3)	6,3 auffallend hoch
Farbe, Glanz	farblos bis zart gefärbt, Diamantglanz, durchsichtig bis durchscheinend

Struktur: Isotyp mit Baryt.

Chemismus: Bleigehalt 68,3 %, mitunter erhebliche Ba-Gehalte.

Vorkommen: Als Sekundärmineral in der Oxidationszone von Bleiglanzvorkommen.

Wirtschaftliche Bedeutung: Als Bleimineral örtlich mit verhüttet.

◆ Anhydrit, CaSO$_4$

Ausbildung: Kristallklasse 2/m2/m2/m, Kristalle sind nicht häufig, Formen tafelig nach {001} bis prismatisch nach b, mitunter Druckzwillingslamellen sichtbar, fast immer derb, fein- bis grobkörnig bzw. spätig, gesteinsbildend.

Physikalische Eigenschaften:

Spaltbarkeit	3 ungleichwertige, senkrecht aufeinanderstehende Spaltbarkeiten, {001} sehr vollkommen, {010} vollkommen und {100} deutlich, fast würfelige Spaltkörper
Härte (Mohs)	3–3$^1/_2$
Dichte (g/cm^3)	2,9
Farbe, Glanz	farblos bis trüb-weiß, häufig bläulich, grau, auch rötlich, auf Spaltfläche (001) Perlmutterglanz, auf (010) Glasglanz, durchsichtig bis durchscheinend

Vorkommen: Auf Salzlagerstätten neben Steinsalz, hier metamorph aus Gipsgestein. Unter dem Einfluß der Verwitterung wandelt sich Anhydrit unter Wasseraufnahme langsam in Gips (CaSO$_4$ · 2 H$_2$O) um mit etwa 60 % Volumenzunahme.

Bedeutung als mineralischer Rohstoff: Herstellung von Schwefelsäure, Zusatz zu Baustoffen.

♦ **Gips, CaSO$_4$ · 2 H$_2$O**

Ausbildung: Kristallklasse 2/m, die oft großen monoklinen Kristalle sind häufig tafelig ausgebildet nach dem seitlichen Pinakoid {010} (Abb. 47 a–b), nicht ganz so oft prismatische (seltener nadelförmige) Entwicklung nach c, gut ausgebildete Kristalldrusen oder Kristallrasen innerhalb von Höhlen (sog. Gipshöhlen). Nicht selten Zwillinge, bei den sog. (echten) *Schwalbenschwanzzwillingen* (Abb. 47 c) ist (100) Zwillings- und Verwachsungsebene, bei den sog. *Montmartre-Zwillingen* (Abb. 47 d) aus dem Ton am Montmartre bei Paris ist es die Ebene (001). Montmartre-Zwillinge mit stets unterdrücktem Vertikalprisma sind meist linsenförmig gekrümmt. Nicht selten auch Durchkreuzungszwillinge. Derbe Massen von Gips sind feinkörnig bis spätig. Gips ist lokal ein wichtiges gesteinsbildendes Mineral. Als Fasergips spaltenfüllend. Rein weißer, feinkörniger Gips wird als *Alabaster* bezeichnet.

Physikalische Eigenschaften:

Spaltbarkeit	{010} sehr vollkommen, {100} deutlich und faserige Spaltbarkeit nach {$\bar{1}$11} (Abb. 47 b–d). Große, klare Spalttafeln nach (010) werden als *Marienglas* bezeichnet. Spalttafeln unelastisch biegsam
Härte (Mohs)	2
Dichte (g/cm^3)	2,3
Farbe, Glanz	farblos, häufig gelblich, rötlich, durch Bitumeneinschlüsse grau bis braun gefärbt, durchsichtig bis durchscheinend. Glanz, auf Spaltflächen: (010) Perlmutterglanz, (100) Glasglanz, ($\bar{1}$11) Seidenglanz

Vorkommen: In Salzlagerstätten, sekundäre Bildung aus Anhydrit durch Wasseraufnahme unter Verwitterungseinfluß im humiden Klima, konkretionäre Ausscheidung im Ton oder Mergel, Ausblühung aus sulfathaltigen Lösungen in Salzwüsten etc.

Technische Verwendung von Gipsgestein: Bei Erhitzen auf 120–130 °C verliert Gips den größten Teil seines Kristallwassers. Er geht dabei in das Halbhydrat CaSO$_4$ · $^1/_2$ H$_2$O über. Das Halbhydrat findet als Modell- oder Stuckgips technische Verwendung, ebenso zur Fertigung von Gipsplatten.

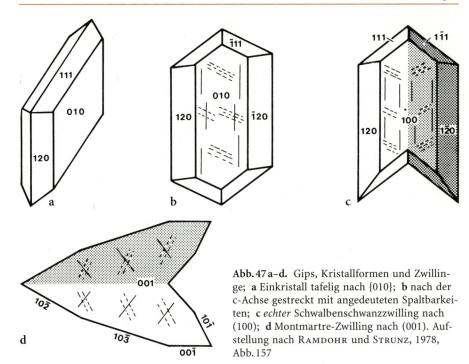

Abb. 47 a–d. Gips, Kristallformen und Zwillinge; a Einkristall tafelig nach {010}; b nach der c-Achse gestreckt mit angedeuteten Spaltbarkeiten; c *echter* Schwalbenschwanzzwilling nach (100); d Montmartre-Zwilling nach (001). Aufstellung nach RAMDOHR und STRUNZ, 1978, Abb. 157

Wird das Halbhydrat mit Wasser verrührt, so erhärtet und rekristallisiert der Brei in kurzer Zeit unter Bildung von Gips. Durch stärkeres Erhitzen des Rohgipses über 190 °C gibt dieser das ganze Wasser ab und wird tot gebrannt. Dabei kommt es zur Bildung einer metastabilen Modifikation von Anhydrit, dem γ-CaSO$_4$, bei noch höherem Erhitzen daneben zu β-CaSO$_4$. Gips verliert damit die Fähigkeit, das Wasser wieder rasch zu binden. Eine Wasseraufnahme vollzieht sich erst nach Tagen (Verwendung als Estrich- bzw. Mörtelgips).

Weitere Verwendung zur Gewinnung von Schwefelsäure und Schwefel, in der Zement- und Baustoffindustrie, als Düngemittel, in Form des Alabasters zu Kunstgewerbegegenständen.

7.2 Wolframverbindungen

Tabelle 12. Wichtigste Wolframverbindungen

Scheelit	Ca$^{[8]}$W$^{[4]}$O$_4$ [3]	4/m
Wolframit	(Fe, Mn)$^{[6]}$W$^{[6]}$O$_4$	2/m

---

[3] In eckigen Klammern hochgestellt werden die Koordinationszahlen gegenüber Sauerstoff angegeben.

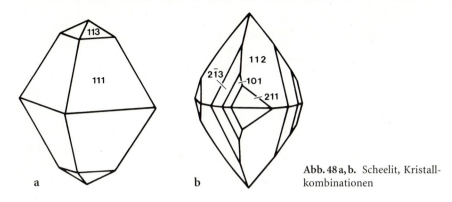

Abb. 48 a, b. Scheelit, Kristallkombinationen

◆ **Scheelit, CaWO$_4$**

Ausbildung: Kristallklasse 4/m, die tetragonal-bipyramidal ausgebildeten Kristalle weisen fast oktaedrische Formen durch Vorherrschen von {111} oder {112} (Abb. 48 a–b) auf, häufig schräge Streifung auf diesen Flächen. Hemiedrie ist durch Auftreten der Dipyramiden, insbesondere von {2$\bar{1}$3}, {101} und {211} (Abb. 48b), bei fehlenden Symmetrieebenen // c angezeigt. Die vorkommenden Ergänzungszwillinge sind gegenüber einfachen Kristallen an der Streifung auf {112} kenntlich. Als Einzelkristalle aufgewachsen, häufig derb oder eingesprengt ist Scheelit neben Quarz u. U. übersehbar. Bisweilen überkrustet Scheelit Quarzkristalle.

Physikalische Eigenschaften:

Spaltbarkeit	{101} deutlich
Bruch	uneben bis muschelig
Härte (Mohs)	$4^1/_2$–5
Dichte (g/cm^3)	6, auffällig hoch, für die Diagnose wichtig
Farbe, Glanz	gelblich-, grünlich- oder grauweiß, auf Bruchflächen Fettglanz (dem Quarz ähnlich), auf Spaltflächen mitunter fast Diamantglanz, kantendurchscheinend
Besondere Eigenschaft	bei Einwirkung von ultraviolettem Licht in der Dunkelheit ist eine starke blauweiße Fluoreszenz sichtbar, diese charakteristische Eigenschaft stellt in der Praxis eine wichtige diagnostische Methode dar

Struktur: Die Kristallstruktur des Scheelits ist tetragonal innenzentriert. Die [WO$_4$]$^{4-}$-Gruppen in Richtung der c-Achse sind leicht abgeflacht. Ca^{2+} besitzt 8 O der [WO$_4$]-Gruppen als nächste Nachbarn in Form eines doppelten Disphenoids. Die tetragonale Elementarzelle ist durch Schraubenachsen, die mit verschiedenem Drehungssinn // c verlaufen, ausgezeichnet. Die Struktur des Scheelits ist mit derjenigen des Wolframits verwandt, jedoch bilden im Scheelit [WO$_4$]-Gruppen Tetraeder, während im Wolframit eine verzerrte oktaedrische Koordination vorliegt.

Chemismus: CaWO$_4$, Molybdän ist gewöhnlich diadoch an Stelle des W eingelagert, daneben etwas Yttrium und Gallium.

Vorkommen: Vorzugsweise pegmatitisch-pneumatolytische Bildung, zur Zinnsteinparagenese gehörig, kontaktpneumatolytische, schichtgebundene Bildung in metamorphem Kalkstein.
Bedeutung: Nach Wolframit wichtigstes Wolframerzmineral.

◆ Wolframit, $(Fe, Mn)WO_4$

Ausbildung: Kristallklasse $2/m$, nicht selten in großen, nach {110} kurzprismatischen oder nach {100} dicktafeligen, auch stengeligen Kristallen, dabei sind Flächen der Zone [001] vertikal gestreift, auch Zwillinge nach (100). Meistens jedoch derb, in schalig-blättrigen oder stengeligen Aggregaten.

Physikalische Eigenschaften:

Spaltbarkeit	(010) vollkommen (nur eine Spaltfläche gegenüber der bisweilen ähnlich aussehenden schwarzen Zinkblende, fehlende Spaltbarkeit bei Zinnstein)
Härte (Mohs)	$4-4^1/_2$
Dichte (g/cm³)	6,7–7,5 sehr hoch, zunehmend mit höherem Fe-Gehalt (d.h. höherem Ferberitanteil)
Farbe, Glanz	schwarz, blendeartiger Glanz
Strich	braun bis braunschwarz mit zunehmendem Fe-Gehalt

Chemismus: Wolframit ist ein Mischkristall einer vollständigen Mischreihe zwischen den beiden Endgliedern $FeWO_4$ (Ferberit) und $MnWO_4$ (Hübnerit). Die fast reinen Endglieder kommen weniger häufig vor. Da in der Wolframitstruktur W wie Fe und Mn in [6]-Koordination auftritt, wird Wolframit jetzt den $1:2$-Oxiden (XO_2) und nicht mehr den Wolframaten zugeordnet.

Vorkommen: In pegmatitähnlichen Gängen mit viel Quarz und als pneumatolytische Imprägnation häufig zusammen mit Zinnstein. Auf sekundärer Lagerstätte in Seifen.

Wirtschaftliche Bedeutung: Wichtigstes Wolframerzmineral neben Scheelit. Wolfram ist Stahlveredlungsmetall (Wolframstahl), es zeichnet sich durch einen extrem hohen Schmelzpunkt aus (T = 3410 °C), deshalb seine Verwendung als Faden (Einkristall) in Glühbirnen, Wolframkarbid (Widia) hat fast die Härte von Diamant und dient u.a. der Herstellung von Spezialbohrkronen; zum Färben von Glas und Porzellan, Raketentechnik.

8 Phosphate, Arsenate, Vanadate

ALLGEMEINES ZUR KRISTALLCHEMIE

Diese Mineralklasse, zu der auch Arsenate und Vanadate gerechnet werden, ist wegen umfangreicher Diadochiemöglichkeiten ganz besonders artenreich. Apatit ist ihr wichtigster und häufigster Vertreter. Chemisch handelt es sich bei den beiden aufgeführten Mineralen um wasserfreie Phosphate mit fremden eingebauten Anionen als Anionen 2. Stellung wie F, Cl, OH.

Ihre Strukturen enthalten – wie alle Phosphate – den Anionenkomplex $(PO_4)^{3-}$ als wichtigste Baueinheit. Minerale mit ähnlichen tetraedrischen Einheiten wie $(AsO_4)^{3-}$ und $(VO_4)^{3-}$ bilden innerhalb der Apatit-Gruppe homöotype Strukturen, so Arsenate (Mimetesit) und Vanadate (Vanadinit). P^{5+}, As^{5+} und V^{5+} können sich in diesem Anionenkomplex gegenseitig ersetzen. Bei den fremden Anionen 2. Stellung können sich F, Cl und OH untereinander ersetzen, bei den Kationen z. B. Pb^{2+} das Ca^{2+} wie im Pyromorphit.

Tabelle 13. Phosphate, Arsenate, Vanadate

Apatit	$Ca_5[(F,Cl,OH)/(PO_4)_3]$	6/m
Pyromorphit	$Pb_5[Cl/(PO_4)_3]$	6/m
Mimetesit	$Pb_5[Cl/(A_sO_4)_3]$	6/m
Vanadinit	$Pb_5[Cl/(VO_4)_3]$	6/m

◆ **Apatit, Ca_5 [(F, Cl, OH)/$(PO_4)_3$]**

Ausbildung: Kristallklasse 6/m, die hexagonal-dipyramidalen, prismatisch ausgebildeten Kristalle können sehr groß sein, und sie reichen andererseits herab bis zu mikroskopisch feinen Nädelchen als wohlausgebildete akzessorische Gemengteile in Gesteinen. Hexagonales Prisma 1. Stellung {10$\bar{1}$0}, Dipyramiden {10$\bar{1}$1} und {11$\bar{2}$1} sowie Basis {0001} bestimmen vorwiegend die Tracht der Kristalle (Abb. 49). Die klaren, gedrungen-prismatischen bis dicktafeligen Kristalle aus Kluft- und Drusenräumen sind stets flächenreicher entwickelt und lassen die Hemiedrie des Apatitkristalls erkennen. Häufig derb, in stark verunreinigten körnig-dichten Massen und kryptokristallin als Bestandteil des *Phosphorits*. Aus ehemals amorph-kolloidaler Substanz und von Organismen ausgeschiedenen Produkten gebildet, besitzen Phosphoritkrusten häufig nierig-traubige, auch stalaktitähnliche Oberflächen.

8 Phosphate, Arsenate, Vanadate

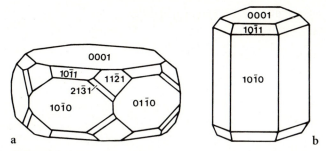

Abb. 49 a, b. Apatit, Kristallformen; **a** flächenreicher, gedrungen-prismatischer Habitus; **b** flächenarmer, prismatischer Habitus

Physikalische Eigenschaften:

Spaltbarkeit	Absonderung prismatischer Kristalle nach (0001), undeutlich nach {10$\bar{1}$0}
Bruch	uneben bis muschelig
Härte (Mohs)	5
Dichte (g/cm^3)	3,2
Farbe, Glanz	farblos und in vielen zarten Farben auftretend, wie gelblich-grün, bräunlich, blaugrün, violett etc. Glasglanz auf manchen Kristallflächen, Fettglanz auf muscheligem Bruch, klar durchsichtig bis kantendurchscheinend. Verwechslung mit anderen Mineralen möglich
Strich	weiß

Chemismus: Ca$_5$ [(F, Cl, OH)/(PO$_4$)$_3$], die Anionen 2. Stellung F, Cl und OH können sich gegenseitig diadoch vertreten. Beim Fluorapatit herrscht F vor (am weitesten verbreitet), beim Chlorapatit Cl, im Hydroxylapatit OH. Im Karbonatapatit ist (PO$_4$) teilweise durch (CO$_3$, OH) ersetzt. Die (PO$_4$)-Gruppe kann darüber hinaus begrenzt durch (SO$_4$) bei gleichzeitigem Eintritt von (SiO$_4$) ersetzt sein. Der Ersatz von P^{5+} durch S^{6+} wird durch den Ersatz von P^{5+} durch Si^{4+} kompensiert.

Vorkommen: Als akzessorischer Gesteinsgemengteil sehr verbreitet, seltener Hauptgemengteil. Anreicherung von Apatit vorzugsweise in den Phosphoritlagerstätten, hier häufig Versteinerungssubstanz fossiler Knochen und Kotmassen (Guano), Gemengteil pegmatitisch-pneumatolytischer Gänge und Imprägnationen und als flächenreiche, klare Kriställchen auf Klüften und in Drusenräumen.

Bedeutung: Apatit ist Hauptträger der Phosphorsäure im anorganischen Naturhaushalt. Apatit- bzw. Phosphoritlagerstätten liefern in erster Linie Rohstoffe für Düngemittel (nach Aufschluß zu löslichem mineralischem Dünger wie Superphosphat, Ammoniumphosphat etc.), Ausgangsrohstoff für die chemische Industrie, Gewinnung von Phosphorsäure und Phosphor, Waschmittelindustrie u. a.

♦ Pyromorphit (Grün- oder Braunbleierz), Pb$_5$ [(Cl)/(PO$_4$)$_3$]

Ausbildung: Kristallklasse 6/m, einfache prismatisch ausgebildete Kristalle mit Basis {0001} und hexagonalem Prisma {10$\bar{1}$0} sind häufig, {10$\bar{1}$0} meist tonnenförmig gewölbt, in Gruppen aufsitzend, krustenartig als Anflug. Neben Drusen kleiner Kristalle, nieren- bis kugelförmige Bildungen, selten nadelig.

Physikalische Eigenschaften:

Spaltbarkeit	fehlt
Bruch	uneben, muschelig
Härte (Mohs)	$3^1/_2$–4
Dichte (g/cm^3)	6,7–7,0
Farbe, Glanz	meistens grün (durch Spuren von Cu), braun oder gelb, grau oder farblos, seltener orangerot, auf Kristallflächen Diamant-, auf Bruchflächen Fettglanz, durchscheinend

Struktur: Isotyp mit Apatit.

Chemismus: Pb_5 [(Cl)/(PO_4)$_3$], (AsO_4) ersetzt teilweise (PO_4), es besteht eine vollständige Mischreihe zu Mimetesit Pb_5 [(Cl)/(AsO_4)$_3$]. Ca kann zudem teilweise durch Pb diadoch ersetzt werden.

Vorkommen: Pyromorphit ist Sekundärmineral in der Oxidationszone von sulfidischen Bleilagerstätten.

◆ **Vanadinit, Pb_5 [Cl/(VO_4)$_3$]**

Ausbildung: Kristallklasse 6/m, prismatisch ausgebildete Kristalle mit {0001}, {10$\bar{1}$0}, {10$\bar{1}$1}, {2$\bar{1}$31}. Gerundete, tonnenförmige Kristallformen. Auch stengelig in traubenförmig-nierig ausgebildeten Aggregaten, derbe Massen.

Physikalische Eigenschaften:

Spaltbarkeit	Bruch uneben bis muschelig
Härte (Mohs)	$3^1/_2$
Dichte (g/cm^3)	6,9
Farbe, Glanz	rubinrot, orangegelb, gelblichbraun, diamantähnlicher Glanz auf Kristallflächen; durchscheinend bis durchsichtig

Struktur: Isotyp mit Apatit.

Chemismus: Pb_5 [Cl/(VO_4)$_3$] mit geringen As-Gehalten; (VO_4) kann teilweise durch (PO_4) ersetzt sein.

Vorkommen: Innerhalb der Oxidationszone von Bleilagerstätten, die sich im Verband mit Karbonatgesteinen befinden, abbauwürdige Lagerstätten.

Bedeutung: Als Vanadiumerz; Vanadium ist Legierungsmetall in Spezialstählen.

◆ **Mimetesit, Pb_5 [Cl/(AsO_4)$_3$]**

Ausbildung: Kristallklasse 6/m, dem Pyromorphit ähnliche Kristalle.

Physikalische Eigenschaften:

Farbe	gelb, braun, grün, auch grau bis farblos
Glanz	auf Kristallflächen Diamantglanz, auf Bruchflächen Fettglanz

Struktur: Isotyp mit Apatit.

Vorkommen: Innerhalb der Oxidationszone von Bleilagerstätten, die zugleich Arsenminerale führen.

9 Silikate

ÜBERSICHT

Die dominierende Rolle der natürlichen Silikate besteht darin, daß sie mit einem Anteil von etwas über 80 Vol.% am stofflichen Aufbau der Erdkruste beteiligt sind. Neben ihrer großen Verbreitung besitzen sie eine überragende technische und wirtschaftliche Bedeutung als mineralische Rohstoffe.

Die Silikate haben ein gemeinsames Strukturprinzip, nach dem eine relativ einfache Gliederung der zahlreich auftretenden silikatischen Minerale erfolgen kann (Abb. 50).

1. Die Silikatstrukturen zeichnen sich dadurch aus, daß ohne Rücksicht auf das in der chemischen Summenformel zum Ausdruck kommende Si:O-Verhältnis (SiO_3, SiO_4, SiO_5, Si_2O_5, Si_2O_7, Si_3O_8, Si_4O_{11}) Si analog den Quarzstrukturen stets tetraedrisch von 4 O als nächste Nachbarn umgeben ist. Die 4 O nehmen die Ecken des fast regelmäßigen Tetraeders ein und berühren sich wegen ihrer Größe (1,40 Å) in ihren Einflußsphären, so daß eine winzige Lücke zwischen ihnen für das kleine Si zur Verfügung steht. Das Si befindet sich, anders ausgedrückt, in der tetraedrischen Lücke der 4 O. Die Bindungskräfte zwischen Si und O innerhalb dieser Tetraeder sind wegen der polarisierenden Wirkung der kleinen und dabei hochwertigen Si-Atome stark in Richtung einer homöopolaren (atomaren) Bindung hin verlagert (semipolare Bindungskräfte). Daraus ergibt sich, daß in den Silikatstrukturen die stärksten Bindungskräfte innerhalb der $[SiO_4]$-Tetraeder auftreten, die auch als sp^3-Hybrid bezeichnet werden.
2. Eine 2. für die Silikatstrukturen charakteristische Eigenschaft besteht darin, daß der Sauerstoff des Silikatkomplexes gleichzeitig 2 verschiedenen $[SiO_4]$-Tetraedern angehören kann. Dadurch entstehen neben den inselförmig isolierten $[SiO_4]$-Tetraedern als weitere Baueinheiten: Doppeltetraeder $[Si_2O_7]^{6-}$, ringförmige Gruppen verschiedener Zusammensetzung wie $[Si_3O_9]^{6-}$, $[Si_4O_{12}]^{8-}$, $[Si_6O_{18}]^{12-}$, 1dimensional-unendliche Ketten und Doppelketten, 2dimensional-unendliche Schichten, schließlich 3dimensional-unendliche Gerüste.
3. Das 3. für die Silikate wichtige kristallchemische Prinzip ist darin begründet, daß in ihren Strukturen das 3wertige Al^{3+} wegen seines nur wenig größeren Ionenradius (0,51 Å) als derjenige des Si^{4+} (0,42 Å) eine Doppelrolle einnehmen kann. Das Al kann gegenüber O sowohl in Sechserkoordination als

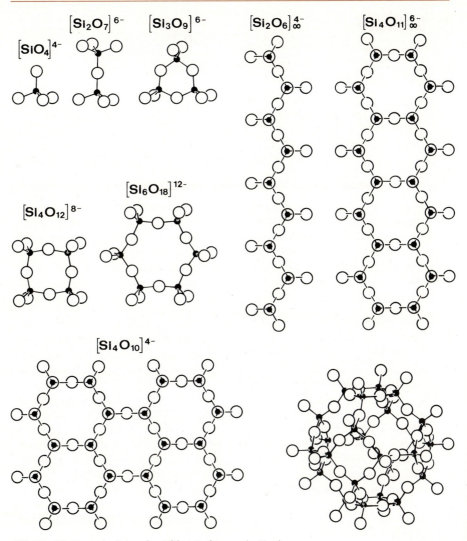

Abb. 50. Die Bauprinzipien der Silikatstrukturen (s. Text)

Al$^{[6]}$ als auch in Viererkoordination als Al$^{[4]}$ auftreten. Damit ist das Al^{3+} in der Lage, sowohl anstelle des 4wertigen Si^{4+} in die tetraedrische Lücke als auch an Stelle z. B. des 2wertigen Mg^{2+} oder Fe^{2+} in eine etwas größere oktaedrische Lücke mit 6 O als nächste Nachbarn einzutreten. Darüber hinaus können in derselben Kristallstruktur beide Koordinationsmöglichkeiten des Al-Ions verwirklicht sein.

Die Substitution von Si^{4+} durch Al^{3+} erfolgt wie jeder andere Ersatz ungleich hoch geladener Ionen durch einen elektrostatischen Valenzausgleich, d. h. durch einen Ausgleich der entstandenen Ladungsdifferenz. Die Höhe der Substitution des Si^{4+} durch Al^{3+} kann in den verschiedenen Silikatstrukturen das Verhältnis 1:1 nicht überschreiten. Ein Übergang von Alumosilikaten zu Aluminaten kommt daher nicht vor.

Ohne Kenntnis dieser Doppelrolle des Aluminiums war früher eine vernünftige Systematik der Silikatminerale und in vielen Fällen nicht einmal eine befriedigende chemische Formulierung möglich. Es kommt dazu, daß viele Silikatminerale darüber hinaus in damals noch nicht überschaubaren wechselnden Mischkristallzusammensetzungen auftreten.

Die Silikate wurden damals als Salze verschiedener Kieselsäuren aufgefaßt. Erst mit den zunehmenden Kristallstrukturbestimmungen der wichtigsten Silikate ergab sich ein tieferer Einblick in den Aufbau der Silikate und deren verwandtschaftliche Beziehungen. Die ersten Einteilungsvorschläge im Sinn der heutigen Systematik der Silikate gehen auf W. L. BRAGG und F. MACHATSCHKI Ende der 20er Jahre zurück. Sie stellen noch heute die Grundlage der Kristallchemie der Silikate in den einschlägigen Lehrbüchern dar.

Die Systematik der Silikate wird nunmehr nach der Zunahme der Polymerisation des Si–O-Komplexes und der Art der Tetraederverknüpfung vorgenommen. Etwas vereinfacht nach STRUNZ, 1978 lassen sich ausgliedern:

a) *Nesosilikate (silikatische Inselstrukturen)* mit selbständigen [SiO$_4$]$^{4-}$-Tetraedern. Beispiele: Forsterit Mg$_2$ [SiO$_4$], Olivin (Mg, Fe)$_2$ [SiO$_4$], Zirkon Zr [SiO$_4$]. Im Topas Al$_2$ [(F, OH)$_2$/SiO$_4$] z. B. treten außerdem zusätzliche Anionen [sog. Anionen 2. Stellung, wie F$^-$ und (OH)$^-$] hinzu.

b) *Sorosilikate (silikatische Gruppenstrukturen)* mit endlichen Gruppen, im wesentlichen Doppeltetraeder der Zusammensetzung [Si$_2$O$_7$]$^{6-}$. Dabei sind 2 SiO$_4$-Tetraeder über eine Tetraederecke durch einen gemeinsamen Sauerstoff miteinander verknüpft. Dieser sog. Brückensauerstoff gehört jedem der beiden Tetraeder zur Hälfte an. (Daher Si : O = 2:7).
Beispiele: Melilith, hier das Endglied Gehlenit Ca$_2$Al[(Si,Al)$_2$O$_7$], Epidot. Sorosilikate sind weniger häufig.

c) *Cyclosilikate (silikatische Ringstrukturen)* mit selbständigen, geschlossenen Tetraederringen, Dreier-, Vierer- und Sechserringe. Da auch in einem solchen Tetraederring jedes Si 2 seiner koordinierten O mit 2 benachbarten Tetraedern teilt, ergeben sich die folgenden Zusammensetzungen der Tetraederringe: [Si$_3$O$_9$]$^{6-}$, [Si$_4$O$_{12}$]$^{8-}$, [Si$_6$O$_{18}$]$^{12-}$.
Beispiele: Turmalin XY$_3$Al$_6$ [(OH)$_4$/(BO$_3$)$_3$/(Si$_6$O$_{18}$)].

d) *Inosilikate (silikatische Ketten- und Doppelkettensilikate)* mit 1dimensional unendlichen Tetraederketten oder Tetraederdoppelketten.

Bei den unendlichen Ketten teilt wieder jedes Si 2 seiner O mit den in der Kettenrichtung benachbarten Si. Das Verhältnis Si : O wird damit ebenso wie bei der Ringbildung 1 : 3. Es handelt sich bei dem wichtigsten Vertreter, der Pyroxen-Gruppe, um eine 1dimensionale Verknüpfung von Tetraederverbänden der Zusammensetzung $[Si_2O_6]_\infty^{4-}$.

Beispiele: Hypersthen $(Mg, Fe)_2^{[6]} [Si_2O_6]$ oder Diopsid $Ca^{[8]}Mg^{[6]} [Si_2O_6]$.

Bei den unendlichen Doppelketten sind 2 einfache Ketten von SiO_4-Tetraedern seitlich miteinander über 1 Brückensauerstoff verbunden. Damit hat gegenüber der einfachen Kette jedes 2. Tetraeder ein weiteres O mit 1 Tetraeder der Nachbarkette gemeinsam. So besitzt die Doppelkette die Zusammensetzung $[Si_4O_{11}]_\infty^{6-}$ als strukturelle Grundeinheit.

Die silikatische Doppelkette enthält freie Hohlräume, in die $(OH)^-$- und F^--Ionen eintreten können. Diese Anionen sind nicht an Si-Ionen gebunden, stellen vielmehr sog. Anionen 2. Stellung dar.

Beispiele: Amphibol-Gruppe mit Anthophyllit $(Mg, Fe)_7^{[6]} [(OH, F)_2/(Si_8O_{22})]$ oder Tremolit $Ca_2^{[8]} Mg_5^{[6]} [(OH, F)_2/(Si_8O_{22})]$.

e) *Phyllosilikate (silikatische Blatt- bzw. Schichtstrukturen)* mit 2dimensional unendlichen Tetraederschichten. Hier treten infolge weiterer Polymerisation $[SiO_4]$-Tetraederketten in unbegrenzter Anzahl zu 2dimensionalen Schichten zusammen. Innerhalb dieser Schichten teilt jedes Si 3 seiner O-Nachbarn mit benachbarten Si. Jedes $[SiO_4]$-Tetraeder besitzt 3 Brückensauerstoffe. Das Si–O-Verhältnis wird damit zu 2 : 5 oder $[Si_2O_5]^{2-}$.

Auch die silikatischen Schichten enthalten wie die Doppelketten freie Hohlräume, in die $(OH)^-$- und F^--Ionen eintreten können.

Beispiele: Pyrophyllit $Al_2 [(OH)_2/Si_4O_{10}]$
Talk $Mg_3 [(OH)_2/Si_4O_{10}]$
Muscovit $K^+ \{Al_2 [(OH)_2/Si_3AlO_{10}]\}^-$
Phlogopit $K^+ \{Mg_3 [(OH)_2/Si_3AlO_{10}]\}^-$

Bei den Glimmern Muscovit und Phlogopit sind $1/4$ der $Si^{[4]}$-Plätze im Kristallgitter durch Al als $Al^{[4]}$ ersetzt. Damit ist der innerhalb der geschweiften Klammer befindliche Komplex 1fach negativ aufgeladen und der elektrostatische Valenzausgleich kann durch Eintritt von K^+ erfolgen. Die Ableitung der Formel des Muscovits erfolgt aus der Formel des Pyrophyllits, diejenige des Phlogopits aus der Formel des Talks.

f) *Tektosilikate (silikatische Gerüststrukturen)*. In diesen Silikatstrukturen sind die $[SiO_4]$-Tetraeder über sämtliche 4 Ecken mit benachbarten Tetraedern verknüpft. Jedem Si sind damit nur 4 halbe O zugeordnet. Daraus ergibt sich für das 3dimensionale Gerüst die Formel SiO_2, identisch mit der Formel von Quarz, eine elektrostatisch abgesättigte Struktur. Gerüst*silikate* sind nur möglich, wenn ein Teil des Si^{4+} durch Al^{3+} ersetzt ist. Dadurch erhält die Struktur eine negative Auflagung, zu deren Absättigung der Einbau von Kationen notwendig ist. Da das 3dimensionale Gerüst stark aufgelockert ist, haben in den großen Hohlräumen große Kationen, wie K^{1+}, Na^{1+}, Ca^{2+} etc. Platz. Es kommt zur Bildung von Alumosilikaten, wie z. B. den Feldspäten oder Feldspatvertretern.

In manchen Fällen sind in das lockere Gerüst noch große fremde Anionen (wie Cl^-, SO_4^{2-} etc.) oder selbständige Wassermoleküle eingebaut. Die Wassermoleküle sind in den betreffenden Silikaten besonders locker gebunden. Sie entweichen bei Temperaturerhöhung leicht aus dem betreffenden Gitter, ohne daß die Struktur zusammenbricht. In mit Wasserdampf gesättigter Atmosphäre wird das Wasser wieder aufgenommen und eingebaut. Diese wasserreichen Gerüstsilikate gehören zu einer umfangreichen Mineralgruppe, den *Zeolithen*.

Die lockere Packung der Gerüstsilikate führt zu relativ niedriger Dichte und zu relativ niedrigen Werten von Licht- und Doppelbrechung der betreffenden Minerale.

9.1 Nesosilikate (silikatische Inselstrukturen)

Tabelle 14. Wichtige Nesosilikate

Olivin	$(Mg,Fe)_2[SiO_4]$	2/m2/m2/m
Forsterit	$Mg_2[SiO_4]$	
Fayalit	$Fe_2[SiO_4]$	
Zirkon	$Zr[SiO_4]$	4/m2/m2/m
Granat-Gruppe	$A_3^{2+}B_2^{3+}[SiO_4]_3$	4/m$\bar{3}$2/m
Al_2SiO_5-Gruppe:		
Andalusit	$Al^{[6]}Al^{[5]}[O/SiO_4]$	2/m2/m2/m
Sillimanit	$Al^{[6]}Al^{[4]}[O/SiO_4]$	2/m2/m2/m
Disthen (Kyanit)	$Al^{[6]}Al^{[6]}[O/SiO_4]$	$\bar{1}$
Topas	$Al_2[(F)_2/SiO_4]$	2/m2/m2/m
Staurolith	$Fe_2Al_9[O_6(O, OH)_2/(SiO_4)_4]$	2/m

◆ **Olivin, $(Mg, Fe)_2 [SiO_4]$**

Ausbildung: Kristallklasse 2/m2/m2/m, die rhombisch-bipyramidalen Kristalle weisen häufig die Vertikalprismen {110} und {120} auf in Kombination mit dem Längs- und dem Querprisma {021} und {101} sowie der Dipyramide {111} und dem seitlichen Pinakoid {010} (Abb. 51). Idiomorph als Einsprenglinge in vulkanischen Gesteinen, häufig körnig, so als körniges Aggregat in den sog. Olivinknollen, die sich nicht selten als Einschlüsse in Basalten finden.

Physikalische Eigenschaften:

Spaltbarkeit	{010} deutlich
Bruch	muschelig
Härte (Mohs)	$6^1/_2$–7
Dichte (g/cm^3)	3,2 (Forsterit)–4,3 (Fayalit)
Farbe, Glanz	olivgrün, auch gelblichbraun bis rotbraun (abhängig vom Fayalitgehalt), Glasglanz auf Kristallflächen, Fettglanz auf Bruchflächen, durchsichtig bis durchscheinend

Struktur: Die Olivinstruktur kann man als eine // (100) angenähert hexagonal dichte Kugelpackung der Sauerstoffe beschreiben (Abb. 52). Dabei befindet sich Si in den kleineren tetraedrischen Lücken zwischen 4 O. Die Mg- bzw. Fe^{2+}-Ionen neh-

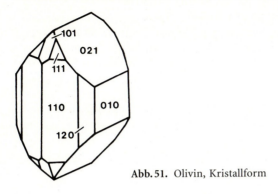

Abb. 51. Olivin, Kristallform

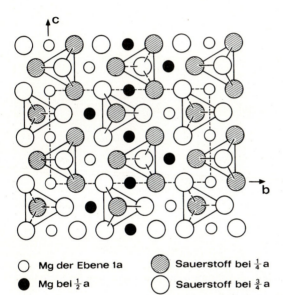

○ Mg der Ebene 1a ▨ Sauerstoff bei $\frac{1}{4}$ a
● Mg bei $\frac{1}{2}$ a ○ Sauerstoff bei $\frac{3}{4}$ a

Abb. 52. Schema der Olivinstruktur, hier die Struktur des Endglieds Forsterit // (100) in eine Ebene projiziert. Zwischen den inselartigen SiO_4-Tetraedern (Si ist nicht eingezeichnet) liegt $Mg^{[6]}$ innerhalb der oktaedrischen Lücken, d. h., daß Mg jeweils 6 O als nächste Nachbarn besitzt (nach BRAGG und BRAGG, aus EVANS, 1964, Fig. 11.04)

men die etwas größeren oktaedrischen Lücken mit 6 O als nächste Nachbarn ein. Unter sehr hohen Drücken, etwa ab 50 kbar, geht die Olivinstruktur in die noch dichter gepackte Spinellstruktur über.

Chemismus: Olivin bildet Mischkristalle aus den beiden Endgliedern Mg_2SiO_4 (Forsterit) und Fe_2SiO_4 (Fayalit). Es besteht eine lückenlose Mischkristallreihe zwischen diesen beiden Endgliedern. In dem gewöhnlichen gesteinsbildenden Olivin überwiegt stets Forsterit mit 90–70 % gegenüber Fayalit. Charakteristisch ist ein geringer diadocher Einbau von Ni^{2+} anstelle von Mg^{2+}, auch von Mn^{2+} anstelle von Fe^{2+}, letzteres besonders in den Fayalit-reichen Olivinen.

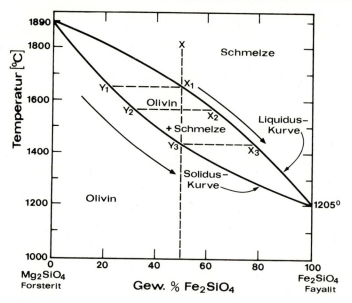

Abb. 53. Das binäre System Mg_2SiO_4 (Forsterit) – Fe_2SiO_4 (Fayalit). Temperaturkonzentrations-Diagramm bei 1,013 bar (1 atm) Druck. (Nach BOWEN und SCHAIRER, 1935)

Vorkommen: Olivin ist ein wichtiges gesteinsbildendes Mineral in den ultramafischen Gesteinen, nicht selten auch als Einsprengling in Basalten. Zonarbau mit Mg-reicherem Kern. Hauptgemengteil im Material des Oberen Erdmantels, Gemengteil von Meteoriten. Unter Wasseraufnahme Umwandlung in Serpentin.

Olivin als Rohstoff: An Forsteritkomponente reicher Olivin aus fast monomineralischen Olivingesteinen (sog. Duniten) ist ein gesuchter Rohstoff zur Herstellung feuerfester Forsteritziegel. Als *Chrysolith* oder *Peridot* bezeichneter Olivin in klaren, olivgrün gefärbten Kristallen aus Hohlräumen ist ein geschätzter Edelstein.

Das binäre System Forsterit – Fayalit

An Forsteritkomponente reicher Olivin ist ein hochfeuerfestes Mineral. Unter Atmosphärendruck schmilzt Forsterit (Fo) bei 1890 °C, Fayalit (Fay) bei 1205 °C. Abb. 53 ist das Temperatur-Konzentrations-Diagramm bei 1 bar Druck, das über die Kristallisationsbeziehungen von Olivin im binären System Forsterit – Fayalit Auskunft gibt.

Kühlen wir eine Schmelze z. B. der Ausgangszusammensetzung x mit $Fo_{50}Fay_{50}$ (Abb. 53) bis zum Schnitt x_1 mit der Liquiduskurve auf rund 1650 °C ab,[4] so beginnt

---

[4] *Liquidustemperatur* ist diejenige Temperatur, bei der sich aus einer Schmelze die ersten Kristalle unter Gleichgewichtsbedingungen auszuscheiden beginnen.
Solidustemperatur ist diejenige Temperatur, bei der eine gegebene Schmelze unter Gleichgewichtsbedingungen gerade vollständig kristallisiert ist oder umgekehrt ein Kristallaggregat aufzuschmelzen beginnt.

die Ausscheidung eines Olivinmischkristalls der Zusammensetzung y_1 entsprechend dem Schnittpunkt der horizontal verlaufenden Konode x_1–y_1 auf der Soliduskurve[3], das ist $Fo_{80}Fay_{20}$. Der sich ausscheidende Olivinmischkristall ist viel reicher an Fo-Komponente als es der Ausgangszusammensetzung der Schmelze x entspricht. Bei weiterer Abkühlung werden entsprechend der Pfeilrichtung sowohl die Mischkristalle als auch die jeweils verbleibende Schmelze immer reicher an Fay-Komponente. Bei einer Temperatur von rund 1570 °C z. B. wäre, unter der Voraussetzung, daß sich das thermodynamische Gleichgewicht laufend eingestellt hat, ein Mischkristall y_2 mit einer Schmelze x_2 im Gleichgewicht. Ist eine Temperatur von rund 1440 °C erreicht, so hat der sich zuletzt ausscheidende Olivinmischkristall die Zusammensetzung y_3 mit $Fo_{50}Fay_{50}$ erlangt. Damit ist schließlich unter fortwährender Angleichung des sich ausscheidenden Mischkristalls an die verbliebene Schmelze (entsprechend der experimentell bestimmten Solidus-Liquidus-Beziehung, wie sie der Kurvenverlauf angibt) die Schmelze aufgebraucht. Das ist im vorliegenden Diagramm mit der Konode y_3–x_3 der Fall.

Chemischer Zonarbau im Olivinkristall mit Mg-reichem Kern und Fe-reichem Saum ist in Vulkaniten durch schnelle Abkühlung der natürlichen Schmelze sehr verbreitet. Ein solcher Zonarbau des Kristalls wird als Ergebnis eines Ungleichgewichts des sich ausscheidenden Kristalls gegenüber der verbleibenden, ihn umgebenden Schmelze angesehen. Im vorliegenden Beispiel, Abb. 53, würde durch mangelnde Angleichung zwischen Kristall und Schmelze auch unterhalb 1440 °C – je nach dem Ausmaß des Ungleichgewichts – bei weiterer Abkühlung noch Schmelze existieren. Sie wäre noch reicher an Fay-Komponente als x_3 und der Olivinsaum würde entsprechend Fay-reicher als y_3 mit $Fo_{50}Fay_{50}$ sein.

◆ Zirkon, Zr [SiO$_4$]

Ausbildung: Kristallklasse 4/m2/m2/m, die kurzsäuligen, meistens eingewachsenen tetragonalen Kristalle weisen häufig eine einfache Kombination des tetragonalen Prismas {100} oder {110} mit der tetragonalen Bipyramide {101} auf. Aber auch {101} allein oder flächenreichere Kristalle kommen vor (Abb. 54). Häufig auch als lose abgerollte Kristalle oder Körner auf sekundärer Lagerstätte. Kristalltracht und Kristallhabitus des Zirkons hängen empfindlich von den Entstehungsbedingungen ab.

Physikalische Eigenschaften:

Spaltbarkeit	{100} unvollkommen
Bruch	muschelig
Härte (Mohs)	$7^1/_2$
Dichte (g/cm^3)	4,7 (relativ hoch), bei metamiktem Zerfall nehmen Dichte und Härte merklich ab
Farbe, Glanz	gewöhnlich braun, auch farblos, gelb, orangerot, seltener grün, Diamant- oder Fettglanz, undurchsichtig bis durchscheinend, bei Edelsteinqualität auch durchsichtig

Struktur: In manchen Fällen ist der Gitterbau des Zirkons durch radioaktive Einwirkung weitgehend zerstört und das Mineral in einen sog. metamikten Zustand übergeführt.

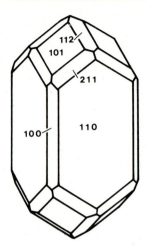

Abb. 54. Zirkon, Kristallform

Chemismus: Das Zirkonium in der Formel wird stets bis zu einem Grad durch Thorium und Hafnium diadoch ersetzt. Hafnium wurde zuerst im Jahre 1922 im Zirkon aufgefunden. Darüber hinaus enthält Zirkon ein breites Spektrum an Spurenelementen, u. a. Seltene Erden und P.

Vorkommen: Zirkon ist ein verbreiteter mikroskopischer Gemengteil besonders in magmatischen Gesteinen, am häufigsten in Nephelinsyeniten und Pegmatiten, in letzteren auch in größeren Kristallen und lagerstättenkundlich bedeutsamer Anreicherung. Verbreitet als Schwermineral in verschiedenen Sanden und Sedimentgesteinen, angereichert in Seifen, auch Edelsteinseifen. Die sog. pleochroitischen Höfe um mikroskopisch kleine Zirkoneinschlüsse, vorzugsweise im Glimmer, gehen auf die radioaktive Einwirkung von Thorium und Uran zurück.

Bedeutung als mineralischer Rohstoff: Zirkon ist ein wichtiger mineralischer Rohstoff, so zur Gewinnung der Elemente Zirkonium und Hafnium. Das Element Zirkonium findet Verwendung als Legierungsmetall (Ferrozirkon) und Reaktormaterial, ZrO_2 als säurebeständiges und hochfeuerfestes Tiegelmaterial. Andere Verbindungen des Zirkoniums werden zu Glasuren in der keramischen Industrie und in der Glasindustrie verwendet. Durchsichtige, schön gefärbte Zirkone sind geschätzte Edelsteine, so der bräunlich- bis rotorange gefärbte *Hyazinth*. Intensiv blau gefärbter, geschliffener Zirkon ist fast stets durch Brennen künstlich verändert.

Altersbestimmung: Wegen seines Thorium- und Urangehalts wird Zirkon bei gleichzeitiger Resistenz gegenüber sekundären Einflüssen zur absoluten Altersbestimmung in der Geologie genützt.

◆ **Granat, $A_3^{2+} B_2^{3+} [SiO_4]_3$**

In dieser Strukturformel sind die Positionen folgendermaßen besetzt:

A^{2+} = Mg, Fe^{2+}, Mn^{2+}, Ca
B^{3+} = $Al^{[6]}$, Fe^{3+}, Cr^{3+}, V^{3+}

Endglieder der Pyralspit-Gruppe sind:

Pyrop	$Mg_3Al_2[SiO_4]_3$
Almandin	$Fe_3Al_2[SiO_4]_3$
Spessartin	$Mn_3Al_2[SiO_4]_3$

Endglieder der Grandit-Gruppe sind:

Grossular	$Ca_3Al_2[SiO_4]_3$
Andradit	$Ca_3Fe_2[SiO_4]_3$

Darüber hinaus sind inzwischen zahlreiche weitere Endglieder von Granat synthetisiert worden, die, wenn überhaupt, in der Natur nur eine sehr begrenzte Bedeutung besitzen.

Ausbildung: Kristallklasse $4/m\bar{3}2/m$, kubische Kristalle überwiegend {110}, auch {211} und deren Kombinationen (Abb. 55), seltener auch in Kombination mit {hkl}, vorwiegend im Gestein eingewachsen, auch in gerundeten Körnern und Kornaggregaten, Zonarbau.

Physikalische Eigenschaften:

Spaltbarkeit	bisweilen Teilbarkeit nach {110} angedeutet
Bruch	muschelig, splittrig
Härte (Mohs)	$6^1/_2$–$7^1/_2$ je nach der Zusammensetzung des Mischkristalls
Dichte (g/cm^3)	3,5–4,5 je nach der Zusammensetzung des Mischkristalls
Farbe, Glanz	Farbe mit der Zusammensetzung wechselnd. Pyropreicher Granat ist tiefrot, almandinreicher bräunlichrot, spessartinreicher gelblich- bis bräunlichrot, grossularreicher hell- bis gelbgrün oder braun- bis rotgelb, andraditreicher bräunlich bis schwarz. Gelbgrüne Farbe besitzt die Varietät *Topazolith,* gelbgrüne verbunden mit Diamantglanz die Varietät *Demantoid.* Eine gewisse Sonderstellung nimmt mit ihrem Titangehalt die Varietät *Melanit* ein. Makroskopisch erscheint er tiefschwarz gefärbt, im Dünnschliff u.d.M. dunkelbraun durchscheinend. Der Cr^{3+}-haltige Uwarowit ist dunkelsmaragdgrün. Glas- bis Fettglanz, auch Diamantglanz, kantendurchscheinend

Struktur: Die Granatstruktur ist recht kompliziert. Experimentelle Untersuchungen haben gezeigt, daß die relativ dichtgepackte Granatstruktur unter sehr hohen

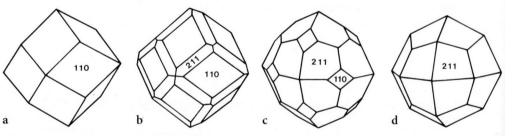

Abb. 55 a–d. Granat, Kristallformen

Drücken stabil ist. Das gilt besonders für die pyropreichen, aber auch grossularreiche Granate. Sie sind auch unter Druck-Temperatur-Bedingungen des Oberen Erdmantels existenzfähig.

Chemismus: Innerhalb der Pyralspit-Gruppe besteht zwischen den Endgliedern Almandin-Pyrop und Almandin-Spessartin und innerhalb der Grandit-Gruppe zwischen Grossular-Andradit eine lückenlose Mischungsreihe. Die Mischkristalle innerhalb der Pyralspitreihe können in der Natur i. allg. bis zu etwa 30% Grossular- bzw. Andraditkomponente aufnehmen. Im Melanit ist ($CaFe^{3+}$) durch ($NaTi^{4+}$) ersetzt.

Vorkommen: Granate sind wichtige gesteinsbildende Minerale, vorzugsweise in metamorphen Gesteinen. Melanit ist auf alkalibetonte magmatische Gesteine beschränkt. Topazolith ist ausschließlich Kluftmineral.

Wirtschaftliche Bedeutung: Schön gefärbte und klare Granate sind gelegentlich geschätzte Edelsteine, so der pyropreiche böhmische Granat, von anderer Fundstelle fälschlich als Kaprubin bezeichnet. Viel seltener ist der gelbgrüne Demantoid, wegen seines fast diamantähnlichen Glanzes in geschliffener Form besonders begehrt.

9.1.1 Die Al_2SiO_5-Gruppe

Zu dieser trimorphen Gruppe gehören die Minerale Andalusit, Sillimanit und Disthen (Kyanit).

Andalusit $Al^{[6]}Al^{[5]}[O/SiO_4]$ kristallisiert rhombisch, Sillimanit $Al^{[6]}Al^{[4]}[O/SiO_4]$ ebenfalls rhombisch und Disthen $Al^{[6]}Al^{[6]}[O/SiO_4]$ triklin. Das wechselnde koordinative Verhalten des Aluminiums bei diesen 3 Alumosilikaten ist in bestehenden Strukturunterschieden begründet. Vergleichbar sind bei ihnen die über gemeinsame Kanten verknüpften $[AlO_6]$-Oktaeder // zur c-Achse. Im übrigen ist die Struktur von Disthen dichter gepackt als diejenige der beiden anderen Modifikationen. Ihre Stabilitätsbeziehungen sind in dem P, T-Diagramm, Abb. 139, S. 379 dargestellt. Andalusit mit der geringsten Dichte ist auf die niedrigsten Drücke beschränkt. Er geht bei Drucksteigerung in Abhängigkeit von der Temperatur in die jeweils dichtere Phase über, entweder in Disthen oder in Sillimanit. Sillimanit ist die stabile Hochtemperaturmodifikation unter diesen 3 polymorphen Mineralphasen. Er geht bei starker Zunahme des Drucks in Disthen über. Alle 3 Al_2SiO_5-Phasen können nur bei einer ganz bestimmten Druck-Temperatur-Kombination stabil nebeneinander bestehen, am sog. Tripelpunkt bei etwa 3,8 kbar und 500 °C. Die Kenntnis ihrer Stabilitätsfelder wird in zahlreichen Fällen bei der Einstufung des Metamorphosegrads eines metamorphen Gesteins mit herangezogen.

◆ **Andalusit, $Al^{[6]}Al^{[5]}$ $[O/SiO_4]$**

Ausbildung: Kristallklasse 2/m2/m2/m, prismatische Kristallform nach c mit nahezu quadratischem Querschnitt senkrecht c. Das rhombische Prisma {110} und das Basispinakoid {001} dominieren, auch mit {101} und {011}. Im *Chiastolith* ist kohliges Pigment in bestimmten Sektoren des Kristalls angereichert, im Querschnitt / / (001) in Form eines dunklen Kreuzes. Andalusit kommt auch in strahlig-stengeligen und körnigen Aggregaten vor.

Physikalische Eigenschaften:

Spaltbarkeit	{110} mitunter deutlich
Bruch	uneben, muschelig
Härte (Mohs)	$7^1/_2$
Dichte (g/cm^3)	3,2
Farbe, Glanz	grau, rötlich, dunkelrosa oder bräunlich, Glasglanz

Chemismus: Häufig geringer Gehalt an Fe und Mn.

Vorkommen: Gemengteil metamorpher Gesteine, bisweilen linsenförmig aggregiert. Häufig oberflächlich in feinschuppigen Hellglimmer umgewandelt, mitunter Pseudomorphosen von Hellglimmer nach Andalusit. In kohlenstoffhaltigen Tonschiefern, die thermisch überprägt sind, hat sich häufig die Varietät Chiastolith in langen säulenförmigen Kristallen gebildet.

♦ **Sillimanit, Al$^{[6]}$Al$^{[4]}$ [O/SiO$_4$]**

Ausbildung: Kristallklasse 2/m2/m2/m, nadelförmig im metamorphen Gestein, als Fibrolith faserig und in Büscheln, verfilzten Aggregaten oder Knoten auftretend.

Physikalische Eigenschaften:

Spaltbarkeit	{010}, die Prismen besitzen eine Querabsonderung
Härte (Mohs)	$6^1/_2$
Dichte (g/cm^3)	3,2
Farbe, Glanz	weiß, gelblichweiß, grau, bräunlich oder grünlich, Glasglanz, faserige Aggregate mit Seidenglanz, durchscheinend

Chemismus: Häufig mit geringem Gehalt an Fe$_2$O$_3$.

Vorkommen: Gemengteil metamorpher Gesteine, wie Andalusit knoten- oder linsenförmig aggregiert.

♦ **Disthen (Kyanit), Al$^{[6]}$Al$^{[6]}$ [O/SiO$_4$]**

Ausbildung: Kristallklasse $\bar{1}$, breitstengelig nach c mit gut ausgebildetem Pinakoid {100}, diese Fläche ist oft flachwellig gekrümmt und quergestreift, daneben {010} und {110} bzw. {1$\bar{1}$0}, seltener durch {001} begrenzt. Verbreitet Zwillingsbildung nach (100).

Physikalische Eigenschaften:

Spaltbarkeit, Bruch	{100} vollkommen, {010} deutlich; (001) ist Absonderungsfläche, (100) ist zugleich Translationsfläche mit Translationsrichtung [100]. Daraus ergibt sich ein faseriger Bruch nach (001) und jene auffällige Wellung auf (100). Eingewachsen im Gestein
Härte (Mohs)	Disthen besitzt eine ausgesprochene Anisotropie der Ritzhärte (Name!) auf (100), dabei beträgt die Mohshärte / / [001] 4,5, / / [010] dagegen 6,5

Dichte (g/m³)	3,7, die Dichte von Disthen als Hochdruckmodifikation ist deutlich höher als diejenige der beiden anderen Polymorphen
Farbe, Glanz	Farbe verschieden intensiv blau, daneben auch blauviolett, grünlichblau, grünlich- bis bräunlichweiß. Glasglanz, auf (100) Perlmutterglanz, kantendurchscheinend bis fast durchsichtig

Chemismus: Eine gewisse, jedoch geringe Aufnahmefähigkeit für Fe^{3+} und Cr^{3+}.

Vorkommen: Ausschließlich auf metamorphe Gesteine beschränkt, sekundär in manchen Sanden angereichert.

Bedeutung als mineralischer Rohstoff: Andalusit, Sillimanit und Disthen sind ganz spezielle Rohstoffe für hochfeuerfeste Erzeugnisse und Porzellane (Isolatoren).

◆ **Topas, $Al_2 [F_2/SiO_4]$**

Ausbildung: Kristallklasse 2/m2/m2/m, flächenreiche rhombische Kristalle, Tracht und Habitus sehr verschieden (Abb. 56), ein- und aufgewachsen, in letzterem Fall nur an einem Ende ausgebildete Kristalle, sehr formenreich, über 140 verschiedene Trachten sind beschrieben worden. Meistens herrschen längsgestreifte Vertikalprismen vor, besonders {110}, daneben {120} und {130}, außerdem die Längsprismen {011}, {021} und {041}, dazu stets die rhombischen Dipyramiden {113} und {112} und das Basispinakoid {001}. Häufig auch in stengeligen Aggregaten (Varietät Pyknit) oder körnig.

Physikalische Eigenschaften:

Spaltbarkeit	{001} vollkommen
Bruch	muschelig
Härte (Mohs)	8
Dichte (g/cm³)	3,5
Farbe, Glanz	farblos, hellgelb, weingelb, meerblau, grünlich oder rosa. Glasglanz, klar durchsichtig bis durchscheinend

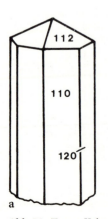 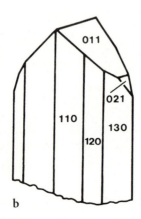 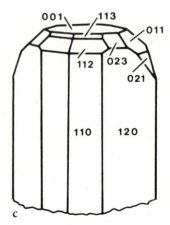

Abb. 56. Topas, Kristallformen

Struktur: Die Kristallstruktur von Topas kann als eine dichte Anionenpackung aus O und F beschrieben werden, in der bestehende tetraedrische Lücken durch Si mit 4 Anionen als nächste Nachbarn und deren oktaedrische Lücken durch Al mit 6 Anionen als nächste Nachbarn besetzt sind. F kann bis zu einem gewissen Grad durch (OH) ersetzt sein.

Vorkommen: Topas ist ein typisches Mineral pneumatolytischer Vorgänge, oft zusammen mit Zinnstein (Kassiterit); Drusenmineral, in großen Kristallen in Granitpegmatiten, sekundär in Edelsteinseifen.

Wirtschaftliche Bedeutung: Wasserklar durchsichtiger und schön gefärbter Topas ist als geschliffener Stein wegen seines relativ hohen Glanzes geschätzt (Edeltopas der Juweliere).

◆ Staurolith, $Fe_2Al_9 [O_6(O, OH)_2/(SiO_4)_4]$

Ausbildung: Kristallklasse 2/m, relativ flächenarme prismatische Kristalle mit {110}, {101} und den Pinakoiden {010} und {001} (Abb. 57 a). Häufig sind die charakteristischen Durchkreuzungszwillinge (Name des Minerals!) mit fast rechtwinkliger Durchkreuzung nach (032) oder mit einem Durchkreuzungswinkel von etwa 60° nach (232) (Abb. 57 b, c). Stets im Gestein eingewachsen.

Physikalische Eigenschaften:

Spaltbarkeit	{010} bisweilen deutlich
Bruch	uneben, muschelig
Härte (Mohs)	$7-7\frac{1}{2}$
Dichte (g/cm³)	3,7–3,8
Farbe, Glanz	gelbbraun, braun bis schwarzbraun, auch rotbraun. Glasglanz, matt auf Bruchflächen, kantendurchscheinend bis undurchsichtig
Weitere Eigenschaft	stets enthalten die Kristalle zahlreiche Einschlüsse, besonders Quarz

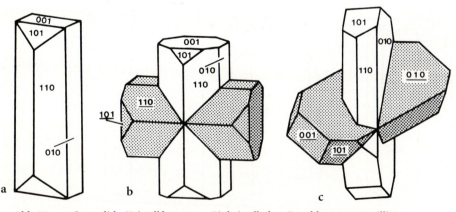

Abb. 57 a–c. Staurolith, Kristallformen; **a** Einkristall; **b–c** Durchkreuzungszwillinge

Struktur: Die relativ komplizierte Kristallstruktur besitzt enge Beziehungen zu derjenigen des Disthens. So läßt sich seine Struktur sehr vereinfacht als 8 Einheiten der Disthenstruktur mit abwechselnd zwischengelagerten $Fe_2AlO_3(OH)$-Schichten // (100) beschreiben. Die nicht selten auftretenden Parallelverwachsungen zwischen Staurolith (010) und Disthen (100) mit gemeinsamer Zone [001] sind auf diese Weise erklärbar.

Chemismus: In der oben aufgeführten chemischen Formel des Stauroliths kann Fe^{2+} durch Mg und Al durch Fe^{3+} bis zu einigen Prozenten ersetzt sein. Auch Mn^{2+} kann bis zu einem gewissen Grad Fe^{2+} ersetzen.

Vorkommen: Charakteristischer Gemengteil mancher metamorpher Gesteine, häufig neben almandinbetontem Granat und Biotit. Sekundär als Schwermineral in Sanden und Sandsteinen.

9.2 Sorosilikate (silikatische Gruppenstrukturen)

- **Epidot, Ca_2 (Fe^{3+},Al) Al_2 [(O/OH)/(SiO_4) (Si_2O_7)]**

Ausbildung: Kristallklasse 2/m, die Kristalle von Epidot sind prismatisch entwickelt und nach b gestreckt. Dabei sind zahlreiche gestreifte Flächen innerhalb der Zone [010] ausgebildet, u. a. v. a. die Pinakoide {001} und {100}, seitlich begrenzt durch das Vertikalprisma {110} und weitere Flächen. Sehr formenreich, häufiger jedoch in körnigen oder stengeligen Aggregaten vorkommend, mitunter zu Büscheln gruppiert. Es treten auch Zwillingskristalle auf.

Physikalische Eigenschaften:

Spaltbarkeit	{001} vollkommen, {100} weniger vollkommen
Bruch	uneben bis muschelig
Härte (Mohs)	6–7
Dichte (g/cm^3)	3,3–3,5, anwachsend mit steigendem Fe-Gehalt
Farbe, Glanz	gelbgrün bis olivgrün, die Fe-reiche Varietät *Pistazit* ist schwarzgrün gefärbt, die Fe-arme Varietät *Klinozoisit* ist grau gefärbt, starker Glasglanz auf den Kristallflächen, kantendurchscheinend bis durchsichtig

Struktur: Die Kristallstruktur von Epidot enthält als Anionengerüst sowohl inselförmig angeordnete [SiO_4]-Tetraeder als auch isolierte [Si_2O_7]-Gruppen. Ketten von 2 verschiedenen oktaedrischen Gruppen mit Al verlaufen // zur b-Achse. Diese Ketten sind mit den beiden inselförmigen Gruppen zu einem Koordinationsgitter verbunden. Ca^{2+} befindet sich in [8]-Koordination gegenüber O, wobei der Ca–O-Abstand schwankt.

Chemismus: Es besteht eine vollständige Mischungsreihe innerhalb der Epidot-Gruppe, zu der auch u. a. *Klinozoisit* gehört. Im Epidot ist theoretisch Al : Fe^{3+} = 2 : 1, im Klinozoisit 3 : 0. Im *Piemontit* ist Fe^{3+} und Mn^{3+} ersetzt. Hier sei auch der rhombische Zoisit erwähnt.

Vorkommen: Verbreiteter Gemengteil in metamorphen Gesteinen. Als Kluftmineral mitunter in sehr gut ausgebildeten, flächenreichen Kristallen.

- **Vesuvian, $Ca_{10}(Mg,Fe^{2+})_2Al_4[(OH)_4/(SiO_4)_5(Si_2O_7)_2]$**

Ausbildung: Kristallklasse 4/m2/m2/m, die tetragonalen Kristalle sind meistens kurzprismatisch, seltener auch stengelig (Varietät Egeran), tafelig oder gesteinsbildend, auch körnig entwickelt, mitunter auf Prismenflächen parallel der c-Achse gestreift. Die ditetragonal-dipyramidalen Kristalle sind mitunter gut ausgebildet mit Basispinakoid {001}, tetragonalen Prismen {100} und {110}, ditetragonalem Prisma {210}, tetragonaler Dipyramide {101}, ditetragonaler Dipyramide {211} (Abb. 58). Oft sehr flächenreich.

Physikalische Eigenschaften:

Spaltbarkeit	kaum erkennbar
Bruch	muschelig-splittrig
Härte (Mohs)	6–7
Dichte (g/cm³)	3,3–3,5, abhängig vom schwankenden Chemismus
Farbe, Glanz	am häufigsten verschiedene Gelb-, Braun- oder Grüntöne, an Kanten oft durchscheinend, Glas- bis Fettglanz

Kristallstruktur: Die komplizierte Struktur enthält $[SiO_4]^{4-}$-Tetraeder und $[Si_2O_7]^{6-}$-Gruppen. Die Ca^{2+}-Ionen sind von 8, die Mg^{2+}- und Fe^{2+}-Ionen von 6 O umgeben. Es bestehen Beziehungen zur Granatstruktur.

Chemismus: In die obige kristallchemische Formel treten weitere Nebenelemente ein, so Alkalien (Li, Na, K), Mn, Be, Pb, Sn, Ti, Cr, Ce und andere Seltene Erden, B, H_2O, F, teilweise bis zu einigen Gew.%.

Vorkommen: Gesteinsbildend in Kontaktmarmoren und Kalksilikatgesteinen, vulkanischen Auswürflingen und als Kluftmineral.

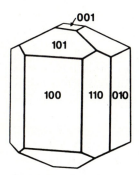

Abb. 58. Kristallform von Vesuvian

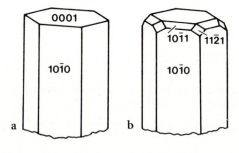

Abb. 59a, b. Beryll, Kristallformen; **a** einfache Tracht; **b** mit zusätzlichen hexagonalen Bipyramiden

9.3 Cyclosilikate (silikatische Ringstrukturen)

Tabelle 15. Wichtigste silikatische Ringstrukturen[5]

Beryll	$Al_2Be_3[Si_6O_{18}]$	6/m2/m2/m
Cordierit	$(Mg, Fe)_2[Al_4Si_5O_{18}]$	2/m2/m2/m
Turmalin	$XY_3Al_6[(OH)_4/(BO_3)_3/(Si_6O_{18})]$	3 m

♦ **Beryll, $Al_2Be_3[Si_6O_{18}]$**

Ausbildung: Kristallklasse 6/m2/m2/m, hexagonale, prismatische Kristalle, begrenzt durch $\{10\bar{1}0\}$ und (0001), daneben auch dihexagonale Bipyramiden wie $\{10\bar{1}1\}$ und $\{11\bar{2}1\}$ (Abb. 59). Auftreten von weiteren dihexagonalen Bipyramiden verschiedener Stellung und Steilheit besonders an klaren Kristallen innerhalb von Drusenräumen. Die Kristalle des eingewachsenen, gemeinen Berylls sind hingegen minder flächenreich. Von diesem werden Riesenkristalle bis zu 9 m Länge erwähnt. Auch in stengeligen Gruppen.

Physikalische Eigenschaften:

Spaltbarkeit	(0001) unvollkommen
Bruch	uneben bis muschelig, splittrig
Härte (Mohs)	$7^1/_2$–8
Dichte (g/cm³)	2,7–2,8

Nach Farbe und Durchsichtigkeit unterscheidet man folgende Varietäten:
- *Gemeiner Beryll,* gelblich bis grünlich, trübe, höchstens kantendurchscheinend, Kristallflächen sind fast glanzlos.
- *Aquamarin,* meergrün über blaugrün bis blau, weniger gute Qualität auch blaßblau. Wasserhell durchsichtig, auf Kristallflächen Glasglanz, mitunter in relativ großen Kristallen.
- *Smaragd,* tiefgrün (smaragdgrün) bis blaßgrün bei schlechter Qualität, nicht selten einschlußreich, durch Spurengehalte von Cr^{3+} gefärbt, kostbarster Edelberyll.
- *Rosaberyll* (Morganit), blaßrosa bis dunkelrosa, enthält Cs.
- *Goldberyll,* gelb bis grünlichgelb.
- Seltener auch wasserklare, völlig farblose Kristalle von Beryll.

Struktur: In der Beryllstruktur sind die $[Si_6O_{18}]$-Ringe in Schichten // (0001) angeordnet. Der elektrostatische Valenzausgleich außerhalb der Sechserringe wird durch starke Bindungskräfte der kleinen Be^{2+}- und Al^{3+}-Ionen zwischen den Ringen gewährleistet. Dabei ist Be von je 4 und Al von je 6 O umgeben (Abb. 60). Innerhalb der übereinandergestapelten Sechserringe befinden sich // c Kanäle, die

---

[5] Beryll und Cordierit werden nach neueren Untersuchungen den Gerüstsilikaten zugeordnet. Früher hat man in Analogie zu Beryll die Cordieritformel $(Mg, Fe)_2Al_3[Si_5AlO_{18}]$ geschrieben und das Mineral als Ringsilikat aufgefaßt. Dabei wurde nicht berücksichtigt, daß alles vorhandene Al [4]-koordiniert ist, so daß man die Formel heute richtig $(Mg, Fe)_2[Al_4Si_5O_{18}]$ schreibt. Es liegen Ringe vor aus 6 $[SiO_4]$- bzw. $[AlO_4]$-Tetraedern, die untereinander durch weitere Tetraeder verknüpft sind und so ein 3dimensionales Gerüst bilden. Im Unterschied zu den Gerüstsilikaten sind jedoch keine großen Alkali- oder Erdalkaliionen vorhanden.

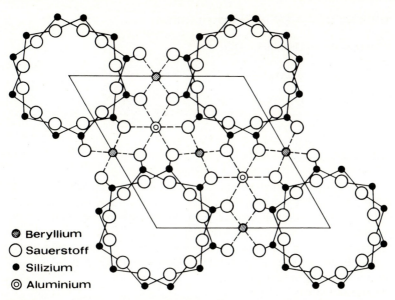

Abb. 60. Kristallstruktur von Beryll $Al_2Be_3[Si_6O_{18}]$ auf die (0001)-Ebene projiziert. Die Si_6O_{18}-Ringe liegen in unterschiedlicher Höhe (nach BRAGG und WEST, 1926)

gitterfremden, teilweise großen Ionen (Na^+, K^+, Cs^+, Li^+, OH^-, F^-), Atomen (He) oder Molekülen (H_2O) Platz bieten. Diese Einlagerungen haben eine relativ geringe Wirkung auf die Geometrie des Kristallgitters.

Vorkommen: Lokal massiertes Auftreten in Pegmatitkörpern oder in deren Umgebung. Vorkommen des edlen Berylls auch in Drusenräumen, Smaragd eingesprengt im Gestein (Abb. 163, S. 434).

Bedeutung als Rohstoff: Beryll ist wichtigstes Berylliummineral zur Gewinnung des Leichtmetalls Beryllium. Verwendung des Be zu leichten, stabilen Legierungen mit Al und Mg, die im Flugzeugbau eingesetzt werden. Legierungsmetall auch mit Cu und Fe; in Atomreaktoren als günstiges Hülsenmaterial für Brennstoffstäbe. Berylliumglas wird wegen seiner geringen Absorption der Röntgenstrahlen als Austrittsfenster von Röntgenröhren verwendet.

Die edlen Berylle sind wertvolle Edelsteine. Smaragd zählt zu den kostbarsten unter ihnen. Synthetische Smaragde werden in einer für Schmuckzwecke brauchbaren Größe und Qualität in größerem Ausmaß seit 1942 in den USA hergestellt. Die synthetische Darstellung des Smaragds in schleifbarer Qualität war zuerst von der I.G. Farbenindustrie in Bitterfeld unter dem Namen IGMERALD 1935 gelungen.

♦ Cordierit, $(Mg, Fe)_2[Al_4Si_5O_{18}]$

Ausbildung: Kristallklasse 2/m2/m2/m, relativ selten idiomorphe Kristalle, kurzsäulig und stets eingewachsen im Gestein, pseudohexagonal, Durchkreuzungszwillinge nach {110}, verbreitet derbe und körnige Aggregate.

9.3 Cyclosilikate (silikatische Ringstrukturen)

Physikalische Eigenschaften:

Spaltbarkeit	(100) bisweilen angedeutet
Bruch	muschelig, splittrig
Härte (Mohs)	7
Dichte (g/cm^3)	2,6
Farbe, Glanz	grau bis gelblich, zart blaßblau bis violettblau, bei stärker gefärbten Individuen mit bloßem Auge sichtbarer Pleochroismus, auf Bruchflächen Fettglanz (dem Quarz sehr ähnlich), kantendurchscheinend bis durchsichtig

Struktur: Die Kristallstruktur des Cordierits ähnelt derjenigen des Berylls. Im Cordierit werden die Plätze des Be^{2+} durch Al^{3+} eingenommen. Der elektrostatische Valenzausgleich erfolgt durch einen Ersatz von Si^{4+} durch Al^{3+} im Anionenkomplex.

Chemismus: Bei den meisten Cordieriten dominiert Mg über Fe^{2+}. Aus den chemischen Analysen geht außerdem ein sehr wechselnder H$_2$O-Gehalt im Cordierit hervor. Wassermoleküle befinden sich in den großen Kanälen // c der Struktur.

Vorkommen: Vorzugsweise in metamorphen Gesteinen; als Pinit durch Wasseraufnahme Übergang in ein Gemenge von Hellglimmer und Chlorit.

Verwendung: Schön gefärbter, durchsichtiger Cordierit wird gelegentlich als Edelstein geschliffen.

◆ Turmalin, XY$_3$Al$_6$[(OH)$_4$/(BO$_3$)$_3$/(Si$_6$O$_{18}$)]

In dieser Formel sind im wesentlichen:
X = Na, Ca
Y = Al, Fe^{2+}, Fe^{3+}, Li, Mg, Ti^{4+}, Cr^{3+}
Al$_6$ = Al, Fe^{3+}, Mn

Ausbildung: Kristallklasse 3m, ditrigonal-pyramidale Kristalle mit dominierenden vertikal verlaufenden Prismen, so {10$\bar{1}$0} allein oder kombiniert mit dem hexagonalen Prisma {11$\bar{2}$0}. Die polar ausgebildeten Kristalle zeigen als Endbegrenzung mehrere trigonale Pyramiden wie {01$\bar{1}$1}, {02$\bar{2}$1} (oben) und {01$\bar{1}$1} (unten) (Abb. 61). Im Schnitt senkrecht c oft gerundet (ähnlich einem sphärischen Dreieck). Es handelt sich um eine Scheinrundung durch Vizinalflächen. Die vertikal verlaufenden Prismenflächen sind meistens gestreift. Die Kristalle besitzen neben gedrungenem Habitus häufiger nadelförmige Ausbildung, vorzugsweise zu radial- oder büschelförmigen Gruppen angeordnet, sog. Turmalinsonnen. Die Kristalle sind aufgewachsen oder im Gestein eingewachsen.

Physikalische Eigenschaften:

Spaltbarkeit	mitunter Absonderung // (0001)
Bruch	muschelig
Härte (Mohs)	7–7$^1/_2$
Dichte (g/cm^3)	3,0–3,3
Farbe, Glanz	Farbe wechselt stark mit der Zusammensetzung, sehr zahlreiche Farbnuancen, starker Pleochroismus (Turmalinzange!), gut sichtbarer Zonarbau durch verschiedene Färbung in Schnitten senkrecht c, etwa roter Kern und grüner Randsaum, auch die Enden der Turmalinkristalle besitzen

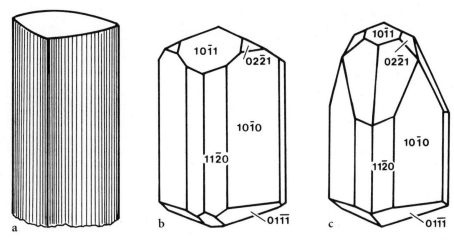

Abb. 61 a–c. Turmalin, Kristallformen; **a** Vertikalstreifung und Rundung im Schnitt ⊥ [0001]; **b, c** polare Ausbildung der Kristalle mit verschiedenen trigonalen Pyramiden als Endbegrenzung

| Besondere Eigenschaft | häufig eine abweichende Färbung; auf Kristallflächen Glasglanz, durchsichtig bis kantendurchscheinend in Splittern durch ihre polare Ausbildung sind die Kristalle pyro- und piezoelektrisch |

Struktur: Die Kristallstruktur des Turmalins ist kompliziert und erst in der letzten Zeit, auch im Hinblick auf das Grundgerüst polar ausgebildeter [Si_6O_{18}]-Ringe, bestimmt worden.

Chemismus: Komplizierte chemische Zusammensetzung durch Möglichkeiten umfangreicher Mischkristallbildung.

Varietäten nach der Farbe: Der tiefschwarze, Fe-reiche Turmalin wird als *Schörl* bezeichnet, betont Mg-reich ist der braune bis grünlichbraune *Dravit*. Von Edelsteinqualität sind mitunter der grüne, Cr-haltige Turmalin und der rosarote bis rote *Rubellit,* Mn-, Li- und Cs-haltig. Nicht so häufig kommt der blaue Turmalin, als *Indigolith* bezeichnet, vor. Selten gibt es auch farblosen Turmalin.

Vorkommen: Turmalin ist häufiger akzessorischer Gemengteil in Pegmatiten oder pneumatolytisch beeinflußten Graniten, hier auch Drusenmineral; als mikroskopischer Gemengteil in den verschiedensten Gesteinen sehr verbreitet, auch als Mineralneubildung im Sediment, sekundäres Auftreten als Schwermineral.

Verwendung: Durchsichtige und dabei schön gefärbte rote oder grüne Turmaline, seltener auch blau gefärbte, werden als Edelsteine geschliffen.

9.4 Inosilikate (Ketten- und Doppelkettensilikate)

Zu den Inosilikaten gehören 2 wichtige Gruppen von gesteinsbildenden Mineralen: Die Pyroxene bilden Einfachketten mit dem Verhältnis Si : O = 1 : 3, die Amphibole Doppelketten (auch als silikatische Bänder bezeichnet) mit dem Verhältnis

Si : O = 4 : 11 (Abb. 50, S. 110). In ihren kristallographischen, physikalischen und chemischen Eigenschaften sind sich die beiden Gruppen ziemlich ähnlich. In beiden Gruppen gibt es rhombische und monokline Vertreter.

Die Kationen sind bei den Pyroxenen und Amphibolen weitgehend die gleichen, jedoch enthalten die Amphibole (OH)⁻ in ihren Strukturen als Anionen 2. Stellung, wie aus der Strukturformel ersichtlich ist. Hieraus erklären sich die etwas geringere Dichte und die niedrigere Lichtbrechung der Amphibole gegenüber den Pyroxenen. Hingegen sind Härte und Farbe weitgehend ähnlich.

Die Pyroxene bilden den Amphibolen gegenüber meistens eher kurzprismatische Kristalle, während bei den Amphibolen häufiger langprismatische, stengelige oder sogar dünnadelig-faserige Ausbildungen häufig sind.

Neben den unterschiedlichen Spaltwinkeln zwischen (110) und ($1\bar{1}0$) von 87 bzw. 124°, einem wichtigen Unterscheidungsmerkmal unter dem Mikroskop (Abb. 62, 63), besitzen die Amphibole eine weitaus vollkommenere Spaltbarkeit mit durchhaltenden Spaltflächen und viel höherem Glanz auf den Flächen. Die prismatische Spaltbarkeit bricht in beiden Fällen die schwachen Bindungskräfte zwischen den Kationen und den Ketten bzw. Doppelketten auf, niemals jedoch die relativ starken Si–O-Bindungen innerhalb einer Kette.

Pyroxene kristallisieren i. allg. unter höheren Temperaturen als der jeweils seinem Chemismus nach entsprechende Amphibol. Pyroxen gehört zu den Erstausscheidungen einer sich abkühlenden silikatischen Schmelze in der Natur. Amphibol kristallisiert z. B. aus wasserreicheren Schmelzen oder er entsteht mit der Abnahme der Temperatur unter Anwesenheit von H_2O sekundär aus Pyroxen.

9.4.1 Die Pyroxen-Gruppe

Der Chemismus der Pyroxene (Abb. 64 a, b) kann durch die allgemeine Formel $X^{[8]}Y^{[6]}[Z_2O_6]$ ausgedrückt werden. Die Position von $X^{[8]}$ können die folgenden Kationen einnehmen: Na^+, Ca^{2+}, Fe^{2+}, Mg^{2+}, Mn^{2+}, die Position von $Y^{[6]}$: Fe^{2+}, Mg^{2+}, Mn^{2+}, Zn^{2+}, Fe^{3+}, Al^{3+}, Cr^{3+}, V^{3+} und Ti^{4+}, die Position von $Z^{[4]}$: Si^{4+} und Al^{3+} im wesentlichen.

Die Kristallstruktur der Pyroxen-Gruppe zeichnet sich durch $[SiO_3]^{2-}$- bzw. (verdoppelt) $[Si_2O_6]^{4-}$-Ketten // zur c-Achse aus. Diese Einfachketten werden seitlich abgesättigt durch die Kationen X^{2+} und Y^{2+}. Die größeren X-Kationen, bei Diopsid z. B. Ca^{2+}, besitzen etwas schwächere Bindungskräfte und sind gegenüber O [8]-koordiniert. Die kleineren Y-Kationen, im Diopsid Mg^{2+}, sind demgegenüber [6]-koordiniert. Im rhombischen Orthopyroxen Hypersthen sind die Kationenpositionen annähernd gleich groß und deshalb besteht ausschließlich [6]-Koordination (X = Y).

Pyroxene besitzen als Klinopyroxen monokline Symmetrie, weil die X- und Y-Positionen, wie bei Diopsid, durch verschieden große Kationen besetzt sind. Wenn hingegen, wie im Fall von Hypersthen, diese Positionen etwa gleich große Kationen einnehmen, dann erhöht sich i. allg. die Symmetrie des Kristalls. Diese höhere rhombische Symmetrie des Orthopyroxens wird durch eine Art submikroskopischer Verzwillingung // (100) unter 1dimensionaler Verdoppelung der Elementarzelle hervorgerufen. Die monoklinen Formen der Reihe Klinoenstatit – Klinohypersthen sind in der Natur recht selten.

Tabelle 16. Pyroxene werden gewöhnlich in die folgenden Gruppen aufgeteilt

Enstatit-Ferrosilit-Reihe		2/m2/m2/m
Enstatit	$Mg_2[Si_2O_6]$	$En_{100}Fs_0$–$En_{90}Fs_{10}$
Bronzit	$(Mg, Fe)_2[Si_2O_6]$	$En_{90}Fs_{10}$–$En_{70}Fs_{30}$
Hypersthen	$(Mg, Fe)_2[Si_2O_6]$	$En_{70}Fs_{30}$–$En_{50}Fs_{50}$
Ferrohypersthen	$(Fe, Mg)_2[Si_2O_6]$	$En_{50}Fs_{50}$–$En_{30}Fs_{70}$
Pigeonit	Etwa $Ca_{0,25}(Mg, Fe)_{1,75}[Si_2O_6]$	2/m
Diopsid-Hedenbergit-Reihe		2/m
Diopsid	$CaMg[Si_2O_6]$	
Hedenbergit	$CaFe[Si_2O_6]$	
Augit	$(Ca, Na)(Mg, Fe, Al)[(Si, Al)_2O_6]$	2/m
Natronpyroxenreihe		2/m
Jadeit	$NaAl[Si_2O_6]$	
Ägirin (Acmit)	$NaFe^{3+}[Si_2O_6]$	
Omphacit	(Mischkristall aus Jadeit und Augit)	
Ägirinaugit	(Mischkristall aus Ägirin und Augit)	

Pyroxene der orthorhombischen Kristallklasse 2/m2/m2/m werden (wegen ihres optischen Verhaltens unter dem Mikroskop) auch als *Ortho*pyroxene, diejenigen der monoklinen Kristallklasse 2/m auch als *Klino*pyroxene bezeichnet.

Das Subcommitee on Pyroxenes einer Commission on New Minerals and Mineral Names (CNMMN) der International Mineralogical Association (IMA) hat vorgeschlagen, bei den Orthopyroxenen die bislang gebräuchlichen Namen Bronzit, Hypersthen und Ferrohypersthen nicht mehr zu verwenden (MORIMOTO, 1988). Wegen ihrer immer noch häufigen Verwendung im Schrifttum werden diese herkömmlichen Namen hier zusätzlich weiterhin aufgeführt.

◆ **Enstatit, $Mg_2[Si_2O_6]$ – Ferrosilit, $Fe_2[Si_2O_6]$**

Ausbildung: Kristallklasse 2/m2/m2/m. Gute Kristalle sind nicht sehr häufig, gewöhnlich körnig oder blättrig, massig entwickelte Aggregate, gesteinsbildend.
Physikalische Eigenschaften:

Spaltbarkeit	nach dem Vertikalprisma {110} deutlich, wie bei allen Pyroxenen Spaltwinkel nahe 90°, // zu der schwächsten seitlichen Bindung der SiO_3-Ketten (Abb. 62). Häufig wird eine Absonderung nach (100) beobachtet mit oft geknickter oder wellig verbogener Fläche infolge Translation
Härte (Mohs)	$5^1/_2$–6
Dichte (g/cm³)	3,2–3,6 mit dem Fe-Gehalt anwachsend
Farbe	graugrün (Enstatit), dunkelbraun (Hypersthen)
Glanz	matter Glanz auf Spaltflächen nach {110}, auf Absonderungsfläche (100) infolge feiner tafeliger Entmischungskörper von Ilmenit, die nach dieser Ebene eingelagert sind, bei Bronzit bronzeartiger Schiller, bei Hypersthen kupferroter Schiller, kantendurchscheinend

Chemismus: Die Endglieder Enstatit $Mg_2[Si_2O_6]$ – Ferrosilit $Fe_2[Si_2O_6]$ sind weitestgehend miteinander mischbar (Abb. 64). In der Natur wurde das reine Endglied Ferrosilit bislang nicht beobachtet. Die ferrosilitreichsten Orthopyroxene

9.4 Inosilikate (Ketten- und Doppelkettensilikate)

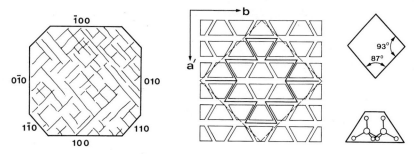

Abb. 62. Pyroxen, Schnitt ⊥ [001] mit angedeuteter Spaltbarkeit nach {110}. Rechts daneben die enge Beziehung zur Pyroxen*struktur* mit ihren relativ schwächeren seitlichen Bindungskräften zwischen den [SiO$_3$]-Ketten, die // c verlaufen. Spaltwinkel 87 bzw. 93°

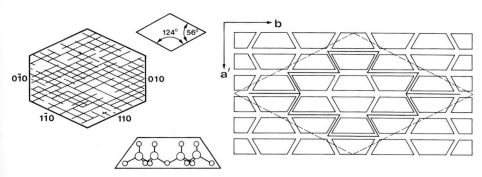

Abb. 63. Amphibol, Schnitt ⊥ [001] mit vollkommener Spaltbarkeit nach {110}. Rechts daneben die enge Beziehung zur Amphibolstruktur mit ihren relativ schwächeren seitlichen Bindungskräften zwischen den [Si$_4$O$_{11}$]-Doppelketten, die // c verlaufen. Spaltwinkel 124°

besitzen etwa die Zusammensetzung En$_{10}$Fs$_{90}$. Die Aufnahmefähigkeit für Ca^{2+} im Enstatit ist gering und kann maximal 5 Mol% Ca$_2$[Si$_2$O$_6$]-Komponente erreichen.

Vorkommen: Die Mg-reicheren Glieder dieser Pyroxenreihe kommen in ultramafischen magmatischen Gesteinen, mitunter auch in ihren stofflichen Äquivalenten metamorpher Prägung vor. Wegen einer ausgedehnten Mischungslücke können Pyroxene der Reihe Enstatit-Bronzit-Hypersthen-Ferrosilit auch neben Ca-reichen Pyroxenen im gleichen Gestein nebeneinander im Gleichgewicht auftreten. Die monokline Reihe dieser Zusammensetzung Klinoenstatit – Klinoferrosilit kommt in der Natur nur sehr selten vor, so z.B. gelegentlich in skelettförmigen Kristallen in vulkanischen Gesteinen. Klinoenstatit ist in Meteoriten beobachtet worden.

Das System Mg$_2$SiO$_4$–SiO$_2$

Aus den experimentellen Ergebnissen im binären System Mg$_2$SiO$_4$ (Forsterit) – SiO$_2$ unter Atmosphärendruck (Abb. 65) [dieses System ist Teilsystem des umfassenderen

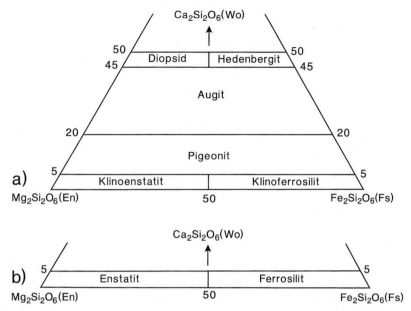

Abb. 64 a, b. Chemismus und Nomenklatur von **a** Ca-Mg-Fe-Klinopyroxenen und **b** Orthopyroxenen (nach MORIMOTO, 1988). Viele Klinopyroxene können in erster Näherung als Glieder des 4-Komponenten-Systems $CaMgSi_2O_6$-$CaFeSi_2O_6$-$Mg_2Si_2O_6$-$Fe_2Si_2O_6$ betrachtet werden. Die monokline Pyroxenmischkristallreihe $Mg_2Si_2O_6$-$Fe_2Si_2O_6$ (Klinoenstatit-Klinoferrosilit) ist in irdischen Gesteinen ungewöhnlich. Pigeonit tritt nur unter niedrigen Drücken auf. Vgl. hierzu auch den pseudobinären Schnitt Protoenstatit-Diopsid unter 1,013 bar Druck in der Hilfszeichnung von Abb. 105, S. 241. $Ca_2Si_2O_6$ (Wo) kommt als Wollastonit in der Natur vor, wird jedoch nicht zu den Pyroxenen gerechnet

Systems MgO (Periklas) – SiO_2] geht hervor, daß Enstatit (E_n) bzw. dessen Hochtemperaturmodifikation Protoenstatit, die im Experiment unter derartig niedrigen Drücken erhalten wird, nach der Gleichung 2 $MgSiO_3 \rightleftharpoons Mg_2SiO_4 + SiO_2$, also in Forsterit und eine an SiO_2 reichere Schmelze der Zusammensetzung P, zerfällt, wenn die Temperatur von 1557 °C erreicht ist. Man sagt, Enstatit bzw. Protoenstatit schmelzen inkongruent, weil ihr Schmelzen nicht zu einer Schmelze gleicher Zusammensetzung führt, wie es bei anderen Kristallen der Fall ist. Forsterit z. B. schmilzt bei der wesentlich höheren Temperatur von 1890 °C kongruent. Das sagt aus, daß Forsterit (Fo) bei seinem Schmelzpunkt in eine Schmelze der gleichen Zusammensetzung übergeht.

Betrachten wir nun die Kristallisation einer Schmelze X, deren chemische Zusammensetzung genau der Zusammensetzung des Protoenstatis ($MgSiO_3$) entspricht. Bei Abkühlung dieser Schmelze beginnt die Ausscheidung von Forsteritkristallen bei T_X, einer Temperatur, die mit dem Auftreffen der (gestrichelten) Vertikalen auf die Schmelzkurve (Kristallisationskurve) oberhalb von P bestimmt ist. Die Ausscheidung von Fo setzt sich bei weiterer Abkühlung längs des Kurventeils T_X–P fort, bis der Punkt P mit der sog. *peritektischen* Temperatur T_P von 1557 °C erreicht ist. Die verbliebene Schmelze ist gegenüber ihrer Ausgangszusammensetzung X kontinuier-

9.4 Inosilikate (Ketten- und Doppelkettensilikate)

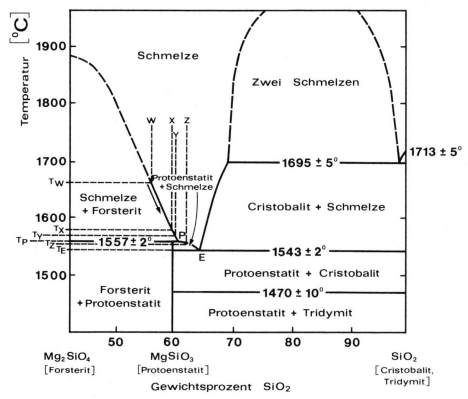

Abb. 65. Das binäre Teilsystem Mg_2SiO_4 (Forsterit)–SiO_2 bei 1,013 bar (1 atm) Druck. (Nach Bowen und Andersen, 1914, Greig, 1927). Erläuterung s. Text

lich reicher an SiO_2 geworden. Jetzt setzt eine sog. peritektische Reaktion ein, indem entsprechend der obigen Gleichung (nunmehr von rechts nach links) Fo mit der an SiO_2 reicher gewordenen Schmelze unter Bildung von Protoenstatit reagiert. Läßt man dieser Reaktion genügend Zeit, so wird mit der Einstellung eines Gleichgewichts die ganze Menge an ausgeschiedenem Fo wieder aufgezehrt. Dabei wird gleichzeitig auch die noch vorhandene Schmelze aufgebraucht. So besteht das Kristallisationsprodukt der Schmelze am Ende zu 100% aus Protoenstatit, der durchwegs über eine peritektische Reaktion aus Fo gebildet ist.

Eine überschnelle Abkühlung oder für Schmelze undurchlässige Panzerung durch einen Reaktionssaum von En um einen Fo-Kern oder eine vorzeitige Entfernung von Fo-Kristallen aus der Schmelze würde zu einer unvollständigen peritektischen Reaktion führen. Dieses Ungleichgewicht würde auch dazu führen, daß für die gewählte Ausgangszusammensetzung X der Schmelze nunmehr unterhalb der peritektischen Temperatur T_P von 1557 °C eine Restschmelze verbleiben würde. Sie scheidet bei weiterer Abkühlung des Systems längs der Kurve P–E unmittelbar Protoenstatit aus, bis das Eutektikum E innerhalb einer Zusammensetzung [$MgSiO_3$] und [SiO_2] bei einer Temperatur T_E von 1543 °C erreicht ist. Damit gelangt unter konstanter Temperatur

Cristobalit neben Protoenstatit zur Ausscheidung, bis die Schmelze aufgebraucht ist. Wegen träger Umwandlungsreaktionen bleibt im Experiment bei weiterer folgender Abkühlung Cristobalit meistens im ganzen Subsolidusbereich bis hinab zu gewöhnlichen Temperaturen über die Stabilitätsfelder von Tridymit, Hoch- und Tief-Quarz hinweg erhalten.

Das Kristallisationsprodukt wäre bei fehlendem thermodynamischem Gleichgewicht mehrphasig: Fo (Rest) + En I (aus peritektischer Reaktion) + En II (unmittelbar aus Schmelze ausgeschieden) + En III, Cristobalit (aus eutektischer Ausscheidung). Vor allem ist das gleichzeitige Auftreten von Fo neben Cristobalit bezeichnend für ein solches Ungleichgewicht.

Ändern wir nun die Ausgangszusammensetzung der Schmelze. W liegt zwischen einer Zusammensetzung [MgSiO$_3$] und [Mg$_2$SiO$_4$]. Sie ist ärmer an SiO$_2$ als die Schmelze X. Die damit unterkieselte Schmelze W wäre unter Einstellung eines Gleichgewichts ebenso nach Ablauf der peritektischen Reaktion bei $T_P = 1557$ °C aufgebraucht, jedoch verschwände wegen ihrer SiO$_2$-Untersättigung der in diesem Fall in noch größerer Menge ausgeschiedene Fo nicht ganz. Die Menge des nicht aufgezehrten Fo hängt vom [Mg$_2$SiO$_4$]/[MgSiO$_3$]-Verhältnis der ausgehenden Schmelze ab, das durch die Lage von W festgelegt ist.

Bei einer Ausgangszusammensetzung Y, die nur sehr wenig reicher an SiO$_2$ ist als die MgSiO$_3$-Zusammensetzung X, beginnt die Ausscheidung von Fo bei T_Y. T_Y liegt dicht oberhalb der peritektischen Temperatur T_P. Die ausgeschiedene Menge an Fo bis P kann deshalb nur sehr gering sein. Bei T_P wird diese geringe Menge an Fo aufgezehrt. Es verbleibt nun in diesem Fall auch bei einer Gleichgewichtseinstellung eine Restschmelze, die längs P–E laufend En und ab E schließlich ein eutektisches Gemenge von En und Cristobalit ausscheidet.

Wird schließlich eine noch SiO$_2$-reichere Ausgangsschmelze der Zusammensetzung Z abgekühlt, so beginnt, in diesem Fall ohne daß Fo zur Ausscheidung gelangt, sich ab Punkt T_Z Protoenstatit abzuscheiden. T_Z liegt unterhalb der peritektischen Reaktionstemperatur des Systems. Die Schmelze ist wiederum mit einer abschließenden gemeinsamen Kristallisation von En und Cristobalit bei T_E am eutektischen Punkt E aufgebraucht.

In einer natürlichen, etwa basaltischen Schmelze würde zusätzlich Fe^{2+} in die beiden koexistierenden Mineralphasen Forsterit und Enstatit eintreten. Die Mischkristalle in der Natur erniedrigen alle Temperaturen des Kristallisations- bzw. Reaktionsbereichs beträchtlich.

- **Diopsid, CaMg[Si$_2$O$_6$]**

- **Hedenbergit, CaFe[Si$_2$O$_6$]**

- **Augit, (Ca, Na)(Mg, Fe, Al)[(Si, Al)$_2$O$_6$]**

Diopsid und Hedenbergit bilden eine vollständige Mischungsreihe (Abb. 64a) mit linearer Änderung der physikalischen Eigenschaften. Im Augit besteht eine vielfältige Diadochie, dabei ersetzt Na$^+$ bis zu einem gewissen Grad das Ca^{2+} in der X-Position, Al^{3+} in [6]-Koordination tritt für (Mg, Fe^{2+}) in die Y-Position ein und in [4]-Koordination begrenzt für Si^{4+}. Bei einem Gehalt von 3–5 % TiO_2 liegt Titanaugit vor, mit den charakteristischen Anwachskegeln sichtbar im Dünnschliff unter dem Mikroskop, auch als Sanduhrstruktur bezeichnet.

Ausbildung: Kristallklasse 2/m, Diopsid mit Vorherrschen von {100} und {010} und fast rechtwinkeligem Querschnitt. Augit ist gewöhnlich kurzsäulig mit Vorherrschen von Vertikalprisma {110} und Längsprisma {11$\bar{1}$}, daneben die Pinakoide {100} und {010} (Abb. 66 a). Das sind besonders die gut ausgebildeten Kristalle der Varietät *basaltischer Augit,* auch Zwillingsbildungen, Diopsid und Hedenbergit häufiger in körnigen Aggregaten.

Physikalische Eigenschaften:

Spaltbarkeit	{110} unvollkommen bis wechselnd deutlich, Absonderung nach (100) durch Translation bei der Varietät *Diallag*
Bruch	muschelig, spröde
Farbe, Glanz	Diopsid grau bis graugrün, Hedenbergit schwarzgrün, die Varietät *gemeiner Augit* ist grün bis bräunlichschwarz, pechschwarz der Fe- und Ti-reiche *basaltische Augit*. Matter, seltener lebhafter Glanz auf den Spalt- und Kristallflächen

Vorkommen: Gesteinsbildend, Diopsid ist Gemengteil in metamorphen dolomitischen Kalksteinen, Hedenbergit Gemengteil in Fe-reichen kontaktmetasomatischen Gesteinen, die als *Skarn* bezeichnet werden. Augit ist dunkler Gemengteil im Gabbro, einem magmatischen Gestein, und der basaltische Augit ist auf basaltische vulkanische Gesteine beschränkt.

◆ **Pigeonit, $Ca_{0,25}(Mg, Fe)_{1,75}[Si_2O_6]$**

Vom Hypersthen unterscheidet sich dieser Ca-arme monokline Pyroxen durch einen Gehalt an 5–15 Mol.% $CaSiO_3$-Komponente (Abb. 64 a).

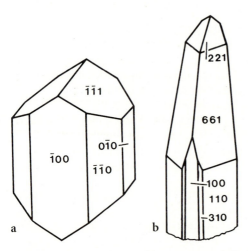

Abb. 66 a, b. Pyroxen, Kristallformen; **a** Augit (Stellung des Kristalls um 180° um c gedreht); **b** Acmit mit seinem nach c gestreckten Habitus

Als Einsprengling in basaltischen Gesteinen mit prismatischem, nach c gestrecktem Habitus, braun, grünlichbraun bis schwarz gefärbt, kann Pigeonit gegenüber den meisten übrigen Pyroxenen nur optisch oder röntgenographisch identifiziert werden.

Pigeonit tritt gewöhnlich als ein frühes Kristallisationsprodukt in heißen basaltischen Laven auf, die eine sehr schnelle Abkühlung erfahren haben. Bei langsamer Abkühlung beobachtet man oft eine lamellenförmige Entmischung in Klinoenstatit-Klinoferrosilit-Mischkristalle und Augit.

♦ **Ägirin (Acmit), $NaFe^{3+}[Si_2O_6]$**

Ausbildung: Kristallklasse 2/m, nadelige Kristalle mit steilen Endflächen als Begrenzung (Abb. 66b). Häufig büschelige Aggregate. Farbe grün oder rötlichbraun bis schwarz, durchscheinend.
Chemismus: Ägirinaugit ist ein Mischkristall der Endglieder Ägirin und Augit und hat etwas $CaFe^{2+}$ anstelle von $NaFe^{3+}$. Er ist häufiger als das reine Endglied Ägirin. Zonarbau mit Augit im Kern und Ägirinaugit in einem Rundsaum des Kristalls.
Vorkommen: Ägirin und Ägirinaugit sind verbreitete Gemengteile in alkalibetonten magmatischen Gesteinen, besonders solchen mit Natronvormacht, werden aber auch metamorph gebildet.

♦ **Jadeit, $NaAl^{[6]}[Si_2O_6]$**

Ausbildung: Meist in faserig-verfilzten Aggregaten.
Physikalische Eigenschaften:

Härte (Mohs)	$6^{1}/_{2}$–7, damit etwas größer als diejenige der übrigen Pyroxene
Dichte (g/cm³)	3,3–3,5
Farbe	blaßgrün bis tiefgrün, auch farblos

Chemismus: Fe^{3+} kann im Jadeit die Position von $Al^{[6]}$ einnehmen. Der viel verbreitetere Omphacit ist ein Mischkristall aus Augit- und Jadeitkomponente.
Besondere Eigenschaft: Jadeit ist ein ausgesprochenes Hochdruckmineral. Unter dieser Voraussetzung entsteht er z.B. bei mäßigen Temperaturen aus Albit (Natronfeldspat) nach der Reaktion Albit $\rightleftharpoons$ Jadeit + SiO_2.
Vorkommen: Jadeit ist ein relativ seltener Pyroxen. Seine Vorkommen beschränken sich auf metamorphe Gesteine an den Rändern von Kontinentalblöcken, auf Zonen, die bei mäßigen Temperaturen ungewöhnlich hohen Drücken ausgesetzt waren. Omphacit ist neben Granat Hauptgemengteil des Gesteins Eklogit, von dem später noch die Rede sein wird.
Verwendung: Schön gefärbt als geschätzter Schmuckstein und zur Fertigung kunstgewerblicher Gegenstände. Wegen seiner hervorragenden mechanischen Eigenschaften war Jade in prähistorischer Zeit begehrter Rohstoff zur Fertigung von Waffen und Gerät.

9.4.2 Die Amphibol-Gruppe

Der Chemismus der Amphibole kann durch die allgemeine Formel $A_{0-1}X_2Y_5$ [(OH, F)$_2$/Z$_8$O$_{22}$] ausgedrückt werden. Die Position von A können die folgenden Kationen einnehmen: Na^+, K^+, die Position von X: Ca^{2+}, Na^+, Mg^{2+}, Fe^{2+}, Mn^{2+}, die Position von Y: Mg^{2+}, Fe^{2+}, Mn^{2+}, Al^{3+}, Fe^{3+}, Fe^{3+}, Ti^{4+} und die Position von Z: Si^{4+}, Al^{3+}. Dabei ist der Ersatz von Al^{3+} durch Fe^{3+} und zwischen Ti^{4+} und den anderen Ionen der Y-Position begrenzt, ebenso der Ersatz von Si^{4+} durch Al^{3+}.

Wie bei der Pyroxen-Gruppe ist bei den Amphibolen die monokline Symmetrie am häufigsten. Bei den rhombischen Orthoamphibolen sind wie bei den entsprechenden Pyroxenen in der Struktur alle Kationenplätze [6]-koordiniert. In den Klinoamphibolen ist das Verhältnis der [6]-:[8]-koordinierten Gitterplätze 5:2, in den Klinopyroxenen 2:2. Im Unterschied zur Pyroxenstruktur besteht jeweils in der Mitte der 6zähligen Ringe der Doppelketten eine Lücke für die Aufnahme eines relativ großen 1wertigen Anions 2. Stellung wie (OH), F und für ein zusätzliches Kation der A-Position der allgemeinen chemischen Formel, das sich in [10]- oder [12]-Koordination gegenüber O befindet. Dieser Platz für ein zusätzliches Kation A bleibt häufig als Leerstelle unbesetzt.

Die Amphibole können in Analogie zur Pyroxen-Gruppe in die folgenden Reihen aufgeteilt werden:

Tabelle 17. Aufteilung der Amphibole

Anthophyllit und Cummingtonit-Grünerit-Reihe		
Anthophyllit	(Mg, Fe)$_7$[(OH)$_2$/Si$_8$O$_{22}$]	2/m2/m2/m
Cummingtonit	(Mg, Fe)$_7$[(OH)$_2$/Si$_8$O$_{22}$]	2/m
Tremolit-Ferroaktinolith-Reihe		2/m
Tremolit	Ca$_2$Mg$_5$[(OH)$_2$/Si$_8$O$_{22}$]	
Aktinolith	Ca$_2$(Mg, Fe)$_5$[(OH)$_2$/Si$_8$O$_{22}$]	
Hornblende	$A_{0-1}X_2Y_5$[(OH)$_2$/Z$_8$O$_{22}$]	
Natronamphibolreihe		2/m
Glaukophan	Na$_2$(Mg, Fe)$_3$Al$_2$[(OH)$_2$/Si$_8$O$_{22}$]	
Riebeckit	Na$_2$(Mg, Fe^{2+})$_3$Fe$_2^{3+}$[(OH)$_2$/Si$_8$O$_{22}$]	
Arfvedsonit	Na$_3$Fe$_4^{2+}$(Al, Fe^{3+})[(OH)$_2$/Si$_8$O$_{22}$]	

Der rhombische Anthophyllit (Mg, Fe)$_7$ [(OH)$_2$/Si$_8$O$_{22}$] kann nur begrenzt Fe$_7$[(OH)$_2$/Si$_8$O$_{22}$] Komponente aufnehmen. Ohne Übergang besteht daneben die monokline Cummingtonit-Grünerit-Reihe. Eine vollständige Mischkristallreihe gibt es indessen zwischen Tremolit und Ferroaktinolith. Das am meisten verbreitete Glied daraus, der Aktinolith, liegt chemisch etwa in der Mitte zwischen den beiden Endgliedern. Zwischen Anthophyllit bzw. der Reihe Cummingtonit-Grunerit einerseits und der Reihe Tremolit-Ferroaktinolith andererseits besteht eine große Mischungslücke. Aus diesem Grund können z.B. Anthophyllit oder auch Cummingtonit im gleichen Gestein neben Tremolit im Gleichgewicht auftreten.

9.4.2.1 Anthophyllit und Cummingtonit-Grünerit-Reihe

◆ **Anthophyllit, $(Mg, Fe)_7 [(OH)_2/Si_8O_{22}]$**

◆ **Cummingtonit, $(Mg, Fe)_7 [(OH)_2/Si_8O_{22}]$**

Ausbildung: Anthophyllit, Kristallklasse 2/m2/m2/m; Cummingtonit, Kristallklasse 2/m; stengelig bis nadelförmig, häufig büschelig gruppiert, faserig als *Anthophyllitasbest.*
Physikalische Eigenschaften:

Spaltbarkeit	{110} vollkommen, oft Querabsonderung der Stengel
Härte (Mohs)	$5^1/_2$
Dichte (g/cm³)	2,9–3,1
Farbe, Glanz	gelbgrau bis gelbbraun oder nelkenbraun, je nach Fe-Gehalt, mit bronzefarbenem Schiller

Vorkommen: Gelegentlicher Gemengteil in metamorphen Gesteinen.

9.4.2.2 Tremolit-Ferroaktinolith-Reihe

◆ **Tremolit, $(Ca_2Mg_5 [(OH)_2/Si_8O_{22}]$**

Ausbildung: Habitus der monoklinen Nädelchen ähnlich denen von Anthophyllit.
Physikalische Eigenschaften:

Spaltbarkeit	{110} vollkommen, oft Querabsonderung, in stärkerem Maß spröde als die Nädelchen von Anthophyllit
Farbe	rein weiß, grau oder lichtgrün, ausgesprochener Seidenglanz

Vorkommen: Verbreiteter Gemengteil in metamorphen Gesteinen, gelegentlich Kluftmineral.

◆ **Aktinolith (Strahlstein), $Ca_2 (Mg, Fe)_5 [(OH)_2/Si_8O_{22}]$**

Ausbildung: Breitstengelig mit Querabsonderung, häufig ist das Vertikalprisma als Wachstumsfläche ausgebildet wie bei Tremolit (Abb. 67a), mitunter divergentstrahlig, büschelig bis garbenförmig angeordnet; bisweilen feinnadelig und in wirr-faserig-verfilzten Massen, die dann als *Nephrit* bezeichnet werden. Diese Massen sind denen des Jadeits sehr ähnlich und werden oft fälschlich auch als Jade bezeichnet.
Physikalische Eigenschaften:

Spaltbarkeit	{110} vollkommen, Querabsonderung
Härte (Mohs)	$5^1/_2$–6
Dichte (g/cm³)	3,0–3,2
Farbe, Glanz	hell- bis dunkelgrün je nach Fe-Gehalt, bei feinnadeliger Entwicklung auch blaßgrün bis graugrün

9.4 Inosilikate (Ketten- und Doppelkettensilikate)

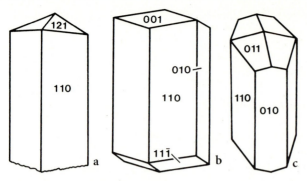

Abb. 67 a–c. Amphibol, Kristallformen; **a** Aktinolith; **b, c** Hornblende, wobei Bild **c** um 90° gegenüber **b** um die c-Achse gedreht ist

Vorkommen: Wie Tremolit verbreiteter Gemengteil in metamorphen Gesteinen, gelegentlich Kluftmineral.

Verwendung von Nephrit: Wie Jadeit Werkstoff für Schmuck- und Kunstgegenstände, als Steinwaffe und Gerät in prähistorischer Zeit.

♦ **Hornblende, $(K, Na)_{0-1} (Ca, Na)_2 (Mg, Fe^{2+}, Fe^{3+}, Al)_5 [(OH, F)_2/(Si, Al)_2Si_6O_{22}]$**

Ausbildung: Gedrungen prismatische Kristalle, die Vertikalzone mit {110} und {010} neben dem Längsprisma {011} herrschen vor (Abb. 67 b, c), senkrecht c pseudohexagonaler Querschnitt. Zuweilen ist zusätzlich das vordere Pinakoid {100} entwickelt, zahlreiche weitere Flächenkombinationen sind möglich. Viel häufiger in unregelmäßig begrenzten Körnern oder Stengeln im Gestein eingewachsen. Wie bei Augit Zwillinge nach (100) verbreitet.

Physikalische Eigenschaften:

Spaltbarkeit	{110} vollkommen, viel besser als bei Augit, zudem größerer Winkel des Spaltkörpers, 124°
Härte (Mohs)	5–6
Dichte (g/cm³)	3,0–3,4, etwas niedriger als bei Augit
Farbe, Glanz	grün, dunkelgrün bis dunkelbraun bei gemeiner Hornblende, tiefschwarz bei basaltischer Hornblende, Glasglanz bis blendeartiger, halbmetallischer Glanz auf Kristall- und Spaltflächen, kantendurchscheinend
Strich	farblos

Chemismus: Komplizierter und stark streuender Chemismus mit wechselnden Ionenverhältnissen insbesondere von Ca/Na, Mg/Fe^{2+}, $Al^{[6]}$/Fe^{3+}, $Al^{[4]}$/Si und OH/F. Nach der chemischen Zusammensetzung mehrere Namen für Varietäten: Die tiefschwarze *basaltische Hornblende* zeichnet sich insbesondere durch höhere Gehalte an Fe^{3+} und Ti gegenüber der *gemeinen Hornblende* aus.

Vorkommen: Hornblende ist der wichtigste und am meisten verbreitete gesteinsbildende Amphibol. Sie kommt sowohl in magmatischen als auch in metamorphen

Gesteinen vor. In feinfaseriger Ausbildung als *Uralit* sekundär und pseudomorph nach Augit.

9.4.2.3 Natronamphibolreihe

◆ **Glaukophan, $Na_2 (Mg, Fe)_3 Al_2 [(OH)_2/Si_8O_{22}]$**

Ausbildung: Prismatisch oder in stengelig-körnigen Aggregaten.
Physikalische Eigenschaften:

Spaltbarkeit	{110} vollkommen
Härte (Mohs)	$5^1/_2$–6
Dichte (g/cm³)	3,1–3,3
Farbe, Glanz	blau, dunkel- bis schwarzblau mit Zunahme des Fe-Gehalts, Glasglanz, kantendurchscheinend

Chemismus: Chemismus ist meistens obiger Endgliedzusammensetzung nahe, wobei etwas Fe^{3+} für Al in diese Formel eintritt.
Vorkommen: Lokal wichtiger Gesteinsgemengteil, jedoch ausschließlich in metamorphen Gesteinen wie den Glaukophanschiefern, dort seiner Entstehung nach Hochdruck-Niedrigtemperatur-Mineral, zusammen mit Jadeit, Lawsonit und Aragonit.

◆ **Riebeckit, $Na_2 (Mg, Fe^{2+})_3 Fe_2^{3+} [(OH)_2/Si_8O_{22}]$**

◆ **Arfvedsonit, $Na_3 Fe_4^{2+} (Al, Fe^{3+}) [(OH)_2/Si_8O_{22}]$**

Riebeckit ist chemisch dem Ägirin ähnlich, gegenüber Glaukophan reicher an Gesamt-Fe.

Meistens in körnig-stengeligen Aggregaten eingewachsen, blauschwarz. Dunkler Gemengteil in magmatischen Gesteinen mit Na-Vormacht, besonders Alk'Graniten, mitunter auch in metamorphen Gesteinen.

Dem Riebeckit steht chemisch der faserige *Krokydolith* nahe, der als matt grünlichblaue Kluftfüllung vorkommt. Er besitzt technische Bedeutung als hochwertiger Asbest, verspinnbar und dabei hitze- und säurebeständig. Verkieselter und durch Oxidationsvorgänge veränderter Krokydolith ist als goldbraunes *Tigerauge* ein geschätzter Ornament- und Schmuckstein.

Arfvedsonit ist makroskopisch und chemisch dem Riebeckit ähnlich. Er kommt jedoch nur als Gemengteil von magmatischen Gesteinen mit Na-Vormacht vor.

9.5 Phyllosilikate (Schicht- bzw. Blattsilikate)

Unter den silikatischen Blattstrukturen gibt es Zwei- und Dreischichtstrukturen (Abb. 68).

Bei den *Zweischichtstrukturen* sind alle freien Tetraederspitzen der Si_2O_5-Schichten nach derselben Seite hin gerichtet. Hier sind die Kationen, im wesentlichen Mg^{2+} oder Al^{3+}, jeweils von 2 O der benachbarten Tetraederspitzen und zusätzlich

9.5 Phyllosilikate (Schicht- bzw. Blattsilikate)

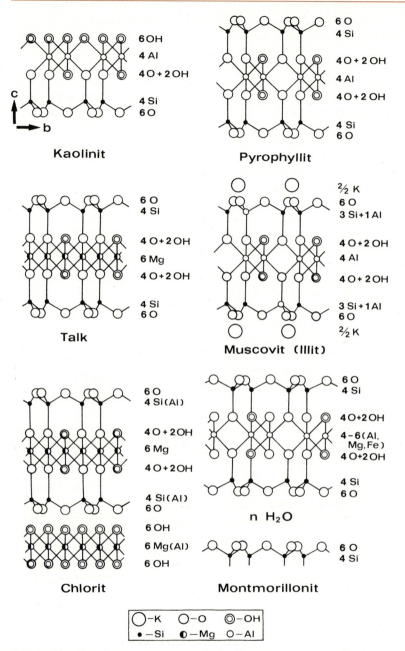

Abb. 68. Kristallstrukturen der Schichtsilikate, Übersicht. In den gewählten Schnittlagen bilden die kristallographischen Achsen b und c einen rechten Winkel (umgezeichnet aus SEARLE und GRIMSHAW, 1959, Figs. III. 20, 21)

von 4 (OH)⁻ oktaedrisch umgeben und abgesättigt. Auf diese Weise ist in den Zweischichtgittern je 1 Mg(OH)$_2$- oder Al(OH)$_3$-Schicht mit je 1 Si$_2$O$_5$-Schicht verknüpft. Derartige Zweischichtgitter weisen auf: Serpentin Mg$_3$[(OH)$_4$/Si$_2$O$_5$] und Kaolinit Al$_2$[(OH)$_4$/Si$_2$O$_5$].

Bei den *Dreischichtstrukturen* sind die freien O der Tetraederspitzen gegeneinander gerichtet. Hier verknüpfen Kationen wie Mg^{2+} oder Al^{3+} in oktaedrischer Koordination gegenüber O und OH oben und unten je eine benachbarte Si$_2$O$_5$-Tetraederschicht miteinander. Es kommt zu einer regelmäßigen Wechselfolge Tetraederschicht-Oktaederschicht-Tetraederschicht.

Bei Talk z. B. ist jedes Mg^{2+} von 4 O und 2 (OH) in [6]-Koordination umgeben. Wird Mg^{2+} durch Al^{3+} ersetzt wie im Pyrophyllit Al$_2$[(OH)$_2$/Si$_4$O$_{10}$], so ist dadurch der elektrostatische Valenzausgleich gewährleistet, indem jeder 3. Kationenplatz unbesetzt bleibt.

Werden alle Oktaederzentren durch 2wertige Kationen besetzt, so wird die Besetzung als *trioktaedrisch* bezeichnet. Werden nur $^2/_3$ der vorhandenen oktaedrischen Plätze durch 3wertige Kationen besetzt, so spricht man von einer *dioktaedrischen* Besetzung (Abb. 68).

Bei den *Glimmerstrukturen* werden in einer Dreischichtstruktur einzelne Si durch Al$^{[4]}$ ersetzt; maximal ist das bis zur Hälfte der Si-Atome möglich. Damit reichen die Ladungen von Mg^{2+} bzw. Al^{3+} nicht mehr aus, um die Schichten abzusättigen. Als Ladungsausgleich treten dann zwischen das Dreischichtenpaket große Kationen ein wie K$^+$, Na$^+$ oder auch Ca^{2+}. Ihre Bindungskräfte sind bei den großen niedrigwertigen Kationen und der hohen Koordinationszahl [12] nur relativ schwach.

Wird z. B. in der Pyrophyllitstruktur Al$_2$[(OH)$_2$/Si$_4$O$_{10}$] etwa $^1/_4$ der Si^{4+}-Positionen durch Al^{3+} ersetzt und das so entstandene Ladungsdefizit durch Eintritt von K$^+$ zwischen seine Schichtpakete ausgeglichen, so ergibt sich die Muscovitstruktur entsprechend der Formel: K$^+$ {Al$_2$[(OH)$_2$/Si$_3$AlO$_{10}$]}$^-$. Aus der Struktur des Talks erhält man auf die gleiche Weise diejenige des Phlogopits K$^+$ {Mg$_3$[(OH)$_2$/Si$_3$AlO$_{10}$]}$^-$. Muscovit ist durch seine $^2/_3$-Besetzung der oktaedrischen Plätze dioktaedrisch, während die Glimmer Phlogopit und Biotit K {(Mg, Fe^{2+})$_3$[(OH)$_2$/Si$_3$AlO$_{10}$]} zu den trioktaedrischen Glimmern zählen.

Die relativ starken Bindungskräfte Si–O (und Al–O) innerhalb einer Tetraederschicht und die enge Bindung zur Oktaederschicht erklären die sehr vollkommene Spaltbarkeit nach der Basis {001} zwischen den Schichtpaketen bei fast allen Phyllosilikaten.

9.5.1 Talk-Pyrophyllit-Gruppe

◆ **Talk, Mg$_3$[(OH)$_2$/Si$_4$O$_{10}$]**

Ausbildung: Kristallklasse 2/m, Kristalle mit 6seitiger (pseudohexagonaler) Begrenzung sind relativ selten, meistens in schuppig-blättrigen Aggregaten, Talk massig-dicht als *Speckstein* (Steatit).

Physikalische Eigenschaften:

Spaltbarkeit	{001} vollkommen, Spaltblättchen sind biegsam, jedoch nicht elastisch

9.5 Phyllosilikate (Schicht- bzw. Blattsilikate)

Tabelle 18. Wichtigste Schichtsilikate

Talk-Pyrophyllit-Gruppe		Strukturtyp:	Dreischichtsilikat
Talk	$Mg_3[(OH)_2/Si_4O_{10}]$		Trioktaedrische Besetzung
Pyrophyllit	$Al_2[(OH)_2/Si_4O_{10}]$		Dioktaedrische Besetzung
Glimmer-Gruppe		Strukturtyp:	Dreischichtsilikat
Muscovit	$KAl_2^{[6]}[(OH)_2/Si_3Al^{[4]}O_{10}]$		Dioktaedrisch
Paragonit	$NaAl_2\,[(OH)_2/Si_3AlO_{10}]$		Dioktaedrisch
Phlogopit	$KMg_3[(OH, F)_2/Si_3AlO_{10}]$		Trioktaedrisch
Biotit	$K(Mg, Fe^{2+})_3[(OH)_2/Si_3(Al, Fe^{3+})O_{10}]$		Trioktaedrisch
Lepidolith	$K(Li, Al)_{2-3}[(OH, F)_2/Si_3AlO_{10}]$		
Chlorit-Gruppe		Strukturtyp	Vierschichtsilikat
Chlorit	$(Mg, Fe)_3[(OH)_2/(Al, Si)_4O_{10}] \cdot$		Trioktaedrisch
	$(Mg, Fe, Al)_3(OH)_6$ (als generalisierte Formel)		
Serpentin-Gruppe		Strukturtyp:	Zweischichtsilikat
Antigorit			
Chrysotil	$Mg_6[(OH)_8/Si_4O_{10}]$		Trioktaedrisch
Lizardit			
Tonmineral-Gruppe		Strukturtyp:	Zwei- oder Dreischichtsilikat
Kaolinit	$Al_4[(OH)_8/Si_4O_{10}]$		Dioktaedrisch
Halloysit	$Al_4[(OH)_8/Si_4O_{10}] \cdot 4\,H_2O$		Dioktaedrisch
Montmorillonit	$(Al, Mg)_2[(OH)_2/Si_4O_{10}](Na, Ca)_x \cdot n\,H_2O$		Dioktaedrisch
Illit	$(K, H_2O)Al_2[(OH)_2/(Si_3Al)O_{10}]$		Dioktaedrisch

Härte (Mohs)	1, fühlt sich fettig an
Dichte (g/cm³)	2,7
Farbe	zart grün, grau oder silberweiß
Glanz	Perlmutterglanz, durchscheinend

Struktur: Dreischichtsilikat (Wechsel von Tetraeder-Oktaeder-Tetraeder-Schicht) (Abb. 68). Das Schichtpaket ist abgesättigt. Die Folge von Schichtpaketen wird lediglich durch schwache Restkräfte gebunden. Daraus erklärt sich die vollkommene Spaltbarkeit nach {001}.

Chemismus: Nur unwesentliche Änderung des Chemismus durch Einbau weiterer Ionen.

Vorkommen: Talk ist in erster Linie ein metamorph-metasomatisch gebildetes Mineral, oft sekundäres Umwandlungsprodukt von Olivin, Pyroxen oder Amphibol, bisweilen pseudomorph nach ihnen. Gesteinsbildend.

Bedeutung als Rohstoff: Gemahlen in der Industrie als *Talkum* bezeichnet, Verwendung in der Glas-, Farben- und Papierindustrie, als Schmiermittel, als Grundstoff für Kosmetika. Speckstein ist Ausgangsprodukt der Industriekeramik, dient in manchen Kulturen zur Herstellung von Kleinskulpturen.

◆ **Pyrophyllit, Al$_2$ [(OH)$_2$/Si$_4$O$_{10}$]**

Aussehen und physikalische Eigenschaften sehr ähnlich denen von Talk. Seine dioktaedrische Dreischichtstruktur gleicht weitgehend derjenigen des Talks (Abb. 68). Sichere Identifizierung nur röntgenographisch, daher früher häufig als gesteinsbildendes Mineral übersehen.
Im Vergleich zu Talk relativ seltener.

9.5.2 Glimmer-Gruppe

Die Glimmer sind di- oder trioktaedrische Dreischichtsilikate (Abb. 68). Gemeinsam ist ihnen die strukturell begründete, sehr vollkommene Spaltbarkeit nach der Basis {001}. Die Spaltblättchen zeigen Perlmutterglanz und sind elastisch biegsam. Die nicht sehr häufigen, prismatischen Kristalle sind bei monokliner Symmetrie pseudohexagonal begrenzt. Die geringe Ritzhärte auf (001) erreicht 2–3, die Dichte liegt zwischen 2,7 und 3,2.

◆ **Muscovit, KAl$_2$ [(OH)$_2$/Si$_3$AlO$_{10}$]**

Ausbildung und physikalische Eigenschaften: Seltener Kristalle mit 6seitigem Umriß, meist feinschuppig, jedoch auch größere Tafeln bis zu Riesengröße, Zwillinge häufig mit (001) als Verwachsungsfläche, Translation nach (001), Härte 2–2$^1/_2$, Dichte 2,8–2,9, bei blasser, hell glänzender Färbung, durchscheinend bis durchsichtig.

Chemismus: Es besteht eine nur relativ geringe Mischbarkeit mit den übrigen di- oder trioktaedrischen Glimmern. K$^+$ kann in geringem Maß durch Na$^+$, Rb$^+$ oder Cs$^+$, Al$^{[6]}$ durch Mg^{2+}, Fe^{2+}, Fe^{3+} u. a. ersetzt werden; bei den Anionen 2. Stellung kann (OH)$^-$ durch F$^-$ vertreten sein. Gekoppelter Ersatz Mg$^{[6]}$Si$^{[4]}$ ↔ Al$^{[6]}$Al$^{[4]}$ im *Phengit*.

Vorkommen: Muscovit ist ein sehr verbreitetes gesteinsbildendes Mineral. Seine feinschuppige Varietät wird auch als Serizit bezeichnet. Er ist häufig sekundäres Umwandlungsprodukt, z.B. von Feldspäten. *Illit*, ein Hydromuscovit, ist durch Austausch von K$^+$ gegen H$_3$O$^+$ entstanden. Er ist Bestandteil vieler Tone, besonders von Schiefertonen.

Verwendung als Rohstoff: Wegen seiner Wärme- und Elektroisolation wird er technisch genutzt.

◆ **Paragonit, NaAl$_2$ [(OH)$_2$/Si$_3$AlO$_{10}$]**

Äußerlich ein dem Muscovit ähnlicher, jedoch seltener Hellglimmer, von Muscovit nur röntgenographisch unterscheidbar, daher als gesteinsbildendes Mineral im Gestein vielfach übersehen.

◆ **Phlogopit, KMg$_3$ [(OH,F)$_2$/Si$_3$AlO$_{10}$]**

Ausbildung und Eigenschaften: Häufiger in prismatischen Kristallen mit pseudohexagonaler Begrenzung, neigt zur Ausbildung größerer Kristalle.
Farbe gelbbraun bis grünlichgelb.
Chemismus: Fe^{2+} kann Mg^{2+} ersetzen, und es besteht eine lückenlose Mischungsreihe zum Biotit, jedoch ist seine Mischbarkeit mit Muscovit außerordentlich begrenzt.
Vorkommen: In Mg-reichen Gesteinen.
Technische Verwendung: Wie Muscovit.

◆ **Biotit, K (Mg,Fe^{2+})$_3$[(OH)$_2$/Si$_3$AlO$_{10}$]**

Ausbildung: Kristallklasse ebenfalls 2/m, seltener sechsseitige kristallographische Begrenzung, dann fast stets aufgewachsen, meistens in einzelnen unregelmäßig begrenzten Blättchen oder in schuppigen Aggregaten im Gestein eingewachsen. Häufig Zwillingsbildung mit (001) als Verwachsungsebene.
Physikalische Eigenschaften:

Spaltbarkeit	{001} sehr vollkommen, elastisch biegbare Blättchen
Härte (Mohs)	2$^1/_2$–3
Dichte (g/cm^3)	2,8–3,2
Farbe, Glanz	dunkelgrün, bräunlichgrün, hellbraun, dunkelbraun bis schwarzbraun. Perlmutterglanz auf den Spaltflächen

Chemismus: Gegenüber Phlogopit ist ein Teil des Mg^{2+} durch Fe^{2+}, im übrigen auch durch $Al^{[6]}$ oder Fe^{3+}, Ti^{4+} ersetzt. Dabei besteht eine lückenlose Mischungsreihe zum Phlogopit.
Vorkommen: Biotit ist ein sehr verbreitetes gesteinsbildendes Mineral. In der schwarzbraunen Varietät *Lepidomelan* kann Fe gegenüber Mg stark vorherrschen.

◆ **Lepidolith, K(Li,Al)$_{2-3}$[(OH,F)$_2$/Si$_3$AlO$_{10}$]**

Ausbildung und physikalische Eigenschaften: Weiße bis blaß rosarote oder pfirsichblütenfarbene Blättchen oder Schüppchen, Farbe durch einen geringen Gehalt an Mn^{2+} verursacht.
Chemismus: Das Li-Al-Verhältnis der Formel schwankt sehr stark. Ein eisenhaltiger, meistens bräunlich gefärbter Lithiumglimmer ist der *Zinnwaldit*, meistens fächerförmig gruppiert und aufgewachsen.
Vorkommen: Zusammen mit anderen Li-haltigen Mineralen in Pegmatiten. Zinnwaldit bildet sich innerhalb der pneumatolytischen Mineralparagenese neben Zinnstein, Topas, Fluorit, Quarz.
Technische Verwendung: Gewinnung des Leichtmetalls Lithium für Speziallegierungen, Herstellung von Li-Salzen und Pyrotechnik, Spezialgläser.

◆ **Sprödglimmer: Margarit (Kalkglimmer), $CaAl_2 [(OH)_2/Al_2Si_2O_{10}]$**

Keine wohlausgebildeten Kristalle, schuppig-blättrige Aggregate. Spaltbarkeit etwas weniger vollkommen als bei Muscovit. Spaltblättchen spröde und zerbrechlich. Gemengteil im Smirgel.

9.5.3 Chlorit-Gruppe, $(Mg, Fe)_3^{[6]}[(OH)_2/(Si, Al)_4O_{10}] \cdot (Mg, Fe, Al)_3(OH)_6$

In der Chloritstruktur besteht ein Wechsel zwischen Talkschicht und Brucitschicht $Mg(OH)_2$. In der Brucitschicht $Mg(OH)_2$ ist Mg^{2+} oktaedrisch gegenüber $(OH)^-$ koordiniert (Abb. 68). Es ergibt sich als vereinfachtes Endglied die Formel $Mg_3[(OH)_2/Si_4O_{10}] \cdot Mg_3(OH)_6$. In den meisten Chloriten ist Mg sowohl in der Talkschicht als auch in der Brucitschicht teilweise durch Al, Fe^{2+} und Fe^{3+} ersetzt. Außerdem ersetzt $Al^{[4]}$ teilweise Si. Es besteht ein breites Spektrum von Mischkristallzusammensetzungen. Ohne eine quantitative chemische Analyse oder ersatzweise Daten aus optischen und röntgenographischen Bestimmungen lassen sich die verschiedenen Varietäten der Chlorit-Gruppe kaum unterscheiden.

Ausbildung: Neben monoklinen Chloriten, 2/m, gibt es untergeordnet auch solche mit trikliner Symmetrie. Mitunter auftretende säulenförmige Kristalle auch pseudohexagonal mit Basis {001} ausgebildet, ähnlich wie die Glimmer. Auch Chlorit bildet meistens unregelmäßig begrenzte Blättchen oder schuppige Aggregate.

Physikalische Eigenschaften:

Spaltbarkeit	{001} sehr vollkommen, die Spaltblättchen sind biegsam, jedoch nicht elastisch wie diejenigen von Glimmer
Härte (Mohs)	2
Farbe	grün, durch Spurenelemente mitunter abweichende Färbung

Chemismus: Neben Fe^{2+} befindet sich auch Fe^{3+} in den verschiedenen Chloriten. Weiterhin kann $Al^{[6]}$ teilweise Mg ersetzen, sowohl in der Talk- als auch in der Brucitschicht.

Vorkommen: Gesteinsbildendes Mineral in metamorphen Gesteinen, sekundäres Umwandlungsprodukt aus Biotit, Granat, Pyroxen oder Amphibol. Kluft- und Drusenmineral. *Chamosit* und *Thuringit* sind Fe^{3+}-reiche Chlorite und Gemengteile mancher mariner Eisenerze.

9.5.4 Serpentin-Gruppe, $Mg_3[(OH)_4/Si_2O_5]$

Es gibt rhombische, monokline und trikline Strukturvarietäten. Am verbreitesten sind *Chrysotil* (Faserserpentin), *Antigorit* (Blätterserpentin) und *Lizardit*.

Serpentine haben eine Zweischichtstruktur. Innerhalb dieser Struktureinheit sind Tetraeder- und Oktaederschicht elektrostatisch abgesättigt. Von Struktureinheit zu Struktureinheit bestehen nur schwache Bindungskräfte nach Art VAN-DER-WAALS-Restkräfte. Das in dieser Struktur etwas zu große Mg^{2+} (etwa relativ zu Al^{3+} in der Kaolinitstruktur, Abb. 69) innerhalb der Oktaederschicht bewirkt eine geringe Auf-

9.5 Phyllosilikate (Schicht- bzw. Blattsilikate)

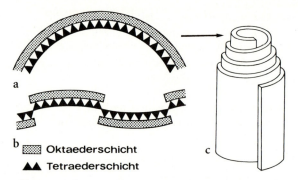

Abb. 69. a Schematische Darstellung einer möglichen Krümmung der Schichten in der Chrysotilstruktur, b schematische Darstellung der Antigoritstruktur (a, b nach Hurlbut und Klein, 1977, Fig. 10.60), c nach elektronenmikroskopischer Aufnahme eines Chrysotilröllchens, schematisch

weitung dieser Schicht. Dadurch passen die Gitterabstände zwischen Oktaeder- und Tetraederschicht nicht genau aufeinander. Das führt bei Chrysotil zu einer Krümmung und Einrollung der beiden Schichten. Dabei befindet sich die Tetraederschicht auf der Innen- und die Oktaederschicht auf der Außenseite der Chrysotilröllchen (Abb. 69a, c). Die Chrysotilröllchen erscheinen makroskopisch als Fasern. Ihre Dicke wird mit rund 200 Å ⌀ angegeben.

Beim Antigorit (Blätterserpentin) führt die Nichtübereinstimmung der beiden Schichten lediglich zu einer wellenartigen Struktur blättchenförmiger Kristalle mit periodischer Umklappung der SiO_4-Tetraeder innerhalb der Tetraederschicht (Abb. 69b).

◆ Chrysotil (Faserserpentin), Antigorit (Blätterserpentin), Lizardit

Bei Chrysotil ist die faserige Teilbarkeit oft undeutlich. Farbe hell- bis dunkelgrün, auch gelbgrün in Form dichter Aggregate. Seidenglanz besitzen bei weitestgehender mechanischer Teilbarkeit die äußerst biegsamen Fasern des Chrysotilasbests.

Bei Antigorit ist die blättrige Spaltbarkeit kaum deutlich. Als Gesteinsgemengteil nur bei einiger Übung vom Chrysotil unterscheidbar, weil die makroskopischen Eigenschaften recht ähnlich sind.

Beide Serpentinarten sind außerordentlich häufige Abbauprodukte von Olivin, daneben auch von Pyroxen und Amphibol, deren Serpentinisierung unter Wasseraufnahme erfolgt. Als Kluftfüllungen in Form von feinfaserigem Chrysotilasbest oder blättrigem sog. Kluftantigorit, der seltener ist als der Erstgenannte.

Ein weiteres, erst in jüngerer Zeit in seiner petrographischen Bedeutung erkanntes Serpentinmineral ist der *Lizardit*. Er ist, wie die beiden vorher beschriebenen Serpentinminerale, häufiger mikroskopischer Gemengteil in Serpentingesteinen. Lizardit bildet sehr feinblättrige bis filzige Aggregate, die oft in Verwachsung mit Chrysotil oder Antigorit auftreten können. Bastit ist eine Pseudomorphose von Lizardit nach Enstatit oder Bronzit.

Technische Verwendung: *Chrysotilasbest* besitzt eine vielseitige Verwendung: als hochwertiger Rohstoff zur Herstellung von verspinnbarem Asbestgarn und hochfeuerfestem Asbestgewebe, als Asbestfilter, Asbestpappe und Asbestplatten, Dichtungen, als Isolationsmittel in der Wärme- und Elektrotechnik, Asbestzement Eternit etc. Wegen Gesundheitsgefährdung ist die Verwendung von Asbest jetzt stark reduziert.

Serpentingestein (Serpentinit) wird geschliffen und poliert und für Wandverkleidungen verwendet sowie zu kunstgewerblichen Gegenständen verarbeitet. Hierher gehören auch:

- *Garnierit* (Ni, Mg)$_3$[(OH)$_4$/Si$_2$O$_5$] ist ein Nickelserpentin und zusammen mit anderen Ni-Hydrosilikaten Bestandteil wichtiger Nickelerze.
- *Greenalith* (Fe^{2+}, Fe^{3+}, Mg)$_3$[(OH)$_4$/Si$_2$O$_5$] ist Bestandteil wichtiger Eisenerze. Die grünlichen submikroskopischen Blättchen bilden meistens unregelmäßig gerundete bis kugelförmige Aggregate. Sie treten nur in präkambrischen, marin-sedimentären Bändererzen als vermutlich diagenetische Bildung auf.

9.5.5 Tonmineral-Gruppe

Es handelt sich bei ihr summarisch um äußerst feinblättrige Schichtsilikate kolloidaler Größenordnung (< 2 µm), die als Bestandteile des Bodens und tonhaltiger Sedimente auftreten. Tonminerale lassen sich wegen ihrer geringen Größe nur mit Hilfe der Röntgenanalyse exakt bestimmen. Sie haben meistens die chemische Zusammensetzung von Wasser- bzw. (OH)-haltigen Alumosilikaten. In einigen von ihnen treten ersatzweise unbedeutende Mengen von Mg-, Fe-, Alkali- oder Erdalkaliionen in ihre Strukturen ein.

Den tonhaltigen Sedimenten und der Bodenkrume verleihen Tonminerale in unterschiedlichem Grad charakteristische Eigenschaften wie die Fähigkeit der reversiblen An- und Einlagerung von H$_2$O-Molekülen. Sie können teilweise quellen oder schrumpfen und bedingen die Plastizität des Tons. Teilweise haben sie die Fähigkeit, Ionen austauschbar zu adsorbieren. Sie verleihen den Böden die bedeutsame Fähigkeit zur Wasserbindung und Nährstoffadsorption.

♦ Kaolinit, Al$_2$ [(OH)$_4$/Si$_2$O$_5$]

Kaolinit ist ein sehr wichtiges und weit verbreitetes Tonmineral. Er kommt in den meisten Tonen als Verwitterungsbildung vor, entsteht jedoch auch hydrothermal. Über seine dioktaedrische Zweischichtstruktur gibt Abb. 68 Auskunft. Mitunter sind pseudohexagonale Kristalle (Kristallklasse $\overline{1}$) ausgebildet, die elektronenmikroskopisch als solche nachweisbar sind (Abb. 70).

Kaolinit ist ein Gemengteil von Kaolin (Porzellanerde) und vieler Tone. Sekundäre Bildung bei Verwitterungsprozessen oder durch Einwirkung thermaler bzw. hydrothermaler Wässer auf Alumosilikate, besonders Feldspäte.

Bedeutung als Rohstoff: Ton und Kaolin (china clay) sind außerordentlich wichtige und auch relativ verbreitete Rohstoffe für die keramische Industrie (Fayence und

9.5 Phyllosilikate (Schicht- bzw. Blattsilikate)

Abb. 70. Kaolinit mit pseudohexagonalem Umriß der Blättchen. Größe: ~ 1 μm ⌀, elektronenmikroskopische Aufnahme, Zettlitz

Porzellan). Feuerfeste Tone mit sehr hoher Schmelztemperatur finden als Schamottziegel in der Metallurgie Verwendung. Sog. Ziegeltone sind besonders geeignet zur Herstellung von Mauerziegeln. Kaolin dient als Füllmittel und Appretur in der Papierindustrie und ist Rohstoff für die Gewinnung von Al_2O_3 (Tonerde). Suspensionen feindisperser Tone sind zur Stabilisierung der Bohrlochwände beim Niederbringen von Bohrlöchern notwendig.

◆ **Halloysit, $Al_2[(OH)_4/Si_2O_5] \cdot n\ H_2O$**

Zweischichtsilikat mit Einlagerung von H_2O-Molekülen zwischen den (kaolinitartigen) Zweischichtpaketen (Abb. 68). Der Verlust der eingelagerten Wassermoleküle bei der Entwässerung ist im Unterschied zum Verhalten von Montmorillonit irreversibel. Halloysit bildet röhrenförmige Kristalle. Er ist ein häufiges Verwitterungsprodukt vulkanischer Gläser, entsteht jedoch auch hydrothermal.

◆ **Montmorillonit, mit Einbau von Mg- und Na-Ionen**

Der Montmorillonitreihe gehören Dreischichtsilikate vom di- oder trioktaedrischen Typ an. Durch Einbau von Wasserschichten wird die Struktur in der c-Dimension stark aufgeweitet (Abb. 68). Je nach dem Wassergehalt ändert sich durch innerkristalline Quellung oder Schrumpfung der Gitterabstand. Montmorillonit ist ein wasserspeicherndes Mineral im Boden. Er ist vorherrschendes Tonmineral im *Bentonit*, der sich aus umgewandelter vulkanischer Asche bildet (Verwitterungsbildung basischer Vulkanite).

Montmorillonitreiche Tone als Rohstoff: Zu ihren spezifischen Eigenschaften gehören das enorme Quellungs- und Aufsaugvermögen. Dadurch sind sie für gewisse industrielle Prozesse ein wichtiger Rohstoff. Montmorillonitreiche Tone und Bentonite werden v. a. bei Tiefbohrungen in der erdölgewinnenden Industrie, in der Grobkeramik, in der chemischen Industrie zum Entfärben von Lösungen, zum Entfetten von Wolle, bei der Trinkwasseraufbereitung und der Abwasserreinigung technisch verwendet.

♦ **Illit, $(K, H_2O)Al_2[(OH)_2/AlSi_3O_{10}]$**

Illit (Hydromuscovit) ist ein dioktaedrisches, (seltener) trioktaedrisches Dreischichtsilikat, ein Hydroglimmer. Der größte Teil des Illits entsteht aus Muscovit durch partielles Herauslösen von K^+ und Austausch gegen H_3O^+. Deshalb wird Illit auch als unvollständiger Glimmer bezeichnet.

Die sowohl in pelitischen Sedimenten als auch in Böden weitverbreitet auftretenden dioktaedrischen Illite entstammen wahrscheinlich der Muscovitverwitterung. Seine Bildung ist bei der Verwitterung serizitisierter Kalifeldspäte weit verbreitet. Andererseits kann Illit auch aus Montmorillonit durch Kaliaufnahme entstehen.

Illitbildung wurde zudem auch im Zusammenhang mit Temperaturerhöhung in tektonisch beanspruchten Sedimenten beschrieben. Hier wird versucht, aus der sog. Illitkristallinität auf den Grad der Diagenese bzw. einsetzenden Metamorphose zu schließen. Die Illitkristallinität gilt als ein Maß für die temperaturabhängige Kornvergrößerung des Illits in Tonsedimenten.

♦ **Wechsellagerungstonminerale**

Neben den aufgeführten Tonmineralen kommen besonders in jungen pelitischen Sedimenten sog. Wechsellagerungsminerale (Mixed-layer-Minerale) vor, die aus 2 oder 3 verschiedenen Tonmineralen zusammengesetzt sind. Die häufigsten Wechsellagerungsstrukturen bestehen aus Illit- und Smectit (Montmorillonit)-Lagen, die in regelmäßiger oder unregelmäßiger Folge in der c-Richtung gestapelt sind. Regelmäßige Wechsellagerungsminerale sind teilweise mit eigenen Namen bezeichnet worden.

9.6 Tektosilikate (silikatische Gerüststrukturen)

Die silikatischen Gerüststrukturen lassen sich aus SiO_2-Strukturen ableiten, indem ein Teil des Si^{4+} durch Al^{3+} ersetzt wird. Dadurch entstehen Alumosilikate: $[Si_4O_8] \rightarrow K^+[AlSi_3O_8]^-$ (Kalifeldspat). Der Ersatz durch Al^{3+} in [4]-Koordination kann maximal das Verhältnis 1 : 1 erreichen, so z. B. im Anorthit (Kalziumfeldspat) $Ca^{2+}[Al_2Si_2O_8]^{2-}$. Die $[SiO_4]$- und $[AlO_4]$-Tetraeder sind bei diesen Alumosilikaten über alle 4 O mit 4 Nachbartetraedern räumlich vernetzt. Der durch den beschriebenen Ersatz erforderliche elektrostatische Valenzausgleich vollzieht sich in diesen 3dimensional unendlichen Gerüststrukturen durch den Eintritt von Alkali- oder Erdalkaliionen. Die weitmaschigen Gerüststrukturen bieten außerdem teilweise Platz für zusätzliche tetraederfremde Anionen oder bei der Mineral-Gruppe der Zeolithe für den Eintritt von Wassermolekülen.

Tabelle 19. *Wichtigste Tektosilikate*

Feldspat-Gruppe		
Alkalifeldspäte		
Sanidin	(K, Na)[AlSi$_3$O$_8$]	Kristallklasse 2/m
Orthoklas		2/m
Mikroklin	K[AlSi$_3$O$_8$]	$\bar{1}$
Adular		2/m
Plagioklasreihe		
Albit	Na[AlSi$_3$O$_8$]	$\bar{1}$
Anorthit	Ca[Al$_2$Si$_2$O$_8$]	
Feldspatoide (Foide, Feldspatvertreter)		
Foide ohne tetraederfremde Anionen:		
Leucit	K[AlSi$_2$O$_6$]	4/m bzw. 4/m$\bar{3}$2/m
Nephelin	(Na, K)[AlSiO$_4$]	6
Foide mit tetraederfremden Anionen:		
Sodalithreihe		4/m$\bar{3}$2/m
Sodalith	Na$_8$[(AlSiO$_4$)$_6$/Cl]	
Nosean	Na$_8$[(AlSiO$_4$)$_6$/(SO$_4$)]	
Hauyn	(Na, Ca)$_{8-4}$[(AlSiO$_4$)$_6$/(SO$_4$)]$_{2-1}$	
Zeolith-Gruppe		
Tektosilikate mit Zeolithwasser:		
Natrolith	Na$_2$[Al$_2$Si$_3$O$_{10}$] · 2 H$_2$O	mm 2
Desmin	Ca[Al$_2$Si$_7$O$_{18}$] · 7 H$_2$O	2/m
Phillipsit	KCa[Al$_2$Si$_5$O$_{16}$] · 6 H$_2$O	2/m
Chabasit	Ca[Al$_2$Si$_4$O$_{12}$] · 6 H$_2$O	$\bar{3}$2/m

9.6.1 Die Feldspäte

9.6.1.1 Das System der Feldspäte

Mit einer Beteiligung von nahezu 60 Vol.% am Aufbau der uns zugänglichen Erdkruste sind die Feldspäte die häufigste Mineral-Gruppe.

Die Feldspäte sind chemisch relativ einfach zusammengesetzte Silikate. In ihrem strukturellen Verhalten bestehen einige Komplikationen, wobei im Sinn der Zielsetzung dieses Buchs nur das allerwichtigste herausgestellt werden kann und soll.

Die Zusammensetzung der meisten Feldspäte kann im Rahmen des ternären Systems [KAlSi$_3$O$_8$] (Or, Orthoklas)–[NaAlSi$_3$O$_8$] (Ab, Albit)–[CaAl$_2$Si$_2$O$_8$] (An, Anor-

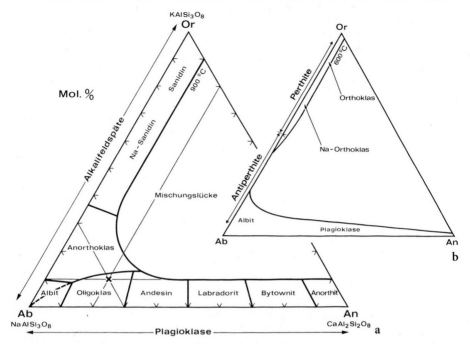

Abb. 71 a, b. *Mischbarkeiten im ternären Feldspatsystem* bei **a** 900 °C und **b** 600 °C (Umgezeichnet und ergänzt nach DEER et al., 1963); **a** Nomenklatur der Hochtemperaturalkalifeldspäte und der Plagioklasreihe. Im Subsolidusbereich gibt es bei rund 900 °C zwischen Or und Ab keine Mischungslücke; **b** unterhalb 600 °C beginnt bei 1 bar Druck die Öffnung einer Mischungslücke mit perthitischer und antiperthitischer Entmischung. Auch die ternäre Mischungslücke des Systems vergrößert sich. Man beachte die Änderung der Nomenklatur der unter mittleren Temperaturen unterhalb 600 °C gebildeten Alkalifeldspäte

thit) ausgedrückt werden (Abb. 71). Die Feldspatzusammensetzungen zwischen Or und Ab werden als Alkalifeldspäte, diejenigen zwischen Ab und An als Plagioklase bezeichnet. Die gebräuchlichsten Mineralnamen einer weiteren Untergliederung der beiden Reihen sind in Abb. 71 in die Dreiecke eingetragen. Zwischen Or und An besteht eine ausgedehnte Mischungslücke. Natürliche Feldspatzusammensetzungen, die in dieses Feld zu liegen kommen, gibt es nicht. So gibt es auch keinen ternären Feldspat, dessen Or : Ab : An-Verhältnis 1 : 1 : 1 entspricht. Auf diese Weise lassen sich die meisten Feldspäte in erster Näherung als binär betrachten (Abb. 72).

Um die chemische Zusammensetzung eines Feldspats zu charakterisieren, bedient man sich jetzt meistens des Or-Ab-An-Verhältnisses in Mol.%, wie z. B. $Or_{10}Ab_{70}An_{20}$. Dieser Zusammensetzung würde der mit **✗** in Abb. 71a eingetragene K-Oligoklas entsprechen.

Wichtig für die Bestimmung eines Feldspats ist neben seiner chemischen Zusammensetzung sein Strukturzustand. Darin ist von besonderem Einfluß auf die Eigenschaften eines Feldspats die Verteilung von Al und Si auf die 4 verschiedenen Tetraederplätze. Sie ist abhängig von der Bildungstemperatur des Feldspats und den folgenden thermischen Ereignissen sowie insbesondere der Abkühlungsgeschichte. Bei

9.6 Tektosilikate (silikatische Gerüststrukturen)

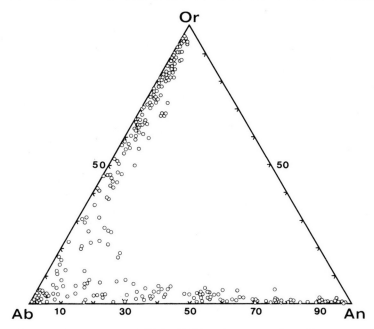

Abb. 72. Die begrenzte Mischkristallbildung im System der Feldspäte. Dem Diagramm liegen rund 300 neuere chemische Feldspatanalysen zugrunde. (DEER et al. 1963, Fig. 46, S. 107)

der Kristallisation der Hochtemperaturform des Kalifeldspats, dem Sanidin, findet sich bei gegebener Bildungstemperatur und rascher Abkühlung eine weitgehend ungeordnete (statistische) Al–Si-Verteilung in der Struktur. Bei dem unterhalb 500 °C mit langsamer Abkühlungsgeschwindigkeit gebildeten Mikroklin ist die Al–Si-Verteilung hingegen im wesentlichen geordnet, da jetzt Al von 4 möglichen 1 bestimmten Gitterplatz bevorzugt. Dieser hohe Ordnungsgrad bei Mikroklin geht konform mit einer Erniedrigung der Symmetrie. Da dabei die Spiegelebene verlorengeht, hat Mikroklin trikline ($\bar{1}$) Symmetrie gegenüber der monoklinen (2/m) von Sanidin. Orthoklas mit einem dazwischenliegenden Ordnungsgrad besitzt monokline Symmetrie (2/m).

Bei den Plagioklasen sind Kristallstruktur und Phasenübergänge durch das sich ändernde Al-Si-Verhältnis von Albit ($NaAlSi_3O_8$) zu Anorthit ($CaAl_2Si_2O_8$) und durch den Valenzausgleich von Na^+ und Si^{4+} sowie Ca^{2+} und Al^{3+} zusätzlich kompliziert. Auch hier gibt es Hoch- und Tieftemperaturzustände. Der trikline Hochtemperaturalbit z. B. weist wie der Sanidin eine weitgehend ungeordnete Al-Si-Verteilung in seinem Gitter auf, seine Tieftemperaturform hingegen eine geordnete. *Monalbit* ist die Höchsttemperaturform des Albits von monokliner Symmetrie (Abb. 73).

Im *binären System Or* ($KAlSi_3O_8$) – *Ab* ($NaAlSi_3O_8$) (Abb. 73) können sich nur bei relativ hoher und mittlerer Temperatur unter niedrigen Drücken homogene Alkalifeldspäte ausscheiden. Bei einer Abkühlung *unter* eine Temperaturgrenze von rund 650 °C erfolgt (wenn zur Einstellung des Gleichgewichts genügend Zeit bleibt) ein Zerfall in 2 Teilkomponenten entsprechend der glockenförmigen Entmischungskur-

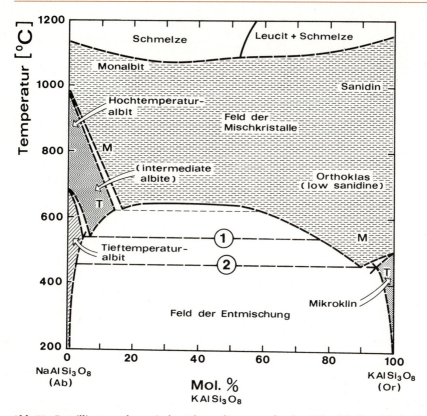

Abb. 73. Detailliertes, schematisches Phasendiagramm für den Subsolidusbereich des binären Systems NaAlSi$_3$O$_8$ (Albit) – KAlSi$_3$O$_8$ (Kalifeldspat) mit der Bezeichnung der verschiedenen Phasen und einer weiten Mischungslücke unterhalb 600 °C. Die Liquidus-Solidus-Beziehungen sind in Abb. 74 dargestellt. Signaturen: M monoklin, T triklin als Zustand der betreffenden Phase. Erläuterung siehe Text. (Nach SMITH, 1974, umgezeichnet und ergänzt nach HURLBUT und KLEIN, 1977, Fig. 10.77, S. 423)

ve (Solvus) in Abb. 73. Bei rund 540 °C ① liegt nunmehr Orthoklas neben Tieftemperaturalbit und bei rund 460 °C ② Mikroklin neben Tieftemperaturalbit vor. Die Aufnahmefähigkeit für die andere Komponente schwindet mit Abnahme der Temperatur immer mehr. Unterhalb 300 °C ist die gegenseitige Aufnahmefähigkeit nur noch außerordentlich gering.

Bei Erreichen der glockenförmigen Entmischungskurve beginnt eine *Entmischung* durch Diffusion innerhalb des bis dahin stabilen, zunächst homogenen Alkalifeldspats. Je nach seiner Zusammensetzung sondern sich K-haltige Albitlamellen innerhalb eines Na-haltigen Kalifeldspatwirtkristalls oder Lamellen von Na-haltigem Kf innerhalb eines Wirtkristalls von K-haltigem Albit aus. Im 1. Fall spricht man von perthitischer und im 2. Fall von antiperthitischer Entmischung (Abb. 71 b). Beide Lamellensysteme sind in ihrem Wirtkristall grob nach ($\overline{8}$01) orientiert. Je nach der Größenordnung z. B. der perthitischen Lamellen spricht man von Makroperthit (makroskopisch sichtbar), Mikroperthit (höchstens mikroskopisch sichtbar) oder Kryptoperthit (nur röntgenographisch oder mit Hilfe des Elektronenmikroskops ausmachbar).

Die experimentell bestimmten Zustandsdiagramme Or-Ab unter verschieden hohen Wasserdrücken (p_{H_2O}) (Abb. 74) deuten an, daß mit steigendem Wasserdruck durch Absinken der Soliduskurve und Ansteigen der Entmischungskurve nach der Temperatur sich das Feld der lückenlosen Mischungsreihe der Alk'feldspäte immer mehr verkleinert. So ist bei hohen Wasserdrücken wie p_{H_2O} = 5000 bar nur noch eine sehr begrenzte Mischbarkeit möglich.

Nach den Subsolidusbeziehungen (d. h. temperaturmäßig unterhalb der Soliduskurve befindliche Beziehungen) wollen wir uns kurz den Liquidusbeziehungen des Kalifeldspats (Kf) zuwenden.

Hochtemperaturalbit schmilzt durchweg kongruent, d. h. er geht bei einer vom Druck abhängigen Temperatur in eine gleich zusammengesetzte Schmelze über. Demgegenüber schmilzt Sanidin inkongruent. Diese Art des Schmelzens besteht darin, daß jeder Kalifeldspat bei H_2O-Drücken unterhalb 2,6 kbar in Abhängigkeit vom Druck bei Zuführung von genügend Wärme durch eine *peritektische Reaktion* in Leucit ($KAlSi_2O_6$) und eine gegenüber der Kalifeldspatzusammensetzung SiO_2-reichere Schmelze übergeht, wie wir das analog im System Forsterit-SiO_2 kennengelernt haben. Im binären Modellsystem [$KAlSi_2O_6$] (Leucit) – [SiO_2] erfolgt diese druckabhängige peritektische Reaktion bei einer Temperatur von 1150 ± 20 °C [unter 1,013 bar (1 atm) Druck] (Abb. 75).

Kühlen wir eine Schmelze K von Kalifeldspatzusammensetzung ab, so scheidet sich ab Temperatur T_X (bei rund 1560 °C) zuerst Leucit aus. Mit der weiteren Abkühlung ändert sich die Schmelzzusammensetzung unter kontinuierlicher Abscheidung

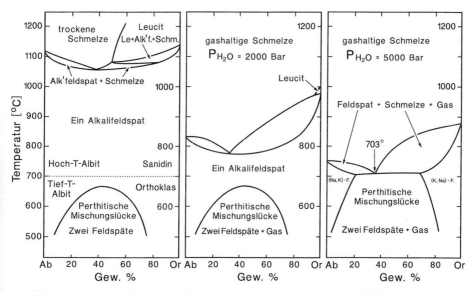

Abb. 74. Experimentelle Zustandsdiagramme des binären Systems der Alk'feldspäte unter verschieden hohen Drücken: p = 1 bar, p_{H_2O} = 2000 bar, p_{H_2O} = 5000 bar. (Nach MORSE, 1970)

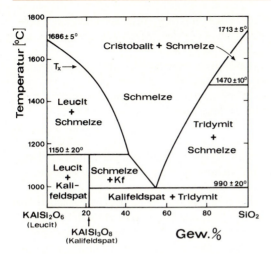

Abb. 75. Das binäre System $KAlSi_2O_6$ (Leucit)–SiO_2 unter p = 1 bar. (Nach SCHAIRER und BOWEN, 1948)

von Leucitkristallen längs des Kurventeils bis die peritektische Temperatur $T_P = 1150 \pm 20\,°C$ erreicht ist. Unter Gleichgewichtsbedingungen läuft die Reaktion von Leucit und Schmelze vollständig ab, und die Schmelze wird für die Bildung von Kalifeldspat aufgebraucht. Ausgangsschmelzen, die reicher oder ärmer an SiO_2 sind als Kf-Zusammensetzung, verhalten sich analog den Verhältnissen im System Fo–SiO_2 (Abb. 65), die dort beschrieben worden sind. Im System Fo–SiO_2 ist Protoenstatit die inkongruent schmelzende Phase.

Unter Gleichgewichtsbedingungen können Leucit und eine SiO_2-Phase, darunter Quarz, nicht nebeneinander gebildet werden. Bei rascher Abkühlung und *Nichteinstellung des Gleichgewichts* verbleiben bei unvollständig abgelaufener peritektischer Reaktion ein Rest von Leucit und Schmelze. Diese Schmelze ändert bei weiterer Abkühlung unter gleichzeitiger primärer Abscheidung von Kalifeldspat kontinuierlich ihre Zusammensetzung. Bei Erreichen des eutektischen Punkts E scheiden sich nunmehr aus dieser Restschmelze gleichzeitig Kf und (im Experiment) Tridymit aus. Letzterer wandelt sich beim Abkühlen im Subsolidusbereich nicht immer in Quarz um, es sei denn, daß genügend Zeit zur Einstellung des Gleichgewichts bleibt.

Bei *zunehmendem Wasserdruck* verkleinert sich das Leucitfeld zusehends und verschwindet schließlich bei H_2O-Drücken von 2600 bar gleichzeitig mit dem Ausbleiben der peritektischen Reaktion. Kf schmilzt nunmehr unter diesen höheren Drücken kongruent. So enthält das isobare binäre System $[NaAlSi_3O_8]$ (Ab)–$[KAlSi_3O_8]$ (Kf) (Abb. 74) unter 5000 bar Wasserdruck kein Leucitfeld mehr. Mit zunehmenden Drücken verlagern sich die Liquidusgrenzen dieses Mischkristallsystems und sein Minimum immer mehr nach niedrigeren Temperaturen hin. Bei $p_{H_2O} \sim 3000$ bar liegt z. B. dieses Minimum nur etwas oberhalb 700 °C bei annähernd intermediärer Zusammensetzung zwischen Kf und Ab. Es nähert sich und erreicht schließlich, wenn der Wasserdruck noch weiter zunimmt, den Scheitel der glockenförmigen Entmischungskurve.

Daraus folgt, daß relativ homogene Mischkristalle von Alk'feldspat in vulkanischen Gesteinen verbreiteter sind als in ihren jeweiligen Tiefengesteinsäquivalenten; denn die vulkanischen Kristallisationstemperaturen liegen höher bei gleichzeitig niedrigeren Drücken, diejenigen der Tiefengesteine (Plutonite) niedriger unter viel höheren Wasserdrücken.

Die *Plagioklase* können in erster Näherung als Glieder des binären Systems [$NaAlSi_3O_8$] (Ab)–[$CaAl_2Si_2O_8$] (Anorthit) betrachtet werden.

Sie unterscheiden sich durch ihre (scheinbare) Einheitlichkeit von den komplizierteren Verhältnissen der Alk'feldspäte. Jedoch sind die Subsolidusbeziehungen innerhalb der Plagioklasreihe bislang erst in großen Zügen bekannt. Man hat schon lange zwischen einer Hoch- und einer Tieftemperaturoptik bei Plagioklasen unterschieden. Hochtemperaturplagioklase, deren Zustand infolge schneller Abkühlung konserviert wurde, lassen wie bei den Alk'feldspäten eine weitgehend ungeordnete Al-Si-Verteilung im Gitter erkennen.

Unter höheren Temperaturen besteht chemisch bei den Plagioklasen eine lückenlose Mischungsreihe, indem ein gekoppelter Ersatz (gekoppelte Substitution) zwischen Na^+, Si^{4+} und Ca^{2+}, Al^{3+} stattfindet. Demgegenüber ist die Aufnahme von K^+ anstelle von Na^+ begrenzt. Sie wächst etwas stärker an im Übergangsgebiet Plagioklas-Alk'feldspat (Abb. 71). Bei tieferen Temperaturen sind an 3 Stellen Mischungslücken festgestellt worden. Am bekanntesten ist eine solche innerhalb des Grenzbereichs Albit-Oligoklas. Sie wird als *Peristeritlücke* bezeichnet.

Als experimentelles Modellsystem sehen wir uns das *binäre isobare Zustandsdiagramm* mit trockener Schmelze (Abb. 76) an. Der Druck beträgt 1 bar. Das entspricht dem einfachsten Typ einer binären kontinuierlichen Mischkristallbildung wie er bei der Reihe Forsterit–Fayalit (Abb. 53) bereits einmal behandelt wurde. Wegen ihrer

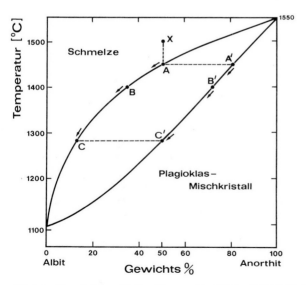

Abb. 76. Das isobare binäre System $NaAlSi_3O_8$ (Albit)–$CaAl_2SiO_2O_8$ (Anorthit) bei 1 bar Druck. (Nach BOWEN, 1913)

hohen Bildungstemperatur besitzen die betreffenden Plagioklase eine ungeordnete Al-Si-Verteilung. Der Schmelzpunkt des reinen Albits liegt bei 1118 °C und der des Anorthits bei 1553 °C. Die Liquidus- und Solidustemperaturen der Mischungsreihe liegen zwischen den Schmelz- bzw. Kristallisationstemperaturen der beiden Endglieder. So scheidet eine Schmelze X der Zusammensetzung $Ab_{50}An_{50}$ unter Abkühlung bei 1450 °C mit ihrem Kristallisationsbeginn einen viel An-reicheren Plagioklas aus. Dieser besitzt die Zusammensetzung (rund) $Ab_{16}An_{84}$.

Mit der weiteren Abkühlung und unter laufender Einstellung des thermodynamischen Gleichgewichts ändern sowohl die Schmelze als auch der sich ausscheidende Plagioklasmischkristall kontinuierlich ihre Zusammensetzung, die Schmelze längs der Liquiduskurve ABC und die Mischkristalle längs der Soliduskurve A'B'C'. Beide, Schmelze wie Mischkristall, werden Na-reicher. Bei 1400 °C z. B. hat die Schmelze die Zusammensetzung B, der mit ihr im Gleichgewicht befindliche Mischkristall die Zusammensetzung B' erreicht, in Abb. 76 entsprechend eingezeichnet. Fällt die Temperatur weiter auf z. B. 1285 °C, dann erreicht mit der Schmelzzusammensetzung C die Zusammensetzung des Mischkristalls schließlich C', und mit $Ab_{50}An_{50}$ entspricht er der Ausgangszusammensetzung der Schmelze X. Damit ist die Schmelze aufgebraucht.

Die eingezeichneten Konoden A–A', B–B', C–C' z. B. geben Schmelzzusammensetzungen an, die sich unter der betreffenden Temperatur (links ablesbar) mit einer ganz bestimmten Plagioklaszusammensetzung im Gleichgewicht befinden. Dabei ist der Mischkristall immer Ca-reicher (d.h. reicher an An-Komponente) als die mit ihm im Gleichgewicht befindliche Schmelze.

Voraussetzung für jede Gleichgewichtseinstellung im vorliegenden Fall ist, daß die Plagioklasmischkristalle in der Schmelze verbleiben und sich dadurch jeweils der temperaturbedingten Schmelzzusammensetzung durch Reaktion anpassen können. Der kontinuierlichen Änderung der Schmelzzusammensetzung von A nach C läuft mit kontinuierlich fallender Temperatur dann eine ebenso kontinuierliche Änderung der Mischkristallzusammensetzung von A' und C' parallel. Dabei erfolgt in der Plagioklasstruktur in den tetraedrischen Lücken ein Si $\rightleftharpoons$ Al-Austausch, innerhalb der oktaedrischen Lücken ein Na $\rightleftharpoons$ Ca-Austausch durch intrakristalline Diffusion.

Werden in einem anderen Versuch die gebildeten Plagioklasmischkristalle ständig aus der Schmelze entfernt, so wird damit die Schmelze bei $T_C = 1285$ °C nicht aufgebraucht sein. Sie wird über das Verhältnis von $X = Ab_{50}An_{50}$ hinaus bei weiterer Abkühlung immer Na-reicher und strebt am Ende einer Albitzusammensetzung zu.

Im Fall einer zu schnellen Abkühlung verbleibt wegen fehlender Diffusionsmöglichkeit ein Kern des zuerst gebildeten Plagioklases erhalten. Er wird von einem später gebildeten Ab-reichen Saum umgeben und zugleich vor einer weiteren Reaktion abgeschirmt. Ein solcher Zonarbau, wie er häufig auch bei natürlichen Plagioklasen beobachtet wird, spricht stets für eine unvollkommene Einstellung des Gleichgewichts während der Kristallisation.

Umgekehrt hängt der Beginn einer *isobaren Aufschmelzung eines Plagioklases* genauso von seiner chemischen Zusammensetzung, seinem Ab-An-Verhältnis, ab. Der Beginn der Aufschmelzung liegt bei Ab-reicheren Plagioklasen niedriger als bei An-reicheren Plagioklasen, jedoch stets innerhalb des Temperaturintervalls der Schmelzpunkte der reinen Komponenten Albit und Anorthit.

9.6 Tektosilikate (silikatische Gerüststrukturen)

Gegenüber trockenen Schmelzen bei 1 bar Druck verlagern sich Solidus- und Liquiduskurve (wie auch die Kristallisations- bzw. Schmelztemperaturen der reinen Komponenten Ab und An) im System Ab–An–H_2O mit zunehmendem Wasserdruck nach niedrigeren Temperaturen hin. Dementsprechend erniedrigt sich auch der Kristallisations- bzw. Schmelzbeginn eines Plagioklases mit zunehmendem Wasserdruck.

Zur speziellen Mineralogie der Feldspäte

Feldspäte sind *monoklin* (2/m) oder *triklin* ($\bar{1}$). Monokline Symmetrie ist bisher nur bei Alk'feldspäten und sehr Na-reichen Plagioklasen festgestellt worden (Monalbit). Bei Orthoklas und z. T. bei Anorthoklas ergibt sich die monokline Symmetrie aus submikroskopisch feiner Verzwillingung trikliner Domänen.

Tracht und *Habitus* (Abb. 77, 79) sind für die Feldspatgruppe sehr bemerkenswert. Für die Tracht spielen insbesondere die Formen {010}, {001}, {10$\bar{1}$}, {20$\bar{1}$}, {110} bzw. {1$\bar{1}$0} oder auch {111} bzw. {11$\bar{1}$} und {021} bzw. {0$\bar{2}$1} eine große Rolle. Der Habitus der Feldspatkristalle ist dünn- bis dicktafelig nach M {010} oder gestreckt nach [100] mit gleichbetonter Entwicklung von {001} und {010}. Tracht und Habitus sind auch bei den Feldspäten stark abhängig von den jeweiligen Bildungsbedingungen.

Zwillingsbildungen sind bei den Feldspäten außerordentlich verbreitet. Die meisten sind Wachstumszwillinge. Man unterscheidet nach Zahl und Anordnung der Zwillingsindividuen einfache Zwillinge (häufig bei Orthoklas), polysynthetische Verzwillingung (häufig bei Plagioklas); aber auch komplizierte Zwillingsstöcke mit einfacher oder polysynthetischer Wiederholung sind häufig, bei denen sich oft verschiedene Zwillingsgesetze zugleich beteiligen. Neben den Makrozwillingen können die Ausmaße der einzelnen Zwillingsindividuen bis zu Abmessungen weniger Elementarzellen hinabreichen.

Tabelle 20. Bei *monokliner* und *trikliner* Symmetrie mögliche Zwillingsgesetze der Feldspäte

Name des Zwillingsgesetzes	Zwillingsachse	Verwachsungsebene	Gruppengesetze
Karlsbader Gesetz	[001] = c	(010)	Kantengesetz
Manebacher Gesetz	⊥ (001)	(001)	Normalengesetz
Bavenoer Gesetz	⊥ (021)	(021)	Normalengesetz
Nur bei *trikliner* Symmetrie mögliche Zwillingsgesetze:			
Albitgesetz	⊥ (010)	(010)	Normalengesetz
Periklingesetz	[010] = b	Rhombischer Schnitt aus (h01)-Ebene variabel in der Zone [010]	Kantengesetz

9.6.1.2 Die bekanntesten Zwillingsgesetze der Feldspäte

Die *Spaltbarkeit* der Feldspäte, im wesentlichen nach 2 Ebenen P {001} und M {010}, entspricht etwas weniger starken Bindungen im Kristallgitter. Dabei ist die Spaltbarkeit nach P vollkommen, diejenige nach M meistens nur deutlich. Die beiden Spalt-

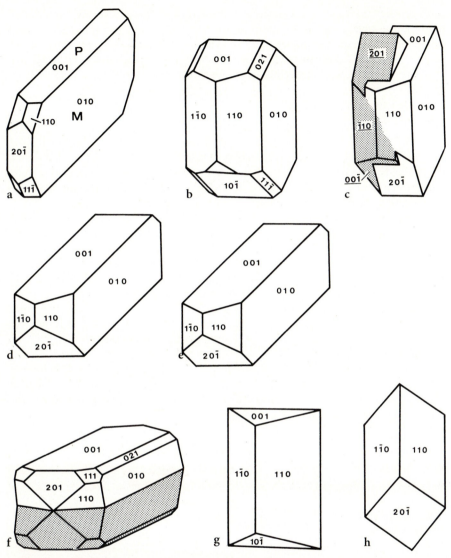

Abb. 77 a–h. Kristalltrachten und Zwillinge von Alkalifeldspäten; **a** Sanidin, tafelig nach M; **b** Orthoklas, dicktafelig nach M; **c** Karlsbader Zwilling; **d** Orthoklas, Mikroklin gestreckt nach [100] **e** Bavenoer Zwilling; **f** Manebacher Zwilling, **g** Adular; **h** Anorthoklas, Rhombenfeldspat

ebenen schneiden sich in [100] unter einem Winkel von 90° (Orthoklas) bzw. nahe 90° (Plagioklas mit maximaler Abweichung von 4–5° in Abhängigkeit vom An-Gehalt).

Die relativ große Ritzhärte der Feldspäte, 6 nach Mohs, steht in enger Beziehung zu den starken, nach allen Seiten hin wirkenden (Si, Al)–O-Bindungen in der Kristallstruktur. Die lockere Gerüststruktur führt andererseits zu einer relativ geringen Dichte bei den Feldspäten. Sie liegt bei den Alk'feldspäten zwischen 2,5 und 2,6 und bei den Plagioklasen je nach ihrem An-Gehalt zwischen 2,6 und 2,8.

Die Farben der Feldspäte sind durchwegs hell: weiß, grau, gelblich, grünlich oder hell rosa, auch rot durch mikroskopisch- bis submikroskopisch feine Einlagerungen von Hämatit. Die Spaltflächen besitzen häufig Perlmutterglanz.

Im Hinblick auf ihre *Kristallstruktur* weisen die Feldspäte ein gemeinsames Bauprinzip auf. Vierzählige Si(Si, Al)O_4-Ringe sind nach der a-Achse kettenförmig aneinandergereiht und über gemeinsame Sauerstoffbrücken nach Art eines 3dimensionalen Gerüsts miteinander verknüpft. Einwertige (K^+, Na^+) oder 2wertige (Ca^{2+}) Kationen befinden sich in den relativ großen Hohlräumen des Tetraedergerüsts. Sie sind gegenüber O mit ihrer hohen Koordinationszahl nicht ganz regelmäßig koordiniert.

9.6.1.3 Die Alkalifeldspäte, (K, Na) [AlSi$_3$O$_8$]

Allgemeines: Die Erforschung der Feldspäte hat in den letzten 2–3 Jahrzehnten seit LAVES und GOLDSMITH u.a. zu enormen Fortschritten auf diesem Gebiet geführt. Dennoch ist wegen großer Schwierigkeiten eine genauere Abgrenzung definierter Glieder innerhalb der in der Natur vorkommenden Alk'feldspäte bislang nur sehr beschränkt möglich. Fließende Übergänge zwischen strukturell und chemisch verschiedenen Zuständen und ihre Heterogenität infolge Entmischung (Perthit wie Antiperthit) erschweren bislang die Abgrenzung einzelner genau definierter Feldspäte innerhalb der Reihe der Alk'feldspäte. Alk'feldspäte sind nach den Plagioklasen die verbreitetsten Minerale.

◆ **Sanidin, (K,Na)-Sanidin**

Kristallklasse 2/m. Es handelt sich um eine monokline Hochtemperaturform von Alkalifeldspat, dessen Strukturzustand sich durch eine weitgehend ungeordnete Al–Si-Verteilung auszeichnet. Dabei besteht eine vollständige Mischungsreihe zwischen Sanidin und Hochtemperaturalbit. Seine in der Natur schnell abgekühlten Kristalle sind dünntafelig nach M (Abb. 77 a) und dabei trüb, andere durchscheinend bis durchsichtig. Die weniger klaren Kristalle sind kryptoperthitisch entmischt.

Sanidin ist der typische K-reiche Alk'feldspat, der häufig in Form von Einsprenglingen in frisch aussehenden, relativ jungen vulkanischen Gesteinen und deren Tuffen auftritt.

◆ **Orthoklas, (K,Na)-Orthoklas**

Kristallklasse 2/m. Häufig mit Na-Gehalten, Übergang zu Na-Orthoklas, bisweilen mit Entmischungslamellen von Perthit. Bei schneller Abkühlung ist vollkommene Mischbarkeit mit der Albitkomponente möglich. Durch seine Mittelstellung zwischen der Hochtemperaturform Sanidin und der Tieftemperaturform Mikroklin besitzt Orthoklas eine *teilweise* geordnete Al–Si-Verteilung in seiner Struktur und besteht aus submikroskopisch verzwillingten Domänen von Mikroklin.

Die Kristalle können dicktafelig nach {010} (Abb. 77 b) oder nach a gestreckt (Abb. 77 d) und dabei kurzprismatisch im Hinblick auf das Vertikalprisma {110} entwickelt sein. Verzwillingung nach dem Karlsbader Gesetz (Abb. 77 c) mit c als Zwillingsachse bzw. (100) als Zwillingsebene und (010) als unregelmäßige Verwachsungsebene. Etwas weniger häufig ist die Verzwillingung nach dem Bavenoer Gesetz mit Zwillings- und Verwachsungsebene (021) (Abb. 77 e), seltener das Manebacher Gesetz mit (001) als Zwillings- und Verwachsungsebene (Abb. 77 f). Bei den beiden zuletzt genannten Zwillingsgesetzen sind die Kristalle nach a gestreckt. Gewöhnlich in körnig-spätigen Kristallen als Gesteinsgemengteil, dort auch sehr häufig als mehr oder weniger idiomorpher Einsprengling. Orthoklas ist Hauptgemengteil in vielen hellen Plutoniten.

◆ **Mikroklin**

Kristallklasse $\bar{1}$. Im Mikroklin als Tieftemperaturform des Kalifeldspats ist die Al–Si-Verteilung in höherem Grad geordnet.

In Chemismus, Tracht und Habitus der Kristalle sowie dem kristallographischen Achsenverhältnis weitgehende Ähnlichkeit mit Or. Bei den Kristallformen ändern sich gegenüber Or durch die trikline Symmetrie die dort üblichen Formbezeichnungen. Da nur Pinakoide möglich sind, tritt anstelle des Vertikalprismas {110} z. B. eine Kombination der beiden Pinakoide {110} und {1$\bar{1}$0}. Die kristallographischen bzw. morphologischen Abweichungen sind indessen nur außerordentlich gering, so der Winkel zwischen Basispinakoid P {001} und dem seitlichen Pinakoid M {010}, bei Mikroklin 89°30′ gegenüber 90° bei Or. Das gilt entsprechend für den Winkel des Spaltkörpers.

Auch die Zwillingsgesetze, so das Karlsbader, das Bavenoer und das Manebacher Gesetz, kommen entsprechend vor. Aus Symmetriegründen müssen dazu das Albit- und das Periklingesetz auftreten. Mikroklin ist mikroskopisch (unter + Nic) an seinem gegitterten Lamellensystem erkennbar. Diesem Lamellensystem liegen polysynthetische Zwillingsverwachsungen nach (010) entsprechend dem Albitgesetz und nach [010] (rhombischer Schnitt) entsprechend dem Periklingesetz zugrunde. Es ist beim Übergang aus einer monoklinen Hochtemperaturform in die Tieftemperaturform des Mikroklins hervorgegangen und besonders gut in Schnittlagen nahe (100) sichtbar. Das Lamellensystem besteht aus einer Vielzahl von eigenständigen verzwillingten sog. Domänen. Diese vergitterten Mikrokline sind zudem stets auch makro- bis mikroperthitisch.

Mikroklinperthite sind neben Orthoklas die verbreitetsten Kali- bzw. Alkalifeldspäte in den Plutoniten. Beide kommen dort gelegentlich auch nebeneinander vor. In großen bis zu riesengroßen Kristallen ist Mikroklin Hauptgemengteil der meisten Pegmatite. In dessen Hohlräumen kommen auch gut ausgebildete Kristalle vor, wie der relativ seltene blaugrüne *Amazonenstein*. Im sog. *Schriftgranit* (Abb. 78) werden Einkristalle von Mikroklin streng orientiert von Quarzstengeln durchwachsen. Dieses Gefüge wird von vielen Forschern als eutektisches Kristallisat aus einer Restschmelze von Quarz-Feldspat-Zusammensetzung angesehen. Mikroklin findet sich

Abb. 78. Schriftgranit, graphische (runitische) Verwachsung von Mikroklin (als Wirtkristall) und Quarz. Bodenmais, Bayerischer Wald; natürliche Größe

darüber hinaus im Detritus gewisser Sedimentgesteine, so besonders in den Arkosen. Er ist aber auch als primäre (sog. authigene) Bildung in Sedimentgesteinen anzutreffen. Schließlich ist er der verbreitetste Alkalifeldspat in metamorphen Gesteinen.

Bedeutung von Orthoklas und Mikroklin als Rohstoff

Beide sind wichtige Rohstoffe in der keramischen Industrie (Porzellan, Glasuren), der Glasindustrie und für die Herstellung von Email.

Die Varietät *Mondstein* ist ein milchig getrübter Kalifeldspat mit kryptoperthitischer Entmischung. Bei seiner Verwendung als Edelstein ist sein bläulich-wogender Lichtschein geschätzt, der bei gewölbt geschliffener Oberfläche hervortritt.

◆ **Adular**

Kristallklasse 2/m, besitzt monokline Kristallformen mit der besonderen Adulartracht durch Vorherrschen von {110} und {10$\bar{1}$} und Fehlen oder weitgehendes Zurücktreten von {010} (Abb. 77 g). Adular enthält nur sehr wenig Albitkomponente und kommt als Tieftemperaturbildung in alpinen Klüften vor.

◆ **Anorthoklas**

Kristallklasse $\bar{1}$. Dieser trikline Alk'feldspat gehört im Zustandsdiagramm der mittleren Region zwischen Sanidin und Hochtemperaturalbit an. Sein Ab-Or-Verhältnis schwankt sehr stark, und es kommt stets ein deutlicher Gehalt an Anorthitkomponente hinzu.

Anorthoklas bildet sich nur unter hoher Temperatur und bleibt in vulkanischen Gesteinen bei schneller Abkühlung als solcher erhalten. Es soll sich nicht um einen strukturell definierten Feldspat handeln, sondern, „um ein Gemenge submikroskopischer Feldspatphasen variabler Zusammensetzung und Verwachsung" (BAMBAUER in TRÖGER, 1969). Alk'feldspäte mit rhombus- bis linsenförmigem Umriß aus dem sog. Rhombenporphyr der Region südlich von Oslo in Norwegen sind Anorthoklas (Abb. 77 h).

9.6.1.4 Die Plagioklase (Kristallklasse $\bar{1}$)

Tabelle 21. Albit und Anorthit

	Dichte (g/cm³)	Brechungsquotient nγ	Spaltwinkel (001)(010), $\widehat{PM}$
Albit	2,62	1,538	86°24'
Anorthit	2,76	1,590	85°50

Mischkristallreihe Albit-Anorthit (NaAlSi$_8$O$_8$–CaAl$_2$Si$_2$O$_8$)

Plagioklas ist der Sammelbegriff für die triklinen Mischkristalle zwischen [NaAlSi$_3$O$_8$] und [CaAl$_2$Si$_2$O$_8$] einschließlich der beiden Endglieder Albit und Anorthit. Die besonderen Namen Oligoklas, Andesin, Labradorit und Bytownit werden heute meistens durch Angabe der Molekularproportionen ersetzt wie z. B. Ab$_{62}$An$_{34}$Or$_4$ (Andesin). Innerhalb dieser Mischkristallreihe ändern sich die physikalischen Konstanten und die geometrischen Eigenschaften der Kristalle kontinuierlich zwischen den beiden Endgliedern (Tabelle 21).

Plagioklaskristalle sind meistens verzwillingt, vorzugsweise nach dem Albit- und/oder dem Periklingesetz. Diese beiden Gesetze treten fast stets in lamellarer Wiederholung (als sog. polysynthetische Verzwillingung) auf (Abb. 79 c). Die polysynthetische Verzwillingung ist oftmals bereits mit bloßem Auge auf den Spaltflächen (001) bzw. (010) als feines parallel verlaufendes Liniensystem erkennbar. Das ist ein wichtiges Unterscheidungsmerkmal gegenüber Orthoklas und Mikroklin. Daneben kommen in meistens komplexen Zwillingsstöcken unter anderen Zwillingsgesetzen auch das Karlsbader Gesetz, seltener das Bavenoer oder das Manebacher Gesetz vor.

◆ **Albit, An$_0$–An$_{10}$**

Im Monalbit, der in der Natur nicht vorkommt, ist bei hoher Temperatur monokline Symmetrie möglich. Gut ausgebildete, aufgewachsene Kristalle von Albit kommen

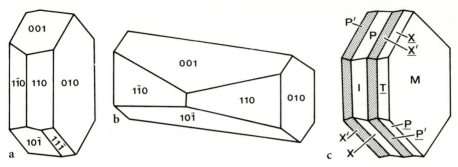

Abb. 79 a–c. Kristallformen von Plagioklas; **a** Tracht von Albit; **b** Periklintracht; **c** polysynthetischer Zwilling nach dem Albitgesetz

im Albit- oder Periklintyp vor. Kristalle im Albittyp (Abb. 79 a) sind nach c etwas gestreckt und zugleich tafelig bis dünntafelig nach {010} entwickelt. Kristalle im Periklintypus sind nach [010] gestreckt (Abb. 79 b).

Die Albitkristalle sind farblos, durchscheinend bis durchsichtig, Kristalle im Periklintyp sind milchig-trüb oder durch winzige Einschlüsse von Chlorit grün gefärbt.

Kristalle vom Albittyp kommen in Hohlräumen von Graniten oder Pegmatiten als Drusenmineral vor, hier bisweilen orientiert auf Orthoklas bzw. Mikroklin aufgewachsen. Kristalle nach dem Periklintyp sind Bestandteile alpiner Klüfte. Eingewachsen kommt Albit als verbreiteter Gemengteil in hellen, alkalibetonten magmatischen Gesteinen oder deren Pegmatiten vor, er ist ebenso verbreiteter Gemengteil in metamorphen Gesteinen der niedriggradigen Metamorphose. Authigen (d. h. nach der Ablagerung gebildet) in gewissen Sandsteinen.

♦ **Oligoklas, An_{10}–An_{30}**

In großer Verbreitung eingewachsen in hellen magmatischen Gesteinen, ebenso in metamorphen Gesteinen niedrig- bis mittelgradiger Metamorphose. Die Varietät Sonnenstein ist durch eingelagerte Schüppchen von Hämatit rot gefärbt und goldgelb schillernd.

♦ **Andesin, An_{30}–An_{50}**

Seltener in aufgewachsenen Kristallen, verbreitet eingewachsen als Gemengteil mesokrater magmatischer Gesteine, ebenso Gemengteil metamorpher Gesteine mittelgradiger Metamorphose.

♦ **Labradorit, An_{50}–An_{70}**

Als Gemengteil eingewachsen in dunklen magmatischen Gesteinen, z. B. Basalten, und in basischen metamorphen Gesteinen. Manche Labradorite zeigen auf den

Spaltflächen oder im polierten Zustand ein Farbenspiel, das als Labradorisieren bezeichnet wird. Es wird durch submikroskopisch feine Entmischungslamellen verursacht. Gesteine mit labradorisierendem Plagioklas werden in poliertem Zustand als Ornamentstein verwendet.

- **Bytownit, An_{70}–An_{90}**

Gemengteil in sehr basischen Gesteinen.

- **Anorthit, An_{90}–An_{100}**

Seltener als die übrigen Plagioklaszusammensetzungen. Die durch Flächen begrenzten Kristalle sind dicktafelig nach {010} entwickelt und kommen als Drusenmineral in Ca-reichen vulkanischen Auswürflingen vor, als ein relativ seltener Gemengteil in stark unterkieselten Ca-reichen magmatischen Gesteinen sowie in hochgradig metamorphen Kalkmergeln.

9.6.2 Feldspatoide (Foide, Feldspatvertreter)

Die Feldspatoide unterscheiden sich durch ihren geringeren SiO_2-Gehalt von den Alk'feldspäten. Sie bilden sich aus alkalireichen, SiO_2-armen silikatischen Schmelzen.

9.6.2.1 Feldspatoide ohne tetraederfremde Anionen

Zu den *Feldspatoiden ohne tetraederfremde Anionen* gehören Leucit und Nephelin:

- **Leucit, $K[AlSi_2O_6]$**

Seine Oxidformel $K_2O \cdot Al_2O_3 \cdot 4\ SiO_2$ läßt gegenüber Kalifeldspat mit $K_2O \cdot Al_2O_3 \cdot 6\ SiO_2$, der den Leucit vertritt, seine Unterkieselung besser erkennen.

Die Hochtemperaturform α-Leucit, > 605 °C beständig, ist kubisch $4/m\overline{3}2/m$, die unter mittleren und niedrigen Temperaturen stabile Modifikation, der β-Leucit, besitzt tetragonale Symmetrie $4/m$. In beiden Fällen befinden sich die K-Ionen innerhalb der weiten Hohlräume der lockeren Gerüststruktur aus allseitig verknüpften $(Al,Si)O_4$-Tetraedern. K^+ besitzt gegenüber O [12]-Koordination. K^+ kann nur in geringem Maß durch Na^+ ersetzt werden.

Ausbildung: Der kubische α-Leucit weist als Hochtemperaturform häufig modellhaft gut ausgebildete Ikositetraeder {211} auf, die gelegentlich auch als Leucitoeder bezeichnet werden. Bei seiner langsamen Abkühlung erfolgt ein lamellenförmiger Zerfall in die tetragonale Modifikation β-Leucit. Die innerhalb des Ikositetraederkristalls nach dem Rhombendodekaeder angeordneten Lamellen sind bei +Nic u. d. M. durch ihre Anisotropie meistens gut sichtbar.

Die Leucitkristalle sind fast stets im Gestein eingewachsen.

Physikalische Eigenschaften:

Spaltbarkeit	fehlt
Bruch	muschelig
Härte (Mohs)	$5\frac{1}{2}$–6
Dichte (g/cm^3)	2,5
Farbe, Glanz	farblos, grauweiß bis weiß, auch gelblich. Glas- oder Fettglanz, trüb, durchscheinend

Bildungsbedingungen und Vorkommen: Mit zunehmendem Wasserdruck wird nach Abb. 74 das Kristallisationsgebiet des Leucits zunehmend kleiner. Ab $p_{H_2O} \sim 2500$ bar wird Leucit aus Schmelze nicht mehr gebildet. Deshalb tritt Leucit in der Natur im wesentlichen nur in vulkanischen Gesteinen und deren Auswurfmassen (Pyroklastika) auf.

Leucit ist ein charakteristisches Mineral SiO$_2$-untersättigter vulkanischer Gesteine mit K-Vormacht und deren Tuffen. Er fehlt i. allg. in echten Plutoniten und in metamorphen Gesteinen.

Technische Verwendung: Leucitreiche Gesteine bilden lokal einen Rohstoff für die Gewinnung kalihaltiger Düngemittel.

◆ **Nephelin, (Na,K) [AlSiO$_4$]**

Ausbildung: Kristallklasse 6, die kleinen kurzprismatischen Kristalle haben gewöhnlich nur {10$\bar{1}$0} und {0001} entwickelt, seltener auch {10$\bar{1}$1} und {11$\bar{2}$0}. Diese Kristalle lassen ihre niedrige hexagonal-pyramidale Symmetrie durch ihre asymmetrischen Ätzfiguren auf den Flächen des hexagonalen Prismas erkennen (Abb. 80), sonst nur durch einen röntgenographischen Nachweis. Meistens im Gestein eingewachsen.

Physikalische Eigenschaften:

Spaltbarkeit	{10$\bar{1}$0} unvollkommen
Bruch	muschelig
Härte (Mohs)	$5\frac{1}{2}$–6
Dichte (g/cm^3)	2,6
Farbe	grau, grünlich oder rötlich
Glanz	auf Kristallflächen Glasglanz, auf Bruchflächen Fettglanz, Fettglanz besonders auf den muscheligen Bruchflächen massiger grobkörniger Aggregate der Varietät *Eläolith*, hier quarzähnliches Aussehen, durchscheinend

Abb. 80. Nephelinkristall mit asymmetrischen Ätzfiguren auf den Flächen des hexagonalen Prismas

Struktur und Chemismus: In der Struktur des Nephelins ist die Hälfte des Si durch Al[4] ersetzt und Na$^+$ kann bis zu etwa $^1/_4$ durch K$^+$ ersetzt werden. Die Oxidformel des Nephelins Na$_2$O · Al$_2$O$_3$ · 2 SiO$_2$ läßt gegenüber der Oxidformel des Albits, Na$_2$O · Al$_2$O$_3$ · 6 SiO$_2$, den großen Unterschuß des Feldspatoids an SiO$_2$ besonders deutlich erkennen.

Vorkommen: Wie Leucit ist auch Nephelin ein wichtiges gesteinsbildendes Mineral in SiO$_2$-untersättigten magmatischen Gesteinen, im vorliegenden Fall solchen mit Na-Vormacht. Im Unterschied zu Leucit tritt Nephelin auch häufig in Plutoniten wie Nephelinsyeniten und deren Pegmatiten auf, gelegentlich sogar auch in metamorphen Gesteinen.

Nephelin als Rohstoff: Als Feldspatersatz in der keramischen Industrie. Nephelinreiche magmatische Gesteine der Kolahalbinsel sind wichtiger Rohstoff für die Gewinnung des Aluminiums in Rußland.

9.6.2.2 Feldspatoide mit tetraederfremden Anionen: Sodalithreihe

Zu den Feldspatoiden mit tetraederfremden Anionen gehört die Sodalithreihe mit den Mineralen Sodalith, Nosean und Hauyn als misch-isotype Reihe der Kristallklasse $4/m\overline{3}2/m$. Hier sind zusätzliche große Anionengruppen wie Cl- oder SO$_4$-Ionen in den Hohlräumen der lockeren Gerüststruktur untergebracht. In ihren Eigenschaften ähnlich, schwankt der Chemismus jedoch merklich. Sie treten gewöhnlich in gerundeten, bisweilen korrodierten, im Gestein eingewachsenen Kristallen auf oder als körnige Aggregate, nur relativ selten bilden sie aufgewachsene Kristalle, dann vorherrschende Kristallform {110}.

Spaltbarkeit nach {110} ist bei allen Mineralen dieser Reihe meistens deutlich, sonst unebener, muscheliger Bruch. Härte 5–6, Dichte 2,3 bei Sodalith, 2,5 bei Hauyn. Die häufig blaue Färbung wird durch die Anionengruppe in der Struktur verursacht. Auf Bruchflächen Fettglanz, durchsichtig bis durchscheinend.

◆ **Sodalith, Na$_8$ [Cl$_2$/(AlSiO$_4$)$_6$] oder als Merkformel 3 NaAlSiO$_4$ (Nephelin) · NaCl**

Farblos bis tiefblau (ultramarinblau), als Gesteinsgemengteil besonders in alkalibetonten Plutoniten (Nephelinsyeniten und deren Pegmatiten), als mikroskopischer Gemengteil in vulkanischen Gesteinen (Phonolithen und Alk'Basalten), aufgewachsene Kriställchen in vulkanischen Auswürflingen.

- **Nosean, $Na_8 [(SO_4)/(AlSiO_4)_6]$**

- **Hauyn, $(Na, Ca)_{8-4}[(SO_4)_{2-1}/(AlSiO_4)_6]$**

Beide bilden Mischkristalle und ihr Vorkommen ist fast ganz auf alkalibetonte Vulkanite (Phonolithe, Alkalibasalte) sowie vulkanische Auswürflinge beschränkt.
Zur Sodalithreihe gehört außerdem:

- **Lapislazuli (Lasurit), $(Na, Ca)_8 [S, SO_4, Cl)/(AlSiO_4)_6]$**

Er bildet fast stets dichtkörnige, blaue Massen mit gelbglänzenden Pyriteinschlüssen. Sein Chemismus entspricht dem künstlichen Farbstoff Ultramarin. Geschätzter Schmuckstein.

- **Analcim, $Na [AlSi_2O_6] \cdot H_2O$**

Ausbildung: Kristallklasse $4/\overline{m}3\ 2/m$, oft modellhaft gut ausgebildete Ikositetraeder {211}, auch in körnigen Aggregaten.

Physikalische Eigenschaften:

Spaltbarkeit	fehlt
Bruch	uneben, muschelig
Härte (Mohs)	$5-5^1/_2$
Dichte (g/cm^3)	2,3
Farbe	farblos, mitunter graue, rötliche oder grünliche Tönung
Glanz	Glasglanz

Struktur und Chemismus: Seine lockere Gerüststruktur enthält Kanäle parallel zu den 3zähligen Achsen, in denen sich H_2O-Moleküle befinden. Na^+ kann bis zu einem gewissen Grad durch K^+ oder Ca^{2+} diadoch ersetzt werden und zum Valenzausgleich Si^{4+} durch Al^{3+}.

Vorkommen: In Blasenräumen von Basalten und anderen vulkanischen Gesteinen sedimentär und metamorph. Besonders in vulkanischen Tuffen finden sich gelegentlich große durchsichtige Kristalle. Auf Erzgängen, z. B. denjenigen von St. Andreasberg im Harz. Gesteinsbildend in vielen basaltischen oder phonolithischen Gesteinen zusammen mit Nephelin oder anderen Foiden. Beim sog. *Sonnenbrand* eines Basalts besteht in den meisten Fällen ein ursächlicher Zusammenhang mit dem Auftreten von Analcim im Gestein. Sonnenbrennerbasalte sind wegen ihrer Neigung zu grusigem Zerfall für eine technische Verwendung ungeeignet.

9.6.3 Die Zeolith-Gruppe

Zeolithe sind Gerüstsilikate mit besonders weitmaschig angelegten Strukturen, großen Hohlräumen oder Kanälen. In diesen Zwischenräumen befinden sich große Kationen (Na^+, Ca^{2+}, K^+, auch Ba^{2+}) und besonders auch Wassermoleküle, als Zeolithwasser bezeichnet. Die lockere Bindung läßt die Kationen austauschen und die Wassermoleküle des Zeolithwassers schon bei mäßigem Erhitzen stufenweise austreiben, ohne daß das Alumosilikatgerüst zusammenbricht. Bedeutsam ist, daß die Zeolithe verlorenes Wasser wieder aufnehmen können.

Die lockeren Strukturen der Zeolithe wirken sich auch auf physikalische Eigenschaften wie Härte, Dichte und die Lichtbrechung aus. Diese Konstanten liegen deutlich niedriger als bei den Feldspäten, so die Mohshärte schwankend von $3^1/_2$–$5^1/_2$, die Dichte von 2,0–2,4, die Lichtbrechung 1,48–1,50. Die Kristalle sind meistens farblos oder weiß, höchstens durch Beimengungen zart gefärbt.

Auch in ihrem Auftreten in der Natur haben Zeolithe viel Gemeinsames. Ihre häufig gut ausgebildeten Kristalle füllen Hohlräume oder Klüfte meistens innerhalb magmatischer, besonders jungvulkanischer Gesteine, so in Basalten und Phonolithen. In winzigen Kriställchen bilden Zeolithe Umwandlungsprodukte von Gesteinsgläsern und vulkanischen Tuffen, so besonders auf dem Ozeanboden. Einige Zeolithe sind kritische Minerale der Diagenese und schwach einsetzenden, niedriggradigen Metamorphose (Zeolithfacies).

Technische Bedeutung der Zeolithe

Ihre strukturellen Eigenschaften machen die Zeolithe zu Ionen- bzw. Basenaustauschern, sog. Permutiten. So können Na-Zeolithe aus hartem Wasser Ca^{2+}-Ionen aufnehmen im Austausch gegen die eigenen Na^+-Ionen. Die dann an Ca^{2+}-Ionen gesättigten Zeolithe lassen sich für eine weitere Verwendung mit Hilfe von an Na^+ reichen Lösungen wieder regenerieren. Für die Aufbereitung des Wassers werden synthetische Zeolithe eingesetzt.

Entwässerte Zeolithe sind in der Lage, auch Atome oder Moleküle anderer Art bis zu einem gewissen Partikeldurchmesser aufzunehmen. Diese Fähigkeit ermöglicht es, Zeolithe als sog. Molekularsiebe technisch für die fraktionierte Reinigung von Gasen bzw. Gasgemischen, insbesondere Edelgasen, einzusetzen.

Unter den zahlreichen Zeolithen seien nur die wichtigsten angeführt. Für ihre Bestimmung nach äußeren Kennzeichen empfiehlt sich eine Einteilung der Zeolith-Gruppe in Faserzeolithe, Blätterzeolithe und Würfelzeolithe. Natürlich sind diese äußeren morphologischen Kennzeichen jeweils strukturell begründet.

◆ **Natrolith, $Na_2 [Al_2Si_3O_{10}] \cdot 2\,H_2O$**

Ausbildung: Kristallklasse mm2, in langprismatisch-nadeligen (Abb. 81 a) und haarförmigen Kristallen, meistens zu Büscheln oder radialstrahlig bis kugelig gruppiert, dabei sind die einzelnen Kristalle // c gestreift.

Physikalische Eigenschaften: Spaltbarkeit nach {110} deutlich entsprechend den schwächeren Bindungskräften zwischen // c kettenförmig aneinandergereihten (Al,Si)O_4-Tetraedern. Bruch muschelig, meistens farblos, weiß, seltener zart gefärbt, Glas- bis Seidenglanz, durchsichtig bis durchscheinend.

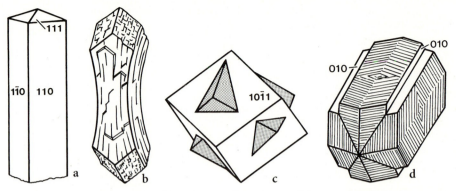

Abb. 81 a–d. Kristallformen, Zwillinge bzw. Viellinge bei Zeolithen; **a** Einkristall von Natrolith; **b** Bündel von Durchkreuzungszwillingen von Desmin (Stilbit); **c** Chabasit, Durchkreuzungszwilling nach (0001); **d** Phillipsit, 2 Zwillinge durchkreuzen sich unter Erlangen einer pseudotetragonalen Symmetrie

- **Desmin (Stilbit), Ca[Al$_2$Si$_7$O$_{18}$] · 7 H$_2$O**

Ausbildung: Kristallklasse 2/m, meist in charakteristischen garbenförmigen Büscheln (Abb. 81 b), die als Durchkreuzungszwillinge monokliner Einzelkristalle zu deuten sind, nicht ganz so häufig in stengelig-strahligen Gruppierungen.
Physikalische Eigenschaften: Spaltbarkeit nach {010} vollkommen, farblos oder zart gefärbt, auf Spaltflächen Perlmutterglanz, durchscheinend bis durchsichtig.

- **Phillipsit, KCa [Al$_3$Si$_5$O$_{16}$] · 6 H$_2$O**

Ausbildung: Kristallklasse 2/m, ist durch seine mimetischen Zwillinge bekannt (Abb. 81 d), die bei 3 sich nahezu rechtwinklig durchkreuzenden Vierlingen maximal kubische Symmetrie erreichen können. Bei Ausfüllung der einspringenden Winkel gleicht der sich ergebende Zwölfling äußerlich einem Rhombendodekaeder.
Vorkommen: In Blasenräumen von Basalten, reichlich als winzige authigene Bildung in Tiefseesedimenten aus aufgelösten vulkanischen Gläsern.

- **Chabasit, Ca [Al$_2$Si$_4$O$_{12}$] · 6 H$_2$O**

Ausbildung: Kristallklasse $\bar{3}$2/m, in würfelähnlichen Rhomboedern mit Polkantenwinkel von 85°14'. Kristallformen {10$\bar{1}$1} allein oder in Kombination mit kanten- und eckenabstumpfenden Flächen wie {01$\bar{1}$2} oder {02$\bar{2}$1}. Häufig Durchkreuzungszwillinge nach (0001) (Abb. 81 c), wobei die Ecken des einen Individuums über die Flächen des anderen Individuums vorspringen.
Physikalische Eigenschaften: Spaltbarkeit {10$\bar{1}$1} bisweilen deutlich, sonst muscheliger Bruch. Farblos oder weiß, seltener zart gefärbt. Glasglanz, durchsichtig bis durchscheinend.
Vorkommen: Wie andere Zeolithe als klare Kristallchen in Blasenräumen junger vulkanischer Gesteine, besonders Basalten oder Phonolithen.

10 Flüssigkeitseinschlüsse in Mineralen

(Beitrag von Prof. Dr. REINER KLEMD, Würzburg)

Während des Wachstums oder der Rekristallisation von Mineralen können neben kristallinen Körpern auch Flüssigkeiten eingeschlossen werden. Flüssigkeitseinschlüsse werden oft übersehen, da sie mit einem Durchmesser von normalerweise < 1 μm–0,1 mm sehr klein sind. In vielen Fällen sind sie kleiner als 0,01 mm. Größere Einschlüsse bis zu mehreren Millimetern sind selten. Die ersten Arbeiten über Flüssigkeitseinschlüsse erschienen bereits vor über 130 Jahren. Seit der Jahrhundertwende erlebte diese Forschungsrichtung einen schnellen Aufschwung. Wichtige Ergebnisse der jüngsten Forschung (bis 1984) wurden von ROEDDER, 1984 zusammengefaßt. Ein ausführlicher Abriß wird in den Lehrbüchern von ROEDDER, 1984, SHEPHERD et al., 1985 und LEEDER et al., 1987 gegeben. Das Ziel der Untersuchung von Flüssigkeitseinschlüssen ist die Ermittlung von physikalischen Daten wie Temperatur, Druck, Dichte und Zusammensetzung der Flüssigkeiten. Diese Daten ermöglichen Rückschlüsse auf die Bildungsbedingungen ihrer Wirtminerale.

Das Einschlußvolumen beträgt normalerweise weniger als 1% des Gesamtvolumens des Wirtkristalls, selten bis zu 5%. Die Form der Flüssigkeitseinschlüsse kann einer negativen Kristallform des kristallographischen Aufbaus des Wirtkristalls entsprechen; jedoch weitaus häufiger ist sie rund, oval oder unregelmäßig ausgebildet (Abb. 82a). Die Einschlußfüllung besteht oft aus einer Flüssigkeit und einer Gasblase, die sich durch Volumenkontraktion der Flüssigkeit beim Abkühlen des Gesteins gebildet hat. Die Flüssigkeit ist normalerweise eine wäßrige Lösung, in der Salze gelöst sind. In den meisten Fällen handelt es sich um Na-, K-, Ca-, Mg-, Fe-Chloride; von anderen Salzen wird seltener berichtet. Häufig beobachtet werden Einschlüsse von reinem CO_2 oder CO_2–H_2O, während reine CH_4-Einschlüsse seltener sind. CO_2 und CH_4 können sowohl als Gas als auch als Flüssigkeit eingeschlossen werden. Verhältnismäßig häufig werden sog. Tochterminerale in den Flüssigkeitseinschlüssen beobachtet. Tochterminerale kristallisieren in den Einschlüssen aus den übersättigten Lösungen während der Abkühlungsphase aus. Kristalle dagegen, die während der Bildung des Flüssigkeitseinschlusses eingeschlossen wurden, bezeichnet man als Festeinschlüsse (solid inclusions) (Abb. 82b). In einigen sehr schnell erstarrten magmatischen Gesteinen wird häufig von Silikatglaseinschlüssen berichtet, die auch Schmelzeinschlüsse oder magmatische Einschlüsse genannt werden. Alle Arten dieser Flüssigkeitseinschlüsse haben gemeinsam, daß sie abgeschlossene und stofflich selbständige Körper sind, die während der Entstehung des Wirtkristalls und/oder der nachfolgenden Prozesse, denen das Wirtmineral ausgesetzt war, entstanden sind.

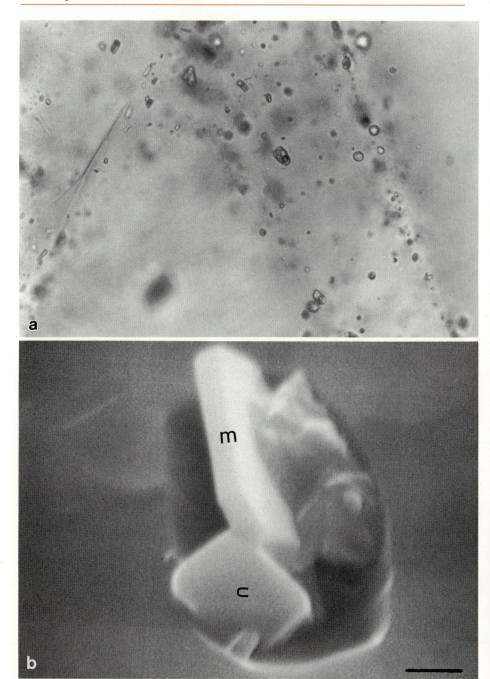

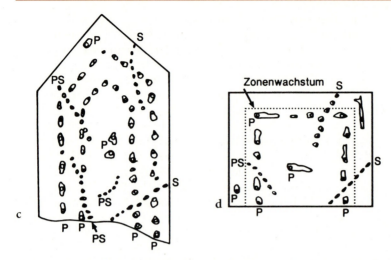

Abb. 82a–d. Einschlüsse in Mineralen; **a** sekundäre oval und unregelmäßig begrenzte Ein- und Mehrphaseneinschlüsse in magmatischem Quarz von Varkenskraal (Südafrika). Vergr. 630mal; **b** ovaler Flüssigkeitseinschluß mit Mineraleinschlüssen und Tochtermineralen in magmatischem Quarz von Varkenskraal, Muscovit (*m*) und Calcit (*c*). REM-Aufnahme, Maßstab: 1 µm; **c, d** Anordnung primärer (*P*), sekundärer (*S*) und pseudosekundärer (*PS*) Flüssigkeitseinschlüsse in Quarz und Fluorit. **c**, Quarz, Schnitt parallel zur c-Achse; **d**, Fluorit, Schnitt parallel zur Würfelfläche (Aus SHEPHERD et al., 1985)

In den Mineralen gibt es mehrere Arten von Flüssigkeitseinschlüssen, die sich oft genetisch unterscheiden. So unterscheidet man primäre, sekundäre und pseudosekundäre Einschlüsse.

Primäre Flüssigkeitseinschlüsse entstehen während des Wachstums eines Minerals. Häufig befinden sie sich auf Wachstumszonen der Minerale (Abb. 82c). *Sekundäre* Einschlüsse bilden sich dagegen erst *nach* der Kristallisation des Wirtminerals. Sie sind an verheilte Risse oder Brüche im Mineral gebunden (Abb. 82a). Als *pseudosekundär* werden Flüssigkeitseinschlüsse bezeichnet, die zwar während des Wachstums des Wirtkristalls gebildet wurden, aber häufig Eigenschaften der sekundären Einschlüsse aufweisen (Abb. 82c). Niemals kreuzen sie allerdings die Korngrenzen ihrer Wirtminerale im Gegensatz zu den sekundären Einschlüssen. Primäre und pseudosekundäre Flüssigkeitseinschlüsse repräsentieren die physikalisch-chemischen Bedingungen z. Z. der Entstehung des Wirtminerals. Da sekundäre Einschlüsse erst nach der Kristallisation des Wirtminerals gefangen werden, spiegeln sie spätere Einflüsse auf das Mineral bzw. auf das Gestein wider. Um Aussagen über die Entwicklungsgeschichte eines Minerals treffen zu können, ist deshalb eine Unterscheidung der verschiedenen Einschlußtypen, die oft nebeneinander vorkommen, unerläßlich. Das häufigste Wirtmineral für Flüssigkeitseinschlüsse ist Quarz, aber auch in Mineralen wie Granat, Disthen, Pyroxen, Karbonat und Apatit sind Flüssigkeitseinschlüsse beobachtet worden.

Mikrothermometrische Untersuchungen von Flüssigkeitseinschlüssen werden normalerweise mit kommerziell erwerblichen Heiz-Kühltisch-Systemen durchgeführt, die einen Temperaturbereich von −196 bis +600 °C abdecken sollten. Durch die mikrothermometrische Untersuchung von Flüssigkeitseinschlüssen werden physikalisch-chemische Daten (Druck-Temperatur-Zusammensetzung der Flüssigkeit, P-T-X) ermittelt, die die Bildungsbedingungen (primäre und pseudosekundäre Einschlüsse) und späteren geologischen Ereignisse (sekundäre Einschlüsse) von Mineralen und deren Wirtgesteinen charakterisieren. Voraussetzungen hierfür sind: 1. die stoffliche Homogenität der Flüssigkeit zum Zeitpunkt des Einschließens, 2. die Erhaltung des Einschlußinhalts während der weiteren geologischen Entwicklung, 3. ein konstantes Volumen der Flüssigkeitseinschlüsse seit dem Zeitpunkt des Einschließens. Sind diese Voraussetzungen nicht oder nur teilweise erfüllt, so muß dies in der Interpretation der P-T-X-Daten berücksichtigt werden, was nicht selten mit erheblichen Schwierigkeiten verbunden ist. Sind z.B. die Punkte 2 und 3 nicht oder nur teilweise erfüllt, so spricht man von einer Reäquilibrierung der Einschlüsse, was besonders durch die retrograde Überprägung von hochgradigen metamorphen Gesteinen wie Eklogiten und Granuliten beachtet werden muß. Solche Reäquilibrierungen treten v.a. in Quarz auf und sind häufig nur bei genauer textureller und mikrothermometrischer Bearbeitung der Flüssigkeitseinschlüsse erkennbar (KLEMD et al., 1995). In vielen anderen geologischen Teilgebieten, wie hydrothermalen Erzlagerstätten, Erdöllagerstätten, Diagenese von Sedimenten sowie magmatischen und gering- bis mittelgradigen metamorphen Prozessen, sind diese Voraussetzungen jedoch erfüllt. In solchen Fällen kann man normalerweise bei der Untersuchung von Flüssigkeitseinschlüssen voraussetzen, daß das unter Laborbedingungen beobachtete Volumen und daher die Dichte des Einschlusses den Bildungsbedingungen entsprechen. Daher kann, bei bekannter Zusammensetzung des Einschlußinhalts (s. unten), eine Isochore (Linie bei konstantem Volumen) in einem P-T-Diagramm konstruiert werden (Abb. 83). In einem geschlossenen System bleibt der Einschlußinhalt erhalten, deshalb bewahrt der Einschluß neben dem konstanten Volumen auch seine Dichte aus dem Bildungsbereich. Hieraus folgt, daß der Einschluß an einem bestimmten P-T-Punkt (T_T) der Isochore eingefangen worden sein muß. Die Dichte des Einschlußinhalts wird während eines experimentellen Heizvorgangs durch Homogenisierung der verschiedenen Phasen der Flüssigkeitseinschlüsse bestimmt. So homogenisiert die Gasblase eines Zweiphaseneinschlusses, der aus einer Flüssigkeit und einer Gasblase besteht, bei der Homogenisierungstemperatur (T_H; Abb. 83) entweder in die flüssige Phase (Einschluß A) oder in die Gasphase (Einschluß B). Hierbei wird die Gasblase während des Heizvorgangs entweder immer kleiner, bis sie schließlich verschwindet, oder sie wird immer größer, bis der Flüssigkeitssaum aufgezehrt ist. Bei T_H beginnt die Isochore auf der Siedekurve ihre Fortsetzung in das homogene Zustandsfeld, je nach Dichte entweder in das flüssige oder gasförmige Feld (Abb. 83). Kann nun T oder P durch eine unabhängige Temperatur- oder Druckabschätzung bestimmt werden, so wird der P-T-Bereich der Bildungsbedingungen des Flüssigkeitseinschlusses anhand des Schnittpunkts mit der Isochore ermittelt. Wurde der Einschluß jedoch als Zweiphaseneinschluß entlang der Siedekurve eingeschlossen, so ist die Homogenisierungstemperatur gleich der Bildungstemperatur. Weiterhin können die Einschlußbedingungen ermittelt werden, wenn das Wirtmineral chemisch *unterschiedliche* Flüssigkeitseinschlüsse enthält, die gleichzeitig eingefangen worden sind. Da die H_2O-Isochoren im Diagramm steiler als z.B. die CO_2-Isochoren verlaufen, müssen sie sich

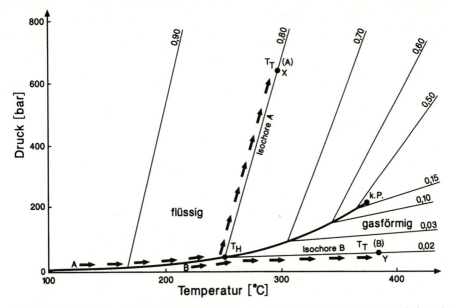

Abb. 83. P, T-Diagramm mit den Isochoren für reines H_2O. Weiterhin wird das Verhalten der Einschlüsse A und B, die unterschiedliche Dichten besitzen, während des Aufheizungsvorgangs dargestellt. Obwohl die Einschlüsse dieselbe Homogenisierungstemperatur (T_H) besitzen, kommt es aufgrund der unterschiedlichen Dichten zu unterschiedlichen Einschließungstemperaturen (T_T) und die Homogenisierung findet sowohl in die flüssige (A) als auch in die gasförmige Phase (B) statt. Die Dichten entlang der Isobaren sind in g/cm³ angegeben. k. P. bezeichnet den kritischen Punkt auf der Dampfdruckkurve (modifiziert nach SHEPHERD et al., 1985)

schneiden und geben somit die Einschließungsbedingungen der Flüssigkeitseinschlüsse wider.

Die Zusammensetzung von Flüssigkeitseinschlüssen wird häufig anhand von kryometrischen Messungen bestimmt. So hat reines H_2O einen Gefrierpunkt bei 0 °C, wohingegen in der Natur vorkommende H_2O-reiche Flüssigkeiten normalerweise gelöste Salze enthalten und daher niedrigere Gefrierpunkte besitzen. Die durch den Kühlvorgang ermittelten Gefrierpunktsemiedrigungen erlauben die Bestimmung der mengenmäßig vorwiegenden, in der Flüssigkeit gelösten Salze und ihren Gehalt. Die so ermittelte Konzentration oder Salinität der Lösung wird in Gew.% NaCl äquivalent angegeben. Die Konzentration und die Art der Zusammensetzung einer Lösung geben Informationen über die Genese der betreffenden Flüssigkeit. Weiterhin lassen sich unterschiedliche Flüssigkeiten leicht anhand ihrer unterschiedlichen Gefrierpunkte (z. B. CO_2 = −56,6 °C; CH_4 = −82,1 °C, N_2 = −209,6 °C) unterscheiden. Mit der kryometrischen Methode des Heiz-Kühl-Tisches können also die Hauptbestandteile einer Flüssigkeit an deren physikalisch-chemischen Eigenschaften bestimmt werden. Die Kryometrie umfaßt alle Einschlußuntersuchungen unter dem Mikroskop, die mit Hilfe eines speziellen kryometrischen Tisches (Kühltisch, Gefriertisch, Kühlkammer u.ä.) ausgeführt werden. Für eine genauere Bestimmung des Einschlußgehalts sind aufwendigere Methoden wie Ultramikroanalyse, Lasermikroanalyse oder Raman-Spektroskopie notwendig. Die auf diese Art gewonnenen Erkenntnisse, insbesondere über die genaue chemische Zusammensetzung der Flüssigkeitseinschlüsse, sind nicht oder nur schwer durch andere Untersuchungsmethoden wie thermodynamische Modellierungen und stabile Isotopenuntersuchungen zu erhalten, denn ausschließlich Flüssigkeitseinschlußuntersuchungen vermitteln einen direkten Einblick in die genaue chemische Zusammensetzung von mineralbildenden Lösungen.

Teil II Petrologie und Lagerstättenkunde

GLIEDERUNG UND ÜBERSICHT

Es werden nach ihrer Entstehung (Genese) 3 umfangreiche Gesteinsgruppen unterschieden:

- Magmatische Gesteine (Magmatite)
- Sedimentgesteine, Sedimente
- Metamorphe Gesteine (Metamorphite)

Diese drei Gruppen gehören 3 verschiedenartigen gesteinsbildenden Prozessen an.

Tabelle 22 gibt Schätzwerte über die Häufigkeit von magmatischen, metamorphen Gesteinen und Sedimentgesteinen innerhalb der oberen kontinentalen Erdkruste. Durch Auffaltung, Hebung und tiefreichende Abtragung über lange geologische Zeiträume hinweg sind in den alten Kontinentalkernen stellenweise ursprüngliche Tiefenlagen bis zu rund 25 km nunmehr an der uns zugänglichen Erdoberfläche freigelegt. Indessen reichen Tiefbohrungen bislang nur knapp 12 km in den Untergrund.

Man muß annehmen, daß die magmatischen Gesteine die am meisten verbreiteten Gesteine der oberen Erdkruste bis zu etwa 25 km Tiefe sind. Davon unterscheidet sich der Befund an der oberflächennahen Erdkruste wie er sich z. B. auf einer geologischen Karte von Mitteleuropa zu erkennen gibt. Hier beeindruckt der überragende Anteil von Sedimentgesteinen und nicht verfestigten Sedimenten.

Tabelle 22. Häufigkeit von Mineralen und Gesteinen in der Erdkruste (Daten nach RONOV und YAROSHEVSKY, 1969)

Minerale	Vol.%
Plagioklas	39
Alk'feldspäte	12
Quarz	12
Pyroxene	11
Amphibole	5
Glimmer	5
Olivin	3
Tonminerale (+ Chlorit)	4,6
Calcit (+ Aragonit)	1,5
Dolomit	0,5
Magnetit (+ Titanomagnetit)	1,5
Andere (Granat, Disthen, Andalusit, Sillimanit, Apatit etc.)	4,9
Gesteine	
Magmatische Gesteine	64,7
Sedimentgesteine	7,9
Metamorphe Gesteine	27,4
An den magmatischen Gesteinen mit 64,7 % beteiligen sich im wesentlichen:	
Granite	10,4
Granodiorite, Diorite	11,2
Syenite	0,4
Basalte, Gabbros	42,5
Peridotite, Dunite	0,2

11 Die magmatische Abfolge

11.1 Die magmatischen Gesteine (Magmatite)

ALLGEMEINES

Magmatische Gesteine (Magmatite, Eruptivgesteine, engl. igneous rocks) sind (im wesentlichen) Kristallisationsprodukte aus einer natürlichen glutheißen silikatischen Schmelze, dem sog. *Magma*. (Es kommen gelegentlich auch *karbonatische* oder *sulfidische* Schmelzen in der Natur vor.) Es handelt sich bei dem zunächst in der Tiefe unter Bedeckung verborgenen Magma um einen teilweise recht heterogenen silikaten Schmelzbrei, in dem neben viel gelöstem Gas auch bereits Kristalle oder Kristallaggregate abgeschieden sind. Solche Magmen können in der Tiefe als mittel- bis grobkörnige *Plutonite* (Tiefengesteine) auskristallisieren, so z. B. als Granit. An labilen Stellen, z. B. innerhalb tektonischer Bruchzonen, werden derartige magmatische Schmelzen unter der Voraussetzung, daß sie stark überhitzt sind, aus ihrer Magmakammer der Tiefe weiter aufsteigen. Im Zug vulkanischer Ereignisse intrudieren sie oberflächennah in den dort befindlichen Schichtenverband oder sie fließen effusiv (extrusiv) unter heftiger Entgasung über die Erdoberfläche als Lava aus.

Aus den oberflächennahe intrudierten Schmelzen entstehen bei ihrer Kristallisation i. allg. mittel- bis feinkörnige *Vulkanite* (vulkanische Gesteine), aus extrusiven Schmelzen (Laven) klein- bis dichtkörnige Vulkanite. Die extrusiven Laven kühlen sich schneller ab und haben bei ihrer Kristallisationen einen größeren Anteil des ursprünglich gelösten Gases verloren. Das führt zu einer deutlichen Abnahme der Korngröße im vulkanischen Gestein, so z. B. bei der Entstehung von *Basalt*. Vorwiegend bei besonders schneller Erkaltung erstarren Laven nicht selten als vulkanisches Glas, wie der *Obsidian* oder der logisch ältere *Pechstein*.

Da die Schmelzen der Magmatite aus tieferen Teilen der Erdkruste oder des Oberen Erdmantels nach oben gelangen, spricht man auch von *Eruptivgesteinen*. Ihre vorwiegend massige Beschaffenheit hat gelegentlich auch zur Bezeichnung *Massengesteine* geführt.

Gleichzeitig können flüssige Lavateile bei heftigen vulkanischen Eruptionen in die Atmosphäre ausgeworfen werden. Im Flug erstarren diese Fragmente verschiedener Größenordnung häufig durch Abkühlung. Als vulkanisches Glas oder kristallisiert als Kristalle oder Kristallaggregate erreichen sie den Erdboden und werden sedimentiert. Häufig kommt es zur Bildung mächtiger Schichten von vulkanischer Asche. In verfestigter Form spricht man von *vulkanischen*

> *Tuffen*. Dieses ausgeworfene vulkanische Material kommt oft in engem Verband mit Laven vor. Es wird petrographisch unter dem Begriff *pyroklastische Gesteine (Pyroklastika)* zusammengefaßt.
>
> An der Existenz der flüssigen Lava, dem Ausgangsprodukt vulkanischer Gesteine, besteht kein Zweifel. Auch sind alle Laven nachweislich eruptiv. Indessen hat noch niemand je das fast hypothetische Magma der Tiefe gesehen, aus dem die heute an der durch Abtragung an der Erdoberfläche freigelegten plutonischen Granitkörper z. B. entstanden sind. Auch konnten bislang weder direkte noch indirekte Messungen mit Hilfe von Instrumenten vorgenommen werden, die seine Substanz oder das Ausmaß seiner Existenz betreffen. Lokale Zusammenhänge mit dem Vulkanismus sichern allerdings das Vorhandensein von Magmakammern basaltischer Zusammensetzung in nicht allzu großer Tiefe innerhalb oder unterhalb der Erdkruste, so z. B. unter der Insel Hawaii oder der Insel Vulcano.
>
> Aus den Kristallisationsprodukten des Magmas der Tiefe, den Plutoniten, werden Rückschlüsse auf seine Existenz gezogen. Solche Rückschlüsse werden in zahlreichen Fällen durch, wenn auch stark vereinfachte, Modellexperimente unterstützt. Es gibt aber auch plutonitähnlich aussehende Gesteine, die durch hochgradige Metamorphose entstanden sind.
>
> In einer nicht allzuweit zurückliegenden Vergangenheit hat es Forschergruppen gegeben, die eine Existenz von granitischen oder dioritischen Schmelzen strikt ablehnten. (Hierzu s. das weiterführende Schrifttum.)

11.1.1 Einteilung und Klassifikation der magmatischen Gesteine

11.1.1.1 Zuordnung nach der geologischen Stellung

Eine Grobeinteilung der magmatischen Gesteine kann zunächst einmal nach ihrer geologischen Stellung, d. h. nach ihrem Bildungsort (Kristallisationsort) vorgenommen werden. Hiernach unterscheidet man: (1) *Plutonite*, (2) *Vulkanite* und (3) *Ganggesteine* (Aplite und Lamprophyre).

Plutonite besitzen innerhalb der Erdkruste in Form großer, tiefreichender geologischer Körper, sog. *Batholithe,* eine abyssische Stellung ihres Bildungsorts. In Form von *Plutonen* ragen sie in höhere Krustenabschnitte hinauf. Bei Plutoniten sind weder Lava noch pyroklastische Gesteine bekannt.

Unter Vulkaniten werden die *extrusiven (effusiven) oder oberflächennah zum vulkanischen Geschehen* gehören *intrusiven* Gesteine zusammengefaßt. Die extrusiven Vulkanite können subaerisch oder submarin entstanden sein.

Die Gesteine der magmatischen Gänge und Lagergänge besitzen im Hinblick auf ihren Bildungsort (Ort ihrer Kristallisation) eine geologische Zwischenstellung. Sie sind hypabyssisch.

11.1.1.2 Zuordnung nach dem Gefüge

Häufig gibt die Ausbildung des Gesteinsgefüges die Möglichkeit einer Grobeinteilung. Zwischen dem Gefüge eines magmatischen Gesteins, seiner geologischen Stellung und dem Bildungsort bestehen häufig enge Beziehungen. (Wir setzen neutral *Gefüge* anstelle von Struktur und Textur, weil diese beiden Begriffe z. B. im angloamerikanischen Sprachraum gerade entgegengesetzt angewandt werden.)

Plutonite besitzen ein mittel- und grobkörniges, auch bisweilen großkörniges Gefüge. Vulkanite sind demgegenüber meistens fein- bis dichtkörnig ausgebildet oder bestehen in manchen Fällen teilweise oder völlig aus Glas. Ihr Gefüge wird dementsprechend als *holokristallin* (d. h. vollkristallin), *hypokristallin* (teilweise kristallisiert oder als *hyalin* (glasig) bezeichnet. Die Ganggesteine nehmen auch im Hinblick auf ihr Gefüge eine Mittelstellung ein.

Als absolute Grenzen der angeführten *Korngrößenbezeichnungen* werden häufig empfohlen (in mm):
33–10 großkörnig, 10–3,3 grobkörnig, 3,3–1 mittelkörnig, 1–0,33 kleinkörnig, 0,33–0,1 feinkörnig, 0,1–0,033 dichtkörnig, 0,033–0,001 mikrokristallin.

Bei ungleich-körnigem Gefüge bezieht sich die Größenangabe dieser Körnigkeitsstufen nur jeweils auf eine Mineralart. Ungleichmäßig-körnig ist z. B. das *porphyrische Gefüge,* bei dem größer entwickelte sog. *Einsprenglinge* in einer feineren, auch glasigen Grundmasse eingebettet sind. Porphyrisches Gefüge tritt besonders bei Vulkaniten (Abb. 88 a–c, S. 202, 203) oder Ganggesteinen auf. Bei dem nicht seltenen Hervortreten einzelner Einsprenglinge aus dem Gefüge der gröber entwickelten Plutonite sollte die Bezeichnung *porphyrartiges* Gefüge verwendet werden.

(Zahlreiche weitere Gefügebezeichnungen spielen bei der mikroskopischen Beschreibung der einzelnen Magmatite eine Rolle. Sie werden hier nicht behandelt).

11.1.1.3 Klassifikation nach dem Mineralbestand

Eine umfassende Einteilung (Klassifikation, Systematik) der magmatischen Gesteine (Magmatite) kann nur nach mineralogischen Prinzipien, d. h. nach dem jeweiligen Mineralbestand, oder nach ihrem Chemismus oder nach beiden Kriterien vorgenommen werden. Wegen der Bedeutung der Feldspäte basiert jede mineralogische Systematik wesentlich auf der Art und der Menge des Feldspats. Dabei ergibt sich als Regel: Je größer der prozentuale Anteil von SiO_2 in einem magmatischen Gestein ist, um so größer ist der Anteil an Alk'feldspat und um so größer der Ab-Gehalt im Plagioklas, dafür um so kleiner der Anteil an dunklen Gemengteilen.

Eine IUGS (International Union of Geological Sciences) Subcommission on Systematics of Igneous Rocks hat sich vor einigen Jahren für eine mineralogische Klassifikation der magmatischen Gesteine (igneous rocks) entschieden und Vorschläge unterbreitet und empfohlen. Damit hat man der Einteilung der magmatischen Gesteine nach ihrem Mineralbestand den Vorzug gegeben. Diese Empfehlungen betreffen Vulkanite, Plutonite und Lamprophyre (dunkle Ganggesteine) neben speziellen Randgruppen.

Vulkanite und Plutonite werden hiernach unter Verwendung eines QAPF-Doppeldreiecks (Abb. 84 A) nach ihrem modalen Mineralbestand eingeteilt (klassifiziert).

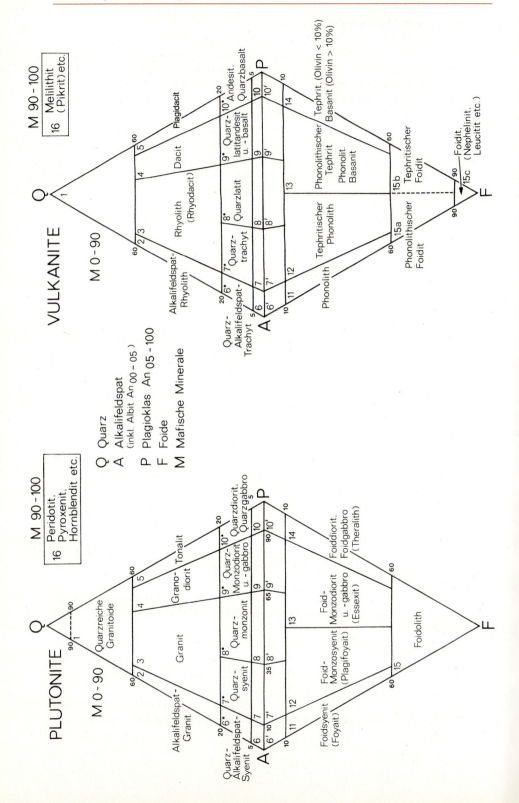

Der modale Mineralbestand nach Vol.% wird mit einer Hilfsapparatur (Punktzählverfahren) unter dem Mikroskop gemessen oder wenigstens abgeschätzt. Bei Vulkaniten ist das nicht immer möglich wegen einer mikro- bis kryptokristallinen oder glasigen Grundmasse. Das gilt auch für die vulkanischen Gläser selbst. In diesen Fällen muß die chemische Zusammensetzung mit herangezogen werden und aus ihr ein künstlicher (sog. normativer) Mineralbestand errechnet werden. Er muß für die Eintragung bei den betreffenden Vulkaniten in das QAPF-Diagramm mit der mineralogischen Klassifikation in Einklang gebracht werden, was allerdings nicht immer gelingt. Deshalb der IUGS-Vorschlag von Abb. 85.

Der Klassifikation bzw. dem mineralogischen System der magmatischen Gesteine, wie sie von einer IUGS-Subkommission empfohlen wurden, werden (an dieser Stelle vereinfacht) die folgenden gesteinsbildenden Minerale oder Mineralgruppen als Gemengteile zugrundegelegt:

Felsische (helle) Minerale
Q Quarz
A Alkalifeldspäte
  (Sanidin, Orthoklas, Mikroklin, Perthite, Anorthoklas, Albit$_{00-05}$)
P Plagioklas (An$_{05-100}$)
F Feldspatoide (Foide, Feldspatvertreter)
  (Leucit, Nephelin, Sodalith, Nosean, Hauyn u. a.)
Mafische (dunkle) Minerale (Mafite)
M Glimmer, Amphibole, Pyroxene, Olivin
Opake Minerale und Akzessorien
  (Magnetit, Ilmenit, Zirkon, Apatit etc.)

Magmatische Gesteine mit M < 90 Vol.% – und das ist der weitaus überwiegende Teil – werden im QAPF-Diagramm nach den im Gestein anwesenden hellen (felsischen) Gemengteilen klassifiziert. Das geschieht für Vulkanite und Plutonite nach dem gleichen Prinzip in gesonderten Diagrammen (Abb. 84 A). *Ultramafische* (im wesentlichen nur aus dunklen Gemengteilen bestehende) Magmatite werden nach den dunklen Gemengteilen, den Mafiten, gegliedert. Für diese ultramafischen Plutonite mit M = 90 – 100 wird das Dreieck Ol–Opx–Cpx (Abb. 84 B) vorgeschlagen.

Die magmatischen Gesteine mit M < 90 % werden nach ihrer Lage im QAPF-Doppeldreieck eingeteilt und benannt. Im oberen Dreieck sind die Quarz-führenden Magmatite, im unteren Dreieck die Feldspatoid-führenden Magmatite angeordnet. Diese Anordnung ist möglich, weil Quarz und Feldspatoide im Gleichgewicht nicht nebeneinander in einem Gestein auftreten können. Die Magmatite des mittleren Gürtels führen als helle Gemengteile im wesentlichen nur Feldspäte. Chemisch ausgedrückt befinden sich im oberen Dreieck mit freiem Quarz Gesteine mit SiO_2-Übersättigung, im mittleren Streifen im Hinblick auf SiO_2 gesättigte und im unteren Dreieck mit Feldspatoiden an SiO_2 untersättigte Gesteine angeordnet.

◄

Abb. 84 A. Klassifikation der Plutonite und Vulkanite in den Doppeldreiecken Q-A-P-F nach ihrem modalen Mineralbestand entsprechend dem IUGS (International Union of Geological Sciences)-Vorschlag (nach STRECKEISEN, 1974, 1980, LE MAITRE, 1989). Erläuterungen im Text; früher gebräuchliche Bezeichnung in Klammern. Gesteinsnamen der Felder 6–10' in Tabelle 23

Tabelle 23. Plutonit und Vulkanit (Ergänzende Gegenüberstellung der in Abb. 84a nicht eingetragenen Gesteinsnamen)

Nr.	Plutonit	Vulkanit
6	Alkalifeldspatsyenit	Alkalifeldspattrachyt
7	Syenit	Trachyt
8	Monzonit	Latit
9	Monzodiorit	Latiandesit
	Monzogabbro	Latibasalt
10	Diorit	Andesit
	Gabbro, Anorthosit	Basalt
6'	Foidführender Alk'feldspatsyenit	Foidführender Alk'feldspattrachyt
7'	Foidführender Syenit	Foidführender Trachyt
8'	Foidführender Monzonit	Foidführender Latit
9'	Foidführender Monzodiorit	Foidführender Latiandesit
	Foidführender Monzogabbro	Foidführender Latibasalt
10'	Foidführender Diorit	Foidführender Andesit
	Foidführender Gabbro	Foidführender Basalt

Für die Eintragung des darstellenden Punkts eines bestimmten magmatischen Gesteins wird der Volumenanteil der hellen Gemengteile auf die Summe 100 umgerechnet (so Q + A + P = 100 oder A + P + F = 100). Die dunklen Gemengteile finden also keine Berücksichtigung. (Über die in den beiden Doppeldreiecken für Plutonite und Vulkanite gezogenen Feldergrenzen wurde in der Subkommission Übereinstimmung erzielt. Es gibt ältere Darstellungen ähnlicher Art, bei denen die Feldergrenzen etwas abweichend davon angenommen wurden.)

Die in die Doppeldreiecke eingebrachten Gesteinsnamen sind teilweise Sammelnamen für eine größere Gesteinsgruppe. Für einzelne spezielle Gesteine und Gesteinsnamen sind teilweise Hilfsdiagramme notwendig, so wie das bei den Gruppen der ultramafischen Magmatite und Gabbros vorgeschlagen wurde (Abb. 84 B).

Die dunklen Gemengteile können nur für eine orientierende Zuordnung der magmatischen Gesteine herangezogen werden. Sie wird in folgenden vorgeschlagenen Grenzen vorgenommen:

Magmatite mit 0– 35 % Mafite werden als leukokrat,
Magmatite mit 35– 65 % Mafite als mesotyp,
Magmatite mit 65– 90 % Mafite als melanokrat und
Magmatite mit 90–100 % Mafite als ultramafisch bezeichnet.

Bewährt hat sich im Unterricht ein *Lernschema,* aus dem die Mineralzusammensetzungen für die wichtigsten Magmatite in beabsichtigter Vereinfachung leicht abzulesen sind (Tafeln 1 und 2 des Anhangs).

Von den Vulkaniten und Plutoniten unterscheiden sich die *magmatischen Ganggesteine*. Sie besitzen eigene Mineralzusammensetzungen und unterschiedlichen Chemismus. Mitunter haben sie auch eigene charakteristische Gefüge. Man unterscheidet leukokrate (helle) und mesotype bis melanokrate Ganggesteine.
Zu den ersteren zählen:
- *Aplit* mit Mikroklin (Mikroklinperthit)
  ± Plagioklas (An$_{05-20}$) + Quarz ± Muscovit ± Turmalin

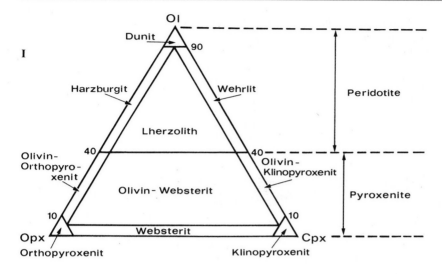
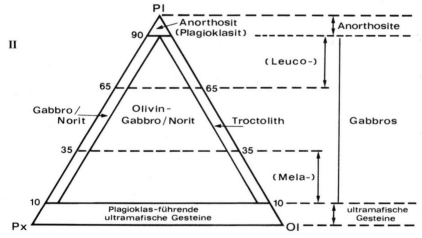

Abb. 84 B. Spezielle Klassifikation und Nomenklatur *I* der ultramafischen Plutonite (Peridot- und Pyroxenit-Gruppe) und *II, III* der mafischen Plutonite (Gabbro-Gruppe), opake Minerale $\leq 5\%$. IUGS-Vorschlag wie in Abb. 84 A. Erläuterungen im Text

- *Pegmatit* mit Mikroklin (Mikroklinperthit) bzw. Alk'feldspat oder Albit ± Plagioklas + Quarz + Muscovit, ± fallweise Nephelin + sehr verschiedene Akzessorien bei Alk'pegmatiten.

Aplite besitzen ein fein- bis kleinkörniges Gefüge.

Pegmatite besitzen groß- bis riesenkörnige Gefüge, z. T. graphische Verwachsungen zwischen Kf und Qz im sog. *Schriftgranit* (Abb. 78).

Die mesotypen bis melanokraten Ganggesteine werden als *Lamprophyre* bezeichnet. Die wichtigsten davon sind in Tabelle 24 aufgeführt:

Tabelle 24. Wichtigste Lamprophyre

	Helle Gemengteile	Dunkle Gemengteile
Minette	Alk'feldspat + Plag	Biotit, diopsidischer Augit
Vogesit		Hornblende, diopsidischer Augit
Kersantit	Plag ± Alk'feldspat	Biotit und diopsidischer Augit
Spessartit		Hornblende und diopsidischer Augit

Gewisse Überschneidungen im Mineralbestand der Lamprophyre sind fast typisch. In den stark melanokraten Varianten der Lamprophyre kommt häufig auch Olivin hinzu, fast stets sekundär in Serpentin umgewandelt.

Neben den aufgeführten Kalkalkalilamprophyren gibt es Alkalilamprophyre: *Camptonit* führt neben Feldspäten auch Foide als helle Gemengteile, *Monchiquit* Foide, *Alnöit* ist ultramafisch. Diese Alkalilamprophyre enthalten als dunkle Gemengteile Na-Amphibol, Titanaugit, Biotit und Olivin; Alnöit enthält besonders auch Melilith.

11.1.1.4 Chemismus, CIPW-Norm und NIGGLI-Werte

Die Mittelwerte der chemischen Zusammensetzung einer Auswahl magmatischer Gesteine sind in Tabelle 25 und 26 aufgeführt. Der Chemismus von Gesteinen wird gewöhnlich in Gew.% der Elementoxide ausgedrückt. Wie die mineralogische Zusammensetzung streut auch der Chemismus in gewissen Grenzen. Dabei unterscheidet man zwischen Haupt-, Neben- und Spurenelementen.

Den weitaus höchsten Wert besitzt in den magmatischen Gesteinen i. allg. SiO_2. Er liegt, wenn man auch andere in der Tabelle nicht aufgeführte Magmatite mit heranzieht, aber von extremen Zusammensetzungen absieht, zwischen 40 und 75%. Dabei sind *2 Häufigkeitsmaxima* bei 52,5 und 73,0% SiO_2 festgestellt worden. Sie gehören zu den beiden häufigsten Magmatitgruppen, den Basalten und zu Granit-Granodiorit. Bei den am meisten verbreiteten Magmatiten liegt der Al_2O_3-Wert zwischen 10 und 20%, MgO zwischen 0,3 und 30%, FeO (einschl. Fe_2O_3) zwischen 4 und 12%, CaO zwischen 0,5 und 12%, K_2O zwischen 0,2 und 6,0% und Na_2O zwischen 0,5 und 9%. Alle anderen Oxidwerte sind kleiner oder nur in sehr geringen Mengen vorhanden. Ihre Variationsbreite hält sich bei den gewöhnlichen Magmatittypen ebenso in Grenzen.

Nur wenige, relativ seltene Magmatite können extreme chemische Zusammensetzungen aufweisen als die in Tabelle 25, 26 aufgeführten, so z.B. die *Karbonatite,* eine interessante Ge-

Tabelle 25. Chemische Durchschnittszusammensetzungen (Oxide, Gew.%) einer Auswahl wichtiger Plutonite (nach NOCKOLDS, 1954)

Oxide	Peridotit	Gabbro	Diorit	Monzonit	Granodiorit	Granit
SiO_2	43,54	48,36	51,86	55,36	66,88	72,08
TiO_2	0,81	1,32	1,50	1,12	0,57	0,37
Al_2O_3	3,99	16,84	16,40	16,58	15,66	13,86
Fe_2O_3	2,51	2,55	2,73	2,57	1,33	0,86
FeO	9,84	7,92	6,97	4,58	2,59	1,67
MnO	0,21	0,18	0,18	0,13	0,07	0,06
MgO	34,02	8,06	6,12	3,67	1,57	0,52
CaO	3,46	11,07	8,40	6,76	3,56	1,33
Na_2O	0,56	2,26	3,36	3,51	3,84	3,08
K_2O	0,25	0,56	1,33	4,68	3,07	5,46
P_2O_5	0,05	0,24	0,35	0,44	0,21	0,18
H_2O^+	0,76	0,64	0,80	0,60	0,65	0,53
Summe	100,0	100,0	100,0	100,0	100,0	100,0

Tabelle 26. Chemische Durchschnittszusammensetzungen (Oxide, Gew.%) einer Auswahl wichtiger Vulkanite (nach NOCKOLDS, 1954)

Oxide	Basalt	Andesit	Dacit	Rhyolith	Phonolith
SiO_2	50,83	54,20	63,58	73,66	56,90
TiO_2	2,03	1,31	0,64	0,22	0,59
Al_2O_3	14,07	17,17	16,67	13,45	20,17
Fe_2O_3	2,88	3,48	2,24	1,25	2,26
FeO	9,05	5,49	3,00	0,75	1,85
MnO	0,18	0,15	0,11	0,03	0,19
MgO	6,34	4,36	2,12	0,32	0,58
CaO	10,42	7,92	5,53	1,13	1,88
Na_2O	2,23	3,67	3,98	2,99	8,72
K_2O	0,82	1,11	1,40	5,35	5,42
P_2O_2	0,23	0,28	0,17	0,07	0,17
H_2O^+	0,91	0,86	0,56	0,78	0,96
Summe	100,0	100,0	100,0	100,0	100,0[a]

[a] 100,0 schließt bei Phonolith 0,23% Cl und 0,13% SO_3 ein.

steinsgruppe, die anstelle von Silikaten aus Karbonaten zusammengesetzt ist. Bei ihnen kann CO_2 31,8% erreichen, während SiO_2 mitunter kaum über einen Spurengehalt hinausgeht. Diese Gesteinsgruppe besitzt auch sonst einen ungewöhnlichen Chemismus, indem sie z.B. hohe Konzentrationen an relativ seltenen Elementen enthält.

Die Zuordnung der chemischen Hauptelemente innerhalb der verschiedenen Magmatite ist nicht zufällig.

So haben magmatische Gesteine z.B. mit *hohem SiO_2-Wert* gleichzeitig auch relativ *hohe Alkaliwerte,* jedoch relativ niedrige CaO- und MgO-Werte und umgekehrt.

Deshalb bietet sich auch der *Gesteinschemismus als Grundlage für eine Klassifikation der magmatischen* Gesteine an. Es sind seither mehrere Vorschläge unterbreitet worden: Ein IUGS-Vorschlag (Abb. 85) empfiehlt das *Alkali-SiO$_2$-*Verhältnis für eine *Klassifikation* und *Nomenklatur vulkanischer Gesteine,* bei denen sich der modale Mineralbestand nicht bestimmen läßt.

Der Chemismus ermöglicht so auch eine Erfassung der hyalinen und hypokristallinen Vulkanite. Dafür ist jede Klassifikation auf chemischer Basis den Bedürfnissen der Geologie weniger gut anzupassen. Darüber hinaus ist zu bedenken, daß ein bestimmter Mineralbestand zwar den Chemismus eines Gesteins bestimmt, jedoch andererseits ein bestimmter Chemismus nicht zwangsläufig bindend für das Auftreten eines bestimmten Mineralbestands ist. Diese Regel der sog. *Heteromorphie der Gesteine* gilt über die Magmatite hinaus für alle Gesteine.

Zu den bekanntesten und am besten ausgearbeiteten chemischen Klassifikationen der magmatischen Gesteine zählen das *CIPW-System* (benannt nach den 4 amerikanischen Petrologen CROSS, IDDINGS, PIRSSON und WASHINGTON) und das heute nicht mehr so oft benützte *System nach Magmentypen* von NIGGLI.

Dem CIPW-System liegt die CIPW-Norm zugrunde, ein sog. normativer Mineralbestand, der nach einem ganz bestimmten Verfahren errechnet wird (s. unten). Dieser normative Mineralbestand besteht aus einer Anzahl von sog. *Standardmineralen* (Tabelle 27). Mit ihnen werden Stoffgruppen der chemischen Analyse zusammengefaßt und damit der doch recht komplexe Magmatitchemismus anschaulicher gemacht. Wenn sich Unterschiede zum gemessenen, dem modalen, Mineralbestand ergeben, so insbesondere dadurch, daß die Standardminerale teilweise vereinfachte

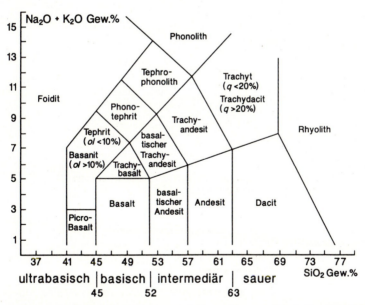

Abb. 85. Chemische Klassifikation und Nomenklatur vulkanischer Gesteine aus dem Na$_2$O + K$_2$O/SiO$_2$-Verhältnis. q = normativer Quarz, ol = normativer Olivin (Nach LE BAS et al. aus LE MAITRE, 1989, Fig. B. 13.)

Tabelle 27. Standardminerale der CIPW-Norm

Mineralname	Symbol	Molekül
Salische Gruppe		
Quarz	Q	SiO_2
Korund	C	Al_2O_3
Kalifeldspat	or	$K_2O \cdot Al_2O_3 \cdot 6\, SiO_2$
Albit	ab	$Na_2O \cdot Al_2O_3 \cdot 6\, SiO_2$
Anorthit	an	$CaO \cdot Al_2O_3 \cdot 2\, SiO_2$
Leucit	lc	$K_2O \cdot Al_2O_3 \cdot 4\, SiO_2$
Nephelin	ne	$Na_2O \cdot Al_2O_3 \cdot 2\, SiO_2$
Kaliophilit	kp	$K_2O \cdot Al_2O_3 \cdot 2\, SiO_2$
Femische Gruppe		
Diopsid	di	$CaO(Mg,Fe)O \cdot 2\, SiO_2$
Wollastonit	wo	$CaO \cdot SiO_2$
Hypersthen	hy	$(Mg,Fe)O \cdot SiO_2$
Olivin	ol	$2\,(Mg,Fe)O \cdot SiO_2$
Acmit	ac	$Na_2O \cdot Fe_2O_3 \cdot 4\, SiO_2$
Magnetit	mt	$FeO \cdot Fe_2O_3$
Hämatit	hm	Fe_2O_3
Ilmenit	il	$FeO \cdot TiO_2$
Apatit	ap	$3\,(3\, CaO \cdot P_2O_5)$
Pyrit	pr	FeS_2
Calcit	cc	$CaO \cdot CO_2$

Endglieder der tatsächlichen Mineralgemengteile darstellen und (OH)-haltige Standardminerale nicht vorgesehen sind. So geht z.B. das in den Glimmern enthaltene K^+ in das Standardmineral Kalifeldspat *(or)* ein.

Die Errechnung einer Zusammensetzung nach Standardmineralen wird im CIPW-System dazu benutzt, eine quantitative Einteilung der Magmatite in Klassen, Ordnungen, Ränge und Subränge zu konstruieren. Dieses künstliche System wird heute kaum noch benutzt.

Nach wie vor spielt aber die CIPW-Norm zu Vergleichszwecken chemischer Eigenschaften der magmatischen Gesteine eine überragende Rolle. So können die Sättigungsgrade an SiO_2 z.B. zwischen verschiedenen magmatischen Gesteinen mit Hilfe der CIPW-Norm besser beurteilt, verglichen und eingestuft werden. Das gilt insbesondere auch für Al_2O_3 (Tonerde) gegenüber den Alkalien ($K_2O + Na_2O$) und CaO. Die Auswirkungen auf den normativen Mineralbestand durch Kombination verschiedener Sättigungs- bzw. Untersättigungsgrade von SiO_2 und Al_2O_3 sind in Tabelle 28 ausgeführt:

Eine Übersättigung an SiO_2 tritt durch normatives *Q*, diejenige von Al_2O_3 gegenüber ($K_2O + Na_2O$) und CaO durch normatives *C* hervor (links oben in Tabelle 28).
 Mit beginnender, noch recht schwacher *Unter*sättigung an SiO_2 wird zunächst ein Teil des *hy* durch das (unterkieselte) *ol* ersetzt. Verfolgen wir die Entwicklung in vertikaler Richtung auf der Tabelle weiter, so wird mit etwas stärkerer Untersättigung ein Teil des *ab* durch *ne* ersetzt. Wird die Untersättigung an SiO_2 noch größer, so werden *ab* ganz durch *ne* und ein Teil oder das ganze *or* durch *lc* ersetzt.

Tabelle 28. Auswirkungen von SiO_2- und Al_2O_3-Übersättigung, -Sättigung und -Untersättigung auf die CIPW-Norm

	$Al_2O_3 > (K_2O + Na_2O + CaO)$ (Al_2O_3-Überschuß)		$(K_2O + Na_2O + CaO) > Al_2O_3 > (K_2O + Na_2O)$		$(K_2O + Na_2O) > Al_2O_3$ (Al_2O_3-Unterschuß)	
SiO_2-Überschuß	Q		Q		Q	ac
	or	hy	or	di	or	di
	ab		ab	hy	ab	hy
	an		an			
	C					
SiO_2 reicht nicht voll aus zur Bildung von Hypersthen	or	hy	or	di		ac
	ab	ol	ab	hy	or	di
	an		an	ol	ab	hy
	C					ol
SiO_2 reicht nicht voll aus zur Bildung von Albit	or		or		or	ac
	ab	ol	ab	di	ab	di
	ne		ne	ol	ne	ol
	an		an			
	C					
SiO_2 reicht nicht voll aus zur Bildung von Orthoklas	or		or		or	ac
	lc	ol	lc	di	lc	di
	ne		ne	ol	ne	ol
	an		an			
	C					

Bei einer *Über*sättigung als Al_2O_3 gegenüber den Alkalien und CaO, also im Fall $Al_2O_3 > (K_2O + Na_2O + CaO)$, tritt normativ *C* auf. Deswegen muß noch nicht Korund im *modalen* Mineralbestand des Gesteins enthalten sein. Gewöhnlich bedeutet es modal einen Gehalt an Muscovit ($K_2O \cdot 3Al_2O_3 \cdot 6SiO_2 \cdot 2H_2O$). Nimmt der Tonerdeüberschuß (in Tabelle 28 nach rechts hin) weiter ab, indem Al_2O_3 nur noch $> (K_2O + Na_2O)$, jedoch $< CaO + (K_2O + Na_2O)$, dann tritt normativ kein *C* mehr auf. Es erscheint *di* auf Kosten teilweise von *hy*, während *an* noch immer vorhanden ist. Die Präsenz des Tonerdegehalts im Gestein wäre modal neben Plagioklas durch Biotit oder/und Hornblende angezeigt. Wird schließlich $Al_2O_3 < (K_2O + Na_2O)$ (rechte vertikale Reihe in Tabelle 28), so tritt wegen des zu großen Tonerdemangels kein *an* mehr auf und ein Na_2O-Überschuß führt zu *ac* und, wegen eines CaO-Überschusses, vergrößert sich die Menge an *di*, teilweise auf Kosten von *hy*. Für den modalen Mineralbestand des zuständigen Gesteins bedeutet dies das Auftreten von Alk'Pyroxen und/oder Alk' Amphibol.

Die Umrechnungsregeln der CIPW-Norm schließen entsprechend Tabelle 28 aus, daß *Q* mit *ol*, *ne*, *lc* oder *hy* mit *ne*, *lc* oder *C* mit *di*, *ac* oder *an* mit *ac* zusammen auftreten können.

Die Berechnung der CIPW-Norm wird nach einem festgelegten Schema vorgenommen. Sie wird hier nicht im einzelnen durchgeführt. Es sei deshalb auf das weiterführende Schrifttum verwiesen.

Das System der *Magmentypen* von NIGGLI stellt eine Gliederung der magmatischen Gesteine nach den chemischen Merkmalen zuzuordnender Magmen dar. Die zahlreichen aus dem Chemismus heraus errechneten Magmentypen lassen jedoch keinen Schluß auf die zugehörigen eigentlichen Magmen der Tiefe zu. Der modale Mineralbestand bleibt auch in diesem System unberücksichtigt.

Die Magmentypen wurden nach diesem Verfahren zu Magmengruppen zusammengefaßt, wie granitische, dioritische Magmengruppe etc. und nach petrochemischen Merkmalen 3 großen Gesteinsreihen der Magmatite – *Kalkalkalireihe, Alkalireihe mit Natronvormacht* und *Alkalireihe mit Kalivormacht* – zugeordnet.

Die Herausstellung von Gesteinsverwandtschaften innerhalb der Magmatite führte zu Begriffen wie Gesteinsprovinz oder Gesteinssippe. Dabei werden große Gesteinsverbände mit gleichen chemischen Merkmalen zusammengefaßt, andere dagegen abgegrenzt. Übergänge werden als Mischprovinz bezeichnet. Bezeichnungen wie Pazifische Suppe für die Kalkalkalimagmatite, Atlantische Sippe für die Alkalimagmatite mit Natronvormacht und Mediterrane Sippe für die Alkalimagmatite mit Kalivormacht beruhen auf der Annahme, daß jede Sippe für sich in einer bestimmten Region vorherrschend sei, was aber so nicht der Fall ist.

Die hierzu benützten sog. NIGGLI-Werte sind in Tabelle 29 aufgeführt:

Tabelle 29. NIGGLI-Werte

si aus SiO_2	
al aus Al_2O_3	$k = \dfrac{K_2O}{K_2O + Na_2O}$
fm aus FeO, Fe_2O_3, MnO und MgO	
c aus CaO	$mg = \dfrac{MgO}{FeO + MnO + MgO}$
alk aus $K_2O + Na_2O$	$qz = si - si'$
$al + fm + c + alk = 100$	$si' = 100 + 4\,alk$

Die Grundlage für die Berechnung der NIGGLI-Werte bildet, wie bei der CIPW-Norm, die in Oxidform erstellte chemische Analyse in Gew.%. Zunächst werden die Molekularzahlen errechnet, indem man jedes Oxid durch das ihm eigene Molekulargewicht dividiert. Die Molekularzahl für Fe_2O_3 wird als 2 FeO mit dem Wert von FeO vereinigt. Anschließend werden die Molekularzahlen von Al_2O_3, FeO + MgO (+ MnO), CaO und $K_2O + Na_2O$ auf die Summe 100 umgerechnet und mit *al, fm, c* und *alk* bezeichnet.

al + fm + c + alk bilden eine *Stoffgruppe*. Für eine weitere Stoffgruppe wird der Molekularwert von SiO_2 (bei Bedarf auch für TiO_2, P_2O_5 u. a.) zu den Werten *al, fm, c, alk* ins Verhältnis gesetzt nach der Gleichung:

Molekularzahl von SiO_2 : Molekularzahl Al_2O_3 = x : *al*.

Auf diese Weise wird der Wert *si* gebildet, entsprechend auch bei Bedarf *ti, p* etc.

Damit sind die wichtigsten chemischen Werte miteinander in Beziehung gebracht. Durch die Bedingung *al + fm + c + alk* = 100 ist eine allen Gesteinen gemeinsame Vergleichsbasis errechnet.

In vielen Fällen sind darüber hinaus die Molekularverhältnisse von K_2O zur Summe der Alkalien im Wert *alk* und von Mg zu [FeO + MgO + (MnO)] im Wert *fm* von Bedeutung. Dann werden gesondert diese Molekularverhältnisse

$$\dfrac{K_2O}{K_2O + Na_2O} = k \quad \text{und} \quad \dfrac{MgO}{FeO + MgO + MnO} = mg$$

berechnet.

Aus den gewonnenen Molekularwerten läßt sich eine weitere Größe, die Quarzzahl *qz*, ableiten, entsprechend *qz = si–si'*, wobei *si'* = 100 + 4 *alk* ist. Die Quarzzahl *qz* gibt ein Maß für den *freien* Quarz. Sie ist bei Gesteinen, die merklich Quarz führen, positiv, bei quarzfreien Gesteinen negativ.

Mit der räumlichen Darstellung wichtiger Größen im *al-fm-c-alk*-Tetraeder (Abb. 86a) gelangt man zu einer ebenen Projektion, indem man die Tetraederkante *c–fm* in 10 gleiche Tei-

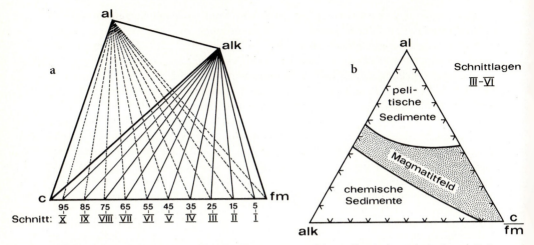

Abb. 86. a Konzentrationstetraeder der NIGGLI-Werte al-fm-c-alk mit den Schnittebenen X–I; b Konzentrationsdreieck al-c/fm-alk mit eingetragenem Magmatitfeld (Mittel aus den Schnittlagen III–VI mit c/fm 0,25–1,5)

le mit unterschiedenen c-fm-Verhältnissen zerlegt, entsprechend den angedeuteten Schnittebenen X–I. (Dabei werden die einzelnen Schnittebenen zu gleichseitigen Dreiecken entzerrt, die man bei Übersichtsdarstellungen aneinanderfügen kann.)

Innerhalb der 10 *(c + fm)–al–alk*-Dreiecke kommen *alle* darstellenden Punkte von Magmatitchemismen – nur relativ wenig beeinflußt vom jeweiligen *c-fm*-Verhältnis – in ein deutlich abgegrenztes Feld zu liegen. Es wird als *Magmatitfeld* bezeichnet (Abb. 86 b).

Die Beziehungen der Stoffgruppen *al, fm, c, alk* zu *si* werden in 4 gesonderten, sog. *Variationsdiagrammen* für zusammengehörige Magmatitreihen eingetragen, und es besteht die Möglichkeit einer genetischen Auswertung.

Die NIGGLI-Werte leisten eine wertvolle Hilfe, um magmatische Entwicklungsreihen graphisch zu veranschaulichen und *komagmatische* (d. h. genetisch zusammengehörige) *Magmatite* mit Hilfe chemischer Kriterien zu erkennen.

11.1.2 Die Petrographie der Magmatite

ALLGEMEINES

Auf Grund ihrer chemischen Zusammensetzung werden die magmatischen Gesteine grundsätzlich in *Alkali-Magmatite* und *subalkaline Magmatite* eingeteilt. Bezogen auf den gleichen SiO_2-Wert besitzen die Alkali-Magmatite höhere $(K_2O + Na_2O)$-Gehalte als die subalkalinen Magmatite, wie das in Abb. 100 A (S. 230) am Beispiel der Hawai-Basalte dokumentiert wird. Bei den subalkalinen Magmatiten ist $(K_2O + Na_2O) < Al_2O_3$ (Mol. %).

Auf Grund geochemischer Kriterien lassen sich diese beiden Hauptgruppen weiter untergliedern, wobei diese Einteilung nicht nur formale sondern durchaus auch genetische Bedeutung haben kann. Man spricht dann von magmatischen Reihen oder Serien. In der folgenden Übersicht sind auch die englischen Begriffe zum Vergleich mit aufgeführt:

1. Alkali-Magmatite, Alkali-Reihe (alkaline rock suite, alkaline magma series)
   a) Na-betont (sodic)
   b) K-betont (potassic)
   c) K-reich (high-K)
2. Subalkaline Magmatite, (subalkaline rock suite, subalkaline magma series)
   a) Kalkalkali-Magmatite, Kalkalkali-Reihe (calcalkaline rock suite, calcalkaline magma series)
      K-arm (low-K type)
      medium-K type
      K-reich (high K-type)
   b) Tholeiit-Reihe (tholeiitic rock suite, tholeiitic magma series)

Die Abgrenzung zwischen der Kalkalkali- und der Tholeiit-Reihe erfolgt anhand des AFM-Diagramms (Abb. 100 B, S. 230). **Hinweis:** Früher, insbesondere in der deutschen Literatur wurden die subalkalinen Magmatite in ihrer Gesamtheit als Kalkalkali-Magmatite bezeichnet.

Die geochemischen Unterschiede zwischen den beiden Hauptgruppen spiegeln sich im Modalbestand der einzelnen Gesteinstypen wider. Bei den leukokraten *Alkali-Magmatiten* sind Alkalifeldspäte oft die einzige Feldspatart. In den mesotypen und melanokraten Alkali-Magmatiten kommt An-reicher Plagioklas hinzu. Feldspatoide sind typisch, insbesondere Nephelin in Na-betonten, Leucit in K-betonten und K-reichen Alkali-Magmatiten. Zwangsläufig fehlen jedoch Foide in den leukokraten Vertretern, wenn diese Quarz führen. Charakteristische mafische Gemengteile in Alkali-Magmatiten sind Na-Pyroxen und Na-Amphibol neben dunklem, Fe-reichem Biotit (Lepidomelan). Die *subalkalinen Magmatite* unterscheiden sich von den Alkali-Magmatiten durch das völlige Fehlen von Anorthoklas, Feldspatoiden, Na-Pyroxen und Na-Amphibol.

Wegen ihrer weitaus größeren Verbreitung wollen wir zunächst die subalkalinen Magmatite beschreiben, danach erst die Alkali-Magmatite.

11.1.2.1 Die subalkalinen Magmatite (Hierzu Abb. 84 A, B und Tafel 1)

Plutonite

Wir gliedern in *Plutonite und Vulkanite* (plutonische und vulkanische Gesteine). Auch da bestehen geologisch gelegentlich Überschneidungen, besonders mit starken Konvergenzen zum subvulkanischen Bereich.

Die wichtigsten *Plutonite* der *Kalkalkalireihe* sind:
Granit, Granodiorit, Diorit, Gabbro und *Peridotit*.

♦ **Granit**

Helles (leukokrates) mittel- bis grobkörniges, meist massiges Gestein (Abb. 1, S. 5).
Gemengteile: Helle (felsische) Gemengteile sind: Kalifeldspat (Kf), Plagioklas (Plag) und Quarz. Kalifeldspat ist Orthoklas oder Mikroklin, oft mit makroskopisch sichtbarer perthitischer Entmischung (lamellen- oder aderförmig). Größere Kri-

stalle von Kf sind gewöhnlich dicktafelig nach {010} und nach dem Karlsbader Gesetz einfach verzwillingt (im Handstück durch ungleiches Einspiegeln der beiden Individuen erkennbar). Plagioklas (An $\leqq$ 30) unterscheidet sich durch seine feine polysynthetische Zwillingslamellierung auf den Spaltflächen (Albit- und Periklingesetz) vom Orthoklas oder Mikroklin. Quarz, rauchgrau, ist an seinem muscheligen Bruch mit Fettglanz immer kenntlich.

Dunkler (mafischer) Gemengteil ist fast stets Biotit (braun, dunkel- bis schwarzbraun, auch dunkelgrün), bis zu 10 Vol.% am Mineralbestand beteiligt. Häufig neben Biotit auch Muscovit, der zu den mafischen Gemengteilen gerechnet wird. Hinzukommt gelegentlich grüne bis bräunliche Hornblende, neben Biotit oder allein beim Hornblendegranit. Diopsidischer, blaßgrüner Augit ist seltener (Augitgranit). Die enthaltenen Akzessorien (akzessorische Gemengteile) treten nur teilweise makroskopisch hervor: Es beteiligen sich Zirkon, Titanit (CaTi[O/SiO$_4$]), Apatit (im wesentlichen Fluorapatit) und die opaken Minerale Magnetit, Ilmenit, häufiger auch Pyrit und andere.

Gefüge: Das Gefüge des Granits ist wie dasjenige aller Plutonite holokristallin und gewöhnlich richtungslos körnig ausgebildet. Plagioklas und i. allg. die dunklen Gemengteile und die Akzessorien weisen teilweise ebene Begrenzung durch Flächen auf. Im Unterschied zu ihnen sind die Körner von Kf und Qz unregelmäßig begrenzt. Sie besitzen gegenüber den zuerst genannten, die eine teilweise *idiomorphe* Ausbildung aufweisen, eine *xenomorphe* Korngestalt. Diese Kombination führt zu dem sog. *hypidiomorph-körnigen Gefüge* des Granits, aber auch anderer Plutonite. In einem solchen Gefüge ist angenähert eine Ausscheidungsfolge der Gemengteile aus dem granitischen Magma erkennbar, auch als ROSENBUSCH-Regel bezeichnet. Daneben gibt es in weiter Verbreitung Granite, deren Gefüge dieser Regel nicht genügt, weil es durch spät- bis nachmagmatische Rekristallisation von Mineralen, sog. *Endoblastese*, beeinflußt ist.

Treten in manchen Graniten einzelne Kalifeldspäte einsprenglingsartig als größere Kristalle hervor, dann kann auch bei Kf eine Kristallgestalt angedeutet sein. Man spricht in diesem Fall von einem *porphyrartigen* Gefüge des Granits.

◆ Granodiorit

Der Übergang von Granit vollzieht sich durch modale Zunahme von Plagioklas gegenüber Kf, der bis auf rund 10 Vol.% zurückgehen kann. Gleichzeitig nimmt der An-Gehalt des Plagioklases etwas zu (An $\geqq$ 30). Mit Erhöhung des Volumenanteils von Plagioklas nimmt auch der Gehalt an dunklen Gemengteilen zu, wie Biotit und/oder Hornblende, seltener Augit. Da fließende Übergänge zu Granit bestehen, ist eine makroskopische Zuordnung zwischen Granit oder Granodiorit am Handstück nicht immer eindeutig möglich.

Vorkommen: Granit und Granodiorit sind die häufigsten Plutonite. Größere Granitanschnitte befinden sich im außeralpinen Grundgebirge in Mitteleuropa, besonders im Harz, Odenwald, Schwarzwald, den Vogesen, im Fichtelgebirge, dem Oberpfälzer und Bayerischen Wald, Böhmerwald, dem Österreichischen Waldviertel, im Erzgebirge, Iser- und Riesengebirge und dem Lausitzer Gebirge.

Technische Verwendung für Granit und Granodiorit: Das bei den meisten Granitplutonen anzutreffende Kluftsystem ist für die Gewinnung von Werk- und Pflastersteinen aller Art von großer Bedeutung. Durch seine Dickbankigkeit lassen sich häufig große Blöcke gewinnen, die für Ornamentsteine, Grabdenkmäler oder für die Monumentalarchitektur geeignet sind, in rauhem oder poliertem Zustand. Die schwedischen Granite finden v. a. wegen der billigeren Wasserfracht in ganz Deutschland, v. a. in Norddeutschland, Verwendung.

- **Diorit** (Abb. 87 a)

Makroskopisches Aussehen: Graugrünes, meist klein- bis mittelkörniges, mesotypes Gestein von massiger Ausbildung.
Mineralbestand: Plagioklas (An 30–50), Kf und Qz fehlen meistens oder machen weniger als 5 Vol.% aus. Quarzreichere Diorite werden als *Quarzdiorite* bezeichnet. Dunkler Gemengteil ist gewöhnlich eine dunkelgrüne Hornblende, daneben auch Biotit, der im Glimmerdiorit vorherrscht, Augitdiorit ist seltener. Akzessorien wie bei Granit und Granodiorit, Titanit ist sehr häufig, Zirkon tritt zurück. *Tonalit* mit Quarz > 20 Vol. %.
Gefüge: Hypidiomorph-körnig
Vorkommen: Größere Dioritkörper finden sich in Mitteleuropa besonders im Odenwald, Thüringer Wald, Bayerischen Wald, Schwarzwald und den Vogesen. Tonalit im Adamello-Pluton, Ostalpen.
Verwendung: Wie Granit und Granodiorit.

- **Gabbro** (Abb. 84 B, II–III, S. 189, Abb. 87 b, S. 200)

Melanokrat bis mesotypes, mittel- bis grobkörniges, meist massiges Gestein.
Gemengteile: Plagioklas (An 50–90) und diopsidischer Augit. Mit rhombischem Pyroxen (Bronzit bis Hypersthen) als *Norit* bezeichnet, als *Gabbrodio*rit Übergang zum Diorit.
Weitere Varietäten: Mit Ol, Olivingabbro bzw. Olivinnorit, mit Bt, Biotitgabbro, mit Hbl, Hornblendegabbro, mit Bt und Hbl, Biotit-Hornblende-Gabbro, mit Qz, Quarzgabbro.
Plagioklas bildet im Gabbro dicktafelige Körner, oft mit makroskopisch sichtbaren Zwillingsstreifen nach dem Albit- und Periklingesetz. Diallag auf Absonderungsflächen nach (100) mitunter bräunlich schillernd. Hornblende meistens bräunlich gefärbt (soweit sie magmatisch gebildet ist), selten grün, Biotit braun. Akzessorien sind besonders Apatit, Ilmenit oder Titanomagnetit, nicht selten Magnetkies (Pyrrhotin), Pyrit und etwas Kupferkies (Chalcopyrit).
Vorkommen: Harz, Odenwald, Schwarzwald, Bayerischer Wald, Sudeten.
Technische Verwendung: Wegen seiner hohen Druckfestigkeit bevorzugt zu Straßenbaustoff und Schotter.

Zur Gabbro-Gruppe rechnen auch: *Troctolith* (Forellenstein), ein leuko- bis mesokrates Gestein, wobei Plagioklas (An 70–90) und (serpentinisierter) Olivin die wesentlichen Gemengteile sind.
Anorthosit (Plagioklasit), hololeukokrates Gestein im wesentlichen aus Plagioklas (An 20–90) ohne mafische Gemengteile, geologisch zusammen mit Gabbro oder Charnockiten vorkommend.

a

b

- **Peridotit** (Abb. 84 B I, S. 189, Abb. 87 c, d, S. 201)

Holomelanokrat, mittel- bis grobkörnig, auch sekundär dichtkörnig durch Serpentinisierung (vorwiegend) des Olivins.

Gemengteile: Olivin (teilweise in Serpentin umgewandelt), Pyroxen, entweder Orthopyroxen (Opx) (Enstatit, Bronzit oder Hypersthen) oder Klinopyroxen (Cpx,

c

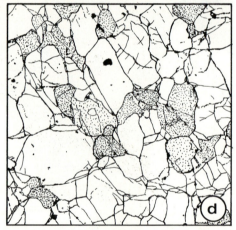

Abb. 87. a *Diorit,* Quarz und Biotit führend, Hauptgemengteile: Plagioklas (Zonarbau, innere, anorthitreichere Zone serizitisiert), Hornblende; Märkerwald (Odenwald). Vergr. 6mal. b *Gabbro,* Hauptgemengteile: Plagioklas, *diopsidischer Augit* neben etwas Fe-reichem Enstatit (Hypersthen), Erzmineral (opak); Südschweden. Vergr. 8mal. c *Peridotit* (Harzburgit), Hauptgemengteile: Olivin, nur noch als Relikt, sekundärer Abbau durch Serpentin mit feinverteilten Abscheidungen von Magnetit, Fe-reicher Enstatit (Hypersthen); Baste (Harz). Vergr. 8mal. d Peridotit (Lherzolith), Spinell führend, Hauptgemengteile: Olivin (im Bild hell), diopsidischer Klinopyroxen, Orthopyroxen; Auswürfling, Dreiser Weiher, Eifel. Vergr. 10mal

diopsidischer Augit), bisweilen Hornblende oder wenig Phlogopit, akzessorisch Chromspinell (Picotit), Chromit, Magnetit.

Varietäten: *Dunit* mit Olivin, *Harzburgit* mit Ol + Opx (Hypersthen) (Abb. 87 c), *Wehrlit* mit Ol + Cpx (diopsidischer Augit), *Lherzolith* mit Ol + Opx (Bronzit) + Cpx (Abb. 87 d, S. 201). *Hornblendeperidotit* mit Hornblende neben oder anstelle von Pyroxen, *Granatperidotit* mit pyropreichem Granat.

Vorkommen: Z. B. Odenwald, Schwarzwald, Harz, Vogesen, Pyrenäen, Sesiazone (Südalpen), Mittelnorwegen, Neuseeland. Als Einschlüsse in basaltischen Gesteinen.

Vulkanite

Die wichtigsten Vulkanite der *Kalkalkalireihe* sind: *Rhyolith, Rhyodacit, Dacit, Andesit, Tholeiitbasalt, Pikrit.*

Wegen ihres feinen Korns ist eine makroskopische Bestimmung sehr erschwert oder undurchführbar. Eine gewisse Orientierung können bei oft vorliegenden porphyrischem Gefüge die Einsprenglinge geben.

c

Abb. 88. a *Rhyolith* (Quarzporphyr), Einsprenglinge: Kalifeldspat (merklich kaolinisiert), Quarz (Dihexaeder) mit Korrosionsbuchten, Biotit in Hämatit umgewandelt (links unten im Bild). Grundmasse: feinkristallin aus Kalifeldspat, wenig Plagioklas, Quarz, feinverteilte Hämatitabscheidungen als färbendes Pigment; Hartkoppe (Spessart). Vergr. 12mal. **b** *Andesit,* Einsprenglinge: Plagioklas mit Einschlüssen von Grundmasse, blaßgrüne Hornblende (rechts im Bild). Grundmasse: feinkristallin mit verfilzten Entglasungsprodukten, Plagioklas; Srborac (Jugoslawien). Vergr. 15mal. **c** *Olivintholeiit,* Einsprenglinge: Plagioklas (leistenförmiger Habitus mit polysynthetischer Verzwilligung), basaltischer Augit (rechts verzwillingtes Individuum), Olivin (bunte Interferenzfarben). Grundmasse: feinkörnig aus Plagioklas, Augit und Erzabscheidungen; Großer Ararat. Vergr. 12mal, + Nicols. **d** Pechstein (Perlit) mit perlitischer Absonderung und beginnender Entglasung; Meißen (Sachsen). Vergr. 12mal

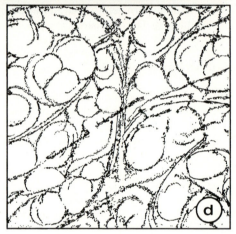

- **Rhyolith (Liparit)** (Abb. 88 a, S. 202)

Leukokrates, dicht- bis feinkörniges Gestein mit gelegentlichen Einsprenglingen, bisweilen glasig.

Mineralbestand: Einsprenglinge von Sanidin (oft tafelig nach {010}), Plagioklas (An 10–30) und Quarz mit der Tracht des Hoch-Quarzes. Nur spärlich sind dunkle Gemengteile eingesprengt, so Biotit. Die Grundmasse enthält sehr häufig Glas, verbreitet Fluidal(Fließ)-Gefüge.

Häufig sind Rhyolithgläser: als *Obsidian*, vorwiegend schwarz, muscheliger Bruch, kantendurchscheinend, *Bimsstein*, blasig-schaumig, seidenglänzend, auf dem Wasser schwimmend, *Pechstein*, braun bis dunkelgrün, oft mit makroskopischen Kristalleinsprenglingen (Sanidin), stärker wasserhaltig als Obsidian, paläovulkanisch. *Perlit*, bläulichgrün bis bräunlich, bestehend aus körnig-schaligen Glaskügelchen von Hirsekorn- bis Erbsengröße als Hauptmasse des Gesteins (Abb. 88 d). Darin Ausscheidung von Kriställchen verschiedener Art. Perlit und Pechstein unterscheiden sich von Obsidian außerdem durch einen höheren Wassergehalt. *Quarzporphyr* (Abb. 88 a) ist das sekundär veränderte, in Mitteleuropa jungpaläozoische Äquivalent des Rhyoliths.

Vorkommen: Z. B. Karpatenraum, Euganäen, Insel Lipari, Island.

Technische Verwendung: Von Rhyolith bzw. Quarzporphyr als Kleinpflaster, Sockelsteine, Packlager, Schotter etc., Perlit wegen seiner Blähfähigkeit zur Herstellung von schall- und wärmeisolierenden Leichtbaustoffen, Schaumglasziegel. Für Filter und Oberflächenkatalysatoren, bei der Zementierung von Erdölbohrungen. Obsidian z. B. von Lipari und von Milos wurde in der Jüngeren Steinzeit zu Pfeilspitzen und Messern verarbeitet; Kultur der Azteken in Mexiko; Bimsstein findet Verwendung als Leichtbaustoff.

◆ Dacit und Rhyodacit

Vulkanitäquivalente von Quarzdiorit und Granodiorit.

Mineralbestand: Einsprenglinge von Plagioklas und Quarz mit Tracht des Hoch-Quarzes, im Rhyodacit auch etwas Sanidin. Dunkler Gemengteil ist vorwiegend Hornblende, etwas seltener auch Biotit. Die Grundmasse enthält oft Glas.

◆ Andesit (Abb. 88 b)

Vulkanitäquivalent von Diorit, fein- bis dichtkörnig, Grundmasse grau, grünlichschwarz oder rötlichbraun.

Mineralbestand: Einsprenglinge von Plagioklas (An 30–50 oder höher, meistens deutlich zonar gebaut mit An-ärmerem Randsaum), Hornblende, Biotit, diopsidischer Augit oder Hypersthen. Die Grundmasse enthält nicht selten Glas.

Vorkommen: Z. B. Euganäen, Karpatenraum, Andenvulkane. Andesite sind charakteristische Gesteine der kontinentalen Kruste. Andesit ist in vielen orogenen Gürteln rings um den Pazifischen Ozean und den Inselbögen der am meisten verbreitete Vulkanit der Kalkalkalireihe. *Porphyrit* ist das sekundär veränderte vulkanische Äquivalent des Andesits.

◆ Tholeiitbasalt (Tholeiit, früher Plagioklasbasalt) (Abb. 88 c)

Vulkanitäquivalent des Gabbros. Melanokrates, dicht- bis mittelkörniges, gelegentlich porphyrisches Gestein, dunkelgrau bis schwarz.

Mineralbestand: Plagioklas (Einsprenglinge mit An 70–95, als Bestandteil der Grundmase An 50–70 %), basaltischer Augit schwarz, eisenreich; als Einsprengling oder Bestandteil der Grundmasse, häufig Pigeonit, seltener Hypersthen, bei Führung von Ol, Olivintholeiit (Abb. 88 c), Ol jedoch nur als Einsprengling. Akzessorien: Apatit, Titanomagnetit, Ilmenit, mitunter Opal. Gelegentlich tiefbrauner Biotit oder schwarze basaltische Hornblende als zusätzliche mafische Gemengteile.

In der Grundmasse einzelner Basalte ist Glas enthalten, größere modale Glasgehalte sind indessen selten.

Varianten von Tholeiitbasalt: *Dolerit* (in den USA als Diabas bezeichnet) ist ein mittel- bis fast grobkörniger Basalt, der häufig ophitisches Gefüge aufweist (dabei verschränken sich Leisten von Plagioklas sperrig und schließen in ihren Zwickeln Augit ein). *Basaltmandelstein,* durch entweichendes Gas aus erkaltender Basaltlava entsteht eine blasenreiche Randzone, die zu blasigem Gefüge führt. Solche Blasenhohlräume werden spätvulkanisch sekundär durch Absätze von Calcit oder Chlorit, bisweilen auch durch Opal, Chalcedon oder Achat, nicht selten mit schönen Kristalldrusen von Zeolithen gefüllt.

Vorkommen: Rhön, Vogelsberg, Island, Inseln westlich von Schottland (Mull, Skye), Südschweden, Grönland, Indien (Deccan Trapp), neben ihrer Verbreitung an vielen Stellen der kontinentalen Kruste, besonders ausgedehnte Vorkommen von großer Mächtigkeit im Bereich der Ozeanbecken als Bestandteil der ozeanischen Kruste, häufig in Form von Pillowlava.

◆ Diabas

Anchimetamorphes Äquivalent des *Tholeiitbasalts* mit starker sekundärer Umwandlung, so in der viel älteren Literatur im mitteleuropäischen Raum auch als Grünstein bezeichnet, andere Verwendung der Bezeichnung Diabas im übrigen Europa und den USA. Seine weitere Verwendung ist jetzt umstritten. Der bisher häufige Gebrauch dieses Gesteinsnamens im geologischen Schrifttum auf geologischen Kartenblättern in Mitteleuropa macht seine Erwähnung und Beschreibung im Unterricht hier bei uns auch weiterhin notwendig.

Ein meistens grün aussehendes, dicht- bis mittelkörniges, gelegentlich auch porphyrisches Gestein. In nicht seltenen Fällen auch doleritisch grob mit ophitischem Gefüge. Bei seiner Bildung aus extrusiven, submarinen Laven auch als Diabasmandelstein ausgebildet.

Mineralbestand: Plagioklas (An 50–90 in den unversehrten magmatisch ausgeschiedenen Kristallen), jedoch meistens sekundär in ein Mineralgemenge umgewandelt, das als Saussurit bezeichnet wird. Nur gelegentlich als Lückenfüller etwas Quarz. Augit grünlich- bis bräunlichgrau (Lupe!), häufiger in spießförmige, grüne Hornblende (als *Uralit* bezeichnet) und etwas Chlorit umgewandelt. Als dunkle Gemengteile gelegentlich auch Pigeonit oder Hypersthen. Bisweilen etwas Biotit oder Hornblende. Bei Olivingehalt Übergang in Olivindiabas.

Akzessorien: Apatit in langen Prismen, Ilmenit bzw. Titanomagnetit ist meistens in ein Gemenge mit Titanit, $CaTi[O/SiO_4]$, umgewandelt.

Vorkommen: Verbreitung über weite Regionen der ganzen Erde, besonders auch im Varistikum Mitteleuropas.

Technische Verwendung: Wegen seiner hohen Druckfestigkeit als Schotter, Split etc.

◆ Melaphyr

Sekundär umgewandeltes Äquivalent des Olivintholeiits. Auch bei dieser in Mitteleuropa verbreiteten Vulkanitart schlägt die IUGS-Subcommission vor, den Gesteinsnamen in Zukunft zu vermeiden. Es gilt hier ebenso die Bemerkung unter Diabas.

Melaphyr ist ein melanokrates, in frischem Zustand schwarz aussehendes Gestein, dicht- bis feinkörnig, auch porphyrisch ausgebildet. Besonders die dicht- bis feinkörnigen Varietäten zeigen mikroskopisch ein sog. Intersertalgefüge. Dabei befindet sich zwischen sich leicht berührenden Plagioklasleisten zersetzte Glassubstanz. Bekannt sind die *Melaphyrmandelsteine* mit Hohlraumfüllungen von Chalcedon bzw. Achat.

Mineralbestand: Plagioklas (An 50–70), vorwiegend (basaltischer) Augit, Olivin (meist abgebaut) und zersetzte Glassubstanz. Akzessorien.

◆ Pikrit

Holomelanokrates, fein-, mittel- gelegentlich grobkörniges, schwarzgrünes Gestein. Häufig auch porphyrisches Gefüge. Vorkommen zusammen mit Diabas.

Mineralbestand: Olivin, bis auf Kornreste in Serpentin umgewandelt. Augit, seltener Enstatit-Bronzit, primäre Hornblende nur untergeordnet, Biotit bzw. Phlogopit

Abb. 89. *Spinifexgefüge von Komatiit.* Zwischen meistens skelettförmigen Olivinkristallen, die merklich serpentisiert sind, befindet sich Glasmatrix (im Bild schwarz). Sie enthält nadelförmige Kriställchen von Augit als Entglasungsprodukte (sichtbar besonders am oberen Bildrand). Spinifexgefüge entsteht durch schnelle Erstarrung einer ehemals heißen, stark unterkühlten Schmelze. Benannt nach einer spitzen Grasart in Australien. Komatiitlava, Timmias, Ontario, Kanada. Mikrosk. Bild. Vergr. 9,5 mal

als sporadischer Gemengteil in fast allen Pikriten. Akzessorien: Apatit, Magnetit, Chromspinell (Picotit).
Mit Plagioklas Übergang zu Pikritbasalt.

◆ Komatiit

Ultramafisches, melanokrates Lavagestein innerhalb des archaischen Grünsteingürtels mit *Spinifexgefüge* (Abb. 89), benannt nach dem Komati River in Südafrika.
Mineralbestand: Olivin, Augit, Chromspinell, Glas, in melanokraten Komatiiten auch Plagioklas.
Vorkommen: Als Bestandteil der Peridotit-Basalt-Assoziation der archaischen Schildregionen der Erde; Südafrika, Kanada, Australien.
Wissenschaftliche Bedeutung: Ihre Anwesenheit belegt, daß im Archaikum auf der Erde ultramafische Magmen extrudiert sind.

11.1.2.2 Die Alkalimagmatite (Abb. 84 A, S. 186 und Tafel 2)

Plutonite

◆ Alkalifeldspatgranit (Alkaligranit)

Wie der viel verbreitetere Granit ein leukokrates, hypidiomorph-körniges Gestein. Begrenzt nach dem IUGS-Vorschlag auf Granitvarietäten, bei denen Plagioklas entsprechend dem QAPF-Feld 2 in Abb. 84 A weniger als 10 % des totalen Feldspatgehaltes beträgt. Diese Granite führen als Mafite meistens Na-Amphibol und/oder Na-Pyroxen.
Mineralbestand: Alk'feldspat (Orthoklas oder Mikroklinperthit), sehr wenig Plagioklas, Quarz, eisenreicher, schwarzbrauner Biotit (Lepidomelan) oder Natronamphibol (z. B. Riebeckit) und/oder Natronpyroxen (Ägirin in Prismen oder Körnern). Akzessorien: Zirkon, Apatit und weitere ganz spezifische Minerale.
Vorkommen: Viel weniger häufig als Kalkalkaligranit. Auftreten meistens zusammen mit Alkalisyenit, Nephelinsyenit und anderen Alkaliplutoniten z. B. im Oslogebiet in Südnorwegen, an mehreren Stellen in Schweden, in Grönland.

◆ Alkalifeldspatsyenit (Alkalisyenit)

Alk'feldspatsyenit entsprechend Feld 6 in Abb. 84 A mit Quarz < 5 % der leukokraten Gemengteile und Plagioklas < 10 % des totalen Feldspatgehalts. Dem Alk'feldspatgranit ähnlich; Alk'feldspat Orthoklas- oder Mikroklinperthit, auch Anorthoklas. Eisenreicher Biotit (Lepidomelan), Natronamphibol (z. B. Riebeckit), Natronpyroxen (Ägirin, Ägirinaugit) (Rinden von Natronpyroxen um Diopsid). Akzessorien: honiggelber Titanit, Apatit, Zirkon.

Die Varietät *Larvikit* enthält etwa 90 % Anorthoklas (kenntlich an seinen spitzrhombigen Querschnitten, z. T. mit blauschillerndem Farbenspiel). Wenig Titanaugit ± Biotit (Lepidomelan).
Vorkommen: Zwischen Oslo und dem Langesundfjord in Südnorwegen.

Technische Verwendung: Bekannt als geschliffener Ornamentstein, Verblendung von Fassaden, Grabsteine.

◆ Monzonit

Mesotyper, hypidiomorph-körniger Plutonit mit *Kali*vormacht, Übergang aus Alk'-syenit durch Zunahme des Plagioklasgehalts zugleich verbunden mit höherem An-Gehalt (An 40–60), gleichlaufende Zunahme des Gehalts an mafischen Gemengteilen, vorzugsweise Biotit.
Vorkommen: Monzonigebiet und Predazzo in Südtirol, Meißener Massiv in der Elbtalzone Sachsens.

◆ Nephelinsyenit (Foyait)

Gegenüber Alk'syenit stärker unterkieselt. Damit treten neben Alk'feldspat auch Feldspatoide als wesentliche Gemengteile auf. Am meisten verbreitet ist der Nephelinsyenit. Leucitsyenit ist kein ausgeprägter Plutonit.
Mineralbestand: Alk'feldspat (Or- oder Mikroklinperthit oder Anorthoklas). Auch Albit kann auftreten. Nephelin (Varietät Eläolith) mit muscheligem Bruch und Fettglanz (dem Quarz ähnlich) ist grau oder durch Einschlüsse von Hämatit rötlich gefärbt, xenomorph ausgebildet, seltener idiomorph durch Wachstumsflächen begrenzt. Seine sekundäre Umwandlung in ein Haufwerk von Zeolith ist verbreitet. Neben Nephelin tritt sehr häufig als Feldspatoid blaßfarbener bis tiefblauer Sodalith auf, idiomorph nach {110} oder als Zwickelfülle, mit seinem modalen Vorherrschen Übergang in Sodalithsyenit.
Als mafische Gemengteile finden sich hellgrüner bis farbloser Diopsid, dunkelfarbiger Ägirin in dünnen, oft büschelig gruppierten Nädelchen. Ägirinaugit bildet demgegenüber eher gedrungene Kristalle mit zonarer Umwachsung eines Diopsidkerns. Auch Titanaugit kommt vor. Der Amphibol ist wiederum ein Natronamphibol (z. B. Arfvedsonit). Als kalihaltiger Mafit tritt oft dunkelbrauner Biotit (Lepidomelan) hinzu. Akzessorien: vorzugsweise Minerale mit Seltenen Erden, zahlreiche Ti- und Zr-haltige Silikate.
Eine häufiger vorkommende Varietät des Nephelinsyenits ist der *Foyait*. Im APF-Dreieck (Abb. 84 A, S. 186) befindet er sich unter Foidsyenit im Feld 11.
Vorkommen: Z. B. Oslogebiet in Südnorwegen, Kolahalbinsel, Karpatenraum, Mittelschweden, Serra de Monchique in Portugal.
Technische Verwendung: In Kanada und den USA werden ausgedehnte Nephelinsyenitvorkommen in großem Umfang wirtschaftlich genutzt. Sie bilden einen wichtigen Rohstoff für die Glasherstellung. In der Keramik häufig als Ersatz für Feldspat verwendet.

◆ Essexit (Foidmonzodiorit und -gabbro) (Abb. 84 A, S. 186)

Mesotypes bis melanokrates, hypidiomorph-körniges Gestein, als Alkaligabbro mit Gabbro vergleichbar.

Mineralbestand: Plagioklas (An 40–60), mehr oder weniger idiomorph ausgebildet, Alk'feldspat (Na-Orthoklas- oder Na-Mikroklinperthit) oft als Saum um Plagioklas oder Zwickelfülle, Feldspatoide. Als dunkler Gemengteil überwiegt Pyroxen (diopsidischer Augit, Titanaugit und/oder Ägirinaugit). Daneben Na-Amphibol (z. B. Barkevikit) oder Biotit. Olivin, wenn vorhanden, ist meistens im Serpentin umgewandelt. Akzessorien sind Apatit, Titanit und opake Ti-haltige Fe-Minerale.
Vorkommen: Z. B. Kaiserstuhl, Siebengebirge, Böhmisches Mittelgebirge, Südnorwegen.

Vulkanite

Die wichtigsten Alk'vulkanite sind: *Trachyt, Phonolith* und die *Alk'basalte*.

◆ Trachyt

Leukokrates, dicht- oder feinkörniges, durch Sanidineinsprenglinge auch porphyrisches Gestein, holo-, auch hypokristallin. Vulkanitäquivalent des Alk'syenits.
Mineralbestand: Einsprenglinge Na-Sanidin oder Anorthoklas, auch Plagioklas (An 20–30, gelegentlich höher), in einzelnen Varietäten Feldspatoide, Na-Pyroxen, auch diopsidischer Augit und/oder Na-Amphibol (z. B. Riebeckit), Biotit. Grundmasse besteht aus fluidal angeordneten Leisten von Na-Sanidin, Na-Pyroxen (Ägirin neben diopsidischem Augit), Na-Amphibol, zuweilen Biotit, auch Glassubstanz. Akzessorien sind Apatit, Titanit, Magnetit, Zirkon und nicht selten auch etwas Quarz, Tridymit oder Cristobalit. Daneben gibt es glasreiche Trachyte bis zu Trachytgläsern (Obsidian), ebenso Trachytbimssteine.
Vorkommen: Z. B. Siebengebirge (Drachenfels), Westerwald, Böhmisches Mittelgebirge, Auvergne in Zentralfrankreich, Insel Ischia, Phlegräische Felder bei Neapel, Kanarische Inseln, Azoren.

◆ Phonolith (Abb. 90 a)

Grau bis grünliches oder bräunliches, dicht- bis feinkörniges, auch porphyrisches Gestein. Als Einsprenglinge treten makroskopisch mitunter hervor: Na-Sanidin, Noseanhauyn, Nephelin oder Leucit in idiomorph ausgebildeten Kristallen. Daraus ergeben sich verschiedene Varietäten. Phonolith ist das Vulkanitäquivalent des Feldspatoidführenden Alk'syenits und besitzt als Gestein häufig eine dünnplattige Absonderung.
Mineralbestand: Na-Sanidin, auch Anorthoklas, Nephelin und andere Feldspatoide, besonders Leucit oder Nosean. Mafische Gemengteile sind Ägirin, Ägirinaugit und/oder Na-Amphibol, bisweilen auch Melanit, ein Granat. Die Grundmasse enthält seltener etwas Glas. Fluidalgefüge durch annähernd parallel angeordnete Leistchen von Sanidin ähnlich dem Trachyt. In Blasenräumen häufig viele Arten von Zeolithen (Natrolith, Chabasit u. a.).
Varietäten des Phonoliths durch Vorherrschen eines Feldspatoids: Leucitphonolith, Nephelinphonolith, Sodalithphonolith, Noseanphonolith. Übergang zu Trachyt verbreitet. Phonolith kann auch als Phonolithbimsstein entwickelt sein.

Vorkommen: Z. B. Laacher Seegebiet, Eifel, Rhön, Spessart, Kaiserstuhl, Hegau, Böhmisches Mittelgebirge, Auvergne in Zentralfrankreich, Kanarische Inseln.

◆ Alkalibasalte und Alkaliolivinbasalte

Die Alk'Olivinbasalte unterscheiden sich chemisch von den Olivintholeiiten durch einen höheren Gehalt an Alkalien, meistens Na, relativ zu Al und Si. Ihr Chemismus erweist sich dann stets als ne-normativ. Deshalb liegen ihre darstellenden Punkte im Basalttetraeder von YODER und TILLEY (Abb. 107, S. 244) links von der kritischen Ebene der SiO_2-Untersättigung, diejenigen der Olivintholeiite rechts dieser Ebene.

Tabelle 30. Alkalibasalte und Alk'Olivinbasalte

	Klinopyroxen	
	Ohne Olivin	Mit Olivin
Nephelin + Plagioklas	*Nephelintephrit*	*Nephelinbasanit*
Leucit + Plagioklas	*Leucittephrit*	*Leucitbasanit*

Melanokrate, dicht- bis feinkörnige, auch porphyrische Gesteine; gröbere Varianten werden wie bei den Tholeiiten als Dolerite bezeichnet.

Mineralbestand: Stets Plagioklas (An 50–70) und Foide, geringe Mengen von Kalifeldspat in den Trachybasalten möglich. Dunkle Gemengteile sind Titanaugit, diopsidischer Augit, auch Amphibol. Einsprenglinge bilden Plagioklas, Leucit und Pyroxen, in den Basaniten auch Olivin. Die Grundmasse enthält mitunter auch geringe Mengen von Glas. Akzessorien: besonders Magnetit und Apatit.

Vorkommen: Z. B. Laacher Seegebiet, Westerwald, Vogelsberg, Rhön, vielerorts in Hessen und Thüringen, Oberpfalz, Lausitz, Nordböhmen, Schonen, Kanarische Inseln und Inseln des Atlantischen Rückens. Leucittephrit bzw. Leucitbasanit speziell im Kaiserstuhl, Laacher Seegebiet, Duppauer Gebirge in Nordböhmen, Vesuv (Abb. 90 b), Roccamonfina in Mittelitalien.

Das Auftreten der Alk'Olivinbasalte ist neben Tholeiiten charakteristisch für die ozeanischen Inseln. Sie treten jedoch auch innerhalb von kontinentalen, nichtorogenen Regionen auf, so in verschiedenen tektonisch angelegten Grabenzonen (rift valleys), z. B. im Ostafrikanischen Graben, dem oberen Rheintalgraben etc.

Limburgit ist ein Nephelinbasanit mit glasiger Grundmasse und Einsprenglingen von Titanaugit, Olivin und Titanomagnetit.

Nephelinit und Leucitit (zu den Foiditen gehörig, Abb. 84 A, S. 186, Feld 15 c)

Feldspatfreie, basaltähnliche Gesteine, die als helle Gemengteile nur Nephelin und/oder Leucit enthalten.

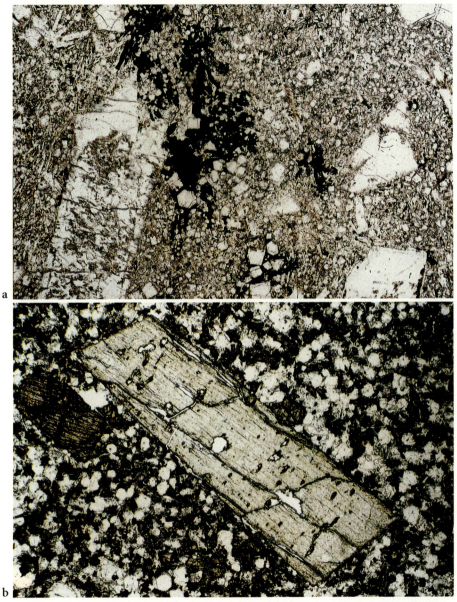

Abb. 90 a *Phonolith* (Nephelinphonolith), Einsprenglinge: Natronsanidin (leistenförmig), Nephelin (hexagonale Prismen), Ägirin (fast opak erscheinend). Grundmasse: dieselben Minerale; Brüx (Böhmisches Mittelgebirge). Vergr. 25mal. **b** *Leucittephrit*, Einsprenglinge: Augit, Leucit (Ikositetraeder), Plagioklas. Die zurücktretende Grundmasse enthält im wesentlichen die gleichen Minerale, dazu ein opakes Erzmineral; Vesuv, Vergr. 20mal

11.1.2.3 Karbonatite und lamprophyrartige Gesteine

◆ **Karbonatite**

Sind relativ seltene magmatische Gesteine mit > 50 Vol.% Karbonatmineralen. Sie sind zuerst von BRÖGGER aus dem Fen-Gebiet in Südostnorwegen beschrieben worden. Karbonatite treten geologisch in Schloten, Gängen und als Lavaströme auf. Sie kommen meistens zusammen mit foidführenden Alkalimagmatiten vor. Innerhalb der ostafrikanischen Grabenzone trifft man auch rezente aktive Vulkane an, die Karbonatitlava fördern. Auch Pyroklastika aus Karbonatitmaterial kommen vor.

Mineralbestand: Calcit, Dolomit, Ankerit, Siderit. Akzessorien sind Apatit, Phlogopit, Ägirin, Ägiriaugit, Hornblende, Pyrochlor mit Niob und Tantal, Nb-haltiger Perowskit ($CaTiO_3$), zahlreiche weitere seltene Minerale mit Seltenen Erden, Th, U etc. Nach der Art der Karbonatminerale richtet sich seine spezielle Benennung.

Vorkommen: Zusammen mit foidführenden Alkalimagmatiten besonders innerhalb von intrakontinentalen Riftzonen, so im Fen-Distrikt in Südnorwegen, im Alnögebiet in Mittelschweden, im Kaiserstuhl, innerhalb des ostafrikanischen Grabensystems, auf der Kolahalbinsel (Rußland).

Wirtschaftliche Bedeutung: An Karbonatitvorkommen sind nicht selten Lagerstätten von Apatit (Kolahalbinsel) und nutzbare Minerale mit Niob und Seltenen Erden gebunden.

Lamprophyrartige Gesteine

Den lamprophyrartigen Gesteinen werden die *Kimberlite* und die *Lamproite* zugeordnet (LE MAITRE, 1989). Kimberlite treten gewöhnlich an der Erdoberfläche in Durchschlagsröhren (sog. Pipes) und Lamproite in Gängen auf.

◆ **Kimberlite**

Kimberlite sind ultramafisch und bestehen hauptsächlich aus serpentinisiertem Olivin, wechselnden Anteilen von Phlogopit, Orthopyroxen, Klinopyroxen, Karbonaten und Chromit. Charakteristische Nebengemengteile sind außerdem pyropreicher Granat, Monticellit ($CaMg\,[SiO_4]$), Rutil und Perowskit ($CaTiO_3$). Vgl. auch S. 455. *Wirtschaftliche Bedeutung* als (primäre) Diamantlagerstätten, v. a. im südlichen und westlichen Afrika und innerhalb von Sibirien.

◆ **Lamproite**

Lamproite gehören ungewöhnlich K-reichen Magmatitserien an und führen in unterschiedlicher Menge die folgenden Minerale: Olivin, Diopsid, Phlogopit, Leucit, Sanidin und einen K-reichen Amphibol. Akzessorien sind: Perowskit, Nephelin, Apatit neben weiteren, an Seltenen Erden reichen Mineralen.

Lamproite haben durch die vor einiger Zeit aufgefundene Diamantlagerstätte Argyle in Westaustralien an Interesse gewonnen.

11.1.2.4 Häufigkeit der magmatischen Gesteine

Angaben über die Häufigkeit der wichtigen magmatischen Gesteine in der Erdkruste finden sich in Tabelle 22, S. 181.

11.1.2.5 Pyroklastische Gesteine (Pyroklastika)

Benennung und Klassifikation

Die meisten Vulkane der Erde fördern neben flüssiger Lava auch festes oder halbfestes Material, das sie auswerfen. Unter solchen Lockerstoffen befindet sich auch magmafremdes Material der Schlotwandungen oder des alt- oder nichtvulkanischen Untergrunds. Dieses Material sedimentiert insgesamt je nach der Größenordnung oder Dichte in geringerer oder weiterer Entfernung des fördernden Vulkans und bildet pyroklastische Gesteine. Wir stellen sie nicht zu den Sedimenten oder Sedimentgesteinen, weil sie nicht aus Verwitterungsprodukten hervorgegangen sind.

Unverfestigte Pyroklastika werden als Tephra bezeichnet.

Es werden unterschieden:
- Bei *vulkanischen Aschen* handelt es sich um staubfeine bis sandige Lockerstoffe, die aus zerspratzter Schmelze oder aus feinst zerriebenem Material der Schlotwandungen oder aus einem Gemenge von beiden bestehen. Aschen verfestigen sich unter dem Einfluß von Wasser zu *Tuffen*.
- *Wurfschlacken* sind im Flug erstarrte, schwach aufgeblähte Förderprodukte von Erbsen- bis Kopfgröße.
- *Schweißschlacken* erreichen noch unverfestigt den Boden als Lavafetzen und schweißen dort fest.
- Als *vulkanische Bomben* bezeichnet man Lavafetzen, die im Flug durch Rotation eine gedrehte und zugespitzte Form angenommen haben, jedoch im Unterschied zu den Schweißschlacken bereits erstarrt den Boden erreicht haben.
- *Lavablöcke* sind eckige Bruchstücke von älteren Lavakörpern, die ausgeworfen wurden.
- Als *Bimssteine* bezeichnet man stark aufgeblähte, hochporöse und glasig erstarrte Lavafetzen, die meistens in größeren Mengen gefördert werden. Da sie spezifisch leicht sind, schwimmen sie auf dem Wasser. Auch sie wären nach ihrer Größe in die in Abb. 91 dargestellte Ordnung einzureihen, wie z. B. Bimssteinlapilli.
Bims ist ein wichtiger Industrierohstoff. Die wirtschaftlich bedeutendsten Bimslagerstätten der Bundesrepublik befinden sich im Raum des Neuwieder Beckens mit einer mittleren Mächtigkeit von 3–5 m auf einer Fläche von ca. 240 km^2 und werden hier in großem Maßstab abgebaut. Aus Bims des Neuwieder Beckens werden die sog. Bimsbaustoffe hergestellt.

Nach einem Vorschlag einer IUGS-Subkommission sind die verschiedenen Komponenten der pyroklastischen Massen bzw. Gesteine als *Pyroklasten* zu bezeichnen. Pyroklasten bestehen hiernach aus Kristallen, Kristallbruchstücken, Gesteinsglas und Gesteinsbruchstücken. Pyroklasten unterscheiden sich stark in ihrer Größenordnung. Diese IUGS-Subkommission schlägt vor:

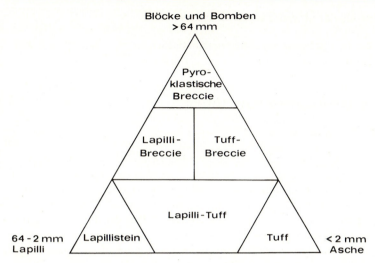

Abb. 91. Korngrößendreieck verfestigter Pyroklastika (aus FÜCHTBAUER und MÜLLER, 1970, Abb. 6–60 a)

Pyroklasten mit durchschnittlicher Größe > 64 mm, je nach den oben geschilderten Eigenschaften, als *Bomben* oder *Blöcke* zu bezeichnen. Entsprechend ihrem Rundungsgrad bildet das aus ihnen bestehende pyroklastische Gestein *Agglomerate* oder *pyroklastische Breccien*. Lapilli variieren hiernach zwischen 64 und 2 mm Größe. Die sie zusammensetzenden pyroklastischen Gesteine sind als *Lapillituffe* zu benennen. Unter 2 mm liegt nach diesem Vorschlag die Korngröße *vulkanischer Aschen* bzw. (verfestigt) die der *Aschentuffe*. Aschen und Aschentuffe werden ihrerseits in grob (> 1/6 mm) und fein (< 1/6 mm) unterteilt.

Das *Korngrößendreieck* (Abb. 91) entspricht weitgehend dieser Einteilung.

Die vorwiegend aus Blöcken bzw. Bomben, Lapilli oder Asche zusammengesetzten, verfestigten Pyroklastika werden hiernach als pyroklastische Breccie, Lapillistein oder Tuff bezeichnet. Gemenge von Asche und Lapilli sind Lapillituffe, Gemenge von Asche und Blöcken bzw. Lapilli und Blöcken werden als Tuffbreccien bzw. Lapillibreccien bezeichnet.

Die genetische Einstufung einiger Pyroklastika

Als *Schlottuffe* oder *Schlotbreccien* werden pyroklastische Gesteine bezeichnet, die im Vulkanschlot entstanden und dort steckengeblieben sind.

Bimsstein entsteht, wenn zähflüssige (an SiO$_2$ übersättigte oder gesättigte) Lavateile eine plötzliche Druckentlastung erfahren, wie es i. allg. bei Erstausbrüchen der Fall ist. Es kommt zur Aufblähung im Schlot unter Entwicklung von Gas und anschließender Erstarrung des Auswürflings noch während des Flugs. Dabei werden größere Auswürflinge zu Bruchstücken zertrümmert.

Ignimbrit gehört zu einer sehr heterogenen Gruppe von pyroklastischen Gesteinen. Ignimbrit (Schmelztuff, engl. welded tuff) ist eine außerordentlich schlecht sortierte chaotische und dabei kompakte Tuffbreccie, die aus einer vulkanischen Glutwolke abgesetzt worden ist. In ihr finden sich neben feinster Asche auch Blöcke und Lapilli aller Größenordnungen. Alle diese Bestandteile sind miteinander verschweißt. Ignimbrite setzen sich aus hochmobilen Glutwolken ab, die nach Verlassen der Förderstelle des Vulkans mit enormer Geschwindigkeit hangabwärts gleiten.

Verfestigte Pyroklastika (Tuffe, Lapillisteine und pyroklastische Breccien) entstehen i. allg. dadurch, daß als Folge eines einsetzenden Verwitterungsprozesses oder durch Diagenese Porenzement zugeführt oder bei der Umwandlung glasiger Bestandteile gebildet wird. Im letzteren Fall kommt es zu Neubildung von Tonmineralen, verschiedenen Zeolithen oder/und SiO_2-Mineralen.

Lahar ist ein Schlammstrom aus pyroklastischem Material.

Bentonite sind Glastuffe, die durch Entglasung in Montmorillonit oder ein ähnliches Tonmineral umgewandelt sind.

Palagonittuffe enthalten Fragmente von dunklem basaltischem Glas – als Sideromelan bezeichnet – das durch Wasseraufnahme in eine gelbe bis gelbbraune glasige Substanz *(Palagonit)* umgewandelt ist. Aus diesem amorphen Zwischenprodukt entstehen Smectit und Zeolithe, v. a. Phillipsit.

Tuffite sind umgelagerte Pyroklastika. Sie entstehen, wenn Aschen bzw. Tuffe bei folgenden Erosionsprozessen während eines kürzeren oder längeren Transportwegs mit pelitischem Material vermengt werden und eine gemeinsame Sedimentation erfolgt. Bei geringerem pyroklastischem Anteil spricht man von tuffitischen Sedimenten.

Bezeichnungen wie *Rhyolithtuff*, *Trachyttuff* oder *Phonolithtuff* sind nur dann sinnvoll, wenn gleichzeitig geförderte Lava entsprechender Zusammensetzung nachweisbar ist. Eine Einordnung ist über die chemische Zusammensetzung möglich.

11.1.3 Die geologischen Körper der magmatischen Gesteine

ALLGEMEINES

Vulkane sind „geologische Gebilde, die an der Erdoberfläche durch den Ausbruch magmatischer Stoffe entstehen oder entstanden sind" (RITTMANN, 1981). Es gibt heutzutage nahezu 800 aktive Vulkane. Der heutige aktive Vulkanismus ist an Plattengrenzen der Erdkruste konzentriert (Abb. 171, S. 455).

Vulkanite sind magmatische Gesteine entweder eines *Lavavulkans* oder eines *gemischten Vulkans (Stratovulkans)*. Die letzteren setzen sich im Unterschied zu ersteren aus Lavaergüssen und Lockerstoffen (Pyroklastika) zusammen.

11.1.3.1 Einteilung der Vulkane

Lavavulkane

1. *Lavadecken (Tafelvulkane)* sind flächenhaft ausgedehnte Lavaüberflutungen. Mehr als 2,5 Mio. km² der Festländer sind seit Beginn des Mesozoikums von basaltischen Laven überflutet worden. Sie sind fast stets als Linearausbrüche aus Spalten entstanden und waren besonders in früheren geologischen Zeiten sehr häufig. Im kontinentalen Bereich der Erdkruste haben sich daraus im Lauf geo-

logischer Zeiträume ausgedehnte Plateaus mit Mächtigkeiten bis zu etwa 3000 m gebildet, deren treppenartige Geländeformen zur Bezeichnung *Trappbasalte* Anlaß gaben. Dabei sind die einzelnen Teildecken meistens nur 5–15 m mächtig. Zu den größten kontinentalen Vorkommen zählt das indische Basaltplateau mit dem sog. Deccan-Trapp. Lavadecken setzen dünnflüssige, basaltische Lava voraus. In Europa zählen besonders die sog. *Plateaubasalte* in Schottland, Island und Südschweden zu ihnen. Mit einiger Sicherheit sind derartige Basaltdecken, hier meistens als Pillowlava erstarrt, im Bereich der Ozeanbecken noch ausgedehnter. Dazu kommen auch oberflächennah intrudierte Laven. Solche subozeanische Eruptionszentren befinden sich auf den mittelozeanischen Schwellenzonen als Zonen intensiver vulkanischer Aktivität (Konzept des Seafloor spreadings).

2. *Lavaschilde,* das sind schildartig flache, in ihrem Grundriß kreisförmige Schildvulkane vom Hawaiityp. (Ihr Name: Sie gleichen in ihrer Form dem Buckelschild eines römischen Soldaten.) Die Böschungswinkel ihrer Flanken sind sehr gering, meistens besitzen sie nur 4–6°. Die Schildvulkane sind neben den Lavadecken die größten zusammenhängenden vulkanischen Gesteinskörper der Erde. Sie entstehen durch Übereinanderfließen zahlreicher dünnflüssiger Lavaströme, die aus Kratern gefördert werden. Auf dem nahezu ebenen Gipfelplateau befindet sich häufig ein steilwandiger Einsturzkrater als zentraler Förderkanal der Lava eingesenkt, in dem sich nicht selten ein Lavasee mit dünnflüssiger heißer Lava befindet. Bekannt sind die Schildvulkane von Hawaii, so der Mauna Loa, der Mauna Kea und der kleinere parasitäre Kilauea mit dem ehemaligen Kratersee Halemaumau. Die wesentlich kleineren Schildvulkane Islands werden einem anderen Typ zugeordnet. Die geförderten Vulkanite haben wie bei den großen Lavadecken basaltische Zusammensetzung.

3. *Stau- und Quellkuppen* entstehen aus zähflüssiger Lava. Im Unterschied zu den Staukuppen sind die Quellkuppen unter Tuffbedeckung gebildet worden (Abb. 92). Petrographisch bestehen sie beide aus leukokraten, z. T. relativ SiO_2-reichen Vulkaniten, so z. B. aus Rhyolith, Trachyt oder Phonolith. Beispiel einer Staukuppe ist der Puy de Dôme in der Auvergne. Beispiele (fossiler) Quellkuppen sind der Hohentwiel im Hegau oder der Drachenfels im Siebengebirge.

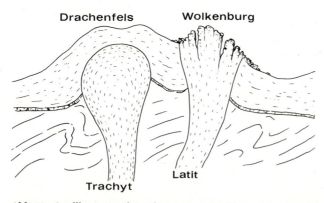

Abb. 92. Quellkuppe und Staukuppe: Die Quellkuppe des Drachenfelses mit Tuffmantel, Staukuppe der Wolkenburg ohne jede vorherige Tuffbedeckung wie aus dem diskordanten Verband zu erkennen ist (nach SCHOLTZ, 1931)

Ihre Kuppen bilden meistens Bergkegel mit steilen Flanken. Wo Staukuppen von einem Initialdurchbruch begleitet waren, sind sie häufig von einer sog. *Schloträumungsbreccie* umgeben.
4. *Stoßkuppen* (in Form einer Lavanadel) entstehen meistens in Verbindung mit Staukuppen älterer Vulkane. Es sind im festen bis halbfesten Zustand steil aufgerichtete, extrem zähe Lavamassen, die aus dem Förderschlot gepreßt wurden. Sie treten als fast senkrecht abfallende Felsnadeln bis zu 300 m Höhe morphologisch augenfällig in Erscheinung. Sie sind relativ selten.

Das bekannteste Beispiel ist die Felsnadel der Montagne Pelée auf der Kleinen Antilleninsel Martinique, die sich in relativ kurzer Zeit aus einem Vulkankrater emporgeschoben hatte. Nach seitlicher Neigung der Felsnadel im Jahre 1902 entlud der Vulkan unerwartet eine Glutlawine und eine Glutwolke mit Suspensionen heißer Asche, die sich hangabwärts mit enorm hoher Geschwindigkeit zur Stadt St. Pierre hin bewegten. Bei dieser Katastrophe wurde die Stadt St. Pierre zerstört und der Tod von fast 30 000 Menschen beklagt. Die ehemalige Felsnadel ist inzwischen durch Erosion fast völlig abgetragen.

Gemischte Vulkane (Stratovulkane)

Gemischte Vulkane bestehen aus *Lavaergüssen und geförderten Lockerstoffen.* Dieser Typ ist sehr viel verbreiteter als die reinen Lavavulkane. Dabei gibt es lavaarme und lavareiche Arten, und es bestehen zudem Übergänge zu den Lavavulkanen. Bei den meisten gemischten Vulkanen herrschen die Lockermassen vor. Der Bau eines solchen Stratovulkans kann außerordentlich kompliziert sein. Bekanntestes Beispiel ist der Somma-Vesuv in Italien.

Die einfachste Form eines Stratovulkans ist die eines Bergkegels mit konkaven Flanken. Er besitzt oben auf seiner Spitze einen Krater, aus dem zunächst die Ausbrüche erfolgen. Überschreitet ein solcher Vulkan eine gewisse Höhe, so ist die Festigkeit seiner Außenhänge dem Druck der Lavasäule im Schlot allmählich nicht mehr gewachsen, und es brechen Radialspalten auf. Wenn sich die Spalten mit Lava füllen, dann entstehen Radialgänge aus Vulkanit.

Haben diese Spalten die Form von Kegelmänteln, so erstarrt die eindringende Lava zu Kegelgängen (cone sheets). Beispiele bieten durch Erosion freigelegte ehemalige Vulkane auf der Halbinsel Ardnamurchan in Schottland. Hier kommen auch die in vielem ähnlichen Ringgänge (ring dikes) vor.

Lagergänge (engl. sills)

Hierbei ist Lava oberflächennah *konkordant zwischen die Schichtfugen* des Stratovulkans oder in den Schichtenverband einer Sedimentserie eingedrungen. Die Intrusion bahnte sich jeweils auf einer früheren Oberfläche des Stratovulkans den Weg, was sich geologisch als Diskontinuität auswirkt.

Wenn derartige Lagergänge eines längst erloschenen Vulkans durch Erosion freigelegt sind, kann man sie leicht mit effusiv (extrusiv) gebildeten Lavaströmen verwechseln. Sie unterscheiden sich jedoch fallweise von diesen durch Fehlen einer Schlackenkruste, stellenweises Überspringen in ein anderes Schichtniveau und durch Frittungserscheinungen am Nebengestein des Hangenden und des Liegenden.

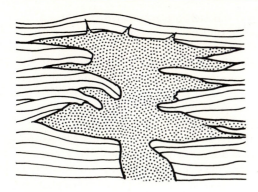

Abb. 93. Lakkolith

Subvulkane

Die *Tiefenfortsätze der Vulkane* bezeichnet man als Subvulkane. Viele Vulkane besitzen in nicht allzu großer Tiefe eine (oder mehrere) ihnen zugehöriger Magmenkammern. Aus ihnen werden die effusiv geförderten Laven des Vulkans gespeist. Kommt das Magma des Subvulkans durch Abkühlung (im Stadium des Erlöschens des Vulkanismus) zur Auskristallisation, so bilden sich ebenfalls Vulkanite, die sich nicht selten durch ein gröberes Gefüge auszeichnen (etwa als doleritischer Basalt).

Der längst erloschene und tief abgetragene Vulkan gibt uns Auskunft über seine Tiefenfortsetzung und Beschaffenheit der subvulkanischen Kristallisationsprodukte. Die Körper der im Subvulkan gebildeten Vulkanite passen sich wegen ihrer Oberflächennähe den herrschenden Strukturen der Oberkruste an. Es ergeben sich mannigfaltige Körperformen. So nennt man Körper, die sich streng an vorhandene Schichtfugen halten und diese uhrglasförmig emporwölben, *Lakkolithe* (Abb. 93). Im allgemeinen liegen sie flach und sind plankonvex oder bikonvex linsenförmig ausgebildet. Konvex-konkave Körper werden als *Sichelstöcke* (Harpolithe oder Phacolithe), trichterförmig nach der Tiefe hin verjüngte als *Ethmolithe* bezeichnet. Subvulkanische Magmatitkörper, welche die Schichtung quer durchsetzen oder keinerlei Schichtung neben sich haben, werden *Stöcke* genannt.

Gänge sind ausgesprochen plattige Körper. Sie können im vorliegenden Fall bis zu 100 m mächtig sein.

Diatreme sind mit Breccien gefüllte *Durchschlagsröhren,* wie z. B. die Eruptivschlote der Schwäbischen Alb. Eine besondere Art von Diatrem sind die *Pipes* in Südafrika, Sibirien und anderen Stellen. Diese Durchschlagsröhren enthalten die sog. *Kimberlitbreccie,* die stellenweise Diamant führt und vermutlich tief in den Erdmantel reicht.

Plutone

Mittlere und kleinere Plutone, meistens kuppelförmig entwickelt, finden sich in mittleren und kleineren Grundgebirgsanschnitten. Hierzu rechnen die Granitplutone des Varistikums in Mitteleuropa mit einer Größenordnung zwischen 5 und 40 km Durchmesser. Als Beispiele seien die Anschnitte der verschiedenen Fichtelgebirgsgranite, der Oberpfälzer Granite und der Granitkörper des Brocken im Harz angeführt. Nicht selten sind die kleinen Plutone, auch als Stöcke bezeichnet, Anschnitte von lediglich kuppelförmigen Aufbrüchen größerer darunterliegender Plutone oder Batholithe.

Die größeren Plutone sind innerhalb von sehr tiefen Krustenanschnitten oder in Kernpartien von Orogenen durch langanhaltende Erosion freigelegt worden. Sie werden wegen ihrer unbekannten Tiefenfortsetzung dann auch als *Batholithe* bezeichnet. Hierzu rechnet als Beispiel der Sierra-Nevada-Batholith in Kalifornien.

Die Mehrzahl der Plutone besteht petrographisch aus leukokraten und mesotypen Plutoniten. Viele Plutone und besonders die ausgedehnten Batholithe sind recht komplex zusammengesetzt. Oft liegt ihnen eine Folge von zeitlich und stofflich verschiedenen Magmenintrusionen zugrunde. Die einfachen Plutone haben im Grundriß kreisförmige, andere eine ovale Begrenzung. Im letzteren Fall sind sie einem Streckungs- bzw. Dehnungsakt des sich formenden Orogens angepaßt (Längs- und Querplutone). Bei ihnen treffen wir konkordante wie diskordante Kontakte zum Nebengestein an.

Auch im Pluton verändert die Schmelze durch Fließen ihren Ort. Dabei herrschen aufsteigende Bewegungen vor. Die Richtung des Fließens ermittelt man aus der Richtung seiner Spuren. Fixiert wird nur der letzte Bewegungszustand und nur die relative Bewegung zu den benachbarten Bereichen. Für das Studium dieser Relativbewegungen der plutonischen Schmelze ist jede Art von Inhomogenität von Bedeutung, wie bereits ausgeschiedene Kristalle, Schlieren in der Schmelze oder Einschlüsse von Fremdmaterial aus der Tiefe oder der Umgebung. Feste Bestandteile wie Kristalle sind gerichtet, halbfeste wie Schlieren gerichtet und verformt. Fließspuren bilden oft ein oder mehrere Fließgewölbe ab, womit sich der Aufstiegsweg der plutonischen Schmelze bis zu einem gewissen Grad rekonstruieren läßt.

Neben den *Fließspuren* befinden sich im Pluton *Bruchspuren*. So überwiegen in einem oberen plutonischen Stockwerk mit scharfen Kontakten zum Nebengestein die bruchtektonischen Erscheinungen. Nach unten hin nehmen mit unscharfen Kontakten eher die fließtektonischen Erscheinungen zu.

Ein besonderes Merkmal – als Folge von Bruch- und Fließtektonik – ist die *gerichtete Teilbarkeit des Gesteins im Pluton*. Es sind im Gesteinskörper Ablösungsflächen von unterschiedlicher Beschaffenheit entstanden. Das hat große wirtschaftliche Bedeutung für die Gewinnung großer Blöcke bis hinab zum Pflasterstein.

Um die Erforschung der Bewegungsspuren (Fließ- und Bruchspuren) im Pluton, unter der Bezeichnung *Granittektonik* bekannt geworden, hat sich H. CLOOS besondere Verdienste erworben.

11.1.4 Magma und Lava

ALLGEMEINES

Als Magma bezeichnet man schmelzflüssiges Gesteinsmaterial, das neben leichtflüchtigen Bestandteilen auch Kristallausscheidungen enthält. Man nimmt an, daß dieser im wesentlichen silikatische Schmelzbrei neben schwerflüchtigen Stoffen auch bedeutende Mengen von leichtflüchtigen, im gelösten Zustand befindlichen Gasen enthält. Viele Schlüsse über das Magma der Tiefe werden aus seinen Kristallisationsprodukten, den Plutoniten, gezogen.

In zahlreichen Fällen gelangt bei vulkanischen Vorgängen überhitztes Magma unter Aufstieg und vielfältigen Entgasungsprozessen als Lava an die Erdoberflä-

che. Diese vulkanische Tätigkeit belegt eindringlich, daß die Menge an im Magma gelösten Gasen, insbesondere Wasser, groß sein muß. Man hat so den Vulkanismus auch in erster Linie als einen Entgasungsprozeß des Magmas bezeichnet (RITTMANN, 1981). Dieser Entgasungsprozeß spielt bei Initialdurchbrüchen mit explosiver Entbindung der Gase meistens eine verheerende Rolle. Aber auch die ruhig verlaufende Entgasung in Zeiträumen entsprechend ruhiger Aktivität eines Vulkans beeindruckt durch die enormen Mengen geförderter Gase.

Auch die ausfließende Lava entzieht sich wegen gefährlicher Begleitumstände meistens einer direkten wissenschaftlichen Untersuchung. Die aktiven, glühendheiß sich fortbewegenden Lavaströme mit ihren unberechenbaren Gasentbindungen sind sehr gefährliche Naturerscheinungen.

11.1.4.1 Die Viskosität der Lava

Der Viskositätsgrad der Laven, wie derjenige aller Magmen, hängt ab von ihrer Temperatur, ihrem Chemismus, dem Gehalt an mobilen Komponenten und dem Anteil an bereits abgeschiedenen Kristallen.

Bereits die geologische Erfahrung lehrt, daß basaltische Laven mit ihrem relativ niedrigen SiO_2-Gehalt geringere Viskosität aufweisen als rhyolithische oder trachyische Laven z. B. mit ihrem relativ höheren SiO_2-Gehalt. Die basaltischen Laven der Insel Hawaii sind fast so dünnflüssig wie Öl, die dacitische Lava des Mt. Pelée war so viskos, daß sie überhaupt nicht fließen konnte. Seine Lava wurde damals im

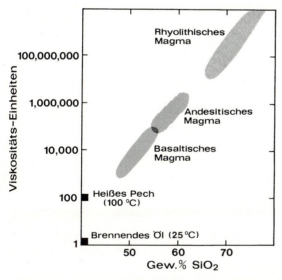

Abb. 94. Die Viskosität des Magmas wird maßgebend vom SiO_2-Gehalt beeinflußt. Der SiO_2-Gehalt wächst vom basaltischen zum rhyolithischen Magma an. Je höher die Viskosität eines Magmas ist, um so geringer ist die Fähigkeit des Fließens. Zum Vergleich sind die viel geringeren Viskositäten von brennendem Öl und von heißem Pech getragen (FLINT und SKINNER, 1974, Fig. 16.1)

11.1 Die magmatischen Gesteine (Magmatite)

Abb. 95. Fladenartige Erstarrungsformen der sog. Fladenlava, auf Hawaii als Pahoëhoë-Lava bezeichnet. Kilaueakrater (im Hintergrund der Kraterrand) auf der Insel Hawaii mit olivintholeiitischer Pahoëhoë-Lava aus dem Jahr 1975

Schlot des Vulkans langsam emporgedrückt. Sie blieb dann in Form einer 300 m hoch aufragenden Lavanadel im Schlot stecken.

Viskositätsmessungen können in der Natur an Lavaströmen und an Lavaseen im Krater oder im Laboratorium an künstlichen Silikatschmelzen vorgenommen werden. Auch daraus ergibt sich, daß die Viskosität der SiO_2-reicheren Schmelzen um mehrere Größenordnungen höher ist als bei SiO_2-ärmeren, den basaltischen z. B. (Dabei ist die absolute Viskosität = dyn/cm^2 mit 1 dyn/cm^2 = 0,1 Pa pro Einheit des Geschwindigkeitsgradienten.) Abb. 94 zeigt die Ergebnisse von Viskositätsmessungen an chemisch verschiedenen Gesteinsschmelzen in Abhängigkeit von ihrem SiO_2-Gehalt.

Mit dem Viskositätsgrad, beeinflußt durch Gasgehalt und chemische Zusammensetzung (SiO_2-Gehalt), ändern sich mit der Art des Fließens die Erstarrungsformen der Lava. Man unterscheidet zwischen der gasärmeren Fladenlava, auf Hawaii Pahoëhoë-Lava[6] genannt, und der gasreichen Blocklava, auf Hawaii als Aa-Lava[6] be-

---

[6] Pahoëhoë, hawaiische Aussprache: pah'-ho-eh-ho-eh, Aa: ah-ah'. 1884 von DUTTON in die Literatur eingeführt.

Abb. 96. Lavastrom mit brocken- und schollenartigen Erstarrungsformen vom Nordhang des Fossa-Vulkans der Insel Vulcano, im wesentlichen aus obsidianartiger Rhyolithlava bestehend

zeichnet. Erstere erstarrt zu fladen-, gekröse- oder seilartigen Formen (Abb. 95), letztere zu zackigen Brocken und Schollen an der Oberfläche (Abb. 96) und kompaktem Vulkanitgestein im Innern.

Laven mit höherer Viskosität besitzen eine größere Neigung zu glasiger (hyaliner) Erstarrung, weil das Diffusionsvermögen der chemischen Elemente und der Kristallisationsvorgang in einer solchen Schmelze stark gehemmt sind. Das sind die SiO_2-reicheren Laven, die zu Obsidian erstarren können. Obsidian entspricht chemisch meistens dem Rhyolith. Pechstein ist von ähnlicher chemischer Zusammensetzung, enthält jedoch mehr Entglasungsprodukte und mehr Wasser. Es handelt sich bei Pechstein häufig um paläovulkanische Gesteinsgläser.

Darüber hinaus ist der Viskositätsgrad einer natürlichen Schmelze entscheidend für den Aufstieg und ihr Intrusionsvermögen in einen gegebenen Gesteinsverband. Er beeinflußt ebenso die Sonderung von frühausgeschiedenen Kristallen im Magma. Diese weichen i. allg. von der Dichte der umgebenden Schmelze ab. So steigen die zuerst in der Vesuvlava abgeschiedenen Kristalle von Leucit wegen ihrer geringeren Dichte auf und reichern sich an ihrer Oberfläche schwimmend an. In vielen Basaltlaven sinken andererseits die spezifisch schwereren Olivin- und Pyroxenkristalle zu

Boden und bilden dort einen Bodensatz, sie akkumulieren. Alle diese Vorgänge werden bei großer Viskosität gehemmt.

11.1.4.2 Temperaturen der Laven und der Magmen der Tiefe

Die Temperaturbestimmung der Lava wird i. allg. mit Thermoelementen oder optischen Pyrometern vorgenommen. Ungeachtet der starken Streuung kann man nach RITTMANN, 1981 mit Sicherheit aussagen, daß die SiO_2-ärmeren Laven wie z. B. die basaltischen mit Temperaturen zwischen rund 1200 und 1000 °C viel heißer sind als die SiO_2-reicheren rhyolithischen und dacitischen Laven mit Temperaturen zwischen 950 und 750 °C.

Die Temperaturen der tiefer liegenden Magmen, aus denen Plutonite auskristallisieren, sind wegen ihrer Sättigung an Wasser nicht so hoch wie die Temperaturen der an der Erdoberfläche austretenden Laven. Es werden für plutonische Schmelzen wahrscheinliche Temperaturwerte zwischen 1200 und 650 °C, für deren Restmagmen sogar nur Werte zwischen 600 und 500 °C angenommen. Dabei nehmen den unteren Temperaturbereich granitische, den höheren Bereich basische bis ultrabasische Magmen ein. Eine direkte Temperaturmessung bei den Magmen der Tiefe ist natürlich unmöglich. Jedoch lassen verschiedene Indizien wie sog. *mineralogische Thermometer* anhand geeigneter Mineralumwandlung oder an Gaseinschlüssen solche Temperaturrückschlüsse ziehen. Experimentelle Untersuchungen, wenn auch noch immer an stark vereinfachten Modellsystemen, helfen dabei.

11.1.4.3 Die Gase im Magma

Während der Eruptionsphase eines Vulkans werden enorme Mengen an Gas mit großem Überdruck ausgestoßen. Über die absolute Menge und den Konzentrationsgrad der zahlreichen flüchtigen Bestandteile im glutflüssigen Magma wissen wir jedoch bis jetzt noch recht wenig. Wenn Lava als solche an die Erdoberfläche tritt, ist der größte Teil der ehedem vorhandenen Gase entwichen. Man hat für das Magma in tieferliegenden Granitstöcken einen Wassergehalt bis zu 8 % angenommen. Neuere Schätzungen geben für Basaltlaven Gehalte von nur 0,4–0,7 Gew.% H_2O an. Die Löslichkeit von Wasser im Magma ist nach experimentellen Befunden jedenfalls begrenzt.

Die genaue Gasanalyse ist schwierig, da das Einfangen der heißen entweichenden Gase kaum möglich ist. Aus flüssiger Basaltlava austretende Gase wurden zuerst im Lavasee Halemaumau im Kilaueakrater auf der Insel Hawaii eingefangen und analysiert. Es wurde festgestellt, daß die Beteiligung der verschiedenen Gasphasen sehr schwankt. Dabei herrscht Wasserdampf vor, der jedoch zum größten Teil aus verdampftem Grundwasser herrührt. Aus jüngerer Zeit stammen weitere zuverlässige Gasbestimmungen aus verschiedenen Eruptionsstadien des Ätna.

Auch gibt es Möglichkeiten, aus Sublimationsprodukten, die sich an den Vulkanschloten oder innerhalb der Erstarrungskruste der Lavakörper aus heißen, sich entbindenden Dämpfen absetzen, einen Teil dieser Gase indirekt zu bestimmen. Das ist ebenso aus Gaseinschlüssen in Mineralen der magmatischen Gesteine, so aus solchen in Olivineinsprenglingen von Olivinbasalten, möglich.

An Gasen, die im Eruptionsstadium von Vulkanen gefördert werden, sind nach RITTMANN, 1981 insbesondere sicher nachgewiesen worden: reichlich Wasser (H_2O), Chlorwasserstoff (HCl), Schwefelwasserstoff (H_2S), Wasserstoff (H_2), Kohlenmonoxid (CO), Kohlendioxid (CO_2), Chlor (Cl_2), Fluor (F_2), Fluorwasserstoff (HF), Siliziumfluorid (SiF_4), Methan (CH_4), das unter den Kohlenwasserstoffen vorherrscht. Dazu kommen noch verschiedene Gase, die sich durch Reaktion des Luftsauerstoffs mit magmatischen Gasen bilden, wie z.B. die Oxidationsprodukte des Schwefelwasserstoffs, wie Schwefeldioxid (SO_2), Schwefeltrioxid (SO_3) und als Zwischenprodukt elementarer Schwefel. Einige Gase stammen aus beigemengter Luft. Zahlreiche weitere Gase kommen nur in sehr kleinen Mengen vor. Gelbrotes $FeCl_3$ färbt die Eruptionswolke zeitweise orange.

11.1.5 Die magmatische Differentiation

ALLGEMEINES

Es gibt knapp 900 Gesteinsnamen verschiedener Magmatite. Die meisten dieser Gesteinsarten sind durch Übergänge miteinander verknüpft, und man kann sie ihrer Entstehung nach nicht auf eine ebenso große Zahl selbständig gebildeter primärer Stamm-Magmen zurückführen. Sie werden meistens genetisch aus ganz wenigen Stamm-Magmen abgeleitet, aus denen sie sich durch spezielle Vorgänge mit sinkender Temperatur gebildet haben.

Die Entstehung der primären *Stamm-Magmen*, zu denen z.B. die basaltischen Magmen gehören, wird später behandelt.

Die Trennung eines gegebenen Stamm-Magmas in verschiedene, stofflich unterschiedene, meistens aber durch gewisse Übergänge miteinander räumlich verbundene Teilmagmen wird als *magmatische Differentiation* bezeichnet. Es sind bis jetzt eine ganze Reihe von Vorgängen bekannt geworden, die zu einer solchen Aussonderung von Magmen führen können. Einige sollen im folgenden angeführt werden.

11.1.5.1 Die gravitative Kristallisationsdifferentiation

Eine verbreitete Ursache für eine magmatische Differentiation kann in dem Absinken früh ausgeschiedener Kristalle von größerer Dichte (Olivin, Pyroxen, Spinell etc.) im Stamm-Magma gesehen werden, indem sich als Folge eine spezifisch leichtere, stofflich veränderte Restschmelze absondert. Da dieser Vorgang im wesentlichen eine Wirkung der Schwerkraft ist, bezeichnet man ihn auch als eine *gravitative Differentiation*. Im Hinblick auf die abgeschiedenen Kristalle, die sich als Bodensatz in der Magmakammer anzureichern beginnen, spricht man bei ihnen auch von einer *Akkumulation* (Kristallakkumulation). Die kumulierten Minerale sind reich an Mg, Fe, Cr und Ni. Es verbleibt eine Restschmelze, die an Si, Al, Na und K angereichert ist. Auch leichtere Minerale können sich gelegentlich als Erstausscheidungen frühzeitig in einer etwas schwereren Schmelze absondern und als Ergebnis einer gravitativen Differentiation nun umgekehrt aufsteigen. Hierfür war das Schlotmagma des Vesuvs ein überzeugendes Beispiel. Die früh ausgeschiedenen Leucitkristalle von geringerer Dichte stiegen als schwimmender Kristallbrei in der etwas dichteren Restschmelze auf.

Da der Kristallisationszeitraum eines Magmas bei langsamer Abkühlung recht groß ist, kann ein derartiger gravitativer Sonderungsprozeß zwischen Kristallkumulat und Restschmelze sich mehrfach wiederholen, wenn die Kristalle immer wieder von der Restschmelze getrennt werden.

Kumulatgefüge treten vorwiegend innerhalb von mafischen und ultramafischen Plutonitkörpern auf. Instruktive Beispiele großen Ausmaßes solcher Layered intrusions, wie sie im angloamerikanischen Schrifttum bezeichnet werden, sind: Der Bushveld-Komplex in Südafrika, die Skaergard-Intrusion in Grönland und der Stillwater-Komplex in Montana, USA. Der Bushveld-Komplex ist die größte bekannte Layered intrusion auf der Erde. Es handelt sich der Größe nach um einen 450 × 350 km^2 ausgedehnten magmatischen Körper von 9 km Dicke. Er zeigt einen vielfältigen Lagenwechsel aus Peridotit, Pyroxenit, Gabbro, Norit und Anorthosit. Im tieferen Teil des Körpers treten 15 Bänder aus Chromit mit Mächtigkeiten bis zu 1 m auf, darüber 25 Bänder aus Magnetit. Im oberen Teil des ausgedehnten Körpers befinden sich verschiedene leukokrate Differentiate bis hin zur Granitzusammensetzung.

11.1.5.2 Das Reaktionsprinzip von Bowen

Auch das Reaktionsprinzip von Bowen kann die Entstehung von verschiedenen Teilmagmen erklären, hier auf experimenteller Grundlage.

Der amerikanische Petrologe Bowen hat als erster erkannt, daß bei der Kristallisation natürlicher Magmen den *Reaktionsbeziehungen* zwischen früher ausgeschiedenen Mineralkristallen und verbliebener Restschmelze für die Entstehung magmatischer Gesteine eine entscheidende Bedeutung zukommt. Diese Überlegungen werden im wesentlichen durch 2 einfache experimentelle Modellsysteme begründet, für die mafischen Gemengteile Olivin und Pyroxen durch das System Forsterit–SiO$_2$ (Abb. 65, S. 133) und für die felsischen Gemengteile das System der Plagioklase, das binäre Mischkristallsystem Albit–Anorthit (Abb. 76, S. 157).

Es sei einschränkend vermerkt, daß das inkongruente Schmelzen des MgSiO$_3$ entsprechend Abb. 65, S. 133 – dem eine Schlüsselrolle in Bowens Überlegungen zukommt – nach neueren Untersuchungen bei höheren Drücken *über* 5 kbar im H$_2$O-freien System nicht existiert.

Bowen hat die Ausscheidungsfolge bei der Kristallisation eines basischen (etwa olivinbasaltischen) Magmas unter der Bezeichnung *Reaktionsprinzip* entsprechend Abb. 97 zusammengefaßt. Auf der linken Seite des Diagramms befindet sich die Folge der mafischen Minerale in einer (nach Bowens Bezeichnung) *diskontinuierlichen Reaktionsreihe*. Das bedeutet, daß jedes der vorher ausgeschiedenen mafischen Minerale bei der Abkühlung des Magmas mit der verbliebenen Schmelze unter Bildung des folgenden Minerals reagiert. Diese Reaktion vollzieht sich in Abhängigkeit vom Druck bei einer bestimmten Temperatur oder über ein begrenztes Temperaturintervall hinweg.

Der erste Schritt in der aufgeführten Reaktionsfolge vom Olivin zum MgFe-Pyroxen ist durch experimentelle Daten seit langem genau bekannt. (Diagramm, Abb. 65, S. 133). Nach diesem Diagramm Fo–SiO$_2$ ist mit sinkender Temperatur schließlich mehr Forsterit auskristallisiert als dem chemischen Gleichgewicht entspricht. Bei einer bestimmten Abkühlungstemperatur setzt deshalb eine peritektische Reaktion unter Bildung von (Proto)enstatit ein. Dieser Vorgang wurde von BOWEN als eine diskontinuierliche Reaktion bezeichnet. Bei mangelnder Gleichgewichtseinstellung werden die Forsteritkristalle nicht vollständig reagieren. Deshalb verschiebt sich die Endzusammensetzung der Schmelze mit fallender Temperatur zum Eutektikum hin (vgl. hierzu die ausführliche Erläuterung zu Abb. 65, S. 133). Das ist in der Natur immer dann der Fall, wenn Olivinkristalle frühzeitig aus der Magmenkammer entfernt wurden oder sich bei mangelnder Rührwirkung die früh ausgeschiedenen Olivinkristalle mit einem Reaktionssaum von Pyroxen umgeben haben. Olivinkerne bilden dann sog. gepanzerte Relikte und sind vor weiterer Aufzehrung geschützt. Das führt gegenüber der Ausgangsschmelze zu einer Anreicherung von SiO_2 und einer Verarmung an MgO in der verbliebenen Restschmelze. Da die beiden Mischkristalle (Olivin und Enstatit) bei höheren Temperaturen zunächst bevorzugt Mg^{2+} gegenüber Fe^{2+} einbauen, kommt es in der natürlichen Restschmelze außerdem zu einer Anreicherung von Fe^{2+} gegenüber Mg^{2+}.

Die folgenden Schritte innerhalb der diskontinuierlichen Reaktionsreihe vom (Mg,Fe)–Ca–Pyroxen → Hornblende und von der Hornblende → Biotit sind viel komplizierter, da diese Reaktionen die Aufnahme von Wasser einschließen und der Partialdruck dieses Gases damit neben der sich ändernden Schmelzzusammensetzung (Anreicherung der Alkalien und von Fe gegenüber Mg) eine zunehmende Rolle spielt. Die experimentellen wie petrographischen Daten lassen keinen Zweifel aufkommen, daß auch diese später ausgeschiedenen Minerale im wesentlichen den diskontinuierlichen Reaktionen entsprechend dem BOWEN-Schema unterliegen.

Im Unterschied zur diskontinuierlichen Reaktionsreihe gehen die Plagioklase als wichtigste Vertreter der felsischen Minerale eine *kontinuierliche Reaktionsreihe* ein. In ihr reagieren die sich abscheidenden Kristalle kontinuierlich nach Art einer Mischkristallfolge, also nicht unter Bildung eines anderen Minerals, solange, bis die Schmelze aufgebraucht ist (Abb. 97).

Bei der kontinuierlichen Reaktion der Plagioklase findet die Reaktion ebenfalls innerhalb eines ausgedehnten Temperaturbereichs statt. Mit fallender Temperatur wird die mit den sich ausscheidenden Plagioklasmischkristallen im Gleichgewicht befindliche Schmelze immer reicher an Ab- und ärmer an An-Komponente (vgl. hierzu die ausführliche Erläuterung zu Abb. 76, S. 157). Bei chemischem Ungleichgewicht bilden sich Plagioklaskristalle mit Zonarbau bei An-reicherem Kern und Außenzonen mit höherem Ab-Gehalt. Durch die unvollständige Reaktion zwischen dem Mischkristall und der umgebenden Schmelze wie sie in der Natur häufig anzunehmen ist, findet eine Anreicherung von Na_2O und SiO_2, andererseits eine Verarmung an CaO und Al_2O_3 in der Restschmelze gegenüber der Ausgangsschmelzzusammensetzung statt (Anorthit mit $CaO \cdot Al_2O_3 \cdot 2\ SiO_2$ gegenüber Albit mit $Na_2O \cdot Al_2O_3 \cdot 6\ SiO_2$). Das im Magma enthaltene K_2O wird zunächst durch Biotitausscheidung teilweise verbraucht und gelangt dann nach anschließender Anreicherung in einer weiteren, ebenfalls kontinuierlich verlaufenden Reaktionsreihe der Alkalifeldspäte zur vollständigen Abscheidung.

In der vorliegenden Darstellung des BOWEN-Schemas (Abb. 97) fallen die Temperaturen von oben nach unten. Zahlenmäßige Temperaturwerte können wegen zusätzlicher individueller Einflüsse in der natürlichen Schmelze nicht angegeben werden. Jedoch bringt das Schema zum Ausdruck, daß sich bei fallender Temperatur je ein Vertreter der diskontinuierlichen neben einem solchen der kontinuierlichen Reihe

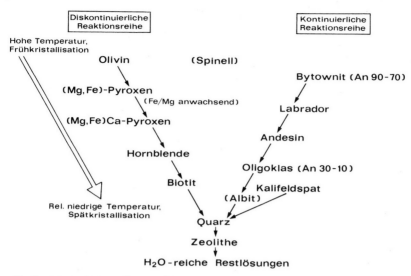

Abb. 97. Die Reaktionsreihen nach BOWEN

ausscheidet, mit gewissen Überschneidungen natürlich. So kristallisiert neben Olivin und Pyroxen stets ein An-reicher Plagioklas (Bytownit-Labradorit), dagegen zusammen mit Hornblende und Biotit stets ein Ab-reicherer Plagioklas (Andesin-Oligoklas). Ob die Erstausscheidung mit einem mafischen oder einem felsischen Mineral beginnt, hängt wesentlich von der Ausgangszusammensetzung der Schmelze ab.

Die Mineralfolge der beiden Reihen zeigt mit der Temperaturerniedrigung eine Zunahme des Si-O-Verhältnisses, so 4 : 16 im Olivin, 4 : 12 im Pyroxen, 4 : 11 in der Hornblende und 4 : 10 im Biotit, ebenso vom An- und Ab-reicherem Plagioklas (Anorthit 4 : 16, Albit 4 : 10,7). In den Kristallstrukturen der diskontinuierlichen Reihe vollzieht sich gleichzeitig eine zunehmende Polymerisation innerhalb des Si–O-Verbands von der silikatischen Inselstruktur bei Olivin über die Ketten- und Doppelkettenstrukturen (Pyroxen und Hornblende) zu silikatischen Schichtstrukturen bei Biotit. Das entspricht der Beschaffenheit der silikatischen Schmelze mit fallender Temperatur. Bei hoher Temperatur enthält die Schmelze viele freie $[SiO_4]$-Gruppen. Mit der Abkühlung erfolgt eine zunehmende Polymerisation und der Übergang in zunehmend komplexere Konfigurationen (Abb. 98). Hierfür maßgebend ist auch das Verhältnis von Si als 4wertiges Kation, dem sog. Netzwerkbildner, zu den Netzwerkwandlern. Das sind die 1- und 2wertigen Kationen mit höherer Koordination im Gitter wie Ca^{2+}, Mg^{2+}, Fe^{2+}, bzw. Na^+, K^+. Al^{3+} kann sowohl tetraedrische als auch oktaedrische Koordination einnehmen, somit sowohl Netzwerkbildner als auch Netzwerkwandler sein.

Die Alkalifeldspäte gehören einer besonderen Reaktionsreihe an, die hier nicht aufgeführt ist, während Quarz am Ende dieser Reihen in der Restschmelze zur Ausscheidung gelangt. Wieviel Restschmelze entsteht, hängt im wesentlichen davon ab, bis zu welchem Grad die Reaktionen vollständig abgelaufen sind. Bei unvollständigem Ablauf entsteht mehr und stärker veränderte Restschmelze. Weil die unter hoher Temperatur ausgeschiedenen Kristalle der diskontinuierlichen Reaktionsreihe

11 Die magmatische Abfolge

Abb. 98. Strukturschema einer silikatischen Schmelze. Kationen $\oplus$, Anionen $\ominus$, neutrale Teilchen $\bigcirc$. Darüber hinaus inselförmige $[SiO_4]^{4-}$-Tetraeder und solche, die zu Sechserringen oder zu Ketten polymerisiert sind. In einem Magma wären die kleinen neutralen Teilchen hauptsächlich H_2O-Moleküle und die neutralen $[SiO_4]$-Gruppen würden durch $Si(OH)_4$ ersetzt sein (MUELLER und SAXENA, 1977, Fig. 12.1)

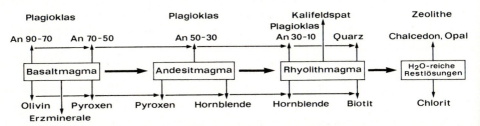

Abb. 99. Das Schema der magmatischen Differentiation eines tholeiitbasaltischen Magmas in Verbindung mit der BOWEN-Reaktionsreihe

(Ol, Px und Feldspäte) kein Wasser einbauen, kommt es im Verlauf dieser fraktionierten Kristallisation außerdem zu einer *Anreicherung des Wassers in der Restschmelze*. Ein Teil des Quarzes und die Zeolithe scheiden sich bei weiterer Abkühlung aus hydrothermalen Lösungen aus.

Die BOWEN-Reaktionsreihen liefern ein wichtiges Modell für eine schrittweise magmatische Differentiation (Aussonderung) von unterschiedlichen Teilmagmen aus einem kalkalkalibetonten Stamm-Magma ausgelöst durch fraktionierte Kristallisation. Das zugehörige Schema (Abb. 99) geht von einem tholeiitbasaltischen Stamm-Magma aus. (Die Akzessorien bleiben unberücksichtigt.)

Mit der Ausscheidung von Ol, Pyr und An-reichem Plagioklas verarmt der Chemismus des tholeiitbasaltischen Stamm-Magmas an den diese Minerale aufbauenden Stoffkomponenten. Das (entsprechend den natürlichen Verhältnissen) vorausgesetzte Reaktionsungleichgewicht und die Trennung (Absaigerung) dieser zuerst ausgeschiedenen Kristalle von der Restschmelze ist so mit einer relativen Anreicherung von SiO_2 und weiteren Stoffkomponenten wie Al_2O_3, den Alkalien etc. verbunden. Aus dem basaltischen Magma ist damit ein andesitisches Magma gebildet worden. Ein im Prinzip vergleichbarer Vorgang wiederholt sich bei weiterer Abkühlung durch die Mineralabscheidung von Pyr und/oder Hbl neben nunmehr intermediärem Plag aus dem andesitischen Magma. Reaktionsungleichgewichte und Absonderung der folgenden Mineralausscheidungen führen schließlich zu einem rhyolithischen Magma entsprechend dem Schema (Abb. 99). In diesem Modell sind nur die wichtigsten Schritte aufgeführt. Der parallele Verlauf zwischen Ausscheidungsreihenfolge und Differentiationsfolge ist überzeugend.

Mengenmäßig ergibt sich gegenüber der ausgehenden tholeiitbasaltischen Schmelze nur relativ wenig Rhyolithschmelze als Restdifferentiat. Das würde den Verhältnissen in der Natur durchaus gerecht. Demgegenüber könnten die enormen Mengen an Granit (der dem Rhyolith als Plutonit entspricht) in der Erdkruste nicht auf diese Weise durch Magmendifferentiation erklärt werden.

11.1.6 Magmenbildung

11.1.6.1 Magmatische Kristallisationsdifferentiation

Ausgehend von verschiedenen *basaltischen Stamm-Magmen* (auch als primäre Magmen bezeichnet) unterscheidet man 3 Gesteinsserien von Vulkaniten, die mit zunehmendem SiO_2-Gehalt einer magmatischen Kristallisationsdifferentiation zugeordnet werden können. Dabei sind die ersten beiden subalkalin, die dritte alkalin:

- *tholeiitische Serie:* tholeiitischer Basalt – Andesit – Dacit – Rhyolith
- *kalkalkaline Serie:* kalkalkaliner Basalt – Andesit – Dacit – Rhyolith
- *alkaline Serie:* Alkalibasalt – Trachyandesit – Trachyt/Phonolith

Diese Serien gehen in erster Linie auf Beobachtungen von Gesteinsverbänden in vielen magmatischen Provinzen der Erde zurück. (1) und (2) enden bei vollständigem Ablauf mit rhyolithischen Differentiaten, (3) mit trachytischen oder phonolithischen Differentiaten. Unterschiede zwischen (1) und (2) bestehen z.B. in einem stärkeren Anwachsen des Fe-Mg-Verhältnisses am Anfang des Fraktionierungsprozesses bei der tholeiitischen gegenüber einer Frühabscheidung von Fe-Ti-Oxiden bei der kalkalkalinen Serie. So ist der Anteil intermediärer Differentiate, etwa solcher mit andesitischer Zusammensetzung, bei der kalkalkalinen Reihe größer. Zudem besteht von vornherein ein deutlicher Unterschied im Al-Gehalt zwischen den basischen tholeiitischen Gliedern und den entsprechenden Gliedern der kalkalkalinen Serie mit ihren High-alumina-Basalten.

Die Zugehörigkeit zur tholeiitischen oder kalkalkalinen Serie wird häufig durch den unterschiedlichen Trend der chemischen Magmenentwicklung im AFM-Dreieck (Abb. 100 B) nachgewiesen.

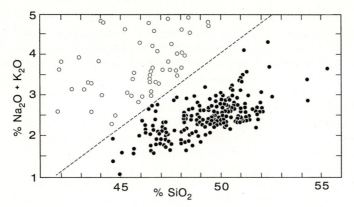

Abb. 100. A Grenze zwischen Tholeiitbasalten und Alkalibasalten im $(Na_2O + K_2O)/SiO_2$-Diagramm von Basalten aus Hawaii (nach MACDONALD und KATSURA, 1964). Punkte: Tholeiitbasalte, Kreise: Alkalibasalte

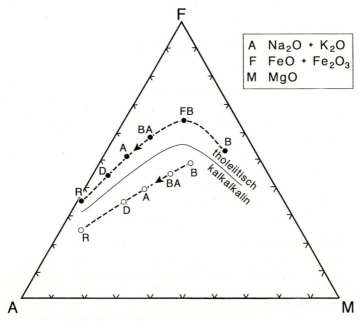

Abb. 100. B AFM-Dreieck mit tholeiitischem und kalkalkalinem Trend. Erläuterung im Text. B tholeiitischer bzw. kalkalkaliner Basalt, FB: Ferrobasalt, BA: basaltischer Andesit, A: Andesit, D: Dacit, R: Rhyolith (aus WILSON, 1989)

Magmatite der alkalinen Serie werden seit langem in einem binären Variationsdiagramm ($Na_2O + K_2O$)/SiO_2 nach HARKER (1932) unterschieden (Abb. 100 A). Sie können in einem K_2O/Na_2O-Diagramm in Na-, K- und High-K-Typen weiter untergliedert werden. High-K-Serien entwickeln SiO_2-arme Vulkanite wie z. B. Leucitbasalt, Leucitbasanit oder Leucitit als Differentiate.

Die *Herkunft* der 3 basaltischen Stamm-Magmen bleibt bei *dieser* Zuordnung offen.

11.1.6.2 Aufschmelzung

Basaltische Magmen bilden sich durch *partielle* Aufschmelzung von Mantelmaterial (Peridotit oder Pyroxenit) (vgl. hierzu S. 246–249 und Abb. 108, S. 249). Bildung und Austritt haben enge Beziehungen zur Plattentektonik:

Tabelle 31. Plattentektonik und Magmenbildung

	Plattenrand		Innerhalb einer Platte	
Geotektonische Lage	Divergent: Ozeanische Rücken	Konvergent: Kontinentalränder, Inselbögen	Intraozeanisch	Intrakontinental
Basaltische Magmenserie	Tholeiitisch	Tholeiitisch, Kalkalkalin, Alkalin	Tholeiitisch, Alkalin	Tholeiitisch, Alkalin

Als partielles Aufschmelzungsprodukt von peridotitischem Mantelgestein wird der olivintholeiitische Basalt der mittelozeanischen Rücken (MORB) angesehen. Die meisten Petrologen nehmen an, daß diese basaltische Schmelze weitgehend unverändert als sog. primäres Magma nach oben gelangt und als Lava gefördert wird. Es gibt aber auch die Vorstellung, daß bei stärkerem Aufschmelzungsgrad entsprechend Abb. 108 primär *ultra*basische, pikritbasaltische Schmelze entsteht, die erst auf ihrem Weg nach oben in einer subvulkanischen Magmakammer zu olivintholeiitischem Magma differenziert. Basaltmagma muß also nicht in allen Fällen Stamm-Magma sein.

Partielle Aufschmelzungsvorgänge von Mantelmaterial können insbesondere ausgelöst werden durch:

- Druckentlastung in aufsteigenden Mantelteilen, die Teile von Konvektionszellen sind und als Plumes bezeichnet werden.
- Schmelzerniedrigung bei lokaler Anreicherung flüchtiger Komponenten wie H_2O, CO_2, F etc.
- Einwirkung radioaktiver Wärmeproduktion.

An den orogenen Kontinentalrändern erfährt bis in die Mantelregion hinein subduzierte *basaltische* Kruste des Ozeanbodens mit ihrer relativ dünnen Sedimentdecke (Abb. 170, S. 450) eine Aufschmelzung. Unter zunehmender Versenkung und Erwärmung unterliegt die subduzierte Platte zunächst einer prograden Metamorphose. Freiwerdendes H_2O erniedrigt die partiellen Aufschmelzungstemperaturen des subduzierten Gesteinsmaterials. Mit ansteigender Temperatur bilden sich zuerst saure, dann zunehmend intermediäre und schließlich basaltische Magmen in der Folge tholeiitisch, kalkalkalin, alkalin mit zunehmender Tiefe. Die gebildeten Magmen steigen in der darüber liegenden kontinentalen Lithosphärenplatte auf und sammeln sich in subvulkanischen Magmakammern. Auf ihrem Weg nach oben und in den Magmakammern selbst kommt es zur Veränderung der Stamm-Magmen durch fraktionierte Kristallisation, Magmenentmischung und Krustenkontamination. Der oben aufsitzende Vulkanismus, etwa an den Kontinentalrändern und in Inselbögen um den Pazifischen Ozean – oft mit seismischer Aktivität verbunden – ist infolge der großen Gehalte an überkritischem H_2O und anderen Gasen in der geförderten Schmelze in hohem Grad explosiv.

In der Tiefe steckengebliebene Magmen mit gleicher Genese bilden große Batholithe oder vielzählige kleinere Plutone, die sich petrographisch aus Tiefengesteinsäquivalenten der kalkalkalinen Serie, im wesentlichen aus Gabbro, Diorit, Tonalit, Granodiorit oder Granit, zusammensetzen.

Die enorm große Förderung von intermediärem und saurem Magma innerhalb der Region der orogenen Kontinentalränder, so in der Küstenregion von Nord- und Südamerika, kann unmöglich allein aus der subduzierten ozeanischen Platte stammen. Anatektische Vorgänge innerhalb der angrenzenden kontinentalen Lithosphärenplatte werden einen überwiegenden Anteil geliefert haben.

11.1.6.3 Kontamination

Auch durch *Aufnahme* und *Einschmelzung* oder *Auflösung* von *Nebengestein* können Teile eines Stamm-Magmas stofflich verändert werden, und es könnte sich daraus eine komagmatische (d.h. auf das gleiche Stamm-Magma zurückführbare) Gesteinsreihe entwickeln. Oft wird als Kennzeichen solcher durch Kontamination (Assimilation) hervorgegangener Teilmagmen ein besonderer Reichtum an Schlieren angesehen. Man sagt, ein solches Magma wirke unausgereift.

Im Hinblick auf die Fähigkeit eines gegebenen Stamm-Magmas, Nebengestein aufzunehmen oder einzuschmelzen, ist zu beachten, wie sich die verschiedenen Einschlüsse verhalten werden. Das richtet sich ebenso nach dem Reaktionsprinzip von BOWEN. Ein Magma kann nach dem oben besprochenen Schema nur solche Mineralaggregate bzw. Gesteinsfragmente auflösen (assimilieren), die ihrer Mineralzusammensetzung nach einer darunterliegenden Stufe (niedrigeren Temperaturstufe) der magmatischen Entwicklungsreihe angehören. Ein Magma, mit dem sich z.B. Hornblende und Andesin im Gleichgewicht befinden, besitzt nicht die Temperaturhöhe für eine Kontamination von Olivin und Bytownit. Es kommt lediglich zu Mineralreaktionen oft in Form von Reaktionssäumen.

Die Möglichkeit einer Kontamination ist anhand des BOWEN-Reaktionsschemas für Magmatiteinschlüsse einigermaßen überschaubar. Sedimenteinschlüsse z.B. unterliegen prinzipiell den gleichen Regeln wie die Einschlüsse magmatischer Gesteine, nur sind die verschiedenen Möglichkeiten nicht so leicht zu überblicken.

Assimilation wurde insbesondere bei Kalksteinen und dolomitischen Gesteinen durch Magmeneinwirkungen im subvulkanischen Bereich vermutet. So versuchte DALY z. B. nachzuweisen, daß sich auf diese Weise nephelinitische und leucititische Magmen aus basaltischen oder trachytischen Stamm-Magmen entwickeln können. Bei magmatischen Temperaturen zerfallen die aufgenommenen Karbonate unter Entbindung von CO_2, und im Stamm-Magma erfolgt durch ihre Aufnahme eine Entkieselung (Desilizierung). Auch am Vesuv wurde ein vergleichbarer Nachweis versucht, der jedoch umstritten ist. Die dort geförderten unterkieselten leucititischen Laven sollen durch Aufnahme von anstehenden Triaskalken aus stofflich abweichendem Magma entstanden sein.

Im Ganzen ist die Möglichkeit einer Bildung von komagmatischen Gesteinsreihen durch Kontamination aus einem Stamm-Magma in jüngerer Zeit weder aus der geologischen Beobachtung heraus noch durch Fakten aus der Geochemie von Isotopen bestätigt worden.

11.1.6.4 Magmenmischung

Magmenmischung spielt im Rahmen der Plattentektonik als Modell für die Entstehung komagmatischer Schmelzen eine zunehmend bedeutende Rolle. So lassen sich z.B. viele der geochemischen und petrographischen Merkmale von Mid-ocean-ridge-Basalten (MORB) erklären, wenn man annimmt, daß sich bereits differenziertes basaltisches Magma der Magmenkammern unter den mittelozeanischen Rücken mit unveränderter primärer Schmelze aus Mantelmaterial – das aus der Tiefe periodisch aufsteigt – vermischt. Es ist zu erwarten, daß derartige basische Magmen eine weitgehend vollständige Mischbarkeit untereinander aufweisen.

Laboratoriumsversuche haben seit längerem gezeigt, daß die Mischbarkeit von silikatischen Schmelzen insbesondere von ihrer Viskosität und Fließgeschwindigkeit abhängt. Größere Viskositäten oder Viskositätsunterschiede behindern die Mischbarkeit. So ist bei der Magmenmischung zwischen sauren Magmen untereinander oder zwischen basischen und sauren Magmen eine mehr oder weniger starke Behinderung zu erwarten.

11.1.6.5 Entmischung im schmelzflüssigen Zustand

Die Möglichkeit einer magmatischen Differentiation durch Entmischung silikatischer Teilschmelzen aus einem Stamm-Magma scheint höchstens gelegentlich bei gasreichen Schmelzen eine begrenzte Rolle zu spielen. Demgegenüber ist die gegenseitige Löslichkeit von Silikat- und Sulfid- oder Oxidschmelzen eine nur sehr begrenzte. Ihre Entmischung vollzieht sich bereits in einem sehr frühen Stadium bei beginnender Abkühlung des Stamm-Magmas. Man hat dieses magmatische Frühstadium nicht ganz glücklich auch als magmatische Vorphase (gemeint ist Vorphase der beginnenden magmatischen Kristallisation) bezeichnet. Die sich tropfen- und schlierenförmig aussondernde Sulfidschmelze sammelt sich wegen ihrer größeren Dichte am Boden der silikatischen Hauptschmelze. Es kommt dabei zur Bildung bedeutender sulfidischer oder auch oxidischer Erzlagerstätten (vgl. S. 268 ff.).

11.1.7 Die experimentellen Modellsysteme

ALLGEMEINES

Zur Erforschung der Regeln, die bei der Kristallisation von Mineralen (Mineralparagenesen und Gesteinen) aus silikatischen Schmelzen herrschen, haben die experimentellen Untersuchungen viel beigetragen, v. a. die Arbeiten, die seit Beginn dieses Jahrhunderts im Geophysical laboratory der Carnegie Institution in Washington (USA) durchgeführt worden sind. Die frühen Experimente sind zunächst an sehr einfachen silikatischen Systemen unter nur 1 bar Druck und unter trockenen Bedingungen (gasfrei) vorgenommen worden. Im Lauf der folgenden Zeit bis jetzt sind solche Untersuchungen an zunehmend komplizierteren Systemen und auch unter viel höheren Drücken unter Anwesenheit flüchtiger Komponenten (v. a. H_2O) durchgeführt worden. Damit wurden auch die komplexeren gesteinsbildenden Minerale synthetisch erfaßt und dadurch die experimentellen Bedingungen den natürlichen Verhältnissen schrittweise angenähert. Dennoch sind die meisten der experimentell gewonnenen petrologischen Modelle bislang, ungeachtet ihrer prinzipiellen Bedeutung, auf die natürlichen petrologischen Vorgänge bei der Kristallisation eines Magmas für den Einzelfall nur mit kritischen Einschränkungen anwendbar, weil es sich dort um viel komplexere Vorgänge handelt (Vielstoffsysteme). Uns kommt es hier nur auf die prinzipiellen Erkenntnisse an.

11.1.7.1 Das System Diopsid–Anorthit

Für die Besprechung der experimentellen Basaltmodelle, die hier behandelt werden sollen, ist die Kenntnis der ihnen zugrundeliegenden einfachen binären Silikatsysteme Voraussetzung. Im Text zu Abb. 76, S. 157 ist bereits das einfache Mischkristallsystem der Plagioklase, im Text zu Abb. 53, S. 115 dasjenige des Olivins besprochen worden. Das peritektische Reaktionsverhalten von (Proto)enstatit im System Forsterit-SiO_2 ist anhand von Abb. 65, S. 133 behandelt worden. Nun bleibt noch, etwas über ein einfaches binäres *eutektisches* System zu sagen. Wir wählen das isobare Temperatur-Konzentrations-Diagramm (TX-Diagramm) Diopsid [$CaMgSi_2O_6$]–Anorthit [$CaAl_2Si_2O_8$] (Abb. 101), das ebenfalls dem Basaltmodell mit zugrundeliegt. In diesem isobaren (p = 1 bar) binären Schmelzdiagramm ist das Di-An-Verhältnis (in Gew.%) wiederum auf der Abzisse und die Temperatur [°C] auf der Ordinate abzulesen.

Die Kristallisationstemperatur (Schmelztemperatur) von reinem Anorthit unter 1 bar Druck liegt bei 1553 °C (Punkt A). Fügen wir der Anorthitschmelze zunehmende Mengen von Diopsidkomponente hinzu, so erniedrigt sich die Ausscheidungstemperatur kontinuierlich längs der Ausscheidungskurve AE. Diese Kurve begrenzt zugleich das Einphasenfeld der Schmelze gegen das Zweiphasenfeld Schmelze und Anorthit. Auf der linken Seite des Diagramms erniedrigt sich entsprechend die Ausscheidungstemperatur von Diopsid mit 1391 °C entlang der Kurve DE durch Hinzufügen von Anorthitkomponente.

Die beiden Ausscheidungskurven (Schmelzkurven) AE und DE treffen sich in einem invarianten Schnittpunkt E, dem eutektischen Punkt des Systems. Bei der eutektischen Temperatur T_E = 1274 °C befindet sich Schmelze mit niedrigstschmelzender Zusammensetzung gleichzeitig mit Anorthit und Diopsid im Gleichgewicht. Es ist sichtbar, daß die Ausscheidungsfolge der beiden Kristallarten nicht unbedingt von der Höhe ihrer Schmelzpunkte abhängt, sondern ganz wesentlich von der *Ausgangszusammensetzung* der Schmelze, deren normativem Di-An-Verhältnis.

Gehen wir nun von der Ausgangszusammensetzung X der Schmelze mit einem bestimmten Di-An-Verhältnis aus (Abb. 101) und erniedrigen die Temperatur bis zum Punkt X_1. Damit ist unter gegebener Temperatur die Ausscheidungskurve von Diopsid DE erreicht. Längs der Kurve X_1E scheidet sich Diopsid im Gleichgewicht mit Schmelze aus. (Di befindet sich nämlich im Überschuß relativ zum eutektischen Verhältnis der beiden Komponenten Di und An.) Die stete Kristallisation von Diopsid unter weiterer Temperaturerniedrigung längs X_1E führt zu einer relativen Anreicherung von Anorthitkomponente in der sich in diesem Sinn dauernd ändernden Schmelzzusammensetzung. Sobald E bei einer Temperatur $T_E = 1274°C$ erreicht ist, kommt es unter konstanter Temperatur zur gleichzeitigen Kristallisation von Diopsid und Anorthit, solange, bis die Schmelze aufgebraucht ist.

Wählen wir eine 2. Ausgangszusammensetzung der Schmelze mit der Lage Y als darstellenden Punkt. Nunmehr scheidet sich bei Temperaturerniedrigung bei Y_1 zuerst reiner Anorthit im Gleichgewicht mit sich ändernder Schmelzzusammensetzung aus, weil sich in diesem Fall An-Komponente im Überschuß gegenüber dem eutektischen Verhältnis befindet.

Wir stellen im Hinblick auf das vorliegende eutektische System fest: Es scheidet sich zuerst diejenige Kristallart aus, die sich als Komponente im Überschuß relativ zur eutektischen Zusammensetzung befindet. Mit Erhöhung des Wasserdampfdrucks erniedrigen sich die Ausscheidungstemperaturen von Di und An und die univarianten Ausscheidungskurven zusehends und das Eutektikum verschiebt sich nach der Anorthitseite hin. Bei einem Wasserdruck $p_{H_2O} = 10$ kbar erreicht die Temperaturerniedrigung des Eutektikums rund 250 °C (Abb. 101).

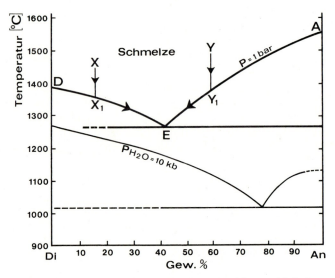

Abb. 101. Das binäre eutektische System Diopsid-Anorthit bei $p = 1$ bar und $p_{H_2O} = 10$ kbar (nach BOWEN, 1915 und YODER, 1969)

11.1.7.2 Das System Diopsid – Anorthit – Albit

Das System Diopsid–Anorthit–Albit kann als ein vereinfachtes, an SiO_2 gesättigtes, Fe-freies Basaltsystem angesehen werden (Abb. 102), in Abb. 103 als Projektion der Liquidusfläche in die Konzentrationsebene. Es enthält die 3 binären Systeme Di–Ab, Di–An (Abb. 101) und Ab–An (Abb. 76, S. 157). Bei dem System Ab–An handelt es sich um ein System mit Mischkristallbildung, bei den beiden anderen um einfache eutektische Systeme. So ist das System Di–Ab–An kein einfaches ternäres System, weil die Kristallisation in allen Fällen nur zu 2 Phasen, nämlich Diopsid und einem Plagioklas führt und nicht zu 3 Phasen. Es gibt deshalb in diesem System keinen ternären invarianten Punkt, wo sich Schmelze mit 3 verschiedenen Phasen im Gleichgewicht befindet. Das System besitzt eine Grenzkurve E_1–E_2 (eine sog. kotektische Kurve) zwischen 2 zu ihr einfallenden Liquidusflächen (Ausscheidungsflächen) (Di–E_1–E_2 und Ab–An–E_1–E_2). Die 4 in Abb. 103 eingezeichneten, experimentell festgelegten Konoden C–D, F–E, G–B und R–T geben Schmelzzusammensetzungen der kotektischen Kurve an, die sich jeweils mit einer bestimmten Plagioklaszusammensetzung im Gleichgewicht befinden.

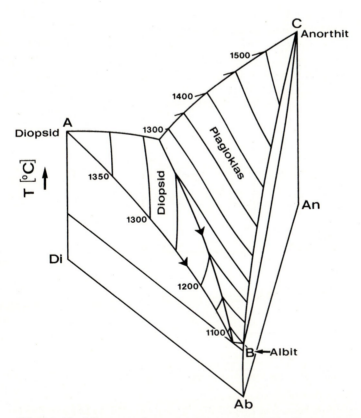

Abb. 102. Blockdiagramm des ternären Systems Diopsid–Albit–Anorthit (nach BOWEN, 1956)

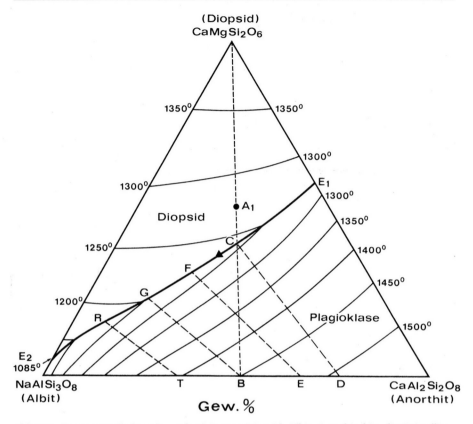

Abb. 103. Das ternäre isobare (p = 1 bar) System Diopsid–Albit–Anorthit, hier die Kristallisation einer Schmelze mit darstellendem Punkt A_1 im Diopsidfeld. Daten nach BOWEN

In einem ersten Beispiel gehen wir von einer Schmelzzusammensetzung A_1 aus (Abb. 103). Sie liegt innerhalb des Ausscheidungsfelds von Diopsid. Ihr Chemismus entspricht 50% Ab_1An_1 und 50% Di. Eine solche Ausgangszusammensetzung der Schmelze beginnt unter Abkühlung, sobald die Temperatur 1275 °C auf der Liquidusfläche erreicht ist, Diopsid auszuscheiden. Bei weiterer Abkühlung ändert sich unter fortdauernder Ausscheidung von Diopsid die Zusammensetzung der Schmelze entlang der gestrichelt eingezeichneten Geraden A_1–C, die der Liquidusfläche folgt. Bei einer Temperatur von 1235 °C ist schließlich das thermische Tal der kotektischen Kurve E_1–E_2 erreicht. Nun setzt neben Diopsid gleichzeitig die Kristallisation von Plagioklas ein. Wir erkennen aus der eingezeichneten Konode C–D (die experimentell bestimmt ist, wie auch die übrigen Konoden F–E, G–B und R–T), daß die bei C im Gleichgewicht befindliche Plagioklaszusammensetzung nicht etwa B mit Ab_1An_1 ist (entsprechend dem Schnittpunkt der Verlängerung der gestrichelten Geraden A_1, C), sondern D mit Ab_1An_4, also wesentlich An-reicher ist. Dieses Verhalten war bereits bei der Besprechung des binären Systems Ab–An (Abb. 76, S. 157) erörtert worden.

Im Punkt C auf E_1–E_2 ist Schmelze C mit Diopsid und Plagioklas der Zusammensetzung Ab_1An_4 im Gleichgewicht. Nun folgt bei weiterer Abkühlung die Schmelzzusammensetzung stetig der Grenzkurve E_1–E_2. Dabei reagiert die Schmelze kontinuierlich mit dem soeben ausgeschiedenen Plagioklasmischkristall und ändert fortwährend ihr Ab-An-Verhältnis zugunsten von Ab. Bei F z.B. und einer Temperatur von 1218 °C sind Schmelze F mit Diopsid und Plagioklas der Zusammensetzung E mit Ab_1An_2 im Gleichgewicht. Hat schließlich unter weiterer Abkühlung bis auf 1200 °C die Zusammensetzung des Plagioklases B mit Ab_1An_1 erreicht, so ist, vorausgesetzt das Gleichgewicht hat sich eingestellt, bei Punkt G die Schmelze aufgebraucht. Durch die Konode B–G ist mit der letzten Plagioklaszusammensetzung zugleich die letzte Schmelzzusammensetzung angezeigt.

Nicht ganz so einfach überschaubar ist der Kristallisationsverlauf, wenn man von einer Ausgangszusammensetzung A_2 ausgeht, die im Plagioklasfeld liegt (Abb. 104). Diese Ausgangsschmelze besitzt eine Zusammensetzung von 85 % Ab_1An_1 und 15 % Di. Bei Abkühlung und Erreichen der Liquidusfläche, in diesem Fall bei 1375 °C, scheidet sich zuerst ein viel An-reicherer Plagioklas der Zusammensetzung Ab_1An_4 ab. Die Schmelzzusammensetzung ändert sich bei weiterer Abkühlung unter Ausscheidung eines Plagioklases und folgt einer deutlich gekrümmten Kurve von A_2 nach E. Dabei ändert sich die Plagioklaszusammensetzung zugunsten von Ab durch eine laufende kontinuierliche Reaktion. Bei E mit einer Temperatur von 1216 °C erreicht der koexistierende Plagioklas die Zusammensetzung Ab_1An_2, wie die experimentell gefundene Konode E–F anzeigt, die A_2 schneiden muß. (NB: Eine jede Schmelze, deren Ausgangszusammensetzung auf der Konode E–F liegt, besitzt eine besondere Kristallisationsbahn, welche immer die Grenzkurve E_1E_2 bei E erreicht. Die jeweilige Kristallisationsbahn kann nur durch das Experiment bestimmt werden.) Ab E beginnt unter weiterer Abkühlung die gleichzeitige Ausscheidung von Diopsid neben einem Plagioklas, dessen Zusammensetzung immer Ab-reicher wird. Dabei verändert sich auch die Zusammensetzung der Schmelze längs der Grenzkurve E_1E_2. Bei G z.B. enthält die Schmelze normativ Di neben Plag der Zusammensetzung H.

Vorausgesetzt, daß das Gleichgewicht sich laufend eingestellt hat, ist bei Erreichen einer Temperatur von 1200 °C im vorliegenden Fall die Schmelze bei Punkt I aufgebraucht. Das Kristallisat besteht nun aus Diopsid und Plagioklas der Zusammensetzung Ab_1An_1 entsprechend der Liquiduszusammensetzung der ausgehenden Schmelze A_2. (Die jeweilige Liquidus-Solidus-Beziehung für die Plagioklaszusammensetzung kann aus dem unten angefügten binären Hilfsdiagramm im gleichen Maßstab abgelesen werden.)

Wir haben bei unseren Betrachtungen bislang die Einstellung eines thermodynamischen Gleichgewichts vorausgesetzt. In der Natur ist das häufig nicht oder nur unvollkommen der Fall, wie der verbreitete Zonarbau der Plagioklase belegt.

Wir gehen nun davon aus, daß sich in beiden Fällen (Abb. 103, Abb. 104) das jeweilige thermodynamische Gleichgewicht aus welchen Gründen auch immer nicht einstellen konnte.

Bei der Ausgangszusammensetzung A_1 (Abb. 103) würde dann unterhalb G ein mehr oder weniger großer Schmelzrest verbleiben, der mit der weiteren Abkühlung eine Randzone von Ab-reicherem Plagioklas als Ab_1An_1 zur Abscheidung bringen würde. Bei einer erreichten Zusammensetzung der Restschmelze R z.B. die Plagioklaszusammensetzung T entsprechend der eingetragenen Konode R–T.

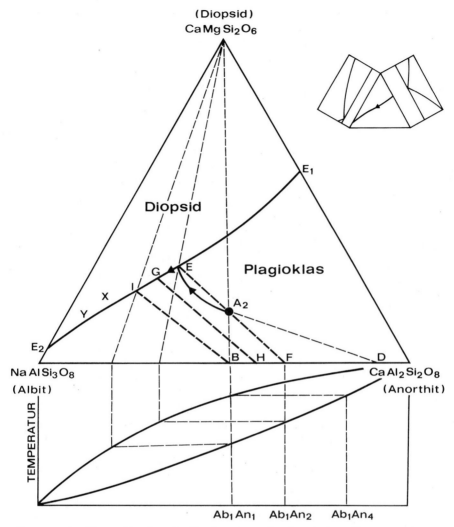

Abb. 104. Wie Abb. 102 hier die Kristallisation einer Schmelze mit darstellendem Punkt A_2 im Plagioklasfeld. Daten nach BOWEN, 1956

Bei der Ausgangszusammensetzung A_2 (Abb. 104) könnte analog die Schmelzzusammensetzung X oder auch Y erreicht werden mit entsprechend Ab-reicheren Plagioklaszusammensetzungen, die im beigefügten Hilfsdiagramm abzulesen wären.

Gelegentliche Einsprenglinge von Plagioklas im Tholeiit oder zuerst ausgeschiedener Plagioklas neben diopsidischem Pyroxen in Form eines sperrigen Gerüsts mit Zwickelfüllung von diopsidischem Augit (entsprechend dem sog. *ophitischen Gefüge* vieler grobkörniger, doleritischer Basalte) ist in einer zuerst eingetretenen Übersättigung von Plagioklas an dessen ausgedehnter Liquidusfläche begründet. Das Auftreten von diopsidischem Augit neben Plagioklas in einer dichtkörnigen

Grundmasse von Basalt ist demgegenüber die Folge einer raschen Abkühlung des Magmas bzw. der Lava mit dem Austritt an die Erdoberfläche und kann so ebenfalls mit Hilfe des Modells erklärt werden.

11.1.7.3 Das System Diopsid–Forsterit–SiO$_2$

Das isobare System Di-Fo-SiO$_2$ dient als vereinfachtes Modellsystem dem Studium der Ausscheidungsbeziehungen der dunklen Gemengteile in einer tholeiitbasaltischen Schmelze.

In diesem ternären Schmelzdiagramm (Abb. 105) sind die folgenden binären Systeme miteinander kombiniert: das System Forsterit–SiO$_2$ mit dem inkongruenten Schmelzverhalten der intermediären Verbindung Protoenstatit (Abb. 65, S. 133) und die beiden einfachen binären eutektischen Systeme Di–Fo und Di–SiO$_2$. Das System Fo–SiO$_2$ ist auf S. 131 f. ausführlich besprochen worden.

Im ternären System Di–Fo–SiO$_2$ treten unter konstanten Druckbedingungen von 1,013 bar im wesentlichen 3 Ausscheidungsfelder hervor (Abb. 105): dasjenige des Forsterits, das Ausscheidungsfeld verschiedener Pyroxenmischkristalle (im einzelnen treten auf: Pyroxenmischkristalle reich an Protoenstatitkomponente Pr$_{ss}$, Pigeonit Pi, Pyroxenmischkristalle reich an Di-Komponente Di$_{ss}$) und dasjenige von Cristobalit bzw. Tridymit. Die unterbrochene Verbindungslinie Protoenstatit-Diopsid deutet 2 Mischungslücken innerhalb der Pyroxenzusammensetzungen an. (Alle möglichen Pyroxenzusammensetzungen befinden sich auf der Verbindungslinie Pr–Di, unterbrochen von 2 Mischungslücken) (Abb. 105, Hilfsfigur). Das ausgedehnte primäre Ausscheidungsfeld des Forsterits überlappt fast die ganze (pseudo)binäre Verbindungslinie der Pyroxenzusammensetzungen mit Ausnahme der Ecke nahe des diopsidreichen Pyroxens. Hier setzt das sonst vorherrschende inkongruente Schmelzen des Pyroxens aus. Pigeonit weist nur ein sehr begrenztes Ausscheidungsgebiet auf. (Unter etwas niedrigerer Temperatur und höheren Drücken zerfällt Pigeonit in Protoenstatitmischkristall und Diopsidmischkristall.)

In dem folgenden Beispiel gehen wir von einer Schmelzzusammensetzung X aus, die im primären Ausscheidungsfeld des Forsterits (Fo) liegt (Abb. 105). Kühlt man eine Schmelze der Zusammensetzung X bis zur Temperatur der Liquidusfläche ab, so ändert sich unter fortwährender Ausscheidung von Forsterit entlang der Liquidusfläche die Zusammensetzung der Schmelze von X nach a. Der darstellende Punkt a liegt auf der Grenzkurve zwischen dem Ausscheidungsfeld des Fo und dem Pyroxenfeld. Bei a setzt somit die peritektische Reaktion zwischen dem bislang ausgeschiedenen Forsterit mit der umgebenden Schmelze unter Bildung eines Pyroxenmischkristalls P$_1$ ein. Die Schmelze ist nunmehr gesättigt an Protoenstatit der Zusammensetzung P$_1$. Die jeweils zugehörige Zusammensetzung des Pyroxenmischkristalls ist durch die experimentell gefundene Dreiphasengrenze (Fo, Pyroxenmischkristall, Schmelze) festgelegt. Mit weiterer Abkühlung setzt sich die Bildung des Pyroxenmischkristalls durch Reaktion aus Fo und Schmelze fort, dessen Mg-Ca-Verhältnis sich immer mehr zugunsten von Ca verkleinert, solange, bis die Zusammensetzung des Protoenstatitmischkristalls P$_2$ erreicht hat. Gleichzeitig hat sich die Zusammensetzung der umgebenden Schmelze längs der Grenzkurve Fo-Pr$_{ss}$ von a nach b hin geändert.

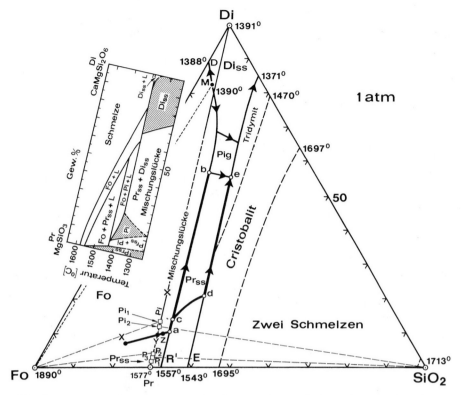

Abb. 105. Das ternäre isobare System Diopsid–Forsterit–SiO$_2$ bei 1,013 bar Druck und seine Liquidusgrenzen nach Bowen, 1914, Schairer und Yoder, 1962 und Kushiro, 1972. Eingezeichnet sind die Kristallisationsbahnen und die zugehörigen Kristallausscheidungen aus Schmelzen verschiedener Ausgangszusammensetzung (X, Y, Z) unter Gleichgewichtsbedingungen. (Umgezeichnet nach Muan, 1979, Figs. 4–18 und 4–19 aus Yoder, 1979). Die Hilfsfigur links oben stellt den pseudobinären Schnitt MgSiO$_3$(Pr) – CaMgSi$_2$O$_6$(Di) mit den beiden Mischungslücken dar. (Teildiagramm nach Boyd und Schairer, 1964, Kushiro, 1972)

Bei der Temperatur des peritektischen Punkts b kristallisiert nun Pigeonit der Zusammensetzung Pi$_1$ gleichzeitig mit Protoenstatit P$_2$ aus, solange, bis die Schmelze aufgebraucht ist. Am Ende besteht das Kristallisationsprodukt aus einem Gemenge von 2 verschiedenen Pyroxenen (Protoenstatit$_{ss}$ und Pigeonit) und einem Rest von Forsterit.

Wählen wir nun in einem weiteren Beispiel als Ausgangszusammensetzung diejenige des Punkts Y. Sie liegt auf der Verbindungslinie [MgSiO$_3$] – [CaMgSi$_2$O$_6$]. Es kommt wiederum zuerst zur Ausscheidung von Forsterit, indem sich die Zusammensetzung der Schmelze von Y nach Punkt a kontinuierlich ändert. Bei Abkühlung folgt die Änderung der Schmelzzusammensetzung dem gleichen Weg wie bei der

Ausgangszusammensetzung X, nämlich von Y über a nach b. Auch die Ausscheidungsfolge bzw. Reaktionsfolge der Kristalle stimmen überein, nur ist, thermodynamisches Gleichgewicht immer vorausgesetzt, am Ende bei Punkt b im Unterschied zur Ausgangszusammensetzung X mit der Schmelze auch aller Forsterit aufgebraucht. Das Kristallisationsprodukt besteht schließlich nur aus 2 verschiedenen Pyroxenen, Protoenstatit P_2 und Pigeonit Pi_1.

Nun wählen wir als Ausgangszusammensetzung der Schmelze noch diejenige von Punkt Z. Sie liegt rechts der Verbindungslinie [$MgSO_3$] – [$CaMgSi_2O_6$] und noch innerhalb des primären Ausscheidungsfelds von Forsterit. Die anfänglichen Schritte der Kristallisation und die Änderung der Schmelzzusammensetzung stimmen mit beiden Ausgangszusammensetzungen X und Y überein. Nur ist in diesem Fall der abgeschiedene Forsterit früher aufgebraucht als die Schmelze. Das ist bei einer Abkühlungstemperatur, die der Lage des Punkts c in der Abbildung entspricht, der Fall. Mit weiterer Abkühlung verläßt deshalb die Zusammensetzung der Schmelze die Grenzkurve a–b und quert anschließend das Feld des Protoenstatits (Pr_{ss}) entlang c–d. Bei Punkt d erreicht sie die Grenzkurve zwischen den Ausscheidungsfeldern von Protoenstatit und Cristobalit. Die Schmelze ist nunmehr neben Protoenstatit auch an Cristobalit gesättigt. Mit weiterer Abkühlung tritt Tridymit an die Stelle von Cristobalit. Es scheiden sich Protoenstatit und Tridymit aus, bis die Zusammensetzung der Schmelze Punkt e erreicht hat. Nunmehr kommt es gleichzeitig zur Ausscheidung von Pigeonit, bis die Schmelze aufgebraucht ist. Die Zusammensetzung des Protoenstatits entspricht am Ende derjenigen von P_3, die Zusammensetzung des Pigeonits derjenigen von Pi_2. Das zuletzt vorliegende Kristallaggregat besteht aus den Phasen Protoenstatit, Tridymit und Pigeonit (und wahrscheinlich einem Rest von Cristobalit, der sich nur träge in Tridymit umwandelt).

Wir haben bei unseren Betrachtungen über das System Di–Fo–SiO_2 bislang die Einstellung eines thermodynamischen Gleichgewichts vorausgesetzt. In der Natur ist das häufig nicht oder nur unvollkommen der Fall. Stellt sich ein Gleichgewicht *nicht* ein, so weichen die Kristallisationsbahnen mehr oder weniger von den dargelegten idealisierten Bedingungen ab. Ungleichgewichte können sich dadurch einstellen, daß die ausgeschiedenen Forsteritkristalle aus einem oder mehreren der folgenden Gründen nicht mit der Schmelze reagieren konnten: a) weil die Forsteritkristalle von der verbleibenden Schmelze getrennt wurden oder die Schmelze aus dem bestehenden Kristallbrei ausgepreßt wurde, b) weil eine dicke Reaktionsrinde von Pyroxen infolge von Diffusionsschwierigkeit den verbleibenden Forsteritkern vor einer weiteren Reaktion mit der umgebenden Schmelze schützte.

Die zonare Verwachsung der 3 verschiedenen Pyroxenarten in einem Tholeiitbasalt in der Ausscheidungsfolge – Orthopyroxen (Enstatit-Hypersthen) → Pigeonit → *diopsidischer Augit* (Abb. 106) – wurde als mangelnde Einstellung des Gleichgewichts durch schnelle Abkühlung der betreffenden Lava erklärt.

Bei fehlender Einstellung des Gleichgewichts und ohne jede Aufzehrung des zuerst ausgeschiedenen Forsterits würde sich bei allen 3 Ausgangszusammensetzungen X, Y und Z im Modell die folgende Zusammensetzung der Schmelze bereits ab Punkt a in einer leicht gekrümmten Kurve unter Ausscheidung von Protoenstatit ändern und das Feld Pr_{ss} queren, bis die Sättigung an SiO_2 (Cristobalit) erreicht ist. Dabei würde sich mit sinkender Temperatur der Chemismus des Protoenstatits nicht ändern. Die Schmelzzusammensetzung müßte sich anschließend entlang der Grenzkur-

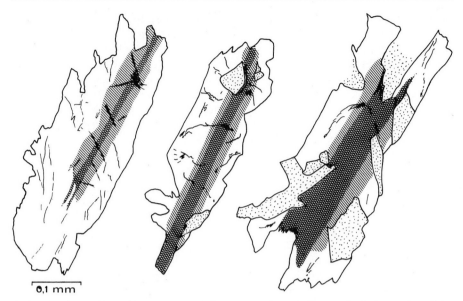

Abb. 106. Zonare Verwachsungen von Orthopyroxen (Enstatit-Hypersthen), Pigeonit und diopsidischem Augit als Einsprenglinge in Tholeiitbasalt des Vogelsbergs. (Nach ERNST und SCHORER, 1966). Signaturen: Opx in *Kreuzschraffur,* Pig einfach *schraffiert,* Augit *weiß, punktiert* ist Plagioklas

ve der verschiedenen Pyroxenfelder und Cristobalit bzw. Tridymit bewegen, zuerst unter Ausscheidung von Protoenstatit und Cristobalit, dann von Protoenstatit und Tridymit, ab Punkt e (Abb. 105) von Pigeonit und Tridymit und schließlich von diopsidischem Pyroxen und Tridymit. Die erfolgte Fraktionierung ist demnach hier viel weitgehender als unter Gleichgewichtsbedingungen, was auch bei dieser Betrachtung erneut deutlich wird. Das Modell vermag so die Entstehung des häufig in der Grundmasse enthaltenen Glases bzw. von Quarz-Plagioklas-Verwachsungen im Tholeiitbasalt zu erklären. Ein solcher für viele Tholeiitbasalte charakteristischer Befund ist entsprechend unserem Modell das Ergebnis einer durch weitgehende Fraktionierung entstandenen sauren Restschmelze.

11.1.8 Die Herkunft des Basalts

11.1.8.1 Das Basalttetraeder von YODER und TILLEY

Basalt ist nicht nur der verbreitetste magmatische Gesteinstyp. Das ihm zugeordnete Magma nimmt, wie bereits dargelegt wurde, auch für die Entstehung anderer magmatischer Gesteinstypen eine Schlüsselrolle ein.

Als Ausgangsbasis für ein näheres Studium und die Klassifikation der verschiedenen Basalte bietet sich für orientierende Betrachtungen ein einfaches Modell an, das

Basalttetraeder von YODER und TILLEY. Die Ecken des Tetraeders entsprechen den folgenden normativen Mineralen der CIPW-Norm: Nephelin (Ne), Forsterit (Fo), Diopsid (Di) und Quarz (Q). Weiterhin fallen Albit (Ab) auf die Kante Q-Ne und Enstatit (En) auf die Kante Fo-Q; Anorthit (An) wird in diesem schematischen Modell nicht dargestellt. Es lassen sich alle einfachen Phasendiagramme, die für die Kristallisation einer basaltischen Schmelze von Bedeutung sind, in dieses Tetraeder einordnen. Diese einfachen Systeme sind experimentell genau untersucht. Nur 2 davon, die Systeme Di-Ab-An und Di-Fo-SiO_2, sind hier im einzelnen besprochen worden. Das Tetraeder repräsentiert in dieser Form als 5-Komponenten-System Na_2O-CaO-Al_2O_3-MgO-SiO_2 ein immer noch stark vereinfachtes, insbesondere *Fe*- und *kalifreies* Basaltsystem.

In dem Tetraeder (Abb. 107) ist, ebenfalls nach einem Vorschlag von YODER und TILLEY, dieses System durch Aufnahme von FeO und Anorthit als Komponenten erweitert und dadurch dem natürlichen Basaltsystem etwas besser angepaßt: Fo wird durch Olivin, En durch Opx (Enstatit-Hypersthen), Di durch Cpx (Augit) und Ab durch Plagioklas (Pl) ersetzt. Für Ne können auch andere Feldspatoide eintreten.

In das Tetraeder sind 2 Ebenen eingetragen. Die *linke* Ebene Ol-Pl-Cpx wird als *kritische Ebene der SiO_2-Untersättigung,* die rechte Ebene als *Ebene der SiO_2-Sätti-*

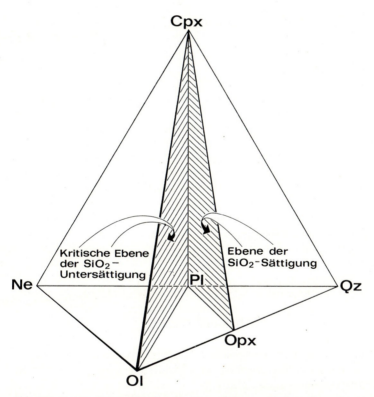

Abb. 107. Das Basalttetraeder von YODER und TILLEY, 1962, in Form des erweiterten, Fe-haltigen Basaltsystems Klinopyroxen-Olivin-Nephelin-Quarz

gung bezeichnet. Durch diese Ebenen wird das Tetraeder in 3 Teilräume zerlegt. In den linken Raum fallen die *Ne-normativen Alk'basalte* (Nephelinite, Basanite und Tephrite), in den mittleren Raum die *Olivintholeiite* und in den rechten Raum die *Qz-normativen Tholeiite*.

Nach den experimentellen Untersuchungsergebnissen der enthaltenen einfachen (H_2O-freien) Teilsysteme kommt z.B. der linken Ebene die Bedeutung einer Temperaturschwelle zwischen den Ne-normativen Alk'basaltmagmen und den Ol- bis Qz-normativen Tholeiitmagmen zu, so daß bei fraktionierter Kristallisation, jedenfalls bei niedrigen Drücken, getrennte Magmenreihen entstehen müssen. So können sich aus einem tholeiitbasaltischen Stamm-Magma als Folge einer fraktionierten Kristallisation nur andesitische, dacitische und rhyolithische Teilmagmen, andererseits aus einem alk'basaltischen Stamm-Magma nur nephelinitische bis phonolithische Teilmagmen entwickeln.

11.1.8.2 Die globale Verbreitung der Basalte

Basalte treten in Anlehnung an die Globaltektonik erdweit in großer Verbreitung auf. Unter diesem wichtigen Gesichtspunkt unterscheidet man:

- *Riftbasalt aus Spaltensystemen der mittelozeanischen Rücken* (Mid-ocean-ridge-basalt MORB). Als Ozeanbodenbasalt (Ocean-Floor Basalt OFB) nimmt er große Teile der ozeanischen Kruste ein. Diese olivintholeiitischen Basalte zeichnen sich durch sehr niedrige K-Gehalte aus und sind somit den low-K-Tholeiiten zuzuordnen. Auch sind sie besonders arm an sog. inkompatiblen Spurenelementen Ba, Sr, P, U, Th und Zr.
- *Alkalibasalte der ozeanischen Inseln* (Ocean-island-alkaline-basalt OIA-Basalt). Sie treten zusammen mit untergeordneten Mengen von Tholeiit (Ocean-island-tholeiit OIT) auf. Ihre Austrittsstellen befinden sich *innerhalb* der ozeanischen Platten. Sie besitzen eine breite Streuung zwischen tholeiitbasaltischer bis zu stark alkalibetonter Zusammensetzung mit Übergängen zu Nephelinit aus dem letzten Stadium der Lavaförderungen. Die Basalte von Hawaii sind ein besonders gut untersuchtes Vorkommen.
- *Kontinentale Plateaubasalte* (Continental-flood-basalts) treten als mächtige Deckenergüsse *innerhalb* stabiler Kontinentalregionen auf. Sie werden von nur geringen Mengen von Alkalibasalt begleitet. Alkalibasalte und Plateaubasalte sind reicher an K und den oben genannten inkompatiblen Spurenelementen als Riftbasalte.
- *Inselbogentholeiite* (Island-arc-tholeiite IAT) der Inselbögen und orogenen Kontinentalränder sind tholeiitisch bis kalkalkalibetont. Einige Petrologen unterscheiden weitergehend zwischen einem low-K-Tholeiit-Typ (LKT) und einem kalkalkalinen Basalttyp (CAB). Ausgesprochene Alkalibasalte treten nur gelegentlich auf. Die IA-Tholeiite sind relativ reich an K, jedoch haben sie geringere Mg- und Ca-Werte verglichen mit den Ozeanbodentholeiiten (Vgl. hierzu Abb. 171, S. 455).

11.1.8.3 Die Bildung basaltischer Schmelzen aus Mantelperidotit

Experimentelle Grundlagen

Wenden wir uns noch einmal dem wasserfreien (trockenen) System Di–Fo–SiO$_2$ zu, nunmehr unter einem Druck von 20 kbar, der einer Tiefe von rund 70 km und damit Bedingungen innerhalb des Oberen Mantels entsprechen würde.

Im Unterschied zu dem isobaren Schmelzdiagramm unter 1,013 bar Druck überlappt bei höheren Drücken etwa ab 3 kbar das Forsteritfeld *nicht* mehr den größeren Teil der Verbindungslinie von Pr–Di. Damit wird mit zunehmendem Druck das Ausscheidungsfeld des Fo kleiner.

Das System Di–Fo–SiO$_2$ enthält die normativ wichtigsten Mineralphasen des angenommenen Mantelperidotits. Stofflich repräsentieren sie mit ihren chemischen Komponenten MgO, CaO und SiO$_2$ rund 80% seines wahrscheinlichen Chemismus. Weitere mögliche Mineralgemengteile im Mantelperidotit wie Granat bzw. Spinell, Phlogopit oder Hornblende treten demgegenüber vermutlich relativ zurück, sind aber für speziellere Betrachtungen außerordentlich wichtig.

Das Studium der Schmelzvorgänge am vereinfachten Mantelmodell im Experiment unter höheren Drücken hat zweifellos viel zum Verständnis der Bildung basaltischer Magmen im Oberen Erdmantel beigetragen. An solchen Untersuchungen waren besonders die folgenden Forscher beteiligt, um wenigstens einige Namen zu nennen: YODER, KUSHIRO, GREEN und RINGWOOD, O'HARA.

Die für diese Schmelzexperimente z. B. von KUSHIRO gewählte Ausgangszusammensetzung eines Mantelperidotits entsprach petrographisch einem Fe- und Al-freien (und damit vereinfachten) olivinreichen Lherzolith mit den 3 entsprechend vereinfachten Phasen Forsterit (modal hervortretend) und Mg-reicher (enstatitreicher) Pyroxenmischkristall und Ca-reicher (diopsidreicher) Pyroxenmischkristall. Eine solche modellhafte Mantelperidotitzusammensetzung beginnt innerhalb des wasserfreien Systems Di–Fo–SiO$_2$ unter einem Druck von 20 kbar bei einer Temperatur von 1640 °C zu schmelzen. Ob das Mantelmaterial in 70 km Tiefe tatsächlich H$_2$O-frei ist, wissen wir bislang nicht. Geringe H$_2$O-Gehalte sind jedoch sehr wahrscheinlich.

Die selektiv gebildete Schmelze war an SiO$_2$ untersättigt und entsprach einer vereinfachten olivintholeiitbasaltischen Schmelze. Mit Überschreiten einer Temperatur von 1650 °C wurde die Schmelze Mg-reicher und ein modellhafter Harzburgit mit Forsterit und Enstatitmischkristall wurde bei dieser höheren Temperatur bereits in den partiellen Aufschmelzungsprozeß einbezogen. (Harzburgit benötigt eine etwas höhere Temperatur für eine selektive Aufschmelzung als Lherzolith.)

Es ist experimentell begründet, daß durch die Anwesenheit kleiner Mengen von FeO und Al$_2$O$_3$, die im natürlichen Mantelgestein im Unterschied zu unserem Modell mit Sicherheit enthalten sind, die vorliegenden Untersuchungsergebnisse im Prinzip nicht entscheidend verändert werden. Al$_2$O$_3$ z. B. könnte in einem geringen Modalgehalt an Granat oder Spinell untergebracht oder dem Pyroxen beigemischt sein.

Folgerungen aus dem experimentellen Befund

Restgesteine (Restite) können bei einem derartigen partiellen Aufschmelzungsprozeß (Anatexis) nur Mg-reichere (d. h. olivinreichere) Gesteinsglieder der Peridotit-Gruppe sein, vergleichsweise zum ausgehenden Mantelperidotit. Wäre der Letztere wie oben ein Lherzolith (mit Ol + Opx + Cpx), dann könnten Harzburgit (mit Ol + Opx) oder Dunit (mit vorwiegend Ol) Restite sein. Pyroxenite verschiedener Art können in diesem Fall keine Restite sein, weil sie nach diesen Experimenten schon bei etwas niedrigeren Temperaturen als Lherzolith aufgeschmolzen werden. Es gehen nämlich zuerst die Ca-reicheren (diopsidischen) Pyroxene in die Schmelze ein. Die ultramafischen Xenolithe, die als Basalteinschlüsse an die Oberfläche gelangen, müssen deshalb nicht primäres, d. h. unverändertes Mantelgestein repräsentieren. Sie sind wahrscheinlich durch selektive Ausschmelzvorgänge der besprochenen Art bereits im Erdmantel verändert.

Das wasserfreie System Di–Fo–SiO_2 unter höheren Drücken, so z. B. 20 kbar, kann als repräsentativ für die Entstehung *tholeiitbasaltischer* Magmen angesehen werden. Für die Bildung des *alk'olivinbasaltischen Magmas* wird von verschiedenen Forschern ein stärker begrenztes partielles Schmelzen aus gleichartigem Mantelperidotit angenommen, wobei eine etwas größere Tiefe bis < 200 km für wahrscheinlich gehalten wird. Einige Forscher setzen für seine Bildung auch die Anwesenheit von CO_2 voraus.

Noch ist nicht bekannt, ob im Oberen Erdmantel flüchtige (volatile) Komponenten, wie H_2O, CO_2 etc., eine Rolle spielen. Große Mengen von H_2O würden jedenfalls den Kristallisationsablauf und damit auch die Zusammensetzung und Variabilität der anatektisch gebildeten Schmelzen im Oberen Erdmantel stark verändern. Das geht eindeutig aus dem experimentellen Befund im *wassergesättigten* System Di–Fo–SiO_2 unter entsprechend hohen Drücken hervor, wie er von Kushiro und Yoder erbracht wurde. Es bestehen so große Unterschiede zwischen dem Kristallisationsablauf im trockenen und dem wassergesättigten System Di–Fo–SiO_2 unter gleich hohen Drücken, so bei rund 20 kbar. Das partielle Schmelzen im wassergesättigten System Di–Fo-SiO_2 kann bei 20 kbar Wasserdruck (p_{H_2O}) z. B. SiO_2-gesättigte, wasserhaltige Restschmelzen hervorbringen, die mit andesitischen, dacitischen oder sogar rhyolithischen Magmen der Natur verglichen werden können. Dabei ist natürlich die Liquidustemperatur der trockenen basaltischen Schmelze höher als diejenige der wasserhaltigen und andesitischen Schmelze.

11.1.8.4 Die geologischen Beziehungen des Basalts zum Oberen Erdmantel

Basalte haben sich überall in den Ozeanbecken unter einer dünnen Sedimentdecke ausgebreitet. Basalte sind die häufigsten vulkanischen Gesteine der Kontinente weit vor Andesiten und felsischen pyroklastischen Gesteinen. Auf der Vulkaninsel Hawaii mit ihren großen Schildvulkanen und den ausgedehnten Basaltdecken konnte mit Hilfe einer seismischen Ortung vulkanischer Erdbeben der Magmaaufstieg in der Tiefe und die stationäre Ansammlung des basaltischen Magmas in einer subvulkanischen Magmenkammer bis zum Ausbruch verfolgt werden. Der tiefste seismisch festgestellte Herd befand sich unter einem Vulkan in einer Tiefe von 50–60 km, damit innerhalb der obersten Mantelregion unter der ozeanischen Kruste. Dieser interessante Befund sagt jedoch nichts über die tatsächliche Tiefenlage des *Entstehungsorts* dieses basaltischen Magmas aus.

Nach übereinstimmender Meinung kann jetzt als gesichert gelten, daß *die basaltischen Magmen durch teilweise (selektive) Aufschmelzung im Oberen Erdmantel entstehen.* Unabhängig von der Beweisführung durch die experimentellen Modelle sprechen die hohen Eruptionstemperaturen der basaltischen Laven mit rund 1200 °C, ihr Chemismus und die mitgeführten Fragmente von Peridotit als Xenolithe in den alkalibasaltischen Magmen für ihre Mantelabkunft.

Der Obere Erdmantel ist nach oben hin gegen die Erdkruste durch die sog. *Mohorovičić-Diskontinuität* (auch kurz als Moho-Diskontinuität bezeichnet) – benannt nach dem jugoslawischen Geophysiker Mohorovičić – begrenzt. Sie liegt unter der ozeanischen Kruste in einer Tiefe von 5–7 km und in einer wechselnden Tiefe zwischen 30 und 60 km unter der kontinentalen Kruste. In weiter Verbreitung ist die kontinentale Kruste 35 km dick. Die Lage der Moho-Diskontinuität ergibt sich aus seismischen Daten. Aus einem solchen Befund, Abnahme der Geschwindigkeiten der Longitudinal- wie der Transversalwellen, kann weiterhin geschlossen werden, daß sich im Oberen Erdmantel eine breite Zone befindet, die als teilweise (schätzungsweise 4–8 %) geschmolzen angesehen werden muß. Diese Zone, wegen des seismischen Befundes als *Low-velocity-layer* bezeichnet, befindet sich in einer Tiefe von 70–150 km. Eine weitere teilweise geschmolzene Zone im Oberen Erdmantel wird in noch größerer Tiefe zwischen 300 und 400 km angenommen. Die seichtesten Schmelzregionen im Oberen Erdmantel werden unter den mittelozeanischen Rücken vermutet. Jedoch gibt es hierfür noch keinen sicheren seismischen Beweis.

Wir kennen bislang nicht die Herkunft der Wärme, die für derartige Schmelzprozesse notwendig ist. *Wärmezufuhr* durch großräumige aufwärts gerichtete Konvektionsströmungen und *Druckentlastung* im Oberen Erdmantel können Hauptursache für das lokale Schmelzen in dieser Zone sein. Ein Teil der Wärme mag aus dem *Zerfall radioaktiver Elemente* (^{238}U, ^{232}Th, ^{40}K) stammen. Jedenfalls reicht der (errechnete) *geothermische Gradient* allein nicht aus, um in 70–150 km Tiefe aus dem angenommenen peridotitischen Gestein ein basaltisches Magma mit Liquidustemperaturen in der Größenordnung von rund 1600 °C entstehen zu lassen. Im übrigen sprechen alle seismischen Daten dafür, daß der Obere Mantel fast vollständig kristallin ist.

DALY nahm eine glasige Zone von Basaltzusammensetzung in einer Tiefe von 60 km an. Jedoch sprechen die heutigen seismischen Daten gegen eine solche Beschaffenheit. Es ist jetzt vielmehr anerkannt, daß die Gesteinseigenschaften im Oberen Mantel denen von Peridotit oder Eklogit (ein Gestein von Basaltchemismus aus Klinopyroxen und Granat) oder einem Verband aus beiden Gesteinen entsprechen. Derartige Gesteine werden tatsächlich als Füllungen der Kimberlit-Pipes (das sind röhrenförmige, in große Tiefe reichende vulkanische Sprengtrichter) oder als Einschlüsse (sog. *Xenolithe*) in basaltischen Gesteinen vorgefunden. Es wird damit gerechnet, daß diese Peridotiteinschlüsse durch die selektiven (partiellen) Aufschmelzungsprozesse in der Low-velocity-Zone gegenüber dem ursprünglichen Gestein eine gewisse Veränderung erfahren haben. Darüber hinaus wird vermutet, daß die petrographische Zusammensetzung des Oberen Erdmantels nicht homogen ist.

11.1 Die magmatischen Gesteine (Magmatite)

Es gilt als sehr wahrscheinlich, daß *Peridotit das potentielle Ausgangsmaterial des basaltischen Magmas* ist, aus dem es sich durch selektives Schmelzen bildet. Dieser Peridotit ist nach einer verbreiteten Vorstellung petrographisch ein Granatperidotit. Das ist ein ultramafisches Gestein aus Olivin, Orthopyroxen, Klinopyroxen und pyropreichem Granat als Hauptgemengteile. Es entspricht petrographisch genauer einem Granatlherzolith. Eine gewisse Inhomogenität mag durch unterschiedliche Modalverhältnisse oder durch Anwesenheit OH-haltiger Nebengemengteile wie Phlogopit oder Amphibol oder durch Wechsel in der Mischkristallzusammensetzung (Aufnahme von Al im Pyroxen z. B.) der Hauptgemengteile hervorgerufen werden.

GREEN und RINGWOOD gehen demgegenüber von einer etwas abweichenden Peridotitzusammensetzung aus. Das von ihnen angenommene hypothetische Gestein in seinem ursprünglichen Zustand wird von ihnen als *Pyrolit* bezeichnet. Es besteht *potentiell* aus 3 Teilen Harzburgit (Al-haltiger Peridotit mit Ol + Opx) und 1 Teil tholeiitischem Basalt. Anders ausgedrückt heißt das: Pyrolit = Mantelrestgestein + (potentielles) tholeiitbasaltisches Magma.

Intensive experimentelle Studien unter hohen Temperaturen und Drücken haben bestätigt, daß beide Modelle zur Bildung basaltischer Schmelzen führen können. Diese Ergebnisse lassen sich darüber hinaus so auslegen, daß sich mit dem Grad des partiellen Schmelzens von Mantelgestein (Abb. 108) und mit der Manteltiefe der Typ des basaltischen Magmas ändert. Daneben können auch der Anteil und das Verhältnis flüchtiger Bestandteile, wie H_2O oder CO_2, teilweise eine nicht unbedeutende Rolle spielen. In dem Fall wird die Bildung des tholeiitischen Magmas von mehreren Forschern in eine geringere Manteltiefe bis zu nur ca. 70 km verlegt bei nur sehr geringen H_2O-Gehalten (0,1 %). Demgegenüber wird die Entstehung des *alkaliolivinbasaltischem Magmas in etwas größere Tiefe unter H_2O-freien Bedingungen* oder unter Anwesenheit vielleicht von CO_2 eher als wahrscheinlich angesehen. Eine Diskussion über die Entstehung des basaltischen Magmas kann jetzt nicht ohne die Berücksichtigung der *Plattentektonik* geführt werden (Abb. 170, S. 450).

Die im Oberen Erdmantel unter Druckentlastung durch selektive Aufschmelzung entstandenen basaltischen Magmen sind spezifisch leichter als ihre kristalline Umge-

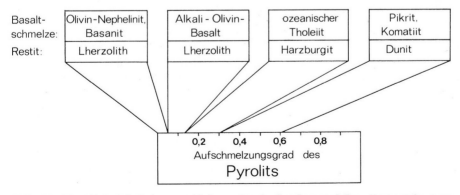

Abb. 108. Die Abhängigkeit der verschiedenen Basaltschmelzen und ihrer Restgesteine vom Aufschmelzungsgrad des Pyrolits (nach RINGWOOD, 1979)

bung. In den Oberen Erdmantel hineinreichende tektonische Vorgänge lassen in Schwächezonen Spalten öffnen, an denen das Magma aufsteigen und sich als Zwischenstation in Magmenkammern ansammeln kann. Die sehr hohe Temperatur des im Oberen Mantel gebildeten basaltischen Magmas – mit schätzungsweise 1600–1500 °C mag sie noch etwas niedriger sein als der dargelegte vereinfachte Modellfall anzeigt – wird durch Berührung mit dem kühleren Nebengestein beim Aufstieg beträchtlich erniedrigt. Als basaltische Lava erreicht es im schmelzflüssigen Zustand meistens mit Temperaturen zwischen 1200 und 1100 °C die Erdoberfläche.

11.1.9 Die Herkunft des Granits

11.1.9.1 Genetische Einteilung der Granite auf geochemischer Basis

Im oberen Dreieck des IUGS-Klassifikation der Plutonite (Abb. 84 A, S. 186) mit Quarz-Alk'feldspat-Plagioklas als Koordinaten wird in den Feldern 2 und 3 zwischen Alk'feldspat-Granit und Granit nach abnehmendem Alk'feldspat-Plagioklas-Verhältnis unterschieden. Die mafischen Minerale bleiben bei dieser Unterscheidung unberücksichtigt.

Ein wichtiges *chemisches* Unterscheidungsmerkmal im Gesteinschemismus zwischen den verschiedenen Granitarten ist das Molekularverhältnis von Al_2O_3 zu K_2O, Na_2O und CaO. Shand benutzte diese Molekularproportionen zu folgender Unterteilung. Er bezeichnete je nach der Tonerdesättigung einen Granit als:

1. peraluminous bei $Al_2O_3 > K_2O + Na_2O + CaO$
2. metaluminous bei $Al_2O_3 > K_2O + Na_2O$
3. peralkaline bei $Al_2O_3 < K_2O + Na_2O + CaO$.

Mineralogische Kriterien sind bei (1) die Anwesenheit von Akzessorien wie *Muscovit*, Granat, Cordierit, Sillimanit/Andalusit und *Biotit*, bei (2) die Anwesenheit von *Diopsid, Hornblende,* Biotit, *Titanit,* bei (3) die Anwesenheit von *Natronpyroxen* (Ägirin), *Natronamphibol* (Riebeckit), *Diopsid,* Hornblende, *Fe-reichem Biotit* (Lepidomelan).

Bei einem (in Mol.%) an Al_2O_3 gegenüber K_2O, Na_2O und CaO *über*sättigten Granit (1) besteht – über die Sättigung von Alk'feldspat und Plagioklas hinaus – noch ein Tonerdeüberschuß für die Bildung der Akzessorien wie Muscovit, Granat, Cordierit etc. In der CIPW-Norm drückt sich dies in einem normativen C (Korund)-Wert aus. Mafite wie Diopsid oder Hornblende werden i. allg. im peraluminous granite nicht gebildet, weil alles CaO an Plagioklas gebunden ist.

Beim peralkalinen Granit liegt ein Überschuß an Alkalioxiden und CaO über Al_2O_3 vor. Gewöhnlich wird in diesem Fall K_2O vollständig, jedoch Na_2O und CaO nur zu einem Teil zur Sättigung von Al_2O_3 im Alk'feldspat und Plagioklas verbraucht. So besteht nun noch ein Überschuß an Na_2O. Dieser wird zusammen mit CaO, kombiniert mit anderen Oxiden, in Al_2O_3-freie Minerale wie Ägirin (Acmit) $NaFe^{3+}[Si_2O_6]$, Riebeckit $Na_2(Mg, Fe^{2+})_3Fe_2[(OH)_2/Si_8O_{22}]$ und Diopsid $(CaMg)[Si_2O_6]$ eingebaut.

Granitische Magmen können auf verschiedene Weise entstehen: (a) durch selektives Aufschmelzen von kontinentaler Kruste, (b) durch Aufschmelzen subduzierter ozeanischer Kruste oder des Oberen Mantels und (c) durch magmatische Differentiation aus einer primären, etwa basaltischen oder andesitischen Schmelze. Die meisten Granite sind an kontinentale Kruste und dort an Plattengrenzen gebunden.

Eine *genetische Einteilung* der Granite auf geochemischer Basis schlugen CHAPPEL und WHITE vor. Diese fand weitgehende Zustimmung insbesondere durch ihren Bezug zur modernen Globaltektonik (s. Teil III,15). Nach der genetischen Herkunft des Granits wird unterschieden:

I-Typ-Granit (igneous source rocks)
S-Typ-Granit (sedimentary source rocks).

Von anderer Seite wurden später der A-Typ-Granit (anorogenic source rocks) und der M-Typ-Granit (mantle source rocks) hinzugefügt.

Der *I-Typ-Granit* ist vorwiegend metaluminous im Sinn von SHAND. Er besitzt eine relativ hohe Konzentration an Na_2O und CaO und ein hohes Na_2O-K_2O-Verhältnis. $Al_2O_3/(Na_2O + K_2O + CaO) < 1,1$. Hornblende ist der wichtigste dunkle Gemengteil. Die Verteilung seiner chemischen Elemente im darstellenden Diagramm besitzt im Unterschied zum S-Typ fast stets lineare Variationsbeziehungen. Das Isotopenverhältnis $^{87}Sr/^{86}Sr$ erweist sich als relativ niedrig.

Der I-Typ-Granit leitet sich von einem basischen Edukt aus der Unterkruste oder dem oberen Mantel ab. Die meisten der petrographisch komplex zusammengesetzten batholithischen Körper von Granit entlang seismisch aktiver Kontinentalränder an konvergenten Plattengrenzen gehören dem I-Typ an. Wir treffen sie in großer Verbreitung z. B. innerhalb der südamerikanischen Kordilleren an.

Der *S-Typ-Granit* ist peraluminous im Sinn von SHAND. Er führt neben Biotit auch Muscovit (sowie Granat oder Cordierit) als dunklen Gemengteil und ist durch seinen Tonerdeüberschuß über $K_2O + Na_2O + CaO$ stets C-normativ. Unterschiedliche Isotopenverhältnisse sind charakteristisch. Der S-Typ enthält häufig Einschlüsse und dunkle Schlieren aus Restgesteinen vorwiegend sedimentärer Abkunft.

Granite vom S-Typ gehen auf partielles Schmelzen vorwiegend tonderereicher (metamorpher) sedimentogener Anteile der kontinentalen Erdkruste zurück. Ihre Plutone befinden sich innerhalb orogener Gürtel vorwiegend mit Anzeichen einer Kontinent-Kontinent-Kollision. Hier erfolgte die Platznahme des Granits während oder am Ende einer Regionalmetamorphose. Bei syntektonischer Intrusion und konkordanter Einformung liegt er als Granit*gneis* vor. Die *post*tektonische Platznahme in einem höheren Krustenniveau führte zur Ausbildung meist kleinerer Plutone, die überall gegen das kühlere Nebengestein – wie der I-Typ in diesem Fall – thermische Kontakthöfe entwickelten. Diese Diapire von S-Typ-Granit haben ihre Wurzeln innerhalb tieferer Orogenteile mit hochgradiger Metamorphose und partieller Aufschmelzung in Zonen regionaler Anatexis. In den stark abgetragenen varistischen Grundgebirgsanschnitten Mitteleuropas z. B. finden sich reichlich Aufschlüsse des S-Typ-Granits, jedoch auch solche des I-Typs.

Der *A-Typ-Granit* weist eine alkalireiche Zusammensetzung auf. Er wird als *anorogenes* Aufschmelzungsprodukt der Unterkruste angesehen. Der A-Typ ist der einzige Granittyp, der nicht an Plattengrenzen gebunden ist. Er tritt vorwiegend innerhalb kontinentaler Riftzonen auf.

Der *M-Typ-Granit* ist am stärksten kalkalkalibetont. Er kommt in meistens nur kleineren Körpern vor. Der M-Typ wird als direktes Manteldifferentiat unter den Inselbögen interpretiert.

11.1.9.2 Die Granitgenese, experimentelle Grundlagen

◆ Übersicht

Die große Zahl von stofflichen Komponenten macht das natürliche Granitsystem recht kompliziert.

Das System Kalifeldspat [Or = $KAlSi_3O_8$] – Albit [Ab = $NaAlSi_3O_8$] – Anorthit [An = $CaAl_2Si_2O_8$] – Quarz (Qz = SiO_2) – Wasser (H_2O) kann als vereinfachtes System der Granite, darüber hinaus auch der Granodiorite, Quarzdiorite und Tonalite, angesehen werden. Die femischen Komponenten (MgO, FeO) der dunklen Gemengteile bleiben unberücksichtigt. Dieses 5-Komponenten-System ist als Ganzes bislang experimentell noch nicht erfaßt; jedoch sind seine wichtigsten Details bekannt. Das einfachere Modell Or–Ab–Qz–H_2O ist seit längerer Zeit durch BOWEN und TUTTLE untersucht.

Den grundlegenden experimentellen Untersuchungen im Granitsystem liegen drei normative Teilsysteme zugrunde: Das System Qz–Ab–Or, als ‚*Haplogranit*' bezeichnet, und die beiden An enthaltenden Systeme Qz–Ab–An und Qz–Ab–Or–An. Zunächst ist man von dem ersten ausgegangen, weil sich hier chemische Gleichgewichtsreaktionen relativ leichter erreichen lassen und Granit zudem zu mehr als 80 % aus den normativen Komponenten Qz, Ab und Or besteht. Die beiden anderen Teilsysteme enthalten Plagioklas mit seinen experimentellen Problemen durch langsame chemische Diffusion innerhalb seiner Kristallstruktur.

Schmelzversuche, sogenannte *Liquidusexperimente*, im H_2O-*gesättigten* System Qz–Ab–Or–H_2O sind zuerst von TUTTLE und BOWEN (1958) bis zu Drücken von 4 kbar vorgenommen worden und etwas später von LUTH et al. (1964) unter Drücken von 4–10 kbar erweitert worden. Bei derartigen Liquidusexperimenten ist das Ausgangsmaterial vollständig geschmolzen. Im Experiment werden die Temperaturen bis zum Erscheinen der ersten Kristallphase und fortlaufend bis zum Verschwinden des letzten Schmelzrestes erniedrigt. In diesen Liquidusexperimenten ließen sich neben den zugehörigen Phasenbeziehungen vor allem die thermischen Minima sowie die Schmelzzusammensetzungen des Minimums beziehungsweise des Eutektikums bestimmen.

Diese klassischen Untersuchungsergebnisse wurden später auch mit „*Solidusexperimenten*" bis zu obigen Drücken durch Studien von JOHANNES (1984) und anderen bestätigt. Bei dieser Methode wird von kristallisiertem Material ausgegangen, das unter einem gegebenen Druck erhitzt wird, bis eine erste Schmelze erscheint. Diese Solidusexperimente sind inzwischen durch weitere Forscher bis zu einem Druck von 35 kbar erweitert worden.

Seither ist eine Fülle von experimentellen Ergebnissen aus dem Granitsystem publiziert worden, deren aktuelle Übersicht in umfassenden Details in JOHANNES und HOLTZ (1996) vorliegt. Das betrifft insbesondere die Phasenbeziehungen in H_2O-*untersättigten* Granitsystemen, die Löslichkeit von H_2O und mafischen Komponenten in granitischen Schmelzen, den Einfluß von H_2O und anderen flüchtigen Komponenten (F, Cl, B etc.) auf die physikalischen Eigenschaften von granitischen Schmelzen wie zum Beispiel ihre Viskosität, die Phasenbeziehungen in Haplogranodioriten und noch komplexeren synthetischen und natürlichen System und die entstehenden Schmelzen durch Entwässerung (‚dehydration melting') von möglichen Ausgangsgesteinen der Granite. Die hier gewonnenen experimentellen Ergebnisse bilden wichtige Beiträge zur Klärung der Granitgenese in der Natur. Hier ist in diesem Buch eine nur sehr begrenzte Auswahl zu treffen.

♦ Liquidusexperimente im H_2O-gesättigten System Qz–Ab–Or–H_2O

Wir beginnen mit Betrachtungen über die Liquidus-Phasenbeziehungen im Modellsystem Qz–Ab–Or–H_2O auf der noch immer gültigen, wichtigsten Grundlage von TUTTLE und BOWEN (1958) anhand der Diagramme Abb. 109 A–C:

Abb. 109 A zeigt die Projektion eines 3dimensionalen Modells auf die wasserfreie Grundfläche mit seinen Isothermen (Linien gleicher Temperatur). Da H_2O im Überschuß vorhanden ist, braucht es als Komponente graphisch nicht dargestellt zu werden. Der konstante Wasserdruck beträgt 2000 bar, so daß an der Or-Ecke immer noch ein ganz winziges Ausscheidungsfeld des Leucits besteht. Das Dreieck wird durch die binären eutektischen Teilsysteme Ab–SiO_2–(H_2O) und Or–SiO_2–(H_2O) und von dem System der Alk'feldspäte $KAlSi_3O_8$–$NaAlSi_3O_8$–(H_2O) seitlich begrenzt. Dabei verläuft in einem leichten Bogen eine *kotektische Linie* vom Eutektikum des Teilsystems Or–Q–(H_2O) zum Eutektikum des Teilsystems Ab–Q–(H_2O). Sie enthält

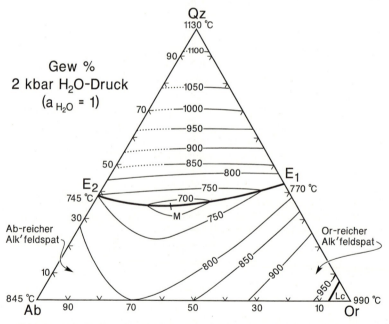

Abb. 109 A. Projektion der Isothermen und der kotektischen Linien des Systems SiO_2–$NaAlSi_3O_8$–$KAlSi_3O_8$–H_2O bei 2000 bar H_2O-Druck, projiziert auf die wasserfreie Basis des Q–Ab–Or–H_2O-Tetraeders. E_1 und E_2 sind Eutektika, M kennzeichnet die Zusammensetzung der Schmelze des Temperaturminimums auf der kotektischen Linie mit 35 Gew. % Q, 40 Gew. % Ab, 25 Gew. % Or. Das System ist H_2O-gesättigt. (Nach TUTTLE and BOWEN, 1958, aus WINKLER, 1979).

ein Temperaturminimum (M) bis zu einem Wasserdruck von rund 3 kbar, bei darüber hinausgehenden Wasserdrücken ein ternäres Eutektikum. Lage der kotektischen Linie und des Temperaturminimums auf der kotektischen Linie sind vom Druck abhängig. Mit steigendem Wasserdruck wandert das kotektische Minimum (bzw. Eutektikum) immer mehr nach der Ab-Ecke hin.

Die Isothermen der Liquidusfläche (Abb. 109 A) zeigen einen steilen Anstieg zur Q-Ecke an. Weniger steil ist ihr Anstieg gegen die Or- und besonders gegen die Ab-Ecke hin. Die kotektische Linie, die in einem thermischen Tal zwischen der Q-Ecke und der Seite Ab–Or verläuft, besitzt einen sanften Anstieg vom Minimum M nach den beiden eutektischen Punkten E_1 und E_2 hin. Sie teilt somit die Liquidusfläche des Dreiecks in 2 Teilgebiete, ein Ausscheidungsfeld des Quarzes und ein solches der Alk'feldspäte auf.

Eine bestimmte Zusammensetzung einer Schmelze wird durch einen darstellenden Punkt innerhalb des Dreiecks repräsentiert. Liegt dieser z. B. im Quarzfeld, so beginnt Quarz zuerst zu kristallisieren, wenn durch Abkühlung die Liquidustemperatur erreicht ist. Eine weitere Abkühlung würde zur weiteren Ausscheidung von Qz führen, und der darstellende Punkt der verbliebenen Schmelzzusammensetzung wandert zur kotektischen Linie hin. Sobald sie die kotektische Linie erreicht hat, beginnt neben Qz die Ausscheidung von Alk'feldspat. Im Hinblick auf das vorliegende Phasengemenge befinden sich Qz, Alk'feldspat und eine Gasphase im Gleichgewicht mit Schmelze. Bei weiterer Abkühlung wandert der darstellende Punkt der Schmelzzusammensetzung unter fortschreitender Kristallisation entlang der kotektischen Linie E_1–E_2 zum Temperaturminimum M hin, bis der Schmelzrest aufgebraucht ist. Unter Gleichgewichtsbedingungen wird M meistens nicht erreicht. Nur im Fall eines im Lauf des Kristallisationsvorgangs sich herausstellenden Ungleichgewichts zwischen den Kristallen und der Schmelze kann die letzte Restschmelze die Zusammensetzung des kotektischen Minimums M erreichen.

Das Diagramm (Abb. 109 B) zeigt eine weitere Projektion des stark vereinfachten Granitsystems Or–Ab–Q–(H_2O) auf die wasserfreie Grundfläche. Im vorliegenden isobaren Schnitt sind Pfeilrichtungen eingetragen, welche mit der Abkühlung die Änderung der Schmelzzusammensetzung während der Kristallisation angeben. Oberhalb der kotektischen Linie E_1–E_2 kristallisiert bei jeder beliebigen Ausgangszusammensetzung wiederum Quarz zuerst aus. Unterhalb der kotektischen Linie hingegen würden sich Or-reicher oder Ab-reicher Alt'feldspat zuerst ausscheiden, je nach der Ausgangszusammensetzung der Schmelze und der Temperatur. Im Feld der Alk'feldspäte E_1–E_2–Or–Ab befindet sich längs m–C, von einem binären Minimum auf der Ab–Or-Seite ausgehend zur Feldergrenze E_1–E_2 hin ein thermisches Tal. Das ternäre Temperaturminimum M liegt nahe dem geometrischen Mittelpunkt des Dreiecks mit etwa 1/3 Or, 1/3 Ab, 1/3 Q.

Gehen wir von einer Schmelzzusammensetzung aus, die sich im Feld E_1–M–Or befindet. Bei Abkühlung scheidet sich ein K-reicher Feldspat aus, der mit weiterer Kristallisation immer reicher an Ab-Komponente wird. Sobald die durch Pfeilrichtung angedeutete Kristallisationsbahn die kotektische Kurve E_1–E_2 erreicht hat, kommt gleichzeitig Qz zur Ausscheidung, und die Schmelzzusammensetzung ändert sich entlang dieser Kurve nach dem kotektischen Minimum M hin bei weiterer Abkühlung solange, bis die Schmelze aufgebraucht ist. Dabei ist der ausgeschiedene K-reiche Alk'feldspatmischkristall immer Na-reicher geworden.

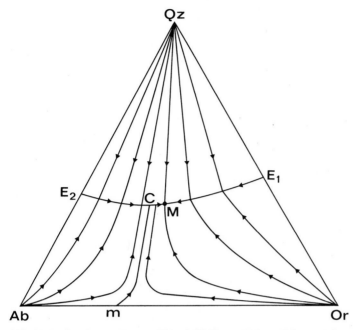

Abb. 109 B. Das System Quarz–Albit–Kalifeldspat–H_2O projiziert auf die wasserfreie Ebene des Tetraeders mit den isobaren Ausscheidungskurven unter einem Wasserdruck von 1 kbar. Beschreibung im Text (nach TUTTLE und BOWEN, 1958, Fig. 30)

Ein K-reicher Alk'feldspat gelangt auch im Feld Or–M–C–m zur Ausscheidung. Er wird zunächst ebenfalls bei laufender Abkühlung der Schmelze immer Na-reicher. Sobald die Kristallisationsbahn entsprechend der Pfeilrichtung einen Punkt zwischen C und M auf E_1–E_2 erreicht hat, beginnt die gleichzeitige Ausscheidung von Quarz, bis die Schmelze bei Erreichen von M aufgebraucht ist. *Wir beachten,* daß in diesem Fall der Alk'feldspat in der Schlußphase seiner Kristallisation zwischen C und M wieder reicher an K (Or-Komponente) wird. In diesem, wenn auch sehr vereinfachten Granitsystem kann begründet werden, daß mit fallender Temperatur sowohl normaler als auch rückläufiger (inverser) Zonenbau an Alk'feldspat auftreten kann.

Auch das Inset-Dreieck in Abb. 109 C zeigt Schmelzzusammensetzungen von thermischen Minima beziehungsweise Eutektika im H_2O-gesättigten Qz–Ab–Or–(H_2O)-Dreieck aus Liquidusexperimenten. Die gewonnenen experimentellen Daten belegen, daß sich diese Schmelzen im Hinblick auf ihr Qz:Ab:Or-Verhältnis und auf ihren H_2O-Gehalt entlang der P,T-Soliduskurve ändern. So wächst der Anteil der Ab-Komponente, wie man ablesen kann, mit anwachsendem Wasserdruck zwischen 1 und 5 kbar hauptsächlich auf Kosten von Qz und Or, zwischen 5 und 20 kbar hauptsächlich auf Kosten von Qz an. Die Abnahme des normativen Qz mit höheren Drücken spricht für die Annahme, daß zum Beispiel bei einem Druck von 20 kbar in der tiefen Erdkruste keine partiellen granitischen Schmelzen, sondern eher solche mit syenitischer bis quarzsyenitischer Zusammensetzung gebildet werden können.

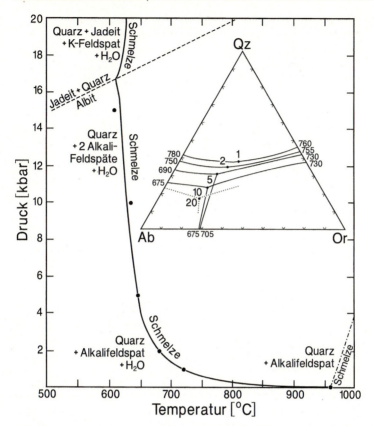

Abb. 109 C. Druck-Temperatur-Diagramm mit Soliduskurve beginnender H_2O-gesättigter Schmelzung im System Qz–Ab–Or–H_2O und Qz–Jd–Or–H_2O (linke Kurve). Die gestrichelte Linie (oben) ist die Stabilitätsgrenze von Albit nach höheren Drucken hin. Ganz rechts (gestrichelt-punktierte Kurve) der Solidus des trockenen Schmelzens im System Qz–Ab–Or bis knapp 4 kbar Druck. Das Inset (Nebenbild) in der Mitte zeigt das Qz–Ab–Or–(H_2O)-Dreieck mit kotektischen Kurven und verschiedene Zusammensetzungen von H_2O-gesättigten Minima und Eutektika unter gegebenen Drücken von 1–20 kbar. (Nach mehreren Autoren aus JOHANNES and HOLTZ, 1996, Fig. 2.1.)

Als Kriterium für eine magmatische Abkunft eines Granits wurde häufig sein normatives Qz:Ab:Or-Verhältnis betrachtet. Es wurde mit der Zusammensetzung der Schmelze des thermischen Minimums beziehungsweise des Eutektikums eines Haplogranits im experimentellen Modell aus dem System Qz–Ab–Or–H_2O verglichen. Größere Abweichungen davon galten vielfach als Argumente *gegen* eine magmatische Abkunft des betreffenden Granits. Ein derartiger Schluß hat sich inzwischen als nicht zwingend erwiesen aus einer gelegentlich breiteren Streuung durchaus echter magmatischer Granite (JOHANNES und HOLTZ, 1996, p. 23).

◆ Solidusexperimente unter H_2O-gesättigten und H_2O-untersättigten Bedingungen im System Qz–Ab–Or–H_2O – experimentelle Anatexis

H_2O-*gesättigte* Bedingungen sind gegenüber H_2O-untersättigten Bedingungen eher die Ausnahme als die Regel bei der Bildung granitischer Gesteine (JOHANNES und HOLTZ, 1996). Die Soliduskurve unter H_2O-gesättigten Bedingungen stellt jedoch eine sehr wichtige *Grenz*bedingung dar, unter der sich granitische Magmen bilden können beziehungsweise auskristallisieren.

Das Druck-Temperatur-Diagramm von Abb. 109 C zeigt die Soliduskurve von H_2O-gesättigten Schmelzen im System Qz–Ab–Or–H_2O bis zu einem Druck von 20 kbar und einer Temperatur von 630 °C. Die Soliduskurve läßt eine beträchtliche Temperaturerniedrigung von rund 240 °C mit nur geringem Druckanstieg zwischen 1 bar – 960 °C und 1 kbar – 720 °C erkennen. Ab 4 kbar ist ihr Verlauf mit ansteigendem Druck und relativ nur geringer Temperaturabnahme sehr steil. Bei rund 17 kbar und 620 °C schneidet sie die Umwandlungslinie von Albit zu Jadeit + Quarz. Nach diesem Schnittpunkt ändert sich die Soliduskurve bei ansteigendem Druck mit einem Knick ihre Neigung (dP/dT) von schwach negativ zu schwach positiv. Ihr anschließender Verlauf bei gleicher Neigung mit Zunahme des Drucks bis 40 kbar ist inzwischen bekannt.

Eine weitere Grenzbedingung nach hohen Temperaturen hin ist die Soliduskurve der *trockenen* Schmelze. Auf Abb. 109 C findet man sie (rechts) nur bis zu einem Druck von knapp 4 kbar mit einer Temperatur von rund 1000 °C eingetragen. Ihr weiterer Verlauf mit etwa gleicher positiver Neigung bis zu 25 kbar, dann etwas steiler bis annähernd 31 kbar und 1230 °C ist seit längerem bekannt. Zwischen beiden Soliduskurven befindet sich ein weites P,T-Feld unterschiedlich H_2O-untersättigter Bedingungen. Dieses Feld vergrößert sich nach zunehmenden Drücken hin.

Eine Möglichkeit H_2O-untersättigte Bedingungen im Experiment zu realisieren ist das Hinzufügen einer weiteren flüchtigen (volatilen) Komponente zum Wasser, so zum Beispiel CO_2 als System Qz–Ab–Or–H_2O–CO_2. Hier erhöhen sich die Solidustemperaturen mit Abnahme der Molfraktion $X_{H_2O} = H_2O/(H_2O + CO_2)$ (Abb. 110). An Stelle der Molfraktion X_{H_2O} wird zu Vergleichszwecken meistens die H_2O-Aktivität a_{H_2O} mit ähnlichem Kurvenverlauf eingesetzt. (Das a_{H_2O} in der flüchtigen Phase kann aus der Molfraktion errechnet werden).

Die Tatsache, daß die meisten granitischen Magmen H_2O-untersättigt sind, befähigt sie in höhere Krustenteile aufzusteigen. In derartigen Magmen vollzieht sich entsprechend den experimentellen Erfahrungen im Haplogranit-System eine laufende Änderung der Schmelzzusammensetzung in Koexistenz zwischen Quarz und Alkalifeldspat. Die experimentellen Daten belegen, daß sich eine haplogranitische Schmelze mit etwas restitischem Quarz+Alkalifeldspat zum Beispiel bei 10 kbar Druck und einer Temperatur von 840 °C bilden kann. Die H_2O-Aktivität a_{H_2O} ist hier 0,3 (Abb. 111). Diese Schmelze sollte in der Natur bei einem Aufstieg unter Abkühlung mit der Auskristallisation beginnen. Die H_2O-Aktivität würde dabei mit Abnahme des Belastungsdruckes anwachsen. Ihre abschließende Kristallisation könnte dann in diesem Fall bei 2 kbar Druck und 680 °C Temperatur den H_2O-gesättigten Solidus mit $a_{H_2O} = 1,0$ erreichen.

Auf dem Weg von der Erstkristallisation unter 10 kbar Druck und 850 °C zur Restkristallisation unter 2 kbar Druck und 680 °C wird sich zuletzt Quarz + Alkalifeld-

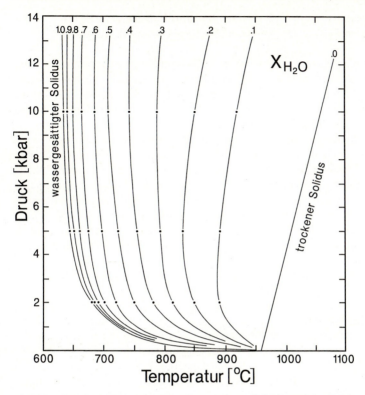

Abb. 110. Druck-Temperatur-Diagramm mit den Soliduskurven im System Qz-Ab-Or-H_2O-CO_2 für unterschiedliches X_{H_2O}. (Nach EBADI and JOHANNES, 1991, aus JOHANNES and HOLTZ, 1996, Fig. 2.12)

spat (homogener Alkalifeldspat entsprechend Abb. 74) ausscheiden. Das normative Ab/(Qz + Or)-Verhältnis in der Restschmelze sollte hier nahezu identisch sein mit demjenigen in der Erstschmelze; nur Qz wird von normativ 22 zu 35 % auf Kosten von Or anwachsen. Selbst für felsischen Granit wie einem Aplitgranit ist dieses experimentell gewonnene Modell für den natürlichen Vorgang noch zu stark vereinfacht, wenn auch im Prinzip grundlegend. Die auch in einer solchen felsischen Granitvariante relativ beträchtlichen Konzentrationen an Al_2O_3 sowie CaO (Plagioklas) und von restitischen Mineralen wie Biotit mit seinem Fe- und Mg-Gehalt bleiben bei dem beschriebenen Experiment unberücksichtigt.

◆ **Liquiduskurven des Haplogranit-Systems**

Aus *Liquiduskurven* in Abb. 111 läßt sich der P,T-Bereich abschätzen, in dem ein H_2O-untersättigtes Magma mit größter Wahrscheinlichkeit gebildet werden kann.

Das betrachtete Beispiel sei ein Mineralgemenge aus Quarz, Alkalifeldspat und Wasser unter einer Temperatur von 600° C und einem Druck von 5 kbar. Sein Men-

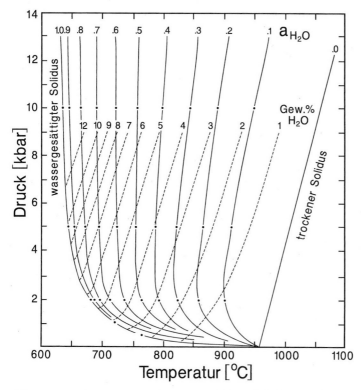

Abb. 111. Druck-Temperatur-Diagramm mit den Soliduskurven (ausgezogen) im System Qz-Ab-Or-H_2O-CO_2 für unterschiedliches a_{H2O} sowie den Liquiduskurven (gestrichelt) für bestimmte Wassergehalte. (Nach JOHANNES and HOLTZ, 1996, Fig. 2.26)

genverhältnis sei 31 Gew.% Qz, 31 Gew.% Ab, 36 Gew.% Or und 2 Gew.% H_2O. Isobares Erhitzen dieses Mineralgemenges würde auf dem Solidus bei 645 °C ein Schmelzen hervorrufen. Unter dieser Temperatur und einem Druck von 5 kbar würde diese Erstschmelze fast 10 Gew.% H_2O enthalten. Dabei kämen nur 20% dieses Mineralgemenges an dem H_2O-gesättigten Solidus zum Schmelzen. Nun wächst mit ansteigender Temperatur das Verhältnis von Schmelze/Kristall an. Bei 785 °C würde die Liquiduskurve für 4 Gew.% H_2O erreicht sein. Nun sind 50 % des Ausgangsgemenges geschmolzen. Bei 880°C mit Erreichen der Liquiduskurve für 2 Gew.% Wasser – entsprechend dem ursprünglichen Gehalt an H_2O – wäre dieses Mineralgemenge vollständig geschmolzen. (Dieses aus JOHANNES und HOLTZ, 1996, S. 53 angeführte Beispiel gilt nur für Zusammensetzungen des Eutektikums beziehungsweise des Schmelzminimums).

Die partiell ausgetretene *Schmelze* aus dem obigen Beispiel ändert ihre Zusammensetzung mit fortschreitendem Schmelzvorgang. So startet sie mit einer H_2O-gesättigten eutektischen Zusammensetzung von 31% Qz, 47% Ab, 22% Or und endet unter H_2O-untersättigten Bedingungen mit einer davon etwas abweichenden Zusammensetzung von 31% Qz, 31% Ab, 36% Or.

◆ Das Modellsystem Qz–Ab–Or–An–H$_2$O

Hier wird das Haplogranitsystem durch die Komponente An (Anorthit = Ca$_2$Al$_2$Si$_2$O$_8$) erweitert. Das vorliegende quarternäre System ist infolge der Aufteilung seiner Komponenten Na und Ca zwischen Schmelze und koexistierendem Mischkristall Plagioklas (Abb. 76) *nicht* eutektisch. Der Schmelzbeginn ist unter einer bestimmten Temperatur und einem gegebenen Druck für verschiedene Ab/An-Verhältnisse verschieden. Das quarternäre System Qz–Ab–Or–An entspricht im übrigen weitgehend dem ternären System Qz–Ab–Or. Hauptsächliche Unterschiede bestehen im Anwachsen der Solidustemperatur mit anwachsendem An-Gehalt des Plagioklases und in der Temperaturlücke zwischen dem beginnenden und dem vollständigen Schmelzen kotektischer Zusammensetzungen. Es gibt also keine Schmelzzusammensetzung eines bestimmten Temperaturminimums.

Der experimentelle Befund zeigt, daß unter konstantem Druck das Anwachsen der *Solidus*temperatur mit Anwachsen von An im Plagioklas nur sehr klein ist. Das gilt vor allem für Plagioklas mit relativ geringen An-Gehalten. Das sind Plagioklase wie man sie gewöhnlich in Graniten vorfindet. Nach neueren experimentellen Ergebnissen (JOHANNES, 1984) wächst die Solidustemperatur bei 2 kbar Druck nur um 3 °C an, wenn Albit durch einen Plagioklas mit An$_{20}$ ersetzt wird, und es sind 11 °C, wenn Albit durch einen Plagioklas mit An$_{40}$ ersetzt wird. Bei etwas höheren Drucken von 5 kbar sind es 4 °C bzw. 10 °C. Es läßt sich daraus schließen, daß Unterschiede im An-Gehalt eines relativ Ab-reichen Plagioklases nur einen geringen Einfluß auf die Schmelztemperatur zum Beispiel eines Granitgneises bei der Anatexis haben.

Durch Hinzunahme mafischer Komponenten wie Mg, Fe etc. sind die experimentellen Untersuchungen in zahlreichen Details laufend erweitert worden.

◆ Das natürliche Granitsystem

Nach bereits vorangegangenen Veröffentlichungen sind von einer ganzen Reihe von Forschern in den letzten zurückliegenden Jahrzehnten experimentelle Untersuchungsergebnisse publiziert worden, die in Versuchsreihen an Gesteinsproben mit Al$_2$O$_3$-Überschuß über CaO + Na$_2$O + K$_2$O ('peraluminous') oder Na$_2$O + K$_2$O ('metaluminous') vorgenommen wurden. Darunter befanden sich Gesteinsproben von (Meta-)Peliten, (Meta-)Grauwacken, Graniten, Tonaliten etc. Alle diese Untersuchungen waren damals unter H$_2$O-gesättigten Bedingungen mit Wasseraktivitäten a$_{H2O}$ = 1 durchgeführt worden. Hierbei wurden u. a. Soliduskurven von Granit, Pegmatit, Granodioriten, Quarzmonzoniten und Tonaliten bestimmt (Abb. 112). Die eingezeichneten Soliduskurven felsischer Plutonite besitzen bei einem annähernd gleichen Verlauf nur relativ geringe Temperaturunterschiede und liegen im P,T-Diagramm innerhalb einer Gruppe dicht beieinander. Hingegen besteht eine große Temperaturdifferenz zwischen den H$_2$O-gesättigten Soliduskurven der granitischen Gesteine gegenüber der basaltischen Gruppe. Diese Temperaturdifferenz beträgt annähernd 200 °C unter niedrigen und annähernd 150 °C unter höheren Drucken.

Die Solidustemperaturen, speziell auch von Granitsystemen werden im wesentlichen durch die jeweilige Mineralogie und den Wasserdruck kontrolliert, unabhängig von der anwesenden Wasser*menge*. Geringe Mengen an H$_2$O würden am Solidus

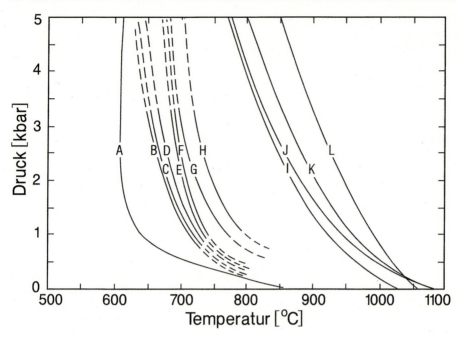

Abb. 112. Druck-Temperatur-Diagramm mit den Kurven für den Schmelzbeginn unterschiedlicher Gesteine: A: Pegmatit, B: Granit, C und D: Quarzmomzonite, E und F: Granodiorite, G und H: Tonalite, I: Alkalibasalt, J: Olivintholeiit, K: High-alumina-Basalt, L: Eklogit. (Nach Vaughan, 1963, Piwinskii and Wyllie, 1968, 1970, Yoder und Tilley, 1962, aus Piwinskii and Wyllie, 1970, Fig. 19)

auch nur geringe Mengen an Schmelze hervorbringen. Diese solidusnahe Schmelze (Erstschmelze) ist H_2O-gesättigt.

Ein großer Fortschritt bahnte sich in den Experimenten an natürlichen Proben bei H_2O-*unter*sättigten Bedingungen mit H_2O-Aktivitäten $a_{H2O} < 1$ an. Wyllie (1971) schloß aus seinen Versuchsergebnissen, daß das normale Produkt einer partiellen Aufschmelzung vieler Gesteine aus einer H_2O-untersättigten Granitschmelze in einem Kristallbrei besteht. Dieses heterogene Schmelzprodukt ist über einen breiten Temperaturbereich hinweg beständig. Wyllies wichtige Erkenntnis wurde seither in zahlreichen Details immer wieder bestätigt.

Maßgeblich für Zusammensetzung und Menge einer granitischen Schmelze, die sich innerhalb tieferer bis mittlerer Krustenteile bildet, sind: der Chemismus des ausgehenden Protoliths, die Temperaturhöhe und die verfügbare Wassermenge unter einem gegebenen Druck.

Das nötige Wasser für die Bildung eines granitischen Magmas unter P,T-Bedingungen der tieferen bis mittleren Erdkruste kann unterschiedlicher Herkunft sein:

– H_2O wird frei im zugrundeliegenden Protolith durch Entwässerungsschmelzen („dehydration melting") an Ort und Stelle. Hier sind Menge und die Stabilitätsverhältnisse der H_2O-liefernden mafischen Minerale aus Altbestand wie Muscovit,

Biotit, Hornblende etc. maßgebend, indem sie unter verschiedenen P-T-Bedingungen mit assoziierten H_2O-freien Mineralphasen reagieren. Geeignete protolithische Ausgangsgesteine für die Granitbildung und reich an H_2O-liefernde Mineralen sind zum Beispiel Metagrauwacken, Metaarkosen, gewisse Metapelite oder glimmerreiche Granitgneise, aber auch zum Beispiel Tonalite.
- H_2O wird frei bei Entwässerungsreaktionen (‚dehydration reactions') aus subduzierter ozeanischer Kruste (vgl. Abb. 170, S. 450) noch unterhalb von Solidustemperaturen einer granitischen Schmelze.
- H_2O wird frei aus metamorphen Entwässerungsreaktionen, die in einem angrenzenden Kristallinabschnitt ebenfalls noch *unterhalb* der Solidustemperatur einer granitischen Schmelze ablaufen. Diese H_2O-Quelle kann nur in einem relativ lokalen Rahmen eine gewissen Bedeutung haben.

Die oberhalb der Solidustemperatur sich bildende granitische Schmelze nimmt das frei gewordene und frei werdende Wasser auf. Mit ansteigenden Temperatur vergrößert sich der Schmelzanteil und die Untersättigung der Schmelze an H_2O wächst an. (Ein Befund der bereits am einfachen Modell erbracht worden ist: vgl. Abb. 110). Die als Restite innerhalb von Schmelze verbliebenen Reaktionsprodukte aus Altbestand bestehen neben Quarz, Kalifeldspat und Plagioklas aus Cordierit, Sillimanit/Disthen, Granat, Orthopyroxen und Klinopyroxen. Absonderungsvorgänge

Tabelle 31 A. Ergebnisse aus Schmelzexperimenten von felsischem metalumischem* und peralumischem* Ausgangsmaterial (leicht gekürzt aus JOHANNES und HOLTZ, 1966, Kap. 8.5, S. 261 und 263)

1. Die anfänglichen Schmelztemperaturen, die in vielen natürlichen H_2O-gesättigten felsischen Gesteinen festgestellt wurden, sind ähnlich. Das bestätigt die Ergebnisse, die im Modellsystem Qz–Ab–Or gewonnen worden sind.
2. Innerhalb gegebener Grenzen hat die pauschale Zusammensetzung eines aus Quarz + Feldspat bestehenden Gesteins nur wenig Einfluß auf die einsetzende Schmelzzusammensetzung; jedoch ändert sich diese Zusammensetzung der Schmelze mit sich änderndem P, T und a_{H_2O}.
3. Granitische Magmen sind nicht H_2O-gesättigt. Sie bestehen vielmehr aus einer H_2O-untersättigten Schmelze und einer unterschiedlichen Menge mehr oder weniger schwebender Kristalle.
4. Soweit H_2O die einzige fluide Komponente ist, sind die Solidustemperaturen von Graniten unabhängig von der H_2O-Menge innerhalb des Systems. Andererseits kontrolliert die H_2O-Menge die Schmelzprozente und die Liquidustemperatur bei gegebener Pauschalzusammensetzung und innerhalb gebotener Grenzbedingungen.
5. Granitische Magmen bilden sich und kristallisieren innerhalb eines weiten Temperaturbereiches.
6. Die meisten granitischen Magmen wurden im allgemeinen unter hohen Temperaturen (> 800 °C) gebildet, und eine enge Beziehung zwischen der Intrusion von Gabbromagmen und der Entstehung von Graniten deutet sich an. Granite mit Bildungstemperaturen < 800 °C werden oft als Schmelzprodukte von Krustengesteinen angesehen. Das führt nicht zur Entstehung riesiger Plutone.

* metalumisch: Mol.% $(Na_2O + K_2O) < Al_2O_3 < (CaO + Na_2O + K_2O)$; A/CNK < 1
  peralumisch: Mol.% $Al_2O_3 > (CaO + Na_2O + K_2O)$; A/CNK > 1

innerhalb der *tieferen* Kruste unter hohen Drucken begünstigen die Bildung weitgehend H_2O-freier, beziehungsweise H_2O-armer Metamorphite, so von hellen (felsischen) oder dunklen (mafischen) *Granuliten*.

Entwässerungsschmelzen von Hornblende-führenden Ausgangsgesteinen (Amphiboliten) wird als ein wichtiger erster Schritt in der Entwicklung kontinentaler Erdkruste seit dem Archaikum angesehen. Dieser Vorgang führte offenbar zur Bildung *tonalitischer* Magmen. In den auf diese Weise gebildeten, ausgedehnten Tonalitarealen werden in einem weiteren Schritt des Entwässerungsschmelzens Ausgangsgesteine für die Bildung *granitischer* Magmen gesehen.

Die Zahl der Veröffentlichungen über Schmelzexperimente und der daraus gezogenen Schlussfolgerungen innerhalb des natürlichen Granitsystems sind inzwischen sehr umfangreich geworden. Wir übernehmen daraus eine Zusammenfassung aus dem Werk von JOHANNES und HOLTZ (1996) in Tabelle 31 A (S. 262).

11.1.9.3 Zur Entstehung nichtmagmatischer Granite

Die Bildung granitischer Gesteine durch submagmatische (im Subsolidusbereich befindliche) hydrothermale Reaktionen ist bislang nur wenig durch experimentelle Modellreaktionen belegt. Man weiß aber, daß die Löslichkeit von Quarz und Feldspäten nur außerordentlich gering ist. Experimente würden einen nicht realisierbaren Zeitraum benötigen, um eine Granitbildung nach der Theorie der *Transformation* bzw. *Granitisation* nachzuweisen oder auszuschließen. Beobachtungen im Gelände sprechen dafür, daß granitbildende Vorgänge wohl auch unter submagmatischen Bedingungen in räumlich begrenztem Ausmaß möglich sind; oft bestehen Zusammenhänge mit benachbarten Granitkörpern. Hierzu auch Kapitel 13.14.4, S. 436–437.

11.2 Mineral- und Lagerstättenbildung, die mit magmatischen Vorgängen im Zusammenhang steht

ALLGEMEINES UND GLIEDERUNG

Bisher haben wir die gesteinsbildenden Vorgänge der magmatischen Abfolge (Plutonismus und Vulkanismus) behandelt, die sich während ihrer *Hauptphase* abspielen. In zeitlich und räumlich getrennten Vorgängen, die genetisch dem magmatischen Geschehen (Plutonismus und Vulkanismus) angehören, kommt es zu weiteren Mineralabscheidungen, auch Gesteinsbildungen, nicht selten mit Eigenschaften einer Lagerstätte. So sind in verschiedenen Phasen der magmatischen Abfolge Mineralaggregate bzw. Mineralparagenesen entstanden, die in gleicher oder ähnlicher Ausbildung in erdweiter Verbreitung vorkommen. Dabei ist es fallweise zu einer Konzentration von schwermetallhaltigen Mineralen oder relativ seltenen Mineralen mit geochemisch selteneren Elementen gekommen. Unter dem Gesichtspunkt ihrer wirtschaftlichen Bedeutung sind hier besonders die Erze zu nennen. Sie bestehen vorwiegend aus opaken bis halbopaken Erzmineralen. Erzminerale sind die metallhaltigen Gemengteile eines Erzes. In den meisten Fällen besitzt das Erz gefügemäßig den Charakter eines Gesteins, nicht selten begleitet von Kristalldrusen.

Die magmatisch-plutonische Abfolge ist in grober Vereinfachung schematisch nach den folgenden Temperaturstufen gegliedert worden:

Tabelle 32. Magmatisch-plutonische Abfolge

		Temperaturbereich
Magmatisches Frühstadium		> 900 °C
Magmatisches Hauptstadium		900–600 °C
Pegmatitisches Stadium		600–500 °C
Pneumatolytisches (hypothermales) Stadium		500–400 °C
Hydrothermales Stadium:	Katathermal	400–300 °C
	Mesothermal	300–200 °C
	Epithermal	200–100 °C
(Tele)thermales Stadium		< 100 °C

11.2.1 Zustandsdiagramm der magmatischen Abfolge

Die überaus komplizierten Vorgänge, die sich mit fallender Temperatur innerhalb dieser Abfolge abspielen, lassen sich in einem extrem vereinfachten Modellsystem anhand eines binären T,X-Diagramms und eines zugeordneten T,P-Diagramms nach NIGGLI anschaulich machen (Abb. 113). Die Konzentration X gibt das Verhältnis von *leichtflüchtiger* (A) zu *schwerflüchtiger* Komponente (B) an.

Im Temperatur-Konzentrations-Diagramm (Abb. 113 links) wird die Sättigungskurve der schwerflüchtigen Komponente B innerhalb des Temperaturbereichs zwischen 1000 und 50 °C dargestellt. Dieses schematische 2-Komponenten-System aus

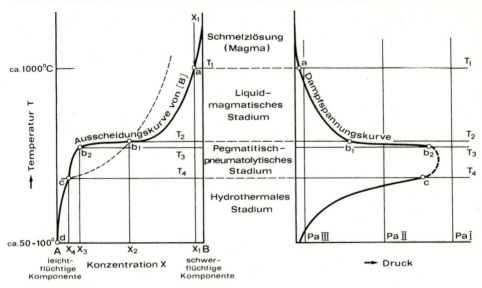

Abb. 113. Temperatur-Konzentrations-Diagramm *(links)* und Temperatur-Druck-Diagramm *(rechts)* eines vereinfachten Systems aus einer leichtflüchtigen *(A)* und einer schwerflüchtigen Komponente *(B)*. Gestrichelte Kurve im Diagramm *(links)* stellt die kritische Kurve dar. S. Text (nach Niggli, 1937)

leichtflüchtiger Komponente A und schwerflüchtiger Komponente B geht davon aus, daß keine Verbindung und kein Mischkristall zwischen A und B vorhanden sind. B repräsentiert das Silikat, und A sei H_2O mit seinem kritischen Punkt bei p ~ 220 bar und T ~ 374 °C und einem Siedepunkt von ~100 °C. Die *Ausscheidungskurve* (Sättigungskurve) von [B] verläuft von a über b_1, b_2, c nach d. Die Anfangskonzentration X_1 enthält bei einer Temperatur T_1 10% A und 90% B. Die Kristallisation von B hat unterhalb T_1 bei Punkt a der Kurve bereits begonnen. Durch die Ausscheidung von B-Kristallen ändert sich die Restschmelze durch eine erhöhte Konzentration an leichtflüchtiger Komponente A. Der einsetzende steile Abfall der Kurve zwischen a und b_1 sagt aus, daß sich das Verhältnis von B/A pro Grad Temperaturerniedrigung zunächst nur wenig ändert. Damit ist auch die Konzentration an A bis Punkt b noch relativ gering. Der Verlauf der Kurve von a bis b_1 charakterisiert in diesem Modell die Hauptkristallisation (liquidmagmatisches Stadium).

Der folgende Kurventeil zwischen b_1 und b_2 verläuft fast horizontal. Das sagt aus, daß ab b_1 die Menge der sich ausscheidenden Komponente B für jeden Grad Temperaturerniedrigung recht groß ist, so daß bei b_2 bereits der größte Teil von B zur Auskristallisation gelangt ist. Innerhalb dieses flach verlaufenden Kurventeils ändert sich bei nur relativ geringer Temperaturerniedrigung von T_2 nach T_3 unter starker Anreicherung der flüchtigen Komponente A die Zusammensetzung der Restschmelze von x_2 nach x_3. Geringe Temperaturänderungen wirken sich hier empfindlich auf die Zusammensetzung der Schmelzlösung aus. Der Verlauf dieses Kurvenabschnitts charakterisiert so das pegmatitische Stadium. In der Natur kommt es außerdem zur Anreicherung seltener Elemente, die wegen abweichender Ionenradien nicht oder nur in Spuren in die Gemengteile der Gesteine der Hauptphase eingehen konnten. Diese Elemente geben Anlaß zur Bildung besonderer Minerale. Das pegmatitische Stadium führt infolge Keimauslese und günstiger Wachstumsbedingungen zu groß- bis riesenkörnigen Gesteinen mit wechselnden Gefügeeigenschaften, den sog. *Pegmatiten*.

Im Kurventeil b_2–c hat die Konzentration der schwerflüchtigen Komponente B bereits stark abgenommen. B steht gegenüber A nur noch in begrenztem Maß zur Verfügung. Die überkritische fluide Phase ist jetzt stark an leichtflüchtiger Komponente A (H_2O) angereichert. In der Natur bilden sich unter entsprechenden Bedingungen die ganz spezifischen Paragenesen des *pneumatolytischen Stadiums*.

Unterhalb T_4 ändert sich mit der Unterschreitung der kritischen Temperatur des Wassers innerhalb eines relativ großen Temperaturintervalls das Konzentrationsverhältnis von A/B nach der extremen Anreicherung der leichtflüchtigen Komponente A nur noch gering. Der zuständige Kurventeil c–d verläuft sehr steil mit der weiter sinkenden Temperatur. Er charakterisiert den Zustand des *hydrothermalen* Stadiums in der Natur.

Voraussetzung für den lückenlosen Ablauf dieses Schemas einer magmatischen Abfolge ist, daß der Belastungsdruck (p_l) stets größer bleibt als der Innendruck der Gasphase ($p_l > p_i$). Diese Bedingung ist in der Natur nicht immer erfüllt.

Eine *Dampfspannungskurve* mit anwachsendem Innendruck bis zur kritischen Temperatur des Wassers und seine stete Abnahme unterhalb dieses Punkts ist in dem nebengeordneten T,P-Diagramm (Abb. 113 rechts) dargestellt. Diese Dampfspannungskurve gibt den Druck an, der für eine gegebene Temperatur nötig ist, damit kein Aufsieden unter Gasabspaltung stattfindet.

Im einzelnen steigt von Ausscheidungsbeginn an der Innendruck des Systems mit der Dampfspannung zunächst langsam an, weil mit der Zunahme der Ausscheidung von B sich A nur begrenzt anreichert. Man kann sagen, daß in dem Temperaturabschnitt T_1–T_2 A im wesentlichen den physikalischen Gasgesetzen gehorcht. Im pegmatitischen Stadium unterhalb T_2 wächst, wie oben bereits ausgeführt wurde, mit sprunghaft ansteigender Ausscheidung von B der Innendruck unvermittelt stark an, so stark, daß ungeachtet der fortlaufend sinkenden Temperatur sich der Innendruck laufend vergrößert. Die rasch zunehmende Menge an leichtflüchtiger Komponente A in der überkritischen fluiden Phase A vergrößert den Innendruck sehr viel stärker, als er durch die stete Temperaturabnahme verkleinert wird. Der Innendruck erreicht im pneumatolytischen Stadium zwischen b_2 und c sein Maximum. Unterhalb T_4 mit c wird die Höhe des Innendrucks wieder rückläufig und entscheidend von der Höhe der Temperatur bestimmt. Mit der stetigen Abnahme der Temperatur im hydrothermalen Stadium von katathermal über mesothermal zu epithermal und telethermal nimmt der Innendruck im System immer mehr ab.

Nur in dem Fall, daß während des gesamten Ablaufs der Außendruck (Belastungsdruck) größer ist als der sich entwickelnde Gasdruck in der Restschmelze (Restlösung) werden sich Stadien, die hohe Gasdrücke voraussetzen, entwickeln können. Diesem Fall entspricht die Isobare PaI (Abb. 113 ganz rechts). Ein plötzliches Aufsieden mit Abspaltung überkritischen Gases wäre nicht möglich wegen des durchwegs höheren Außendrucks. Es bleibt die Möglichkeit einer *langsamen Abdestillation*, wie das gestrichelte Maximum der Kurve zum Ausdruck bringen soll. In diesem Fall diffundieren die leichtflüchtigen Bestandteile im überkritischen Zustand über lange Zeiträume hinweg in das Nebengestein, Schicht- und Schieferungsfugen bevorzugend. Nicht selten verdrängen sie das unmittelbare Nebengestein unter Reaktion. Dieses Modell veranschaulicht den Vorgang innerhalb eines tieferen plutonischen Stockwerks.

Im Fall PaII übersteigt der Innendruck der flüchtigen Phase während des gesamten pneumatolytischen Stadiums und eines Teils des pegmatitischen und des hydrothermalen Stadiums den Außendruck. Bis zum oberen Schnittpunkt der Isobare PaII mit der Dampfspannungskurve entsprechen die Verhältnisse denen im vorher besprochenen Fall. (Im Schnittpunkt der Kurve mit der Isobare PaII ist $p_a = p_i$). Im vorliegenden Fall findet ein Aufsieden infolge Dampfdrucksteigerung durch fortwährende Kristallisation mit fallender Temperatur statt. Diese Art des Siedens wird als *retrogrades Sieden* bezeichnet. Im natürlichen System mit stets mehreren leichtflüchtigen Komponenten bei unterschiedlichen thermodynamischen Eigenschaften wird der Destillationsprozeß durch die Zusammensetzung des Gemisches beeinflußt. CO_2, H_2S, HCl, HF, SO_2 u. a. tragen zu einer Temperaturerniedrigung, gewisse Metallchloride andererseits zu einer Erhöhung der Temperatur bei.

Zu einem Aufsieden mit Abspaltung flüchtiger Phasen kommt es in der Natur im oberen plutonischen Stockwerk besonders bei plötzlicher Druckentlastung, etwa durch das Aufreißen von Spalten oder Bildung von Hohlräumen. In derartigen Spalten scheiden sich Pegmatite oder pneumatolytische Mineralparagenesen aus, in Hohlräumen oft prächtige Kristalldrusen.

Unterhalb T_4 schneidet die Dampfspannungskurve die Isobare PaII noch einmal. Hier wird im hydrothermalen Bereich der fallende Innendruck zunehmend geringer als der Außendruck PaII. Die hydrothermalen Ausscheidungen erfolgen nunmehr nach fallender Temperatur absehbar entsprechend der Löslichkeit der Komponenten.

Im Fall PaIII (Abb. 113 rechts) erreicht der Innendruck noch während des liquidmagmatischen Stadiums den Außendruck und übersteigt ihn während des ganzen folgenden submagmatischen Ablaufs. Noch während der magmatischen Hauptphase wird die flüchtige Phase A ungehindert entbunden. Ihr Lösungsvermögen für die schwerflüchtige Komponente B ist gering. In der Natur entbinden sich die flüchtigen Phasen oft explosiv. In diesem Fall tritt das pegmatitisch-pneumatolytische Stadium nicht in Erscheinung. Das gilt auch für einen Teil des hydrothermalen Stadiums. Erst nach stärkerer Abkühlung, wenn die meisten festen Phasen ausgeschieden sind, können sich die überhitzten Dämpfe im noch warmen Nebengestein kondensieren und epi- bis telethermale Mineralparagenesen bilden. Auch Thermalwässer lassen sich davon ableiten. Hiermit sind Vorgänge im subvulkanischen und vulkanischen Stockwerk veranschaulicht.

11.2.2 Das magmatische Frühstadium

11.2.2.1 Gravitative Kristallisationsdifferentiation und Akkumulation

Aus ultrabasischem (peridotitischem) oder basischem (gabbroidem) Magma früh ausgeschiedene Kristalle saigern bei größerer Dichte innerhalb der umgebenden Schmelze ab und reichern sich in den tieferen Teilen der Magmakammer als Kumulate an. Man spricht von einer *gravitativen Kristallisationsdifferentiation*. Meistens noch *vor* den Silikaten scheiden sich unter Abkühlung bei abnehmender Löslichkeit und genügender Konzentration Oxide aus, so *Chromit* mit Übergängen zu Cr-ärmerem *Chromspinell* (Fe^{2+}, Mg)(Cr, Al, Fe^{3+})$_2$O$_4$ und *Ilmenit* (FeTiO$_3$) bzw. *Titanomagnetit*. Titanomagnetit besteht aus einem Wirtkristall von Magnetit, in dem nach Art von Entmischungslamellen Ilmenit // {111} und Spinell // {100} eingelagert sind. Sein Vanadiumgehalt ist interessant. Neben diesen Oxiden scheiden sich auch *Platinmetalle* aus, so Gediegen Pt, legiert mit etwas Ir, Os, Ru, Rh, Fe; Pd tritt zurück.

Chromit und Platinmetalle in legierter Form (außer Pd) sind im wesentlichen an Dunite und Peridotite, die häufig serpentinisiert sind, gebunden. In diesem Nebengestein findet sich Chromit in Bändern, Schlieren, Knollen oder kokardenförmigen Aggregaten. Geringere Mengen davon sind in Körnern eingesprengt. Im Bushveld-Areal, Transvaal, in der Republik Südafrika, wechsellagert demgegenüber massiver Chromeisenstein mit Norit und Anorthosit in regional weitaushaltenden Bändern.

Chromit ist das einzige wirtschaftlich wichtige Chrommineral und seine Vorkommen als *Chromeisenstein* bilden wichtige Lagerstätten dieses Stahlveredlungsmetalls. Zu den bedeutendsten Lagerstätten gehören zahlreiche Vorkommen innerhalb des Balkans und der Türkei, die genetisch verschiedenen Vorkommen im bereits erwähnten Bushveld-Areal und vom Great Dyke in Zimbabwe, mehrere Vorkommen auf Kuba und den Philippinen. Zu diesem Lagerstättentyp gehören auch die Lagerstätten mit Gediegen Platin von Nižnij Tagil in Rußland. Die primären Gehalte an Pt-Metallen, stets an Chromitschlieren gebunden, liegen meistens *unter* einer Abbauwürdigkeit. Im Bushveld gibt es auch schlotförmige Dunitkörper, die wesentlich reicher an legierten Platinmetallen sind.

Titanomagnetit tritt in sehr großen Titaneisenerzkörpern in Verbindung mit basischen Plutonitkörpern, so von Gabbro, Norit und Anorthosit, auf. Bedeutende Metallanreicherungen dieser Art befinden sich in Skandinavien, am bekanntesten sind die Vorkommen von Täberg und Routivara in Schweden. Diese erheblichen Metallreserven wurden bislang nur begrenzt abgebaut.

11.2.2.2 Liquation, Entmischung von Sulfidschmelzen

Man geht davon aus, daß die meisten natürlichen Magmen untereinander beliebig mischbar sind. Das gilt in erster Linie für die silikatischen Magmen. Ausnahmen bilden begrenzte Mischbarkeiten zwischen silikatischen und sulfidischen sowie oxidischen, karbonatischen oder phosphatischen Schmelzen. Der Zerfall einer bei hoher Temperatur einheitlichen Schmelze in 2, mit fortschreitender Abkühlung nicht mehr mischbare Teilschmelzen wird als *Entmischung im flüssigen Zustand (Liquation)* bezeichnet. Die Entmischung setzt oberhalb der Liquidustemperatur des Systems (Silikatschmelze – Sulfidschmelze) ein. Bei der Entmischung tritt zugleich eine Verteilung der chemischen Elemente auf die beiden Teilschmelzen ein. Die spezifisch schweren Sulfidschmelzanteile vereinigen sich zu größeren Tropfen. Die meisten Tropfen sinken innerhalb der Magmakammer zu Boden und kristallisieren dort i. allg. *nach* den Silikaten aus.

In die Sulfidschmelze gehen große Mengen von Fe, der weitaus größte Teil von Ni, Cu und Co ein, dazu der im Magma befindliche Gehalt an Platinmetallen, neben Pt vorwiegend das chalcophile Pd, das eine größere Affinität zum Schwefel besitzt. Diese Elemente sammeln sich am Boden des Magmakörpers und liegen schließlich als kompakte Erzmassen vor. Geringere Mengen bilden Schlieren innerhalb des meist gabbroiden Wirtgesteins. Auch ist die Tropfenform der Sulfidaggregate im Kornverband des silikatischen Gesteins oft noch deutlich erhalten.

Als Erzminerale scheiden sich u. a. aus der Sulfidschmelze aus: *Pyrrhotin* (FeS–$Fe_{1-x}S$), *Pentlandit* $(Ni,Fe)_9S_8$ und *Chalkopyrit* $CuFeS_2$. Pentlandit ist mit Magnetkies innig verwachsen. Das Erzmikroskop läßt erkennen, daß Pentlandit sich zwischen den Korngrenzen des Pyrrhotins befindet oder charakteristische, flammenförmige Entmischungskörper im Pyrrhotin bildet. Vor Einführung des Erzmikroskops bezeichnete man einen derartigen, nickelhaltigen Pyrrhotin als Nickelmagnetkies. Der Gehalt an Platinmetallen ist meistens relativ gering. Es gibt jedoch Vorkommen dieser Art, in denen die Platingehalte höher liegen. Das bekannteste Vorkommen ist das *Merensky-Reef* (Merensky-Horizont) des Bushveldes, eine 30–60 cm mächtige Pyroxenitschicht.

Die bedeutendste Lagerstätte dieser Entstehung ist an einen Intrusivkörper von Norit bei *Sudbury* in der Provinz Ontario in Kanada gebunden (Abb. 114). Sie ist neben Norilsk in der GUS das bislang größte bekannte Nickelvorkommen (neben wirtschaftlich bedeutenden Cu- und Co-Gehalten) magmatischer Entstehung. Sie ist zugleich ein wichtiges Vorkommen von Platinmetallen. Dieses Metallvorkommen im Umkreis von Sudbury befindet sich geologisch innerhalb des präkambrischen Basements als Bestandteil eines ausgedehnten schüsselförmigen Lakkoliths (im Hangenden Mikrogranit, im Liegenden Norit). An der Basis des Noritkörpers befinden sich mächtige lagerförmige Sulfiderzkörper. Daneben treten überall noch jüngere, *apophysenartig* vorgreifende Sulfiderzkörper auf, die dort als *Offset deposits* bezeichnet werden. Letztere wurden früher als tektonisch abgepreßte Vererzungen gedeutet. Neuere Untersuchungen haben jedoch gezeigt, daß die genetischen Vorgänge im großen und ganzen komplizierter gewesen sein müssen. Es werden jetzt weitere genetisch folgende (sukzessive) *Umlagerungen* innerhalb der Sulfidschmelze durch Konzentration von überkritischem Wasser angenommen. Bei der Abkühlung kam es dann unter submagmatischen (katathermalen) Bedingungen zu hydrothermalen Umlagerungsvorgängen der primär ausgeschiedenen älteren Sulfide. Das führte stellenweise zu erheblichen Anreicherungen der sulfidischen Erze. Der unkonventionelle Deutungsversuch dieser Lagerstätte als Folge eines Impakts durch einen großen Meteoriten wird jetzt von vielen Forschern in Erwägung gezogen.

Andere intramagmatische Sulfidlagerstätten dieses Typs kommen in Europa vorzugsweise im skandinavischen Raum vor. Zahlreiche kleinere Vorkommen in Norwegen und Schweden sind jetzt ohne wirtschaftliche Bedeutung. Die Lagerstätte von Petsamo im nördlichen Finnland, seit dem 2. Weltkrieg zu Rußland gehörig, sei besonders hervorgehoben.

Sehr bemerkenswert ist das bereits erwähnte *Merensky-Reef* innerhalb der Bushveld-Region des nördlichen Transvaal. Durch seinen viel höheren *Gehalt an Platinmetallen* unterscheidet sich dieses Vorkommen von den meisten intramagmatischen Sulfidlagerstätten. Es handelt sich um eine meistens 80–150 cm mächtige Lage innerhalb des Bushveld-Norits. Sie besteht petrographisch aus einem feldspatführenden, relativ grobkörnigen Pyroxenit. Dieser erzhaltige Horizont hält innerhalb des Bushvelds über mehrere 100 km hin aus. Sein Sulfidgehalt erreicht rund 3%, stellenweise

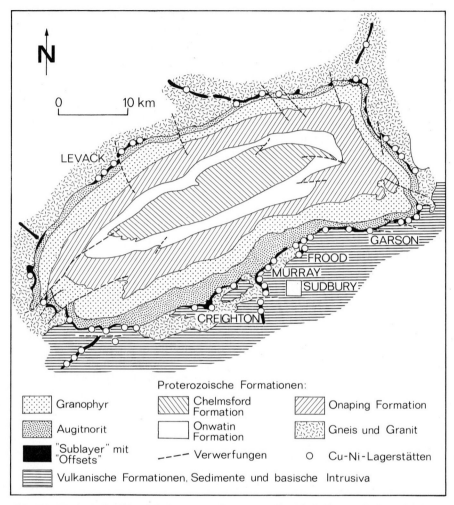

Abb. 114. Geologische Übersichtskarte vom Lagerstättenbezirk Sudbury mit den wichtigsten Cu-Ni-Lagerstätten (aus EVANS, 1980, Fig. 9.10)

etwas mehr. Sulfidminerale sind im wesentlichen: *Pyrrhotin, Pentlandit* und *Chalkopyrit.* Der Anteil an Pentlandit gegenüber Pyrrhotin ist etwa 10- bis 20 mal so hoch und der Gehalt an Platinmetallen mit 10 g/t Gestein rund 50- bis 100 mal größer als in dem Vorkommen von Sudbury. Der Hauptteil der Platinmetalle ist im Kristallgitter des Pentlandits wie dem des Magnetkieses eingelagert. *Seltenere Platinminerale* sind Cooperit (PtS), Sperrylith (PtAs$_2$) und andere Sulfide, Arsenide oder Antimonide. Die Elemente Pt und Pd überwiegen sehr stark gegenüber der Summe der übrigen Platinmetalle.

11.2.2.3 Liquation unter Beteiligung von leichtflüchtigen Komponenten

Bei hohem Gehalt an leichtflüchtigen Komponenten, Wasser, Halogenen, Phosphorsäure, Borverbindungen etc., können sich ebenfalls noch vor der Auskristallisation des Magmas auch oxidische Erzmagmen im flüssigen Zustand absondern und selbständige Intrusivkörper bilden. Solche Lagerstätten wurden von SCHNEIDER/HÖHN als liquidmagmatisch-pneumatolytische Übergangslagerstätten eingestuft. Hierzu gehören die wirtschaftlich recht bedeutenden Eisenerzlagerstätten vom *Typ Kiruna* mit den Vorkommen Kiruna und den Einzellagerstätten Kirunavaara, Luossavaara und Tuollavaara in Nordschweden. Es handelt sich um enorm große Metallkonzentrationen. Diese über alterierten sauren Pyroklastika befindlichen Erzkörper werden jetzt teilweise als magmatische Segregationslagerstätten angesprochen (EVANS, 1992).

Der Magneteisenstein der Erzkörper von Kiruna enthält Ti-freien Magnetit mit eingesprengtem oder in Streifen angereichertem Fluorapatit ($Ca_5[F/(PO_4)_3]$). Bei vielen Erzkörpern des Gebiets ist Magnetit teilweise sekundär in Hämatit umgewandelt. Dieser sekundäre Umwandlungsvorgang unter Bildung von Hämatit wird als Martitisierung bezeichnet. Durch die Gaseinwirkung enthält das Erz besonders in den randlichen Partien der Erzkörper Skapolith (Na–Ca-Alumosilikat-Mischkristall mit OH, CO_3, SO_4, Cl), Albit und/oder Turmalin. Auch das syenitische Nebengestein ist häufig vom Erzkörper ausgehend sekundär skapolithisiert und albitisiert.

Das Kiruna-Erz spielt für die europäische und besonders für die deutsche Schwermetallindustrie eine bedeutende Rolle, nicht zuletzt wegen seines zusätzlichen hohen Phosphatgehalts.

Weitere Eisenerzvorkommen dieser Art befinden sich in Schweden, meistens stärker in Roteisenerz umgewandelt. Auch von den Lofoten in Norwegen und aus den Adirondacks (USA) z. B. kennt man derartige Lagerstätten.

11.2.3 Das magmatische Hauptstadium

Das magmatische Hauptstadium und seine Produkte, die magmatischen Gesteine, wurden bereits ausführlich behandelt.

11.2.4 Das pegmatitische Stadium

Dem pegmatitischen Stadium liegen vorwiegend silikatische Restschmelzen zugrunde. Ihre hohe Konzentration an leichtflüchtigen Komponenten macht sie in hohem Grad beweglich. So gelangen sie in aufgerissene Spalten oder in Hohlräume innerhalb des Plutons, aus dem sie stammen, oder in dessen Nebengestein außerhalb des Plutons. Als Füllungen von Spalten bilden sie Gänge (Pegmatitgänge), als Füllungen größerer Hohlräume selbständige Körper, nicht selten von beachtlichem Ausmaß.

Pegmatitgänge sind als geologische Körper wechselhaft: seltener sind sie plattenförmig, häufig an- und abschwellend in ihrer Mächtigkeit, bauchig oder linsenförmig. Mitunter liegen sie als sog. gemischte Gänge mit feinkörnigem (aplitischem)

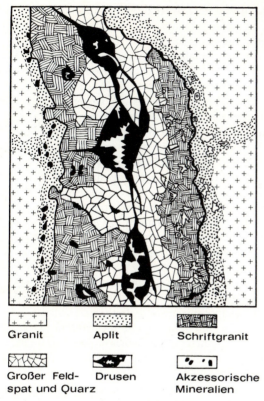

Abb. 115. Pegmatitgang, Mursinka, Ural, mit Drusenräumen in der Gangmitte. Gangmächtigkeit in der Größenordnung von 2 m (nach BETECHTIN aus SCHNEIDERHÖHN, 1961, Abb. 232)

Salband vor (Abb. 115). Das Nebengestein durchsetzen sie diskordant, in anderen Fällen passen sie sich abwechselnd konkordant oder diskordant einem älteren, vorgegebenen Gefüge des Nebengesteins an. Pegmatitgänge treten besonders häufig in den Randzonen der Granitplutone und deren Nachbarschaft auf.

Die größeren, stockartig auftretenden Pegmatitkörper zeigen mitunter eine gut ausgebildete zonare Anordnung der Mineralausscheidungen. Dabei befindet sich stets eine Anreicherung von Quarz im zentralen Teil des Körpers. Das ist auch im Pegmatitkörper von Hagendorf in der Oberpfalz der Fall, einem der größten Pegmatitkörper Europas.

Die Gesteine, die aus pegmatitischen Restschmelzen kristallisieren, werden mit einem Sammelbegriff als *Pegmatite* bezeichnet. Pegmatite zeichnen sich durch groß- bis riesenkörniges Gefüge aus. Nach ihrer Mineralzusammensetzung, oft sind es sonst nicht häufig vorkommende Minerale mit selteneren chemischen Elementen, gibt es zahlreiche Varietäten.

Die dem magmatischen Hauptstadium am nächsten liegenden Vertreter der Pegmatite führen *Quarz, Mikroklin* bzw. *Mikroklinperthit*, ± *Albit, Muscovit,* ± *Biotit,* ± *Turmalin* als Gemengteile. Ihre Verwachsungsstrukturen lassen vielfach auf eine mehr oder weniger gleichzeitige Kristallisation schließen. Bei dem sog. *Schriftgranit* sind die Quarzindividuen orientiert im Mikroklin bzw. Mikroklinperthit eingewachsen (Abb. 78, S. 163). Diese Verwachsung, als graphisches Gefüge bzw. runitisches Gefüge bezeichnet, wird meistens als eutektische Ausscheidung aus einer Restschmelze gedeutet.

Häufig enthalten die Pegmatite außerordentlich *große Kristalle*. Glimmer von mehr als 1 m $\varnothing$, Kalifeldspäte, Berylle oder Spodumene von mehreren Metern Länge sind nicht selten beobachtet worden. Dieser Riesenwuchs wird den ungewöhnlich günstigen Bedingungen zugeschrieben, die die pegmatitische Schmelze im Hinblick auf Keimauslese und Kristallwachstum bietet.

Geochemisch ist in den Pegmatiten neben den chemischen Elementen der magmatischen Hauptkristallisation eine *Anreicherung zahlreicher, teilweise recht seltener Elemente* erfolgt. Zwischen einzelnen sog. Pegmatitprovinzen hat sich eine chemische Elementaranreicherung nach verschiedenen Schwerpunkten vollzogen. Die angereicherten Elemente sind: Lithium, Beryllium, Bor, Barium, Strontium, Rubidium, Cäsium, Niob, Tantal, Zirkonium, Hafnium, die Seltenen Erden, Uran, Thorium, Phosphor u.a. Auch Zinn, Wolfram und Molybdän können angereichert sein, in manchen Fällen sogar Kupfer und Gold.

Pegmatite sind als *Rohstoffträger* nicht selten von wirtschaftlicher Bedeutung. Neben der Gewinnung von Feldspat und Quarz fallen Minerale mit selteneren Metallen an wie die Seltenen Erden, Nb, Ta, Th, Li, Be u.a., die fallweise gewonnen werden.

Es gibt nach ihrem Mineralbestand mehrere *Pegmatitvarietäten*. Einige davon seien angeführt:

- *Feldspatpegmatite* sind am verbreitetsten. Charakteristische Nebengemengteile treten zurück. Vorkommen gibt es im Bayerischen Wald, der Oberpfalz, im Spessart. Größere europäische Vorkommen finden sich in Norwegen und anderen skandinavischen Ländern. Feldspat ist ein wichtiger Rohstoff der keramischen Industrie (z.B. der Porzellanindustrie).
- *Glimmerpegmatite* mit großen Tafeln von Muscovit oder auch Phlogopit. Berühmte Vorkommen sind das Ulugurugebirge in Tansania, Sri Lanka und Bengalen (Indien). Beide Glimmerarten sind Rohstoffe für die Elektroindustrie, hier besonders als Kondensatorenmaterial. Jetzt erfolgt meistens ein technischer Ersatz durch synthetische Glimmer.
- *Spodumenpegmatite* sind reich an Spodumen ($LiAl[Si_2O_6]$), hiervon wurden Riesenkristalle bis zu 16 m Größe beobachtet. Lithiumglimmerpegmatite mit *Lepidolith* oder *Zinnwaldit*. Sie enthalten das technisch wichtige Leichtmetall Lithium.
- *Beryllpegmatite* sind reich an *Beryll*. Sie enthalten das technisch wichtige Leichtmetall Beryllium.
- *Edelsteinpegmatite* mit Beryll ± Turmalin ± Topas ± Rosenquarz u.a., wobei verschleifbares Material fast nur in enthaltenen Kristalldrusen vorkommt. Fundpunkte besonders in Brasilien (Minas Geraës), Madagaskar und Namibia.
- Pegmatite mit *Uran-* und *Thoriummineralen*.
- Pegmatite mit Mineralen der *Seltenen Erden* und *Niobat-Tantalat-Pegmatite* mit den Mineralen Niobit (Fe, Mn) $[Nb, Ta]_2O_6$ und Columbit (Fe, Mn) $[Ta, Nb]_2O_6$. Sie stellen Restdifferentiate von Alk'Graniten dar.

- *Zirkoniat-* und *Titanatpegmatite* mit Zirkon und Titanit (CaTi[O/SiO$_4$]) sind besonders an Nephelinsyenite gebunden. Als Restdifferentiate von Alk'Plutoniten besitzen sie teilweise den gleichen Mineralbestand wie die zugehörigen Plutonite.
- *Phosphatpegmatite* mit Apatit, Amblygonit (LiAl[(F, OH)/PO$_4$]), Triphylin (Li(Fe, Mn)[PO$_4$]), Monazit (CePO$_4$) und sehr zahlreichen weiteren, teilweise recht seltenen Phosphatmineralen. Zu den Phosphatpegmatiten gehören z. B. das Pegmatitvorkommen von Hagendorf in der Oberpfalz sowie das Vorkommen von Varuträsk in Schweden.
- Weitere bekannte Vorkommen, die aus Alk'Plutoniten abgeleitet werden, befinden sich auf der Kolahalbinsel in Rußland und im Langesundfjord in Südnorwegen mit vielen seltenen Mineralen.
- *Zinnpegmatite* mit Zinnstein (Kassiterit) ± Wolframit ± Molybdänglanz (Molybdänit) leiten zu Gängen des pneumatolytischen Stadiums über.

Im Verband mit hochgradig metamorphen Gesteinen des tieferen Grundgebirges stehen häufig pegmatitähnlich aussehende Gesteinspartien an, die oft einen scharfen Kontakt zum hochmetamorphen Nebengestein vermissen lassen. Ihnen fehlt zugleich jede Beziehung zu einem Pluton oder einem anderen magmatischen Körper. Solche pegmatitähnlich aussehenden Partien werden mit begrenzten (selektiven) Aufschmelzungsvorgängen im tieferen metamorphen Grundgebirge in Beziehung gebracht.

Im Unterschied zu den vorher besprochenen echten Pegmatiten werden diese Gesteine häufig als *Pegmatoide* bezeichnet. Sie besitzen als Gemengteile fast stets nur Quarz, Feldspäte und Glimmer ohne die für die echten Pegmatite typischen Begleitminerale.

11.2.5 Das pneumatolytische (hypothermale) Stadium

Man nimmt an, daß sich im pneumatolytischen Stadium überkritische Restdifferentiate in einzelnen Hohlräumen des weitgehend auskristallisierten Plutons befinden. Es handelt sich meistens um Granitplutone. Mit Annäherung an einen maximalen Innendruck des überkritischen Gasgemisches kommt es mit der weiteren Abkühlung nach dem Prinzip der Gasdrucksteigerung bei fortlaufender Kristallisation (entsprechend Abb. 113 und den Ausführungen S. 259 f.) zu einem Aufsieden und zur Abdestillation des Gasgemisches, indem Spalten aufreißen, dadurch, daß $p_a < p_i$ geworden ist. Die Abdestillate füllen diese Spalten und kristallisieren als pneumatolytische Gänge aus. In anderen Fällen imprägnieren sie Teile des Nebengesteins innerhalb oder außerhalb des Plutons. Solche Imprägnationen befinden sich häufig in der Nachbarschaft der Gänge oder in den oberen bzw. randlichen Teilen des Granitplutons. Die *leichtflüchtigen Abdestillate* bestehen im wesentlichen aus Fluoriden oder Chloriden von Si und von verschiedenen Schwermetallen, Verbindungen des Bors, Lithiums, Phosphors etc. Besonders große Mengen von SiO$_2$ befinden sich im überkritischen Wasser gelöst.

Im pneumatolytischen Stadium reagieren solche Gasgemische auf geringe Änderungen der Zustandsbedingungen (P und T) außerordentlich empfindlich. Es kommt zur Ausscheidung schwerlöslicher Verbindungen, wie z. B. *Quarz, Kassiterit*

(Zinnstein), Wolframit, Hämatit oder anderer Minerale. Die Abscheidung der pneumatolytischen Minerale vollzieht sich räumlich fast stets in einem ziemlich begrenzten Bereich von höchstens einigen 100 m Ausdehnung. Bei den pneumatolytischen Erzlagerstätten rechnet man deshalb mit einer relativ geringen sog. *Stockwerkshöhe* des Bergbaus.

Als wichtige *pneumatolytische Reaktionen* werden häufig die folgenden chemischen Gleichungen angeführt:

$$SiF_4 + 2\ H_2O \rightleftharpoons SiO_2 + 4\ HF$$
(Quarz)
$$SnF_4 + 2\ H_2O \rightleftharpoons SnO_2 + 4\ HF$$
(Kassiterit)

Die freiwerdenden Säuren, im vorliegenden Fall Fluorwasserstoff, bewirken eine Umwandlung des primären Feldspats in Topas, Quarzausscheidungen in großem Ausmaß und feine Imprägnationen von Zinnstein. Dieses aus Granit entstandene Gestein wird als *Greisen* bezeichnet.

Die folgende Reaktion beschreibt die Bildung einer verbreiteten Paragenese im Greisen:

$$CaAl_2Si_2O_8 + 4\ F^- + 4\ H^+ = Al_2\ (F_2/SiO_4) + SiO_2 + CaF_2 + 2\ H_2O$$
An-Komponente   Topas   Quarz Fluorit
im Plagioklas

Pneumatolytische Veränderungen der Feldspäte und Glimmer durch Borat- und Lithium-haltige Lösungen führen häufig auch zur Bildung von Turmalin bzw. Lepidolith.

11.2.5.1 Die pneumatolytischen Zinnerzlagerstätten

Es handelt sich um die wichtigsten primären Lagerstätten des Zinns und zugleich um die verbreitetsten pneumatolytischen Lagerstätten. In Paragenese mit Kassiterit treten auf: viel *Quarz, Topas oder Turmalin, Lithiumglimmer* und *Wolframit*. Häufig kommen eher untergeordnet hinzu: *Apatit, Fluorit, Scheelit, Molybdänglanz* und *Hämatit*.

Die pneumatolytischen Zinnerzlagerstätten sind im wesentlichen an die *Dachregion granitischer Plutone* gebunden. Dabei handelt es sich stets um die jüngsten, SiO_2- und alkalireichsten Granitkörper innerhalb einer Granitregion. Die kassiteritführenden Teile des betreffenden Plutons sind stets in *Greisen* umgewandelt. Man unterscheidet eine *grobkörnige Varietät*, den eigentlichen Greisen, und eine *feinkörnige Varietät*, die von den sächsischen Bergleuten als *Zwitter* bezeichnet wurde.

In einem der klassischen Gebiete des Zinnbergbaus, dem östlichen und mittleren Erzgebirge, liegt z. B. stets *Topasgreisen* vor, in Cornwall, wo bereits die Phönizier Bergbau betrieben, jeweils *Turmalingreisen*. Auch in den derzeit reichsten Zinnlagerstätten Europas in Nordportugal und NW-Spanien liegt Turmalingreisen vor. Der Verdrängungsvorgang bei der Entstehung von Greisen aus Granit besteht darin, daß die Feldspäte durch Topas oder Turmalin, Quarz und Kassiterit verdrängt und die ehemaligen primären Glimmer des Granits durch Li-Glimmer ersetzt werden.

In der noch im Abbau befindlichen Zinnlagerstätte von Altenberg im östlichen Erzgebirge ist die Scheitelregion eines aufgewölbten Granitkörpers bis zu 250 m Tiefe weitgehend in einen dichten Greisen, als *Altenberger Zwitterstock* bezeichnet, umgewandelt (Abb. 116). Der intensive Bergbau seit 1458 durch bis zu 90 kleinere Bergbaubetriebe hatte dazu geführt, daß die alten Weitungsbaue 1620 schließlich zusammenbrachen. So entstand damals die Altenberger Pinge.

Im Altenberger Zinnerz durchsetzt ein dichtgeschartes Netzwerk mit Kassiterit gefüllter Klüfte in diffusen Imprägnationszonen den dichtkörnigen Greisen (Abb. 117). Dabei ist der Zinnstein mit bloßem Auge kaum identifizierbar.

Pneumatolytische Gänge treten z. B. im benachbarten *Zinnwald* im östlichen Erzgebirge auf (Abb. 118). Diese Gänge führen neben oft gut ausgebildeten Zinnsteinkristallen weitere der aufgeführten Minerale der pneumatolytischen Paragenese. Die typische Ausbildung der Kassiteritkristalle ist gedrungen-prismatisch mit {111} und {110} in gleichgroßer Entwicklung (Abb. 34, S. 73). Sehr häufig sind die Kristalle verzwillingt nach (011), wegen ihres Aussehens als Visiergraupen bezeichnet.

Die weltwirtschaftlich wichtigsten pneumatolytischen Zinnlagerstätten befinden sich in Südostasien. Am bekanntesten sind die Vorkommen der malaiischen Halb-

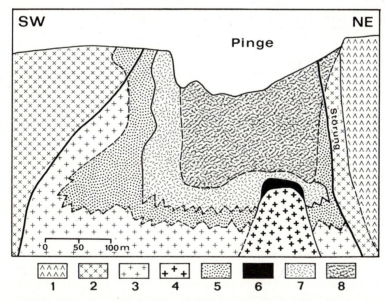

Abb. 116. Profil durch den teilweise in Greisen übergeführten Granitstock von Altenberg, Erzgebirge. (Nach Schlegel, umgezeichnet aus Baumann et al., 1979). *1* Quarzporpyr, *2* Granitporphyr, *3* Außengranit (Zinngranit), *4* Innengranit, *5* Granit mit Greisen, *6* Randpegmatit (*Stockscheider*, teilweise topasierte Feldspäte als Varietät *Pyknit*), *7* Greisen, *8* Greisenbruchmassen der Pinge

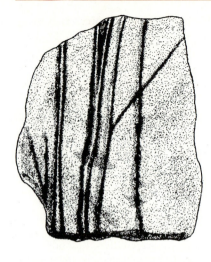

Abb. 117. Sog. Zwitterbänder (Kassiteritimprägnationen) im dichten Greisen von Altenberg, Erzgebirge

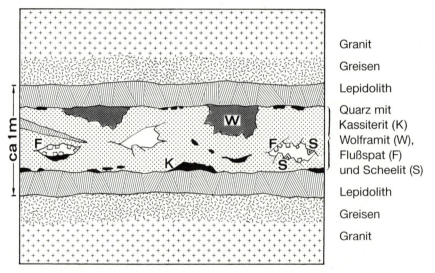

Abb. 118. Pneumatolytischer Gang mit Kassiterit, Wolframit und Scheelit mit Greisenzone an den Salbändern, Zinnwald, Erzgebirge (nach Beck)

insel und diejenigen auf den indonesischen Inseln Bangka und Billiton, die als Zinninseln bezeichnet werden. Heute vollzieht sich der Abbau allerdings vorrangig auf sekundären Lagerstätten (vgl. S. 324). Reiche Zinnlagerstätten dieser Art befinden sich auch in der Provinz Yunan in der Volksrepublik China.

Bei den *pneumatolytischen Zinnlagerstätten Boliviens,* der zweitwichtigsten Zinnprovinz der Erde, befinden sich die zinnerzführenden Gänge in einem *subvulkanischen Niveau,* bisweilen unmittelbar an vulkanische Förderschlote geknüpft. In diesem Fall waren die Förderwege der pneumatolytischen Emanationen infolge rascherer Abkühlung kürzer. Dabei kam es zu räumlich mehr oder weniger sich überschneidenden Mineralabscheidungen zwischen dem pneumatolytischen Stadium und den verschiedenen Stufen des hydrothermalen Stadiums. Man spricht von einem *Telescoping* der sich in ihren Ausscheidungstemperaturen unterscheidenden nebeneinander befindlichen Mineralparagenesen. Lagerstättenkundlich liegt eine pneumatolytisch-hydrothermale Übergangslagerstätte vor.

Die etwas niedrigere Bildungstemperatur macht sich auch am Habitus der Kassiteritkristalle bemerkbar. Kassiterit tritt als *Nadelzinn* auf. Seine Kriställchen sind durch steil angelegte Bipyramiden spitz-nadelförmig ausgebildet und häufig in büscheligen Kristallgruppen angeordnet. Neben Kassiterit kommen auch Sulfostannate vor. Unter ihnen ist der *Stannin (Zinnkies)* (Cu_2FeSnS_4) weitaus am meisten verbreitet.

11.2.5.2 Die pneumatolytischen Wolframlagerstätten

Wolframit ist ein ständiger Begleiter auf vielen Zinnerzlagerstätten, besonders auf den *pneumatolytischen Gängen*. Viele Zinnerzlagerstätten enthalten stellenweise oder in der gesamten Lagerstätte soviel Wolframit, daß sie gleichzeitig als Wolframlagerstätten anzusprechen sind. Das ist nicht nur im sächsischen Erzgebirge, in Cornwall oder in Nordportugal bzw. NW-Spanien der Fall, sondern in weiteren wichtigen Vorkommen der Erde. Es gibt jedoch auch Wolframitgänge, in denen Zinnstein fehlt. Die Verwachsungsstruktur der Wolframiterze unterscheidet sich durch den stengeligen Kristallhabitus des Wolframits von derjenigen der Zinnerze. Außerdem ist die *Mineralparagenese meistens einfacher*. Sie besteht in vielen Fällen nur aus Quarz, Wolframit und etwas Turmalin. Wolframit und schwarzer Turmalin (Schörl) lassen sich bei flüchtigem Ansehen leicht verwechseln.

Die wirtschaftlich *wichtigsten Lagerstätten* befinden sich in Korea, der Volksrepublik China, in Burma, Thailand und Indonesien.

11.2.5.3 Die pneumatolytischen Molybdänlagerstätten

Molybdänit ist meistens auch in den pneumatolytischen Zinn- und Wolframlagerstätten anwesend. Teilweise wird er als Nebenprodukt aus diesen Vorkommen mit gewonnen. Die weitaus bedeutendste Molybdänlagerstätte, die zeitweilig bis zu 80 % an der Weltproduktion beteiligt war, ist die *Climax-Mine* neben der kürzlich in Betrieb genommenen *Henderson-Mine* in Colorado (USA). Hier wird die äußere Zone eines größeren Granitkörpers in einen dichtkörnigen, zwitterähnlich aussehenden Greisen umgewandelt. Molybdänit imprägniert in einem dichten Netzwerk feiner Klüfte den Greisen. Kreuz und quer verlaufende Quarztrümer enthalten neben Molybdänit auch zuweilen etwas Kassiterit, Wolframit und teilweise viel Pyrit. Die zentraleren Partien des Granitkörpers sind völlig verkieselt. Es handelt sich um eine typische sog. *Stockwerksvererzung*.

11.2.5.4 Kontaktpneumatolytische Verdrängungslagerstätten

Treffen überkritische Gase außerhalb des Plutons auf klüftiges Nebengestein, so kann auch hier die plötzliche Druckentlastung zu Verdampfungs- und Destillationsvorgängen führen. Ist das Nebengestein ein Kalkstein (bzw. metamorpher Kalkstein), so kommt es zu verschiedenen Reaktionen unter Ausscheidung von Metallverbindungen. In günstigen Fällen haben sich sog. kontaktpneumatolytische Verdrängungslagerstätten gebildet. Gleichzeitig entstehen daneben als charakteristische Begleitminerale verschiedene Ca–Mg–Fe-Silikate wie: Granat (mit vorherrschender Andraditkomponente), Pyroxen (vorwiegend Diopsid-Hedenbergit), Wollastonit, Amphibol (vorw. Tremolit-Aktinolith), ferner Epidot, Vesuvian und andere Minerale, auch solche mit F-, Cl- oder Boreinbau. Das Auftreten von Topas oder Turmalin ist jedoch untypisch. Verdrängungserscheinungen und Reaktionssäume bei diesen Silikaten sind verbreitet. Ihre Korngrößen sind oft erheblich. Diese die kontaktpneumatolytischen Lagerstätten begleitenden, harten und zähen Kalksilikatfelse werden nach einem alten schwedischen Bergmannsausdruck als *Skarn* bezeichnet. Man spricht deshalb auch allgemein von *Skarnlagerstätten*.

Hier spielen die kontaktpneumatolytischen Wolframlagerstätten mit *Scheelit* ($CaWO_4$) (von amerikanischen Forschern als *Tactite* bezeichnet) in neuerer Zeit *weltwirtschaftlich eine immer größere Rolle*. Besonders im Südwesten der USA befinden sich bedeutende Vorkommen. Wegen seiner Unauffälligkeit im umgebenden Skarn wird Scheelit leicht übersehen. Er läßt sich bei der Prospektion am einfachsten durch seine starke UV-Fluoreszenz feststellen.

11.2.6 Das hydrothermale Stadium

Der Übergang vom pneumatolytischen zum hydrothermalen Stadium ist fließend. Es bestehen, physikalisch-chemisch gesehen, keine Unterschiede zwischen der Lösungsfähigkeit einer überkritischen und einer unterkritischen Lösung. Unterschiede sind ausschließlich von den Zustandsbedingungen Temperatur, Druck und Konzentration abhängig, denen das betreffende System unterliegt.

Zum hydrothermalen Stadium wird das *Ausscheidungsgebiet unterhalb der kritischen Temperatur des Wassers* (zwischen 400 und 350 °C) bis hinunter zu seinem Siedepunkt (≤ 100 °C) gerechnet. Die Substanz in den *hydrothermalen Lösungen* (Hydrothermen) befindet sich im ionaren Zustand oder in komplexer Form gelöst, im niedriggradigen, epithermalen Bereich auch in kolloidaler Form als Sol.

Man kennt die Zusammensetzung hydrothermaler Lösungen aus der Untersuchung fluider Einschlüsse der anwesenden Minerale. HELGESON definiert die hydrothermalen Lösungen als konzentrierte, schwach dissoziierte, alkalichloridreiche Elektrolytlösungen. Die Metalle sind besonders als Alkali- und Polysulfide gelöst, werden als solche transportiert und bei plötzlicher Änderung der Zustandsbedingungen als Paragenesen abgesetzt. Die in der hydrothermalen Lösung enthaltenen Stoffe werden in Abhängigkeit von Temperatur- und Druckerniedrigung, der jeweiligen Elementkonzentration, der Änderung der Wasserstoffionenkonzentration (pH-Wert) sowie des Redoxpotentials (Eh-Wert) in Form von mehr oder weniger charakteristischen Mineral- und Erzparagenesen (unter begrenzten Überschneidungen) nacheinander aus der Hydrotherme ausgeschieden. Es sind meistens kompakte Mineralaggregate bzw. Erze, die sich aus den hydrothermalen Lösungen in den Spalten ausscheiden. In verbleibenden Hohlräumen können sich auch Mineraldrusen mit freien Kristallendigungen entwickeln. Das nicht seltene Auftreten von Kolloidtexturen belegt, daß auch kolloide Lösungen eine Rolle spielen können. Im einzelnen gibt es noch zahlreiche Probleme im Hinblick auf den Transport der Metallionen zusammen mit den Sulfidionen in der gleichen Lösung.

Im Hinblick auf die *Herkunft der hydrothermalen Lösungen* haben Untersuchungen über Isotopenverhältnisse in Flüssigkeitseinschlüssen von Erzmineralen und deren Gangarten ergeben, daß neben juvenilem Wasser aus magmatischen Restlösungen auch aus Nebengestein entbundenes Wasser und solches, das aus dem atmosphärischen Kreislauf stammt, an der Zusammensetzung hydrothermaler Lösungen eine bedeutende Rolle spielen können.

Im Hinblick auf die *Herkunft der Wärme* kann man sich vorstellen, daß auch ohne magmatische Wärme lokal der Zerfall radioaktiver Elemente (U, K, Th) Wärmeenergie liefern kann, um Konvektionszellen hydrothermaler Lösungen zu schaffen und so zum Aufstieg von Hydrothermen beizutragen.

Für die *Herkunft der Metallgehalte* der Hydrothermen gibt es sichere Hinweise, die belegen, daß Metallgehalte von bislang als rein magmatogen angesehenen Lagerstätten durch Wechselwirkungen von hydrothermalen Lösungen mit dem Nachbargestein aus Spurengehalten z. B. von Feldspäten (Pb) oder Biotit (Zn, Cu) mobilisiert sein können. Sogar der Goldgehalt des großen Gold-Quarz-Gangs Mother Lode in Kalifornien oder das Gold der Goldlagerstätte von Yellowknife in Kanada werden jetzt aus dem Nebengestein abgeleitet. Schon vor reichlich 100 Jahren hatte die heute wieder aktuell gewordene Theorie von der *Lateralsekretion* versucht, Erzgänge auf dieselbe Weise zu erklären.

Hydrothermal bedeutet also nicht zugleich zwangsläufig auch magmatogen!

Der räumliche Zusammenhang der hydrothermalen Bildungen mit magmatischen Vorgängen ist in der Natur nicht immer erkennbar. Das gilt vorzugsweise für die epithermalen (telethermalen) Bildungen. Dort, wo die Herkunft erkennbar ist, unterscheidet man *plutonische, subvulkanische,* untergeordnet auch *vulkanische hydrothermale Bildungen* bzw. *Lagerstätten*. Die durchschnittliche Bildungstiefe der plutonischen hydrothermalen Abfolge wird auf 0,5–3 km, bei der typisch subvulkanischen Abfolge auf 0,3–1 km Tiefe geschätzt.

Bei zonaler Anordnung höher- bis niedrigerthermaler Erzparagenesen um einen (granitischen) Intrusivkörper wie z. B. in Cornwall, SW-England, ist die *magmagebundene Abkunft der Lagerstätte* meistens zweifelsfrei (Abb. 119). Im Hinblick auf die räumliche Entfernung einer zugehörigen Lagerstätte unterscheidet man perimagmatische (im abgebildeten Beispiel: Sn, Cu), apomagmatische (Pb-Zn) und telemagmatische (Fe) Lagerstätten.

11.2.6.1 Einteilung der hydrothermalen Bildungen

Wir unterscheiden *intrakrustal* gebildete hydrothermale Lagerstätten, das sind hydrothermale Lagerstätten, die innerhalb der Erdkruste gebildet worden sind, von *epikrustalen* Lagerstätten, die auf der Erdoberfläche, subaërisch oder submarin, entstanden sind.

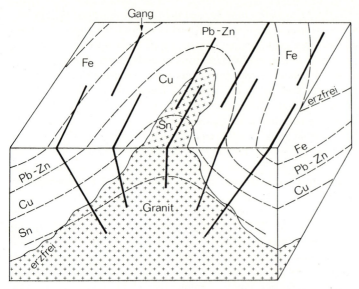

Abb. 119. Granitgebundene Vererzung. Zonare Abfolge von Sn, Cu, Pb-Zn, Fe mit zunehmendem Abstand vom Granitkontakt. Beispiel aus Cornwall, SW-England (aus EVANS, 1980, Fig. 5.6)

Bei den *intra*krustal gebildeten hydrothermalen Lagerstätten treten die folgenden geologischen Strukturtypen auf:

- *Hydrothermale Erz- und Mineralgänge.* Platznahme des Erzes in Spalten und tektonischen Ruschelzonen. Steilstehende Spalten sind häufig gleichzeitig Aufstiegswege der Hydrothermen.
- *Hydrothermale Imprägnationslagerstätten.* Die hydrothermalen Lösungen nehmen bevorzugt in vorhandenen Hohlräumen oder in einem feinen Kluftnetz Platz.
- *Hydrothermal-metasomatische Verdrängungslagerstätten.* Die Hydrothermen haben das Nebengestein, im wesentlichen Kalkstein oder dolomitische Kalksteine, verdrängt.

*Epi*krustal gebildet sind:

- *Produkte der Fumarolen* (subaërisch)
- *Vulkano-sedimentäre Lagerstätten* als vorwiegend *schichtgebundene* (stratiforme) Erzkörper (submarin).

11.2.6.2 Intrakrustale hydrothermale Lagerstätten

In Tabelle 33, S. 280 sind die wichtigsten hydrothermalen Paragenesen nach *absteigenden Bildungstemperaturen* zwischen 400 und 100 °C aufgeführt. Es wird eine katathermale, eine mesothermale, eine epithermale und eine (tele)-thermale Paragenesengruppe unterschieden. Innerhalb einer Paragenesengruppe werden typische Mineral- und Elementparagenesen zusammengefaßt. Die aufgeführten Lagerstättenbeispiele werden außerdem nach geologischen Strukturtypen eingestuft.

Hydrothermale Erz- und Mineralgänge. Voraussetzung für die Entstehung hydrothermaler Erz- und Mineralgänge ist das Vorhandensein von offenen oder sich öffnenden tektonischen *Spalten,* in denen die hydrothermalen Lösungen Platz nehmen und auskristallisieren können. Für die beiden anderen Formen spielt die *Beschaffenheit des Nebengesteins* eine entscheidende Rolle.

Im einzelnen unterscheidet man bei den Erzgängen *Erzminerale* und *Gangart*. Die Erzminerale sind die Träger der u. U. gewinnbaren Metalle. Von den Bergleuten werden diese Teile des Gangs auch als *Erzmittel* bezeichnet im Unterschied zu den nichtopaken Begleitmineralen der sog. *Gangart,* dem tauben Mittel. Zu den Gangarten rechnen im wesentlichen: Quarz, Calcit, Dolomitspat und weitere Karbonate, Fluorit, Baryt u. a.

Die Ausscheidung des Mineralinhalts der Gänge erfolgt häufig gleichzeitig mit den tektonischen Öffnungsbewegungen, dem Aufreißen der Spalte. Das kann in mehreren Etappen geschehen. Hieraus erklärt sich die häufig *bilateral-symmetrische Anordnung* verschiedener *Mineralparagenesen in einem Gang* (Abb. 120). Stets befinden sich die älteren, i. allg. bei höherer Temperatur gebildeten Paragenesen an den Gangrändern (dem sog. *Salband*), die jüngeren, unter etwas niedrigerer Tem-

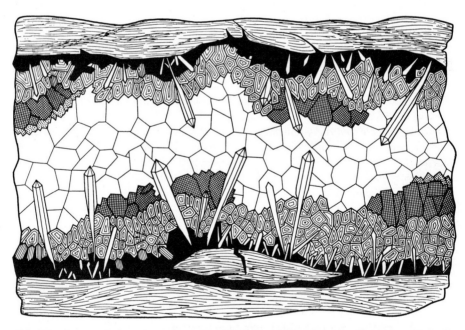

Abb. 120. Symmetrischer Erzgang aus der Freiberger *Edlen Braunspatformation,* Himmelfürst-Fundgrube b. Brand, Freiberg. (Nach Maucher, umgezeichnet aus Schneiderhöhn, 1941). Nebengestein: Gneis: säulenförmiger Quarz I mit Sphalerit (*schwarz*), Arsenopyrit (*längsgestreift*), Rhodochrosit (*zonar*), Galenit (*Kreuzschraffur*), Chalkopyrit (*punktiert*), Calcit (*weiß in Gangmitte*)

peratur gebildeten Paragenesen in der Mitte des Gangs. Man bezeichnet diese Anordnung innerhalb eines Gangs von außen nach innen auch als *temporären Facieswechsel*.

Als *lateralen Facieswechsel* bezeichnet man demgegenüber die zonale Folge verschiedener Mineralparagenesen im Streichen eines Gangs mit zunehmendem räumlichen Abstand vom magmatischen Zubringer nach abnehmender Bildungstemperatur.

Beide sich gelegentlich überschneidenden Einflüsse werden in der Praxis als *primärer Teufenunterschied* bezeichnet. Bei den in hohem Krustenniveau befindlichen subvulkanischen Lagerstätten ist dieser Facieswechsel infolge kürzerer Transportwege und schnellerer Abkühlung weniger ausgeprägt. Die verschiedenen Mineralparagenesen erscheinen teleskopartig ineinandergeschoben, als *Telescoping* bezeichnet.

Die praktische Bedeutung des Facieswechsels für die Prospektion der Erze sowie für bergbau- und aufbereitungstechnische Fragen ist offensichtlich.

Aus der geradezu verwirrenden Fülle des Mineral- und Erzinhalts der verschiedenen, überaus zahlreich auftretenden hydrothermalen Gänge heben sich weltweit immer wieder vorkommende gleichbleibende sog. *persistente Paragenesen* hervor, die zur Grundlage für ein Schema von *Gangformationen* geworden waren. Es diente lange Zeit als Prinzip für eine Systematik hydrothermaler Lagerstätten aller Strukturtypen.

Die Definition der beiden Begriffe Gangformation und persistente Paragenese fußt letztlich auf den Erkenntnissen des Freiberger Mineralogen AUGUST BREITHAUPT. Er hatte als Erster in aller Deutlichkeit erkannt, daß „das gesellschaftliche Zusammenvorkommen gewisser Mineralien", ihre „Paragenesis", die wichtigste Grundlage für jede genetische Aussage darstellt. In seinem Werk „*Die Paragenesis der Mineralien*" aus dem Jahre 1849 hat er seine langjährig begründeten Forschungsergebnisse über die „Erzformationen des Erzgebirges", speziell auch diejenigen der Freiberger Erzgänge, zusammengefaßt.

Die Bezeichnung „Gangformation" war schon vor BREITHAUPT im sächsischen Bergbau allgemein gebräuchlich. Die frühe Erkenntnis, daß die Beurteilung einer Mineralassoziation als Mineralparagenese für genetische Schlußfolgerungen heranzuziehen ist und nicht jeweils nur ein einzelnes, besonders auffälliges Mineral, ist auch in der Petrologie längst allgemein anerkannt.

Hydrothermale Imprägnationslagerstätten entstehen durch Ausfüllung des Porenraums und eines feinen Kluftnetzes mit Erzmineralen. Dabei kommt es in nur geringerem Ausmaß auch zu Verdrängungserscheinungen. Zu den hydrothermalen Imprägnationslagerstätten gehören wirtschaftlich sehr bedeutende Lagerstätten, besonders solche mit Cu- oder Cu + Mo ± Au-Paragenesen. Dieser Lagerstättentyp wird wegen der feinen Verteilung des Erzes im Gestein als *Disseminated-ore-Typ* oder wegen seiner Erzeinsprenglinge auch als Porphyry-ore-Typ und Disseminated-ore-Typ bezeichnet. Durch ihre große räumliche Ausdehnung stellen diese Vorkommen *enorme Metallreserven* auf der Erde dar.

Hydrothermale Verdrängungslagerstätten entstehen in leicht reaktionsfähigen Gesteinen, so in Kalkstein, Marmor, Dolomitgestein. Ein solcher Verdrängungsprozeß wird häufig auch als *Metasomatose* bezeichnet. Hydrothermale Mineralparagenesen treten dabei an die Stelle der karbonatischen Gesteinsgemengteile. Die Verdrängung kann große Ausmaße erreichen. Sie ist jedoch oft ungleichmäßig verteilt und unberechenbar. Es sind auf diese Weise die folgenden Metalle angereichert: Fe, Mn, Pb, Zn, Hg und Mg.

Im Rahmen dieser Einführung kann aus der Fülle des Stoffs über hydrothermale Lagerstätten nur eine begrenzte Auswahl getroffen werden. Wir folgen in der Gliederung des Stoffs weitgehend dem Schema von Tabelle 33.

11.2.6.3 Katathermale Paragenesengruppen

Gold- und Gold-Silber-Lagerstätten

Wirtschaftlich noch immer wichtig sind die erdweit verbreiteten Gold-Quarz-Gänge. Sie werden als katathermal eingestuft, weil sie stellenweise Übergänge zu den turmalinführenden, zum pneumatolytischen Stadium gehörenden *Gold-Quarz-Gängen* bilden. Gold-Quarz-Gänge sind nur in tiefer abgetragenen Orogenanschnitten verschiedenen Alters oder im freigelegten metamorphen Basement angeschnitten. Diese Gänge besitzen Mächtigkeiten zwischen 0,5 und 3 m, erreichen aber mitunter eine bedeutende streichende Erstreckung dadurch, daß sich Einzelgänge mit gegenseitiger tektonischer Verschiebung hintereinanderreihen. Auf diese Weise entstehen weithin sich erstreckende Gangzüge. Am bekanntesten ist der Gangzug Mother Lode in Kalifornien mit einer Ausstrichslänge von mehr als 250 km. Auch die Tiefenerstreckung der Gold-Quarz-Gänge ist meistens erheblich.

Der Mineralinhalt der Gold-Quarz-Gänge ist einfach. Neben 97–98 % Quarz als Gangart enthalten sie an Sulfiden im wesentlichen noch Pyrit, Arsenopyrit, Chalkopyrit und gelegentlich etwas Antimonit. Gold tritt als *Gediegen Gold* auf. Es ist bis zu 10–20 % mit Ag legiert und befindet sich im Quarz, Pyrit oder Arsenkies eingeschlossen. Der Goldgehalt liegt in solchen Quarzgängen, wenn sie der Goldgewinnung dienen, bei 0,001–0,003 % (das sind 10–30 g/t Gestein). Die wirtschaftliche Bedeutung der Gold-Quarz-Gänge ist noch immer groß.

Bergwirtschaftlich wichtiger Abbau von Gold-Quarz-Gängen befindet sich u. a. in den USA: das Revier des Mother Lode innerhalb des Orogens der Sierra Nevada in Kalifornien, bei Fairbanks in Alaska im Yukonbecken; in Kanada: die Distrikte von Porcupine, Yellowknife und Kirkland-Lake im Kanadischen Schild; in Australien: die Bendigo-Goldfelder (hier haben die Gold-Quarz-Gänge als charakteristische Sattelgänge in aufgeblätterten Faltensätteln Platz genommen), weiterhin das Ballarat-Goldfeld; Indien: Kolar-Distrikt in Mysore; GUS: an sehr zahlreichen Stellen innerhalb der alten Teile der Sibirischen Tafel, so am oberen Jenissei, der oberen Lena, im Aldan, in Osttransbaikalien und andernorts. Innerhalb der Grünsteingürtel alter präkambrischer Schilde ist deren usprünglicher Goldgehalt durch Granitintrusionen mobilisiert und in Gängen angereichert worden.

Bereits 3000 v. Chr. wurde nachweislich in Ägypten Gold aus Quarzgängen gewonnen. Noch älter ist der Goldbergbau in Zimbabwe, der auf vorgeschichtliche Zeit zurückgeht (Land Ophir).

In Europa war der Goldbergbau in den Hohen Tauern während des Altertums bis zum Mittelalter bedeutsam. Der Abbau der Gold-Quarz-Gänge von Brandholz-Goldkronach im Fichtelgebirge hatte seine Blütezeit im ausgehenden Mittelalter. Ende des 18. Jahrhunderts standen diese Gruben unter der Leitung des bekannten Naturforschers ALEXANDER VON HUMBOLDT. Die letzte, ganz kurze Betriebsperiode ging im Jahr 1925 zu Ende.

11.2 Mineral- und Lagerstättenbildung

BAUMANN et al. 1979, Tabelle 2.3)

Paragenesen-gruppe	Temperatur-bereich	Element-paragenese	Mineralparagenese	Lagerstättenbeispiele		Strukturtyp[a]		
						g	i	m
Katathermal	~ 400...300°C	Au, Ag	Gediegen Gold Elektrum Pyrit Quarz	Lena-Gebiet/GUS Kolar/Indien Mother Lode/USA Slowakisches Mittelgebirge	Au Au Au Au, Ag	× × × ×		
		Fe, Ni	Pentlandit Pyrrhotin Chalkopyrit, Quarz	Norilsk/GUS Sudbury/Kanada (offsets)	Ni Ni, Cu	×	× ×	
		Cu, Fe, As	Chalkopyrit, Pyrit Fahlerze Enargit, Bornit Quarz, Karbonate	Bingham/USA Kounrad/Kasachstan Butte/USA	Cu, Mo Cu, Mo Cu	×	× ×	×
Mesothermal	~ 300...200°C	U, Fe	Uraninit, Hämatit Quarz, Fluorit Calcit	Jachymov/Tschechien Athabaska/Kanada Chingolobwe/Zaire		× × ×		
		Pb, Zn, Ag	Galenit, Sphalerit Fahlerze, Stannin Quarz, Karbonate	Freiberg/Sachsen Příbram/Tschechien Iglesias/Sardinien		× ×	×	
		Sn, Ag, Bi	Kassiterit, komplexe Silberminerale Wismutglanz	Bolivien	Sn, Ag, Bi	×		
Epithermal	~ 200...100°C	Fe, Mn, Ba F	Siderit, Baryt Fluorit, Calcit	Siegerland Erzberg/Österreich Ilmenau/Thüringen	Fe Fe F	× × ×	×	
		Bi, Co, Ni Ag	Skutterudit Nickelin Rammelsbergit Gediegen Wismut Gediegen Silber Quarz, Karbonate	Schneeberg/Erzgebirge Jachymov/Tschechien Cobalt City/Kanada Kongsberg/Norwegen		× × ×		
(Tele-)thermal	≦ 100°C	Hg, Sb	Gediegen Quecksilber Cinnabarit Antimonit	Schlaining/Österreich Monte Amiata/Italien	Sb Hg	×	× ×	

[a] g = gangförmig, i = Imprägnation, m = metasomatisch

Neuerdings ist der Goldgehalt von Gold-Quarz-Gängen, wenn sie an tektonische Zerrüttungszonen gebunden sind, *sekretionär* aus Nebengestein abgeleitet worden und seine Herkunft aus der hydrothermal-*magmatischen* Abfolge verneint worden. Das gilt z. B. auch für die oben angeführte Goldlagerstätte des Yellowknife-Goldfelds im nördlichen Kanada.

Die Golderze der *subvulkanischen Abfolge* sind vorwiegend an *junge Orogenzonen* geknüpft. Erzgänge und Erzimprägnationen stehen in enger Beziehung zu subvulkanischen Intrusivstöcken, Vulkanschloten und Tuffablagerungen. Die Erze sind an vulkanische Spalten und Ruschelzonen gebunden und mitunter brecciös entwickelt. Kristalldrusen füllen zahlreiche Hohlräume. Besonders die oberflächennahen Gänge und Mineralabscheidungen besitzen bei starkem Telescoping eine vielfältige Überlagerung der Paragenesen.

Erzminerale und Gangarten sind auffällig artenreich. Das hier weißgelb aussehende Freigold ist stark silberhaltig (sog. *Elektrum*). Es ist mit Gangarten und Sulfiden innig verwachsen. Gold ist außerdem im Pyrit eingelagert. Daneben treten als sehr charakteristisch für die subvulkanische Abfolge *Goldtelluride* und *Goldselenide neben* vielen *edlen Silbererzmineralen* auf. Reichhaltig sind auch die Minerale der Gangarten mit Calcit, Quarz (häufig als Amethyst), Chalcedon, Rhodochrosit (Manganspat) und verschiedenen Zeolithen.

Das vulkanische Nebengestein – meistens Andesit, Dacit, Rhyolith oder Trachyt – erscheint grünlich zersetzt. Diese charakteristische hydrothermale Umwandlung der Vulkanite bezeichnet man als *Propylitisierung*. Dabei haben sich als Sekundärminerale auf Kosten der magmatischen Gemengteile gebildet: Chlorit, Calcit, Hellglimmer, Albit, Quarz und Pyrit.

In Europa sind Vorkommen von Golderzen der subvulkanischen Abfolge an den andesitisch-dacitischen Magmatismus des Karpateninnenrands gebunden. Die wichtigsten Lagerstätten liegen im slowakischen Erzgebirge, dem Vihorlot-Gutiner-Gebirge und dem Siebenbürgener Erzgebirge in Rumänien. Bedeutende Lagerstätten in den USA sind Cripple Creek, Colorado, und der Comstock-Lode, Nevada, eine der größten Metallanreicherungen der Erde. Auf dem Comstock-Lode tritt Au gegenüber Ag stärker zurück. Reich an subvulkanischen Golderzen ist auch der zirkumpazifische Inselbogen (z. B. Philippinen, Sumatra).

Die subvulkanischen Goldlagerstätten sind gleichzeitig *wichtige Produzenten von Ag* durch eine starke *Zunahme der edlen Silbererze* – Argentit-Akanthit (Silberglanz), Gediegen Silber, Proustit-Pyrargyrit (dunkles und lichtes Rotgültigerz), Freibergit (Ag-haltiger Tetraedrit, Silberfahlerz) neben vielen anderen einschließlich silberreichem Galenit – gegenüber Gediegen Gold und Au, Ag-Telluriden. Das gilt besonders für die zahlreichen Vorkommen in Mexiko, bei denen das Gold sehr stark zurücktritt. Viele der edelmetallhaltigen Gänge gehen nach der Tiefe hin in Pb-Zn-Cu-Gänge über. Eine solche Gangverschlechterung, aber auch das Gegenteil, eine Gangverbesserung, werden im Bergbau als *primärer Teufenunterschied* sehr beachtet.

Kupferlagerstätten

Es werden *hydrothermale Gänge, Imprägnationslagerstätten* und *metasomatische Lagerstätten* unterschieden. Die Mineralparagenesen sind als *kata- bis mesothermal* einzustufen. Neben einer plutonischen läßt sich eine subvulkanische Abfolge unterscheiden.

Ganglagerstätten: Hierzu zählt eines der reichsten Kupfervorkommen der Erde, die Lagerstätte von *Butte,* Montana, USA. Mehrere Systeme von Gangspalten, oft dicht geschart, durchsetzen einen großen Granitkörper, den Boulder-Batholith. Die Gänge sind mitunter mächtig und lang aushaltend. Oft wird das Nebengestein durch Gangtrümer imprägniert. Eigenartig ist die Zerfaserung der Haupterzspalten, die als Horsetail-Struktur bezeichnet wird. Der Granit-Batholith weist eine zonale Verteilung seiner Vererzung auf. Dabei befinden sich die reichsten Kupfererze mit Hoch-Chalkosin (Hoch-Kupferglanz) als Hochtemperaturform und *Enargit* innerhalb einer zentralen Zone. Mit einer Übergangszone reich an Sphalerit stellen sich nach außen hin eine Pb- und Ag-reichere Zone ein, bis die Gänge randlich erzleer endigen.

Meistens unbedeutende Gänge mit Chalkopyrit ± Bornit ± Tetraedrit-Tennantit (Fahlerz) ± Pyrit und Quarz oder Siderit als Gangarten sind z. B. innerhalb des mitteldeutschen Raums weit verbreitet und wurden früher an vielen Stellen abgebaut. Im Siegerland gehen sie nach den zentralen Teilen des Gebiets hin in reine Sideritgänge über. Auch die Kupfergänge von Mitterberg, Österreich, gehören hierher.

Zu den *katathermalen Imprägnationslagerstätten* gehören die größten und wirtschaftlich bedeutendsten Kupferlagerstätten, die auch eine wichtige Reserve an Kupfer für die Zukunft darstellen. Rund 1/3 der derzeitigen Weltproduktion an Kupfer stammt aus diesem Lagerstättentyp. Neben Cu werden teilweise noch Molybdän sowie auch Gold und Silber gewonnen. Dieser Lagerstättentyp zählt zu den *Disseminated copper ores* bzw. *Porphyry copper ores.* Häufig ist auch Molybdänglanz imprägniert.

Die Erzminerale, vorwiegend *Chalkopyrit,* auch *Enargit,* Pyrit und Molybdänit sind meistens in porphyrisch ausgebildeten Kuppelzonen von Granodiorit- und Monzonitkörpern fein eingesprengt. F-Ionen führende Hydrothermen spielten im Hinblick auf den Transport der zugeführten Metalle eine wichtige Rolle. Die Prozentgehalte an Cu im Erz sind i. allg. relativ gering. Wegen der meistens großen Ausdehnung dieser Lagerstätten kann ihr Abbau im Tagebau erfolgen. Durch Sekundärvorgänge, von Verwitterungseinflüssen ausgelöst, kommt es stellenweise zu stärkeren Anreicherungen der Metallgehalte. Der Abbau dieses Lagerstättentyps erfolgte erst seit Beginn dieses Jahrhunderts, vorwiegend in den USA und in Chile.

In den USA gibt es mehrere bedeutende Lagerstätten dieses Typs, um nur diejenige von *Bingham,* Utah, mit ihrem riesigen Tagebau anzuführen. In Chile besitzt u. a. das Vorkommen von *Chuquicamata* eine große wirtschaftliche Bedeutung. Auch innerhalb der GUS, so im Vorkommen von *Kounrad* in Kasachstan, treten zahlreiche bedeutende Imprägnationslagerstätten dieser Art auf.

Unter Gesichtspunkten der Plattentektonik ist dieser Lagerstättentyp vorzugsweise *aktiven Kontinentalrändern* zugeordnet. Hier befinden sich die Erzimprägnationen innerhalb der auftretenden sauren bis intermediären Magmatitkörper der Kalkalkalireihe, und zwar über der subduzierten ozeanischen Lithosphärenplatte (Abb. 170, S. 450). Gut ausgebildet ist dieser Befund besonders innerhalb der Andenregion in Südamerika.

Einem *subvulkanischen Imprägnationstyp* werden 2 bedeutende Kupferlagerstätten Europas zugerechnet: Maidan Pek und Bor in Jugoslawien.

In der Lagerstätte *Maidan Pek* gibt es diffuse Vererzungszonen und vererzte Ruschelzonen neben unregelmäßigen Erzkörpern innerhalb eines propylitisierten Andesitmassivs als unmittelbares Nebengestein. Erzminerale sind insbesondere Chalkopyrit, Molybdänit und Pyrit in verschiedenen Modalverhältnissen.

Innerhalb der Lagerstätte *Bor* gibt es mehrere Vererzungsphasen, die nacheinander abliefen. Die Vererzung des Andesits begann mit einer Imprägnation von *Pyrit*. Anschließend kam es zur Bildung von reichen Erzimprägnationen durch *Enargit*, (Hoch)-*Chalkosin* und *Covellin* (CuS).

Nicht vergleichbar mit den bisher aufgeführten Imprägnationslagerstätten ist ein Imprägnationstyp mit *Gediegen Kupfer* auf der *Keweenaw-Halbinsel* im Lake Superior in den USA. Hier ist eine mächtige Serie von Basalströmen aus dem Proterozoikum mit brecciös-schlackiger Oberfläche entwickelt. Diese Stellen sind von Gediegen Kupfer und hydrothermalen Bildungen wie Chlorit, Epidot, verschiedenen Zeolithen, Apophyllit, Prehnit, Pumpellyit, Quarz und Calcit imprägniert. Die lokal hohe Konzentration an Gediegen Kupfer ist einmalig und Proben davon sind in vielen Mineraliensammlungen vertreten (Abb. 6, S. 19). Von den meisten Forschern wird angenommen, daß hydrothermale sulfidische Kupferlösungen aus der Tiefe im Kontakt mit der schlackig ausgebildeten Lavaoberfläche den dort reichlich feinverteilten Hämatit (Fe_2O_3) reduziert haben, wobei Gediegen Kupfer ausfiel.

Auch *Verdrängungslagerstätten* zählen zu bedeutenden Kupfervorkommen. Sie sind an *hydrothermale Reaktionskontakte mit Kalkstein bzw. Dolomitgestein* gebunden. Als Erzminerale treten meistens auf: *Chalkopyrit, Bornit, Pyrit,* auch *Magnetit* oder *Hämatit* neben Kalksilikatmineralen als metamorphes Nebengestein. Verdrängungskörper dieser Art finden sich in den USA, Mexiko und der GUS. Es sei die Lagerstätte von *Tsumeb* im Norden Namibias mit u. a. Chalkosin, Enargit und Tetraedrit-Tennantit (Fahlerz) neben Galenit und Cd-reichem Sphalerit und der unerreichten Artenfülle von Sekundärmineralen innerhalb der ausgedehnten Oxidationszone besonders erwähnt.

11.2.6.4 Mesothermale Paragenesengruppen

Blei-Silber-Zink-Lagerstätten

Die *silberhaltigen Blei-Zink-Erzgänge* sind wahrscheinlich die verbreitetsten Erzgänge. Es sind meistens echte Spaltengänge, die im Nebengestein nicht allzuweit entfernt von kuppelförmigen Aufwölbungen saurer Plutone anstehen.

Die wesentlichen Erzminerale der silberführenden Blei-Zink-Erzgänge sind: Galenit, Sphalerit und Pyrit, daneben meistens auch Chalkopyrit und Minerale der Fahlerzgruppe, in gewissen Gängen auch Arsenopyrit. Zahlreiche weitere Erzminerale sind häufig nur erzmikroskopisch erkennbar. *Galenit ist häufig silberhaltig.* Sein Silbergehalt liegt gewöhnlich bei 0,01–0,3%, stellenweise bei fast 1% Ag. Die *Silberträger*, edle Silberminerale, sind entweder im Galenit als Körnchen *mechanisch eingeschlossen* oder sie sind als *Entmischungslamellen* in der PbS-Struktur orientiert eingelagert oder Ag ist *im PbS-Gitter gelöst*. Im letzteren Fall liegt teilweise ein diadocher Ersatz zwischen Pb_2S_2-Ag_2S bzw. $AgBiS_2$ vor. Demgegenüber ist der Silbergehalt im Sphalerit in allen Fällen nur relativ gering. Sphalerit enthält häufig *Cadmium* und als *Spurenmetalle Gallium, Indium, Thallium* und *Germanium*. Als Bestandteil höherthermaler Paragenesen ist Sphalerit braunschwarz bis schwarz gefärbt und eisenreich (Zn, Fe)S.

Die Mineralparagenesen der silberhaltigen Blei-Zink-Erzgänge sind im wesentlichen als *mesothermal* einzustufen. Nur die etwas *höherthermalen Gänge* unter ihnen enthalten *edle Silbererzminerale* wie *Argentit-Akanthit (Silberglanz), Proustit-Pyrargyrit, Silberfahlerze, Gediegen Silber* und viele wechselnde und nicht so häufig vorkommende Vertreter.

Die *Gangarten* der silberhaltigen Blei-Zink-Erzgänge sind recht verschieden. Im wesentlichen treten, teilweise auch nebeneinander, auf: Quarz, Calcit, Dolomit, Ankerit (Braunspat) $Ca(Mg, Fe)(CO_3)_2$, Siderit, Rhodochrosit, Baryt und/oder Fluorit.

Das *Gefüge dieser Gänge* ist ebenfalls recht wechselvoll. Neben Lagen- und Banderzen gibt es Breccienerze, Ringel- und Kokardenerze, teilweise mit schönen Kristalldrusen in unausgefüllten Hohlräumen der Gangmitte. Eine bilateral-symmetrische Anordnung der Erz- und Mineralparagenesen in einem solchen Gang (Abb. 120, S. 282) erklärt sich aus einem wiederholten Aufreißen der betreffenden Spalte. Nicht selten tritt das gleiche Mineral in verschiedenen Generationen auf. Die etwas unterschiedlichen Bildungsbedingungen in einer derartigen zeitlichen Folge des gleichen Minerals machen sich häufig in Unterschieden von Tracht und Habitus der Kristalle, in der Kristallgröße oder der Färbung bemerkbar.

Als typisches, hervorragend untersuchtes Beispiel einer Ganglagerstätte dieser Art wird häufig der *Lagerstättenbezirk von Freiberg* am Nordrand des sächsischen Erzgebirges angeführt. Im Verlauf einer 800 jährigen Bergbauperiode von 1168–1968 wurden mehr als 1000 Erzgänge aufgeschlossen und vorwiegend Blei-, Silber- und Zinkerze gefördert. Diese Gänge gehören im einzelnen verschiedenen Gangsystemen und verschiedenen Bildungsaltern an. Mineralisation und Silbergehalte der verschiedenen Gangsysteme, aber auch einzelner Gänge untereinander, sind unterschiedlich. Die Freiberger Mineralparagenesen sind auch in mehreren weiteren Gangrevieren des Erzgebirges verbreitet. Der Abbau aller dieser Gänge ist jetzt eingestellt.

Auch in anderen Gebieten der Bundesrepublik gibt es zahlreiche Blei-Zink-Erzgänge, meistens mit viel niedrigeren bis fast fehlenden Silbergehalten, die früher abgebaut wurden. Hierher gehören in erster Linie diejenigen des Oberharzes, des berühmten *Clausthaler Gangreviers*. Die fast W-O-streichenden, langaushaltenden Erzgänge bzw. Gangzüge sind an ein offenbar in der Tiefe verborgenes Granitmassiv gebunden. Nach der Tiefe hin nimmt Galenit (und damit der Silbergehalt im Erz) ab, zugunsten von Sphalerit und Quarz als Gangart. Im oberen Stockwerk sind bevorzugt Baryt oder Calcit Gangart. Dieser primäre Teufenunterschied wirkte sich als eine Gangverschlechterung ungünstig auf die Rentabilität des Bergbaus aus. Als einziger befindet sich hier noch der Gangbezirk um Bad Grund mit einer Grube im bergmännischen Abbau.

Zu dem Oberharzer Typ zählen Blei-Zink-Erzgänge am Schauinsland im Schwarzwald und diejenigen auf Querspalten des Ruhrkarbons. Einem in einigen Details etwas verschiedenen Typ der Blei-Zink-Erzgänge gehören weitere ebenfalls nicht mehr im Abbau befindliche Blei-Zink-Erzgänge an. Hierzu zählen die Gangzüge an der unteren Lahn über den Rhein zur Mosel streichend mit den ehemaligen Grubenbezirken Holzappel-Ems-Braubach, im Bergischen Land bei Ramsbeck im Sauerland und im Ostharz bei Straßberg-Neudorf. Der Neudorfer Bezirk ist mineralogisch interessant durch die in vielen Sammlungen befindlichen schönen Mineralstufen aus einer früheren Bergbauperiode.

Im mittleren (Kinziggebiet) und südlichen Schwarzwald (Münstertal) wurden früher silberhaltige Blei-Zink-Erzgänge abgebaut, die eher einem Typ der Freiberger Gänge entsprechen.

Weitere europäische Vorkommen sind die bedeutenden Blei-Zink-Erzgänge innerhalb der Sierra Morena in Spanien, so das an Silber reiche Vorkommen von Linares. Früher waren die silberreichen Blei-Zink-Erzgänge von Přibram in Böhmen wirtschaftlich wichtig.

Eine wirtschaftlich noch immer bedeutsames Vorkommen von Blei-Zink-Erzgängen ist dasjenige des Coeur d'Alene-Bezirks im Staat Idaho in den USA.

Verdrängungslagerstätten mit Galenit und Sphalerit in Kalkstein oder dolomitischem Kalkstein sind recht verbreitet. An gewinnbaren Blei-, Zink- und Silbererzen und Erzvorräten übertreffen sie die entsprechenden Ganglagerstätten erheblich. Ein Teil davon ist unter höheren Temperaturen gebildet und deshalb als kata- bis mesothermal einzustufen.

Zu den hochtemperierten Blei-Zink-Verdrängungslagerstätten gehören u. a. die Vorkommen *Trepča* in Jugoslawien als eine der wichtigsten Pb-Zn-Ag-Lagerstätten in Europa, Iglesias in Sardinien als wichtigster Pb-Zn-Ag-Erzeuger Italiens, Leadville, Colorado, USA, und Laurion, Attika, Griechenland, dessen Gruben bereits im Altertum betrieben wurden.

Als *niedrigtemperiert* ist eine andere Gruppe von Blei-Zink-Verdrängungslagerstätten schon wegen ihres Mineralbestands einzustufen. Diese kryptomagmatischen Vorkommen enthalten als Erzminerale silberarmen bis *silberfreien Galenit, Sphalerit als Schalenblende* entwickelt, *Wurtzit*, gelförmigen Pyrit (sog. *Gelpyrit*) und *Markasit*.

Zur niedrigtemperierten Gruppe gehören u. a. so bedeutsame Blei-Zink-Lagerstätten wie diejenigen *Oberschlesiens* und die zahlreichen Vorkommen des *Tri-State-Districts* an der Grenze der Staaten Oklahoma, Missouri und Kansas in den USA. Für diese *karbonatgebundenen* Lagerstätten nimmt man jetzt eine submarine Entstehung an. Unter reduzierenden Verhältnissen sollen am Meeresboden ausgetretene Metalllösungen Kalkstein verdrängt, als Sulfide ausgefällt und durch mehrmalige Umlagerung eine Konzentration erfahren haben.

In der Struktur und Entstehung ähnliche Verdrängungslagerstätten befinden sich in den südlichen Kalkalpen, so u. a. das Vorkommen von Bleiberg-Kreuth.

Zinn-Silber-Wismut-Lagerstätten in Bolivien

Als *mesothermal* werden auch die *wismuthhaltigen Zinn- und Silbererzgänge* eingestuft, die bis auf einige Ausnahmen nur in der *Kordillerenregion Boliviens* auftreten. Diese Erzgänge befinden sich vorwiegend im *subvulkanischen Niveau* und durchsetzen junge Vulkanitkörper. Entsprechend ausgeprägt ist auch das *Telescoping* der artenreichen, oft recht ungewöhnlichen Erzparagenese.

Zinnminerale sind: *Kassiterit*, soweit unter hydrothermaler Bildung ausgeschieden, nadelförmig als sog. *Nadelzinn* entwickelt. Daneben in wirtschaftlich bemerkenswerten Mengen *Stannin* (Zinnkies) (Cu_2FeSnS_4) und weitere, seltener auftretende Sulfostannate. Daneben kommt stellenweise das sog. *Holzzinn* vor, benannt nach seinem Aussehen. Es ist auf diesen Lagerstätten recht spät unter telethermalen Bedingungen über den Gelzustand kristallin geworden und hat wahrscheinlich mehrere Umlagerungsprozesse durchgemacht.

Silberträger in den Gängen sind verschiedene *komplexe Silberminerale*. Wismutmineral ist ganz vorwiegend Bismuthin (Wismutglanz, Bi_2S_3). Daneben treten ungewöhnlich artenreiche Sulfidminerale auf, eingebettet in sehr unterschiedliche Gangarten. Zu den wichtigsten Vorkommen gehören: Llallagua bei Uncia, Cerro de Potosi und Oruro.

Uranlagerstätten

Als *tiefstes Stockwerk des westerzgebirgischen Gangreviers* sind in seinem südlichen Abschnitt bei St. Joachimsthal (Jachymov, Tschechien) *Uranerze* mit *Silber-Kobalt-Nickel-Wismut-Erzen* bergbaulich erschlossen. Teilweise umgelagertes Uranpecherz mit Glaskopfausbildung befindet sich in dichtem, hornsteinartigem Quarz mit Einschlüssen von feinverteiltem Hämatit, rotbraunem Calcit und dunkelviolettem Fluorit als Gangart. Die Färbung der Gangart weist auf Veränderung durch radioaktive Einwirkung hin.

Seit Mitte des letzten Jahrhunderts ist die Uranlagerstätte von St. Joachimsthal im Abbau. Zunächst diente das Erz als Rohstoff für die Gewinnung von Uranfarben. Im Jahre 1898 entdeckte das Ehepaar CURIE in den Rückständen der Joachimsthaler Uranerze das *chemische Element Radium*. Anschließend wurde dieses Erz Ausgangsprodukt für die Gewinnung von Radiumsalzen. Seit Ende des 2. Weltkriegs hat durch die Ausnützung der Kernspaltung des Uranisotops U 235 die Förderung dieses allerdings nicht sehr reichhaltigen Uranerzes einen enormen Aufschwung erfahren.

Zur gleichen Mineralparagenese gehören die Urangänge am Großen Bärensee und am Athabaska-See bei Uranium City in Kanada. Der Abbau der erstgenannten Lagerstätte wurde inzwischen eingestellt. Die reichste hydrothermale Uranlagerstätte dieser Ganggruppe ist das seit 1920 im Abbau befindliche Vorkommen von *Chingolobwe* in Kasolo in der Provinz Shaba, Zaire. Hier befinden sich unregelmäßig verlaufende Gänge von Uranerz zusammen mit Kupfer- und Kobalterzen im Dolomitgestein. Diese Gänge werden teilweise als katathermal eingestuft. So unterscheiden sie sich durch Anwesenheit pneumatolytischer Mineralparagenesen aus einem älteren Stadium der Mineralabscheidung. Uranmineral ist der unter höherer Temperatur gebildete *Uraninit* (UO_2), der würfelig kristallisiert, meistens jedoch in körnig-kristallinen Massen vorkommt. Berühmt ist die mächtige Verwitterungszone dieser Lagerstätte mit ihrer überaus großen Zahl sekundärer Uranminerale, die durch auffallend grelle Farben hervortreten.

Innerhalb Europas findet sich Uranerz als Bestandteil dieser Ganggruppe u. a. innerhalb des Fluoritreviers bei Wölsendorf in der Oberpfalz, Wittichen im Schwarzwald, wo es erst nach dem 2. Weltkrieg festgestellt worden ist. Etwas reichere Gänge gibt es im französischen Zentralmassiv.

11.2.6.5 Epithermale Paragenesengruppen

Wismut-Kobalt-Nickel-Silber-Lagerstätten

Die Vererzung in diesen Formationen erfolgt meistens in einfachen, scharf begrenzten Spaltengängen. Imprägnationslagerstätten sind selten, Verdrängungslagerstätten fehlen ganz. Der *Mineralinhalt dieser Gänge* ist relativ *artenreich*. Die meisten Paragenesen lassen sich als *epithermal* einstufen.

Diese Gruppe enthält manche große und wirtschaftlich bedeutende Einzellagerstätte. Früher waren diese Gänge sehr wichtig, ursprünglich für die Silberförderung, anschließend für die Kobalt- und Nickelgewinnung.

Die reinen *Silbererzgänge* dieser Gruppe spielen heute wirtschaftlich überhaupt keine Rolle mehr. Die zugehörigen Gruben sind längst stillgelegt. Hierzu gehört die berühmte Grube von *Kongsberg* in Süd-Norwegen. Calcitgänge waren in dieser Lagerstätte im Bereich pyrithaltiger Amphibolite, das sind metamorphe basaltische Lagergänge, vererzt. Diese Amphibolitkörper haben die Ausfällung des Silbers aus den hydrothermalen Lösungen ortsgebunden bewirkt. Dabei kam es in den Gängen von Kongsberg zu einem Absatz von ganz ungewöhnlich großen Silbermengen, einer sog. *Gangveredlung*. Einmalig schön sind die großen Silberlocken, Einkristalle aus *Gediegen Silber* (Abb. 5, S. 18). Daneben tritt Gediegen Silber in draht-, moos- und plattenförmigen Aggregaten auf. Große Blöcke von Gediegen Silber waren im Verlauf des Abbaus in Kongsberg keine Seltenheit. Eine höchst sehenswerte Ausstellung befindet sich an Ort und Stelle im heutigen Grubenmuseum.

Reiche Silbererzgänge traten auch bei *St. Andreasberg* im Harz auf, deren Abbau seit 1910 eingestellt ist. Ihr Mineralinhalt ist durch mehrere zeitlich aufeinanderfolgende, in ihren Bildungstemperaturen unterschiedene Paragenesen gekennzeichnet. Neben *Gediegen Silber* traten in den Andreasberger Gängen verschiedene *komplexe Silbererzminerale* auf. Bezeichnend ist das Vorkommen des Silberantimonids *Dyskrasit* (Ag_3Sb) neben *Gediegen Arsen* in konzentrisch-schaliger Entwicklung (sog. *Scherbenkobalt* der Bergleute) und seltenem *Gediegen Antimon*. Galenit und Sphalerit traten in diesen Gängen zurück. Die Andreasberger Gänge zeichnen sich außerdem in ihren jüngeren Paragenesen durch hervorragend ausgebildete und gut kristallisierte Mineraldrusen mit edlen Silbermineralen, flächenreichen Calcitkristallen und verschiedenen Zeolithen aus.

In einer anderen, viel mehr verbreiteten Ganggruppe treten *edle Silberminerale* zusammen mit *Nickel-* und *Kobaltmineralen* in abbauwürdigen Konzentrationen auf. Ihr ältester Bergbaudistrikt liegt im westlichen Erzgebirge um den Hauptort *Schneeberg*. In einem *oberen Gangstockwerk* befinden sich *Gediegen Silber* und Argentit-Akanthit (Silberglanz) zusammen mit zahlreichen weiteren edlen Silbermineralen neben *Nickel-* und *Kobaltarseniden* (Safflorit-Rammelsbergit, Cobaltin-Chloanthit) und Baryt als Gangart. Bei einer gut ausgebildeten Zonierung (primärem Teufenunterschied) geht diese Ganggruppe in dem darunter befindlichen Stockwerk unter steter Abnahme des Silbergehalts der Erze in immer *wismutreichere Gänge* mit *Gediegen Wismut* und untergeordnet Wismutglanz über. Dabei werden die gleichzeitig auftretenden Nickel-Kobalt-Arsenide immer *reicher an Co*. So kommt es zu *Bi-Co-Erzen*. Gleichzeitig wird Quarz zur häufigsten Gangart. Mit weiterer Tiefe tritt schließlich Uraninit (Uranpecherz) als Erzmineral immer mehr hervor.

Bergwirtschaftlich lagen im 15. Jahrhundert reiche Silbergruben mit ungewöhnlichen Einzelfunden vor. Im 17. und 18. Jahrhundert war dieser Bergbaubezirk durch die Gewinnung des Kobalts (Herstellung der kobaltblauen Farbe) berühmt geworden. Die Wismuterze wurden vom 18. Jahrhundert an mitgewonnen. Ihr Abbau besitzt bis in die Gegenwart Bedeutung. Nach dem 2. Weltkrieg wurden die uranführenden Gangteile bei Schneeberg und Aue nach der Tiefe hin aufgeschlossen und unter großem Einsatz abgebaut.

Ein ähnliches Gangsystem von großer wirtschaftlicher Bedeutung befindet sich bei *Cobalt,* Ontario in Kanada etwa seit Beginn dieses Jahrhunderts im Abbau. Die sehr zahlreichen kleinen Gänge bilden ein Gangnetz und sind überaus reich an Silber und Kobalt. Das Erzmittel besteht neben anderen Silbermineralen aus *Gediegen Silber* und *Co-reichen Arseniden.* Das dortige Gangsystem führt im Unterschied zum Gangrevier von Schneeberg keine Uran- und kaum Wismutminerale.

11.2.6.6 (Tele)thermale Paragenesengruppen

Antimon-Quecksilber-Lagerstätten

Dieser (tele)thermalen Paragenesengruppe liegen bereits stark abgekühlte thermale Lösungen zugrunde. Das führte zu *artenarmen* Mineralabscheidungen. Das Antimonerz tritt in einfachen Gängen, vererzten Ruschelzonen und Imprägnationszonen auf. Eine Beziehung zu einem Pluton ist meistens nicht erkennbar. Hingegen zeigen subvulkanische Vorkommen fast stets eine Bindung an einen jungen Vulkanismus.

Einziges Antimonmineral ist *Antimonit* (Antimonglanz, Sb_2S_3). Er bildet körnige oder feinfilzige oder stengelig-strahlige Aggregate.

Die hydrothermalen Antimonvorkommen sind vorzugsweise an die jungalpidischen Gebirgsketten Europas und Asiens geknüpft. Die reichsten Lagerstätten finden sich in der Volksrepublik China innerhalb der Provinz Hunan. Eine bedeutende Lagerstätte Europas ist das Vorkommen von Schlaining in Österreich. Verfolgen wir die Vorkommen nach Osten hin, so wären Antimonlagerstätten dieser Art zu nennen aus den Slowakischen Karpaten, Rumänien, Jugoslawien und besonders der Türkei. Auch in Bolivien und Mexiko sind sehr bemerkenswerte Vorkommen. Nur historisch interessant ist die Erwähnung kleiner Abbaue von Antimonitgängen vor langer Zeit aus dem Fichtelgebirge unweit von Goldkronach.

Das *Quecksilbererz* ist vorwiegend an Zerrüttungs- und Brecciaenzonen gebunden. Oft imprägniert es porösen Sandstein oder klüftigen Kalkstein. In vielen Fällen ist das Nebengestein bituminös.

Einziges primäres Quecksilbermineral in diesen Lagerstätten ist *Cinnabarit* (Zinnober).

Beziehungen zu einem Pluton sind nur selten erkennbar. Innerhalb subvulkanischer Vorkommen ist die Bindung an einen jungen Vulkanismus meistens deutlich. Abscheidungen von Zinnober treten untergeordnet nicht selten im Zusammenhang mit rezenten Thermen auf.

Die reichste Quecksilberlagerstätte ist *Almadén,* am Nordrand der Sierra Morena in Südspanien gelegen. In porösem Sandstein befinden sich 3 durchhaltende, schichtgebundene *Imprägnationshorizonte mit Cinnabarit.* Innerhalb der reichsten Erzpartien wird auch der Quarz verdrängt. Der Abbau findet seit dem Altertum statt.

Für die Entstehung dieser wichtigen Quecksilberlagerstätte wird heute häufig auch eine vulkanisch-sedimentäre Vererzung angenommen.

Ein weiterer großer europäischer Lagerstättenbezirk ist in der Toskana in Italien mit der nun aufläsigen Hauptlagerstätte *Monte Amiata*. Diese Lagerstätte befindet sich im Kontaktbereich von Trachytkörpern. Der Abbau reicht bis in die Zeit der Etrusker zurück.

Eine 3. wichtige europäische Lagerstätte befindet sich bei *Idrija* in Jugoslawien. Das dort geförderte Erz ist durch seinen Bitumengehalt nicht rot, sondern stahlgrau gefärbt. Diese Lagerstätte wird jetzt auch als vulkanogen eingestuft.

Weitere Quecksilbervorkommen dieser Art befinden sich in einem ausgedehnten Gürtel längs der pazifischen Küstenregion Kaliforniens in den USA. Die bekanntesten Minenbezirke sind New Almaden und New Idria. Die bedeutendsten Quecksilberlagerstätten der GUS liegen im Donezbecken.

In früheren Jahrhunderten waren einige Quecksilbergruben in der *Rheinpfalz* bedeutend, so u.a. diejenige am Landsberg bei Obermoschel und vom Stahlberg. Hier spielen tektonisch beeinflußte Kontakte zwischen Vulkaniten und Sedimentgesteinen des Rotliegenden als Vererzungszonen eine Rolle.

Eisen-Mangan-Lagerstätten

Hierher gehören kryptomagmatische hydrothermale *Gänge mit Siderit* (Spateisenstein) und *Hämatit* (Roteisenstein) sowie *Verdrängungslagerstätten* vorwiegend mit *Siderit*. Eisenerzgänge sind relativ weit verbreitet, besitzen jedoch im Unterschied zu den Verdrängungslagerstätten heute wirtschaftlich nur noch eine geringe Bedeutung. Siderit tritt in zahlreichen höherthermalen Erzgängen als Gangart auf. Wenn schließlich die Metallsulfide im epithermalen Stockwerk immer mehr zurücktreten, gehen sie in monomineralische Sideritgänge über.

Unzählige, zu Gangzügen angeordnete *Spateisensteingänge* sind besonders im *Siegerland* verbreitet. Neben *manganhaltigem Siderit* führen sie meistens etwas Quarz und wenig Chalkopyrit. Die teilweise diadoche Vertretung von Fe^{2+} durch Mn^{2+} führt zu einem Mangangehalt der Erze bis zu 6%. Die Gänge sind im Durchschnitt 2–3 m mächtig. In manchen Fällen kann die Mächtigkeit bis zu 30 m erreichen, dort, wo sie linsenförmig anschwellen. Der Bergbau im Siegerland ist mindestens seit 2000 Jahren im Gang, ist jedoch vor einiger Zeit eingestellt worden.

Auch *Hämatitgänge* sind weit verbreitet. Ihre wirtschaftliche Bedeutung war stets gering. Es handelt sich um wenige mächtige Gänge, die nach der Tiefe hin bald z.B. in pyritführende Quarzgänge übergehen oder auskeilen. Hauptmineral ist oft fast ausschließlich Hämatit. Er findet sich in dichter Ausbildung oder in Form radialfaseriger, glaskopfartiger Knollen. Mitunter kommt er feinschuppig als sog. Eisenrahm oder Eisenglimmer vor. Gangart ist meistens Quarz, als Hornstein oder Eisenkiesel ausgebildet. Hämatitgänge wurden lokal an verschiedenen Stellen abgebaut, so z.B. in der Knollengrube bei Bad Lauterberg im Harz, im Thüringer Wald und im Erzgebirge.

Häufig kommen auf den Eisenerzgängen auch gleichzeitig *oxidische Manganerze* vor. Manganminerale sind vorwiegend: *Pyrolusit* (Weichmanganerz), *Psilomelan* (Hartmanganerz), Manganit (MnOOH) und Hausmannit (Mn_3O_4). In Hohlräumen dieser Gänge treten nicht selten schöne Kristalldrusen der aufgeführten Manganminerale auf. Wirtschaftlich spielen diese Gänge keine Rolle mehr. Früher wurden solche Manganerze z. B. im Thüringer Wald in der Gegend von Ilmenau und im Harz bei Ilfeld abgebaut.

Metasomatische Eisenerzlagerstätten haben sich dort gebildet, wo aufsteigende (aszendente) Fe-haltige hydrothermale Lösungen mit Kalkstein oder Marmor reagieren konnten. Die bekannteste und bedeutendste Lagerstätte dieser Art ist der *Erzberg in Steiermark,* Österreich. Dort wurde ein vorliegender Kalkstein über seine Schichtfugen hinweg wolkig-diffus vererzt. Es läßt sich eine Umwandlungsfolge von Dolomit → Ankerit $Ca(Mg, Fe)[CO_3]_2$ → Siderit erkennen. Auf diese Weise ist ein riesenhafter, geschlossener Körper von Spateisenstein entstanden, der Erzberg. Auch sein Spateisenstein ist etwas Mn-haltig. Die Erze werden in einem mächtigen Tagebau mit rund 70 Etagen und unter Tage gewonnen.

Weitere vergleichbare Vorkommen von Bedeutung finden sich um Hüttenberg (Hüttenberger Erzberg) in Österreich, in der Slowakei, im Banat in Rumänien sowie an mehreren Stellen in Nordafrika. Die beachtlichen Vorkommen in Nordspanien bei Bilbao, die sog. Bilbaoerze, die immer für die deutschen Hütten von großer Bedeutung waren, sind sekundär von oben her weitgehend in Oxidationserze übergeführt.

Entlang der Randspalten des Thüringer Walds ist der Zechsteinkalk stellenweise in gleicher Art metasomatisch in Spateisenstein umgewandelt. Einige dieser Vorkommen werden noch bergmännisch genützt.

11.2.6.7 Nichtmetallische hydrothermale Lagerstätten

Hierzu gehören *Gänge* mit *Fluorit, Baryt* oder *Quarz* bzw. Gemenge dieser Minerale. Ihnen liegen offenbar schwermetallfreie hydrothermale Restlösungen zugrunde, die ausschließlich nur noch SiO_2-Sole oder/und Ca-, Ba-, SO_4-Ionen und CO_2 enthielten. Hier können sich mitunter Konvergenzen mit sekundär aus Nebengestein ausgelaugten, besonders an SiO_2 gesättigten Lösungen ergeben, die auch Quarz ausscheiden können. Dieser Vorgang wird als *Sekretion (Lateralsekretion)* bezeichnet.

Fluoritgänge sind meistens *meso-* bis *epithermal,* in vielen Vorkommen sogar als pneumatolytisch einzustufen. Auf gemischten Gängen mit Baryt ist Fluorit meistens älter als Baryt. Das Gefüge der Fluoritgänge ist sehr grobspätig, bandförmig und im Ganginnern nicht selten von prächtigen Kristalldrusen erfüllt. Die verschiedenen Farben des Fluorits aus hydrothermalen Gängen sind relativ blaß im Unterschied zu Fluorit aus vielen pneumatolytischen Vorkommen.

Im *Abbau* befindliche hydrothermale *Gänge von Fluorit* gibt es in vielen Ländern Europas. Im mitteleuropäischen Raum liegen teilweise abbauwürdige oder im Abbau befindliche Vorkommen in der Oberpfalz bei Wölsendorf (teilweise auch pneumatolytische Vorkommen), im Schwarzwald, Harz, Thüringer Wald und dem Vogtland. Die reichsten Ganglagerstätten befinden sich in Mexiko. Dieses Land ist auch derzeit der weitaus größte Produzent an Fluorit.

Neben den Fluoritgängen gewinnen *metasomatische Lagerstätten mit Fluorit* gebunden an Kalkstein ein zunehmendes wirtschaftliches Interesse. Hierzu rechnen die meisten Vorkommen in den US-Staaten Illinois und Kentucky.

Gänge mit Baryt gibt es in der Bundesrepublik Deutschland sehr viele. In diesen hydrothermalen Gängen bildet der Baryt grobschalig-spätige Massen, die nach der

Tiefe hin durch jüngeren Quarz verdrängt werden. Oft vollzieht sich diese Verdrängung in gut entwickelten Pseudomorphosen nach Baryt. Derartige Barytgänge sind i. allg. 2 bis etwa 10 m mächtig durch ein mehrfaches Aufreißen der betreffenden Spalte. Zahlreiche Barytgänge, die im Rotliegenden oder Buntsandstein aufsetzen, werden von SCHNEIDERHÖHN nicht als primär-hydrothermale Spaltengänge aufgefaßt. Sie sollen nach diesem Autor sekundär umgelagert sein. Häufig führen Barytgänge gleichzeitig auch Fluorit.

Die meisten dieser Gänge im mitteldeutschen Raum werden schon seit längerer Zeit nicht mehr abgebaut. Barytgänge befinden sich in Mitteleuropa in folgenden Gebieten: Spessart, Odenwald, im Rheinischen Schiefergebirge, Schwarzwald, Harz, Werragebiet, Thüringer Wald, Vogtland und Erzgebirge.

Es gibt wie bei Fluorit ebenso hydrothermal-metasomatische Barytvorkommen.

Spätiger Magnesit, als *Spatmagnesit* bezeichnet, bildet sich durch eine hydrothermale Verdrängungsreaktion (Metasomatose) aus Kalkstein. Sie vollzieht sich über eine Dolomitisierung mit Dolomit als Zwischenprodukt. Magnesiumhaltige überhitzte Lösungen bewirken eine schrittweise Verdrängung des Ca^{2+} durch Mg^{2+}. Über die Herkunft der Lösungen sind die Meinungen noch immer unterschiedlich.

Spatmagnesitvorkommen haben die größte Verbreitung im Bereich der Ostalpen in Österreich. Dort bilden sie unregelmäßige stockförmige Körper innerhalb von Kalksteinen und Dolomiten der Grauwackenzone. Die Hauptvorkommen liegen bei Veitsch, Trieben und Radenthein. Ihr Abbau vollzieht sich vorwiegend über Tage.

Magnesit dient neben der Gewinnung des Leichtmetalls Magnesium v. a. als Rohstoff für die Herstellung von *Sintermagnesit* in der Feuerfestindustrie für Ziegel zum Auskleiden von Hochöfen, Thomasbirnen, Glas- und Puddelöfen. Daneben wird Magnesit als *kaustischer Magnesit* zur Entfernung des CO_2 bei etwa 800 °C gebrannt und zur Gewinnung von Sorelzement und zur Fertigung von Leichtbauplatten verwendet.

Quarzgänge und hydrothermale Verkieselungen

Quarzgänge sind im abgetragenen Orogen eine sehr verbreitete Erscheinung. Diese tauben Quarzgänge stellen in einigen Fällen die erzleeren Endigungen von Erzgängen dar. Quarz ist ein *Durchläufer*mineral und über weite Teile des magmatischen Geschehens hinweg beständig. Viele Quarzgänge und Verkieselungen sind sekretionärer Natur und gehen auf Mobilisation aus dem Nebengestein zurück. Zu den höherthermalen Quarzgängen gehört der *Pfahl* längs einer weitaushaltenden Verwerfungszone im bayerischen Wald, zu den niedrigthermalen mächtige Gangzüge im Taunus.

Sekretionäre Mineralabscheidungen

In diesem Fall werden die gelösten Stoffe, überwiegend SiO_2, aus dem Nebengestein ausgelaugt und *nicht* aus der Tiefe zugeführt. Hierbei kam es, wie z. B. in den Alpen, zu außergewöhnlichen und gut kristallisierten Mineralbildungen innerhalb von sog. *Zerrklüften.* Zerrklüfte sind allseits abgeschlossene Hohlräume. Die hier auftretenden Mineralparagenesen weisen deutliche Beziehungen zur Zusammensetzung des Nebengesteins auf, so daß eine Grobeinteilung alpiner Kluftmineralparagenesen nach der Art des Nebengesteins vorgenommen wird. Das Nebengestein in unmittelbarer Nähe der Kluft ist sehr häufig sichtbar ausgelaugt. Zu den wichtigsten alpinen Kluftmineralen zählen: Quarz in sehr verschiedener Entwicklung von Tracht und Habitus, Albit, Adular, Hämatit, Anatas, Titanit (Varietät Sphen), Chlorit.

11.2.7 Mineralbildende Vorgänge, die genetisch zum Vulkanismus gehören

11.2.7.1 Spät- und nachvulkanisches Stadium

Bis jetzt haben wir die mineral- und lagerstättenbildenden Vorgänge behandelt, die zum Plutonismus und Subvulkanismus gehören. Entsprechende Vorgänge sind in abgewandelter Form auch dem *Vulkanismus* zuzuordnen.

Während der Eruptionsphase eines Vulkans werden enorme Mengen an Gas mit großem Überdruck ausgestoßen. Wenn Lava als solche an die Erdoberfläche tritt, ist der größte Teil der ehedem vorhandenen Gase bereits entwichen.

11.2.7.2 Die Produkte der Fumarolen

Der Begriff *Fumarole* (fuma, lat. Rauch, Dampf) umfaßt nach RITTMANN *alle vulkanischen Gas- und Dampfexhalationen,* die „*im Verlauf eines vulkanischen Ereignisses aus Spalten und Löchern ausströmen und deren Temperatur wesentlich höher ist als die Lufttemperatur".*

Man unterscheidet heiße und kühle Fumarolen. *Heiße Fumarolen* mit Temperaturen zwischen 1000 und 250 °C treten nur in Kratern und Spalten von tätigen oder kurz vorher tätig gewesenen Vulkanen auf. In Nachbarschaft der Austrittsstelle der Fumarolen sublimieren verschiedene Minerale. Es sind Elemente oder Verbindungen, die unter *höherer Temperatur* und höherem Druck vorher in den geförderten Gasen gelöst waren. Bei diesem Gastransport heißer Fumarolen kommt es zur *Sublimation* von *Schwefel* und *Chloriden* der Alkalien (NaCl, KCl) und des Eisens ($FeCl_3$), das auch im aktiven Stadium des Vulkans die Eruptionswolke zeitweise orangerot färbt. $FeCl_3$ wird durch Wasserdampf oft zu *Hämatit* umgesetzt, der sich in schwarzglänzenden, tafeligen Kriställchen krustenartig auf zersetzter Lava abscheidet. Bei etwas *niedrigerer Temperatur* unterhalb von etwa 650 °C sind es vorwiegend *Sulfate* der Alkalien und des Kalziums. Zahlreiche Spurenelemente sind beigemengt.

Solfataren sind H_2S-*haltige Fumarolen,* kühle Fumarolen, mit Temperaturen zwischen etwa 250 und 100 °C. Sie setzen v. a. elementaren *Schwefel* ab, wie die Solfatara bei Pozzuoli in der Nähe von Neapel, die sich seit dem Altertum im gleichen Zustand befindet. Dort bestehen die ausströmenden Gase speziell aus überhitztem Wasserdampf mit relativ geringen Beimengungen von H_2S und CO_2. Dabei schwankt die Temperatur zwischen 165 und 130 °C. Der Luftsauerstoff oxidiert den Schwefelwasserstoff zu schwefeliger Säure. Dabei wird als Zwischenprodukt freier Schwefel gebildet, der sich rund um die Austrittsstellen als monokline Kriställchen abscheidet. Die sauren Fumarolengase zersetzen die umgebenden vulkanischen Gesteine, deren Kationen teilweise ausgelaugt werden, und es bilden sich Sulfate wie Gips und Alaun.

Borhaltige Fumarolen, als *Soffionen* bezeichnet, setzen die flüchtige Borsäure H_3BO_3 als weiße Schüppchen ab, das Mineral *Sassolin*. Lokal kommt es dabei zur Bildung von Borlagerstätten, die nur noch gelegentlich genutzt werden.

Thermen (Thermalwässer, heiße Quellen) zählen zu den langandauernden nachvulkanischen (postvulkanischen) Erscheinungen. Sie bilden das letzte Stadium der Wärmeabgabe des erloschenen Vulkans. Thermen sind weit verbreitet und fördern in erster Linie verdampftes Grundwasser, das durch vulkanische Gase erhitzt wurde. Während ihrer Zirkulation innerhalb von Spalten des Nebengesteins nehmen sie geringe Mengen von deren Substanz auf und treten als sog. Mineralquellen an der Erdoberfläche aus. Beim Abkühlen scheiden Thermalwässer einen Teil der gelösten Stoffe aus. Dabei bilden sich Minteralkrusten und *Sinter,* vorwiegend Kalk- oder Kieselsinter. Das abgeschiedene $CaCO_3$ ist mineralogisch vorwiegend Aragonit, das abgeschiedene $SiO_2 \cdot n\ H_2O$ Opal. Ein Ausscheidungsrhythmus kommt häufig durch eine zarte Bänderung zum Ausdruck. Die beobachtete Buntfärbung wird durch spurenhafte Beimengungen hervorgerufen. Oft sieht man in Abbildungen die prächtigen Sinterterrassen von Mammoth Springs im Yellowstone Park, USA. Sie bestehen aus $CaCO_3$. Der Geysir (Springquelle) des gleichen Nationalparks, Old Faithful, setzt einen Kieselsinter (Opalsinter) ab. Durch sein erbsenähnliches Ooidgefüge zeichnen sich Proben des Karlsbader Sprudelsteins aus, die deshalb als Erbsenstein (Pisolith) bezeichnet werden. Es handelt sich um einen Aragonitsinter. Aus Thermalwässern, die blasiges vulkanisches Gestein durchdrungen haben, kam es in den mehr oder weniger ausgedehnten Hohlräumen zu verschiedenen Mineralabscheidungen. Am häufigsten trifft man an: Opal, Chalcedon (besonders dessen Varietät Achat), Quarz, Calcit oder Kristalldrusen verschiedener Zeolithe (u. a. besonders Chabasit, Natrolith, Desmin oder Heulandit).

Die Abscheidungen von Achat werden wegen ihrer äußerlich geschlossenen, abgerundeten Form als Achatmandeln oder *Achatgeoden* bezeichnet. Bei freiem Raum im Innern der Achatgeode hat sich im günstigen Fall eine violett gefärbte Kristalldruse von Amethyst entwickeln können. Größere Häufungen von Achatgeoden bilden Achatlagerstätten. Sie besitzen im Raum des südlichen Brasilien und innerhalb von Uruguay eine große wirtschaftliche Bedeutung. Früher wurden kleinere Vorkommen besonders schön gefärbter Achate in der Umgebung von Idar-Oberstein (Nahe) abgebaut. Aus diesem Abbau und der Verarbeitung des Achats an Ort und Stelle hat sich die Idar-Obersteiner Schmuck- und Edelsteinindustrie entwickelt.

11.2.7.3 Vulkanosedimentäre Lagerstätten

Bei *untermeerischem* (submarinem) *Vulkanismus* sind die Fumarolen oder die damit in Verbindung stehenden hydrothermalen Lösungen an Geosynklinalen oder tiefreichende Störungs- und Spaltensysteme gebunden. Die sie begleitenden, im submarinen Milieu veränderten Vulkanite liegen als *Spilite,* spilitisierte Tuffe und Tuffite, intrusive körnige Diabase und Keratophyre vor. Enthalten die submarinen Fumarolen größere Mengen von $FeCl_3$, so kommt es zur Bildung von schichtigen *Roteisenerzlagerstätten* wie z. B. im oberen Mittel- und unteren Oberdevon des *Lahn-Dill-Gebiets* in Hessen. Meistens ist gleichzeitig $SiCl_4$ den Gasexhalationen beigemischt. In diesen Fällen ist das Roteisenerz durch Imprägnation von Quarz kieselig ausgebildet. Voraussetzung sind oxidierende Bedingungen, unter denen sich $FeCl_3$ zu Fe_2O_3 (Hämatit) und $SiCl_4$ zu SiO_2 (Quarz) umsetzen können, unter Freiwerden von Chlorwasserstoff. Bei Sauerstoffmangel bzw. verstärkter H_2S-Zufuhr kommt es unter der submarinen Einwirkung von Fumarolen zur Bildung sulfidischer Mineralparagenesen mit Pyrit, Markasit und/oder Chalcopyrit, fallweise auch zur Ausscheidung von Sphalerit und Galenit. Der *Kieslagerstätte* von *Rio Tinto* im Huelva-Distrikt in Südspanien mit *Pyrit* und *Chalcopyrit*, der bedeutendsten Kupferlagerstätte Europas, wird auch eine vulkanosedimentäre Entstehung zugeschrieben.

Hierzu gehören auch die sulfidischen Erzkörper vom *Zyperntyp* mit Pyrit und Chalcopyrit, wie sie auf der Insel Zypern vorkommen. Sie sind an Ophiolithe gebunden und wie diese an ozeanischen Riftzonen submarin gebildet worden. Ophiolithe stellen metamorphe Fragmente ozeanischer Lithosphäre dar, entsprechend der Gesteinsassoziation auf Abb. 173, S. 458.

Der *Besshi-Typ*, benannt nach der größten japanischen Pyrit-Kupferkies-Lagerstätte auf Schikoku in der metamorphen Außenzone SW-Japans, ist dem Zypern-Typ in der Bindung an mafische Vulkanite und in der Metallführung ähnlich, unterscheidet sich aber durch mächtige, feinschichtige, tonig-sandige Sedimente und Tuffe in den Begleitgesteinen.

Bedeutsame vulkanosedimentäre Lagerstätten sind ebenso die feingeschichteten *Kuroko-Pb, Zn-Erze* und die *Keiko-Cu, Fe-Erze*. Sie sind innerhalb relativ junger Sedimente zusammen mit rhyolithisch-andesitischem Vulkanismus gebildet worden und befinden sich auf der Innenseite der ostasiatischen Inselbögen.

Auch beachtliche Rohstoffreserven der Bundesrepublik Deutschland, die Metalllagerstätte des Rammelsberges bei Goslar (Harz) und die Lagerstätte von Meggen in Westfalen, verdanken ihre Entstehung vergleichbaren Vorgängen im Geosynklinalbereich bei fehlendem sichtbarem vulkanogenem Befund. Die Lagerstätte vom Rammelsberg ist durch Einwirkung der varistischen Orogenese stark verformt worden und erscheint in 2 dicken, plattenförmigen Erzkörpern als Einschaltungen in stark gefalteten und verworfenen mitteldevonischen Schiefern. Beim Vorkommen Rammelsberg sind neben Fe besonders die Buntmetalle Cu, Pb und Zn, darüber hinaus die Edelmetalle Ag und Au, beim Vorkommen Meggen neben Fe besonders Zn und Ba zugeführt worden. Alle diese sulfidischen Metalllagerstätten sind mit mariner Sedimentation verbunden. Sie zählen zu den *schichtgebundenen Lagerstätten*. Der Abbau des Rammelsbergerzes begann etwa um das Jahr 900. Die Erzförderung wurde 1988 eingestellt, nachdem die Vorräte bis auf Reste abgebaut waren. Die UNESCO hat das Erzbergwerk unterdessen zum „Weltkulturerbe" erklärt. Der Grubenbetrieb von Meggen wurde 1992 eingestellt.

Auch die bedeutende Kupferlagerstätte von Outukumpu mit Chalcopyrit und Pyrrhotin im Verband mit ultramafischen Gesteinen innerhalb des karelischen Schilds in Nordfinnland wird teilweise als vulkanosedimentär angesehen. Sie ist metamorph überprägt. Eine der größten und bekanntesten Blei-Zink-Lagerstätten der Erde, Broken Hill, New-South-Wales, Australien, ist eine hochgradig metamorph überprägte, ursprünglich vulkanosedimentäre Lagerstätte.

Bei der Entstehung der Kieserzlager werden hydrothermale Konvektionszellen angenommen, auf deren Existenz viele Beobachtungen und Daten hinweisen: Meerwasser dringt durch permeable Gesteine unter Aufheizung und Lösung von Metallen mehrere Kilometer tief in ozeanische Kruste ein. Nach Wiederaufstieg und Austritt der Hydrothermen am Meeresboden werden die Metalle als Sulfide gefällt und in Einbrüchen konzentriert.

12 Die sedimentäre Abfolge, Sedimente und Sedimentgesteine

GLIEDERUNG

Es werden in der sedimentären Abfolge die folgenden Vorgänge unterschieden, die sich in einem *zeitlichen Ablauf* aneinanderreihen:
Verwitterung → Transport → Ablagerung bzw. Ausscheidung → Diagenese

12.1 Die Verwitterung und die mineralbildenden Vorgänge im Boden

DEFINITION, ALLGEMEINES

Der Begriff *Verwitterung* umfaßt nach VON ENGELHARDT „alle Veränderungen, welche Gesteine und Minerale im Kontakt mit Atmosphäre und Hydrosphäre erleiden". Dabei zählen zur *subaërischen* Verwitterung alle Vorgänge, die in Berührung mit der Atmosphäre ablaufen, zur *subaquatischen* Verwitterung alle entsprechenden Vorgänge, die unter Wasserbedeckung stattfinden.

Die Verwitterungsprodukte bilden am *Ort ihrer Entstehung* die *Böden,* nach ihrem *Transport* die *Sedimente und Sedimentgesteine,* beide definitionsgemäß Gesteine. Das *Ausgangsmaterial* der Verwitterung und der sedimentbildenden Vorgänge sind magmatische, metamorphe Gesteine und ältere Sedimentgesteine, deren Substanz bereits einen sedimentbildenden Prozeß durchgemacht hat.

Man unterscheidet zwischen einer *mechanischen* (physikalischen) oder einer *chemischen* Verwitterung. Bei alleiniger mechanischer Verwitterung zerfallen die anstehenden Gesteine in lockere Massen, ohne daß dabei eine chemische Veränderung festgestellt werden kann. Bei jedem natürlichen Verwitterungsablauf sind meistens beide Arten der Verwitterung in wechselnden Verhältnissen beteiligt.

12.1.1 Die mechanische Verwitterung

Man unterscheidet im wesentlichen *Temperaturverwitterung, Frostsprengung* und *Salzsprengung*. Ihr Auftreten und ihre Intensität werden stark von klimatischen Faktoren bestimmt. Die Temperaturverwitterung und die Salzsprengung treten am auffälligsten in den heißen Trockengebieten in Erscheinung. Die Frostverwitterung ist auf die mittleren und hohen Breiten und auf die Hochgebirge beschränkt. Die mechanische Verwitterung liefert im wesentlichen das Material für die klastischen Sedimente und Sedimentgesteine (Trümmersedimente).

Temperaturverwitterung wird durch den Wechsel starker Sonneneinstrahlung *(Insolation)* und darauffolgender Abkühlung ausgelöst. Man geht davon aus, daß die Oberfläche exponierter Gesteinsblöcke stärker erwärmt (und abgekühlt) wird als ihre darunter befindlichen Teile. Das führt zwangsläufig zu Spannungen im Gestein, die schließlich einen scherbenartigen Zerfall des Gesteins bewirken. Da sich zudem dunkle Mineralgemengteile im Gestein infolge größerer Wärmeabsorption i.allg. stärker ausdehnen als die benachbarten hellen Gemengteile, kommt es allmählich zu einer Lockerung des Kornverbands, die mit einem grusartigen Zerfall des betreffenden Gesteins endet.

Frostverwitterung wird dadurch ermöglicht, daß Wasser beim Übergang in Eis unter gewöhnlichem Druck eine Volumenvergrößerung von rund 9% erfährt. So kann das in Poren und größeren Hohlräumen eingeschlossene Wasser im Gestein erhebliche Drücke aufbauen, wenn die Temperatur unter den Gefrierpunkt sinkt. Der Druck erreicht theoretisch maximal 2200 kg/cm^2 bei -22 °C. Für die Sprengwirkung und damit den Gesteinszerfall sind die Gestalt der Poren, der ursprüngliche Füllungsgrad mit Wasser (er muß für eine wirksame Frostverwitterung mehr als 90% erreichen) und die Abkühlungsgeschwindigkeit maßgebend. Die Frostverwitterung ist besonders für den Gesteinszerfall im Hochgebirge und in den Regionen hoher Breiten von Bedeutung.

Salzsprengung besteht in ihrer wichtigsten Art darin, daß wasserfreie Salze unter Volumenvermehrung Kristallwasser aufnehmen. Bei einer Hydratisierung von Anhydrit zu Gips ($CaSO_4 + 2\,H_2O \rightarrow CaSO_4 \cdot 2\,H_2O$) ist als Wirkung einer Salzsprengung ein Druck bis zu maximal 1100 kg/cm^2 errechnet worden.

Auch verschiedene Na-Salze können z.B. durch Wasseraufnahme und Kristallisation im ariden oder semiariden Klima Gesteinszerfall hervorrufen. Die betreffende Umkristallisation erfolgt durch starke Veränderung der relativen Luftfeuchtigkeit, wenn die Poren mit hochkonzentrierten Lösungen oder Kristallen dieser Salze gefüllt sind.

12.1.2 Die chemische Verwitterung

12.1.2.1 Die Agenzien der chemischen Verwitterung

Die mechanische Verwitterung liefert wichtige Voraussetzungen für den Angriff der chemischen Verwitterung. Das mechanisch zerkleinerte Gesteinsmaterial ist chemischen Reaktionen leichter zugänglich. Hingegen weist die vom Eis glattgeschliffene Oberfläche der Rundhöcker Skandinaviens seit Rückzug des Inlandeises kaum Anzeichen einer chemischen Verwitterung auf.

Wasser, verstärkt durch die darin *gelösten Gase* und Ionen, wirkt in erster Linie als Agens bei chemischen Umsetzungen der Minerale und Gesteine bei der subaërischen Verwitterung. Für die Bilanz des Wassers auf der kontinentalen Erdkruste ist von Bedeutung, daß im kontinentalen Durchschnitt die Menge der Niederschläge die Verdunstung übertrifft. Durch diesen Wasserüberschuß sind die auf der Landoberfläche anstehenden Gesteine einem fortschreitenden Prozeß der chemischen Verwitterung ausgesetzt. Die überschüssigen Niederschläge durchsetzen die Verwitterungszone und reagieren allmählich mit den anwesenden Mineralen. Die dadurch entstehenden sehr verdünnten Elektrolytlösungen wandern allmählich über das Grund- oder Oberflächenwasser ab. Sammelbecken dieser Lösungen sind letztlich die *Ozeane*. Nur ein relativ kleiner Teil endet in den *abflußlosen Becken* der Kontinente.

Auch die *Mikroflora* (Bakterien, Pilze, Flechten) trägt zur chemischen Zersetzung der Gesteine in nicht unbedeutendem Maß bei, in erster Linie dadurch, daß sie organische Säuren (H^+-Ionen) freisetzt.

In den unteren Teilen der Verwitterungszone enthalten die durch eingesickerte Niederschläge entstandenen Lösungen Stoffe, die aus dem chemischen Abbau der Minerale und Gesteine stammen, neben solchen, die aus der Zersetzung von organischem Material und aus der Tätigkeit der Mikroorganismen stammen. Diese Lösungen sind an CO_2 angereichert und enthalten lokal unterschiedliche Mengen an Schwefelsäure (Sulfide können sich mit Sauerstoff und Wasser letztlich zu Schwefelsäure umsetzen. Auch aus dem Schwefelgehalt des Eiweißes kann im Boden Schwefelsäure gebildet werden) oder verschiedene organische Säuren. Deshalb reagieren Lösungen des Verwitterungsbodens meistens sauer mit einem pH-Wert bis 3. In selteneren Fällen wird eine alkalische Reaktion mit pH-Werten bis höchstens 11 erreicht. In der *Verwitterungszone* werden sowohl *oxidierende* als auch *reduzierende* Bedingungen angetroffen.

12.1.2.2 Das Verhalten ausgewählter Minerale bei der chemischen Verwitterung

Die verschiedenen Minerale besitzen in den stark verdünnten Verwitterungslösungen *sehr verschiedene Löslichkeiten*. Die i. allg. sehr langsamen Lösungsprozesse laufen im offenen System ab, und ein *thermodynamisches Gleichgewicht* wird dabei *nur selten erreicht*. Die einzelnen Stadien der Auflösung können in der Natur in zahlreichen Fällen unmittelbar beobachtet werden. Außerdem lassen sich im Laboratorium Untersuchungen darüber anstellen.

Leicht lösliche Minerale

Leicht löslich sind Halit (NaCl), Sylvin (KCl) und andere Salzminerale. Ihre Betrachtung im Zusammenhang mit Verwitterungsvorgängen hat nur Bedeutung im *trocken-ariden Klima*. Im feuchten Klima sind auch Gips ($CaSO_4 \cdot 2\ H_2O$) oder Anhydrit ($CaSO_4$) relativ leicht löslich. Etwas komplizierter ist der Verlauf der *Auflösung der Karbonate*, so die Lösung von Calcit oder Dolomit. Hier spielt im Wasser *gelöste Kohlensäure eine entscheidende Rolle*. Es besteht die folgende Gleichgewichtsreaktion:

$$CaCO_3 + H_2CO_3 \rightleftharpoons 2\ HCO_3^- + Ca^{2+}$$

(Das im Wasser enthaltene CO_2 stammt aus der Atmosphäre oder aus dem Zerfall organischer Substanz. Zusätzliches CO_2 wird aus organischen Prozessen aufgenommen.) Die *Löslichkeit des Calcits steigt mit dem Kohlensäuregehalt des Wassers an.* Da mit *zunehmender Temperatur* die Löslichkeit des Wassers für Kohlensäure abnimmt, wird *Calcit* mit *Temperaturerhöhung des Wassers weniger löslich.*

Die Verwitterung der Silikate

Von besonderer Bedeutung ist die Verwitterung der Silikate, weil sie als wichtigste Gemengteile der Gesteine mit rund 79 Vol.% am Aufbau der Erdkruste beteiligt sind. In dieser Zahl sind die Feldspäte als die verbreitetste Mineralgruppe mit rund 58 Vol.% enthalten. Der *Zerfall der Feldspäte* bei der Verwitterung wird häufig als *Modellfall* betrachtet.

Das Na^+ und K^+ der Feldspäte geht relativ leicht in Lösung. Das läßt sich im einfachen Experiment nachweisen, indem man das feinzerriebene Mineralpulver mit destilliertem Wasser benetzt. Die in Lösung gegangenen Alkaliionen sind durch alkalische Reaktion nach kurzer Zeit nachzuweisen. Viel *langsamer* gehen Al und Si in Lösung. Aus ihnen entsteht aus saurem Milieu schließlich das *Tonmineral Kaolinit* als *Verwitterungsneubildung* nach der folgenden Reaktion, die nach FÜCHTBAUER und MÜLLER als *Modellfall der Silikatverwitterung* gelten kann:

$$2\ K[AlSi_3O_8] + 2\ H^+ + 2\ HCO_3^- + H_2O \rightarrow Al_2[(OH)_4/Si_2O_5] + 4\ SiO_2 + 2\ K^+ + 2\ HCO_3^-$$
(Kalifeldspat) (Kaolinit)

Dabei geht man vom Hauptagens der chemischen Verwitterung, dem CO_2-haltigen Regenwasser aus. Nach SIEVER läßt sich die chemische Verwitterung ganz allgemein als eine H^+-Aufnahme und eine damit ausgelöste Freisetzung von Alkali-, Erdkaliionen und SiO_2 ansehen. Ähnlich verhalten sich im Prinzip auch die übrigen Gerüstsilikate, so z.B. *Leucit*. Minerale dieses Strukturtyps können bei der Verwitterung restlos in Lösung gehen.

Bei den *silikatischen Schichtstrukturen,* speziell den Glimmern, bleibt nach Herauslösung bestimmter Ionen ein Schichtrest des ursprünglichen Kristallgitters erhalten. Sowohl bei den trioktaedrischen (Biotit) wie bei den dioktaedrischen Glimmern (Muscovit) wird bei Verwitterungsvorgängen im feuchten Klima zu Beginn K^+ aus dem Gitterzusammenhang gelöst. Ladungsausgleich erfolgt bei Biotit durch Austausch von Hydroxoniumionen, Oxidation von Fe^{2+} zu Fe^{3+} und durch Austausch von Al gegen Si in der Tetraederschicht. Äußerlich bleichen die Biotitblättchen aus und werden gold- bis blaßgelb. Dieser Verwitterungsvorgang bei Biotit wird auch als *Baueritisierung* bezeichnet. Der Verwitterungsabbau des eisenfreien Muscovits geht wesentlich langsamer vor sich als derjenige von Biotit.

Amphibole und Pyroxene sind löslicher als Quarz und die Glimmer.

Verwitterungsneubildungen bei der silikatischen Verwitterung

Aus den zersetzten Mineralen der Ausgangsgesteine können noch während des Verwitterungsvorgangs als *Verwitterungsneubildungen* neue Minerale entstehen. Wichtig ist dabei besonders die Entstehung der als *Tonminerale* bezeichneten *Phyllosilikate* (Schichtsilikate). Sie bilden sich pseudomorph nach primär vorhandenen silikatischen Schichtstrukturen, insbesondere aus Glimmern. Noch häufiger scheiden sie sich als *Neubildungen aus Verwitterungslösungen* aus. Daneben, oft unter anderen Bedingungen, gelangen auch Oxide oder Hydroxide des Eisens oder Aluminiums aus Verwitterungslösungen zur Ausscheidung sowie in größerer Verbreitung auch SiO_2 in verschiedenen Formen.

Charakteristisch für alle Tonminerale ist, daß sie extrem feinblättig sind. Deshalb ist ein gewöhnliches Polarisationsmikroskop ungeeignet, um ihre Kristallmorphologie zu studieren. Hierzu sind Elektronenmikroskop (Abb. 70, S. 149) und die Röntgenanalyse erforderlich.

Die Entstehung von Tonmineralen aus primären Schichtsilikaten

Tonminerale können sowohl aus dem Ab- und Umbau von dioktaedrischen als auch trioktaedrischen Glimmern bei der Verwitterung entstehen. Die Umbildung der Glimmer besteht darin, daß das K^+ teilweise oder ganz fortgeführt und die Schichtladung entsprechend verringert wird. Aus beiden Glimmerstrukturen können Illite gebildet werden. *Illite* sind *unvollständige Glimmer,* die weniger K^+ und ein höheres Si-Al-Verhältnis aufweisen als z. B. der normale Muscovit. In manchen Verwitterungsböden führt ein ähnlicher Umwandlungsvorgang über Übergangsstrukturen zur Bildung von *Vermiculit* (Mg, Fe^{3+}, $Al)_3[(OH)_2/Al_{1,25}Si_{2,75}O_{10}] \cdot Mg_{0,33}(H_2O)_4$, einem Schichtsilikat mit Quellvermögen.

Häufig entstehen *Tonminerale mit Wechsellagerungsschichten* (mixed layer minerals) zwischen Illit und Montmorillonit bis zu reinem quellfähigem Montmorillonit $(Al_2[(OH)_2/Si_4O_{10}] \cdot n\ H_2O)$ aus dioktaedrischen und trioktaedrischen Glimmern.

Mineralneubildungen aus Verwitterungslösungen

In den *Trockengebieten* scheiden sich die verschiedenartigsten Salze besonders der Alkalien und Erdalkalien aus Verwitterungslösungen durch Verdunstung aus, teilweise an Ort und Stelle, teilweise nach einem geringen Wanderweg. Ausblühungen von Steinsalz, Soda ($Na_2CO_3 \cdot 10\ H_2O$) oder Gips sind am meisten verbreitet.

Die *weniger gut löslichen* Bestandteile der Verwitterungslösungen wie Si, Al und Fe scheiden sich innerhalb *feucht-humider Klimazonen* an Ort und Stelle oder nach einem geringen Wanderweg der Lösung aus. Es kommt bereits während des Verwitterungsvorgangs zu Mineralneubildungen. *Ihre Abscheidung ist wegen ihrer geringen Korngröße für die Beschaffenheit des Bodens von großer Bedeutung.* Die Korngröße liegt zwischen 10^{-5} und 10^{-7} cm ∅, also im Gebiet der Kolloide. Diese winzigen Neubildungen sind mehr oder weniger gut kristallisiert (kristallin), teilweise auch röntgenamorph. Es handelt sich neben *Alumogel* vorwiegend um *Schichtkristalle*, wie

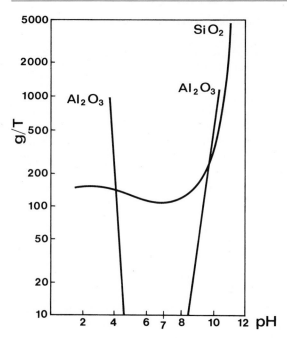

Abb. 121. Löslichkeiten von SiO_2-Gel und Al-Hydroxid in Abhängigkeit von der Wasserstoffionenkonzentration ausgedrückt durch den pH-Wert (aus CORRENS, 1968, Abb. 331)

die Al- und F-Hydroxide *Gibbsit* (Hydrargillit) γ-$Al(OH)_3$, *Böhmit* α-$AlO(OH)$, *Diaspor* γ-$AlO(OH)$, Goethit α-$FeO(OH)$ und die Al-Silikate *Kaolinit* $Al_2[(OH)_4/Si_2O_5]$ und *Halloysit* $Al_2[(OH)_4/Si_2O_5] \cdot 2\,H_2O$.

Das Verhalten von Si in der Verwitterungslösung

Die gelöste Kieselsäure geht bei Überschreiten ihrer Löslichkeit in der Verwitterungslösung zunächst in den *Solzustand* über. Es scheiden sich schwebende hydratisierte Teilchen kolloider Größenordnungen ab, die als *hydrophile* (lyophile) Sole bezeichnet werden. Die Übersättigung kann durch Verdunstung des Wassers oder entsprechend Abb. 121 durch Abnahme der Alkalinität (Unterschreitung von pH ~ 8,5) ausgelöst werden. Eine derartige Ansäuerung der Lösung erfolgt in der Natur durch Zutritt von Kohlensäure, z. B. aus der Zersetzung organischer Substanz.

Das Verhalten des Al in der Verwitterungslösung

Das Diagramm (Abb. 121) zeigt im vereinfachten Modell, daß sich die Löslichkeitsbeziehungen im System Al_2O_3–H_2O von denen im System SiO_2-Gel–H_2O in ihrer Abhängigkeit von der Wasserstoffionenkonzentration, ausgedrückt durch den pH-Wert, deutlich unterscheiden.[7] Al befindet sich in stark saurer Umgebung mit pH < 4 in Lösung, ebenso in stark alkalischer Umgebung mit pH > 9. Es fällt als Aluminiumhydroxid in der Nähe des Neutralpunkts aus schwach saurer bzw. schwach alkalischer Lösung aus. In der Natur können alkalische Lösungen durch Zuführung von Kohlensäure sauer werden, andererseits saure Lösungen bei Verlust der enthaltenen Kohlensäure, etwa durch Erwärmung, alkalisch werden. Eine Neutralisierung saurer Lösungen in der Natur kann auch beim Zusammentreffen mit Kalkstein eintreten. Die Ausfällung von Al-Hydroxiden, wie der Minerale *Diaspor, Böhmit* oder *Gibbsit* (Hydrargillit), spielt bei der Bildung des Bauxits bzw. das Laterits im tropischen und subtropischen Verwitterungsboden eine wichtige Rolle.

Die Ausscheidung von Alumohydrosilikaten

Bei *gleichzeitiger Übersättigung* in der Lösung scheiden sich SiO_2- und Al-Hydroxid gemeinsam aus. Das führt zur Bildung von verschiedenen *Alumohydrosilikaten* wie *Kaolinit, Halloysit* oder *Montmorillonit*. Das Modelldiagramm (Abb. 121) informiert über den zuständigen pH-Bereich dieser Möglichkeit. Das gemeinsame Ausscheidungsgebiet liegt in der Nähe des Neutralpunkts und im schwach alkalischen wie schwach sauren Gebiet. Es hängt wesentlich von dem zur Verfügung stehenden *Al-Si-Verhältnis* ab, ob Kaolinit bzw. Halloysit oder Montmorillonit auskristallisiert.

Ob bei Anwesenheit von K^+ in der Lösung auch helle Glimmer neu gebildet werden können, ist derzeit noch nicht gesichert.

12.1.3 Subaerische Verwitterung und Klimazonen

Die subaerische Verwitterung strebt in den verschiedenen klimatisch bedingten Verwitterungszonen der Erde verschiedenen Verwitterungsprodukten zu:

In den *ariden* und *extrem kalten,* arktischen Zonen tritt fast ausschließlich die mechanische Verwitterung in Erscheinung.

In den *feucht-kühlen* und *feucht-gemäßigten Klimazonen* führt die Verwitterung zu Produkten, die außer Quarz und wenigen anderen der Verwitterung gegenüber resistenten Mineralarten Neubildungen von Illit, Vermiculit, Montmorillonit neben Kaolinit oder Halloysit enthalten.

In den *feucht-tropischen Klimazonen* werden die anstehenden Gesteine schneller und intensiver durch den Verwitterungsvorgang zersetzt. Es wird im Schnitt viel mehr SiO_2 relativ zu Al_2O_3 weggeführt, und es kommt zu Verwitterungsneubildungen in wechselnden Mengenverhältnissen von Gibbsit (Hydrargillit), Böhmit, Diaspor und besonders auch Kaolinit. Übersättigung an Fe führt zur Abscheidung des Eisens als Goethit oder Hämatit.

---

[7] pH-Wert: Als pH-Wert gibt man den Wert des Exponenten der Wasserstoffionenkonzentration mit umgekehrtem Vorzeichen an. In reinem Wasser ist das Ionenprodukt, ausgedrückt in Grammionen/Liter: $(H^+) \cdot (OH)^- = 10^{-14}$. Ist von beiden Ionen die gleiche Menge vorhanden, so ist die H^+-Konzentration $= 10^{-7}$, d.h. pH = 7. Sind mehr Wasserstoffionen vorhanden, so reagiert die Lösung sauer. Der pH-Wert erniedrigt sich. In alkalischer Lösung steigt hingegen der pH-Wert über 7 an.

12.1.4 Zur Abgrenzung des Begriffs Boden

Unter *Boden* versteht man nach VON ENGELHARDT *diejenige oberste Schicht der Erdkruste, in der* (die vorher beschriebenen) *Verwitterungsvorgänge ablaufen.* Der Boden bedeckt unverändertes Gestein und dient Pflanzen und Tieren als Standort und Lebensraum. Auch Bodenbakterien spielen eine große Rolle. Neben Lockermassen befinden sich im Boden Lösungen, die verdunsten oder über Flüsse und Grundwasser schließlich das Meer erreichen.

Im Boden werden *Transportvorgänge durch Lösungen* beobachtet, die von der Erdoberfläche in die Tiefe, teilweise auch entgegengesetzt gerichtet sind. Sie werden durch eindringende Niederschläge und Änderung des Grundwasserspiegels ausgelöst. Durch Wirkung dieser Lösungen bildet sich in der Regel ein typisches *3schichtiges Bodenprofil* aus. Die oberste Schicht, hervorgegangen aus zersetztem Gestein, ist reich an organischem Material und weist eine Verarmung an Alkalien und Erdalkalien auf. Diese meist humushaltige Schicht wird in der Bodenkunde als *A-Horizont* bezeichnet. Der darunter befindliche *B-Horizont* ist reich an Tonmineralbildungen und enthält gelegentlich viel Eisenoxidhydrat in Form von Limonit, verunreinigt als *Ortstein*. Es sind Minerale, die sich aus eingesickerten, gesättigten Verwitterungslösungen abgeschieden haben. Der darunter befindliche *C-Horizont* besteht aus dem anstehenden unveränderten Gestein. Bei der Beurteilung eines Bodenprofils muß man eine ganze Anzahl von Faktoren berücksichtigen. Die Tiefe eines Bodenprofils ist nicht nur abhängig vom Ausmaß der chemischen Verwitterung, sondern auch vom Grad der Erosion.

In der Bodenkunde werden die verschiedenen Böden der Erde auf wenige Haupttypen zurückgeführt. Auch hier muß auf die einschlägigen Lehrbücher dieser Spezialdisziplin verwiesen werden.

12.1.5 Verwitterungsbildungen, Verwitterungslagerstätten

Es handelt sich um terrestrische Bildungen, i. allg. um Böden, die verschiedenen Ausgangsgesteinen und unterschiedlichen klimatischen Verhältnissen ihre Entstehung verdanken. Neben *autochthonen* Verwitterungsprodukten gibt es *allochthone* (umlagerte) Verwitterungsprodukte.

12.1.5.1 Residualtone, Kaolin

Sie entstehen aus feldspatreichen Ausgangsgesteinen (insbesondere Graniten, Rhyolithen, Quarzporphyren, Arkosen etc.) innerhalb humider (sowohl feucht-gemäßigter als auch regenreicher tropischer) Klimazonen mit reichlichen Niederschlägen, Humusbildung und Anwesenheit organischer Säuren. Die sauren Verwitterungslösungen sind gleichzeitig an Si und Al gesättigt, und es kommt bei ihrer relativ hohen Wasserstoffionenkonzentration mit pH-Werten < 6 (Abb. 121) hauptsächlich zur Kristallisation von *silikatischen Tonmineralen wie Kaolinit*. Diese Art der Verwitterung, bei der SiO_2 und Al_2O_3 *gemeinsam in Form silikatischer Tonminerale* ausgeschieden werden, ist auch als *siallitische Verwitterung* bezeichnet worden im Unterschied zur *allitischen Verwitterung,* bei der SiO_2 und Al_2O_3 *getrennte* Wege gehen. Bei letzterer gelangen Al-Hydroxide bzw. Al-Oxidhydrate zur Ausscheidung.

Die nicht umgelagerten (autochthonen) Kaolinvorkommen enthalten meistens resistente Minerale (Verwitterungsreste) des Ausgangsgesteins, v. a. Quarz. Solche Lagerstätten befinden sich in Europa besonders in Südengland (Cornwall), in der bayerischen Oberpfalz, in Sachsen, Sachsen-Anhalt, Thüringen und der Tschechischen Republik. Kaolin wird je nach Qualität in der Keramik und chemischen Industrie, in der Papierindustrie sowie als Füllstoff technisch verwendet.

NB: Von wirtschaftlicher Bedeutung sind auch die durch thermale bzw. hydrothermale Vorgänge entstandenen Kaolinlager.

12.1.5.2 Bentonit und seine Verwendung

Als *Bentonit* werden *an Montmorillonit reiche Verwitterungsprodukte aus vulkanischen Tuffen* bezeichnet. Aufgrund seines hohen Montmorillonitgehalts besitzt Bentonit *wertvolle Eigenschaften* wie Quellfähigkeit, Ionenaustauschvermögen und Thixotropie. Daher seine Verwendung u. a. als Bindeton, Filterstoff oder Bleicherde zur Wasserreinigung, Walkerde zur Entfettung von Wolle.

12.1.5.3 Bauxit und seine Vorkommen

Innerhalb von Verwitterungszonen mit warm-feuchtem, tropischem bis semiaridem Klima mit längerer Niederschlagszeit und anschließender Trockenzeit führt die chemische Gesteinsverwitterung größtenteils zu einer annähernden Trennung des Si vom Al.

Einer gemeinsamen Auslaugungsperiode in der Regenzeit folgt in der Trockenzeit mit einsetzender Verdunstung ein kapillarer Aufstieg der Lösung. Gleichzeitig ändert sich der pH-Wert der Lösung. Die vorher schwach saure Verwitterungslösung reagiert nunmehr schwach alkalisch. Das führt zur bevorzugten Ausscheidung von Al unter Bildung von Al-Hydroxiden oder Al-Oxidhydraten.

Dabei entstehen *Bauxite* (nach dem Ort Les Baux in Südfrankreich benannt), die zu den fossilen Böden zählen. Häufig sind Bauxite umgelagert, dann können sie auch Merkmale von Sedimenten zeigen. Zwischen Bauxit und Tonen bestehen Übergänge (toniger Bauxit, bauxitischer Ton).

Die *wichtigsten Minerale der Bauxite* sind:

1. das Hydroxid *Gibbsit* γ-$Al(OH)_3$ als häufigstes Mineral insbesondere der *Silikatbauxite,*
2. die Oxidhydrate *Böhmit* γ-$AlOOH$ als Gemengteile der *Kalkbauxite,* *Diaspor* α-$AlOOH$
3. das amorphe Gel des $Al(OH)_3$ *Alumogel.*

Dazu kommen *Nebengemengteile,* so besonders Kaolinit, Quarz, Hämatit und Goethit.

Die *Einteilung der Bauxite* wird häufig nach dem Ausgangsgestein bzw. der Entstehungsart vorgenommen, so in Silikatbauxit bzw. Lateritbauxit oder Kalkbauxit bzw. Karstbauxit. Dem Silikatbauxit liegen magmatische oder metamorphe Gesteine, dem Kalkbauxit Sedimentgesteine, im wesentlichen tonreiche Kalksteine, zugrunde.

Das *Bodenprofil der Silikatbauxite* enthält meistens eine *Konkretionszone*, in der Bauxit in knollenförmigen Körpern, sog. Konkretionen, vorkommt. Daneben treten kaolinitische Tone mit sialitischer Verwitterung und Kaolinit als Hauptgemengteil auf.

Lagerstätten von Silikatbauxit sind weltweit verbreitet und befinden sich z. B. auf dem Plateau der verwitterten Deccanbasalte in Indien, Surinam, im tropischen Afrika, Indonesien und Australien. Wirtschaftlich völlig unbedeutend sind die winzigen Vorkommen im Raum des Vogelsbergs und der Rhön in Hessen, die als Reste warm-feuchter Verwitterungsdecken von Basalten aus dem Tertiär zu erklären sind.

Lagerstätten von Kalkbauxit befinden sich vorwiegend auf verkarstetem tonhaltigem Kalkstein innerhalb arider Klimazonen. Sie haben meistens eine Umlagerung erfahren. Ihr Mineralinhalt besteht vorwiegend aus Böhmit, bei Umlagerung zunehmend aus Diaspor. Innerhalb Europas gibt es Vorkommen in Südfrankreich mit der Typuslokalität Les Beaux, als Dolinenfüllung innerhalb der Karstgebiete Istriens und Dalmatiens in Jugoslawien, in Ungarn, Italien, Griechenland und anderen Ländern des Mittelmeerraums.

Bauxit als Rohstoff: Bauxit ist wichtigstes Aluminiumerz, auch Rohstoff für die Herstellung von technischem Korund (Elektrokorund), feuerfester Erzeugnisse und Tonerdezement.

12.1.5.4 Laterit und Basalteisenstein

Die Rot- und Gelbfärbung des Bauxits geht auf feindisperse Beimengungen von Eisenoxidhydrat (FeOOH) zurück, das bei der Bildung des Bauxits gleichzeitig mit ausgeschieden wird. An nicht wenigen Stellen wurde das Eisen (auch zusammen mit Mangan) auf kleinerem Raum konzentriert. Auf diese Weise sind die *Lateriteisenerze* entstanden, von denen es sehr zahlreiche Vorkommen auf der Erde gibt. Sie stellen mit den darin enthaltenen Nebenelementen eine bedeutende Rohstoffreserve dar.

Hierzu gehören ihrer Entstehung nach auch die sog. *Basalteisensteine*, z. B. die bis in die Nachkriegszeit hinein im Abbau befindlichen Vorkommen des Vogelsbergs. Die Bildung dieser Eisenerze geht auf tertiäre tropisch-humide Verwitterungsvorgänge zurück, bei denen der Eisengehalt großer Basaltkörper ausgelaugt worden ist. Noch innerhalb des mehr oder weniger stark verwitterten Basalts wurde der Fe-Gehalt konzentriert und kam in schalig-kugeligen Körpern zur Abscheidung.

Mineralogisch bestehen die aus den zirkulierenden Verwitterungslösungen hervorgegangenen Brauneisenerze aus Goethit (Nadeleisenerz) α-FeOOH. Die radialstrahlig angeordneten, stengeligen Kriställchen des Goethits bilden Aggregate mit glänzenden, traubig-nierig ausgebildeten Oberflächen nach Art des Braunen Glaskopfs. Die Kristallisation des Goethits aus ehemaligen Gelen ist damit angezeigt. Dafür sprechen auch die zahlreichen kolloiden Beimengungen in diesen Brauneisenerzen, die aus dem Gelzustand übernommen sind.

12.1.5.5 Nickelhydrosilikaterze

Im tropisch-humiden Klima können olivinreiche Gesteine (Peridotite, Dunite oder Serpentinite) einem Verwitterungsprozeß unterliegen, der zur Bildung von *Nickelhydrosilikaterzen* (auch als *silikatische Nickellateriterze* bezeichnet) führt. Das Nickel stammt aus dem Olivin, der in seinem Kristallgitter meistens einen geringen diadochen Einbau von Ni^{2+} anstelle von Mg^{2+} aufweist. Unter Bedingungen eines warm-feuchten Klimas wird Ni von saurer Lösung bevorzugt aufgenommen. Dieses scheidet sich zusammen mit Kieselsäure als Ni-Hydrosilikat in konzentrierter Form aus, wenn die Lösung mit dem Einsickern in die tiefer liegende Verwitterungszone schließlich neutral bis schwach alkalisch reagiert. Daher haben sich die Nickelerze meistens unter einer eisenreichen lateritischen Verwitterungsdecke entwickelt, in der sich auch das Element Co im Mineral *Asbolan* angereichert hat.

Im wesentlichen beteiligen sich 3 etwas unterschiedliche Nickelminerale an diesen Erzen. Ni^{2+} färbt diese Nickelhydrosilikate in verschiedenen Nuancen grün. Der am meisten verbreitete Vertreter ist der smaragd- bis blaugrüne *Garnierit* (Ni, Mg)$_6$[(OH)$_8$/Si$_4$O$_{10}$], ein *Ni-Serpentin*. Er bildet häufig gebänderte, nierig-traubige Krusten.

Die wichtigsten *Nickellagerstätten* dieser Art befinden sich innerhalb der Inselgruppe Neukaledonien, den Philippinen und auf Kuba. Dieser Lagerstättentyp spielt weltwirtschaftlich gegenüber den sulfidischen Nickelerzen vom Typ Sudbury eine immer bedeutendere Rolle.

12.1.5.6 Metallkonzentrationen in ariden Schuttgesteinen

Die *Metallkonzentrationen* vom sog. *Red-bed-Typ* werden von vielen Forschern als reine Verwitterungslagerstätten angesehen. Diese Erze – es sind *Kupfer-, Silber-* oder *Uran-Radium-Vanadium-Erze* – befinden sich als *schichtige Imprägnationen im Verwitterungsschutt* arider Wannen. Es wird angenommen, daß der Metallgehalt aus der Verwitterung, Abtragung und Auslaugung umliegender älterer Lagerstätten stammt. Ein langandauernder Verwitterungsprozeß und eine Konzentration des Metallgehalts im Grundwasser werden für die Entstehung des Lagerstättentyps vorausgesetzt. Charakteristisch ist die bevorzugte Vererzung fossiler Pflanzenreste.

An den *Kupfererzen* beteiligen sich als *Erzminerale:* Tief-Chalkosin (Tief-Kupferglanz), Bornit (Buntkupfererz), Covellin und als jüngere sekundäre Bildungen Cuprit, Malachit und andere Minerale.

An den *Silbererzen* beteiligen sich: Akanthit, Gediegen Silber und Chlorargyrit (Silberhornerz, AgCl), an den *Uranerzen:* insbesondere Carnotit (K$_2$[UO$_2$/VO$_4$]$_2$ · 3 H$_2$O), hervorgegangen aus Uranpecherz.

Typuslokalitäten sind die zahlreichen Kupfervorkommen des Red-bed-Typs aus dem Südwesten der USA, zu denen auch Silberlagerstätten gehören. Innerhalb des gleichen Raums in den USA gibt es genetisch ähnlich einzuordnende *Uran-Radium-Vanadium-Lagerstätten,* die an Sandsteinformationen sehr verschiedenen geologischen Alters gebunden sind. Die Hauptvorkommen auf dem Colorado-Plateau sind der größte Uranproduzent der USA.

In Europa liegen die wichtigsten Kupfervorkommen des Red-bed-Typs verteilt auf Senken des Rotliegenden nördlich und südlich des Ostteils der Sudeten, im jetzigen Polen und Tschechien. Die *permischen Kupfersandsteine* im westlichen Uralvorland in Rußland erfuhren dieselbe genetische Einstufung.

Nicht ganz unumstritten werden hierzu auch die wirtschaftlich sehr bedeutenden, räumlich weit ausgedehnten Kupfervorkommen von Sambia und dem südlichen Zaire gerechnet. Sie haben außerdem beträchtliche Kobaltgehalte. Die Metallgehalte haben sich unter stark reduzierenden Bedingungen aus wäßrigen Lösungen ausgeschieden. Von einigen Lagerstättenforschern wird allerdings vermutet, daß die Erzlösungen aus tiefreichenden Spaltensystemen zugeführt worden sind. Im südlichen Zaire ist es außerdem zu Metallanreicherungen in der Oxidationszone gekommen.

12.1.5.7 Die Verwitterung sulfidischer Erzkörper

Sulfide werden bei der atmosphärischen Verwitterung leichter gelöst als die Silikate der Gesteine.

Wir wollen von einem relativ *einfach zusammengesetzten sulfidischen Erzgang* ausgehen, dessen primäres Erz nur *Pyrit* (FeS_2) und Chalkopyrit ($CuFeS_2$) enthält. Anhand von Abb. 122 betrachten wir die ablaufenden Verwitterungsvorgänge, die von der Erdoberfläche aus nach der Tiefe hin in das primäre Erz vordringen. Man unterscheidet 3 Zonen:

   I. *Oxidationszone,*
  II. *Zementationszone,*
 III. *Primärerzzone.*

Oxidationszone

Die *Oxidations*zone liegt oberhalb des Grundwasserspiegels, dessen Höhe jahreszeitlich schwankt. Von der Erdoberfläche her dringen Niederschläge als Sickerwässer ein, die (gegen die Tiefe hin abnehmend) reichlich Sauerstoff und häufig Kohlensäure enthalten. In Gegenwart von Luftsauerstoff werden verschiedene Metallionen niedriger Oxidationsstufe in eine höhere übergeführt. Hierbei werden insbesondere die Erzminerale mit Fe^{2+}-Ionen erfaßt, wobei schließlich Limonit (FeOOH) entsteht.

Im *oberen Teil* der Oxidationszone bewirken große Niederschlagsmengen schließlich eine Auslaugung des Metallgehalts, so z. B. des Eisens, wenn die Lösung sauer ist. Es verbleiben schließlich skelett- bis zellenförmige Auslaugungsreste von Quarz mit charakteristischen Überzügen aus gelb- bis schwarzbraunem Limonit. Nicht selten liegt Malachit als leuchtendgrüner erdiger Anflug vor. Auch Kaolinit bildet sich meistens aus den oberflächlichen Verwitterungslösungen.

Innerhalb der etwas *tiefer gelegenen Oxidationszone* reichern sich häufig bei Erzkörpern mit Pyrit und Chalkopyrit beachtliche Mengen von Eisen in Form des Oxidhydrats Limonit (Brauneisenerz) an (Gl. 4 und 5), teilweise über relativ kurzlebige Fe-Sulfate als Zwischenprodukte. Der überwiegend über den Gelzustand abgeschiedene und erst später kristallin gewordene Limonit besitzt deshalb fast stets traubignierige Ausbildung und Eigenschaften des Braunen Glaskopfs.

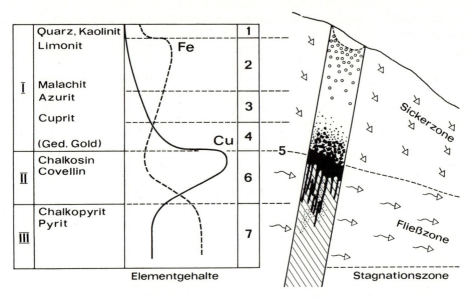

Abb. 122. Oxidations- und Zementationszone innerhalb eines hydrothermalen Cu-Erzgangs durch die Einwirkung von Sicker- und Grundwasser von der Oberfläche her. Von oben nach der Tiefe hin: *I Oxidationszone, II Zementationszone, III Primärzone;* 1 Auslaugungszone, 2 stark oxidierte Erze, durch hohen Fe-Gehalt, sog. *Eiserner Hut,* 3 Umbildungszone vorwiegend von Cu-Sulfiden, 4 Übergangszone, 5 Grundwasserspiegel, 6 Anreicherung von edleren Metallen (Cu, Ag etc.), Zementation, 7 weitgehend unbeeinflußtes Primärerz (umgezeichnet und ergänzt nach BAUMANN et al., 1979, Abb. 2.20)

Als *Zwischenprodukte* entstehen bei der Oxidation des Pyrits Eisen(II)- oder Eisen(III)-Sulfat neben Schwefelsäure und als Endprodukt Limonit. Die möglichen Vorgänge veranschaulichen die folgenden chemischen Reaktionsgleichungen:

$$2\ FeS_2 + 2\ H_2O + 7\ O_2 = 2\ Fe^{2+}SO_4 + 2\ H_2SO_4 \quad (1)$$
$$4\ FeS_2 + 2\ H_2O + 15\ O_2 = 2\ Fe_2^{3+}(SO_4)_3 + 2\ H_2SO_4 \quad (2)$$
$$2\ FeSO_4 + H_2SO_4 + {}^1\!/_2\ O_2 = Fe_2^{3+}(SO_4)_3 + H_2O \quad (3)$$
$$Fe_2(SO_4)_3 + 4\ H_2O = 2\ FeOOH + 3\ H_2SO_4 \quad (4)$$

$$2\ FeS_2 + 5\ H_2O + 7{}^1\!/_2\ O_2 = 2\ FeOOH + 4\ H_2SO_4 \quad (5)$$
(Pyrit) \hspace{3cm} (Limonit)

Gl. 5 ist der Gesamtumsatz. H_2SO_4 fällt als $2\ H^+ + SO_4^{2-}$ an.

Der gelegentlich auffällige Ausbiß der Oxidationszone mit Brauneisenerz wird von den Bergleuten im deutschsprachigen Raum als *Eiserner Hut* bezeichnet. Derartige Stellen geben den Prospektoren u. U. wichtige Hinweise auf Primärerze.

Während Pyrit als Oxidationsprodukt lediglich Brauneisenerz liefert, geht Kupfer zunächst in ein komplexes Verwitterungsgemenge über. Es besteht aus dem sog.

Kupferpecherz, einem pechschwarz aussehenden, dichten Gemenge aus Cuprit (Rotkupfererz) (Cu_2O), Limonit und Resten von Chalkopyrit oder aus erdigem, rot gefärbtem *Ziegelerz.* Nicht selten enthält der neu gebildete Cuprit auch etwas Gediegen Kupfer. Beide treten vorzugsweise nur in kohlensäurefreier Umgebung auf. Kohlensäurehaltige Verwitterungslösungen oder ein geologischer Verband des Erzes mit Kalkstein führen zur Entstehung und gelegentlichen Anreicherung von Malachit ($Cu_2[(OH)_2/CO_3]$) und (zurücktretend) auch von Azurit (Kupferlasur, $Cu_3[OH/CO_3]_2$), der allmählich in Malachit übergeht.

Goldgehalt des Pyrits

Häufige kleine Goldgehalte im Pyrit können bei seiner Oxidation von Eisen(III)-Sulfat-Lösung aufgenommen werden, wie auch aus Experimenten hervorgeht. Diese Lösung kommt *in tieferen Teilen der Oxidationszone* unter immer stärker werdenden *reduzierenden* Einfluß, so z. B. durch den anwesenden Pyrit des Primärerzes. Dabei wird Eisen(III)-Sulfat-Lösung unbeständig und geht in Eisen(II)-Sulfat-Lösung über. Letztere kann Gold nicht bzw. nur sehr beschränkt aufnehmen. So kommt es *noch innerhalb der unteren Oxidationszone* nahe des Grundwasserspiegels *zur Ausscheidung von Gold* auf engerem Raum. Es weist z. B. die unterste 1–2 m mächtige Schicht der Oxidationszone innerhalb der bedeutenden Kupferlagerstätte von Rio Tinto in Spanien Goldgehalte von 15–30 g/t auf gegenüber jenen von nur 0,2–0,4 g/t im primären Erz. Bei größeren Durchschnittsgehalten der goldhaltigen Lagerstätte können in der tieferen Oxidationszone Goldkonzentrationen bisweilen spektakuläre Ausmaße erreichen.

Zementationszone

Innerhalb der Zementationszone (II), im wesentlichen im Bereich des oszillierenden Grundwasserspiegels, beeinflussen sich die als Sulfate in Lösung gegangenen Metalle gegenseitig, und zwar entsprechend ihrer jeweiligen Stellung innerhalb der *elektrochemischen Spannungsreihe* der Metalle. Dabei scheidet sich das Sulfid des jeweils edleren Metalls, im vorliegenden Fall dasjenige des Kupfers als Kupfersulfid, bevorzugt ab, und das Eisen geht als $Fe^{2+}SO_4$ in Lösung. Es bilden sich anstelle des Chalkopyrits im primären Erz neue Kupferminerale mit höheren Cu-Gehalten, so *Chalkosin* (Kupferglanz, α-Cu_2S), *Covellin* (CuS) oder *Bornit* (Buntkupfererz, Cu_5FeS_4).

Die möglichen Vorgänge veranschaulichen die folgenden chemischen Reaktionsgleichungen:

$$14\ Cu^{2+}SO_4 + 5\ FeS_2 + 12\ H_2O = 7\ Cu_2S + 5\ Fe^{2+}SO_4 + 12\ H_2SO_4 \quad (6)$$
$$\text{(Pyrit)} \qquad\qquad \text{(Chalkosin)}$$

$$7\ Cu^{2+}SO_4 + 4\ FeS_2 + 4\ H_2O\ \ = 7\ CuS + 4\ Fe^{2+}SO_4 + 4\ H_2SO_4 \quad (7)$$
$$\text{(Pyrit)} \qquad\qquad \text{(Covellin)}$$

$$Cu^{2+}SO_4 + CuFeS_2 \qquad\quad = 2\ CuS + Fe^{2+}SO_4 \quad (8)$$
$$\text{(Chalkopyrit)} \qquad \text{(Covellin)}$$

Die *Silbergehalte* einer Lagerstätte werden in einem derartigen Verwitterungsprofil i. allg. noch etwas *oberhalb* der zementativen Anreicherung von sekundären Kupfererzen ausgeschieden. Das in der Oxidationszone als Sulfat in Lösung gegangene Silber wird unter reduzierenden Bedingungen vorwiegend als Akanthit (α-Ag_2S) und nur teilweise als *Gediegen Silber* ausgefällt. Silberreiche Anreicherungszonen haben in zahlreichen Lagerstättenbezirken in der ersten Periode des örtlichen Bergbaus immer zu großer wirtschaftlicher Blüte geführt wie im sächsischen Erzgebirge, um nur ein Beispiel aus dem europäischen Raum anzuführen.

Die reichsten Oxidations- und Zementationszonen treten in den ariden und tropisch-ariden Klimazonen auf, wegen des dort stärker schwankenden Grundwasserspiegels.

Innerhalb von sulfidischen Erzkörpern mit ausschließlich weniger edlen Metallen wie Blei, Zink, Eisen, Kobalt, Nickel u. a. ist eine vergleichbare Zementationszone *nicht* entwickelt. Es besteht eher ein verschwommener Übergang zwischen der Oxidationszone und den unverwitterten Sulfiden der Primärzone. Im Unterschied zu den Cu–Ag- oder Au-Lagerstätten ist bei ihnen kaum mit sekundären Teufenunterschieden, wie der Bergmann sagt, zu rechnen.

Stabilitätsbeziehungen wichtiger Kupferminerale der Verwitterungszone

Abb. 123 zeigt die Stabilitätsgebiete von Malachit, Cuprit, Gediegen Kupfer, Chalkosin und Covellin in wässeriger Lösung in Abhängigkeit vom *Redoxpotential* (Eh)[8] und der *Wasserstoffionenkonzentration* (pH). Ihm liegt das Modellsystem $Cu-H_2O-O_2-S-CO_2$ unter 26 °C und einem Totaldruck von 1 bar zugrunde. Es ist im wesentlichen aus theoretischen Daten gewonnen worden. Dieses Stabilitätsdiagramm stellt die große Bedeutung des Eh-pH-Verhältnisses in der jeweils anwesenden Verwitterungslösung heraus, ganz speziell für das ausführlicher besprochene Verwitterungsprofil eines einfach zusammengesetzten Kupfererzes. Daneben wird manche aus dem Befund in der Natur gezogene Folgerung bestätigt.

Malachit und Cuprit als typische Neubildungen innerhalb der Oxidationszone fordern für ihre (stabile) Bildung ein relativ hohes Eh in alkalischer bis neutraler Verwitterungslösung. Chalkosin und Covellin als typische Neubildungen der Zementationszone entstehen unter reduzierenden Bedingungen unter relativ niedrigen Eh-Werten. Für die Bildung von Chalkosin spielt der pH nach dem Modelldiagramm offensichtlich keine entscheidende Rolle, während das Existenzfeld von Covellin auf saures Milieu begrenzt ist.

---

[8] *Redoxpotential:* Zur Kennzeichnung von Lösungen wird neben dem pH-Wert häufig auch das Redoxpotential Eh angegeben. Es bezeichnet die Stärke der Lösung im Hinblick auf seine Oxidations- oder Reduktionseigenschaften im Vergleich zum Wasserstoff. Das Redoxpotential wird in Volt angegeben (Nullpunkt ± 0,0 V). Es ist ein Maß für die Menge an Elektronen, die in einer Lösung zur Reduktion zur Verfügung stehen. Die Redoxpotentiale sind von der Konzentration und der Temperatur der betreffenden Lösungen abhängig. Die in der Natur ermittelten Eh-Werte liegen i. allg. zwischen + 0,6 und − 0,5 V.

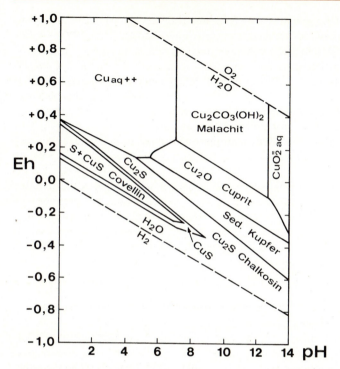

Abb. 123. Stabilitätsbeziehungen zwischen einigen wichtigen Kupfermineralen aus dem System $Cu-H_2O-O_2-S-CO_2$ bei 25°C und 1,013 bar Gesamtdruck im Eh, pH-Diagramm (in Anlehnung an GARRELS und CHRIST aus HURBLUT und KLEIN, 1977, Fig. 11.19)

12.1.5.8 Mineralneubildungen innerhalb der Oxidationszone von Erzkörpern

Minerale der Oxidationszone treten teilweise in gut ausgebildeten Kristallen auf, teilweise bilden sie dichte, körnige, strahlige oder blättrige Aggregate. Noch häufiger sind sie Bestandteil unansehnlicher, schlackenähnlicher oder erdig-zerreiblicher Massen. Charakteristisch sind Konkretionsformen, die auf ehemalige Gele hinweisen wie eine nierig-traubige oder stalaktitähnliche Ausbildung.

Zu den verbreitetsten Mineralen der Oxidationszone gehören bei folgenden Primärerzen:

- *Cu-haltige Erze:* Die beiden basischen Karbonate Malachit und Azurit, ersterer häufig in büscheligen Aggregaten, als Anflug oder (seltener) als Pseudomorphose nach Azurit, Cuprit (Rotkupfererz), in begrenzter Verbreitung der smaragdgrüne Dioptas ($Cu_6[Si_6O_{18}] \cdot 6\,H_2O$);
- *Ag-haltige Erze:* Gediegen Silber, örtlich Chlorargyrit (Silberhornerz) AgCl;
- *Au-haltige Erze:* Sog. Senfgold (als hellgelbe, erdig aussehende Abscheidung), winzige Goldflitterchen in mulmigem Limonit oder skelettförmigem Quarz;
- *Pb-haltige Erze:* Anglesit ($PbSO_4$), Cerussit ($PbCO_3$), Pyromorphit $Pb_5[Cl/(PO_4)_3]$, Mimetesit $Pb_5[Cl/(AsO_4)_3]$, Vanadinit $Pb_5[Cl/(VO_4)_3]$, Wulfenit $PbMoO_4$;

– *Zn-Erze:* Smithsonit (Zinkspat), Hemimorphit (Kieselzinkerz) $Zn_4[(OH)_2/Si_2O_7] \cdot H_2O$, Galmei (als Sammelname für unreine Gemenge im wesentlichen der beiden vorher genannten Minerale Smithsonit und Hemimorphit);
– *Hg-Erze:* Gediegen Quecksilber;
– *U-Erze:* Die umfangreiche Gruppe der sog. Uranglimmer. Das sind Uranphosphate, Uranarsenate, Uransilikate, Uranhydroxide oder Uranate mit Ca, Ba, Cu, Mg, Fe^{2+} oder anderen Kationen. Alle besitzen grelle Farben, so gelb, orange, rot oder grün;
– *Mn-Erze:* Pyrolusit und Psilomelan, in ähnlicher Ausbildung wie Limonit und oft innig verwachsen mit diesem;
– *Fe-Erze:* Limonit (Brauneisenerz) ist Endprodukt der Verwitterung von allen Eisenerzen, überwiegend aus Goethit (Nadeleisenerz) α-FeOOH bestehend, als Brauner Glaskopf oft in ansehnlicher Ausbildung.

12.2 Sedimente und Sedimentgesteine

DEFINITION

Nach CORRENS verstehen wir unter Sedimenten *„nach Transport abgelagerte Produkte mechanischer und chemischer Verwitterung der Gesteine."* Transportmittel sind im wesentlichen Wasser, Wind und Eis. Ablagerung erfolgt durch Schwerkraft. Die transportierten Stoffe können sich mechanisch absetzen, sie können als Kolloide ausflocken oder in chemischen Lösungen zur Ausscheidung gelangen, auch auf dem Umweg über Organismen.

Nach dieser hier empfohlenen Definition gehören Pyroklastika oder eine Schnee- bzw. Eisdecke *nicht* zu den Sedimenten. Sie werden deshalb nicht zu den Sedimenten gezählt, weil sie zwar durch Schwerkraft sedimentiert, jedoch keine Produkte der Verwitterung sind. Auch Böden werden hier nicht als Sediment bezeichnet, weil ihre Bestandteile im wesentlichen an Ort und Stelle geblieben und nicht transportiert sind. Hingegen zählen die Salzlagerstätten zu den Sedimenten, denn sie sind in Lösung gegangene Produkte der chemischen Verwitterung, die anschließend einen Transportweg zurückgelegt haben.

Die Bildung der Sedimente und Sedimentgesteine vollzieht sich über Verwitterung (mechanische und/oder chemische Verwitterung), Transport (Wasser, Wind, Eis), Ablagerung oder Ausscheidung und ggf. Verfestigung (Diagenese):

Ausgangsgestein
Verwitterung → Verwitterungsprodukt (Boden, Eluvium)
↓
Transport
↓
Ablagerung bzw. Ausscheidung → Sediment (Lockergestein)
↓
Diagenese → Sedimentgestein

12.2.1 Grundlagen

12.2.1.1 Einteilung der Sedimente und Sedimentgesteine

Es wird unterschieden zwischen *klastischen Sedimenten* bzw. *Sedimentgesteinen,* die durch *mechanische* Anhäufung von Fragmenten und Einzelkörnern entstanden sind, und *chemischen* (sowie biochemischen) *Sedimenten* bzw. *Sedimentgesteinen,* die aus anorganischen (oder organischen) *Lösungen ausgefällt* wurden. Dabei enthalten klastische Sedimente meistens auch chemisch gefällte Substanz und die chemischen Sedimente ihrerseits ebenso etwas klastisches Material.

Die *klastischen Sedimente* (d.h. Trümmersedimente, griech. klastein, zerbrechen) bzw. Sedimentgesteine werden nach ihrer Korngröße gegliedert in:

Psephite (psephos, griechisch Brocken) > $\varnothing$ 2 mm
Psammite (psammos, griechisch Sand) $\varnothing$ 2–0,02 mm
Pelite (pelos, griechisch Schlamm)   < $\varnothing$ 0,02 mm

In Abb. 124 ist die im deutschen Sprachraum übliche weitere Untergliederung und Benennung nach DIN 4022 für den technischen Gebrauch eingetragen. International verbreitet ist die Skala nach WENTWORTH. Im einzelnen informieren hierüber die Bücher der Sedimentpetrographie.

Es schließen ein:
Psephite: Rundschotter   → verfestigt als Konglomerate; Schutt → Breccien
Psammite: Sand   → verfestigt als Sandsteine und Arkosen; Grauwacken
Pelite: Tone und Mergel → verfestigt als schiefrige Tonsteine, mergelige Tonsteine.

Die *chemischen Sedimente* (Ausscheidungssedimente) werden im wesentlichen nach ihrem *Chemismus* bzw. *Stoffbestand unterteilt.* Hier bestehen teilweise *Überschneidungen* mit biochemischen und organogenen Sedimenten, so bei den Kalksteinen, Dolomitgesteinen und Phosphatgesteinen, etwas weniger bei Kieselschiefern, sedimentären Eisenerzen und sedimentären Kieslagern. Ausschließlich reine Ausscheidungssedimente stellen die Evaporite (z.T. Salzgesteine) dar. Bei den Kohlengesteinen und Ölschiefern bestehen Beziehungen zu den klastischen Sedimenten.

12.2.1.2 Das Gefüge der Sedimente und Sedimentgesteine

Das am meisten hervortretende Gefügemerkmal der Sedimente und Sedimentgesteine ist die *Schichtung,* deshalb auch der Name Schichtgesteine. Es handelt sich um eine vertikale Gliederung im Sediment, die durch *Materialwechsel* verursacht wird. Die Schichtung ist das Ergebnis von Schwankungen in der Materialzufuhr, die z.B. jahreszeitlich bedingt sein kann, wie beim glazialen Bänderton. Bei den chemischen Sedimenten kommen *Bänderungen durch rhythmische Fällung* zustande. Ungeschichtet sind allerdings organische Riffkalke, glaziale Schotter, häufig Breccien oder Konglomerate, mitunter massige Sandsteine.

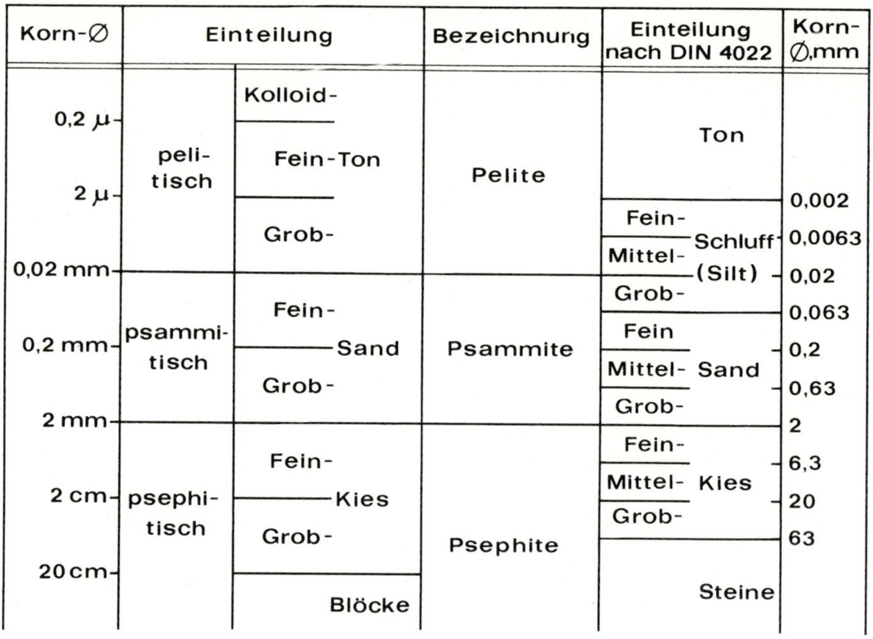

Korn-∅	Einteilung		Bezeichnung	Einteilung nach DIN 4022		Korn-∅,mm
0,2 μ	pelitisch	Kolloid-	Pelite	Ton		
2 μ		Fein-Ton				0,002
		Grob-		Fein-	Schluff (Silt)	0,0063
0,02 mm				Mittel-		0,02
	psammitisch	Fein-	Psammite	Grob-		0,063
0,2 mm		Sand		Fein	Sand	0,2
		Grob-		Mittel-		0,63
2 mm				Grob-		2
	psephitisch	Fein-	Psephite	Fein-	Kies	6,3
2 cm		Kies		Mittel-		20
		Grob-		Grob-		63
20 cm		Blöcke		Steine		

Abb. 124. Korngrößeneinteilungen und Benennung von klastischen Sedimenten

Bei psammitischen Sedimenten kann es sowohl durch Wasser- als auch durch Windeinwirkung zu einer welligen Ausbildung der Sedimentoberfläche kommen. Die *Strömungsrippeln* sind einseitig, die sog. *Oszillationsrippeln* durch das Vor und Zurück der Wellenbewegung symmetrisch angelegt. Bei wechselnder Strömungsrichtung zeigt das Sediment im Querschnitt Kreuzschichtung, die auch häufig bei Strömungswechsel im Flußdelta beobachtet wird.

12.2.2 Die klastischen Sedimente und Sedimentgesteine

Ausgangsmaterial sind die verschiedenen *Produkte der Verwitterung*. Das Ausgangsmaterial besteht aus:

1. Verwitterungsresten
2. Verwitterungsneubildungen
3. Ionen oder Ionenkomplexen, die sich in Lösung befinden; zudem Kolloide, suspendiert in Lösung.

Zu den *Verwitterungsresten* zählt in erster Linie der Quarz, weil er bei seiner enormen Verbreitung in den verschiedenen Ausgangsgesteinen zudem mechanisch und chemisch schwer angreifbar ist. Stammen die Verwitterungsreste aus trocken-aridem Klima, so bleiben auch andere gesteinsbildende wichtige Minerale wie Feldspäte und Glimmer als Verwitterungsreste erhalten. Ebenso nehmen widerstandsfähige Gesteinsfragmente häufig als Verwitterungsrest an der Sedimentbildung teil.

Zu den *Verwitterungsneubildungen* gehören in erster Linie Tonminerale, die – wie bereits dargelegt wurde – entweder unmittelbar aus Verwitterungslösungen kristallisieren wie Kaolinit, Halloysit oder Montmorillonit oder durch Umbildung aus Glimmern des Ausgangsgesteins entstehen wie z.B. die Illite. Ob dazu auch Glimmer Verwitterungsneubildungen sein können, ist bislang nicht sicher geklärt.

Psephite und Psammite (so Konglomerate und Sandsteine) bestehen ganz vorwiegend aus Verwitterungsresten, bei den Peliten hingegen herrschen Verwitterungsneubildungen gegenüber einer feinkörnigen Fraktion von Verwitterungsresten vor.

12.2.2.1 Transport und Ablagerung des bei der Verwitterung entstandenen klastischen Materials

Das wichtigste Transportmittel des subaërischen Verwitterungsmaterials ist das Wasser der Flüsse. Nachdem das Verwitterungsmaterial durch Niederschläge flächenhaft abgetragen ist, wird es den Flüssen zugeführt. Es sind der Größe nach ganz verschiedene klastische Bestandteile, die durch die Flüsse fortbewegt und in Sammelbecken der kontinentalen Senken und der Meere transportiert werden. Besonders groß ist die Menge des im Flußwasser suspendierten Materials, welches das offene Meer fast immer erreicht, während die größeren klastischen Bestandteile meistens unterwegs längs der Flußläufe oder in Senken noch innerhalb des kontinentalen Bereichs zur Ablagerung gelangen.

Die Transportvorgänge sind zudem mit mechanischen und chemischen Sortierungs- und Konzentrationserscheinungen verbunden, die Zusammensetzung und relative Häufigkeit der Sedimente bedingen. Aus der Bodenfracht der Flüsse entstehen bevorzugt grobklastische Sedimente, so Psephite und Psammite, aus den feinen Suspensionen Pelite und aus den im Wasser gelösten Ionen oder Ionenkomplexen die chemischen Sedimente.

Während seines Transportwegs ist das Verwitterungsmaterial mechanischen und chemischen Angriffen ausgesetzt. Die mechanischen Veränderungen betreffen in erster Linie das am Boden bewegte gröbere Material (auch als Flußschotter bezeichnet). Es wird in Abhängigkeit von der Länge des Transportwegs – im ersten Teil stärker, im letzten Teil relativ weniger – unter Verringerung seiner Größe immer mehr gerundet. Härtere Gesteinsfragmente benötigen für den Endwert der Rundung natürlich einen längeren Transportweg. Minerale von geringerer Härte und guter Spaltbarkeit werden leichter zerrieben und treten deshalb im Sediment vorwiegend in kleineren Kornfraktionen auf. In den marinen oder terrestrischen Sammelbecken schließen sich weitere Transportvorgänge an, ehe es zur endgültigen Ablagerung und zur Sedimentation kommt.

12.2.2.2 Chemische Veränderungen während des Transports

Chemische Veränderungen erfährt das von den Flüssen transportierte und ins Meer getragene Material insbesondere durch Berührung mit dem Meerwasser, bevor es nach seiner Ablagerung von jüngerem Material bedeckt wird. Die chemischen Veränderungen sind den Verwitterungsvorgängen im Boden analog, wenn es auch teilweise zu besonderen Mineralneubildungen kommt. So entstehen z. B. die grünen Körner von *Glaukonit,* die als Produkte der submarinen Verwitterung angesehen werden, innerhalb rezenter Schelfzonen der heutigen Meere. (Das Mineral Glaukonit ist ein Illit, in dem die Hälfte der Oktaederpositionen durch Fe ersetzt ist bei relativ hohem Kaligehalt.) Mit dem Begriff *subaquatische Verwitterung* hat Niggli alle chemischen Prozesse während des Transports und der Ablagerung unter Wasser zusammengefaßt.

Die Ausscheidungsvorgänge bei den gelösten Stoffen sind reicher an Problemen als die Sedimentation der klastischen Bestandteile, nicht zuletzt durch die Beteiligung von biologischen Prozessen. Von besonderer Art sind die Konzentrationsvorgänge, die zu sedimentären Eisen- und Manganerzlagerstätten, sulfidischen Erzlagern oder sedimentären Phosphatanhäufungen führen.

12.2.2.3 Metallkonzentrationen am Ozeanboden

Hier sind die *Manganknollen* der Tiefseebecken des Pazifischen und des Indischen Ozeans zu erwähnen, die für die Zukunft bedeutsame Metallreserven darstellen. Diese Konkretionen sind durch einen Fällungsprozeß beim Zusammentreffen von gelöstem Mn^{2+} mit dem relativ hohen Sauerstoffgehalt des kalten Tiefenwassers als Gel ausgeflockt worden und bestehen so hauptsächlich aus einer röntgenamorphen Substanz. Hauptmetalle sind Mn und Fe. Erst durch spätere diagenetische Vorgänge sind kristallisierte, wasserhaltige Hydroxide entstanden. Die Knollen enthalten weitere Schwermetalle in auffallend hohen, jedoch unterschiedlichen Konzentrationen, so insbesondere Ni, Cu und Co. Diese Buntmetalle sind adsorptiv angelagert. Die Knollen aus dem Knollengürtel des nördlichen Pazifiks enthalten im Mittel 27,0 % Mn, 1,3 % Ni, 1,2 % Cu und 0,2 % Co. Aus dem konzentrisch-schaligen Aufbau der Knollen wird geschlossen, daß sie auf dem Ozeanboden über geologische Zeiträume hinweg gewachsen sind, und zwar etwa $1\ mm/10^6$ Jahre. Ihre Metallgehalte werden aus kontinentalem Verwitterungsmaterial und/oder submarinen vulkanischen Exhalationen abgeleitet.

12.2.2.4 Korngrößenverteilung bei klastischen Sedimenten und ihre Darstellung

Die Transport- und Ablagerungsvorgänge führen bei klastischen Sedimenten und Sedimentgesteinen zu unterschiedlichen Korngrößenklassen. Die Korngrößen werden bei den kleineren Teilchen durch Schlämmen und bei den größeren Fragmenten durch Sieben erhalten. Danach faßt man die Korngrößen zu Korngrößengruppen zusammen. In Abb. 125 a ist die Aufteilung in 3 Gruppen zwischen 1–2, 2–3 und 3–4

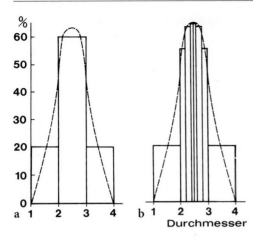

Abb. 125 a, b. Verteilungskurven; a 3 gleichwertige Korngrößengruppen (1–2 = 20%, 2–3 = 60%, 3–4 = 20%), b Aufteilung der mittleren Korngrößengruppe (aus BARTH et al., 1939)

vorgenommen worden und in Abb. 125 b ist die Möglichkeit einer weiteren Unterteilung innerhalb der Korngrößengruppe 2–3 eingezeichnet. Ist z. B. ein Kies schlecht sortiert und der Spielraum der Korngrößen entsprechend groß, dann ist es besser, eine logarithmische Skala zu wählen, wie in Abb. 126 a, b dargestellt.

Eine gebräuchliche graphische Darstellung der Sieb- und Schlämmergebnisse ist die Verteilungskurve. Als Abzisse wird die Korngrößengruppe und als Ordinate werden die Mengen jeder Gruppe aufgetragen. Das zu jeder Korngrößengruppe gehörige rechteckige Feld entspricht nach seiner Flächengröße der jeweils durch Sieben und Schlämmen ermittelten Menge. Dazu wird die durch Angleichung der Rechtecke erhaltene Verhältniskurve eingetragen.

Wenn auch die jeweilige *Verteilungskurve* ein anschauliches Bild der Änderung der Menge mit der Korngröße vermitteln kann, so lassen sich doch nur rohe Schlüsse auf die Transport- und Ablagerungsbedingungen ziehen. Bei der Gegenüberstellung der beiden Histogramme (Abb. 126) kommt allerdings deutlich zum Ausdruck, daß vom Eis transportierte und abgelagerte Geschiebemergel gegenüber einem Flußsand bzw. gegenüber einem durch Wind abgelagerten Dünensand eine viel breitere Korngrößenverteilung mit schlechterer Sortierung seiner Korngrößen besitzen.

Neben der Korngrößenverteilung ist der Abrundungsgrad der klastischen Körner, etwa derjenigen des Quarzes, von großer Bedeutung. Hier muß auf die einschlägigen Lehrbücher der Sedimentpetrographie verwiesen werden.

12.2.2.5 Diagenese der klastischen Sedimentgesteine

Definition

Unter *Diagenese* werden nach FÜCHTBAUER „*alle Veränderungen verstanden, die in einem subaquatisch abgelagerten Sediment nahe der Erdoberfläche bei niedrigen Drucken und Temperaturen vor sich gehen.*" Es sind insgesamt die Vorgänge, die ein Sediment nach seiner Ablagerung bis zum Beginn der Metamorphose verändern.

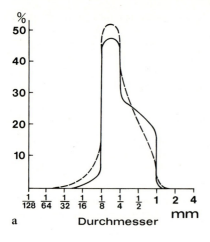
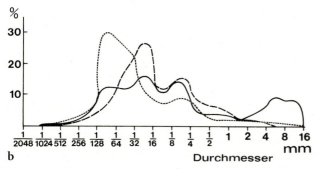

Abb. 126. a Korngrößenverteilung eines Flußsandes —— und eines Dünensandes - - - -, b Korngrößenverteilung von Geschiebemergeln (aus BARTH et al., 1939)

Diagenese beginnt ohne scharfe Grenzen bereits mit dem Einsetzen gewisser Veränderungen während der Ablagerung, und sie geht ebenso ohne scharfe Grenzen mit steigenden Temperaturen und Drücken in die Metamorphose über.

Ablauf der Diagenese

Die diagenetischen Abläufe sind in den verschiedenen Sedimentgruppen *unterschiedlich*. Es ist also keine Parallelisierung der einzelnen Diagenesestadien möglich.

Alle wichtigen Prozesse der Diagenese gehen vom *Porenraum* des betreffenden Sediments aus. Dabei sind sowohl die festen Mineralpartikel als auch die enthaltenen Gase und Flüssigkeiten beteiligt, die im Porenraum beweglich sind. Mit der Versenkung des Sedimentpakets verringert sich unter dem Gewicht der Auflast durch jüngere Sedimentbedeckung der Porenraum. Dabei wandert ein Teil der Porenlösung nach oben, und es erfolgt *Verfestigung durch sog. Kompaktion*. Die Körner des Sediments bekommen einen engeren Kontakt miteinander, ihre Packung wird dichter.

Das Sediment wird zum Sedimentgestein. Mit beginnender Metamorphose ist nach VON ENGELHARDT der Porenraum geschlossen.

Durch Diagenese werden: Rundschotter → Konglomerat
　　　　　　　　　　　　Schutt → Breccie
　　　　　　　　　　　　Sand → Sandstein
　　　　　　　　　　　　Silt → Siltstein
　　　　　　　　　　　　Ton → Tonstein

Bei der diagenetischen Verfestigung des Sediments reagieren die Porenlösungen mit den anwesenden Mineralfragmenten. Es finden in diesem Stadium chemische Vorgänge statt, die zusammen mit der Verdichtung des Gefüges aus einem lockeren Sediment ein verfestigtes Sedimentgestein entstehen lassen.

Reaktionen des Detritus (Sammelbegriff für das feine Mineral- und Gesteinszerreibsel) *mit der Porenlösung* führen bei der Diagenese klastischer Sedimente zu Auflösungserscheinungen, Mineralneubildungen und Verdrängungsreaktionen.

Bei Sandstein findet man z.B. häufig einen Saum von klarem, neugebildetem Quarz um die klastischen Quarzkörper. Dieser sog. *Anwachssaum* ist nicht selten von Kristallflächen begrenzt. Bei Übersättigung der Porenlösung entsteht feinkristalliner Quarz, der die Poren füllt.

Auch *Karbonate* (Calcit, Dolomit) werden innerhalb der Porenräume als Zwischenfülle zwischen den Quarzkörnern im Sandstein angetroffen. Voraussetzung hierfür sind in vielen Fällen ehemalige Reste von Organismen, die dem Sand beigemengt waren. Nach deren Auflösung entsteht durch Ausfällung ein feinkristallines karbonatisches Bindemittel anstelle des freien Porenraums.

Alkalifeldspäte (Albit oder Kalifeldspat mit Adulartracht) kommen in zahlreichen Sandsteinen als Neubildungen durch Diagenese vor, oft sind sie als Umwachsungssaum um detritischen Feldspat entwickelt.

Auch *Tonminerale,* besonders Kaolinit, sind als diagenetische Neubildung im Sandstein häufig. Sie können auch Umwandlungsprodukt oder Umwandlungspseudomorphose nach detritischem Feldspat sein. Aus beigemengten unvollständigen Glimmern wie Illit können Hellglimmer gebildet werden. Das kann auch durch Auskristallisation aus kali- und aluminiumhaltiger Porenlösung unmittelbar geschehen.

In vielen Sandsteinen haben sich tri- oder dioktaedrische Chlorite diagenetisch gebildet. Bei entsprechender chemischer Beschaffenheit der Porenlösung sind Anhydrit, Baryt oder Sulfide bei der Diagenese zwischen den detritischen Körnern bei diagenetischen Vorgängen ausgeschieden worden. Schließlich ist von einer Bildung verschiedener Zeolithe vorwiegend in tiefer versenkten Sedimentfolgen innerhalb von Psammiten häufig berichtet worden.

Sande enthalten stets *akzessorische Mineralkörner,* die wegen ihrer relativ hohen Dichte gegenüber den Hauptgemengteilen als *Schwerminerale* bezeichnet werden (S. 328). Auch Schwermetalle, so resistent sie sich gegenüber Verwitterungseinflüssen i. allg. verhalten, werden nicht selten durch die Porenlösung angegriffen. Bei den pelitischen Sedimenten spielt Verdichtung (Kompaktion) durch den Belastungsdruck eine größere Rolle als bei den psammitischen Sedimenten. Aus geometrischen Gründen können die blättrigen Tonminerale eine stärkere Kompression erfahren als die gerundeten Sandkörner. Zudem ist der ursprüngliche Porenraum bei Tonen viel größer.

Mit den *mechanischen* Vorgängen spielen sich in besonderem Maße *chemische* Vorgänge bei der Diagenese ab. Im absinkenden Schichtenverband kommt es zu einem Stoffaustausch zwischen den Tonmineralen und der Porenlösung. In einem späteren Stadium der Diagenese vermindert sich mit der Abnahme der Porosität die Durchlässigkeit des tonigen Sedimentgesteins zusehends. Schließlich verschwindet der Porenraum in größerer Versenkungstiefe und die für die Diagenese charakteristischen Umsetzungen hören auf. Es bahnt sich ein Übergang zu metamorphen Reaktionen an, die sich vorwiegend an die Korngrenzen anlehnen.

Die Prozesse der chemischen Diagenese von Tonen laufen nach ENGELHARDT in erster Linie zwischen den anwesenden Tonmineralen ab. Einige Tonmineralarten werden aufgezehrt, andere entstehen durch Um- oder Neubildung an ihrer Stelle.

Kaolinit, Montmorillonit und weitere Tonminerale mit quellfähigen Schichten treten mit dem Einsetzen diagenetischer Prozesse gegenüber Illit, Chlorit und Hellglimmer *immer mehr zurück. Umkristallisation* schlecht geordneter detritischer Illite führt zu einer Zunahme der sog. *Kristallinität des Illits*.

12.2.2.6 Konkretionen als Bestandteile pelitischer Sedimentgesteine

Konkretionen sind knollige bis abgeplattet-linsenförmige, oft auch etwas unregelmäßig geformte Körper, die als Kern nicht selten einen Fossilrest umschließen. Konkretionen bilden sich bevorzugt bei starken stofflichen Unterschieden im pelitischen Sediment und sind deshalb in bestimmten Horizonten innerhalb eines pelitischen Schichtenverbands gehäuft. Das konzentrische Wachstum der Konkretion entzieht der Umgebung Substanz.

Konkretionen in Peliten bestehen ihrem Mineralbestand nach vorwiegend aus: Calcit Dolomit, Siderit (Bestandteil des Toneisensteins), Apatit (im Phosphorit), Gips (als Kristallaggregat mit gut ausgebildeten Kristallen), Pyrit oder Markasit.

12.2.2.7 Einteilung der Psephite und Psammite

Tabelle 34. Psephite

Locker	Diagenese	Verfestigt
Schutt	→	Breccie
Schotter (Kies)	→	Konglomerat

Zur Einteilung der Psephite benützt man den *Rundungsgrad*. Ein lockeres Sediment, das aus $>50\%$ eckig gebliebenen Mineral- oder Gesteinsbruchstücken mit $\varnothing > 2$ mm besteht, wird als *Schutt,* verfestigt als *Breccie* bezeichnet. Ein entsprechendes Sediment mit gerundeten Mineral- und/oder Gesteinsbruchstücken (sog. *Geröllen*) wird als *Schotter* (Kies) bezeichnet, als *Konglomerat* (Abb. 129, S. 331), wenn es verfestigt ist.

Man unterscheidet weiterhin *monomikte* von *polymikten* Psephiten, je nachdem, ob das Gestein aus einer oder mehreren Mineral- oder Gesteinsarten zusammengesetzt ist. So wird z. B. ein Konglomerat nach der in ihm vorherrschenden Mineral- oder Gesteinsart als Quarz- oder Granitkonglomerat bezeichnet. *Nagelfluh* ist ein bekanntes polymiktes Konglomerat der Molasse des Alpenvorlands aus dem Bodenseegebiet.

Breccien sind weniger häufig als Konglomerate. Allerdings sind die Grenzen zwischen beiden nicht scharf. Aus der Art der Komponenten in einem Psephit kann man häufig auf das Einzugsgebiet schließen und daraus mitunter paläogeographische Schlüsse ziehen. Der Rundungsgrad der Gerölle gibt Hinweise auf die Entfernung des Liefergebiets.

Tabelle 35. Psammite

Locker	Diagenese	Verfestigt
Sand	→	Sandstein

Quarz ist das weitaus verbreitetste Mineral der *Psammite*. Viele Sande bestehen fast nur aus Quarz; daneben sind beachtliche Mengen von Feldspat und Hellglimmer beteiligt. Andere Gemengteile sind untergeordnet und häufig nur mikroskopisch oder nach Anreicherung feststellbar.

Die *Gliederung der Psammite* mit den Korngrößen zwischen 2 und 0,02 mm wird bei Sanden nach der Kornart (Kornzusammensetzung) und bei Sandsteinen nach der Kornart und dem Bindemittel vorgenommen. Die Größe der einzelnen Sandkörner kann gelegentlich 2 mm übersteigen, denn es lassen sich keine scharfen Grenzen zwischen den Psammiten und den Psephiten ziehen. Psammite bestehen meistens aus *umlagerten Verwitterungsresten*.

Quarzsande und *Quarzsandsteine* sind die häufigsten Psammite. Quarzsandsteine haben kieseliges bis toniges oder karbonatisches Bindemittel. *Kieselsandsteine* sind Sandsteine mit einem außerordentlich feinkörnigen Bindemittel aus Quarz. Sie werden oft als Quarzite (z. B. die Süßwasserquarzite) bezeichnet. Sandsteine mit viel Calcit als Bindemittel nennt man *Kalksandsteine*. Hier gibt es alle Übergänge zur Gruppe der Kalksteine, teilweise auch mit Fossilresten. Sandsteine mit überwiegend tonigem Bindemittel, die sehr verwitterungsanfällig sind, bilden Übergänge zu Ton bzw. Tonstein. Sandsteine gehören zu den wichtigsten Bausteinen. Ihre bautechnischen Eigenschaften und ihre Resistenz gegenüber Umweltschäden hängen maßgeblich vom Bindemittel ab.

Arkosen sind Sandsteine mit einem größeren Gehalt an Feldspäten. Durch die zusätzliche Anwesenheit von Glimmer können Arkosen mitunter einem Granit oder Gneis äußerlich recht ähnlich werden, in dem Maß, daß gelegentlich das Mikroskop zur Entscheidung herangezogen werden muß. Allerdings ist der Feldspat der Arkosen oft stark kaolinisiert oder in Hellglimmer umgewandelt. Arkosen sind meistens aus nur wenig weit transportiertem Verwitterungsgrus von Granit gebildet worden.

Unter dem Sammelnamen *Grauwacke* faßt man graue bis graugrüne klastische Sedimentgesteine aus Quarz, Gesteinsresten (Gesteinsdetritus), etwas Feldspat (vorwiegend Plagioklas) zusammen, die auch Chlorit, Hydroglimmer und etwas Karbo-

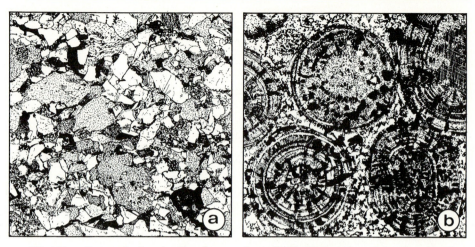

Abb. 127. a Grauwacke, kantige Kornformen, Quarz (hell), Feldspat (getrübt) neben Gesteinsbruchstücken und Geröllchen, Harz, Vergr. 15mal. **b** Oolithischer Kalkstein mit konzentrisch-schaligen Kalkooiden, kristallines Bindemittel aus Calcit. Harlyberg bei Vienenburg, Vergr. 30mal

Tabelle 36. Durchschnittliche chemische Zusammensetzung von Tonen und Sanden (aus CORRENS, 1968)

	Tone und Tonschiefer (Durchschnitt von 277 Proben nach WEDEPOHL)	Sande und Sandsteine (Durchschnitt von 253 Proben nach CLARKE)
SiO_2	58,9	78,7
TiO_2	0,77	0,25
Al_2O_3	16,7	4,8
Fe_2O_3	2,8	1,1
FeO	3,7	0,3
MnO	0,1	0,01
MgO	2,6	1,2
CaO	2,2	5,5
Na_2O	1,6	0,5
K_2O	3,6	1,3
H_2O^+	5,0	1,3
H_2O^-		0,3
P_2O_5	0,16	0,04
CO_2	1,3	5,0

nat- und Tonsubstanz enthalten, auch als Bindemittel (Abb. 127a). Chemisch unterscheiden sich Grauwacken häufig durch $K_2O < Na_2O$ gegenüber den übrigen Sandsteinen mit $K_2O > Na_2O$.

Die chemische Durchschnittszusammensetzung von Sand und Sandgestein ist in Tabelle 36 derjenigen der Tone und Tonschiefer, also Peliten, gegenübergestellt.

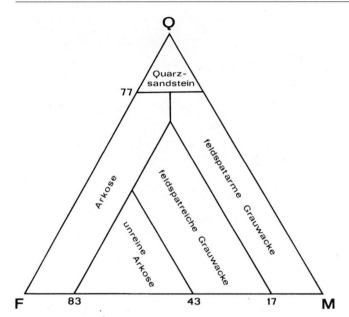

Abb. 128. Klassifikationsschema der Psammite im Dreieck Q (Quarz und Kieselschiefer) – M (Glimmer und Chlorit) – F (Feldspäte und Kaolinit) nach KRYNINE

Es sind seither zahlreiche Vorschläge für eine quantitative Einteilung (Klassifikation) und gegenseitige Abgrenzung der verschiedenen Psammite gemacht worden. Für den Feld- und Laborgebrauch gleichermaßen geeignet ist die recht übersichtliche, beschreibende Grobeinteilung der Sandsteine nach KRYNINE. Sein *Klassifikationsschema* grenzt in dem Konzentrationsdreieck Q (Quarz und Kieselschiefer) – M (Glimmer und Chlorit) – F (Feldspäte und Kaolinit) (Abb. 128) die Gesteinsnamen Quarzsandstein, Arkose, unreine Arkose, feldspatreiche und feldspatarme Grauwacke gegeneinander ab. Der Mineralinhalt der anteiligen Gesteinsfragmente wird den freien Mineralen hinzugerechnet. Es können zum Namen dieser Grobeinteilung weitere Merkmale wie Farbe, Gefüge, Bindemittel, Nebengemengteile und Herkunft hinzugefügt werden.

12.2.2.8 Schwerminerale in den Psammiten

Ein besonderes Interesse verdienen akzessorische Gemengteile der Sande und Sandsteine, die wegen ihrer größeren Dichte gegenüber den Hauptgemengteilen mit 2,9 g/cm^3 als *Schwerminerale* bezeichnet werden. Sie können als Hinweise auf Ausgangsgestein bzw. Einzugsgebiet oder zur stratigraphischen Korrelation in fossilleeren Gesteinsserien herangezogen werden, besonders auch zur Parallelisierung von Bohrprofilen etwa bei der Erdölexploration.

Es handelt sich bei den Schwermineralen meistens um *widerstandsfähige Verwitterungsreste*. Sie haben alle Verwitterungsprozesse überstanden und wie Quarz oft

Eigenschaften aus ihrem Primärgestein bewahrt. Nicht selten weisen sie einen diagenetischen Anwachssaum auf. *Zu den wichtigsten Schwermineralen gehören:*
Turmalin, Zirkon, Rutil, Apatit, Granat, Staurolith, Disthen, Epidot, Amphibol, Pyroxen und Olivin. Nach FÜCHTBAUER sind die zuerst in dieser Reihenfolge aufgeführten Schwerminerale stabiler gegenüber einer diagenetischen Auflösung als die zuletzt genannten. Einige Schwerminerale können bei der Diagenese neu gebildet werden, so Turmalin, Zirkon, Anatas und Brookit (TiO_2), Apatit u. a.

12.2.2.9 Fluviatile und marine Seifen

Allgemeines

Die mechanische Kraft des fließenden Wassers oder heftige Wellen- und Gezeitenbewegung am Meeresstrand führen neben Zerkleinerungsprozessen und einer Klassierung des aufbereiteten Materials nach der Korngröße gleichzeitig zu einer Sortierung und Anreicherung von Schwermineralen. Dabei kann es zur abbauwürdigen Anreicherung von nutzbaren Schwermineralen, zur Bildung einer Lagerstätte kommen. Eine derartige Mineralanreicherung bezeichnet man als *Seife* (engl. placer).

Minerale, die sich in Seifen anreichern, besitzen außer ihrer höheren Dichte eine besondere chemische Resistenz, relativ große Härte, und häufig fehlt ihnen eine ausgeprägte Spaltbarkeit.

Aus *lagerstättenkundlicher* Sicht unterscheidet man *Schwermetallseifen, Edelsteinseifen* und andere, nach ihrer Entstehung *fluviatile, marine* (litorale) und *äolische* Seifen.

In den *Schwermetallseifen* sind u.a. angereichert: Gold (Dichte 16–19 g/cm³, je nach dem Ag-Gehalt), Platinmetalle (D 17–19), Kassiterit (Zinnstein, D 6,8–7,1). Ilmenit (D 4,5–5,0) und Magnetit (D 5,1) finden sich besonders als Strandseifen (litorale Seifen). Die wirtschaftliche Bedeutung der beiden zuletzt genannten Seifen ist noch gering. In allen Seifen ist wegen seiner großen Verbreitung und mechanischen wie chemischen Resistenz Quarz stark angereichert, ungeachtet seiner relativ geringen Dichte von 2,65.

Goldseifen

Gold kommt in den Seifen meistens in kleinen dünnen Blättchen vor wie das Gold im Oberrhein bei Breisach. Durch die Bewegungen des Schotters ist es ausgewalzt worden. Viel seltener tritt das Seifengold in gerundeten Körnern auf, den sog. *Nuggets*. Meistens von Erbsen- bis Nußgröße, können sie in Einzelfällen ein Gewicht von 60–70 kg erreichen.

Das Seifengold ist stets Ag-ärmer als das sog. Berggold der primären Vorkommen des Golds. Da die Goldkörner flußabwärts immer silberärmer werden, wird diese relative Anreicherung des Golds auf bevorzugte Lösung des Silbers zurückgehen. Daneben setzt das konkretionäre Wachstum eines solchen Goldnuggets eine *zwischenzeitliche Lösung des Golds* voraus. Sein mikroskopisches Gefüge läßt ein Wachstum um ein vorhandenes Goldkörnchen als Kern erkennen. Für die Mobilität des Golds unter oxidierenden, oberflächennahen Bedingungen werden verschiedene Möglichkeiten in Erwägung gezogen. So kann Au komplexe Verbindungen eingehen mit Cl^-, Br^-, CN^- oder besonders auch mit organischen Verbindungen wie Humussäuren, die aus vorhandener Humussubstanz gebildet sind. Experimente über die Löslichkeit des Golds haben gezeigt, daß Gold in Form metallorganischer Verbindungen in humussäurehaltigem Wasser gelöst werden kann. Dabei spielt MnO_2 häufig eine oxidierende Rolle.

Goldseifen treten in fast allen größeren primären Goldbezirken der Erde auf. So z. B. in Kalifornien, in Alaska (Goldbezirk von Fairbanks), im Yukon-Distrikt in Nordkanada (am Klondike) und in der GUS im Bereich der Oberläufe von Jenissei und Lena.

Platinseifen

Hier sind Flußseifen anzuführen, die besonders aus dem Ural bekannt sind. Sie liefern auch heute noch einen wesentlichen Teil der dortigen Platinproduktion. In Alaska und Kolumbien sind weitere Vorkommen.

Seifen von Zinnstein (Kassiterit)

Seine physikalischen und chemischen Eigenschaften machten Zinnstein zu einem typischen Seifenmineral. In der Umgebung der meisten primären Zinnerzlagerstätten finden sich seine Seifen. Begleitminerale sind häufig auch andere widerstandsfähige Schwerminerale der pneumatolytischen Primärparagenese.

Ein größerer Teil des wichtigen Gebrauchsmetalls Zinn wird aus derartigen Seifen gewonnen. Wirtschaftlich bedeutende Vorkommen davon finden sich z. B. an vielen Stellen in Südostasien, in der Volksrepublik China und in Zentralafrika (Nigeria, Zaire). Flußseifen wurden im frühen Mittelalter und wahrscheinlich bereits in vorgeschichtlicher Zeit im sächsischen Erzgebirge und in Cornwall zur Gewinnung des Zinns abgebaut.

Fossile Goldseifen

Ältere, dem jetzigen Sedimentzyklus genetisch nicht mehr angehörende Seifen werden als *fossile Seifen* bezeichnet. Eine wirtschaftlich sehr bedeutende Seifenlagerstätte dieser Art enthält die jungproterozoische Witwatersrand-Formation in Transvaal (Republik Südafrika), eine mächtige Serie von Sandsteinen und Konglomeraten. Der Goldgehalt ist auf Konglomerathorizonte beschränkt, die aus Quarzgeröllen und einem quarzreichen und pyritführenden Bindemittel bestehen (Abb. 129). In diesem Bindemittel ist Gediegen Gold feinverteilt. Das Gold stammt offenbar aus alten Gold-Quarz-Gängen. Eine spätere Versenkung der Serie des Witwatersrand führte zu einer metamorphen Umkristallisation.

Es handelt sich um die bedeutendste Goldlagerstätte und zugleich größte Goldreserve der westlichen Welt. Die Gruben des Witwatersrand fördern seit mehreren

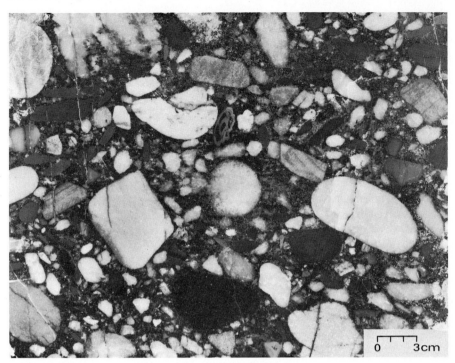

Abb. 129. Das goldführende Konglomerat vom Witwatersrand in Südafrika (West-Driefontein-Goldmine). Die nuß- bis eigroßen Gerölle bestehen meistens aus Quarz und sind von einem quarzhaltigen, schwach metamorphen Bindemittel verkittet. Im Bindemittel befindet sich äusserst feinkörniges Gediegen Gold. Der gleichzeitig anwesende Pyrit besitzt nach vorherrschender Auffassung keine Beziehung zum Gold. Zu den enthaltenen Schwermineralen rechnet auch Uranpecherz

Jahrzehnten zwischen 40 und 50 % der Weltproduktion an Gold. Die durchschnittlichen Gehalte liegen etwa bei 6 g/t Gestein. Durch gleichzeitige Anwesenheit von Uraninit (UO_2), der auch als Seifenmineral angesehen wird, besitzt die große Lagerstätte eine zusätzliche Bedeutung.

12.2.2.10 Einteilung der Pelite

Bei den Peliten (Tonen) handelt es sich um die Absätze der feinsten Partikel aus den Gewässern. Neben Verwitterungsresten sind es *vorwiegend Verwitterungsneubildungen*. Dazu kommen fallweise mehr oder weniger zersetzte organische Substanz bzw. Reste von Kalk- oder Kieselgerüsten von Organismen und Neubildungen im Sediment wie z. B. Pyrit oder Markasit.

Schiefriger Tonstein und Siltstein sollen die häufig noch geläufige Bezeichnung Schieferton ersetzen.

Tabelle 37. Pelite

Locker	Mäßig komprimiert	Verfestigt
Staub (trocken) Schlamm (wassererfüllt)	Ton bzw. Silt	Tonstein bzw. Siltstein *verfestigt (mit schichtparallelen Ablösungsflächen)*, schiefriger Tonstein bzw. Siltstein

Für eine *genauere Klassifizierung* der pelitischen Sedimente ist unter allen Umständen eine Mengenabschätzung der vorhandenen Minerale nach röntgenographischen Methoden notwendig. Dabei ist die Kenntnis der anwesenden Tonminerale am wichtigsten. Mit ihnen kann man z.B. kaolinitische von illitischen und montmorillonitischen Tonen unterscheiden. Zudem sind Angaben über einen evtl. Feldspatgehalt oder andere anwesende Mineralgemengteile zu machen.

Staubsedimente entstehen dort, wo lockeres, feinkörniges Material dem Wind ausgesetzt ist, so ganz besonders in Wüstengebieten, freiliegenden glazialen Ablagerungen, Überflutungsräumen der großen Ströme etc. Aus solchen Gebieten der Erdoberfläche wird feinkörniges Material von immer wieder auftretenden Stürmen ausgeblasen und oft über Tausende von Kilometern weit verfrachtet. Bekannt sind insbesondere die Staubstürme der Sahara, die Staubfälle im Mittelmeerraum und an anderen Stellen verursachen. Die Mineralzusammensetzung der Stäube hängt vom jeweiligen Herkunftsgebiet ab.

Löß ist das wichtigste fossile Staubsediment. Dieses äolische Sediment ist ungeschichtet, nur schwach verfestigt und porös. Die Mineralgemengteile sind gut sortiert. Merkmal ist eine typische Korngrößenverteilung unabhängig vom geographischen Auftreten. In seinem Mineralbestand herrschen Quarz und Feldspäte vor; daneben beteiligen sich Calcit, Glimmer und Tonminerale an seiner Zusammensetzung. Durch einen geringen Gehalt an Eisenoxidhydrat ist Löß gelblich gefärbt. Löß besitzt auf der nördlichen Halbkugel eine relativ große Verbreitung, so z.B. in Mitteleuropa und am Hwangho in China.

Als *Schlamm* werden nach FÜCHTBAUER Mischungen von Wasser mit Ton- oder Siltmaterial bezeichnet, die nach Wasser- oder Windtransport subaquatisch abgelagert wurden. Daneben gibt es aber auch nichtklastische, biogene Schlämme (Radiolarien-, Diatomeen- und Globigerinenschlamm).

Der weitaus größte Teil des in den Meeren sedimentierten Schlamms wird durch die Flüsse aus den Kontinenten als Schwebgutfracht zugeführt. Nach Ablagerung des terrigenen Schwebstoffmaterials in den marinen und limnischen Sedimentationsräumen bestehen die Schlämme im wesentlichen aus folgenden Mineralgruppen: silikatischen Tonmineralen, Quarz, Feldspäten, Karbonaten und organischen Substanzen. Diese terrigenen silikatischen Schlämme finden sich v.a. innerhalb der Schelfgebiete und den Kontinentalabhängen bis zu einer Meerestiefe von 2 km. Sie bedecken etwa 1/5 des Meeresbodens. Sie gehen in vielen Meeresteilen in den *Roten Tiefseeton* über. Der größte Teil des Meeresbodens besteht aus biogenen Schlämmen, wobei *Globigerinenschlamm* weitaus vorherrscht.

Beispiele rezenter Silt- und Schlammablagerungen sind die Wattensedimente der Nordsee, die festlandsnahen (hemipelagischen) Grün- und Blauschlicke und der (pelagische) Rote Ton in den Ozeanbecken der Tiefsee. Die rotbraune Farbe des Roten Tiefseetons wird durch Eisen- und Manganoxide hervorgerufen, die nur unter oxidierenden Bedingungen beständfähig sind.

12.2.2.2.11 Diagenese von silikatischen Stäuben und Schlämmen zu Silt- und Tonsteinen

Die diagenetischen Veränderungen richten sich weitgehend nach der Zusammensetzung des Sediments, dessen Porenlösung und nach der Sedimentbedeckung. Durch das Auflagerungsgewicht jüngerer Sedimentschichten ändern sich zugleich Porosität und Gefüge des frisch abgesetzten Schlamms. Es vollzieht sich eine Verdichtung des Schlamms unter Abnahme seines Wassergehalts. Dieser Vorgang wird als *Kompaktion* bezeichnet. Durch zunehmende Überlagerung von Sedimentschichten wird die Wasserzirkulation verlangsamt, und die *Porenlösung reagiert mit der Mineralsubstanz.*

Prozesse der chemischen Diagenese von Tonsteinen betreffen in erster Linie den Tonmineralbestand.

In silikatischen Tonsteinen, die organische Kohlenstoffverbindungen enthalten, werden das Sulfation der Porenlösung und der Eiweißschwefel durch Bakterien zu Sulfid reduziert. Es entsteht H_2S, das mit eisenhaltigen Mineralen des Sediments reagiert. Dabei bildet sich vorwiegend *Pyrit* (FeS_2), der entweder feinverteilt auftritt oder sich in Konkretionen anreichert. Neben Pyrit – *Markasit* wird im neutralen bis schwach sauren Milieu gebildet – treten im pelitischen Sediment in geringen Mengen bereits auch andere Schwermetallsulfide auf, so Sphalerit, Galenit und Chalkopyrit. Besonders hoch sind *Schwermetallsulfidanreicherungen im Kupferschiefer* des Zechsteins.

Je nach Art der Beimengungen unterscheidet man im einzelnen *karbonatische, kieselige* oder *bituminöse Tonsteine.*

Bei den *karbonatischen Tonsteinen* besitzen besonders die Mergel eine große Verbreitung. Die Übergangszusammensetzungen zwischen kalkarmem Ton und tonhaltigem Kalkstein werden als *Mergel* bezeichnet. Das Karbonat kann als Detritus eingeschwemmt sein; häufiger geht der Karbonatgehalt auf Kalkskelette von Plankton oder auf biochemisch ausgefällten Calcit zurück.

Abb. 130 dient als Anhaltspunkt für die Bezeichnung solcher Gesteine und für ihre jeweilige Verwendung. Es sind alles *wichtige Rohstoffe.*

Die *bituminösen Tonsteine* (Öl- und Schwarzschiefer) sind gut geschichtet, von dunkelgrauer bis schwarzer Farbe, führen stets Pyrit und besitzen einen größeren Gehalt an organischem Kohlenstoff. Zu den bituminösen Tonsteinen gehören z. B. auch die Graptolithenschiefer des Silurs, die Posidonienschiefer des Lias und der eozäne Ölschiefer von Messel.

Für die *Entstehung* bituminöser Tonsteine werden Bedingungen angenommen wie sie rezent z. B. im Schwarzen Meer anzutreffen sind. Die detritischen Sedimentteilchen und das abgestorbene Plankton aus den oberen Wasserschichten gelangen während ihrer Sedimentation in tiefere, H_2S-haltige Wasserschichten. In diesen tieferen Wasserschichten herrschen anaerobe Verhältnisse infolge mangelnder Zirkulation und Durchmischung mit dem Oberflächenwasser. Es findet unter den sauerstoffarmen anaeroben Bedingungen eine langsame biochemische Zersetzung und Umwandlung der organischen Substanz statt, die vorwiegend aus Plankton besteht. Sulfatreduzierende Bakterien bewirken eine Reduktion des SO_4^{2-} im Meerwasser zu Sulfid. Unter Reaktion mit Fe-haltigen Verbindungen bildet sich vorzugsweise FeS_2.

Im *Kupferschiefer,* einem bituminösen Tonmergel des Zechsteins, sind die Metalle Zn > Pb > Cu als Sulfide unter besonderen Verhältnissen angereichert worden. Bemerkenswerte Konzentrationen erfuhren auch die Metalle V, Mo, U, Ni, Cr, Co, in abgestuftem Grad auch Ag und viele weitere Elemente. Zinkmineral ist Sphalerit, Bleimineral Galenit. Bei Kupfer liegen verschiedene Sulfide vor: Chalkopyrit, Bornit und Chalkosin, jeweils zusammen mit Pyrit. Der Kupferschiefer wird den *schichtgebundenen Lagerstätten* zugeordnet. Die bedeutendsten Abbaureviere befinden sich derzeit in den Regionen Rudna und Lubin im südlichen Polen.

Die *Lagerstätten des* (mittelproterozoischen) *afrikanischen Kupfergürtels,* die in Shaba (Zaire) und Sambia eine der größten Kupferprovinzen und die größte Kobaltkonzentration der Erde bilden, sind dem Kupferschiefer sehr ähnlich.

12.2.2.12 Das Spätstadium der Diagenese, Übergang zur niedriggradigen Metamorphose

In einem späteren Stadium der Diagenese sind Porosität und Durchlässigkeit des pelitischen Sedimentgesteins nur noch gering. Die anwesenden Minerale kommen mit nur kleineren Lösungsmengen als zuvor in Berührung. Die für die Diagenese charakteristischen Umsetzungen zwischen den anwesenden Mineralphasen und der Porenlösung hören bei weiterer Versenkung und Kompaktion ganz auf. Das Übergangsgebiet zu metamorphen Reaktionen ist erreicht, bei denen sich die ablaufenden Reaktionen im wesentlichen an den Mineralgrenzflächen vollziehen. Die sich abspielenden Mineralreaktionen sind in zunehmendem Maß Gleichgewichtsreaktionen.

Montmorillonit, Kaolinit und Illit-Montmorillonit-Wechsellagerungen werden im Verlauf der späteren Diagenese abgebaut, *Illit* bzw. *Hellglimmer* und *Chlorit* entstehen dabei. Das sind recht komplexe Vorgänge. Mit der Umkristallisation der strukturell nur schlecht geordneten Detritusillite erhöht sich die sog. *Kristallinität des Illits* bei ansteigender Temperatur. Ein Maß für die Illitkristallinität und damit den Grad der Diagenese ist die zunehmende Schärfe der 10-Å-Interferenz im röntgenographischen Pulverdiagramm.

Als spätdiagenetische Bildung in Tonsteinen ist teilweise auch das Schichtsilikat *Pyrophyllit* $Al_2[(OH)_2/Si_4O_{10}]$ festgestellt worden. Das Auftreten von Pyrophyllit wird von vielen Forschern als Kriterium für das Einsetzen der niedrigradigen Metamorphose angesehen.

12.2.3 Die chemischen Sedimente (Ausscheidungssedimente)

ALLGEMEINES

Als *Verwitterungslösungen* bezeichnet man die bei den Verwitterungsprozessen freigesetzten Lösungen, die *nicht* bei Mineralneubildungen oder Mineralumbildungen im Boden oder bei der örtlichen Sedimentablagerung festgehalten werden. Diese Lösungen werden durch Flüsse weggeführt und erreichen Binnenseen oder den Ozean. Verdunstung oder andere Einflüsse können zur Übersättigung und Mineralausscheidung führen, wobei chemische Sedimente entstehen *(limnische* und *marine Ausscheidungssedimente)*. Eine solche Sedimentabscheidung erfolgt entweder rein anorganisch *oder* unter Mitwirkung von Organismen.

12.2.3.1 Die karbonatischen Sedimente und Sedimentgesteine

Die Verbreitung der karbonatischen Sedimente ist wesentlich geringer als die der Gruppe der klastischen Sedimente und Sedimentgesteine. Der größte Teil der Karbonatgesteine zählt zu den marinen Flachwasserablagerungen im Bereich der stabilen Schelfgebiete der Erde. Die Variationsbreite der karbonatischen Sedimente und Sedimentgesteine ist im Hinblick auf Genese und Gefüge groß. Ein überwiegender Teil rechnet zweifelsfrei zu den Ausscheidungssedimenten, ein anderer Teil ist im wesentlichen klastisch oder/und organogen. Als sedimentbildende Minerale treten *Calcit, Aragonit* und *Dolomit* auf. Dazu kommen fallweise kleinere Mengen an Quarz, Alk'feldspäten und Tonmineralen. Aus Siderit bestehende karbonatische Sedimente spielen eine geringere, wenn auch wirtschaftlich bedeutende Rolle.

Man unterscheidet *marine anorganische* und *biochemische Kalkbildung* neben der *terrestrischen Kalkbildung*.

Löslichkeits- und Ausscheidungsbedingungen des $CaCO_3$

Bei den Gleichgewichten zwischen festem $CaCO_3$ und wäßriger Lösung in Gegenwart von CO_2 als Gasphase sind die folgenden Ionen beteiligt: Ca^{2+}, CO_3^{2-}, HCO_3^-, H^+, OH^-. Daneben spielt der Partialdruck von $CO_2(p_{CO_2})$ in der Gasphase, mit der sich die zugehörige Lösung im Gleichgewicht befindet, eine besondere Rolle. CO_2 löst sich als H_2CO_3 im Wasser nach der Gleichung

$$H_2O + CO_2 \rightleftharpoons H_2CO_3$$

Geht ein Kalksediment bzw. ein Kalkstein im schwach CO_2-haltigen Wasser den natürlichen Verhältnissen entsprechend in Lösung, so kann das mit der folgenden Gleichung beschrieben und zusammengefaßt werden:

$$\begin{array}{c} H_2O + CO_2 \\ \Updownarrow \\ CaCO_3 + H_2CO_3 \rightleftharpoons Ca^{2+} + 2\ HCO_3^- \end{array} \quad (1)$$

Dabei stammen die HCO_3^--Ionen einmal aus der Dissoziation von H_2CO_3, zum anderen Teil aus der Reaktion von H^+ mit $CaCO_3$ entsprechend dem Vorgang:

$$CaCO_3 + H^+ \rightarrow Ca^{2+} + HCO_3^- \quad (2)$$

Die Reaktionsgleichung 1 drückt den Vorgang aus, der sich im wesentlichen vollzieht, wenn ein Kalkstein der chemischen Verwitterung unterliegt oder wenn Teile einer Kalkformation unter Höhlenbildung gelöst werden. Der rückläufige Prozeß entspricht der Ausfällung von $CaCO_3$ aus Meerwasser oder aus Wasser auf dem Kontinent, als Bindemittel im Sediment oder z. B. beim Wachstum von Tropfsteingebilden (Stalaktite und Stalakmite).

Jeder Prozeß, der den Anteil an CO_2 anwachsen läßt, vergrößert die Lösung von $CaCO_3$, während jede Verminderung des CO_2 die Ausfällung von $CaCO_3$ einleitet. Auch für die Wirkung der Wasserstoffionenkonzentration (pH-Wert), die ebenfalls eine wichtige Rolle spielt, kann Gl. 1 als repräsentativ angesehen werden. Unter niedrigem pH, bei dem das meiste Karbonat als H_2CO_3 gelöst ist, verläuft die Reaktion nach der *rechten* Seite hin, bei hohem pH hingegen nach *links* unter Ausfällung von $CaCO_3$. (H_2CO_3 ist gegenüber HCO_3^- die stärkere Säure.)

Der Temperatur- und Druckeinfluß

Die Löslichkeit von $CaCO_3$ in reinem Wasser nimmt mit steigender Temperatur ab. (Darin unterscheidet sich $CaCO_3$ von den meisten anderen Salzen.) Es kommt hinzu, daß sich CO_2 ebenso wie andere Gase in wärmerem Wasser weniger gut löst als in kühlerem.

Die Zunahme des Drucks – unabhängig von seiner Einwirkung auf die Löslichkeit von CO_2 – erhöht die Löslichkeit des $CaCO_3$ nur relativ gering. Seine Wirkung macht sich erst in sehr großen Tiefen des Ozeans bemerkbar. So treten in den tieferen Teilen des Ozeans etwa ab 4000 m Meerestiefe karbonatische Sedimente wegen ihrer mit der Tiefe zunehmenden Löslichkeit *nicht* mehr auf. Aus einer an $CaCO_3$ gesättigten Lösung wird Kalksubstanz ausgeschieden, wenn p_{CO_2} in der Gasphase abnimmt oder wenn die Temperatur zunimmt oder wenn beide Einflüsse vorhanden sind. Auf der anderen Seite wird Kalkstein aufgelöst, wenn die Temperatur abnimmt und/oder p_{CO_2} ansteigt. So entziehen z. B. Pflanzen durch ihren Assimilationsvorgang der Lösung CO_2, und es kommt dadurch zur Abscheidung von $CaCO_3$ mit der Folge einer Überkrustung der Pflanzenteile durch Kalksubstanz. Dabei entsteht der sog. Kalktuff. An Quellenaustritten beobachtet man oft die Bildung von Kalksinter. Seine Abscheidung erfolgt mit der Erwärmung des Quellwassers unter gleichzeitiger Entbindung eines Teils des gelösten CO_2.

Zusammenfassung: Erniedrigung des CO_2-Partialdrucks und der Menge des im Wasser gelösten CO_2 sowie der Wasserstoffionenkonzentration und Erhöhung der Temperatur führen zur Übersättigung und begünstigen die Ausscheidung von $CaCO_3$.

Die marine anorganische und biochemische Kalkbildung

Diese Gruppe der chemisch ausgefällten karbonatischen Sedimente, wozu in erster Linie die gewöhnlichen marinen Kalksedimente gehören, enthält häufig neben ausgefälltem Sediment auch biogenes Material.

Die marine anorganische Ausscheidung von Kalksedimenten erfolgt vorwiegend in flachen Meeresteilen. Wir wissen seit langem, daß das *Oberflächenwasser des Mee-*

res an CaCO₃ gesättigt, in tropischen Gebieten sogar übersättigt ist. Jedoch erfolgt Kalkausfällung aus übersättigter Lösung nur unter bestimmten Voraussetzungen, so z. B. bei der Anwesenheit von *Keimen,* die in dem feinsten Zerreibsel der tierischen Kalkschalen vorliegen können. Mitunter scheiden sich aus dem an $CaCO_3$ gesättigten Wasser flacher Meeresteile $CaCO_3$-Körner von kugeliger bis ovaler Gestalt und konzentrischem Schalenbau aus. Solche Einzelkörner, meistens 2 mm ⌀, werden als *Ooide*, die sie aufbauenden Gesteine als *Oolithe* bezeichnet (Abb. 127b, S. 327). Die Ooide schweben im Wasser, bis sie zu einer gewissen Größe angewachsen sind, und werden dann zu einem oolithischen Kalkstein sedimentiert. Der Schalenbau der Ooide entspricht einem Wechsel von Ruhe und Bewegung im flachen Wasser. Zudem deutet die äußere Oberfläche der Körner auf anschließenden Abrieb, Transport und klastische Sedimentation hin. Aus diesem Grund werden die oolithischen Kalksteine häufig auch zu den klastischen Karbonatgesteinen gerechnet.

Die oft erheblichen Mächtigkeiten mariner Kalkablagerungen erklären sich aus der fortlaufenden Zufuhr von $CaCO_3$-gesättigtem Meerwasser durch die Meeresströmungen. Die Ausscheidung von dolomitischem Kalkstein erfordert zusätzliche Voraussetzungen.

An vielen Stellen entstehen Kalksedimente in flachen Meeresteilen der Schelfregion in Verbindung mit einer reichen Entwicklung von kalkbildenden Organismen. Zahlreiche Organismen bauen ihre Schalen oder Gerüste aus $CaCO_3$ auf. Bei den Pflanzen sind es insbesondere die Kalkalgen, bei den Tieren vorwiegend Foraminiferen (die Art Globigerina), Korallen, Kalkschwämme, Bryozoen, Brachiopoden, Echinodermen, Mollusken u. a. Unter ihnen sind viele riffbildend.

Kreide ist ein dichtkörniger organogener Kalkstein, der ausschließlich aus Schalen von Mikroorganismen, besonders Foraminiferen, besteht. Riffkalke sind ungeschichtet. Sie bestehen hauptsächlich aus kalkigen Außenskeletten kolonienbildender oder einzeln lebender Invertebraten, vorwiegend (aber nicht nur) Korallen.

Die Bildung festländischer Kalksedimente

Hier treten Kalkausscheidungen als Oberflächenkalke in Trockengebieten, als Absätze aus Quellen und Flüssen oder als Ablagerungen in Binnenseen auf.

Die Oberflächenkalke oder Krustenkalke sind an Trockenregionen gebunden. Während der Trockenzeit steigt das Wasser der Verwitterungslösungen kapillar im Boden auf und verdunstet an der Oberfläche. Dabei scheiden sich die am schwersten löslichen Salze zuerst aus, so das Ca-Karbonat.

In Regionen mit reichlicheren Niederschlägen gelangen die gleichen Ionen über das Grundwasser in Quellen und Flüsse. Tritt das Grundwasser als Quelle aus oder erfolgt eine Zerteilung des Flußwassers etwa in einer Kaskade, so kommt es unter gleichzeitiger Erwärmung des Wassers zu einer unmittelbaren Entbindung des gelösten CO_2 und damit zur Ausfällung von $CaCO_3$. Es entstehen Kalksinter. Oft bildet sich ein poröser Kalkstein, der *Travertin,* etwas irreführend auch als Kalk- oder Quelltuff bezeichnet. Travertin ist ein geschätzter Baustein besonders zur Verkleidung von Fassaden.

In Binnenseen treten feinkörnige Kalkschlämme auf, die als Seekreide bezeichnet werden. Häufig wird in diesem Fall die Ausscheidung von $CaCO_3$ durch die Anwesenheit eines üppigen Pflanzenwuchses gefördert.

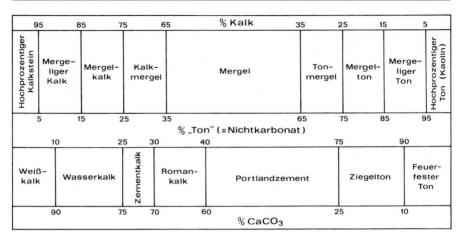

Abb. 130. Benennung und technische Verwendung der Reihe Kalkstein-Mergel-Ton (aus CORRENS, 1968)

Die überwiegend klastisch zusammengesetzten Kalksedimente

Ihre sedimentbildenden Komponenten rekrutieren sich überwiegend aus klastischen, mechanisch aufbereiteten Erosionsprodukten älterer Kalksteine einschließlich ihrer zerkleinerten Fossilinhalte. Derartige Kalksedimente sind ebenfalls schichtig entwickelt und werden häufig nach ihrer Korngröße in *Kalkrudite* (grob), *Kalksilitite* und *Kalklutite* (fein) eingeteilt. Oft ist in solchen Kalksedimenten daneben bereits bei der Sedimentation eine $CaCO_3$-Abscheidung wirksam geworden, die von diagenetischen Vorgängen meistens nur schwer abzugrenzen ist.

Technische Bedeutung der Kalksedimente

Über die technische Verwendung der verschiedenen Zusammensetzungen zwischen Kalkstein – Mergel – Ton informiert Abb. 130.

Diagenese von Kalkstein

In *rezenten marinen Flachseekalksedimenten* werden vorwiegend *Aragonit* und *Mg-reicher Calcit,* beobachtet. Im Unterschied zur mineralogischen Variabilität dieser unverfestigten Kalksedimente bestehen jedoch die *Kalksteine aller geologischen Formationen* besonders vortertiären Alters nur aus *Calcit* normaler chemischer Zusammensetzung (Calcit, der nur wenig Mg enthält). Man nimmt an, daß sich die Verfestigung vom lockeren Kalksediment zu Kalkstein unter Auflösung der beiden metastabilen Minerale unter Bildung von gewöhnlichem Calcit vollzogen hat, dort, wo nicht bereits vorher das Sediment aus reinem Calcit zusammengesetzt war. Organische Komponenten wie Humussäuren haben einen deutlichen Einfluß auf die Diageneseprozesse von Kalkstein.

Auch im Kalkstein gibt es verbreitet *diagenetische Neubildungen* verschiedener Silikate (auch als *authigene* Bildungen bezeichnet). Am häufigsten sind Alk'feldspäte wie sie auch in pelitisch-psammitischen Sedimenten beobachtet werden. Dabei ist Albit als Tieftemperaturalbit mit ungeordneter Al–Si-Verteilung häufiger als Kalifeldspat.

Dolomitische Kalksteine entstehen diagenetisch durch Einwirkung magnesiumhaltiger Porenlösungen auf primär sedimentierte Kalke, solange noch ein Porenvolumen bestanden hat. Es ist jedoch auch die rezente Bildung von Dolomit im Küstenbereich und in der Flachsee beobachtet worden.

Zwischen den Mineralen Calcit und Dolomit besteht wie bei der Sedimentation auch unter diagenetischen Bedingungen eine ausgedehnte *Mischungslücke* wie aus Abb. 45, S. 94, abgelesen werden kann. Nach FÜCHTBAUER wird jedoch unter diesen Bedingungen *metastabil* mehr Kalzium im Dolomitgitter aufgenommen werden als es dem stöchiometrischen Verhältnis entspricht und das auch über längere geologische Zeiträume hinweg, wie es zahlreiche paläozoische Ca-Dolomite beweisen.

12.2.3.2 Die eisenreichen Sedimente und sedimentären Eisenerze

Ausfällung des Eisens und die Stabilitätsbedingungen der Fe-Minerale

Die wichtigsten Minerale in den Fe-reichen Sedimenten sind: *Goethit* (α-FeOOH), *Hämatit, Magnetit, Siderit, Chamosit* (ein Fe-reicher Chlorit) und in besonderen Fällen *Pyrit*.

Für die *Ausfällung des Eisens* aus den natürlichen wäßrigen Lösungen und die Stabilitätsbeziehungen der Fe-Minerale ist zunächst das Eh-pH-Verhältnis (Redoxpotential und Wasserstoffionenkonzentration der Lösung) ausschlaggebend. Unter hohem Eh, d. h. unter stark oxidierenden Bedingungen, besitzt Hämatit die größte Stabilität. Siderit bildet sich unter eher gemäßigten reduzierenden Bedingungen bei schwach negativen Eh-Werten und reichlich gelöstem CO_2. Pyrit entsteht unter stark reduzierenden Bedingungen unter stärker negativen Eh-Werten. Nur bei reichlichen SiO_2- und niedrigen CO_2-Gehalten und hohem pH scheiden sich Fe-Silikate aus.

Im Grundwasser ist die normalerweise recht geringe Menge an Fe bei Sauerstoffunterschuß als Fe^{2+} in Form von Ferrosalzen gelöst, am häufigsten als Karbonat, Chlorid oder Sulfat. Im gut durchlüfteten Oberflächenwasser neigen derartige Lösungen durch den vorhandenen Sauerstoff zu Hydrolyse und Oxidation dieser Salze unter Bildung von $Fe(OH)_3$, wobei ein Teil davon in die kolloide Form übergeht. Eine relativ bescheidene Menge des Eisens wird als Fe^{3+}-Oxid-Hydrosol durch das Flußwasser transportiert. Das ist auf längere Strecken hin nur möglich, wenn eine Stabilisierung durch kolloidale organische Substanz, sog. Schutzkolloide, erfolgt. Diese Kolloide besitzen positive Ladungen und werden so über weite Entfernungen hin transportiert, ohne ausgefällt zu werden. Voraussetzung ist, daß die Konzentration an Elektrolyten niedrig bleibt und daß negativ geladene Kolloide nicht in größerer Menge in das Flußwasser gelangen. Anderenfalls käme es unterwegs zur Ausfällung des Eisens.

Sobald das Flußwasser das Meer erreicht, flocken die eisenhaltigen Kolloide durch den hohen Elektrolytgehalt des Meerwassers noch im *Schelfbereich* aus. Die Ausscheidung erfolgt im wesentlichen in Abhängigkeit vom dort herrschenden Redoxpotential als Oxidhydrat (Goethit), Karbonat (Siderit), Silikat (Chamosit u. a.) oder auch als Sulfid (Pyrit). Die Flocken setzen sich häufig an die im Wasser im Küstenbereich aufgewirbelten Mineralfragmente an. Durch weitere Anlagerung von Flocken an Eigen- und Fremdkerne kommt es zu einer konzentrischen Umschalung. Bei einer gewissen Größe können sich diese *Ooide* (wir hatten sie auch bei den marinen Kalksteinen bechrieben) nicht mehr im Wasser schwebend halten und sie sinken zu Boden. Dabei entstehen *eisenreiche oolithische Sedimente*. Das Gefüge dieser Oolithe läßt erkennen, daß die enthaltenen Ooide wie bei den oolithischen Kalksteinen zerbrochen sind und die Oolithe bisweilen Trümmererzstrukturen aufweisen. Bei genügender Konzentration von Fe kommt es zur Bildung einer *marin-oolithischen sedimentären Eisenerzlagerstätte*. Im bekannten *Minetteerz* von Lothringen und Luxemburg bestehen die Ooide aus Limonit.

Der *Eisengehalt des heutigen Ozeanwassers ist extrem gering*, so im offenen Meer 1 mg/m^3 Wasser. Da auch unsere jetzigen Flüsse i. allg. nur sehr geringe Eisenmengen führen, müssen bei der Bildung der bedeutenden sedimentären Eisenlagerstätten in der geologischen Vergangenheit auf dem Festland als Liefergebiet besondere, Fe-anreichernde Verwitterungsvorgänge geherrscht haben. Vergleichbare Vorgänge werden bei der festländischen Verwitterung in der Jetztzeit nirgends auf der kontinentalen Kruste der Erde beobachtet. Zudem fand auch die Entstehung der bedeutenden marin-sedimentären Eisenerzvorkommen nur in bestimmten geologischen Epochen statt.

In Binnenseen, Sümpfen und Mooren, wo es an stabilisierenden organischen Kolloiden nicht mangelt und dazu die Konzentration an Elektrolyten zu gering ist, um eisenhaltige Kolloide auszufällen, erfolgt die *Ausfällung des Eisens* ausschließlich *durch Bakterien* und Pflanzen. Das Fe^{3+}-Oxid-Hydrosol wird reduziert und Siderit scheidet sich aus. Für die Bildung einer terrestrischen Eisenlagerstätte ist Voraussetzung, daß die Zufuhr an klastischem Material gering bleibt.

Zur Klassifikation der eisenreichen Sedimentgesteine

Im wesentlichen nach MÜLLER können in Anlehnung an JAMES die eisenreichen Sedimentgesteine in folgende Hauptgruppen aufgegliedert werden:

Mariner Entstehung sind
- Die *nichtkieseligen Eisensteine* (ironstones). Sie gehören alle zum *Minettetyp* und stratigraphisch im wesentlichen ins Paläozoikum und Mesozoikum. Sie sind meistens *oolitisch* ausgebildet, dabei bestehen die Ooide aus Limonit, Hämatit und/oder Chamosit. Bei den Minetteerzen aus dem Dogger von Lothringen, Luxemburg und ihren Vertretern Süddeutschlands bestehen die Oodie aus Limonit, die Grundmasse aus Calcit, Siderit oder Chamosit. Diese Erze sind teilweise durch Diagenese verändert. Zu den oolithischen Hämatiterzen gehören u. a. die wirtschaftlich wichtigen Clinton-Eisenerze aus dem Osten der USA. Zu den oolithischen Chamositeisenerzen rechnen zahlreiche Lagerstätten wie diejenige von Wabana in Neufundland oder kleinere Vorkommen von Thüringen z. B., die im Ordovizium entstanden sind.

- Die *Eisenformation* (iron-formation), in der *Hämatit- oder Magnetiterze* stets *mit Hornsteinbändern* wechsellagern. Durch metamorphe Vorgänge sind ihre ursprünglichen sedimentären Bildungsmerkmale häufig weitgehend unkenntlich geworden. Sie werden in Brasilien als *Itabirit*, in den USA als *Taconit* bezeichnet und sind meistens präkambrisch. Diese Bändererze führen außerdem häufig reichlich Quarz und verschiedene Eisensilikate. Vor wirtschaftlicher Bedeutung sind Lagerstätten dieser Art wie u. a. z. B. die Vorkommen von Krivoj Rog und Kursk in der Ukraine und im Mesabi-District in der Oberen See-Region, USA, hier als Bestandteil des Kanadischen Schilds, und Itabira, Brasilien.
- Nur teilweise mariner Entstehung sind *Trümmereisenerze vom Typ Salzgitter*. Diese ehemals wichtigste Eisenlagerstätte der Bundesrepublik bei Salzgitter im nördlichen Harzvorland besteht aus Trümmererzen der Kreide. Das sind innerhalb von Senken zusammengeschwemmte Brandungsgerölle von Toneisenstein aus dem Lias und Dogger, der durch Oxidation in Limonit übergeführt ist. Marine Ausscheidungsprodukte an Ort und Stelle sind limonitische Ooide und Kittsubstanz.

Terrestrischer Entstehung sind
- *Sideritischer Kohleneisenstein* (blackbands) und *Toneisenstein* (claybands). Beide bestehen aus *Siderit*, kohliger Substanz und pelitischem Detritus und treten zusammen mit Kohleablagerungen auf.
- *See-* und *Sumpferze* (Raseneisenerz) sind ebenfalls terrigene sedimentäre Eisenerze aus *Limonit*, die sich auch noch unter rezenten Bedingungen in Binnenseen und Sümpfen v. a. in nördlicheren Breiten ausscheiden. Raseneisenerz bildet erdige, oft mit Sandkörnern verkrustete Lagen innerhalb oder oberhalb von Torflagern.

12.2.3.3 Kieselige Sedimente und Sedimentgesteine

Allgemeines

Solche Sedimentbildungen bestehen aus nichtdetritischen SiO_2-Mineralen wie Opal, Chalcedon, Jaspis oder makrokristallinem Quarz. Fallweise kann die kieselige Mineralsubstanz anorganisch und/oder biogen ausgefällt sein. Die Mineralumbildung bei folgender Diagenese führt von instabilem biogenem Opal über fehlgeordneten Tief-Cristobalit/Tridymit zu stabilem Tief-Quarz. Auf diese Weise haben sich z. B. viele jetzt aus Quarz bestehende Hornsteine umgebildet.

Löslichkeit von SiO_2

Für die Auflösung und Abscheidung von SiO_2 aus wäßriger Lösung ist die Kenntnis seiner Löslichkeit in Abhängigkeit von der Temperatur und der Wasserstoffionenkonzentration in der Lösung von großer Bedeutung. Dabei haben die *kristallinen Formen* des SiO_2, so Quarz, Tridymit oder Cristobalit, eine viel *geringere Löslichkeit als die amorphen Formen* wie Opal.

Mit zunehmender Temperatur zwischen 0 und 200°C nimmt die Löslichkeit von SiO_2 stetig linear zu.

Bis zu einem pH von etwa 9 ist Kieselsäure als $Si(OH)_4$-Molekül relativ schwach löslich, wobei ihre Löslichkeit innerhalb dieses pH-Bereichs etwa in gleicher Höhe bleibt (Abb. 121, S. 306). Bei höherem pH steigt die Löslichkeit durch Ionisierung des $Si(OH)_4$ sehr stark an, etwa auf das 30- bis 50fache.

Die natürlichen Verhältnisse

Flußwasser enthält SiO_2 in echter Lösung, jedoch nur in außerordentlich geringen Gehalten. Ebenso ist der SiO_2-Gehalt des Meerwassers nur sehr klein. Deshalb tritt eine Ausfällung oder Ausflockung nicht ein.

Im SiO_2-Kreislauf des Ozeans ist die Kieselsäure biogener Herkunft. Organismen wie Radiolarien, Diatomeen oder Kieselschwämme nehmen SiO_2 auf und verwenden es für den Aufbau ihrer Skelettsubstanz, die aus Opal besteht. Ihre Gerüste sind so verbreitete Bestandteile der kieseligen Sedimente. Diesbezüglich rezente Meeressedimente werden als *Diatomeen-* bzw. *Radiolarienschlicke* bezeichnet. Im Süßwasser setzt sich die poröse *Diatomeenerde* ab. Sie ist auch unter dem Namen Kieselgur bekannt. (Die Diatomeengerüste bestehen aus Opal.) Je nach dem Verfestigungsgrad werden diese biogen-kieseligen Sedimente auch als *Polierschiefer* oder *Tripel* bezeichnet.

In den kieseligen Sedimentgesteinen älterer Formationen sind gewöhnlich nur die grobschaligen Radiolarien reliktisch erhalten geblieben, so im Radiolarit. Sie erscheinen unter dem Mikroskop in veränderter Form als Chalcedonsphärolithe. *Radiolarite* sind dichte, scharfkantig brechende Gesteine mit muscheligem Bruch. Die meisten Radiolarite sind durch ein Fe-Oxid-Pigment, das sich zwischen faserigem Chalcedon befindet, bräunlich gefärbt. Zu den Radiolariten gehören auch die *Lydite* (Kieselschiefer), die meistens durch ein kohliges Pigment schwarz gefärbt sind. In ihnen sind fast stets die Spuren der ehemaligen Gerüste enthaltener Radiolarien zerstört.

Unter weiteren Organismen haben z. B. auch Kieselschwämme Substanz für kieselige Sedimentabscheidungen geliefert. So gehen die knollenförmigen Konkretionen von *Flint* (Feuerstein) innerhalb der oberen Kreideformation offenbar auf diagenetisch mobilisierte Kieselsäure aus ehemaligen Kieselschwämmen zurück. Flint, der zu den Hornsteinen zählt, besteht wie diese vorwiegend aus nichtdetritischem SiO_2, so Chalcedon bzw. Quarz.

Technische Verwendung der Diatomeenerde (Kieselgur)

Die Eigenschaften der Diatomeenerde, ihr enorm großes Adsorptionsvermögen und die geringe Leitfähigkeit von Wärme und Schall machen sie zu einem wertvollen technischen Rohstoff. Sie findet vorwiegend Verwendung als Absorbens, Zünd- und Sprengstoffzusatz (Dynamit), Isolations- und Filtriermaterial. Diatomeenvorkommen werden vielerorts im Tagebau gewonnen. Innerhalb der Bundesrepublik gibt es die meisten Vorkommen im Raum der Lüneburger Heide.

12.2.3.4 Sedimentäre Phosphatgesteine

Allgemeines

Sie werden in die *marinen Phosphorite* und den *terrestrisch entstandenen Guano* eingeteilt. Bei den Phsophoriten gibt es häufig weitere Unterteilungen und verschiedene Namen, die auf äußeren Merkmalen beruhen.

Phosphorite

Es sind meistens *unreine Gemenge aus schlecht kristallisierten bis amorphen Phosphaten,* häufig Ca-Phosphaten, mit detritisch-kalkigem Material. Die mineralogische Zusammensetzung ist oft nicht genau zu erschließen.

Wichtigstes Mineral der Phosphorite ist ein *Karbonat-Fluor-Apatit* ($Ca_5[(F, OH, CO_3)/(PO_4)_3]$, bei dem teilweise eine Substitution der PO_4-Gruppe durch CO_3 erfolgt ist. Dieser Apatit ist zuerst kolloidal ausgefällt worden und später zu feinkörnigem Apatit umkristalisiert.

Phosphorite sind knollig, streifig oder oolithisch ausgebildet. Es wird jetzt angenommen, daß nur ein geringer Teil der Phosphorsäure anorganischer Herkunft ist, der größere Teil vielmehr aus der Zersetzung von Phytoplankton und tierischen Hartteilen stammt.

Die rezenten und fossilen Phosphoritlager sind an Flachwasser gebunden. Fossil sind sie seit dem Präkambrium in fast allen Formationen entstanden, besonders jedoch in der Kreide und dem Tertiär. Wirtschaftlich bedeutsame Vorkommen befinden sich besonders in Marokko, Algerien, Tunis und in Florida, USA.

Guano

Guano bildet sich durch Reaktion von flüssigen Exkrementen zahlreicher Wasservögel mit Kalkstein. Die Mineralogie des Guanos ist *komplex*. Wichtigstes Mineral ist ebenfalls Apatit.

Guanoansammlungen finden sich v. a. auf Inseln und Küstenstreifen in den Äquatorialregionen. Bekannt ist der Name der Insel Nauru im südwestlichen Pazifik.

Phosphate sind unersetzbare *Rohstoffe* zur Produktion von Phosphatdüngemitteln, zur Herstellung technischer Phosphorsäure für die chemische Industrie und Phosphorsalzen für verschiedene Industriezweige.

Große Phosphatmengen, die aus der landwirtschaftlichen Düngung oder aus Waschmitteln ins Abwasser gelangen, führen zu einer *Eutrophierung* der Gewässer, welche ein übermäßiges Wachstum des Planktons begünstigt. Dieses bewirkt durch starken Sauerstoffverbrauch ein Absterben von Fauna und Flora. Ein Teil des P wird an die organische Substanz oder die Tonfraktion gebunden transportiert.

12.2.3.5 Evaporite (Salzgesteine)

Die kontinentalen (terrestrischen) Evaporite

Die chemische Zusammensetzung der Oberflächenwasser. Sie unterscheidet sich vom Meerwasser v. a. durch das *Verhältnis der auftretenden Ionen,* abgesehen vom großen Unterschied in der Höhe des Salzgehalts. HCO_3^-, Ca^{2+} und SO_4^{2-} sind die *wesentlichen* Ionen des Süßwassers. Sie stammen zum überwiegenden Teil aus den Verwitterungslösungen der magmatischen, metamorphen und sedimentären Gesteine. Im einzelnen werden deshalb die kontinentalen Salzabscheidungen der heutigen Salzseen stark von den anstehenden Gesteinen bzw. Böden im Einzugsgebiet der Wasserzuführung beeinflußt.

Die Möglichkeiten der terrestrischen Salzbildungen. Man unterscheidet nach Lotze 3 Formen von terrestrischen Salzbildungen:

1. Salzausblühungen, Salzkrusten,
2. Salzsümpfe, Salzpfannen,
3. Salzseen.

Alle 3 Formen treten entweder örtlich nebeneinander oder in zeitlicher Folge nacheinander auf.

Salzausblühungen und Salzkrusten: Sie bilden sich in oder auf trockenem Boden, v. a. innerhalb von Steppen und Halbwüsten in sog. Salzsteppen. Die Salze werden aus dem Verwitterungsschutt durch den Tau aus kapillar aufsteigendem Grundwasser ausgefällt. Die Abscheidungen bestehen hauptsächlich aus Calcit bzw. Aragonit, Gips oder Halit (Steinsalz). Diese und andere Salze reichern sich am Ort der Ausscheidung als Oberflächenkrusten an, da zum Abtransport nicht genügend Wasser vorhanden ist.

Die Salze der chilenischen Salpeterwüste stellen einen extremen und eigenartigen Fall der Wüstensalze dar. Ihre Bildung geht auf besondere klimatische Verhältnisse zurück. Diese Wüste liegt in einem Hochplateau in unmittelbarer Nähe der Meeresküste. Hier herrschen starke Temperaturunterschiede bei abwechselnd extremer Trockenheit mit regelmäßig schweren Nebeln, die vom nahen Pazifik hereinbrechen. Der Wüstenstaub liefert reichlich Kondensationskerne, und es finden ständig statische Entladungen der Luftelektrizität statt. Dabei wird der Stickstoff der Luft zu Salpetersäure oxidiert und in den Nebeltröpfchen niedergeschlagen. Mit den Ionen des Verwitterungsschutts bilden sich Nitrate, die durch Lösung und Wiederausfällung angereichert, jedoch nicht weggeführt werden können. Es gibt allerdings auch andere Deutungsversuche. Neben Salpeter finden sich weitere Salzminerale als Ausscheidungsprodukte.

Salzsümpfe und Salzpfannen: Innerhalb von Salzsümpfen scheidet sich das Salz in/ oder auf erdigem Schlamm aus, der von konzentrierter Salzlösung oder festem Salz durchsetzt wird. Salzpfannen weisen sporadische Wasserbecken zwischen ausgetrockneten Flächen auf. Auf letzteren hat sich gewöhnlich eine Salzkruste abgeschieden. Salzpfannen bilden Übergänge zu Salzseen.

Salzseen: Aus ihnen scheiden sich Salze aus konzentrierter wäßriger Lösung ab. Die meisten Salzseen befinden sich in ariden Klimazonen. Größtenteils handelt es sich um abflußlose Konzentrationsseen.

Die Minerale der terrestrischen Evaporite. Die wichtigsten Minerale der kontinentalen Evaporite sind in Tabelle 38 aufgeführt. Es befinden sich neben Ca-Karbonaten, Ca-Sulfaten und Halit auch Karbonate und Sulfate der Alkalien, darunter auch solche wie Soda, Glaubersalz und Thenardit, die in den marinen Salzgesteinen als Primärausscheidungen *nicht* auftreten.

Hinweise zur wirtschaftlichen Bedeutung der kontinentalen Salzlagerstätten: Salpeter (Natronsalpeter hat die weitaus größte Bedeutung) wird in zahlreichen Abbaufeldern innerhalb der chilenischen Salpeterwüste zwischen der Kordillere und der Küstenkordillere in Chile gewonnen. Die Produktion ist durch die Herstellung synthetischer Stickstoffverbindungen stark gesunken. Als Caliche bezeichnet man in diesem Gebiet eine bis zu 2 m mächtige, poröse Schicht, in der $NaNO_3$ bis zu maximal 60% angereichert sein kann. Auch der hohe *Jodgehalt* dieser Lagerstätte wird praktisch genützt.

Auch *Borate* sind in zahlreichen Salzseen in gewinnbaren Mengen zur Abscheidung gelangt, so ganz besonders in Kalifornien, aber auch in der Türkei. Aus den kalifornischen Lagerstätten wird etwa 90% des Bedarfs an Bor gedeckt. Hier treten als Borminerale (Tabelle 38) besonders Kernit, Borax, Ulexit und Colemanit auf.

Es wird übereinstimmend angenommen, daß das Bor in diesen lakustrischen Boratvorkommen durch vulkanische Thermen in den sedimentären Zyklus gelangt ist.

Tabelle 38. Die wichtigsten Minerale der *terrestrischen* Evaporite

Karbonate:		*Sulfate:*	
Aragonit, Calcit	$CaCO_3$	Gips	$CaSO_4 \cdot 2\,H_2O$
Dolomit	$CaMg(CO_3)_2$	Anhydrit	$CaSO_4$
Soda (Natrit)	$Na_2CO_3 \cdot 10\,H_2O$	Mirabilit	$Na_2SO_4 \cdot 10\,H_2O$
Trona	$Na_2CO_3 \cdot NaHCO_3 \cdot 2\,H_2O$	(Glaubersalz)	
Chloride:		Thenardit	Na_2SO_4
		Epsomit	$MgSO_4 \cdot 7\,H_2O$
Halit (Steinsalz)	NaCl	*Borate:*	
Nitrate:		Kernit	$Na_2B_4O_7 \cdot 4\,H_2O$
Nitronatrit (Natronsalpeter)	$NaNO_3$	Borax	$Na_2B_4O_5(OH)_4 \cdot 8\,H_2O$
Nitrokalit (Kalisalpeter)	KNO_3	Colemanit	$Ca_2B_6O_{11} \cdot 5\,H_2O$
		Ulexit	$NaCaB_5O_9 \cdot 8\,H_2O$

Die marinen Evaporite

Der Salzgehalt des Meerwassers. Im Unterschied zur örtlich schwankenden Konzentration der gesamten Salzmenge im Meerwasser ist das *gegenseitige Verhältnis* der gelösten Bestandteile sehr *konstant*. Die Hauptbestandteile des Meerwassers sind in Tabelle 39 aufgeführt. Der durchschnittliche Salzgehalt (die Salinität) des Meerwassers liegt bei 35‰.

Den 4 wichtigsten Kationen Na^+, K^+, Mg^{2+} und Ca^{2+} stehen 3 wichtige Anionen Cl^-, SO_4^{2-} und HCO_3^- gegenüber. Neben diesen Hauptkomponenten enthält das

Tabelle 39. Hauptbestandteile des Meerwassers bei 35‰ Salzgehalt (aus CORRENS, 1968)

Kationen	g/kg	Anionen	g/kg
Natrium	10,75	Chlor	19,345
Kalium	0,39	Brom	0,065
Magnesium	1,295	SO_4	2,701
Kalzium	0,416	HCO_3	0,145
Strontium	0,008	BO_3	0,027

Meerwasser noch etwa 70 Nebenbestandteile. Das Meerwaser bildet den größten Vorrat an gelösten Chloriden und Sulfaten der Alkalien und der Erdalkalien auf der Erdoberfläche.

Die wichtigsten Kationen stammen aus Verwitterungs- und Lösungsprozessen auf dem Kontinent. Im Gegensatz dazu werden die Anionen Cl^-, SO_4^{2-} und HCO_3^- nach mehreren Forschern wesentlich auf Entgasungsprozesse der tieferen Gesteinszonen der Erdkruste und des Erdmantels zurückgeführt.

Die leichtlöslichen Salzminerale, die den chemischen Hauptkomponenten des Meerwassers entsprechen, können sich nur ausscheiden, wenn ihre Konzentration durch besondere Verdunstungsvorgänge sehr stark erhöht ist. Dabei muß die Wassermenge auf etwa 1/60 der ursprünglichen Menge eingeengt sein, ehe die Abscheidung der K, Mg-Salze einsetzt. Derartige Bedingungen sind in der Natur nur relativ selten verwirklicht. Im einzelnen ist die Ausscheidungsfolge der verschiedenen leichtlöslichen Meeressalze wegen der zahlreichen möglichen Mineralphasen recht kompliziert und wird von verschiedenen Umständen beeinflußt. Häufig sind zudem die etwas früher ausgeschiedenen Salzminerale durch diagenetische oder metamorphe Umwandlungsvorgänge beeinflußt. Umkristallisation erfolgt nicht selten unter Beteiligung hinzutretender Restlaugen.

Bei den selteneren Elementen im Meerwasser spielen besonders Br, Sr und B eine wichtige Rolle. Das Brom ist immerhin so stark angereichert, daß es in den USA aus dem Meerwasser technisch gewonnen werden kann.

Die Minerale der marinen Evaporite. In den Salzlagerstätten sind etwa 50 Haupt- und Nebenminerale nachgewiesen worden. Nur die allerwichtigsten davon sind in Tabelle 40 aufgeführt. (Bischofit $MgCl_2 \cdot 6\,H_2O$ ist in den marinen Salzlagerstätten außerordentlich selten.)

Tabelle 40. Die wichtigsten Minerale der marinen Evaporite

Karbonate:		*Sulfate:*	
Dolomit	$CaMg(CO_3)_2$	Anhydrit	$CaSO_4$
Chloride:		Gips	$CaSO_4 \cdot 2\,H_2O$
		Kieserit	$MgSO_4 \cdot H_2O$
Halit	NaCl	Polyhalit	$K_2SO_4 \cdot MgSO_4 \cdot 2\,CaSO_4 \cdot 2\,H_2O$
Sylvin	KCl		
Carnallit	$KCl \cdot MgCl_2 \cdot 6\,H_2O$	*Chlorid* und *Sulfat:*	
Bischofit	$MgCl_2 \cdot 6\,H_2O$	Kainit	$KCl \cdot MgSO_4 \cdot 2,75\,H_2O$

12.2 Sedimente und Sedimentgesteine

Die Salzgesteine. Salzgesteine unterscheiden sich zunächst durch ihre *große Wasserlöslichkeit,* durch ihre *hohe Plastizität* und ihre relativ *geringe Dichte* von den übrigen Sedimenten und Sedimentgesteinen.

Halitit ist ein monomineralisches Salzgestein aus Halit (Steinsalz). Es bildet sehr mächtige Lager. Durch tonig-sulfatische Zwischenlagen kommt eine rhythmische Schichtung zustande.

Sylvinit, das kalireichste Gestein, besitzt als Hauptgemengteil Sylvin neben Halit. Meistens ist eine Schichtung durch Wechsellagerung der beiden Minerale erkennbar.

Es gibt verschiedene sog. *Hartsalze.* Das sulfatische Hartsalz besteht aus Halit, Sylvin und mehreren sulfatischen Salzmineralen. Die Unterscheidung der verschiedenen Hartsalze erfolgt durch die Art der beigemengten Sulfatminerale.

Carnallitit besteht im wesentlichen aus Carnallit und Halit.

Daneben gibt es weitere regional vorkommende Salzgesteine.

Charakteristische Unterschiede in der Mineralzusammensetzung der Salzgesteine von Kalisalzlagerstätten lassen die Untergliederung in einen Sulfat- und einen Chloridtyp zu. Diese Unterscheidung ist nicht nur von wissenschaftlicher Bedeutung, sondern auch für die wirtschaftliche Nutzung der Kalisalzlagerstätten wichtig.

Voraussetzungen für die Entstehung mariner Evaporite. Die natürliche Konzentration von Meerwasser ist unter folgenden Voraussetzungen möglich:

In einem weitgehend durch eine Schwellenzone oder eine Meerenge vom offenen Meer abgeschnürten Meeresbecken muß ein kontinuierlicher oberflächlicher Nachfluß von Meerwasser gewährleistet, ein Rückfluß der konzentrierten Lösung jedoch verhindert sein. Über die Schwellenzone strömt Meerwasser in dem Maß nach, wie es im anschließenden Becken verdunstet. Zudem darf durch besondere klimatische Bedingungen die Menge des verdunsteten Beckenwassers nicht durch Zuführung von Flußwasser oder Niederschläge ersetzt werden. Damit konnten die gewaltigen Salzmächtigkeiten von einigen 100 m aus einer relativ flachen und sich gut durchwärmenden Lösung entstehen, wozu sonst bei einem *einmaligen* Eindunstungsvorgang eine Meerestiefe von mehreren Kilometern nötig wäre. Dieses Modell eines Salzablagerungsbeckens wurde bereits vor mehr als 100 Jahren durch OCHSENIUS unter Hinweis auf die Vorgänge innerhalb der Karabugasbucht am Ostrand des Kaspischen Meers begründet. Seine sog. *Barrentheorie* ist in ihren Grundzügen durch die neuere Salzforschung immer wieder bestätigt worden.

Primäre Kistallisation und Diagenese mariner Evaporite. Die primäre Kristallisation der marinen Evaporite erfolgt bei zunehmender Einengung der Meereslauge *in folgender Reihenfolge:*

Zuerst kristallisieren relativ schwerlösliche Verbindungen aus wie Ca-Karbonat und MgCa-Karbonat (Aragonit, Calcit und Dolomit). Die Ausscheidung von Gips beginnt erst, wenn rund 70% des Meerwassers verdunstet ist. Dann folgen Halit bei rund 89% und schließlich die Kalisalze (Sylvin, Kainit, Carnallit und viele andere). Aus einer extrem eingeengten Meereslauge bildet sich am Ende Bischofit ($MgCl_2 \cdot 6\ H_2O$).

Wenn derartig gesättigte Salzlösungen durch Zutritt von Meerwasser an Konzentration verlieren, scheiden sich Evaporite in umgekehrter Reihenfolge aus. Eine solche Folge von progressiven und rezessiven Ausscheidungen wird häufig als *salinarer Zyklus* bezeichnet. Als typisches Beispiel hierzu wird die Salzfolge der Zechsteinevaporite in Mitteleuropa angesehen. Diese Zyklen sind in Mittel- und Norddeutschland, unter der Nordsee, in Dänemark, den Niederlanden, England und in Polen mit unterschiedlicher Mächtigkeit und Vollständigkeit ausgebildet.

Am Anfang der Meerwassereindunstung folgt, wie oben hervorgehoben wurde, auf die Karbonatausscheidung die Kristallisation von *Gips*. In der Folge der Salzlagerstätten der geologischen Vergangenheit befindet sich jedoch über den Karbonaten meistens ein mächtiges Lager von Anhydrit. Das ist eine Diskrepanz, die zu einer anhaltenden Diskussion um die primäre Ausscheidung des Anhydrits aus dem Meerwasser führte. Wir wissen heute, daß sich wegen seiner begünstigten Keimbildung zunächst Gips ausgeschieden hat, und zwar als eine *metastabile Phase* anstelle des an sich *stabilen Anhydrits*. Das tatsächliche Vorliegen von Anhydrit innerhalb der Salzfolge kann nur so gedeutet werden, daß er sich sekundär aus vorher primär ausgeschiedenem Gips gebildet hat. Dieser Vorgang wird als ein Ergebnis des Belastungsdrucks und zunehmender Verdichtung des auflagernden Deckgebirges betrachtet. Theoretische Betrachtungen bestätigen, daß nicht nur höhere Temperaturen, sondern auch anwachsender lithostatischer Druck die stabile Bildung von Anhydrit begünstigt. Man rechnet diese Umwandlung von Gips in Anhydrit zur *Diagenese*.

Der nach dem Gips auskristallisierende Halit erfährt in den Salzgesteinen keine Umwandlung, wohl aber ein Teil der primär ausgeschiedenen K, Mg-Verbindungen. Die zugehörigen Vorgänge sind oft recht kompliziert. Es kommt in den konzentrierten Salzlaugen häufig zur Übersättigung, die zur *metastabilen* Salzausscheidung führt. Die bisher bekannten Daten sprechen für eine geologisch frühzeitige Umwandlung in stabile Mineralassoziationen. Derartige Umwandlungen ordnen Braitsch und andere Forscher der *Diagenese* zu, weil sie *unter den gleichen Temperaturen* stattfinden *wie die Ausscheidung der primären Salzminerale*.

Zur Metamorphose mariner Evaporite. Viele Salzminerale reagieren empfindlich auf die *nachträgliche Einwirkung von Lösungen,* auf *Temperaturerhöhung* oder *mechanische Beanspruchung.* Dabei erfolgen Mineralreaktionen, Stofftransporte und Änderungen in der Elementverteilung. Nach Borchert sind alle Kriterien für eine Gesteinsmetamorphose gegeben. Nur sind bei der Salzmetamorphose die *Temperaturen viel niedriger.*

Bei den Salzgesteinen unterscheidet man gewöhnlich *3 verschiedene Arten von Metamorphose,* je nachdem, ob Lösungseinwirkung, Temperatur oder mechanische Beanspruchung die dominierende Rolle spielt.

Im Hinblick auf die Wirkung der *Lösungsmetamorphose* muß man bedenken, daß Salzminerale wie Carnallit, Sylvin oder Halit extrem wasserlöslich sind. Die Lösungsmetamorphose ist in allen deutschen Kalisalzlagerstätten des Zechsteins festgestellt worden. *Lösungsmetamorphose* ist zugleich die *wichtigste Art der Salzmetamorphose.*

Hierbei wird als bedeutendster Metamorphosevorgang die *inkongruente Carnallitzersetzung* angesehen. So wird ein kieseritischer Carnallitit durch ungesättigte Salzlösungen nach folgendem Reaktionsschema inkongruent umgewandelt:

Carnallit + Kieserit + Halit + NaCl-Lösung → Kieserit + Sylvin + Halit + $MgCl_2$-Lösung
(kieseritischer Carnallitit)   *(kieseritisches Hartsalz)*

Die NaCl-Lösungen sind auf Spalten eingedrungen, die $MgCl_2$-Lösungen nach dem Umwandlungsprozeß in die Umgebung abgewandert.

Die Vorgänge an der Oberfläche von kuppelförmigen Aufwölbungen und Salzdiapiren, die durch einwanderndes Grundwasser ausgelöst werden, sollten nach KÜHN *nicht* zur Lösungsmetamorphose, sondern zu den *Verwitterungsvorgängen* gerechnet werden. Auch hier kommt es zur *Neubildung* von Gips und Kainit in einem sog. *Gips-* bzw. *Kainithut.*

Marine Evaporite als Rohstoffe. *Halit* (Steinsalz) ist ein vielseitiger und wichtiger Rohstoff für die chemische Industrie, so für die gesamte Chlorchemie, auf deren Basis die Kunstfasern gewonnen werden. Aus Halit werden weitere chemische Grundstoffe erzeugt wie z. B. das metallische Natrium, NaOH, Cl_2 und HCl. Darauf wiederum basieren z. T. zahlreiche Industriezweige wie die Waschmittel-, Textil-, Papier- und Zellstoffindustrie. Halit findet also nicht nur Verwendung für die menschliche Nahrung, in der Lebensmittelindustrie und als Streusalz.

Kalisalze sind Grundrohstoffe u. a. für die Erzeugung verschiedener Düngemittel, ebenso für die chemische Industrie.

Die bedeutendsten *Förderländer* an Kalisalzen sind derzeit Kanada, die GUS, die Bundesrepublik Deutschland. Die Bundesrepublik ist insbesondere in der Lage, die auf dem Weltmarkt begünstigten Sulfatdüngemittel herzustellen.

Außerdem werden industriell in großem Maßstab *Anhydrit-* und *Gipsgesteine* genützt. So wird Anhydrit für die Schwefelsäure- und Ammoniumsulfatherstellung benötigt. Außerdem ist er Rohstoff in der Zement- und Baustoffindustrie, ebenso wie Gips. Gips wird außerdem in der Keramik und Porzellanindustrie, in der Medizin und Dentalchemie und im Kunstgewerbe (Modellgips) verwendet.

In tiefliegenden Kavernen von Salzstöcken werden chemische und radioaktive Abfallstoffe deponiert.

13 Die Gesteinsmetamorphose

DEFINITION

Metamorphe Gesteine oder Metamorphite sind Produkte der Gesteinsmetamorphose. Unter *Gesteinsmetamorphose* versteht man die Umwandlung eines Gesteins unter sich ändernden physikalischen und chemischen Bedingungen (P, T, X). Diese Veränderung vollzieht sich durch Umkristallisation mit oder ohne Verformung des Gesteinsgefüges und unter wesentlicher Beibehaltung des festen Zustands. Bei hochgradiger Metamorphose kann es dabei zu einer teilweisen Aufschmelzung des Gesteins kommen (Anatexis). Dabei können magmatische, sedimentäre oder (bereits) metamorphe Gesteine einer Gesteinsmetamorphose unterliegen. Kann man bei einem metamorphen Gestein mehrere verschiedene Metamorphoseakte nachweisen, so liegt eine *Polymetamorphose* vor.

Konventionsgemäß gehören nur diejenigen Umwandlungsvorgänge zur Metamorphose, die in einer gewissen Tiefe *unterhalb* der Erdoberfläche stattfinden. Verwitterungsvorgänge und Diagenese gehören deshalb *nicht* zur Metamorphose. Die *Metamorphose durch Impakteinwirkung* außerirdischen Materials auf der Erd- oder Mondoberfläche kann als eine Ausnahme angesehen werden. Zu den Ausnahmen zählt auch die gelegentliche Hitzeeinwirkung eines Lavastroms auf Nebengestein oder Nebengesteinseinschlüsse.

Kommt es bei hochgradiger Metamorphose zur beginnenden Aussonderung von Schmelze im metamorphen Gestein, so ist die *Ultrametamorphose* erreicht, das Grenzgebiet der Entstehung von Magmen.

13.1 Grundlagen

13.1.1 Abgrenzung der Metamorphose von der Diagenese

Tonschiefer z. B. werden i. allg. nicht zu den metamorphen Gesteinen gezählt. Auch aufgrund der *Kristallinität der anwesenden Illite*, heute ein maßgebendes Kriterium, gehören sie nicht zu den metamorphen Gesteinen. Sie werden deshalb in eine Übergangszone, die als *Anchimetamorphose* bezeichnet wird, gestellt.

Von anderen Forschern wurde der Beginn der Metamorphose mit der Bildung von Mineralparagenesen abgegrenzt, die im sedimentären Milieu nicht entstehen können. Von Engelhardt möchte das Ende der Diagenese mit dem fast völligen

Verschwinden der Porosität gleichsetzen, weil dann die Mineralphasen nicht mehr über die Porenlösung reagieren können.

Es ist nicht möglich, eine allgemeingültige Temperaturgrenze für den Beginn der Metamorphose anzugeben. Bei den Salzgesteinen gibt es bereits bei etwa 80 °C Reaktionen, die den Mineralbestand so durchgreifend verändern, daß Salzspezialisten bereits hier von Metamorphose sprechen. Auch ist zu erwarten, daß in anderen Fällen die Temperaturgrenze Diagenese/Metamorphose von Gestein zu Gestein unterschiedlich angesetzt werden müßte.

Wir wollen mit LIPPMANN die Metamorphose von der Diagenese abgrenzen durch das Kriterium einer weitgehenden Annäherung der metamorphen Gesteine an ein chemisches Gleichgewicht. Es besteht zwar eine gewisse Tendenz zur Einstellung eines Gleichgewichts unter den Mineralphasen bereits in dem Vorstadium der Diagenese, doch reagieren die Silikate dabei außerordentlich träge. Das ist darin begründet, daß die kinetischen Hemmungen auf dem Weg zum chemischen Gleichgewicht für die meisten Sedimentsysteme außerordentlich groß sind. So enthalten Gesteine, die durch Diagenese oder Anchimetamorphose geprägt sind, oft mehr Minerale als nach der Phasenregel im Gleichgewicht auftreten können. Demgegenüber genügen die Mineralparagenesen der Metamorphose i. allg. der GIBBS-Phasenregel.

13.1.2 Zur Kennzeichnung metamorpher Produkte

Gebräuchliche Präfixe zur Kennzeichnung der metamorphen Produkte

Meta-   Metamorphes Gestein, z. B. Metagranit, Metagrauwacke,
Ortho- Metamorphes Gestein magmatischer Abkunft, z. B. Orthogneis, Orthoamphibolit,
Para-   Metamorphes Gestein sedimentärer Abkunft, z. B. Paragneis, Paraamphibolit.

13.1.3 Auslösende Faktoren

13.1.3.1 Temperatur und Druck

Die Gesteinsmetamorphose ist meistens eine Anpassung von Mineralinhalt und Gefüge des Gesteins an *veränderte Temperatur- und/oder Druckbedingungen*. Dabei ist die Zuführung von thermischer Energie der bei weitem wichtigere auslösende physikalische Faktor. Durch Hitzezufuhr kommt es zu Reaktionsvorgängen zwischen sich berührenden Mineralkörnern, weil die meisten Mineralumwandlungen der Metamorphose endotherm ablaufen.

13.1.3.2 Herkunft der thermischen Energie

Die für eine Temperatursteigerung notwendige thermische Energie kann aus einer zunehmenden Versenkung stammen, wie sie z. B. eine Sedimentfolge innerhalb eines Geosynklinalraums erfährt. Der Temperaturanstieg von 10 °C/km Sedimentauflast, der sich bei der Versenkungsmetamorphose mit wachsender Sedimentmächtigkeit nach der Tiefe hin vollzieht, ist allerdings relativ gering.

Eine viel stärkere Temperatursteigerung ist bei einem zusätzlichen *Magmenaufstieg* im Orogen zu erwarten. Über einem derartigen Wärmedom oder einer Wärmebeule im Orogen kann örtlich oder regional der thermische Gradient eine Steigerung bis zu mehr als 100 °C/km erreichen. Die aus dem Magma abgegebene Wärme bewirkt im angrenzenden Nebengestein eine thermische Umkristallisation. Erfolgt dabei die Umkristallisation unter Beibehaltung seines Mineralbestands, z. B. nur durch Kornvergröberung vom Kalkstein zum Marmor (Abb. 131), so liegt eine *isophase*, wenn – wie im Regelfall – andere Minerale entstehen, eine *allophase* Umkristallisationsmetamorphose vor.

Weiterhin können örtliche oder regionale Wärmezufuhren auf *radioaktive Zerfallsreaktionen* oder auf *tektonische Reibung* (sog. *Friktionswärme*) zurückgehen. In den tieferen Teilen der Erdkruste muß auch mit Wärmezufuhren aus dem Oberen Erdmantel gerechnet werden.

Eine ausschließlich durch Wärmezuführung ausgelöste Umkristallisation liegt besonders bei der *Kontaktmetamorphose* bzw. der *Pyrometamorphose* vor.

Die *Temperaturen der Gesteinsmetamorphose* reichen für alle Fälle etwa von 200–1000 °C.

13.1.3.3 Die Wirkung des Drucks

Druck wirkt bei der Gesteinsmetamorphose meistens als Belastungsdruck p_l, der sich aus der *Last der überlagernden Gesteinsschicht* ergibt wie z. B. bei der Versenkungsmetamorphose. In Abhängigkeit von der Dichte des überlagernden Gesteinspakets ergeben sich Drücke von 250–300 bar je km Tiefe für die Verhältnisse der

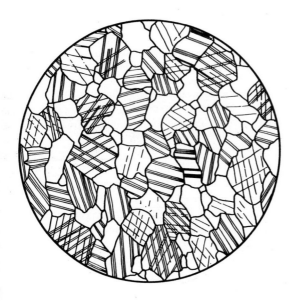

Abb. 131. Marmor, gleichmäßigkörniges Gestein aus Calcit. Calcit zeigt eine polysynthetische Zwillingslamellierung nach $\{01\overline{1}2\}$, Carrara, Vergr. 30mal

kontinentalen Kruste. Es wird angenommen, daß dieser Belastungsdruck allseitig, *hydrostatisch*, wirkt. Der wahrscheinliche Belastungsdruck an der Untergrenze der Erdkruste variiert zwischen rund 10 kbar für die kontinentale Kruste und rund 2 kbar für die ungestörte ozeanische Kruste. Die größte zu erwartende Tiefe innerhalb der heutigen kontinentalen Kruste einschließlich der känozoischen orogenen Gebirgsketten beträgt etwa 70 km mit Drücken in der Größenordnung von 20 kbar an deren Basis. Einige metamorphe Gesteine, die ihre Metamorphose innerhalb von Subduktionszonen oder Zonen kontinentaler Kollision erfahren haben, könnten innerhalb von Tiefen bis zu 100 km und mehr noch höhere Bildungsdrücke erreicht haben. Die charakteristischen Minerale für derartig hohe Drücke sind Coesit und Diamant, die unter Drücken von rund 30 kbar und darüber stabil sind.

Die im Porenraum und im Kluft- bzw. Spaltensystem befindlichen Gase (H_2O, CO_2, O_2 etc.) stehen i. allg. unter dem gleichen Druck wie das feste Gestein. Der Druck der Porenlösung ergibt sich aus der Summe der Partialdrücke der vorhandenen Gase, $p_f = p_{H_2O} + p_{CO_2} \ldots$ In diesem Falle ist der Gasdruck gleich dem Belastungsdruck, $p_f = p_l$. Unter besonderen Verhältnissen, wenn die Gasphase über ein offenes Kluft- bzw. Spaltensystem zur Oberfläche Zugang hat und teilweise entweichen kann, wird angenommen, daß $p_f < p_l$ ist. Das ist auch dann der Fall, wenn das Ausgangsgestein der Metamorphose (das *Edukt, der Protolith*) sehr wenig Gasphase (H_2O, CO_2) und H_2O- oder CO_2-haltige Minerale enthielt, aus denen durch Entwässerungs- oder Dekarbonatisierungsreaktionen H_2O oder CO_2 freigesetzt werden können.

Wenn die Metamorphose unter hydrostatischem Druck *ohne* Anzeichen einer Teilbewegung im Gesteinsgefüge stattfindet, spricht man von einer *statischen* Metamorphose. Treten Teilbewegungen auf, so liegt eine *kinetische* Metamorphose vor. Eine ausgesprochene *kinetische* Metamorphose ist die *Dislokationsmetamorphose*. Auffällige Begleiterscheinungen des gerichteten Drucks der kinetischen Metamorphose sind sichtbare Zeichen wie mechanische Beanspruchung und irreversible Verformungen am Mineralkorn, am Gestein und seinem geologischen Verband.

Noch vor nicht allzulanger Zeit glaubte man, daß gewisse gesteinsbildende Minerale nur unter gerichtetem Druck (shearing stress, Streß) entstehen können. Man sprach von Streßmineralen oder wenigstens von streßbegünstigten Mineralen. Zu den Streßmineralen wurde insbesondere Disthen (Kyanit), $Al_2[O/SiO_4]$, gezählt, im Unterschied zu Andalusit, einer der beiden anderen Mineralphasen dieser trimorph auftretenden Verbindung. Auch Staurolith, Chloritoid und almandinreicher Granat wurden den Streßmineralen zugeordnet. Demgegenüber wurden Leucit, Nephelin und die Minerale der Sodalithgruppe (durchwegs locker gepackte, wenig dichte Gerüstsilikate) den Antistreßmineralen zugewiesen. Jedoch wurde bereits damals beobachtet, daß sich z. B. Disthen auch als Füllung von Zerrklüften und in Hohlräumen *nach* dem Ereignis der Durchbewegung ausscheiden kann.

Inzwischen ist experimentell nachgewiesen worden, daß die Existenzfelder der metamorphen Minerale durch einen gerichteten Überdruck (tectonic overpressure, shearing stress) *nicht* geändert werden. Gerichteter Druck führt höchstens zu einer geringen Erhöhung des hydrostatischen Drucks und durch Vermehrung von Kornkontakten katalytisch zu größerer Reaktionsgeschwindigkeit und Erniedrigung der Aktivierungsenergie.

13.1.3.4 Die Rolle des Chemismus

Der *Ausgangschemismus* erfährt bei der Gesteinsmetamorphose i. allg. *keine* Änderung. Das betrifft sowohl die Haupt- als auch die Neben- und Spurenelemente. Die Metamorphose verläuft in den meisten Fällen *isochemisch*. Wenn z. B. ein ehemaliger Bänderton durch Metamorphose umkristallisiert, so bleibt seine Bänderung im metamorphen Gestein noch immer erkennbar. Die feinen, sedimentär angelegten stofflichen Unterschiede werden durch den metamorphen Mineralbestand fixiert und im metamorphen Gestein übernommen.

Genaugenommen werden bei zahlreichen Zerfallsreaktionen unter höherer Temperatur bei der Gesteinsmetamorphose häufig H_2O, in manchen Fällen auch CO_2 oder andere Gase frei, die das Gestein verlassen können. Im Hinblick auf diese mobilen Komponenten verläuft die Metamorphose *allochemisch*.

Nur in besonderen, wenn auch nicht seltenen Fällen kommt es zu Umsetzungen und Austauschreaktionen mit überkritischen Gasen oder hydrothermalen Lösungen, die fast stets zugeführt worden sind. Sie können lokal einen erheblichen Stoffaustausch bewirken. Eine solche Metamorphose mit beachtlicher Stoffänderung (Stoffzufuhr oder Stoffwegfuhr) wird als *Metasomatose* bezeichnet. Sie findet bevorzugt im Wirkungsbereich einer Kontaktmetamorphose statt, die dann als *Kontaktmetasomatose* bezeichnet wird.

13.1.3.5 Die retrograde Metamorphose

Der Mineralinhalt eines metamorphen Gesteins repräsentiert in der Regel den höchsten Grad der erreichten Metamorphose im Hinblick auf die Temperatur. Nur unter besonderen Umständen treten retrograde (rückläufige) Einflüsse stärker hervor, die dem Hauptstadium der Metamorphose folgen. Durch sie werden höhergradig geprägte Metamorphite in niedriggradige umgewandelt. Es liegt eine retrograde (retrogressive) Metamorphose vor, die auch als Diaphthorese bezeichnet wird. Die Diaphthorese ist meistens auf tektonische Bewegungshorizonte und Störungszonen lokal begrenzt und klingt seitlich rasch ab. Die Kristallisation von niedriggradigen aus höhergradigen Mineralparagenesen macht Anwesenheit oder Zufuhren von H_2O und/oder CO_2 notwendig. Bei den relativ niedrigen Temperaturen der *Diaphthorese* stellt sich ein Mineralgleichgewicht meistens nur unvollkommen ein. Es verbleiben häufig Mineralrelikte aus dem Stadium der höhergradigen Metamorphose. Der Vorgang des Abbaus der älteren Minerale läßt sich in einzelnen Stufen verfolgen, sehr viel besser als das die aufsteigende (progressive) Metamorphose zuläßt.

Nachträgliche Umwandlungen durch Restlösungen innerhalb von Magmatitkörpern, die noch mit dem betreffenden Kristallisationsvorgang im Zusammenhang stehen, werden mit den Begriffen *Autometamorphose* bzw. *Autometasomatose* beschrieben. Auch die Autometamorphose ist in ihrer Auswirkung eine retrograde Metamorphose. Dabei bestehen häufig Überschneidungen mit hydrothermalen Vorgängen und deren Mineralbildungen.

13.2 Das geologische Auftreten der Gesteinsmetamorphose und ihrer Produkte

ARTEN DER GESTEINSMETAMORPHOSE

Nach dem Geländebefund lassen sich v. a. 3 verschiedene Kategorien von metamorphen Gesteinen unterscheiden:

Produkte der *Kontaktmetamorphose*, Produkte der *Dislokationsmetamorphose* (Dynamometamorphose) und Produkte der *Regionalmetamorphose*. Das geologische Auftreten der kontaktmetamorph und dislokationsmetamorph geprägten Gesteine ist örtlich relativ begrenzt, während das Auftreten der regionalmetamorph geprägten Gesteine, wie schon der Name zum Ausdruck bringt, meistens ganze Grundgebirgseinheiten umfaßt. Die Gesteinsmetamorphose ist jedoch nicht auf Bedingungen der Erdkruste beschränkt.

13.2.1 Die Kontaktmetamorphose und ihre Gesteinsprodukte

ALLGEMEINES

Die kontaktmetamorph gebildeten Metamorphite sind Produkte einer thermischen Um- und Rekristallisation des Nebengesteins um einen magmatischen Intrusivkörper. Auch in den Intrusivkörper gelangte Nebengesteinsschollen können so verändert werden. Magmatische Intrusivkörper können sein:

- *Plutone*, deren Magmen in das nicht metamorphe oder schwach metamorphe Grundgebirge höherer kontinentaler Krustenabschnitte aufgestiegen sind.
- Basaltische *Gänge* oder *Lagergänge* (Lager).

13.2.1.1 Die Kontaktmetamorphose an Plutonen

Die *kontaktmetamorphe Einwirkungszone der Plutone* auf das Nebengestein wird als *Kontakthof* (Kontaktaureole) bezeichnet, diejenige eines Gangs als *Kontaktsaum*. Nur die Einwirkung als Kontakthof ist der Dimension nach geologisch auskartierbar.

Kontakthöfe befinden sich vorzugsweise um Granit- oder Granodioritplutone, aber auch um die etwas selteneren Syenit-, Monzonit- oder Gabbroplutone u. a. Die ursprüngliche Tiefenlage derartiger Plutone, die jetzt durch Erosion teilweise freigelegt ist, wird bei den verschiedenen Vorkommen unterschiedlich zwischen 1 und 6 km angenommen (Erdoberfläche – Obergrenze Pluton). Der in dieser Tiefe herrschende Gesteinsdruck (Belastungsdruck) p_l würde 0,3–2 kbar entsprechen.

Innerhalb der Kontaktaureole liegt meistens eine *progressiv metamorphe Gesteinsfolge* gegen den Pluton hin vor. Die dem Plutonkontakt unmittelbar sich anschließende Zone hat die größte Temperaturerhöhung erfahren. Es ist petrographisch die Zone der *Hornfelse*. Nach außen hin schließen sich meistens 2 weitere metamorphe Zonen an, die weniger stark aufgeheizt wurden und deshalb eine weniger intensive Umkristallisation erfuhren. Hier treten *Fleck-*, *Frucht-* oder *Knotenschiefer* auf.

13.2 Das geologische Auftreten der Gesteinsmetamorphose und ihrer Produkte

Das *Ausmaß des Kontakthofs* hängt wesentlich von der Größe des Plutons und seiner Wärmekapazität ab. Die im Kontakthof erreichte *Temperaturhöhe* richtet sich nach der Temperatur des intrudierten Magmas. Da gibt es deutliche Unterschiede. Die unmittelbar am Kontakt wirksame Temperatur ist natürlich wesentlich niedriger als diejenige des zugehörigen intrudierten Magmas. Sie kann nach WINKLER bei gabbroiden Magmen maximal etwa 875 °C, bei syenitischen Magmen 710 °C und bei granitischen Magmen nur 660–610 °C erreichen bei einer Intrusionstiefe des Magmas von etwa 5–6 km. Intrudiert das Magma nur in einer Tiefe von 2 km, so erniedrigen sich diese Temperaturen etwa als Folge der niedrigeren Temperaturen des Nebengesteins. In den zugrundeliegenden Berechnungen für diese Temperaturen wird von Wärmeleitung und freiwerdender Kristallisationswärme ausgegangen. Die Aufheizung durch evtl. eindringende überhitzte Gase bleibt dabei unberücksichtigt. Die Größenordnung der *Zeitdauer* der maximalen Temperatur im angrenzenden Nebengestein wird für einen plattenförmigen Pluton von 100 m Dicke mit 100 Jahren, für einen solchen von 1000 m Dicke mit 10 000 Jahren angegeben.

Die Wirkung einer progressiven Kontaktmetamorphose mit Steigerung gegen den Kontakt zum Pluton hin ist makroskopisch am besten an *pelitischen Sedimentgesteinen* zu verfolgen. Als typisches Beispiel soll der *Befund im Kontakthof des Bergener Granitplutons*, der als Ausläufer zum westerzgebirgischen Granitmassiv gehört, besprochen werden (Abb. 132).

Der geologische Verband kennzeichnet den Bergener Granitpluton als Längsmassiv, dessen Platznahme unmittelbar nach Abschluß der varistischen Faltung seines Schiefermantels erfolgt ist. Die Kontaktmetamorphose hat in ihrer Aureole einen großen Teil der dortigen ordovizischen Sedimentgesteinsfolge und deren Einlagerungen erfaßt. Im Westen sind es durch kohliges Pigment schwarz gefärbte Tonschiefer, anschließend im Hauptteil helle, sandig-tonig gebänderte Tonschiefer (die sog. Phycodenschichten), die im Osten in Phyllite übergehen. Als Einschaltungen in dieser pelitischen Serie finden sich tektonisch eingeformte Lagergänge von Diabas, Lagen von Diabastuff und Körper von unreinem Kalkstein.

Unter Berücksichtigung von Mineralzusammensetzung und Gefüge der kontaktmetamorph veränderten hellen, sandig-tonig gebänderten Schiefer wurden innerhalb der Kontaktaureole 3 Zonen ausgeschieden, bei der Kartierung der beiden äußeren Zonen wegen unscharfer Grenzen beide zusammengefaßt. Vom unveränderten Schiefer zum Granit hin treten auf:

(a) Knoten- und Fruchtschiefer mit kaum veränderter Grundmasse,
(b) Fruchtschiefer mit schwach umkristallisiertem glimmerreichem Grundgewebe (Abb. 133) und
(c) dickbankig-massiver Andalusit-Cordierit-Glimmerfels.

In der *Zone (a)* mit schwächster Einwirkung der Kontaktmetamorphose treten aus der kaum veränderten Grundmasse des Tonschiefers winzige Knoten hervor, die aus feinschuppigem Chlorit bestehen. Diese Chloritknoten werden mit Annäherung an die Zone (b) größer und nehmen dabei eine längliche Form an, die Ähnlichkeit mit derjenigen eines Getreidekorns aufweist (daher Fruchtschiefer). Diese Gebilde sind Pseudomorphosen nach Cordierit, wie sich an relativ seltenen Relikten nachweisen läßt. Die in die Schieferungsebene eingeregelte Grundmasse besteht neben Akzessorien aus einem schuppigen Filz von Chlorit und Serizit, der klastische Körner von Quarz umschließt.

In der *Zone (b)* haben die getreidekornförmigen Cordierite nur selten eine retrograde Umwandlung in Chlorit erfahren. Sie treten zudem reichlicher auf und sind mit einer Länge von durchschnittlich 3–6 mm größer entwickelt. (Man bezeichnet ganz allgemein bei der Gesteinsmetamorphose aus einem feineren Grundgewebe von Mineralen durch Größenwachstum hervortretende Kristalle als *Porphyroblasten*.) Diese Cordieritporphyroblasten wuchsen in ihrer

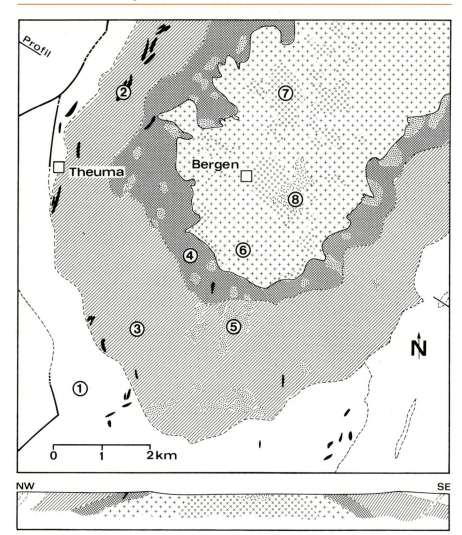

Abb. 132. Die Kontaktaureole des Granitplutons von Bergen am Westrand des westerzgebirgischen Granitmassivs. (Entwurf in Anlehnung an WEISE und UHLEMANN, Geologische Karte von Sachsen, Bl. Nr. 143, 1914) ① Unveränderter Tonschiefer des Ordoviziums, ② Amphibolit, teilweise kontaktmetamorph überprägt, ③ Zone der Knoten- und Fruchtschiefer, ④ Zone des Andalusit-Cordierit-Glimmerfelses, ⑤ kontaktpneumatolytische Turmalinisierungsbereiche, ⑥ mittelkörniger Granit, ⑦ mittel- bis grobkörniger, porphyrartig ausgebildeter Granit, ⑧ feinkörniger Granit

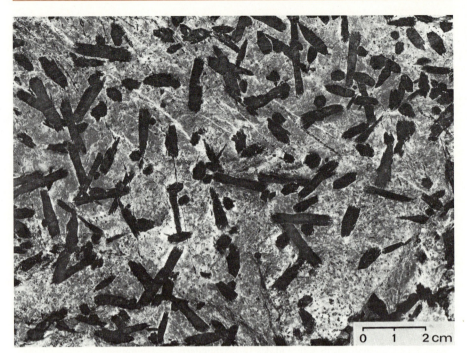

Abb. 133. *Fruchtschiefer,* kontaktmetamorph überprägter Tonschiefer mit Cordieritporphyroblasten, vorwiegend mit c // zur Schieferungsebene des ehemaligen Tonschiefers gewachsen; nur einzelne Porphyroblasten liegen senkrecht dazu und lassen den pseudohexagonalen Querschnitt von Cordieritdrillingen nach (110) erkennen. Das hell erscheinende glimmerreiche Grundgewebe ist nur schwach umkristallisiert. Theuma, Vogtland. Handstück // zur Schieferungsfläche

Längsrichtung vorzugsweise parallel zur transversalen Schieferung. Auftretende Querschnitte mit 6zähligem Umriß (Abb. 133) lassen bei + Nic unter dem Mikroskop einen Sektorenzerfall erkennen, der diese Cordieritporphyroblasten als Durchwachsungsdrillinge nach (110) aufweist. Ihre auffallende schwarze Färbung ist durch eine wolkige Anreicherung eines feinen opaken Pigments verursacht. Sie haben bei ihrem Wachstum Grundgewebe siebförmig (poikiloblastisch) umschlossen.

In dem Fruchtschiefer der Zone (b) sind die Minerale des Grundgewebes bis auf spärliche klastische Reste von Quarz deutliche metamorphe Umkristallisationsprodukte. So bewirkt das Wachstum der Glimmer einen feinen Seidenglanz auf den noch immer vorhandenen Schieferungsebenen. An der Zusammensetzung des Grundgewebes sind in den Fruchtschiefern der Zone (b) u. d. M. beteiligt: grünbrauner Biotit, Muscovit und Quarz neben zahlreichen Akzessorien.

Die Fruchtschiefer dieser Zone sind wegen ihrer hervorragenden technischen Eigenschaften ein begehrter Werkstein.

Der *schwarze Tonschiefer,* der reich an kohligem Pigment ist, enthält in der Zone (b) Andalusit in der Varietät Chiastolith. Seine Porphyroblasten erreichen bis zu 1 cm Länge und sind oberflächlich in Serizit umgewandelt. Cordierit tritt in diesen Schiefern nicht auf.

In der *Zone (c)* gehen mit weiterer Annäherung an den Granitkontakt die Fruchtschiefer in glimmerreichen Andalusit-Cordierit-Hornfels über. Die makroskopisch bläulichgrauen bis bläulichschwarzen Hornfelse lassen reichlich Cordierit als rundliche, blauschwarze Flecken erkennen. Kristalloblasten von Andalusit, die siebartige (poikiloblastische) Einschlüsse von Quarz enthalten, sind mit bloßem Auge kaum identifizierbar. Schüppchen von braunem Biotit treten makroskopisch eher hervor als der helle Muscovit.

Das Grundgewebe des Fruchtschiefers von Zone (b) ist bei den Hornfelsen völlig umkristallisiert und seine Schiefertextur entregelt. Anders als die Schieferung bleibt die ehemalige Schichtung des ausgehenden Tonschiefers, so der sedimentär angelegte Lagenwechsel zwischen tonigen und mehr sandigen Lagen, auch im massigen Hornfels noch immer sichtbar. Er äußert sich nunmehr in einem dem Chemismus entsprechenden Wechsel des metamorphen Mineralbestands. Gemengteile dieses vorwiegend fein- bis kleinkörnigen Hornfelses sind Cordierit, Andalusit, Biotit, Muscovit, Quarz und zahlreiche Akzessorien.

Die in der Zone (b) kontaktmetamorph überprägten Lagergänge von Diabas und Einschaltungen von Diabastuff sind in *körnige Amphibolitkörper* umgewandelt worden. Oft haben sich Diabasrelikte erhalten, diese fehlen in den Amphibolitkörpern der Zone (c) infolge stärkerer Umkristallisation. In den jetzt metamorphen Tufflagen, die einen gewissen Mangangehalt aufweisen, sind zusätzlich Porphyroblasten von spessartinreichem Granat über das Grundgewebe hinweggesproßt, das sie poikiloblastisch umschließen (Abb. 154, S. 421). Die ehemals mergeligen Kalksteine liegen jetzt als *Kalksilikatfelse* vor.

Wie das Kartenbild weiter zu erkennen gibt, liegen innerhalb der Zonen (c) und (b) und im Granitkörper selbst *auskartierbare Bereiche mit Bildung von Turmalin* (Schörl) vor. Auf feinen Klüften, meist zusammen mit Quarz, hat sich Turmalin abgeschieden, und im Hornfels verdrängt er häufig Cordierit oder Biotit, wie u. d. M. erkennbar ist. Diese im spätmagmatischen Stadium einsetzende *Kontaktmetasomatose* geht auf flüchtige Borverbindungen pneumatolytischer Restdifferentiate des Granitplutons zurück.

In einer anderen dicht benachbarten Kontaktaureole des westerzgebirgischen Granitmassivs steht der Fachleuten allgemein bekannte sog. *Topasbrockenfels des Schneckensteins* an. Dieses Kontaktgestein wurde während des 18. Jahrhunderts zur Gewinnung seines, wenn auch außerordentlich geringen, Gehalts an schleifwürdigem Topas bergmännisch abgebaut. Das interessante Gestein stellt genetisch ein turmalinisiertes Kontaktgestein dar, das anschließend als örtliche Schlotbreccie eine Topasierung und Verquarzung erfuhr. Es folgte hier der *Bormetasomatose* eine *Fluormetasomatose in 2 zeitlich getrennten kontaktpneumatolytischen Ereignissen*.

Die periplutonische Kontaktmetamorphose läuft im Hinblick auf die chemischen Haupt-, Neben- und Spurenelemente in vielen Fällen *isochemisch* ab, wenn man von der Entbindung von H_2O oder CO_2 durch thermische Zerfallsreaktionen absieht. Diese flüchtigen Gase bewegen sich bei weiterer Aufheizung in die kühleren Teile der Aureole. Es gibt jedoch auch zahlreiche Fälle nachgewiesener *Stoffänderung*. Bei der oben etwas näher beschriebenen *Turmalinisierung* und *Topasierung* der Kontaktfelse handelt es sich um sehr augenfällige Beispiele von *Kontaktmetasomatose*. Diese Zufuhren flüchtiger Verbindungen des Bors und Fluors stammen aus pneumatolytischen Differentiaten des Granitplutons.

Aus der thermischen Überprägung unreiner Karbonatgesteine bilden sich *Kalksilikatfelse* mit andraditreichem Granat, Ca-reichem Pyroxen der Reihe Diopsid-Hedenbergit, Fe-reicher Hornblende, auch Aktinolith etc. Karbonatgesteine sind besonders reaktionsfähig und dort, wo die Möglichkeit besteht, auch aufnahmefähig für Gastransporte mit Schwermetallen. Hier kommt es gelegentlich zur Bildung nutzbarer Lagerstätten, die nach einem schwedischen Bergmannsausdruck für das Gestein als *Skarnlagerstätten* bezeichnet werden. Kontaktmetasomatisch werden vorwiegend *sulfidische* (Pyrrhotin, Pyrit, Sphalerit, Galenit, Chalkopyrit) oder *oxidische* (Magnetit, Hämatit) Erzminerale aus schwermetallhaltigen Gastransporten des zugehörigen Plutons abgeschieden, stets in sehr unregelmäßigen Verdrängungskörpern. Klassische Kontaktlagerstätten mit Skarnbildung sind die Hämatiterze der Insel Elba. Die bedeutendste Erzlagerstätte dieser Art ist die Eisenerzlagerstätte von Magnitnaja Gora, im Ural, mit Magnetit. Bedeutung können auch kontaktmetasomatische Skarnlagerstätten mit Anreicherungen von Wolfram (als Ca-Wolframat Scheelit), Molybdän und Zinn haben. Nach dem Zustand der zugeführten Gase werden solche Bildungen auch als *kontaktpneumatolytisch* bezeichnet.

13.2.1.2 Die Kontaktmetamorphose an magmatischen Gängen und Lagergängen

Die Kontaktwirkung von magmatischen Gängen, Lagergängen (Lagern) auf das Nebengestein ist wegen des relativ kleinen Volumens der einwirkenden Schmelzen und der damit verbundenen geringen Wärmekapazität *räumlich* sehr *begrenzt*. Die bilateral (d.h. auf beiden Seiten ausgebildeten) Kontaktsäume sind i. allg. kaum mehr als wenige Zentimeter breit. An Lagergänge gebundene Kontaktsäume erreichen meistens eine etwas größere Breite. Eine Kontaktwirkung tritt am deutlichsten bei Basaltgängen in Erscheinung, deren Schmelzen Temperaturen über 1000 °C erreichen. Hier kommt es im Nebengestein zu Schmelzerscheinungen und zur Kristallisation von ausgesprochenen Hochtemperaturmineralphasen. Diese Hochtemperaturmetamorphose ist auch als *Pyrometamorphose* bezeichnet worden.

Solche *Kontaktwirkungen auf Sandstein* sind Frittung (Zusammenbacken), Glasbildung und mitunter säulige Absonderung. Die Quarzkörner sind zerborsten unter randlicher Umwandlung in Tridymit. Das tonig-mergelige Bindemittel ist zu einem bräunlichen Glas geschmolzen, in dem sich neben Kristallskeletten (sog. Mikrolithe) zahlreiche Kriställchen von Spinell (oder Magnetit), Cordierit und Pyroxen befinden. Das Gestein wird auch als *Buchit* bezeichnet. *Ton, Schieferton* und *Tonschiefer* haben sich in dichte, bräunliche oder grau gefärbte Massen, die splittrig brechen, umgewandelt. Dieses Produkt wurde etwas irreführend als Basaltjaspis bezeichnet. Seine Zusammensetzung ist vielmehr weitgehend derjenigen des oben erwähnten Produkts aus dem tonigen Bindemittel von Sandstein vergleichbar.

Die *Temperatur* reichte sogar bei dem sehr niedrigen Druck – Belastungsdruck wie Wasserdruck – aus, um Ton teilweise aufzuschmelzen. Aus der Umwandlung von Hoch-Quarz in Tridymit ist eine Temperatur von oberhalb 870 °C angezeigt.

Karbonatgestein, das in einzelnen Blöcken losbricht und in geringer Tiefe in gasarme basaltische Schmelze gerät, kann bei einer solchen hochgradigen Thermometamorphose in einige relativ seltene Mineralparagenesen umgewandelt werden, die sich aus nicht häufigen Ca- und Ca, Mg-Silikaten zusammensetzen. Auf sie kann hier allerdings nicht eingegangen werden.

Bei Alkaligesteinsmagmen kommt es, wie z.B. im Laacher Seegebiet, bei der Pyrometamorphose von pelitischen Gesteinen gleichzeitig zu einer beachtlichen Alkalimetasomatose. Es bilden sich sog. *Sanidinite*, mit Na-Sanidin als Hauptgemengteil. Dieses leuchtend weiß aussehende Gestein tritt im Laacher Seegebiet häufig als Auswürfling auf.

Kontaktmetamorphe bzw. kontaktmetasomatische Reaktionssäume werden schließlich auch an *Lager*gängen beobachtet. In großer Verbreitung finden sie sich z.B. an Lagergängen oder Lagern von Diabas innerhalb des varistischen Grundgebirges in Mitteleuropa, v. a. am Kontakt mit Tonschiefern. Auch hier hat sich meistens gleichzeitig mit einer Abscheidung von Albit eine Na-Metasomatose vollzogen. Solche Kontaktgesteine haben nach Art ihres Gefüges verschiedene Namen erhalten: *Spilosit* zeigt kleine Flecke, vergleichbar mit dem beschriebenen Fleckschiefer, *Desmosit* ist gebändert und *Adinolit* (Adinolfels) ist hornfelsartig dicht und splittrig brechend.

13.2.2 Die Dislokationsmetamorphose *(Dynamometamorphose)* und ihre Gesteinsprodukte

ALLGEMEINES

Die *Dislokationsmetamorphose (Dynamometamorphose)* ist an tektonische Störungszonen, Hauptverwerfungszonen oder Auf- bzw. Überschiebungsbahnen gebunden. Sie wirkt auf das Gestein und seinen Mineralinhalt im wesentlichen *mechanisch* ein. Wenn die mechanische Kraft eine bestimmte Größe nicht übersteigt, reagieren die Mineralkörner im beanspruchten Gestein zunächst durch ein elastisches Verhalten, ehe es zu Brucherscheinungen kommt. Dazu sind sie durch ihre Gittereigenschaften wie Translation und/oder Druckzwillingslamellierung in verschiedenem Maß befähigt. Als Nebeneffekt kann die Bewegungsenergie durch Reibung in Wärme (sog. *Friktionswärme*) umgesetzt werden.

In geringerer Erdtiefe bilden sich tektonische Breccien; in größerer Tiefe unter höheren Belastungsdrücken entstehen Mylonite (Mahlgesteine), teilweise auch mit gewissen Rekristallisationserscheinungen oder Mineralneubildungen.

Nach Lage der Dinge sind für die Einstufung und Systematik der Gesteinsprodukte der Dislokationsmetamorphose nur Art und Grad der Fragmentbildung sowie Gefügeeigenschaften geeignet.

Arten der mechanischen Beanspruchung

Kakirit (In-situ-Breccie). Das so beanspruchte Gestein, z. B. ein Granit, ist von einem dichten Kluftnetz und von Rutschstreifen durchsetzt. Dadurch neigt es zu einem polyedrischen Zerfall im cm-dm-Bereich. Die Mineralkornzertrümmerung (als Kataklase bezeichnet) im Inneren der Zerfallskörper ist nach dem mikroskopischen Befund relativ schwach.

Kataklasit (Mikrobreccie) besitzt einen stärkeren Kornzerfall besonders von Quarz und Feldspat, wenn man einen Granit zugrundelegt. Neben undulöser Auslöschung der Quarzkörner u. d. M. beobachtet man feineres Trümmermaterial (als *Kataklasten* bezeichnet), das sog. Mörtelkränze um erhalten gebliebene, durch ihre Größe herausragende Mineralbruchstücke (als *Porphyroklasten* bezeichnet) bildet. Beispiele sind u. a. die sog. Protogingranite der Schweizer Zentralalpen. Mineralneubildungen nur auf Klüften.

Bei den *Kakiriten (In-situ-Breccien)* und *Kataklasiten (Mikrobreccien)* hat sich die mechanische Beanspruchung häufig *ohne* Anzeichen einer deutlichen Durchbewegung vollzogen. Zwischen beiden Gesteinsvarietäten bestehen Unterschiede im Grad der mechanischen Beanspruchung.

Mylonit. Makroskopisch häufig durch augenförmige Porphyroklasten und eine geflammte Streifung ausgezeichnet. U.d.M. bildet feines Zerreibsel Bewegungsbahnen ab, welche die Porphyroklasten umgehen. Die Glimmer sind über Strähnen hinaus zu langaushaltenden Zügen ausgewalzt. Wenn man von einem mylonitisch beanspruchten Granit ausgeht, so finden sich in den Trümmerzonen aus Kalifeldspat häufig auch Neubildungen von Serizit.

Ultramylonit. Ultramylonitisch verformter Granit besitzt makroskopisch oft schieferähnliches Aussehen. Die Zermahlung ist viel weitgehender als bei dem gewöhnlichen Mylonit. Porphyroklasten sind u.d.M. selten, und die feinsten Fragmente besitzen im Durchschnitt Korngrößen von < 0,02 mm ⌀.

Bei den *Myloniten* und *Ultramyloniten* hat sich die *mechanische Beanspruchung unter gleichzeitiger Durchbewegung* vollzogen. Zwischen den beiden bestehen starke graduelle Unterschiede in der mechanischen Beanspruchung und Kornaufbereitung.

Blastomylonit. Die kataklastisch-mylonitischen Fragmente zeigen u.d.M. *Rekristallisationserscheinungen* mit Übergang in ein blastomylonitisches Gefüge. Bei starker Verglimmerung phyllitähnliches Aussehen und dann als *Phyllonit* bezeichnet.

Pseudotachylit (Hyalomylonit) entsteht durch Friktionswärme bei teilweiser Aufschmelzung eines Mylonits bzw. Ultramylonits. In schmalen Äderchen ist Glassubstanz zwischen die Kornfragmente eingedrungen. Äußerlich einem schwarzen Basaltglas (Tachylit) ähnlich.

Eine besondere Art einer Dislokationsmetamorphose liegt in bzw. an den Rändern der *Impaktkrater* (Einschlagskrater) *großer Meteorite* vor, so im Rieskrater rund um Nördlingen in Bayern. Zahlreich befinden sich solche Krater auf der Mondoberfläche.

Bei einem Meteoriteinschlag dieser Art wandelt sich die enorme Menge an freiwerdender Energie unmittelbar in entsprechend *energiereiche Schockwellen* um, die sich mit schnellem Energieverlust von der Einschlagsstelle konzentrisch wegbewegen. Die Schockwellen (Stoßwellen) erzeugen innerhalb eines kurzen Zeitraums, so in der Größenordnung von Sekunden, extrem hohe Drücke und Temperaturen bis zu schätzungsweise 1000 kbar und 5000 °C oder mehr. Die dabei in viel weniger als Sekundenschnelle erfolgten Veränderungen im Nebengestein bezeichnet man als Impakt- oder *Schockmetamorphose* (Stoßwellenmetamorphose).

Die Schockmetamorphose klingt von der Einschlagsstelle nach außen hin ziemlich rasch ab. Ihre Produkte aus verschiedengradiger Einwirkung sind in Zonen aureolenähnlich angeordnet. Es folgen von *außen nach innen* Gesteinsprodukte mit zunehmend progressiver Schockmetamorphose: Zertrümmertes Nebengestein, das von zahlreichen radial und konzentrisch verlaufenden Rissen durchsetzt wird (Zone der shatter cones) (Abb. 135, S.363). Mineralkörner sind geborsten, andere von dichtgescharten, parallellaufenden Rißsystemen durchsetzt, weitere zeigen Druckzwillingserscheinungen und Kinkbänder (geknickte Biotitpakete). Mit Zunahme der Einwirkung sind die Risse und Sprünge mit Glassubstanz ausgefüllt. In den zentralen Teilen des Kraters findet sich ein brecciernartiges Gestein mit viel Glasmatrix, das nach seiner relativ großen Verbreitung im Rieskrater allgemein als *Suevit* bezeichnet wird. In diesem Stadium kommt es zu Phasenumwandlungen, so zur Bildung der Hochdruckmodifikationen des SiO_2, Coesit und Stishovit. Schließlich folgt ganz im

Zentrum als hochgradig verändertes Gesteinsmaterial das sog. *Impaktglas*. Es ist ein Aufschmelzungsprodukt, in dem keine Nebengesteinsfragmente erhalten geblieben sind.

Vergleichbare Produkte sind in der über die Mondoberfläche verbreiteten Schuttschicht – als *Regolith* bezeichnet – enthalten, die im wesentlichen aus zeitlich aufeinanderfolgenden Ereignissen von Schockmetamorphosen durch Meteoriteneinschläge gebildet worden ist (vgl. auch S. 471).

NB: Durch unterirdische Kernreaktionen, die künstliche Form einer Schockmetamorphose, erfährt das Nebengestein ganz ähnliche Veränderungen.

13.2.3 Die Regionalmetamorphose und ihre Gesteinsprodukte

ALLGEMEINES, GLIEDERUNG

Regionalmetamorphose und ihre Gesteinsprodukte sind an Orogenzonen bzw. deren Geosynklinalräume verschiedenen geologischen Alters gebunden. Die an den konvergierenden Plattenrändern befindlichen Geosynklinalen lassen in vielen Fällen eine Eugeosynklinale auf der Ozeanseite in Form eines tiefeingeschnittenen Grabens (Benioffzone) von einer Eugeosynklinale auf der Kontinentseite, aus der das Orogen wächst, unterscheiden. In diesen beiden Teilen der Geosynklinale wirkt sich die Regionalmetamorphose infolge unterschiedlicher Bedingungen verschieden aus.

Die durch tiefreichende Abtragung freigelegten Kontinentalkerne (Alte Schilde) der Erde bilden mit ihren polymetamorphen Gesteinsserien verschiedener Prägung einen weiteren, oft recht komplexen Typ regionaler Metamorphose. Schließlich wären die Metamorphose ozeanischer Kruste und die regionale Metamorphose im Oberen Erdmantel anzuführen.

Man unterscheidet bei der Regionalmetamorphose:

– Die *regionale Versenkungsmetamorphose*,
– Die *thermisch-kinetische Umkristallisationsmetamorphose* (Regionalmetamorphose im engeren Sinn) (Regionalmetamorphose in Orogenzonen).

13.2.3.1 Die regionale Versenkungsmetamorphose

Im Unterschied zur regionalen thermisch-kinetischen Umkristallisationsmetamorphose ist die regionale Versenkungsmetamorphose nur teilweise in orogene Vorgänge einbezogen. Es bestehen bei ihr auch keinerlei Beziehungen zu magmatischen Intrusionen. Die vulkanosedimentäre Füllung der ozeanischen Seite der Geosynklinale aus Material der ozeanischen Kruste wird am subduzierten Plattenrand (Platte im Sinn der Plattentektonik) (Abb. 170, S. 450) relativ schnell in zunehmend größere Tiefe versenkt und einem stetig anwachsenden Belastungsdruck ausgesetzt, während sich die Temperaturen nur langsam erhöhen.

Der normale Belastungsdruck, der sich aus der Mächtigkeit des überlagernden Gesteinspakets ergibt, kann (variierend mit der etwas unterschiedlichen Gesteinsdichte) für alle Fälle im

Durchschnitt mit 285 bar/km angesetzt werden. In einer Tiefe von 20 km z. B. würde hiernach der gesamte Belastungsdruck 5,5–6 kbar betragen. In 35 km Tiefe wäre er somit rund 10 kbar.

Die bei der regionalen Versenkungsmetamorphose erreichten Temperaturen sind häufig niedriger als diejenigen der Regionalmetamorphose in Orogenzonen. Die Temperaturzunahme mit größerer Versenkung stammt im wesentlichen aus dem Zerfall radioaktiver Elemente, insbesondere U, Th und K^{40} und aus einem Wärmezufluß aus dem Oberen Erdmantel. Der geothermische Gradient ist bei der Versenkungsmetamorphose außerordentlich gering und beträgt weniger als 10 °C/km Tiefe.

Durchbewegung und Gesteinsverformung treten bei der regionalen Versenkungsmetamorphose häufig zurück. Deshalb sind nicht selten magmatische oder sedimentäre Reliktgefüge relativ gut erhalten. Beeindruckend ist insbesondere die vorzügliche Erhaltung des Pillowgefüges ehemaliger Basalte. Die metamorph gebildeten Minerale sind bei diesen Gesteinen wegen der Feinheit makroskopisch im Handstück oft schwierig identifizierbar. Dazu sind Dünnschliff und mikroskopische Betrachtung erforderlich.

Gesteine, die unter niedrigen Drücken und Temperaturen bei der Versenkungsmetamorphose gebildet wurden, sind meistens unvollkommen rekristallisiert und enthalten bei geeignetem Stoffbestand das Zeolithmineral Laumontit als kritisches Mineral für die Beurteilung der Bildungsbedingungen. Unter hohen Drücken bei sehr tiefer Versenkung und Temperaturen zwischen rund 300 und 400 °C entstehen Glaukophangesteine, die gut rekristallisiert sind. Sie führen als wichtigste Gemengteile den Na-Amphibol Glaukophan neben Lawsonit $CaAl_2[(OH)_2/Si_2O_7] \cdot H_2O$ und gelegentlich einen jadeitreichen Pyroxen als ausgesprochenes Hochdruckmineral. Bekannte Verbreitungsgebiete von metamorphen Gesteinen der Versenkungsmetamorphose liegen in der Küstenkette von Kalifornien, in Neuseeland, in Europa in den Westalpen, Korsika, Kalabrien und Inseln des Ägäischen Meers.

13.2.3.2 Die thermisch-kinetische Umkristallisationsmetamorphose (*Thermodynamometamorphose*) (Regionalmetamorphose in Orogenzonen)

Innerhalb des Geosynklinalraums der Kontinentalseite entwickelt sich das Orogen. In einem ursächlichen Zusammenhang damit steht die thermisch-kinetische Umkristallisationsmetamorphose. Mit der Auffaltung des Orogens kommt es zu tief in die Eugeosynklinale eintauchenden Verdickungen des Schichtpakets durch Faltenstrukturen. Die Geosynklinalfüllung wird durchbewegt. Es kommt abwechselnd oder gleichzeitig zu Korndeformationen und Mineralreaktionen.

Während die *Drücke* bei der Kontaktmetamorphose und bei der regionalen Versenkungsmetamorphose im wesentlichen nur hydrostatisch wirken, ist bei der thermisch-kinetischen Umkristallisationsmetamorphose (wie schon der Name zum Ausdruck bringt) stets auch mit *gerichtetem* Druck (Streß) zu rechnen. Die Gesteinsprodukte der thermisch-kinetischen Umkristallisationsmetamorphose weisen so in der Regel gerichtete (geregelte) Gefüge auf. Sie lassen Schieferung und/oder Lineare erkennen, indem blättrige Minerale (Glimmer, Chlorit) in die Ebene der Schieferung oder stengelige Minerale (Amphibol, Zoisit) nach einem Linear der tektonischen Verformung eingeregelt sind. Man bezeichnet diese Gesteine deshalb auch als *kristalline Schiefer.*

Die *Temperaturen der thermisch-kinetischen Umkristallisationsmetamorphose* liegen zwischen 200 und 800 °C maximal. Die Wärme stammt wie bei der regionalen Versenkungsmetamorphose aus radiogenem Elementzerfall und einem Zufluß aus dem Oberen Erdmantel. Die vorwiegend sedimentäre Füllung der Geosynklinale der Kontinentalseite setzt wegen der höheren Gehalte an radioaktiven Elementen mehr Wärme frei als die überwiegend basaltische Füllung auf der Ozeanseite. So erklären sich wenigstens z. T. die größeren geothermischen Gradienten der thermisch-kinetischen Umkristallisationsmetamorphose, die im Mittel zwischen 15 und 25 °C/km angenommen werden. Diese Annahme beruht einmal auf direkten Messungen des Wärmeflusses in jungen, in Entstehung begriffenen Geosynklinalräumen und zum anderen auf einiger Kenntnis der Stabilitätsfelder der wichtigen Mineralparagenesen.

Bei einer Versenkungstiefe von 20 km kommt man bei Gradienten zwischen 15 und 25 °C/km in der Annahme einer gleichmäßig linearen Temperaturzunahme nach der Tiefe hin nur auf rund 380–500 °C. Man nimmt jedoch an, daß sich der Gradient nach der Tiefe hin in vielen Fällen vergrößern kann, etwa durch Wärmezufuhren aus aufsteigenden Magmen, sog. Wärmedomen (Wärmebeulen) im Orogen. Für die höchsten Temperaturen der thermisch-kinetischen Umkristallisationsmetamorphose bis zu 800 °C müssen zusätzliche Wärmequellen und größere thermische Gradienten zu den erwähnten hinzukommen, teilweise auch viel höhere Versenkungsbeträge als 20 km angenommen werden.

Nach neuerer Kenntnis können in den Wurzelzonen der Orogene bei einer Kontinent-Kontinent-Kollision bei tiefer Versenkung in die Mantelregion die *Drücke* bis zu 30 kbar und mehr erreichen.

Die Gesteine, die durch thermisch-kinetische Umkristallisationsmetamorphose geprägt sind, besitzen die größte Verbreitung von allen metamorphen Gesteinen, auch können wir im einzelnen mit den größten Ausstrichsbreiten im Gelände rechnen. Sie sind Bestandteil aller Orogenzüge der Erde und der durch Abtragung freigelegten Kontinentalkerne.

13.2.4 Die Ocean-floor(Ozeanboden)-Metamorphose

Dieser Metamorphosetyp tritt in der Nähe der mittelozeanischen Rücken innerhalb der ozeanischen Kruste auf. Die betroffenen Gesteine sind hier vorwiegend *basaltisch*. Ihre metamorphen Produkte, kaum geregelt, gleichen in vieler Hinsicht Gesteinen der niedriggradigen regionalen Versenkungsmetamorphose. Ein weiteres Kennzeichen der Ocean-floor-Metamorphose sind charakteristische Veränderungen des Gesteins durch Stoffaustausch mit zirkulierendem, erhitztem Meerwasser. Vgl. hierzu auch S. 436 und S. 457 f.

13.3 Auswahl wichtiger metamorpher Gesteine

(Beschreibung nach äußeren Kennzeichen, Bestimmung des Mineralbestands häufig nur mikroskopisch möglich.)

13.3.1 Kontaktmetamorphe Gesteine

◆ **Hornfels**

Sammelbegriff für massige, dicht- bis kleinkörnige periplutonische Kontaktgesteine mit vollständiger Umkristallisation und weitgehender Entregelung des Gefüges im überprägten Ausgangsgestein. Daher die Bezeichnung Fels. Manche Hornfelse sind teilweise schwach porphyroblastisch. Je nach dem Chemismus des Ausgangsgesteins (Edukts) lassen sich spezielle Hornfelse unterscheiden: Andalusit-Cordierit-Hornfels, Mineralbestand: Andalusit/Sillimanit, Cordierit, Biotit, Muscovit, Quarz ± (Plagioklas, Mikroklin/Orthoklas), Edukt: pelitische Gesteine. – Kalksilikathornfels, Mineralbestand: Diopsid, Grossular, Vesuvian, Epidot ± (Calcit, Wollastonit, Plagioklas), Edukt: mergelige Kalksteine, Kalkmergel. – Hornblende-Plagioklas-Hornfels: Hornblende, Plagioklas, ± Biotit, Edukt: basaltische Gesteine und deren Tuffe, Amphibolite (Abb. 134 b), Mergel. – Ultramafischer (Mg-reicher) Hornfels (Abb. 134 a): Olivin, Talk, Enstatit, Amphibol (Tremolit, Cummingtonit/Anthophyllit) ± (Chlorit, Spinell), Ausgangsprodukt: Serpentinit.

◆ **Knoten-, Fleck-, Frucht- und Garbenschiefer**

Unvollständige Umkristallisationsprodukte der Kontaktmetamorphose (Abb. 133). Es sind Tonschiefer oder Phyllite mit etwas verschieden aussehender Porphyroblastenbildung, makroskopisch in Form von Knoten, Flecken etc. auf der Schieferungsebene. Die Porphyroblasten bestehen aus: Cordierit, Andalusit (Var. Chiastolith), Biotit

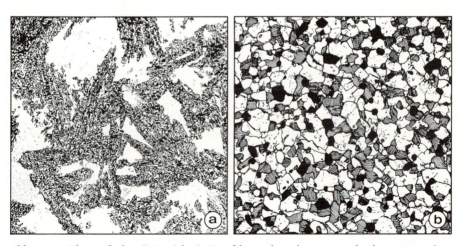

Abb. 134. a *Ultramafischer* (Mg-reicher) *Hornfels* aus kontaktmetamorph überprägtem Serpentinit entstanden. Gemengteile: Olivin (dunkel im Bild), Talk (hell) und etwas Magnetit (opak); Kirchbühl b. Erbendorf – Vergr. 5 mal; b *Hochgradierter Hornfels* (sog. *Beerbachit*) mit gleichmäßig-körnigem Pflastergefüge, aus kontaktmetamorph überprägtem Amphibolit entstanden. Gemengteile: An-reicher Plagioklas (hell), Hypersthen und Diopsid (dunkel) und Magnetit/Ilmenit; Lokalität Magnetsteine (nördlicher Odenwald) – Vergr. 12 mal

oder an deren Stelle Aggregate von Biotit oder Chlorit. Bei mergeligen Schiefern garbenförmige Porphyroblasten von Amphibol. Das makroskopische Aussehen des Grundgewebes wird durch zusammenhängende Hellglimmerschichten bestimmt. Spilosit, Desmosit und Adinolit sind Kontaktprodukte um intrusive Diabaskörper.

◆ **Skarn**

Wesentlich kontaktmetasomatisches Umkristallisationsprodukt aus mergeligen Karbonatgesteinen, in der Regel grobkörnig, bisweilen großkörnig mit Hedenbergit, Fe-reicher Hornblende, andraditreichem Granat, Epidot, dazu seltenere Silikate, verwachsen mit sulfidischen, oxidischen oder anderen Erzmineralen. In den USA auch als Tactit bezeichnet. Skarnlagerstätten haben fallweise eine große wirtschaftliche Bedeutung.

13.3.2 Gesteinsprodukte der Dislokationsmetamorphose

Es sind Produkte mit mechanisch-ruptureller Einwirkung. Die vorhandene thermische Energie reichte für entscheidende Mineralneubildungen nicht aus.

13.3.3 Gesteinsprodukt der Schockmetamorphose (Stoßwellenmetamorphose) (Abb. 135)

Aufschmelzung und Mineralneubildung bei hochgradiger Einwirkung

◆ **Suevit**

Graues, tuffähnliches Gestein aus dem Rieskrater bei Nördlingen. Wir wissen heute, daß es sich nicht um ein vulkanogenes Gestein handeln kann. Kriterien sind u. a. die Hochdruckphasen von SiO_2, Coesit und Stishovit. Es liegt vielmehr eine polymikte Impaktbreccie vor, die durch Schockmetamorphose (Stoßwellenmetamorphose) aus Gesteinen des Untergrunds entstanden ist. Suevit enthält einen hohen Anteil an Gesteins- und Mineralglas, so Kieselglas (Lechatelierit) aus aufgeschmolzenem Quarz in einer Matrix aus Montmorillonit. Der Gesteinsbegriff Suevit ist für vergleichbare Produkte in anderen Meteoritenkratern übernommen worden.

13.3.4 Gesteinsprodukte der Regionalmetamorphose

Es sind vorwiegend Produkte, die aus Deformation (Verformung) und Umkristallisation entstanden sind (Kristalline Schiefer).

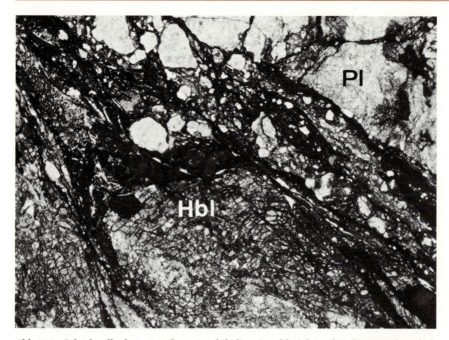

Abb. 135. *Schockwellenbeanspruchter Amphibolit* mit zahlreichen charakteristisch radial und konzentrisch verlaufenden Rißsystemen in der Hornblende (Hbl) und eher kataklastisch-mylonitisch beanspruchtem Plagioklas (Pl). Sichtbar sind außerdem pseudotachylitähnliche Bahnen und Verzweigungen aus glasähnlich sich verhaltendem Zerrüttungsmaterial, sog. *diaplektischem Glas* (im Bild dunkel); Bohrkern 731,5 m der Bohrung Nördlingen 1973 – Vergr. 25mal

◆ **Phyllit**

Dünnschiefrig-blättriges Gestein, dessen Schichtsilikate (vorwiegend Hellglimmer) in der Schieferungsebene als zusammenhängender Überzug erscheinen. Der feinschuppige Hellglimmer (Blättchendurchmesser < 0,1 mm) wird auch als Serizit bezeichnet. Daneben Quarz, bei größerem Albitgehalt als Albitphyllit bezeichnet. Ausgangsprodukte: pelitische Gesteine.

◆ **Glimmerschiefer**

Mittel- bis grobschuppiges Gestein aus Muscovit (seltener Paragonit) und Quarz, Feldspatgehalt stets < 20%, sonst wird die Bezeichnung Gneis angewendet, ± (Granat, Staurolith, Disthen etc.), bei Gehalt an diesen Übergemengteilen: Granatglimmerschiefer, Staurolith-Granat-Glimmerschiefer etc., Ausgangsprodukte: pelitische Gesteine.

Daneben auch: Biotitschiefer, Chloritschiefer, Talkschiefer. Ausgangsprodukte sind Mg-reich.

◆ **Gneis**

Mittel- bis grobkörniges, körnig-flasriges oder lagiges, seltener stengeliges Gestein, sichtbare Regelung der Glimmer (Abb. 136 a). Die Bänderung ergibt sich aus der Wechsellagerung heller Streifen mit Feldspat und Quarz und eher schiefrig-flasrig geregelten dunkleren Streifen aus Biotit, Muscovit, ± (Granat, Staurolith, Disthen, Silimanit, Hornblende, Epidot etc.). Ausgangsprodukte: Gneise können aus magmatischen oder sedimentären Ausgangsprodukten (Edukten) gebildet sein, anders ausgedrückt, sie können *orthogen* oder *paragen* sein. Nicht selten sind sie durch eine Polymetamorphose aus bereits vorliegenden Gneisen umgeprägt.

Es werden gelegentlich auch genetische Bezeichnungen angewendet, wenn die Abkunft deutlich ist: Granitgneis, Syenitgneis, Sedimentgneis, Konglomeratgneis etc.

◆ **Quarzit**

Sowohl durch Regional- wie durch Kontaktmetamorphose gebildetes Gestein, das im wesentlichen aus Quarz und wenig Hellglimmer (Serizit) zusammengesetzt ist. Aus kieseligem Sandstein entstanden, ist es bei der Metamorphose zu einer Sammelkristallisation des ursprünglich klastischen Quarzes und seines Bindemittels gekommen. Mit Nebengemengteilen als Muscovit(Serizit)-Quarzit, Granatquarzit, Disthen- oder Sillimanitquarzit, Graphitquarzit etc.

◆ **Marmor**

Mittel- bis grobkörniges Metakarbonatgestein mit Gehalt an Karbonaten > 80 %, durch Regional- wie durch Kontaktmetamorphose gebildet. Am häufigsten Calcitmarmor (Abb. 131, S. 353), etwas seltener Dolomitmarmor, oft monomineralisch ausgebildet. Häufiger Nebengemengteil Graphit oder Phlogopit. Ausgangsprodukte: ziemlich reine Karbonatgesteine. Technische Verwendung als Ornament- und Monumentalstein in der Außen- und Innenarchitektur, v. a. für Repräsentativbauten, als Statuenmarmor, für Wand- und Bodenplatten. (Berühmte Vorkommen: Carrara, Italien, Paros, Griechenland.)

◆ **Kalksilikatgesteine (Kalksilikatfelse bzw. Kalksilikatschiefer)**

Im wesentlichen aus Ca- und Ca, FeMg-Silikaten zusammengesetzt, so Pyroxen der Diopsid-Hedenbergit-Reihe, Granat der Grossular-Andradit-Reihe, Vesuvian, Tremolit ± (Quarz, Calcit, Wollastonit). Ausgangsprodukte: unreine Kalksteine.

◆ **Granulit**

Fein- bis mittelkörniges metamorphes Gestein mit wesentlich Feldspat (Orthoklasperthit und Plagioklas) in einem überwiegend gleichmäßig granoblastischen, geregelten Kornmosaik, Quarz häufig plattig bis diskenförmig deformiert (sog. Platten- oder Diskenquarz) (Abb. 136 b). Die dunklen Gemengteile sind (OH)-frei: Pyroxen (insbesondere Hypersthen) und Granat. Nebengemengteile: Disthen oder Sillimanit. Kein Muscovit! Eine dunkle Varietät ist der Pyroxengranulit mit Al_2O_3-reichem Hypersthen und/oder diopsidischem Pyroxen.

◆ **Charnockit**

Dieser Gesteinsname war ursprünglich als ein besonderer Typ eines Hypersthengranulits definiert worden, als leukokrates Glied einer intermediären bis basischen Charnockitserie. Obwohl viele Charnockite metamorph überprägt sind, werden sie jetzt zu den magmatischen Gesteinen gestellt (LE MAITRE, 1989), nicht zuletzt, weil sie als Igneous looking rocks häufig mit Norit oder Anorthosit assoziiert sind. Die hellen Charnockite führen neben perthitischem Mikroklin und Quarz etwas Plagioklas und Hypersthen ± diopsidischem Pyroxen und almandinreichem Granat.

◆ **Pyriklasit**

Körniges Gestein aus Pyroxen und Plagioklas, ± Granat, jedoch ohne Quarz.

◆ **Pyrigarnit**

Körniges Gestein aus Pyroxen und Granat, ± Plagioklas, jedoch ohne Quarz.

◆ **Eklogit**

Eher massiges Gestein aus grünem Omphacit (Mischkristall Augit-Jadeit) und Almandin-pyropreichem Granat. Nebengemengteile: Quarz, Disthen, Zoisit, Rutil etc. Basaltchemismus, mit $D > 3{,}3$ g/cm^3, damit merklich höhere Dichte als Basalt.

◆ **Amphibolit**

Mittel- bis grobkörniges metamorphes Gestein aus Hornblende und Plagioklas ± (diopsidreichem Pyroxen, Granat, Zoisit/Epidot, Biotit, Quarz). *Hornblendefels* oder *Hornblendeschiefer* sind sehr arm an Plagioklas oder plagioklasfrei. Ausgangsprodukte: basaltische Gesteine oder Mergel.

13.3 Auswahl wichtiger metamorpher Gesteine

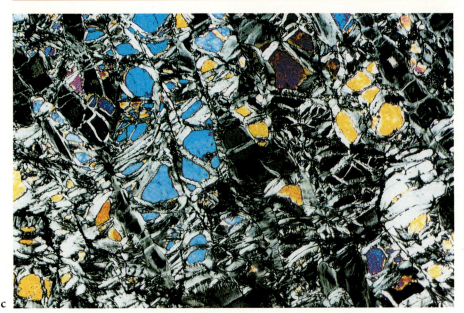

c

Abb. 136. a Lagig ausgebildeter *Gneis*, dunkle Lage mit viel Biotit, wenig Muscovit und großem Individuum von Staurolith (Bildmitte), helle Lage aus Plagioklas (trüblichweiß) und Quarz, winzige Kristalloblasten von Granat. Akzessorien: Hier nur Ilmenit (opak) sichtbar; Fuchsgraben (Spessart), Vergr. 8 mal. **b** *Granulit* mit ausgeprägtem sog. Plättungs-s, fast hololeukokrat aus Orthoklasperthit, Plagioklas und Quarz. Quarz nach der ab-Ebene des Gefüges als auffälliger Plattenquarz ausgebildet. Granat als kubisches Mineral optisch isotrop, rechts im Bild verzwillingtes Individuum von Disthen; Röhrsdorf (sächsisches Granulitgebirge). Vergr. 40 mal, + Nicols. **c** *Serpentinit* mit typischem Maschengefüge aus Serpentinmineralen (Lizardit und Chrysotil), die den primären Mineralbestand eines Peridotits bis auf Relikte von Olivin (bunte Interferenzfarben) und Pyroxen (hier vorwiegend in Dunkelstellung) verdrängen; Röhrenhof bei Bad Berneck (Münchberger Gneisgebiet), Vergr. 20 mal, + Nicols

◆ Glaukophanschiefer, Blauschiefer

Gewöhnlich tief- bis grünlichblaue, dickschiefrige Gesteine aus wesentlich Glaukophan neben Lawsonit, Chlorit, Hellglimmer, Albit, Epidot etc., in manchen Paragenesen auch Jadeit. Gesteinsprodukt der Versenkungsmetamorphose unter hohen Drücken.

◆ Grünschiefer

Sammelbegriff für grünaussehende, feinkörnige metamorphe Gesteine der Grünschieferfacies, im wesentlichen mit Chlorit, Epidot, Aktinolith, Albit. Keine wohldefinierte individuelle Gesteinsbezeichnung.

◆ **Serpentinit**

Dichtes bis massig-schiefriges, vorwiegend dunkelgrün aussehendes Gestein aus Serpentinmineralen (Lizardit, Antigorit, Chrysotil) (Abb. 136 c), nicht selten mit Mineralrelikten aus dem vorangegangenen Peridotitstadium, so mit Olivin, pyropreichem Granat, Bronzit oder diopsidreichem Pyroxen. Technische Verwendung: Geschliffen und poliert als Ornamentstein und Rohstoff für kunstgewerbliche Gegenstände.

13.4 Zuordnungsprinzipien der metamorphen Gesteine

ALLGEMEINES

Es gibt bislang kein international anerkanntes, *beschreibendes* System der metamorphen Gesteine. Für eine Ordnung der vielfältigen Gesteinsentwicklungen bei der Metamorphose ist bislang die *metamorphe Facies (Mineralfacies)* am besten geeignet. Vor der Schaffung eines solchen Prinzips sind in historischer Folge nur regional ausgerichtete Zonengliederungen metamorpher Gesteine und ihrer Minerale vorgenommen worden.

13.4.1 Die Zoneneinteilung nach BARROW und TILLEY

BARROW und später TILLEY führten eine Gliederung an einer regionalmetamorphen pelitischen Gesteinsserie in den schottischen Highlands nach sog. *Indexmineralen* durch. Die Regionalmetamorphose setzt in diesen Peliten in ihrer niedrigsten Stufe mit der Sprossung von Chlorit ein. Dem Indexmineral Chlorit folgen mit zunehmender Temperatur bei einer progressiven Regionalmetamorphose nacheinander Zonen mit Biotit, Almandin, Staurolith, Disthen und Sillimanit. Die Zone mit Sillimanit als Indexmineral repräsentiert den höchsten Grad dieser Regionalmetamorphose.

Man kann auf einer geologischen Karte alle Punkte des ersten Auftretens (in Richtung aufsteigender Metamorphose) jedes dieser Indexminerale mit einer Linie verbinden. Diese Linien werden als *Isograden* bezeichnet. Jeder *Isograd* repräsentiert etwa den gleichen Grad der Metamorphose.

Die Zoneneinteilung nach Indexmineralen wird auch heute sehr häufig angewendet.

13.4.2 Die Zoneneinteilungen nach BECKE, GRUBENMANN und GRUBENMANN und NIGGLI

BECKE gliederte die kristallinen Schiefer seiner Untersuchungsgebiete im österreichischen Waldviertel und dem ostalpinen Raum in 2 Tiefenstufen. Jeder der beiden Zonen konnte er Gesteine mit ganz bestimmten typischen Mineralen zuordnen, die er als *typomorphe Minerale* bezeichnete.

GRUBENMANN nahm eine Gliederung in 3 Tiefenstufen vor. Die oberste Stufe bezeichnete er als *Epizone*, die mittlere als *Mesozone* und die tiefste als *Katazone*. Für jede der 3 Zonen gibt es wiederum eine ganze Anzahl typomorpher Minerale. GRUBENMANN und NIGGLI, 1924 behielten diese Gliederung formal weiterhin bei, betrachteten sie jedoch nunmehr ausdrücklich als eine Gliederung nach P, T-Bedingungen. So sind für die Katazone z. B. hohe Temperaturen und hohe Drücke charakteristisch und nicht in erster Linie die Krustentiefe der Metamorphose.

13.4.3 Das Prinzip der Mineralfacies nach ESKOLA

V. M. GOLDSCHMIDT wendete als erster bei seiner Untersuchung über die Hornfelse des Oslogebiets die chemische Gleichgewichtslehre bei metamorphen Gesteinen an. Er konnte damals den Nachweis erbringen, daß der Mineralbestand der untersuchten Hornfelse unter dieser hochgradigen Aufheizung innerhalb der Kontaktaureole ein chemisches Gleichgewicht erreicht hat und daß der Mineralbestand sich mit dem wechselnden Chemismus des Gesteins nach bestimmten Regeln ändert.

Bei der Untersuchung der metamorphen Gesteine im Orijärvigebiet im Südwesten Finnlands fand ESKOLA ähnliche Regelmäßigkeiten im Mineralbestand. Es waren jedoch andere Minerale, die sich als stabile Phasen erwiesen als im Oslogebiet; es treten anstelle von Pyroxen z. B. immer Amphibole auf. Diese Unterschiede zwischen beiden Vorkommen wurden mit unterschiedlichen P, T-Bedingungen der Metamorphose begründet. Auf dieser Grundlage wurde damals die metamorphe Facies (Mineralfacies) folgendermaßen definiert: „Zu einer bestimmten Facies (Mineralfacies) werden die Gesteine zusammengefaßt, welche bei identischer (chemischer) Pauschalzusammensetzung einen identischen Mineralbestand aufweisen, aber deren Mineralbestand bei wechselnder Pauschalzusammensetzung gemäß bestimmten Regeln variiert." Begründet wurde das Prinzip der Mineralfacies aus der Erfahrungstatsache, daß die Mineralparagenesen der metamorphen Gesteine in vielen Fällen den Gesetzen der chemischen Gleichgewichtslehre gehorchen. Die gegebene Definition der Mineralfacies enthält jedoch keine ausdrückliche Annahme, daß tatsächlich auch ein chemisches Gleichgewicht herrscht.

ESKOLA hatte anschließend das Prinzip der Mineralfacies auch auf magmatische Gesteine erweitert. Maßgeblich war für die Zugehörigkeit zu einer Mineralfacies lediglich, daß eine gegebene Mineralzusammensetzung bei gleichem Chemismus dieselbe ist.

Das Konzept der Mineralfacies (jedoch *nicht* ausgedehnt auf die magmatischen Gesteine) fand insbesondere seit dem 2. Weltkrieg in Europa und in Übersee bei der Erforschung metamorpher Gesteine eine zunehmende Anwendung und Verbreitung. Es sind seitdem in Verbindung mit der experimentellen Erforschung neuer wichtiger Mineralgleichgewichte viele petrologische Erkenntnisse auf dem Gebiet der Gesteinsmetamorphose erzielt worden.

Unter stärkerer Anlehnung an die von GOLDSCHMIDT seinerzeit aus Hornfelsen gewonnenen Vorstellungen, daß die jeweiligen metamorphen Mineralparagenesen im thermodynamischen Gleichgewicht als stabile, koexistierende Minerale gebildet worden sind, hat TURNER eine neue, leichter verständliche Definition der Mineralfacies gegeben. Sie lautet in deutscher Übersetzung: „Eine metamorphe Facies umfaßt alle Gesteine der verschiedensten chemischen Zusammensetzungen, die während der Metamorphose in einem bestimmten Bereich physikalischer und chemischer Bedingungen stabil gebildet worden sind." Nach dieser Definition erfordert eine Mineralfacies ausdrücklich stabil gebildete Mineralassoziationen. Allgemein geht man jetzt davon aus, daß eine Mineralparagenese durch Berührungsparagenesen von Mineralkörnern nachgewiesen sein muß. Eine bestimmte Mineralfacies sagt andererseits nichts aus über das Ausgangsprodukt oder eine metasomatische Veränderung eines metamorphen Gesteins. Diese Fragen können nur durch einen chemischen Nachweis, Reliktgefüge oder Feldbeobachtungen geklärt werden.

Durch Untergliederung aller bestehenden Facies, so z.B. der Amphibolitfacies in 4 Subfacies, war es bei dem weiteren Ausbau der Lehre von der Mineralfacies schließlich zu einigen Schwierigkeiten in der Abgrenzung und zu unvermeidlichen Überschneidungen gekommen. Es ist jedoch unumstritten, daß für ganz spezielle regionale Vergleiche die Untergliederung in Subfacies sehr nützlich sein kann. Auf der anderen Seite kann nicht für jede neu aufgefundene Mineralparagenese zugleich eine neue Subfacies geschaffen werden. Seit den 70er Jahren ist dieser Trend wieder rückläufig, und man beschränkt sich eher auf die wenigen gut abgrenzbaren Facies.

Die einzelnen Mineralfacies werden nach einem für die betreffende Facies charakteristischen und womöglich kritischen Mineral oder nach einem Gestein, in dem kritische Minerale enthalten sind, benannt. Jedoch ist die metamorphe Facies trotzdem nicht immer so benannt, daß kennzeichnende Faciesmerkmale in ihr zum Ausdruck kommen. Zu Bezeichnungen wie Grünschieferfacies, Amphibolitfacies, Granulitfacies etc. muß man sich die mineralparagenetischen Kriterien einprägen.

Zum Verständnis der entscheidenden Mineralreaktionen benötigen wir zunächst weitere Grundlagen.

13.5 Gleichgewichtsbeziehungen in metamorphen Gesteinen

13.5.1 Die Feststellung des thermodynamischen Gleichgewichts

Innerhalb einer natürlichen Mineralkombination im metamorphen Gestein läßt sich ein Gleichgewichtszustand nicht nachweisen. Nur für bestehende *Ungleichgewichte* gibt es Kriterien, die, soweit sie auftreten, auch eindeutige Schlüsse zulassen.

Auf vorhandene Ungleichgewichte weisen besonders hin:
1. Zonarbau bei Mischkristallen, etwa bei Plagioklas,
2. die (metastabile) Erhaltung von magmatischen oder sedimentogenen Relikten, auch von metamorphen Relikten aus einer vorangegangenen abweichenden Mineralfacies,
3. Reaktionsgefüge, Reaktionssäume zwischen 2 oder mehreren Mineralarten und auffällig unausgeglichene Gefüge,
4. das Nebeneinanderauftreten von unverträglichen (inkompatiblen) Mineralphasen wie z.B. Quarz neben Forsterit, Quarz neben Korund oder Graphit neben Hämatit (ihre jeweilige Inkompatibilität ist experimentell bestätigt),
5. Verletzung der Phasenregel, indem mehr Mineralphasen auftreten als Komponenten abgezählt werden können. Eine solche Überprüfung stößt bei den meistens chemisch komplexen Gesteinen auf Schwierigkeiten wegen Unsicherheit in der

Auswahl und Abzählung der Komponenten. In einfachen Modellsystemen ist die Phasenregel hingegen strikt anwendbar.

Die aufgeführten Kriterien sind im Dünnschliff unter dem Mikroskop überprüfbar. Es gibt weitere, geochemische Kriterien, die sehr nützlich sein können, hier jedoch im einzelnen nicht angeführt zu werden brauchen.

Die meisten Petrologen sind der Meinung, daß die Mineralassoziationen in den metamorphen Gesteinen i. allg. eine Gleichgewichtsparagenese darstellen. Das ist besonders bei Metamorphiten der mittel- bis hochgradierten thermisch-kinetischen Umkristallisationsmetamorphose (Regionalmetamorphose) der Fall. Zudem ist hier die Gleichgewichtseinstellung begünstigt durch die katalytische Wirkung der Durchbewegung und die zur Verfügung stehende Zeit.

13.5.2 GIBBS-Phasenregel und die mineralogische Phasenregel von GOLDSCHMIDT

GOLDSCHMIDT hatte bei seiner Untersuchung über die Hornfelse im Oslogebiet in Norwegen zuerst erkannt, daß eine Beziehung zwischen dem Chemismus und dem Mineralbestand dieser metamorphen Gesteine besteht. Er folgerte, daß ein thermodynamisches Gleichgewicht erreicht sein müsse. Diese Tatsache ermöglicht die Anwendung einer einfachen Regel aus der physikalischen Chemie, der GIBBS-Phasenregel, in der Petrologie.

Die Anwendung der GIBBS-Phasenregel in der Petrologie gibt Auskunft darüber, wieviele Minerale (Mineralphasen) bei einem gegebenen Gesteinschemismus maximal in einem metamorphen (oder magmatischen) Gestein nebeneinander im Gleichgewicht auftreten können. Ihre Zahl ist begrenzt. Die GIBBS-Phasenregel hilft, hierzu präzise Angaben zu machen.

Die GIBBS-Phasenregel lautet:

$$p = k + 2 - f$$

Definition von *Phase* (p), *Komponente* (k) und *Freiheitsgrad* (f):

Als *Phasen* (p) bezeichnet man die physikalisch verschiedenen und mechanisch trennbaren Teile eines Systems. Sie können kristallin, flüssig oder gasförmig sein. Nur kristalline Phasen können in größerer Zahl nebeneinander in einem stabilen thermodynamischen Gleichgewicht auftreten.

Als *Komponenten* (k) eines Systems bezeichnet man die Mindestzahl der chemischen Molekülgattungen, die zum Aufbau der Phasen erforderlich sind.

Die *Freiheitsgrade* (f) eines Systems werden durch die beiden veränderbaren Größen (Variablen) Druck (P) und Temperatur (T) bestimmt. So können z. B. in dem einfachen Einkomponentensystem [Al_2SiO_5] (Abb. 139, S. 385) die 3 dort auftretenden Phasen Disthen, Andalusit und Sillimanit nur im sog. Tripelpunkt bei einer ganz bestimmten Größe von Druck und Temperatur – in Abb. 139 im Punkt A – stabil nebeneinander in einem Gleichgewicht koexistieren. Das System ist dann *invariant*: es besitzt *keinen* Freiheitsgrad. Die beiden Variablen P und T können ohne Störung des Gleichgewichts nicht verändert werden.

Wird eine der beiden Variablen P oder T beliebig verändert, so ist das System *univariant* geworden: Es besitzt nunmehr 1 Freiheitsgrad. So befinden sich jeweils 2 Phasen, längs des Kurvenabschnitts A–B Disthen neben Andalusit, längs des Kurvenabschnitts A–C Disthen neben Sillimanit und längs des Kurvenabschnitts A–D Andalusit neben Sillimanit, in einem stabilen Gleichgewicht.

Werden beide veränderlichen Größen P und T willkürlich gewählt, so ist das System *divariant*: Es besitzt *2* Freiheitsgrade. Die Zahl der Phasen ist dann auf 1 reduziert.

Nach der GIBBS-Phasenregel ist die maximal mögliche Zahl der Phasen gegeben, wenn f (Freiheit) = 0 ist entsprechend der Gleichung $p_{max} = k + 2 - 0$.

In der Natur ist es recht unwahrscheinlich, daß sowohl der Druck als auch die Temperatur während des Ablaufs der Metamorphose in einem Gestein festgelegt sind. Die metamorphen Reaktionen laufen vielmehr innerhalb eines größeren P, T-Intervalls ab, das heißt, ihre Größen ändern sich. Es liegen somit in der Regel *2 Freiheitsgrade* vor. Diese zuerst von GOLDSCHMIDT begründete Feststellung vereinfacht die GIBBS-Gleichung in

$$p \leq k,$$

als *Mineralogische Phasenregel* bezeichnet. Sie besagt, daß bei nicht festgelegtem P, T die Zahl der auftretenden Mineralphasen die Zahl der Komponenten nicht überschreiten kann. Häufig liegt die Zahl der Mineralphasen *unter* der Zahl der Komponenten.

In dem relativ einfachen *3-Komponenten-System $CaO - MgO - SiO_2$* z.B. sind bei unterschiedlichem Verhältnis der Komponenten und unterschiedlicher Größe von P, T die folgenden 6 Mineralphasen durch metamorphe Reaktionen möglich: Enstatit, Wollastonit, Diopsid, Forsterit, Periklas (MgO) und Quarz. Nach der Mineralogischen Phasenregel können im vorliegenden Fall bei 3 Komponenten höchstens jeweils nur 3 Minerale in einem thermodynamischen Gleichgewicht stabil nebeneinander auftreten: En – Woll – Qz oder En – Di – Qz oder Di – Fo – Periklas.

Die Zahl der anteiligen Komponenten ist in den meisten metamorphen Gesteinen wesentlich größer als in dem angeführten Beispiel. Bemerkenswert ist, daß in nicht wenigen metamorphen Gesteinen, wie z.B. den Amphiboliten oder Glimmerschiefern, die Zahl der anwesenden Minerale *weit* unter derjenigen der anteiligen Komponenten liegt. In solchen Fällen kann natürlich die Anwendung der Mineralogischen Phasenregel *keine* Kriterien für evtl. bestehende Mineralungleichgewichte erbringen.

Eine häufige Schwierigkeit und Unsicherheit bei der Anwendung der Phasenregel in den natürlichen Systemen bildet die Festlegung der Komponentenzahl infolge der verbreiteten isomorphen Substitution in den gesteinsbildenden Mineralen, so z.B. von Fe^{2+} für Mg. Durch sie wird die Zahl der unabhängigen Komponenten im System nur scheinbar reduziert: MgO, FeO → (Mg, Fe)O, im vorliegenden Fall um eine Komponente. Eine derartige Zusammenfassung bedeutet jedoch meistens keine echte Reduzierung der Komponentenzahl, weil das Fe-Mg-Verhältnis in koexistierenden Mineralphasen unterschiedlich ist.

Zahlreiche Minerale der metamorphen Gesteine enthalten flüchtige (volatile) Bestandteile, so (OH), H_2O, CO_2 etc. Nur wenn diese bei der Metamorphose im System des betreffenden Gesteins verbleiben, und es sich um ein sog. geschlossenes System handelt, zählen sie als Komponenten im Sinn der Phasenregel. Sind die volatilen Bestandteile beweglich und verlassen das System (oder werden dem System zugeführt), so spielen sie die Rolle sog. mobiler Komponenten eines teilweise offenen Systems. Damit erfährt die Phasenregel in ihrer Anwendung nach KORZHINSKII eine Modifizierung:

$$p = k - m + 2 - f \text{ (allgemeine Phasenregel)}$$
$$p_{max} = k - m \quad \text{(Mineralogische Phasenregel)}$$

Dabei ist k die Gesamtzahl der Komponenten und m die Zahl der mobilen Komponenten.

Fügen wir – als Beispiel – dem oben angeführten 3-Komponenten-System CaO – MgO – SiO_2 als weitere Komponente CO_2 hinzu, so würde sich das auf die Zahl der Mineralphasen nur dann auswirken, wenn CO_2 im System verbliebe. Nur in diesem Fall könnte Calcit, Magnesit oder Dolomit als eine weitere 4. Mineralphase zu den vorhandenen Silikatmineralen bzw. Quarz hinzutreten und z. B. die Mineralparagenese En – Woll – Qz – Calcit bilden.

Auch die Entscheidung über die Mobilität einer flüchtigen Komponente kann die Anwendung der Phasenregel erschweren.

13.6 Beispiele experimentell untersuchter metamorpher Reaktionen

Experimentelle Mineralreaktionen haben in den letzten 3 Jahrzehnten einen entscheidenden Beitrag zur Klärung der Bildungsbedingungen metamorpher Gesteine geliefert. Trotzdem muß man sich im klaren darüber sein, daß derartige Reaktionen gewöhnlich nur vereinfachte Versionen von mehr komplexen Veränderungen im metamorphen Gestein darstellen.

13.6.1 Die Wollastonitreaktion

$$\text{Calcit} + \text{Quarz} \rightleftharpoons \text{Wollastonit} + CO_2$$
$$CaCO_3 + SiO_2 \rightleftharpoons CaSiO_3 + CO_2$$

Die Karbonate Dolomit und Magnesit reagieren mit Quarz im Unterschied zu Calcit bereits unter Bedingungen einer schwachen (im Hinblick auf die Temperatur niedriggradigen) Metamorphose. Für die Reaktion von Calcit und Quarz sind, wie aus Abb. 137 zu ersehen ist, *höhere* Temperaturen erforderlich. So kommt es, daß Cc und Qz bei verschieden hoher Metamorphose von kieseligen Kalksteinen, die relativ verbreitet sind, häufig als stabile Phasen nebeneinander (als Berührungsparagenese) auftreten. Das ist sogar unter den höchsten Temperaturen einer Regionalmetamorphose der Fall.

Wir betrachten zunächst die Kurve ① von Abb. 137, die Wollastonitreaktion, unter $p_{CO_2} = p_{fluid} = p_{total}$. 4 Phasen, 3 feste (Quarz, Calcit und Wollastonit) sowie 1 Gas, CO_2, befinden sich längs dieser Kurve im Gleichgewicht. Mit 3 Komponenten

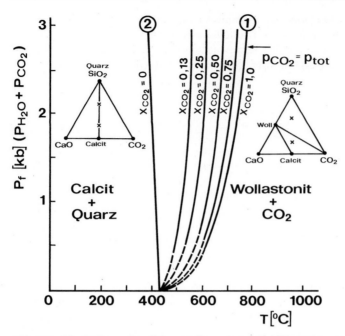

Abb. 137. Die *Wollastonitreaktion*. Wollastonit im Gleichgewicht mit Calcit und Quarz. Die Kurve ② beschreibt die Gleichgewichtslage im offenen System bei 1,013 bar CO_2-Druck. Die übrigen Kurven mit ① $X_{CO_2} = 1{,}0$ bis $X_{CO_2} = 0{,}13$ stellen Gleichgewichte im geschlossenen System mit verschiedenen Molenbrüchen von CO_2 in der fluiden Phase dar. $P_{total} = p_{CO_2} + P_{H_2O}$, $X_{CO_2} = CO_2/(CO_2 + H_2O)$ (aus WINKLER, 1979, Fig. 9.7.) Die Phasengleichgewichte im Konzentrationsdreieck CaO – SiO_2 – CO_2: *links* auf der niedrigeren Temperaturseite und *rechts* auf der höheren Temperaturseite. Die Konoden Calcit-Quarz und Wollastonit-CO_2 lassen geometrisch die Kreuzreaktion $CaCO_3 + SiO_2 = CaSiO_3 + CO_2$ erkennen

CaO, SiO_2 und CO_2 besteht nach der Phasenregel $p = k + 2 - f$ 1 Freiheitsgrad. Wählen wir eine beliebige Temperatur der Kurve, bei der sich alle 4 Phasen im Gleichgewicht befinden, so ist der Druck festgelegt; wählen wir einen bestimmten Druck, so ist die Temperatur festgelegt. Das Gleichgewicht längs der Kurve ist hiernach *univariant*. Für alle Druck- und Temperaturkombinationen, die im Unterschied hierzu *nicht* auf der Kurve liegen, also nicht voneinander abhängen, bestehen *2 Freiheiten*. Die Kurve ① trennt somit 2 divariante Felder, in denen jeweils 3 oder weniger Phasen stabil sind. Auf der rechten Seite z. B., nach höheren Temperaturen hin, befinden sich Wo und CO_2 und 1 der beiden anderen Phasen, Qz *oder* Cc, im Gleichgewicht.

Petrologisches Ergebnis: Wenn man in einem metamorphen Gestein Qz und Cc antrifft, läßt sich folgern, daß die Kurve ① nach rechts hin *nicht* überschritten worden ist. Kommt jedoch Wo mit Qz oder mit Cc zusammen vor, dann ist die Paragenese unter den *höheren* Temperaturen rechts der Kurve entstanden.

Die Kurve ① setzt voraus, daß p_{CO_2} gleich dem äußeren Druck des Systems ist und daß CO_2 nicht entweichen kann. Wir befinden uns in einem geschlossenen System.

Kurve ② stellt den anderen extremen Fall dieses Systems dar. Hier liegt ein für CO_2 offenes System vor, wobei alles durch die Wollastonitreaktion gebildete CO_2 vollständig entweichen kann. CO_2 ist eine mobile Komponente. In diesem Fall wird der Druckeffekt auf die Reaktion durch die relativen Dichten der festen Reaktionspartner bestimmt. Da Wo eine größere Dichte als Cc oder Qz besitzt, verläuft die Reaktionskurve mit zunehmendem Druck nach niedrigeren Temperaturen hin. Die Kurve ② besitzt so eine negative Steigung im Unterschied zur Kurve ①.

In der *Natur* kann man sich vorstellen, daß das CO_2-Gas durch offene Spalten in einem hohen Krustenniveau zur Erdoberfläche gelangen und austreten kann. In vielen Fällen wird wahrscheinlich nur ein Teil des Gases entweichen, so daß sich ein Gleichgewicht in einem Gebiet *zwischen* den beiden extremen Kurven ① und ② einstellen wird.

Die Wollastonitreaktion findet, wie wir gesehen haben, mit abnehmendem Gasdruck von CO_2 unter immer niedrigeren Temperaturen statt. Auch eine zunehmende *Verdünnung des CO_2 durch H_2O* als fluide Phase erniedrigt die Reaktionstemperatur von Wollastonit. Das soll im folgenden ebenfalls anhand von Abb. 137 dargelegt werden. Die erstgenannte Reaktion vollzieht sich gewöhnlich in einem hohen Krustenniveau einer Kontaktmetamorphose, wenn CO_2 über Klüfte entweichen kann. Die zweite Möglichkeit tritt dann ein, wenn kieselig-mergelige Kalksteine als Ausgangsprodukt zusätzliches Porenwasser enthalten. H_2O ist neben CO_2 eine weitere Komponente in der Gasphase. Nach der Phasenregel handelt es sich dann nicht mehr um eine univariante Reaktion mit 3 Komponenten und 4 Phasen. Die Wollastonitreaktion ist jetzt bivariant, vorausgesetzt, daß X_{CO_2} *in*konstant ist. Es befinden sich 4 Komponenten (CaO, SiO_2, CO_2, H_2O) und 4 Phasen (Cc, Qz, Wo, Gasgemisch) im System. Längs jeder Reaktionskurve ergeben sich nach der Phasenregel nunmehr 2 Freiheitsgrade. Dabei ist unter einem gegebenen Gasdruck (p_f) die Gleichgewichtstemperatur der Wollastonitreaktion nach Abb. 137 um so höher, je größer X_{CO_2} ist. X_{CO_2} ist der Quotient $\dfrac{CO_2}{CO_2 + H_2O}$ in der Gasphase P_f.

In Abb. 137 sind die Gleichgewichtskurven bei jeweils konstanter Zusammensetzung der Gasphase X_{CO_2} (X_{CO_2} = 0,75, 0,50, 0,25, 0,13) in Abhängigkeit vom Gasdruck p_f dargestellt. Es ist ersichtlich, daß die Bildung von Wollastonit nicht als Indikator für eine Temperatur (als Geologisches Thermometer) verwendet werden kann, solange nichts über die Zusammensetzung der Gasphase bekannt ist. Über deren Zusammensetzung erhalten wir aus petrographischen Beobachtungen einige orientierende Informationen.

Aus der Tatsache, daß Wollastonit unter geschätzten Metamorphosetemperaturen zwischen rund 400 und 500 °C in der Natur noch nicht auftritt, auch nicht unter den geringen Belastungsdrücken von wenigen 100 bar im hohen Krustenniveau einer periplutonischen Kontaktmetamorphose, wird geschlossen, daß X_{CO_2} ziemlich groß gewesen sein muß. So nimmt WINKLER, 1979 an, daß die Bedingungen für die Wollastonitbildung in der Natur vielleicht nur 10–30 °C niedriger gewesen sind als die experimentell gefundenen Temperaturwerte für $X_{CO_2} = 1$ unter entsprechenden Drücken. Dann wären für die Wollastonitbildung innerhalb einer Kontaktaureole seicht intrudierter Plutone, wo mit Drücken von 500–600 bar (entsprechend 2 km Tiefe) zu rechnen ist, Temperaturen um 600 °C erforderlich, in 7–8 km Tiefe und Drücken von 2000–2500 bar solche um 700 °C. So kann es nicht überraschen, daß unter den

i. allg. noch höheren Drücken einer Regionalmetamorphose selbst 800 °C nicht ausreichen, um Wollastonit zu bilden. Nur dort, wo Wasser in dünne Lagen metamorpher kieseliger Kalksteine vordringen konnte, tritt Wollastonit gelegentlich unter den Bedingungen einer Regionalmetamorphose auf. Niedriges X_{CO_2} führt in diesem Fall zu einer entsprechend starken Temperaturerniedrigung. Die Wollastonitreaktion ist hier bivariant, d.h., sie vollzieht sich innerhalb eines begrenzten Temperaturintervalls und nicht unter einer bestimmten Temperatur.

Die besten Voraussetzungen für die Bildung von Wollastonit in kieseligem Kalkstein bestehen in der innersten Zone einer periplutonischen Kontaktaureole, besonders dann, wenn sehr hohe Intrusionstemperaturen vorgelegen haben.

13.6.2 Entwässerungsreaktionen

Bei der im letzten Abschnitt besprochenen Wollastonitreaktion ist unter relativ hoher Temperatur CO_2 entbunden worden. Unter diesem Gesichtspunkt zählt sie zu den Dekarbonatisierungsreaktionen.

Entwässerungsreaktionen (Dehydratisierungsreaktionen) sind Reaktionen, bei denen durch Temperaturerhöhung H_2O entbunden wird. Die Mehrzahl der metamorphen Reaktionen gehört zu dieser Gruppe. Sie besitzen deshalb eine besondere Bedeutung.

In den Experimenten ist H_2O gewöhnlich Überschußphase. H_2O wird damit zum druckübertragenden Medium, und der Partialdruck des Wassers (Wasserdruck) entspricht dem Gesamtdruck des Systems ($p_{H_2O} = p_{total}$). Man bezeichnet experimentelle Anordnungen dieser Art als Hydrothermalsynthese und stellt die Ergebnisse der Gleichgewichtsuntersuchungen in einem p_{H_2O}-Temperatur-Diagramm dar.

Die folgenden Entwässerungsreaktionen vollziehen sich mit fortschreitender Temperaturerhöhung bei der progressiven Metamorphose von pelitischen Sedimentgesteinen:

$$Al_2[(OH)_4/Si_2O_5] + 2\,SiO_2 \rightleftharpoons Al_2[(OH)_2/Si_4O_{10}] + H_2O$$
Kaolinit — Quarz — Pyrophyllit

$$Al_2[(OH)_2/Si_4O_{10}] \rightleftharpoons Al_2SiO_5 + 3\,SiO_2 + H_2O$$
Pyrophyllit — Andalusit / Disthen — Quarz

$$KAl_2[(OH)_2/AlSi_3O_{10}] + SiO_2 \rightleftharpoons KAlSi_3O_8 + Al_2SiO_5 + H_2O$$
Muscovit — Quarz — K'feldspat — Andalusit/Sillimanit

$$KAl_2[(OH)_2/AlSi_3O_{10}] \rightleftharpoons KAlSi_3O_8 + Al_2O_3 + H_2O$$
Muscovit — K'feldspat — Korund

Das wichtigste Tonmineral *Kaolinit* zerfällt mit beginnender Metamorphose bei Anwesenheit von Quarz unter Entbindung von Wasser in Pyrophyllit (Abb. 138, ①). Wenn gleichzeitig K-Ionen anwesend sind, entsteht allerdings Muscovit. Pyrophyllit, früher häufig übersehen, ist in Tonschiefern und Phylliten recht verbreitet. Unter hö-

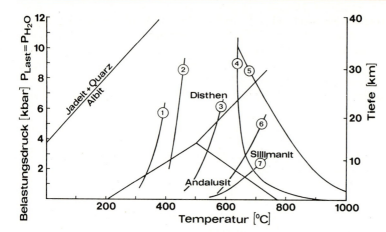

Abb. 138. Experimentell bestimmte Entwässerungskurven von: ① Kaolinit (nach THOMPSON, 1970), ② Pyrophyllit (nach HEMLEY, 1967, KERRICK, 1968), ③ Antigorit (nach JOHANNES, 1975), ⑥ Muscovit + Quarz (nach ALTHAUS et al., 1970), ⑦ Muscovit (nach EVANS, 1965) – ④ wassergesättigte Soliduskurve von Granit (nach WINKLER, 1979), ⑤ Schmelzbeginn von Olivintholeiit (nach YODER und TILLEY, 1962) – Jadeit- und Quarz-Reaktion (nach BIRCH und LECOMTE, 1960) – Stabilitätsfelder der 3 Al$_2$SiO$_3$-Polymorphen (nach HOLDAWAY, 1971) zur Orientierung

heren Temperaturen geht *Pyrophyllit* in Andalusit oder Disthen und Quarz über, ebenfalls unter Entbindung von Wasser (Abb. 138 ②). Die Zerfallstemperaturen von *Muscovit neben Quarz*, noch mehr diejenigen von Muscovit *ohne* Quarz, liegen (Kurven ⑥ und ⑦ in Abb. 138) wesentlich höher. Sie befinden sich bereits im Gebiet einer höhergradigen Metamorphose.

Alle 4 Modellreaktionen sind für die Einstufung und Abgrenzung des Metamorphosegrads wichtig, wie wir später sehen werden.

Für *Entwässerungskurven* ist typisch, daß sie entsprechend ihrem positiven dP/dT der Gleichung von CLAUSIUS-CLAPEYRON eine positive Neigung aufweisen. Das liegt wesentlich darin begründet, daß das Volumen der Phasen auf der rechten Seite der Entwässerungskurven stets größer ist als das der Phasen auf der linken Seite. Der Grund für das Anwachsen des Volumens auf der rechten Seite nach höheren Temperaturen hin ist die Entbindung des Wassers.

Ein weiteres Beispiel einer metamorphen Entwässerungsreaktion wählen wir aus einem stofflich völlig anderen System, dem System MgO – SiO$_2$ – H$_2$O. Es enthält u.a. das Serpentinmineral *Antigorit* Mg$_6$[(OH)$_8$/Si$_4$O$_{10}$]. Seine Entwässerungskurve (Abb. 138, Kurve ③) verläuft wiederum im P,T-Diagramm steil mit entsprechend schwacher positiver Neigung. Sie ist nur relativ wenig druckabhängig, wenn auch stärker als Kurve ②. Wir gehen davon aus, daß $p_{H_2O} = p_{total}$ ist.

Die Modellreaktion lautet:

$$5\ Mg_6[(OH)_8/Si_4O_{10}] \rightleftharpoons 12\ Mg_2SiO_4 + 2\ Mg_3[(OH)_2/Si_4O_{10}] + 18\ H_2O$$
Antigorit   Forsterit   Talk

In der *Natur* vollzieht sich die Entwässerungsreaktion des Antigorits z.B. bei der periplutonischen Kontaktmetamorphose, wenn Temperaturen von rund 500 °C erreicht und überschritten werden. Dieser Vorgang ist rückläufig, wenn diese Temperatur bei der Abkühlung unter Zutritt von Wasser wieder *unter*schritten wird. Forsterit bzw. Olivin wandeln sich erneut in Serpentin um. Talk bleibt als solcher erhalten, weil er auch links der Kurve neben Wasser ein stabiles Existenzfeld besitzt.

13.6.3 Polymorphe Umwandlungen und Reaktionen ohne Entbindung einer fluiden Phase

Die Umwandlungen der 3 polymorphen Minerale *Andalusit* (D = 3,15), *Sillimanit* (3,20) und *Disthen* (3,65) stellen im wesentlichen Verdichtungsreaktionen in Abhängigkeit von der Temperatur innerhalb des Systems [Al_2SiO_5] dar. Die 3 Umwandlungsreaktionen nach höheren Temperaturen hin sind:

Disthen (Kyanit) ⇌ Andalusit
Disthen ⇌ Sillimanit
Andalusit ⇌ Sillimanit

Andalusit mit der geringsten Dichte ist auf die niedrigsten Drücke beschränkt. Er geht bei Drucksteigerung in Abhängigkeit von der Temperatur in die jeweils dichtere Phase, Sillimanit bzw. Disthen, über. Sillimanit ist darüber hinaus zugleich die stabile Hochtemperaturmodifikation dieses Systems.

Das P,T-Diagramm (Abb. 139) läßt 3 univariante Reaktionskurven erkennen, die sich in einem invarianten Punkt, dem *Tripelpunkt* A treffen. Im Tripelpunkt koexistieren alle 3 Minerale nebeneinander im Gleichgewicht.

Die polymorphen Umwandlungen können sich mit oder ohne katalytische Beteiligung einer fluiden Phase vollziehen. Da an der Umwandlung nur OH-freie Minerale beteiligt sind, ist der H_2O-Gehalt der Gasphase ohne Einfluß auf die P,T-Beziehung, d.h. ohne Einfluß auf die Position der univarianten Kurven in dem zugehörigen P,T-Diagramm.

Es sind in jüngerer Vergangenheit viele experimentelle Untersuchungen über dieses System durchgeführt worden. In Abb. 139 wurde eine Auswahl getroffen. Merkliche Unterschiede ergaben sich in der Lage des Tripelpunkts und der 3 univarianten Reaktionskurven. Allerdings gibt es durchaus eine prinzipielle Übereinstimmung in den verschiedenen gewonnenen Diagrammen.

In der *Natur* sind zahlreiche Gebiete bekannt geworden, in denen alle 3 Minerale Andalusit, Disthen und Sillimanit oder wenigstens 2 von ihnen nebeneinander auftreten. Es stellt sich die Frage, ob wirklich in- bzw. univariant gebildete Gleichgewichtsparagenesen vorliegen. Aus neueren Untersuchungen wissen wir jedoch, daß sich die Stabilitätsgrenzen von Andalusit, Disthen und Sillimanit selbst bei nur sehr geringem diadochen Ersatz von Al durch Fe^{3+} gegenüber denjenigen der reinen Phasen etwas verschieben, so daß es keinen eigentlichen Tripel*punkt* der Koexistenz aller 3 Modifikationen gibt. Es gibt vielmehr einen gewissen, relativ kleinen Temperatur-Druck-*Bereich,* in dem alle 3 stabil nebeneinander auftreten können. Entsprechend ist dann auch das P,T-Gebiet der Koexistenz von je 2 der Polymorphen nicht

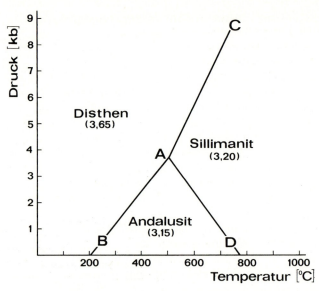

Abb. 139. Das System der Al$_2$SiO$_5$-Polymorphen Andalusit, Disthen und Sillimanit (nach HOLDAWAY, 1971) mit Angaben der Dichten

mehr linear univariant, sondern *bandförmig bivariant*. Daneben spielt die metastabile Persistenz (Reaktionsträgheit) eine sehr große Rolle.

Bei Temperaturen über 1000 °C, also wesentlich höheren Temperaturen, jedoch niedrigen Drücken, zerfällt die Hochtemperaturmodifikation Sillimanit in Mullit und freies SiO$_2$. *Mullit* ist chemisch etwa 3 Al$_2$O$_3$ · 2 SiO$_2$. Die Verbindung Al$_2$SiO$_5$ existiert nicht mehr. Mullit ist dann das einzige stabile Aluminiumsilikat im Beisein von wasserfreier Schmelze.

Eine andere Art von Reaktionen ohne Beteiligung von H$_2$O oder CO$_2$ bilden die beiden folgenden Modellreaktionen:

$$\underset{\text{Jadeit}}{\text{NaAl[Si}_2\text{O}_6\text{]}} + \underset{\text{Quarz}}{\text{SiO}_2} \rightleftharpoons \underset{\text{Albit}}{\text{Na[AlSi}_3\text{O}_8\text{]}}$$

$$\underset{\text{Jadeit}}{2\,\text{NaAl[Si}_2\text{O}_6\text{]}} \rightleftharpoons \underset{\text{Albit}}{\text{Na[AlSi}_3\text{O}_8\text{]}} + \underset{\text{Nephelin}}{\text{Na[AlSiO}_4\text{]}}$$

Beide Reaktionen erfordern für die Jadeitbildung hohe Drücke, für die Albit- bzw. Albit- und Nephelinbildung nach rechts hin höhere Temperaturen (Abb. 138). Der natürliche Jadeit, der meistens Diopsid- und Acmitkomponente enthält, benötigt als Mischkristall einen entsprechend niedrigeren Druck.

13.7 Graphische Darstellung metamorpher Mineralparagenesen

13.7.1 ACF- und A'KF-Diagramme (Abb. 140, 145, 146, S. 388, 398, 403)

Die wesentlichen Komponenten der metamorphen Gesteine sind: SiO_2, TiO_2, Al_2O_3, Fe_2O_3, FeO, MgO, MnO, CaO, Na_2O, K_2O, H_2O und P_2O_5. Ausschlaggebend für die Mineralzusammensetzung der metamorphen Gesteine ist aus stofflicher Sicht besonders das Al_2O_3 : CaO : (FeO + MgO) : K_2O-Verhältnis. Da Tetraederprojektionen, in denen alle 4 Komponenten zur Darstellung gelangen würden, wenig anschaulich sind, wählte Eskola nebeneinander 2 Dreiecksprojektionen mit den Verhältnissen Al_2O_3 : CaO : (Fe + MgO) und Al_2O_3 : K_2O : (FeO + MgO). Die von ihm vorgeschlagenen ACF- und A'KF-Diagramme benützt Eskola, auf Beobachtungstatsachen gestützt, für die Darstellung der Mineralparagenesen der verschiedenen Mineralfacies.

In beide Diagramme dürfen nur Mineralparagenesen von Metamorphiten mit SiO_2-Überschuß eingetragen werden. Das sind Gesteine, die freien Quarz (bzw. eine der seltenen SiO_2-Modifikationen) führen. SiO_2 kann so als Komponente unberücksichtigt bleiben. Modale Zu- oder Abnahme von Quarz sind ohne Auswirkung auf die paragenetischen Beziehungen der übrigen anwesenden Minerale. Bei SiO_2-Überschuß können immer nur Minerale mit dem höchstmöglichen SiO_2-Gehalt entstehen. Olivin als unterkieseltes Silikat oder Oxide wie Spinell bzw. Korund z. B. dürfen nicht in ein ACF- oder A'KF-Diagramm als Mineralphasen eingetragen werden.

Wenn SiO_2 als Komponente und Quarz als Phase nicht berücksichtigt werden, wie in den beiden Diagrammen, dann bleibt die Zahl der Freiheitsgrade f = c + 2 − p unverändert. Unter dem Gesichtspunkt der Phasenregel ist es demnach berechtigt, daß SiO_2 als Komponente und Quarz als Phase unberücksichtigt bleiben. Wie SiO_2 findet sich meistens auch H_2O im Überschuß im metamorphen Gestein und kann so gleichermaßen unberücksichtigt bleiben.

Die Akzessorien (Magnetit, Hämatit, Ilmenit, Apatit, Sulfide etc.) werden in diesen Darstellungen ebenso ausgelassen. Die in ihnen enthaltenen Beträge von (Al, Fe)$_2$O$_3$, CaO und (Mg, Fe)O werden vorher von der chemischen Analyse abgezogen, wenn Gesteinszusammensetzungen in das Diagramm eingetragen werden.

Die wichtigen gesteinsbildenden Silikate in den metamorphen Gesteinen finden in dem *ACF-Diagramm* Berücksichtigung, mit Ausnahme der K- und Na-führenden Silikate. Faßt man zusammen, so gilt für die Berechnung der ACF-Verhältnisse in grober Näherung folgendes Schema auf Molekularbasis:

$$\left. \begin{array}{l} Al_2O_3 + Fe_2O_3 - (Na_2O + K_2O) = A \\ CaO \qquad\qquad - 3{,}3\, P_2O_5 \qquad = C \\ MgO + FeO + MnO \qquad\qquad = F \end{array} \right\} A + C + F = 100$$

Alk'feldspäte können nicht in ein ACF-Diagramm aufgenommen werden. Bei A wird deshalb der an die Alkalien ($Na_2O + K_2O$) gebundene Tonerdegehalt für die anteiligen Alk'feldspäte und fallweise für die Glimmer abgezogen. Diese Korrektur wird vor der Berechnung der Molekularzahlen an der chemischen Analyse vorgenommen. Zu diesem so reduzierten Al_2O_3 wird der Wert von Fe_2O_3 hinzugenommen, mit der

13.7 Graphische Darstellung metamorpher Mineralparagenesen

Begründung, daß sich Fe^{3+} und Al diadoch vertreten. Bei F befindet sich als Komponente (Fe, Mg, Mn)O zusammengefaßt mit derselben Begründung.

Binäre Mischkristalle werden in diesen Diagrammen als Linie zwischen 2 Endgliedern, ternäre Mischkristalle als Feld zwischen 3 Endgliedern dargestellt. Wegen der mehr orientierenden Funktion der beiden Diagramme begnügt man sich, wenn im Komponentenverhältnis des Diagramms die Mischkristallbildung keine Rolle spielt, mit der Darstellung als Punkt.

Das *A'KF-Dreieck* wird zur Ergänzung neben das ACF-Dreieck gestellt. In diesem Dreieck sind die K-führenden Minerale, insbesondere Kalifeldspat, Muscovit und Biotit dargestellt. Dafür wird auf die Ca-führenden Minerale verzichtet. Im A'KF-Dreieck liegen die darstellenden Punkte der nur A'- und F-Komponenten enthaltenden Minerale an derselben Stelle wie im ACF-Diagramm. Kalifeldspat (Mikroklin, Orthoklas oder Sanidin) wird in der K-Ecke dargestellt.

Zusammengefaßt gilt für die *Berechnung der A'KF-Verhältnisse* das folgende Schema:

$$A' = Al_2O_3 + Fe_2O_3 - (Na_2O + K_2O + CaO)$$
$$K = K_2O$$
$$F = FeO + MgO + MnO$$
$$A' + K + F = 100$$

Beide Diagramme sind in Teildreiecke aufgeteilt, an deren Ecken jeweils der Name eines Minerals steht. Innerhalb der Fläche eines Teildreiecks liegt ein großer Bereich von verschiedenen chemischen Gesteinszusammensetzungen; aus allen wird die gleiche Mineralparagenese bei der Metamorphose unter den physikalischen Bedingungen einer bestimmten Facies gebildet. Lediglich das Verhältnis der Mineralmengen ist unterschiedlich. Wenn hingegen der darstellende Punkt eines metamorphen Gesteins in ein anderes Teildreieck zu liegen kommt, dann ändert sich die Paragenese innerhalb der gleichen Mineralfacies.

Im Hinblick auf das Rechenverfahren für ACF- und A'KF-Diagramme im einzelnen sei auf die Spezialliteratur, z. B. WINKLER, 1979, verwiesen.

Ein *Vorteil der beiden Diagramme* ist zweifellos, daß sie zahlreiche Chemismen der verbreiteten metamorphen Gesteine einschließen, so pelitische, mergelige, basaltische wie kalkreiche oder granitische und weitere Ausgangszusammensetzungen. Die Felder dieser Streubereiche sind in Abb. 144, S. 391 eingetragen. Die Beziehungen zwischen dem Gesteinschemismus und den auftretenden Mineralparagenesen lassen sich einigermaßen deutlich herausstellen, wenn nicht zu sehr ins Detail gegangen wird. Bisweilen kann es für den Ungeübten Schwierigkeiten geben, wenn im gleichen Gestein 4 oder 5 Minerale auftreten, aber nur 3 Komponenten im Dreieck zur Verfügung stehen. Dabei kann es in der ebenen Darstellung mitunter zu sich kreuzenden Verbindungslinien kommen. Es erklärt sich häufig daraus, daß in der F-Ecke eine im gegebenen Fall unberechtigte Zusammenfassung von FeO, MgO und MnO zu *einer* Komponente erfolgt ist.

Als *klassisches Beispiel* gilt das ACF-Dreieck von Hornfelsen der Osloregion in Südnorwegen, die eine erste gründliche Untersuchung durch GOLDSCHMIDT erfuhren (Abb. 140). Es sind bis auf die Klassen 8–10 Gesteine mit SiO_2-Überschuß und freiem Quarz. Alle Gesteinsvarietäten führen zudem Kalifeldspat. Beide Minerale gelten als zusätzliche Mineralphasen und wurden in dem Diagramm nicht berücksichtigt.

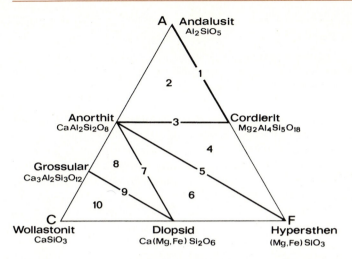

Abb. 140. ACF-Diagramm der Pyroxenhornfelsfacies und die 10 Hornfelsklassen nach GOLD-SCHMIDT. In allen Klassen kommen Quarz und teilweise Kalifeldspat hinzu. Die Quarzmenge nimmt jedoch mit wachsender Klassenzahl ab

Die Lage der Paragenesen der 10 von GOLDSCHMIDT unterschiedenen Hornfelsvarietäten ist durch Zahlen in das Dreieck eingetragen. Die beobachteten 10 verschiedenen *Mineralparagenesen* sind:

1. Andalusit – Cordierit
2. Andalusit – Cordierit – Plagioklas
3. Cordierit – Plagioklas
4. Cordierit – Plagioklas – Hypersthen
5. Plagioklas – Hypersthen
6. Plagioklas – Hypersthen – Diopsid
7. Plagioklas – Diopsid
8. Plagioklas – Diopsid – Grossular
9. Diopsid – Grossular
10. Diopsid – Grossular – Wollastonit

Die ausgehenden Sedimentgesteine, die im vorliegenden Falle kontaktmetamorph überprägt wurden, variierten bei *iso*chemischer Metamorphose in ihrer chemischen Zusammensetzung von tonreichen, kalkfreien zu kalkreichen, tonarmen Gesteinen. Diese Reihe reicht von dominierendem A zu dominierendem C.
  Was kann ein solches Diagramm im vorliegenden speziellen Fall aussagen? In erster Linie gibt es die möglichen, im Gleichgewicht befindlichen Mineralparagenesen für verschiedene chemische Ausgangszusammensetzungen innerhalb eines begrenzten Druck-Temperatur-Bereichs an. Kristallisationswege oder dergleichen wie in den Zustandsdiagrammen von Abb. 102–104 (S. 236 ff.) z. B. sind nicht angezeigt. Das Diagramm sagt weiterhin aus, daß nicht durch Konoden (Konjugationslinien) verbundene Minerale wie z. B. Cordierit, Diopsid oder Hypersthen, Grossular in diesen Hornfelsen nicht nebeneinander im Berührungskontakt auftreten. Angenom-

men, es würde der Fall sein, so wäre zu folgern, daß diese beiden Mineralkombinationen unter veränderten Druck-Temperatur-Bedingungen gebildet worden sind, wo eine derartige Kombination möglich ist. (Für sie wäre dann ein weiteres ACF-Dreieck mit entsprechend veränderter Lage der Konoden zu zeichnen.)

Bei zahlreichen metamorphen Gesteinen genügt das ACF-Diagramm, um mit diesen 3 Komponenten die wichtigsten Gleichgewichtsbeziehungen der auftretenden Mineralparagenesen herauszustellen, jedoch nicht bei allen.

13.7.2 AFM-Diagramm (Abb. 141 a, b; 142)

Das *AFM-Diagramm* ist besonders geeignet, um die Abhängigkeit koexistierender Mineralphasen in Metapeliten (das sind metamorphe Gesteine, die einen pelitischen Chemismus besitzen) von den P,T-Bedingungen der Metamorphose und vom Gesteinschemismus graphisch darzustellen. Es wurde von THOMPSON, 1957 vorgeschlagen.

Fünf Hauptkomponenten werden berücksichtigt: SiO_2, Al_2O_3, FeO, MgO und K_2O. Metapelite führen gewöhnlich Quarz. Er zeigt an, daß ein Überschuß an SiO_2 besteht und mithin alle beteiligten Silikate der betrachteten Paragenese an SiO_2 gesättigt sind. Unter dieser Voraussetzung kann SiO_2 – wie bei einem ACF- oder A'KF-Diagramm – bei der Darstellung als Komponente unberücksichtigt bleiben. Gleich dem Quarz müssen für die Erstellung eines AFM-Diagramms entweder Muscovit oder Kalifeldspat im Gestein enthalten sein. Das ist bei den meisten metapelitischen Gesteinen der Fall.

Für die *Konstruktion eines AFM-Diagramms* werden zunächst die Molekularproportionen von Al_2O_3, FeO, MgO und K_2O aus den Gew.% der chemischen Analyse des Gesteins errechnet. Die 4 Komponenten werden den Ecken AKFM eines Tetraeders entsprechend Abb. 141 a zugeordnet. Ihr Verhältnis bestimmt die Position des dazustellenden Punkts eines bestimmten Minerals oder Gesteins im Tetraeder. X und Y sollen in einem Beispiel dieses Verhältnis in 2 verschiedenen Gesteinszusammensetzungen repräsentieren, B dasjenige von einem Biotit.

Da die vorliegenden Gesteine Muscovit führen, benützen wir den darstellenden Punkt der Muscovitzusammensetzung Mc auf der Tetraederkante A–K als *Bezugspunkt* der Projektion auf die Basisfläche des Tetraeders. Mc entspricht der Muscovitzusammensetzung $K_2O \cdot 3\,Al_2O_3 \cdot 6\,SiO_2 \cdot H_2O$. (Bei Anwesenheit von Kalifeldspat und fehlendem Muscovit wäre Kf Bezugspunkt mit $K_2O \cdot Al_2O_3 \cdot 6\,SiO_2$.) Der Bezugspunkt Mc wird nun mit jedem der darstellenden Gesteinspunkte X und Y verbunden und die Verbindungslinie bis zum Durchstich auf der Projektionsebene verlängert. Man erhält die Punkte X', Y'. Y' kommt wegen seines Werts von

$$\frac{Al_2O_3 - 3\,K_2O}{Al_2O_3 - 3\,K_2O + MgO + FeO}$$ außerhalb des Basisdreiecks zu liegen.

Das trifft auch für den Projektionspunkt B' des Biotits zu.

Der *Arbeitsgang* ist folgender:
1. Man geht von den Molekularproportionen aus, die aus der chemischen Analyse errechnet worden sind. Korrekturen z. B. für Al_2O_3, das an CaO und Na_2O im Plagioklas gebunden ist, müssen vorher vorgenommen werden. So wird eine äquivalente Menge aus dem Gesamtbetrag des Al_2O_3 vorher in Abzug gebracht.

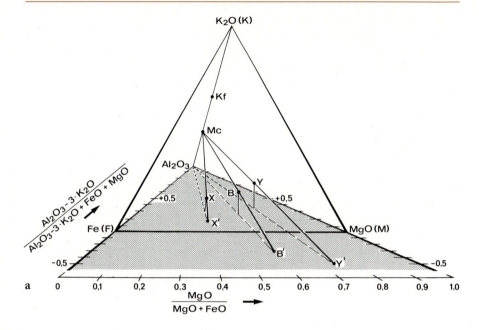

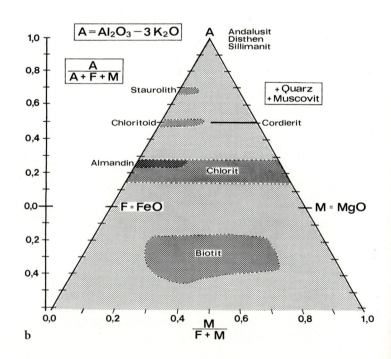

2. (FeO) erfährt eine Korrektur, um das im Ilmenit (FeO · TiO_2) und Magnetit (FeO · Fe_2O_3) gebundene FeO zu berücksichtigen, da diese Opakminerale nicht in das AFM-Dreieck eingehen.
Somit F = (FeO) − TiO_2 − Fe_2O_3
MnO kann für die Kalkulation von F zu (FeO) addiert werden, da Mn^{2+} in vielen Silikatmineralen Fe^{2+} ersetzt.
3. Die Projektion aus der Muscovitzusammensetzung auf das Grunddreieck des AKFM-Tetraeders wird vorgenommen, indem − entsprechend der chemischen Formel des Muscovits − 3 mal die Molekularproportion von K_2O von der Molekularproportion von Al_2O_3 abgezogen wird.
Somit A = (Al_2O_3) − 3 (K_2O)
4. M = (MgO)
5. Es wird die Summe A + F + M gebildet und aus den Verhältniszahlen von A, F und M zur Summe A + F + M werden deren prozentuale Anteile ermittelt. Z. B. A % = [Molekularproportion A/Molekularproportion (A + F + M)] × 100
6. Das Ergebnis wird auf Dreieckspapier eingetragen.

Die Projektion der *K_2O-führenden Minerale* innerhalb des AKFM-Tetraeders auf die Dreiecksbasis AFM wird wie bei den Gesteinen vom Bezugspunkt Mc aus, das ist der darstellende Punkt des Muscovits, vorgenommen. Biotit kommt durch seinen negativen Wert von A/(A + F + M) auf die erweiterte Projektionsebene *außerhalb* des AFM-Dreiecks zu liegen (Abb. 141 b). Die in den Metapeliten verbreiteten, praktisch K_2O-freien Minerale Chlorit, Cordierit, almandinreicher Granat und Staurolith liegen innerhalb des AFM-Dreiecks. Mischkristallbildung durch Substitution von Fe^{2+} für Mg^{2+} in diesen Mineralen wird durch eine Strecke parallel zur Seite F−M zum Ausdruck gebracht. Das ist ein Vorteil gegenüber dem A'KF-Diagramm, bei dem FeO + MgO unter F zu *einer* Komponente zusammengefaßt werden. Besteht zusätzlich eine Substitution durch Al, wie besonders bei Chlorit oder Biotit, so erweitert sich die Strecke zu einem Band oder einem Feld innerhalb des AFM-Dreiecks. Ein zur Paragenese gehörender Muscovit kann voraussetzungsgemäß *nicht* dargestellt werden.

Eine mögliche Anwendung eines AFM-Diagramms zeigt Abb. 142. Zur Darstellung gelangen Mineralparagenesen unter Bedingungen der Hornblende-Hornfelsfacies (S. 404 f.) in 2 pelitischen Hornfelsen P und Q. Zum Gesteinschemismus P gehört die Paragenese Andalusit + Biotit + Cordierit + (Muscovit + Quarz), zum Gesteinschemismus Q die Paragenese Biotit + Cordierit + (Muscovit + Quarz). Gezogene Verbindungslinien (Konoden) zwischen Cordierit und Biotit zeigen koexistierende MgO/MgO + FeO-Verhältnisse unter gegebenen P,T-Bedingungen zwischen beiden Mineralen an. So koexistiert im vorliegenden Fall Cordierit C_1 mit Biotit B_1 im Gestein P und Cordierit C_2 mit Biotit B_2 im Gestein Q. Wie bei einem ACF- oder A'KF-Diagramm ändern sich auch mit den physikalischen Bedingungen der Metamorphose der Kono-

Abb. 141 a, b. AFM-Projektion; **a** K_2O − Al_2O_3 − FeO − MgO − Tetraeder mit Projektionsebene A (Al_2O_3 − 3 K_2O) − F(FeO) − M(MgO), die sich über die Dreiecksseite *F − M* hinaus erstreckt. Alle Punkte innerhalb des Tetraeders können vom Projektionspunkt Mc (Muscovit) auf diese Ebene projiziert werden. Die Punkte *X, Y* und *B* liegen innerhalb des Tetraeders und sind als Punkte *X', Y'* und *B'* auf die Ebene projiziert. Dabei kommen *Y'* und *B'* außerhalb der Dreiecksseite *F − M* zu liegen. Projektionspunkte von Ausgangszusammensetzungen, die K_2O-frei sind und bereits innerhalb des Basisdreiecks Al_2O_3 − FeO − MgO liegen, bleiben durch die Projektion unverändert; **b** AFM-Projektion der wichtigsten Mineralzusammensetzungen [**b** aus BEST, 1982, Fig. 11.13 (b)]

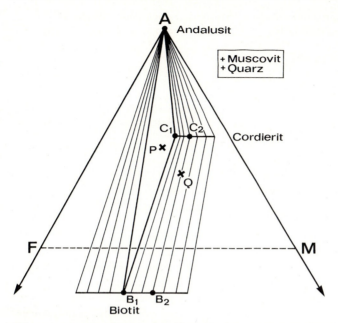

Abb. 142. AFM-Projektion von 2 Hornfelsparagenesen aus pelitischen Hornfelsen. Gestein P = Biotit-Cordierit-Andalusit-Hornfels, Gestein Q = Biotit-Cordierit-Hornfels; beide Gesteine führen außerdem Muscovit und Quarz. Zum Gestein P gehören Cordieritzusammensetzung C_1 und Biotitzusammensetzung B_1, zum Gestein Q Cordieritzusammensetzung C_2 und Biotitzusamensetzung B_2

denverlauf und die koexistierenden Mineralphasen bzw. deren Mischkristallzusammensetzungen. Das AFM-Diagramm bringt bei pelitischem Chemismus derartige Phasenbeziehungen besser zum Ausdruck als ein ACF- oder A'KF-Diagramm.

13.8 Klassifikation der metamorphen Gesteine nach ihrer Mineralfacies

ALLGEMEINES

Die Klassifikation nach der metamorphen Facies ist eine Einteilung der metamorphen Gesteine nach Metamorphosebedingungen. Jede einzelne Facies kann nach 2 Gesichtspunkten definiert und abgegrenzt werden: 1. *empirisch* nach kritischen Mineralparagenesen. Das entspricht der klassischen Methode gemäß der Definition von ESKOLA. 2. nach *kritischen metamorphen Mineralreaktionen*. Hiernach lassen sich besonders P,T-Grenzen festlegen, nachdem die entscheidenden Mineralreaktionen der Gesteinsmetamorphose inzwischen experimentell untersucht worden sind. Für jede einzelne Mineralfacies läßt sich die zuständige Höhe von Druck und Temperatur im P,T-Diagramm (Abb. 143) orientierend einschätzen. Auch die zugehörige Krustentiefe ist zu ersehen.

13.8.1 Die Faciesserien

Die Aufeinanderfolge verschiedener Mineralfacies innerhalb einer Region, die einer progressiven Metamorphose entspricht, bezeichnet MIYASHIRO, 1994 *als Faciesserie.* Jede Faciesserie ist charakteristisch für den bei der Metamorphose herrschenden geothermischen Gradienten, d. h. für die Temperaturzunahme mit der Tiefe bzw. mit dem Druck (dT/dP). Sie liefern damit einen wesentlichen Hinweis auf die geotektonische Position, in der ein Krustenteil metamorph geprägt wurde.

Inzwischen sind viele derartige Faciesserien aus zahlreichen metamorphen Gebieten der Erde beschrieben worden. Die bestehenden Mineralfacies lassen sich in angemessener Vereinfachung 3 *Faciesserien* zuordnen. Die Zuordnung erfolgt im Rahmen eines P,T-Diagramms (Abb. 143). Jede der 3 Faciesserien folgt einem eigenen P,T-Pfad mit progressiver Metamorphose:

1. Die *Tiefdruckfaciesserie* (Low-pressure-Faciesserie) zeichnet sich durch einen großen geothermischen Gradienten mit ~ 90 °C/km aus. Die Temperatur steigt bei fast gleichbleibendem niedrigem Druck von (a) → (e) besonders stark an. Dieser Typ befindet sich gewöhnlich im Bereich einer *Kontaktmetamorphose* um magmatische Intrusivkörper. Ihm gehören die folgenden Mineralfacies an:
    a) Zeolithfacies
    b) Albit-Epidot-Hornfelsfacies
    c) Hornblende-Hornfelsfacies
    d) Pyroxenhornfelsfacies
    e) Sanidinitfacies
2. Die *Mitteldruckfaciesserie* (Medium-pressure-Faciesserie) zeichnet sich durch einen mittleren geothermischen Gradienten mit ~ 30 °C/km aus. Druck und Temperatur nehmen von (a) → (f) etwa im gleichen Verhältnis zu. Diese Faciesserie (im einzelnen werden von manchen Forschern 3 oder mehr verschiedene Subtypen mit etwas unterschiedlichen Gradienten angegeben) ist charakteristisch bei der *Regionalmetamorphose* ausgebildet.
    a) Zeolithfacies
    b) Prehnit-Pumpellyitfacies
    c) Grünschieferfacies
    d) Albit-Epidot-Amphibolitfacies
    e) Amphibolitfacies
    f) Granulitfacies
3. Die *Hochdruckfaciesserie* (High-pressure-Faciesserie) zeichnet sich durch einen besonders niedrigen geothermischen Gradienten mit ~ 10 °C/km im Mittel aus. Die Temperaturzunahme von (a) → (c) ist gegenüber dem stark anwachsenden Druck relativ gering. Diese Faciesserie ist dort entwickelt, wo kaltes Ausgangsmaterial eine schnelle Versenkung erfuhr oder eine Stapelung von Decken durch Kollision kontinentaler Kruste erfolgt ist.
    a) Zeolithfacies
    b) Prehnit-Pumpellyitfacies
    c) Glaukophanschieferfacies (Blauschieferfacies)
    d) Eklogitfacies

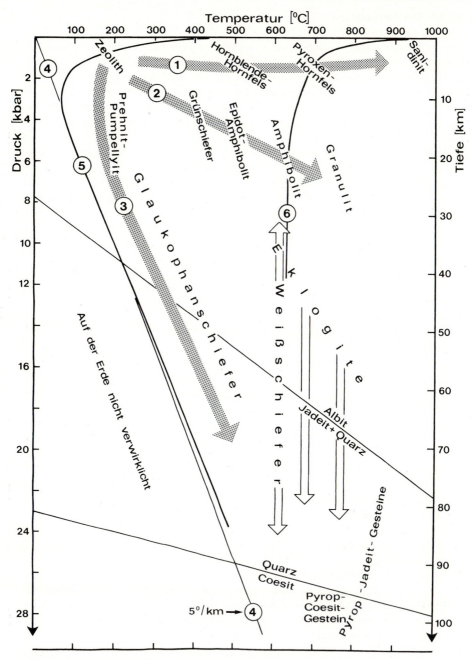

Abb. 143. Die *metamorphen Facies* und *Faciesserien* im P,T-Diagramm, dazu Stabilitätsfelder neuentdeckter Hochdruckparagenesen in Anlehnung an SCHREYER, 1985, Fig. 6 und 19. ① P,T-Pfad der Niedrigdruckmetamorphose, ② P,T-Pfad der Mitteldruckmetamorphose und ③ P,T-Pfad der Hochdruckmetamorphose; ④ geothermischer Gradient 5 °C/km, ⑤ untere Grenze der Gesteinsmetamorphose, ⑥ Granitsolidus; Stabilitätskurve von Jadeit und Quarz und die Grenze Quarz/Coesit dienen der Orientierung

Die Plattentektonik erklärt den niedrigen Gradienten dieser Versenkungsmetamorphose: Kalte ozeanische Lithosphäre wurde bei nur langsamer Erwärmung unter eine kontinentale Platte geschoben (subduziert). In Abb. 170, S. 450 ist z. B. die Position von Eklogit eingetragen.

Als niedrigster Grad einer Gesteinsmetamorphose kann die Zeolithfacies in allen 3 Faciesserien ausgebildet sein. Auch sonst bestehen gewisse Überschneidungen. Die Prehnit-Pumpellyitfacies ist in 2 Faciesserien vorhanden. Zahlreiche Forscher rechnen die Albit-Epidot-Hornfelsfacies und die Hornblende-Hornfelsfacies als Subfacies zur Grünschiefer- bzw. Amphibolitfacies mit der Begründung, daß keine wesentlichen mineralfaciellen Unterschiede bestehen. (Die bestehenden petrographischen Unterschiede in der Gefügeausbildung spielen bei mineralfaciellen Betrachtungen keine entscheidende Rolle.)

In letzter Zeit sind Metapelite aufgefunden worden, deren Mineralparagenesen die vorliegende Hochdruckfaciesserie ergänzen und z. T. nach wesentlich höheren Drükken hin erweitern. Die bislang höchsten Drücke bei einer Versenkungsmetamorphose repräsentiert ein Pyrop und Coesit führendes Gestein aus den Westalpen. Seine Bildung setzt Drücke von $\geq$ 28 kbar voraus (Abb. 143).

13.8.2 Die metamorphen Facies

13.8.2.1 Zeolith- und Prehnit-Pumpellyitfacies

Die Zeolithfacies repräsentiert die niedrigstgradige (very-low grade) Gesteinsmetamorphose, die es gibt. Sie schließt sich bei leichter Temperaturerhöhung unmittelbar an die Diagenese an.

Beide, Zeolith- und Prehnit-Pumpellyitfacies, treten bei der Versenkungsmetamorphose, fallweise im niedrigsten Temperaturabschnitt einer Regionalmetamorphose und bei metamorphen Vorgängen auf dem Ozeanboden auf. Die Umkristallisation ist in beiden Facies meistens unvollkommen. Pyroklastika oder Grauwacken mit reichlich pyroklastischem Material stellen sich neben Vulkaniten am leichtesten auf diese Facies ein. Andere Ausgangsprodukte zeigen unter denselben P,T-Bedingungen kaum Umkristallisationserscheinungen. Klastische Relikte und Gefügerelikte von magmatischen Gesteinen sind häufig erhalten geblieben.

Obwohl eine beachtliche Menge an petrographischen Daten über Zeolithe vorhanden ist, besteht im einzelnen nur teilweise eine klare Vorstellung über die progressive Änderung der Zeolithparagenesen mit fortschreitender Metamorphose innerhalb der Zeolithfacies. Zeolithe stellen eine große Gruppe locker gepackter Gerüstsilikate mit Wassermolekülen dar. Chemisch sind es vorwiegend Na- und Ca-Alumosilikate, die hier interessieren. Die Zeolithfacies ist nach COOMBS im wesentlichen charakterisiert durch die Mineralassoziation von Ca-Zeolithen, Chlorit und Quarz, wenn es der Stoffbestand nur irgendwie erlaubt. Die progressive Metamorphose innerhalb der Zeolithfacies vollzieht sich in vielen Fällen bei ansteigender Temperatur durch Dehydratation in einer Folge von verschiedenen Ca-Zeolithen: Stilbit (Desmin) $Ca[Al_2Si_7O_{18}] \cdot 7 H_2O \rightarrow$ Heulandit $Ca[Al_2Si_7O_{18}] \cdot 6 H_2O \rightarrow$ Laumontit $Ca[Al_2Si_4O_{12}] \cdot 4 H_2O \rightarrow$ Wairakit $Ca[Al_2Si_4O_{12}] \cdot 2 H_2O$. Die Reaktion von 1 Laumonit $\rightarrow$ 1 Wairakit + 2 H_2O läuft nach den experimentellen Untersuchungen von LIOU z. B. bei 282 °C (± 5 °C) und

2 kbar, bei 297 °C und 3 kbar/P_{H_2O} ab. In den Zonen mit Laumontit und Wairakit können auch Albit und/oder Adular gebildet werden. Außerdem sind wie im Stadium der Diagenese – und das innerhalb der ganzen Zeolithfacies – verschiedene Tonminerale mit Wechsellagerungsschichten (mixed-layer clay minerals) sowie Illit existenzfähig.

Die Zeolithfacies ist nach etwas höheren Temperaturen und Drücken hin begrenzt durch den Zerfall der Zeolithe, so auch der Ca-Zeolithe. Es kommt zu komplexen Reaktionen der Ca-Zeolithe mit den anwesenden Schichtsilikaten unter Bildung von Prehnit $Ca_2Al[(OH)_2/AlSi_3O_{10})]$ und Pumpellyit $Ca_4(Mg, Fe)_5[(O, OH)_3(Si_2O_7)_2(SiO_4)] \cdot 2 H_2O$. Mit ihnen können Albit, Chlorit, Epidot und Quarz koexistieren. Die obere Stabilitätsgrenze von Prehnit liegt nach den experimentellen Untersuchungen von LIOU ungefähr bei 400 °C für 2–5 kbar/p_{H_2O}.

Eingehend untersuchte Vorkommen von Gesteinen in Zeolithfacies finden sich besonders in Neuseeland und in Japan, solche in Prehnit-Pumpellyitfacies innerhalb Europas besonders in der Helvetischen Zone der Alpen und dem Ozeanboden.

13.8.2.2 Grünschieferfacies

Metabasite sind metamorphe Gesteine von basaltischem oder mergeligem Chemismus. Bei niedriggradiger Metamorphose liegen sie als Grünschiefer vor, wonach diese Mineralfacies benannt worden ist. Metabasite in Grünschieferfacies führen hauptsächlich Aktinolith, Chlorit, Epidot und Albit (An < 10 %) als Mineralparagenese. Fallweise können hinzutreten: *Stilpnomelan* (Ca, Na, K, H) (Fe, Mg, Al)$_8$ [$Al_{1,5}Si_{10,5}O_{36}$] · n H_2O oder *Biotit*, daneben Calcit und/oder Quarz.

Die Lage der magmatischen und sedimentären Ausgangschemismen im ACF- und A'KF-Diagramm ist in Abb. 144 eingetragen bzw. abgegrenzt. Bei Kenntnis dieser Lagen – und es ist vorteilhaft, sie sich einzuprägen – lassen sich mit Hilfe der für die metamorphen Facies aufgestellten ACF- und A'KF-Diagramme relativ einfach diejenigen Mineralparagenesen ablesen, die aus den verschiedenen Ausgangschemismen und Ausgangsgesteinen gebildet werden. Zu einer gegebenen Mineralparagenese läßt sich umgekehrt (isochemische Metamorphose vorausgesetzt) in vielen Fällen auf das Ausgangsgestein schließen.

Aus *pelitischem Chemismus* bilden sich *Phyllite*, in denen die folgenden Minerale koexistieren: Muscovit + Chlorit + Quarz ± Paragonit ± Pyrophyllit ± Albit. Unter besonderen chemischen Voraussetzungen tritt Stilpnomelan *oder* Chloritoid, mit etwas zunehmender Temperatur auch Biotit innerhalb der Grünschieferfacies auf.

Reine *Kalksteine* oder *Dolomitgesteine* erreichen lediglich eine *isophase Umkristallisation* (Umkristallisation ohne Änderung des Mineralbestands). Sie führt unter Bedingungen der Grünschieferfacies zu *Marmor* bzw. *Dolomitmarmor*.

Kieselige Kalksteine werden zu *Kalksilikatgesteinen* (Kalksilikatfels oder Kalksilikatschiefer) umgeprägt. Als Minerale koexistieren: Calcit ± Dolomit + Chlorit + Quarz + Epidot ± Tremolit/Aktinolith.

Mg-reiche Ausgangsprodukte kristallisieren in verschiedene metamorphe Gesteine mit Talk ± Tremolit ± Chlorit ± Biotit/Phlogopit ± Quarz um; bei bestehender SiO_2-*Untersättigung* entsteht *Serpentinit*, der wesentlich aus Serpentinmineralen besteht. Nach Bestimmungen an Sauerstoff- und Wasserstoffisotopen durch WENNER und TAYLOR kann jedoch nur das Serpentinmineral Antigorit der Grünschieferfacies zugeordnet werden.

13.8 Klassifikation der metamorphen Gesteine nach ihrer Mineralfacies

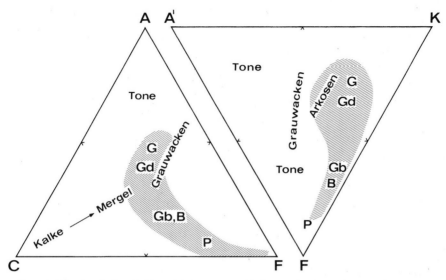

Abb. 144. Die chemischen Felder wichtiger magmatischer und sedimentärer Gesteinsgruppen im ACF- und A'KF-Diagramm. *G* Granit, *Gd* Granodiorit, *Gb* Gabbro, *B* Basalt, *P* Peridotit

Wir unterscheiden bei der *Grünschieferfacies* mit zunehmender Temperatur *2 Subfacies*. Sie werden durch einige kritische Minerale gekennzeichnet, die sich vorwiegend bei pelitischem Chemismus entwickeln:

(1) Quarz-Albit-Muscovit-Chlorit-Subfacies (ACF- und A'KF-Dreiecke, Abb. 140a, S. 382)

(2) Quarz-Albit-Epidot-Biotit-Subfacies

(1) mit Chlorit *ohne* Biotit entspricht der *Chloritzone*, (2) *mit* Biotit der *Biotitzone* des BARROW-Modells.

Besonders kritisches Mineral der Quarz-Albit-Muscovit-Chlorit-Subfacies ist, soweit es der Chemismus erlaubt, *Stilpnomelan*, der in (2) nicht mehr vorkommt. Stilpnomelan kann makroskopisch und mikroskopisch leicht mit Biotit verwechselt werden. Seine Bildung ist wesentlich beschränkt auf besondere pelitisch-psammitische oder basaltische Ausgangsprodukte. Voraussetzung für seine Entstehung sind ein hohes Fe^{2+}-Mg-Verhältnis und ein niedriger Al_2O_3-Gehalt im Gestein. Bei ebenso hohem Fe^{2+}-Mg, aber gleichzeitig hohem Al_2O_3 bildet sich das Fe-Al-Silikat *Chloritoid* $Fe^{2+}Al_2[(OH)_2/O/SiO_4]$ an seiner Stelle. Stilpnomelan und Chloritoid können aus stofflichen Gründen *nicht* nebeneinander bestehen. Nur Stilpnomelan *oder* Chloritoid kann neben Chlorit koexistieren. Im Chlorit ist das Fe^{2+}-Mg-Verhältnis viel kleiner als im Stilpnomelan und im Chloritoid. Wir sehen, es ist in diesem Fall nicht günstig, daß im ACF- bzw. A'KF-Dreieck MgO und FeO als *eine* Komponente (Mg, Fe)O in F zusammengefaßt werden müssen.

Noch können *Karbonate* wie Dolomit, Ankerit oder Magnesit in (1) *zusammen mit Quarz* auftreten, unter der Voraussetzung, daß X_{CO_2} (der Anteil von CO_2 in der Gasphase) groß gewesen ist. Anderenfalls sind die Silikate Tremolit/Aktinolith und

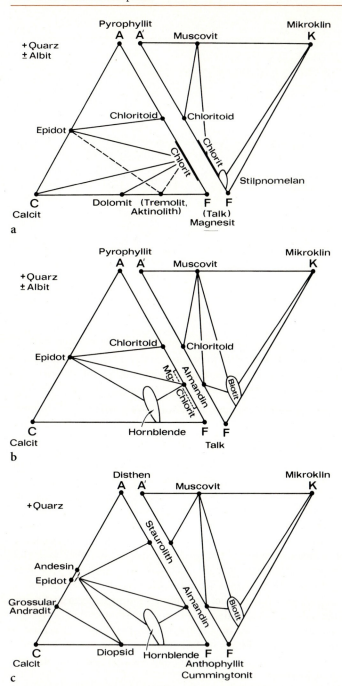

Abb. 145 a–c. ACF- und A'KF-Diagramme; a Grünschieferfacies; b Epidot-Amphibolitfacies; c niedriggradierte Amphibolitfacies

Talk stabil, wie durch gestrichelte Konoden im ACF-Dreieck Abb. 145 a zum Ausdruck gebracht wird. *Calcit* hingegen kann auch noch in der höhergradierten Subfacies (2) mit Quarz koexistieren.

Kennzeichnend für die *höhergradierte Quarz-Albit-Epidot-Biotit-Subfacies* ist es, daß nunmehr *Biotit* auftritt, wenn es der Gesteinschemismus erlaubt. Er bildet sich einmal durch die folgende Mineralreaktion:

$$\text{Muscovit} + \text{Chlorit}_1 \rightarrow \text{Biotit} + \text{Chlorit}_2 + \text{Quarz} + H_2O$$

(Wir verzichten hier und in einigen weiteren Fällen auf eine quantitative Formulierung.) Neben Muscovit und Biotit ist noch ein Al-reicherer Chlorit (Chlorit$_2$) koexistenzfähig.

Eine *weitere Reaktion* kann ebenfalls zur Entstehung von Biotit führen:

$$\text{Kalifeldspat (Mikroklin)} + \text{Chlorit} \rightarrow \text{Biotit} + \text{Muscovit} + \text{Quarz} + H_2O$$

Während Chlorit in Subfacies (1) neben Mikroklin, wie das A'KF-Diagramm zeigt, noch koexistieren kann, ist das bei der Subfacies (2) nicht mehr der Fall.

In der höhergradierten Subfacies der Grünschieferfacies sind nunmehr alle Karbonate mit Ausnahme von Calcit nicht mehr neben Quarz bestandfähig. So reagiert Dolomit mit Quarz und H_2O zu Talk, Calcit und CO_2. Bei einem anderen anteiligen Verhältnis der Reaktionspartner bildet sich Tremolit anstelle von Talk. Es wird geschätzt, daß unter einem mittleren geothermischen Gradienten und einem entsprechend hohen Gasdruck bei einem mittleren CO_2-H_2O-Verhältnis der Metamorphose *Temperaturen von 450–470 °C* erreicht worden sind.

13.8.2.3 Epidot-Amphibolitfacies

[Diese Facies wird von manchen Wissenschaftlern auch als höchsttemperierte Subfacies der Grünschieferfacies angesehen wegen der Koexistenz von Albit und Epidot (Abb. 145 b).]

Metabasite liegen in dieser Facies als meistens *feinkörnige Amphibolite* vor. Ihre Mineralparagenese besteht hauptsächlich aus: Hornblende + Albit + Epidot ± almandinbetontem Granat, fallweise können hinzutreten ± Biotit ± Mg-Chlorit ± Calcit und/oder Quarz.

Aus pelitischem Chemismus bilden sich Phyllite bis zu feinschuppigen Glimmerschiefern. Ihre Mineralparagenese besteht hauptsächlich aus: Muscovit + Biotit + Quarz + almandinbetontem Granat, fallweise können Pyrophyllit ± Chloritoid ± Epidot ± Albit ± Mg-Chlorit hinzukommen.

Die Epidot-Amphibolitfacies entspricht der *Almandinzone* des BARROW-Modells.

Von der Grünschieferfacies ist sie durch das Auftreten von *almandinreichem Granat* anstelle von Fe-haltigem Chlorit und *Hornblende* anstelle von Tremolit-Aktinolith unterschieden. [Mn-Granat (Spessartin) kann in manganhaltigen Gesteinen bereits unter Bedingungen der Grünschieferfacies entstehen.] Wie in der Grünschieferfacies bildet sich *Albit neben Epidot* und keine anorthithaltigen Plagioklase.

Nur noch Mg-reicher Chlorit ist stabil. Er kann mit almandinreichem Granat und Chloritoid koexistieren, wenn es der Chemismus zuläßt. [MgO und FeO können wieder nicht als eine Komponente (Mg, Fe)O betrachtet werden.]

Die folgenden *Mineralreaktionen* spielen sich beim Übergang von der Grünschieferfacies in die Epidot-Amphibolitfacies ab:

Fe, Mg, Al-Chlorit + Quarz → almandinreicher Granat + Mg-Chlorit

und

Chlorit + Tremolit/Aktinolith + Epidot + Quarz → Hornblende

13.8.2.4 Amphibolitfacies

Wir unterscheiden eine niedriggradierte von einer höhergradierten Amphibolitfacies. Die niedriggradierte Amphibolitfacies entspricht den beiden Subfacies:

(1) Staurolith-Almandin-Subfacies (ACF- und A'KF-Dreiecke, Abb. 140 C, S. 388),
(2) Disthen-Almandin-Muscovit-Subfacies.

Die niedriggradierte Amphibolitfacies entspricht der *Staurolith-* und *Disthenzone* des BARROW-Modells.

Metabasite liegen in der niedriggradierten Amphibolitfacies als *mittel- bis grobkörnige Amphibolite* vor. In ihnen koexistieren hauptsächlich die folgenden Minerale: Hornblende und Plagioklas (An 30–50 %) ± Epidot ± almandinbetonter Granat ± Biotit ± Quarz, fallweise ± Diopsid, seltener Anthophyllit oder Cummingtonit.

Aus pelitischem Chemismus bilden sich mittel- bis grobschuppige *Glimmerschiefer* oder *Paragneise*. In ihnen koexistieren im wesentlichen die folgenden Minerale: Quarz + Muscovit + Biotit + almandinbetonter Granat ± Staurolith ± Disthen, in den Paragneisen > 20 Vol. % Plagioklas ± Epidot.

Aus mergeligem Chemismus bilden sich *Paraamphibolite* mit ähnlichen Paragenesen wie bei den Metabasiten.

Aus kieseligen Karbonatgesteinen entstehen *Kalksilikatgesteine* (Kalksilikatschiefer und Kalksilikatfelse) mit Calcit + Diopsid + grossularreichem Granat ± Quarz, bei geringem SiO_2-Gehalt auch Forsterit.

In *Orthogneisen*, z. B. *Metagraniten*, koexistieren die folgenden Minerale: Quarz + Mikroklin + Plagioklas (An 20–30) + Biotit + Muscovit.

Aus reinem Kalkstein bildet sich durch isophase Umkristallisation mittel- bis grobkörniger *Calcitmarmor*.

Für die gesamte Amphibolitfacies gilt, daß in Ca-haltigen Ausgangsprodukten nicht wie bei der Epidot-Amphibolitfacies Albit und Epidot auftreten, sondern ein Plagioklas mit wenigstens 20 % An. In den Amphiboliten der Amphibolitfacies treten Plagioklas und Hornblende auf und nicht Albit und Hornblende wie in der Epidot-Amphibolitfacies.

Mit der progressiven Metamorphose von der Epidot-Amphibolitfacies zur Amphibolitfacies treten *entscheidende Mineralumwandlungen* ein. Neu kommen hinzu, wie auch aus dem ACF- bzw. A'KF-Diagramm zu ersehen ist, die folgenden Minerale: Staurolith, Disthen, Anthophyllit (Cummingtonit), Diopsid und grossular- bzw. andraditreicher Granat. Nicht mehr treten in Anwesenheit von Quarz auf: Pyrophyllit und Chlorit bis auf Mg-Chlorit.

Das Auftreten von *Disthen* neben *Staurolith* oder *Staurolith* neben *Granat* in der Subfacies (1) und von *Disthen* neben *Granat* in der Subfacies (2) innerhalb der niedriggradierten Amphibolitfacies in Metapeliten ist bezeichnend. Für die Bildung von Staurolith müssen in solchen Ausgangsprodukten außerdem ganz *besondere chemische Voraussetzungen* erfüllt sein: ein niedriger Betrag an Alkalien ($K_2O + Na_2O$) und besonders an CaO, dazu ein Überschuß an Al_2O_3 und ein großes Fe-Mg-Verhältnis. Andernfalls tritt Staurolith nicht in die Paragenese ein. Im ACF-Diagramm, Abb. 145c, S. 392, fällt damit die Verbindungslinie Staurolith – Andesin + Epidot weg. In diesem Fall läßt sich die Subfacies (1) von (2) nicht unterscheiden und die zugehörigen ACF- und A'KF-Diagramme sind dann identisch.

Aus dem A'KF-Dreieck der Subfacies (1) ist nicht ersichtlich, daß *Biotit* mit *Staurolith* koexistieren kann. Das liegt wiederum daran, daß sich die in F zusammengefaßten Komponenten MgO und FeO im Staurolith nicht lückenlos vertreten können. MgO und FeO sind tatsächlich 2 verschiedene Komponenten, und das verursacht das zusätzliche Auftreten einer weiteren Phase, z. B. Biotit.

Aus dem A'KF-Dreieck ist weiterhin zu erkennen, daß *Mikroklin* nur dann in der Subfacies (1) im Gestein auftreten kann, wenn Almandin, Staurolith und Disthen fehlen. Die Verbindungslinie Muscovit – Biotit zeigt diese Sperrung an.

Die *Bildung von Staurolith* erfolgt in den meisten Fällen nach der folgenden Reaktionsgleichung:

Chlorit + Muscovit $\rightleftharpoons$ Staurolith + Biotit + Quarz + H_2O,

nach Hoschek bei p_{H_2O} = 2000 bar und 520 ± 10 °C
4000 bar 540 ± 15 °C

Eine weitere Bildungsmöglichkeit von Staurolith ist:

Chloritoid + Quarz $\rightleftharpoons$ Staurolith + Almandin + H_2O

Eine andere wichtige Reaktion, die mit Beginn der Amphibolitfacies einsetzt, betrifft die *Bildung von Diopsid:*

Tremolit + Calcit + Quarz $\rightleftharpoons$ Diopsid + CO_2 + H_2O

Der *Übergang zur Subfacies* (2) (Abb. 145 c) ist gekennzeichnet *durch die Zerfallsreaktion des Stauroliths:*

Staurolith + Quarz $\rightleftharpoons$ Almandin + Disthen + H_2O

Im ACF-Dreieck entfällt damit die Verbindungslinie Andesin + Epidot zu Staurolith, im A'KF-Diagramm die Verbindungslinie Muscovit – Staurolith. In den Glimmerschiefern bzw. Paragneisen von (2) können nunmehr Disthen und Almandin Berührungskontakte bilden. Außerdem wird Disthen viel häufiger angetroffen als in der Subfacies (1), weil sich sein Bildungsfeld, wie aus dem ACF-Dreieck zu erkennen ist, stark vergrößert hat.

Die höhergradierte Amphibolitfacies entspricht der *Sillimanitzone* des BARROW-Modells.

Metabasite liegen wiederum als *Amphibolite* vor. Man kann im wesentlichen 2 nur wenig unterschiedene Mineralparagenesen unterscheiden: Hornblende + Plagioklas (An 50–70) ± Diopsid ± Quarz oder Hornblende + Plagioklas + almandinreicher Granat ± Quarz (Abb. 146 a).

Metapelite sind als *Paragneise* entwickelt mit den Mineralparagenesen Sillimanit + almandinreicher Granat ± Biotit + Orthoklas + Plagioklas + Quarz oder almandinreicher Granat + Biotit + Orthoklas + Plagioklas + Quarz.

Aus *kieseligen Kalksteinen* bilden sich Calcit + Diopsid + Quarz oder bei SiO_2-Unterschuß Calcit + Diopsid + Forsterit.

Die *höhergradige Amphibolitfacies* ist gekennzeichnet durch den *Zerfall von Muscovit neben Quarz*. Diese Zerfallsreaktion kennzeichnet speziell den Beginn der Sillimanit-Almandin-Orthoklas-Subfacies der Amphibolitfacies. Die wichtige Reaktion lautet:

Muscovit + Quarz $\rightleftharpoons$ Orthoklas + Sillimanit + H_2O

Die Reaktionstemperatur liegt bei einem Wasserdruck von 2000 bar bei 620 °C, bei 3000 bar bei 655 °C. Nach neueren experimentellen Ergebnissen kommt es unter einem Wasserdruck nahe 3500 bar gleichzeitig zur *Bildung von Schmelze*.

Es findet ebenso eine Reaktion zwischen Muscovit, Biotit und Quarz statt:

Muscovit + Biotit + Quarz $\rightleftharpoons$ Almandin + Orthoklas + Sillimanit + H_2O

Damit wird die Koexistenz von Almandin mit Orthoklas und von Sillimanit mit Orthoklas ermöglicht (Abb. 146 a).

Epidot ist ebenfalls nicht mehr stabil. Er reagiert mit Quarz unter Bildung von Anorthitkomponente, die von dem vorhandenen Plagioklas unter Erhöhung seines Anorthitgehalts aufgenommen wird. Bei dieser Reaktion bildet sich auch etwas Grossularandradit.

13.8.2.5 Granulitfacies

Metamorphe Gesteine in Granulitfacies (Abb. 146 b) treten am häufigsten als Bestandteile des tiefabgetragenen präkambrischen Grundgebirges auf.

Für die Ausbildung der Granulitfacies haben wahrscheinlich ganz besondere Bedingungen vorgelegen. Wir gehen davon aus, daß p_{H_2O} *kleiner bis viel kleiner p_{total} gewesen ist. Unter dieser Voraussetzung müssen die Temperaturen nicht wesentlich höher als diejenigen der hochtemperierten Amphibolitfacies gewesen sein.* Wichtig ist,

13.8 Klassifikation der metamorphen Gesteine nach ihrer Mineralfacies

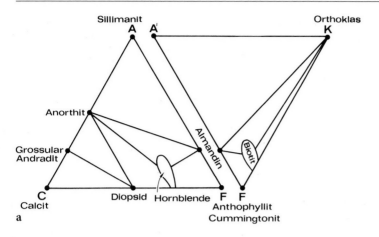

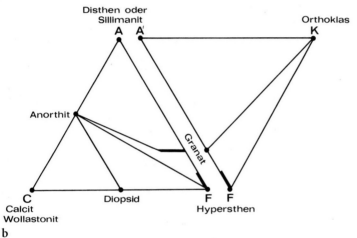

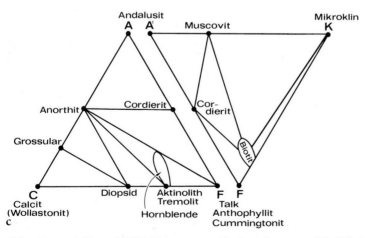

Abb. 146 a–c. ACF- und A'KF-Diagramme; **a** hochgradierte Amphibolitfacies; **b** Granulitfacies; **c** Hornblende-Hornfelsfacies

daß im Unterschied zu den Befunden in der hochgradigen Amphibolitfacies keine Anzeichen einer partiellen Aufschmelzung beobachtet werden. Das spricht für geringe freie H_2O-Gehalte bei der Ausbildung der Granulitfacies.

Metabasite liegen in der Granulitfacies als *Pyroxengranulit* vor. Deren Mineralparagenese besteht aus: Hypersthen + Diopsid + Plagioklas ± Quarz oder Hypersthen + Almandin-pyropreicher Granat + Plagioklas ± Biotit ± Quarz. Unter etwas höherem Wasserdruck bzw. niedrigerer Temperatur bilden sich: Hornblende ± Hypersthen + Plagioklas + almandinreicher Granat ± Biotit ± Quarz oder Hornblende + Hypersthen + Plagioklas + Diopsid ± Biotit ± Quarz.

Helle Granulite enthalten die Paragenese: Quarz + Orthoklasperthit + Plagioklas + Almandin-pyropreicher Granat + Disthen/Sillimanit ± Hypersthen.

Zur Granulitfacies zählen auch die Mineralparagenesen von *Pyrigarnit* und *Pyriklasit*.

Die besondere Bedingung $p_{H_2O} \ll p_{total}$ wirkt sich mineralfaciell auf die Höhe der Umwandlungstemperaturen OH-haltiger in OH-freie Minerale aus. Die Reaktionstemperaturen, bei denen Hornblende und/oder Biotit vollständig oder teilweise in Pyroxen bzw. Granat übergeführt werden, erfahren dadurch eine bedeutende Erniedrigung, besonders unter mittleren und höheren Drücken. Aus der Reaktionskurve Orthoamphibol/Orthopyroxen läßt sich ablesen, daß diese experimentelle Modellreaktion bei Drücken zwischen 3 und 5 kbar unter Gleichgewichtstemperaturen zwischen 800 und 900 °C abläuft, wenn $p_{H_2O} = p_{total}$ ist. So hohe Temperaturen werden jedoch bei einer Regionalmetamorphose *nicht* erreicht.

Es kommen mehrere Mineralreaktionen in Frage, die in basischen Gesteinen mit Quarz zur Bildung von Hypersthen führen, so z. B. die folgende:

Hornblende + Quarz ⇌ Hypersthen + Klinopyroxen + Plagioklas + H_2O

Disthen (Abb. 139, S. 379) tritt unter höheren Drücken und Sillimanit unter höheren Temperaturen in die Paragenese ein, wenn die Temperatur bzw. der Druck gleich bleiben.

Muscovit und Staurolith sind nicht stabil:

Muscovit + Quarz ⇌ Orthoklas + Disthen/Sillimanit + H_2O
Staurolith + Quarz ⇌ Almandin + Disthen + H_2O

13.8.2.6 Hornfelsfacies

Die 3 Hornfelsfacies – Albit-Epidot-Hornfelsfacies, Hornblende-Hornfelsfacies, Pyroxenhornfelsfacies – und die Sanidinitfacies gehören der Low-pressure-Faciesserie an.

Die *Hornfelsfacies* gelangen unter der thermischen Einwirkung einer periplutonischen Kontaktmetamorphose zur Ausbildung. Die zugehörigen Belastungsdrücke sind relativ niedrig und liegen im wesentlichen zwischen 500 und 2000 bar; die Temperaturen reichen von 200–800 °C. Bei dem auf S. 356 ff. ausführlicher beschriebenen Beispiel einer periplutonischen Kontaktmetamorphose hat sich, wie das auch sonst häufig der Fall ist, in 2 breiten, gefügemäßig sehr unterschiedlich ausgebildeten Gesteinszonen mineralfaciell nur die Hornblende-Hornfelsfacies entwickelt. Die Pyroxenhornfelsfacies wäre an einem Granitkontakt auch nicht zu erwarten, weil die Temperatur dazu nicht ausgereicht hätte, und die Albit-Epidot-Hornfelsfacies ist bislang nicht festgestellt worden. Letztere unterscheidet sich von der regionalmetamorphen Grünschieferfacies so wenig, daß sie von vielen Petrologen mit in die Grünschieferfacies einbezogen wird.

Die *Hornblende-Hornfelsfacies* (Abb. 142, S. 392, 146 c) wird von zahlreichen Petrologen nicht von der regionalmetamorphen Amphibolitfacies getrennt, obwohl Unterschiede zu den besprochenen Paragenesen der Amphibolitfacies als Mitteldruckfaciesserie bestehen. Es gibt daneben eine hier nicht beschriebene *regionalmetamorphe* Faciesserie, in der die Amphibolitfacies innerhalb desselben Temperaturbereichs durch einen etwas *niedrigeren Druck* ausgezeichnet ist. Disthen, Staurolith und Almandin z. B. treten nicht auf, dafür Andalusit/Sillimanit, Cordierit und Almandin, wenn man einen metapelitischen Chemismus zugrundelegt. Hier bestehen mineralfacielle Übergänge zur Hornblende-Hornfelsfacies. Ein Unterschied bleibt in dem nur sehr seltenen Vorkommen von almandinreichem Granat in den Hornfelsen.

Metabasite in Hornblende-Hornfelsfacies enthalten als Mineralparagenesen: Hornblende + Plagioklas (Andesin) ± Diopsid ± Quarz ± Biotit ± Anthophyllit.

Metapelite führen: Quarz + Andalusit/Sillimanit + Cordierit + Plagioklas + Muscovit; ist der Ausgangschemismus ärmer an Al_2O_3 und reicher an K_2O als gewöhnlich, dann entsteht: Quarz + Muscovit + Biotit + Cordierit oder in noch extremeren Fällen fehlt Cordierit, und dafür tritt Mikroklin auf.

Aus *Kalkmergeln* bildet sich die Paragenese: Calcit (seltener Wollastonit) + Diopsid + grossularreicher Granat ± Quarz.

Kritische Minerale bzw. Mineralparagenesen der Hornblende-Hornfelsfacies sind: Hornblende, Muscovit und Andalusit bzw. Muscovit und Cordierit, Anthophyllit und Mg-Chlorit nur in ultrabasischem Stoffbestand.

Kritische Mineralreaktionen sind:

Chlorit + Tremolit + Epidot + Quarz ⇌ Hornblende
Chlorit + Muscovit + Quarz ⇌ Cordierit + Andalusit/Sillimanit + Biotit + H_2O
Tremolit + Calcit + Quarz ⇌ Diopsid
Antigorit + Magnetit ⇌ Olivin + Talk + H_2O (+ O_2)

Die GOLDSCHMIDT-Klassen (Text S. 388 und Abb. 140) der *Pyroxenhornfelsfacies* gehören kontaktmetamorph überprägten Peliten und Mergeln bis zu mergeligen Kalksteinen an. Schon daraus geht hervor, daß die Pyroxenhornfelsfacies mit der Granulitfacies eine kritische Mineralassoziation gemeinsam hat: Hypersthen und Diopsid. Beide Pyroxenarten sind durch Zerfallsreaktionen aus Hornblende unter verschieden hohen Drücken entstanden, während der Temperaturbereich der beiden Facies vergleichbar ist.

Innerhalb von *Metabasiten* treten als Paragenese in der Pyroxenhornfelsfacies auf: Hypersthen + Diopsid + Plagioklas (Labradorit) ± Biotit ± Quarz (Abb. 134 b, S. 367).

Aus *kaliarmen Metapeliten* bilden sich Andalusit/Sillimanit + Cordierit + Plagioklas ± Orthoklas, der aus der oben beschriebenen Zerfallsreaktion aus Muscovit und Quarz gebildet worden ist.

Aus schwach mergeligen Kalksteinen entstehen Wollastonit (Calcit ist nicht mehr stabil) + Diopsid + Grossular ± Biotit/Phlogopit. Grossular ist unter diesen relativ hohen Temperaturen der Pyroxenhornfelsfacies *über* rund 600 °C neben Quarz nicht mehr stabil und zerfällt in Wollastonit und Anorthit. Nur bei Fehlen von Quarz ist Grossular existenzfähig.

Kritische Minerale bzw. Mineralparagenesen der Pyroxenhornfelsfacies sind: Orthopyroxen (Amphibole sind nicht mehr stabil), Orthoklas und Andalusit/Sillimanit, Orthoklas und Cordierit (Muscovit ist nicht mehr stabil, Biotit hingegen ist noch stabil). Almandinreicher Granat ist nur unter seltenen stofflichen Voraussetzungen stabil.

Kritische Mineralreaktionen sind:

> *Muscovit* + Quarz ⇌ Orthoklas + Andalusit/Sillimanit + H_2O
> Muscovit + Biotit + Quarz ⇌ Cordierit + Orthoklas + H_2O
> Orthoamphibol ⇌ Quarz + Orthopyroxen + H_2O (bei etwa 700 °C und 1000 bar und $p_{H_2O} = p_{total}$)
> Hornblende + Quarz ⇌ Hypersthen + Diopsid + Plagioklas + H_2O

13.8.2.7 Sanidinitfacies

Die Sanidinitfacies umfaßt das P,T-Gebiet der Pyrometamorphose, das sich teilweise mit Kristallisationsbedingungen vulkanischer Gesteine in der Schlußphase überschneidet. Nach niedrigeren Temperaturen hin schließt sich an die Sanidinitfacies die Pyroxenhornfelsfacies an.

Gesteine in Sanidinitfacies bilden Einschlüsse (Xenolithe) in vulkanischen Gesteinen, so z. B. im Laacher Seegebiet, oder nehmen Kontaktsäume an (im wesentlichen) Basaltgängen ein.

Wegen zeitlicher kürzerer Einwirkung ist meistens ein chemisches Gleichgewicht innerhalb der Mineralassoziation der Sanidinitfacies nur unvollkommen erreicht worden. *Charakteristische Minerale der Sanidinitfacies* sind: Sanidin, Anorthoklas, Plagioklas mit Hochtemperatureigenschaften, Wollastonit, Tridymit, Cristobalit und Mullit (vereinfacht $3 Al_2O_3 \cdot 2 SiO_2$). Dazu kommt ein oft beträchtlicher Anteil an Gesteinsglas als Folge eines partiellen Aufschmelzens.

Als Pyroxene treten Hypersthen und/oder Pigeonit auf. Alumosilikate sind Sillimanit und/oder Mullit. Wollastonit bildet Mischkristalle unter Aufnahme von Fe^{2+} als $(Ca, Fe^{2+})SiO_3$. Er kommt auch in Kombination mit Anorthit vor, weil Grossular nicht stabil ist. Der oft reichlich auftretende Sanidin verdankt seine Entstehung einer gleichzeitigen pneumatolytischen Alkalizufuhr.

13.8.2.8 Glaukophanschieferfacies

Die Glaukophanschieferfacies (Blauschieferfacies) gehört der High-pressure-Faciesserie an. Ihre Entwicklung ist an (ehemalige) Subduktionszonen konvergenter Plattengrenzen gebunden. Mit der sich abwärts bewegenden ozeanischen Platte entlang einer Benioffzone wurden kühle vulkanogene und sedimentäre Gesteinsserien zunehmend tiefer versenkt (Abb. 170, S. 450). Die sich abwärts bewegende Gesteinsserie erwärmte sich viel langsamer, während der Druck sich übermäßig stark erhöhte. Hieraus erklärt sich der außerordentlich niedrige geothermische Gradient der Metamorphose mit schätzungsweise 6–10 °C/km. Die meisten Glaukophangesteine treten in mesozoischen bis känozoischen, also jüngeren Orogengebieten auf.

Innerhalb von *Metabasiten* in Glaukophanschieferfacies treten als Mineralparagenesen auf, um nur einige wichtige Beispiele herauszustellen:

Lawsonit + Glaukophan + Pumpellyit + Titanit ± phengitischer Muscovit ± Chlorit
Jadeit + Lawsonit + Glaukophan + Aragonit + Chlorit + Quarz

Unter etwas niedrigeren Drücken haben sich die folgenden Paragenesen gebildet:

Albit + Lawsonit + Glaukophan + Chlorit
Albit + Epidot + Glaukophan + Chlorit + phengitischer Muscovit

Innerhalb einer metamorphen Serie ehemaliger Grauwacken der Küstenkette von Kalifornien läßt sich eine Folge von Mineralparagenesen der Glaukophanschieferfacies herausstellen, die deutlich einer *Druckzunahme der Metamorphose* entspricht:

Quarz + Albit + Lawsonit + Stilpnomelan + Muscovit + Chlorit + Calcit
Albit + Lawsonit + Aragonit
Jadeitischer Pyroxen + Lawsonit + Aragonit

Lawsonit ($CaAl_2[(OH)_2/Si_2O_7] \cdot H_2O$) + *Jadeit* + *Quarz* + *Glaukophan* tritt als *charakteristische Paragenese* in der Glaukophanschieferfacies auf. Der Na-Amphibol Glaukophan befindet sich darüber hinaus nicht nur in der eigentlichen Glaukophanschieferfacies, sondern auch in Übergangszonen zu Prehnit-Pumpellyit-Facies, Grünschieferfacies und Epidot-Amphibolit-Facies.

Es sind nicht alle in der Glaukophanschieferfacies möglichen Minerale aufgeführt worden. Dieses System ist so komplex, daß nicht sämtliche die Zahl 4 überschreitenden Komponenten in der Kombination der beiden Dreiecke (ACF- und A'KF-Dreieck) untergebracht werden können. Man muß sich so mit Teilparagenesen begnügen.

Als besondere Komponente tritt z. B. Na^+ auf, das in so wichtigen Mineralphasen wie Glaukophan, Jadeit und Albit enthalten ist. Fe^{3+} und Al^{3+} können nicht zu einer Komponente zusammengefaßt werden, weil beide Ionen in unterschiedlichen Verhältnissen im häufig ägirinhaltigen Jadeit und im Stilpnomelan anwesend sind. Schließlich führen 3 Ca-Al-Silikate (Lawsonit, Pumpellyit, Epidot) H_2O bzw. OH.

In vielen Glaukophangesteinen sind Mineral- und Gefügerelikte des vulkanogenen Ausgangsprodukts oder klastische Reste des psammitisch-sedimentären Ausgangsgesteins erhalten. Auf der anderen Seite trifft man stark umkristallisierte Gesteine mit grob-kristalloblastischem metamorphem Gefüge an. Bei zahlreichen Glaukophangesteinen fehlt jede Schieferung.

Für die *Bildung des Glaukophans* wird hauptsächlich die folgende Reaktion angenommen:

Albit + Chlorit ⇌ Glaukophan + H_2O

Als *ausgesprochene Hochdruckbildungen* innerhalb der Glaukophanschieferfacies können angesehen werden:

Die *Paragenese Lawsonit* und *Jadeit* benötigt bei Temperaturen unterhalb 400 °C die relativ hohen Drücke zwischen 8 und 12 kbar. Auf die Bedeutung der Reaktion Albit ⇌ Jadeit + Quarz sei besonders hingewiesen.

Im natürlichen Jadeit liegt allerdings ein Mischkristall mit Acmit- und Diopsidkomponente vor, wodurch der erforderliche Druck für jede Bildungstemperatur etwas geringer sein wird, als er durch die experimentelle Modellreaktion (Abb. 138, S. 377) angezeigt ist. Ein Jadeit aus Glaukophangestein der Küstenkette von Kalifornien zeigt z. B. eine Zusammensetzung $Jd_{82}Ac_{14}Di_4$.

Auch *Aragonit* (Abb. 42, S. 91) ist gegenüber Calcit die *Hochdruckphase*. Schließlich können *Glaukophan* und *Lawsonit* als Hochdruckäquivalent von *Plagioklas* und *Chlorit* angesehen werden.

Vorkommen von metamorphen Gesteinen in Glaukophanschieferfacies: Innerhalb der Penninischen Zone der Alpen, Korsika, Kalabrien, Inseln der Ägäis, Küstenkette Kaliforniens, Neukaledonien, Japan etc.

13.8.2.9 Eklogitfacies

Eklogite sind, soweit sie hier behandelt werden, metamorphe Gesteine *von basaltischem Chemismus* mit der charakteristischen *Mineralparagenese Granat* und *Omphacit*. Der Granat der verschiedenen Eklogitvarietäten ist hauptsächlich ein Mischkristall der Komponenten Almandin, Pyrop und Grossular. Omphacit ist ein ebenso komplex zusammengesetzter Klinopyroxen der Komponenten Jadeit, Diopsid, Hedenbergit, Acmit und der sog. Tschermak-Komponente $CaAl(SiAl)O_6$. Fallweise treten als Nebengemengteile hinzu: ± Quarz ± Disthen ± Zoisit ± Hellglimmer ± Amphibol und regelmäßig etwas Rutil. Alle diese Minerale gehören zur Paragenese des Eklogits. Kennzeichnend ist das Fehlen von Plagioklas. Die Eklogitfacies ist eine Hochdruckfacies unter verschieden hohen Temperaturen. Man nimmt an, daß die Mineralparagenese des Eklogits unter Umschließungsdrücken > 12 kbar nach sehr hohen Drücken hin über ein extrem weites P,T-Feld koexistiert (Abb. 143, S. 394). Inzwischen sind auch Gesteine mit völlig abweichendem Chemismus beschrieben worden, deren Mineralparagenesen der Eklogitfacies zuzuordnen sind. Man unterscheidet nach ihrem Vorkommen gewöhnlich 3 Eklogittypen:

a) einen aus dem Oberen Erdmantel stammenden Typ, der unmittelbar aus basaltischer Schmelze durch Abkühlung und Kristallisation unter sehr hohen Drücken abgeleitet wird. Er bildet jetzt gelegentlich Xenolithe in Kimberlit oder Alkalibasalt und ist erst durch spätere geologische Ereignisse mit seinem Wirtgestein in die Krustenregion gelangt. Diese Möglichkeit wurde durch Experimente bestätigt (YODER und TILLEY, 1962). Vorkommen finden sich z. B. in Südafrika und auf Hawaii.

b) dieser Eklogittyp kommt in Lagen oder Linsen in Gneisen vor. Sein basaltisches Ausgangsmaterial stammt ursprünglich aus der Krustenregion und ist erst später durch großtektonische Vorgänge einer Kontinent-Kontinent-Kollision in eine dadurch stark verdickte Kruste versenkt worden. Damit war das basaltische bzw. gabbroide Ausgangsgestein einer eklogitfaciellen Metamorphose ausgesetzt. Durch einen tektonischen Aufstieg gelangten die Eklogitkörper mit Teilen ihres

Nebengesteins wieder in höhere Krustenregionen. Vorkommen finden sich z. B. im Münchberger Gneisgebiet in Nordostbayern, im Erzgebirge, in den Ostalpen und in Westnorwegen.

c) ein weiterer Eklogittyp tritt innerhalb von Glaukophanschiefern auf. Gefügerelikte lassen im günstigen Fall die Herkunft aus (basaltischer) Pillowlava erkennen. Innerhalb einer Subduktionszone an einer konvergenten Plattengrenze erfuhren seine Körper eine Versenkung und waren einer Hochdruckmetamorphose ausgesetzt. Auch sie gelangten durch einen folgenden Aufstieg wieder in die obere Krustenregion. Vorkommen finden sich z. B. innerhalb der Zone von Zermatt – Saas-Fee, auf den Kykladen im Ägäischen Meer und in der Küstenkette Kaliforniens.

Es bestehen zwischen diesen Eklogittypen zudem Unterschiede in ihrer Mineralzusammensetzung und besonders in der Mischkristallzusammensetzung der beiden Hauptphasen Omphacit und Granat. Auch ihre Bildungsbedingungen sind verschieden. Das Hochdruckmineral Coesit ist bislang nur in den Typen a) und b) nachgewiesen worden. Zahlreiche Vorkommen coesitführender Eklogite sind insbesondere in letzter Zeit aus Zentralchina beschrieben worden.

13.8.2.10 Höchstdruckparagenesen

Diese Hochdruckparagenesen aus metapelitischen Gesteinen nehmen ein weites P,T-Feld nach höheren Drücken hin ein (Abb. 143, S. 388). Sie können am besten der *Eklogitfacies* zugeordnet werden.

Dazu gehört die Mineralparagenese des Weißschiefers: Disthen + Talk + Quarz (SCHREYER, 1973) (Abb. 143, S. 394). Weißschiefer ist ein metamorpher Pelit (Metapelit), der seinem Chemismus nach auf einen extrem Mg-reichen Salzton aus dem Milieu von Evaporiten zurückgeht. Seit seinem ersten Auffinden innerhalb eines Ausläufers der westlichen Himalayaregion und in Sambia sind mehrere weitere Vorkommen, besonders in den Westalpen, bekanntgeworden.

Wesentlich höhere Metamorphosedrücke als der Weißschiefer repräsentiert ein erst kürzlich im Dora-Maira-Massiv in den italienischen Westalpen aufgefundenes Gestein. Dieses ebenfalls metapelitische Gestein, das in seinem Chemismus mit dem Weißschiefer vergleichbar ist, enthält Granat mit extrem hoher Pyropkomponente von 90–98 Mol.% neben Phengit, Disthen, Talk und Rutil in einer undeformierten Matrix von Quarz. Coesit (eine Hochdruckmodifikation von SiO_2) ist nur noch reliktisch als Einschluß im Pyrop erhalten geblieben (Abb. 147).

Der Bildungsdruck der Paragenese Pyrop und Coesit liegt bei $\geq$ 28 kbar; ihre Bildungstemperatur wird mit 705–800 °C angegeben. Für das Pyrop-Coesit-Gestein wird so eine Versenkung von rund 100 km Tiefe angenommen, wenn man eine Gesteinsdichte von 2,8 g/cm^3 zugrundelegt. Der niedrige geothermische Gradient der Metamorphose liegt wie bei der Glaukophanschieferfacies bei 6–10 °C/km. Seine Fortsetzung nach wesentlich höheren Drücken hin wird im Alpenraum aus einer Kontinent-Kontinent-Kollision und Absenkung mit bedeutender Krustenverdickung erklärt.

Das Pyrop-Coesit-Gestein des Dora-Maira-Massivs besitzt den gleichen Chemismus wie der Weißschiefer. Über einen P,T-Pfad 6–10 °C/km ist nach höheren Drücken hin der Übergang der Mineralparagenese des Weißschiefers in die Paragenese

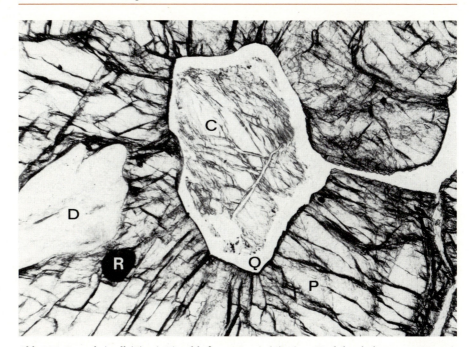

Abb. 147. Pyropkristall (P) mit Einschluß von Coesit (C), einer Hochdruckphase von SiO$_2$, mit randlichem Saum von Quarz (Q). Durch Volumenexpansion bei der nachträglichen Umwandlung in Quarz hat sich ein auffälliges System radial verlaufender Sprengrisse im Pyrop gebildet. Weitere Minerale: Disthen (D) und Rutil (R). Dünnschliffbild mit 1 mm Durchmesser. – Dora-Maira-Massiv, Westalpen. Orig. SCHREYER

des Pyrop-Coesit-Gesteins nach der Kreuzreaktion Talk + Disthen ⇌ Pyrop + Coesit + H$_2$O möglich (Abb. 149, S. 413). Die Erhaltung dieser Hochdruckparagenese im anstehenden Gestein auf der Erdoberfläche setzt bei einem raschen Aufstieg (Obduktion) mit Druckentlastung und Abkühlung etwa den gleichen, nunmehr rückläufigen P,T-Pfad der vorangegangenen Subduktion voraus (Abb. 152, S. 417).

Eine weitere Hochdruckparagenese, Pyrop und Jadeit, die auch innerhalb des Pyrop-Coesit-Gesteins vom Dora-Maira-Massiv auftritt, benötigt etwas geringere Mindestdrücke (Abb. 143, S. 394). Es sind in letzter Zeit noch einige weitere Hochdruckparagenesen und kritische Indexminerale mit hohen Drücken in Metapeliten erkannt worden, über die SCHREYER, 1988 zusammenfassend berichtet.

Die kürzliche Entdeckung von Diamant als Einschlüsse in Granat eines Gneises aus Kazakhstan ist besonders eindrucksvoll.

13.9 Einteilung nach Reaktionsisograden

Der Begriff *grade of metamorphism* (Grad der Metamorphose) wird besonders häufig in den englischsprechenden Ländern verwendet. Auf Seite 374 war im Rahmen der Zoneneinteilung von BARROW und TILLEY mit Hilfe von Indexmineralen der Begriff *Isograd* definiert worden. Ein bestimmter Isograd repräsentiert hiernach einen ganz bestimmten Grad einer Metamorphose.

An Stelle der Mineralfacies verwendet WINKLER, 1979 eine Einteilung der P, T-Bedingungen der Metamorphose nach nur 4 Steigerungsgraden:

- Sehr schwacher Metamorphosegrad (Very-low grade),
- Schwacher Metamorphosegrad (Low grade),
- Mittlerer Metamorphosegrad (Medium grade),
- Starker Metamorphosegrad (High grade).

Diese Steigerung wird ausschließlich durch einen Temperaturanstieg verursacht. Die Grenzen zwischen den 4 Metamorphosegraden werden durch signifikante Mineralreaktionen festgelegt, die den sog. *Reaktionsisograden* entsprechen. Ein Reaktionsisograd ist somit eine Linie, die Punkte einer spezifischen Mineralreaktion verbindet. Da die Grenzen dieser 4 Metamorphosegrade in erster Linie durch den Temperaturanstieg bestimmt werden (Abb. 148), müssen sich diese signifikanten Mineralreaktionen zugleich durch eine relativ geringe Druckabhängigkeit auszeichnen.

Das *Einteilungsprinzip nach Reaktionsisograden* geht davon aus, daß (bei gegebenem Chemismus) die *Änderung* des Mineralbestands eines metamorphen Gesteins eine größere Beachtung verdient als eine über weite P, T-Felder hinweg bestehende gleichförmige Mineralparagenese, wie sie bei den verschiedenen Mineralfacies zugrundeliegt. Es soll zugleich eine Vereinfachung gegenüber der Gliederung nach Mineralfacies sein, weil nur die Reaktionen an den Grenzen zwischen den metamorphen Zonen betrachtet werden brauchen. Andererseits können neben der großen

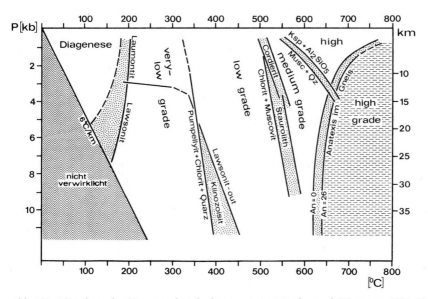

Abb. 148. Einteilung der Metamorphosebedingungen in 4 Stufen nach WINKLER, 1979, Fig. 7.2: Very-low, Low, Medium und High grade. Dem P, T-Diagramm liegen Druckbedingungen unter der Voraussetzung $p_s \approx p_{H_2O}$ zugrunde

Gliederung nach 4 metamorphen Graden innerhalb jeder Zone bei Bedarf weitere Untergliederungen erfolgen, soweit spezifische Mineralreaktionen vorliegen.

Gleichzeitig sind die Beziehungen zu den wichtigsten Mineralfacies für Vergleichszwecke gewahrt. So ergibt sich, daß die Grenze zwischen Very-low grade und Low grade etwa mit dem Beginn der Grünschieferfacies übereinstimmt und die Grenze Low grade und Medium grade dem Beginn der Amphibolitfacies entspricht. Weiterhin zeichnen sich die High-grade-Metamorphose und der obere Teil der Amphibolitfacies gemeinsam durch die Koexistenz von Kalifeldspat und Al_2SiO_5 und/ oder Almandingranat bzw. Cordierit aus. Bei der High-grade-Metamorphose kommt es wie dort unter hohem p_{H_2O} zur teilweisen Aufschmelzung (partiellen Anatexis) und unter niedrigem p_{H_2O} relativ zu p_{total} zur Bildung von Granuliten.

Abb. 148 läßt außerdem ablesen, daß die Very-low-grade-Metamorphose innerhalb eines Temperaturbereichs zwischen 200 und rund 400 °C anzusetzen ist. Sie umfaßt ein ausgedehntes Feld nach höheren Drücken hin und schließt so die Zeolithfacies, Prehnit-Pumpellyitfacies und die Glaukophanschieferfacies ein. Es ist allerdings petrographisch unzumutbar, die oft intensiv umkristallisierten, teilweise grobkörnig ausgebildeten Gesteine der Glaukophanschieferfacies als Very-low grade einzustufen.

Der Übergang von der Very-low-grade-Metamorphose zur Low-grade-Metamorphose erfolgt mit dem Zerfall von Lawsonit und der Bildung von Zoisit oder Klinozoisit. Auch Pumpellyit zerfällt neben Chlorit und Quarz in Klinozoisit und Aktinolith. Die Low-grade-Metamorphose befindet sich innerhalb eines Temperaturbereichs zwischen 400 und 550 °C und schließt Grünschiefer- und Epidot-Amphibolitfacies ein.

Der Übergang von der Low-grade-Metamorphose zur Medium-grade-Metamorphose vollzieht sich in Metapeliten durch Bildung von Staurolith oder Cordierit, während Chloritoid und Fe-reicher Chlorit (neben Muscovit) nicht mehr stabil sind. Die Reaktionsisograden Staurolith-in oder Cordierit-in begrenzen also die Medium-grade-Zone nach niedrigeren Temperaturen hin. Sie entspricht weitgehend den Bedingungen des unteren Teils der Amphibolitfacies. Die Temperaturen liegen zwischen rund 550 und 650 °C.

Der Übergang von der Medium-grade-Metamorphose zur High-grade-Metamorphose erfolgt durch den Zerfall des Muscovits, wenn er sich neben Quarz (bzw. neben Quarz und Plagioklas, sofern die Drücke höher als 4 kbar sind) befindet. Ist der H_2O-Druck größer als rund 3,5 kbar, so setzt innerhalb der Zone der High-grade-Metamorphose eine teilweise Aufschmelzung (Anatexis) ein, wie Abb. 148 zeigt.

13.10 Hochdruckminerale als Geobarometer

Die *Stabilitätsbeziehungen* der auf Seite 403 aufgeführten Hochdruckminerale sind in jüngerer Zeit von experimentell arbeitenden Mineralogen und Petrologen eingehend untersucht worden. Die meisten dieser Minerale gehören dem chemisch relativ einfachen Modellsystem $MgO-Al_2O_3-SiO_2-H_2O$ (abgekürzt MASH) an (Abb. 149, Hilfsfigur links oben). Das P,T-Diagramm (Abb. 149) erfaßt Bedingungen innerhalb der Erdkruste bis in den oberen Erdmantel hinein mit einer Tiefe von rund 180 km. Im einzelnen ist die Paragenese des Weißschiefers, Talk und Disthen, erst

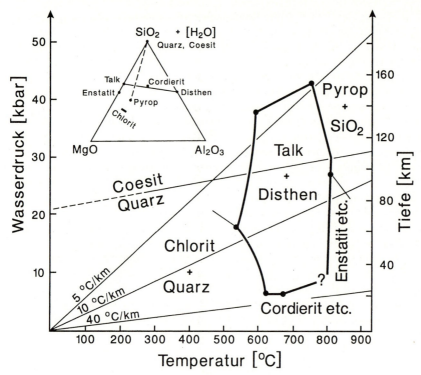

Abb. 149. Stabilitätsfelder von Talk und Disthen und Pyrop und SiO_2, in einem P, T-Diagramm. Das zuständige chemische Modellsystem $MgO-Al_2O_3-SiO_2-H_2O$ in einer Projektion auf die H_2O-freie Dreiecksfläche zeigt die Hilfsfigur links oben. In das P, T-Diagramm sind linear verlaufende geothermische Gradienten eingetragen, und die Beziehung von Druck (kbar) zur Erdtiefe (km) ist ablesbar (nach SCHREYER, 1988, Fig. 2 leicht vereinfacht)

über 6 kbar Wasserdruck zwischen 600 und 800 °C stabil. Sie verdrängt mit ansteigendem P,T die in jungen Sedimenten bis zu deren niedriggradiger Metamorphose (Grünschieferfacies) enthaltene Paragenese Chlorit und Quarz. Die zugehörige Kreuzreaktion ist in der Hilfsfigur von Abb. 149 ablesbar. Es ist interessant, festzustellen, daß die im Weißschiefer gesteinsbildend aufgefundene Mineralparagenese Talk und Disthen zuerst im Laboratorium synthetisiert wurde, ehe sie im natürlichen Gestein entdeckt worden ist.

Unter noch höheren Wasserdrücken und Temperaturen setzt erneut eine Kreuzreaktion ein: Talk + Disthen $\rightleftharpoons$ Pyrop + SiO_2 + H_2O. Unter einem Wasserdruck $\geq$ 25 kbar und einer Temperatur von 750–800 °C reagieren Talk und Disthen zu Pyrop, *Quarz* und H_2O, unter Höchstdrücken > 28 kbar zu Pyrop, *Coesit* und H_2O, wie aus dem P,T-Diagramm ersichtlich ist.

Darüber hinaus sind weitere Hochdruckphasen innerhalb des MASH-Systems synthetisiert und Stabilitätsgrenzen mehrerer Paragenesen experimentell ermittelt worden. Ein Teil davon wurde erst nachträglich in einem natürlichen Gestein aufgefunden.

Durch Hinzufügen von K_2O als Komponente zum synthetischen MASH-System werden weitere Hochdruckphasen gebildet, die petrologische Bedeutung besitzen. Hier konnte das Auftreten des Hellglimmers Phengit eingehend untersucht werden. Im Phengit ist gegenüber Muscovit $KAl_2^{[6]}[(OH)_2/Si_3Al^{[4]}O_{10}]$ ein Teil von $Al^{[6]}Al^{[4]}$ durch $Mg^{[6]}Si^{[4]}$ ersetzt. MASSONE und SCHREYER konnten experimentell nachweisen, daß der Betrag der MgSi-Substitution linear mit dem Wasserdruck zunimmt, andererseits mit anwachsender Temperatur etwas abnimmt.

Das P,T-Diagramm Abb. 150 zeigt den Verlauf von Si-Isoplethen zwischen 3,1 und 3,8 im Phengit. (Als Isoplethen bezeichnet man die Verbindungslinien gleicher Zusammensetzung in Abhängigkeit von Druck und Temperatur.) Es läßt sich ablesen, daß diese Isoplethen eine nur geringe Temperaturabhängigkeit aufweisen (flache Neigung gegen die Temperaturachse). So kann das Diagramm als ein ziemlich empfindliches *Geobarometer* zur Abschätzung des Drucks in der Natur herangezogen werden, ohne daß die Temperatur der Metamorphose genau bekannt sein muß. Nach dem experimentellen Befund muß allerdings die Voraussetzung erfüllt sein, daß dieser Phengit mit Kalifeldspat, Phlogopit, Quarz und H_2O im Gestein koexistiert. Da auch der Einfluß von Fe im KMASH-System bekannt ist, kann auch Biotit anstelle des selteneren Phlogopits vorliegen. So hat die Anwendung des Phengitgeobarometers auch für Metagranite oder Metaarkosen mit Biotit, Phengit(Muscovit), Kalifeldspat und Quarz als metamorphe Paragenese über das reine MASH-System hinaus sehr bald eine breitere Anwendung gefunden. In günstigen Fällen kann

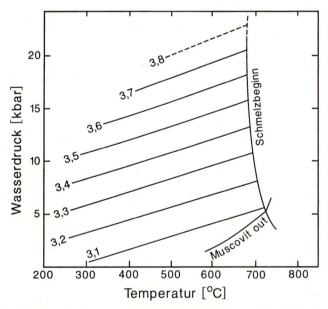

Abb. 150. P, T-Diagramm mit oberer Temperaturgrenze von Muscovit und den Stabilitätsbedingungen für Phengit verschiedener Zusammensetzung als Si-Isoplethen in Paragenese mit Kalifeldspat, Phlogopit, Quarz und H_2O. Erläuterungen im Text (nach MASSONE und SCHREYER, 1987)

man aus reliktischem Phengit auf ein vorangegangenes Hochdruckereignis schließen.

Auch ein komplexerer Gesteinschemismus vermag Hochdruckparagenesen hervorzubringen, soweit nur die Voraussetzung hierfür gegeben war. Experimentell sind seither eine ganze Reihe von Mineralreaktionen durchgeführt worden, die zu Hochdruckparagenesen geführt haben. Aber nur in wenigen Fällen haben sich daraus brauchbare Geobarometer ergeben. Von der Mineralparagenese des Eklogits (Omphacit und Granat) wissen wir, daß sie über ein weites P,T-Feld bis hin zu Mitteldrücken stabil ist. Für eine orientierende Druckeinschätzung der Bildung eines Eklogits wird meistens der Jadeitgehalt seines Omphacits herangezogen, der mit steigendem Umschließungsdruck kontinuierlich anwächst.

13.11 Druck-Temperatur-Zeit-Pfade

P-T-t-Pfade stellen den zeitlichen Ablauf von Druck und Temperatur in einem metamorphen Gestein oder Kristallinanschnitt graphisch dar. Sie bieten so innerhalb eines P,T-Diagramms eine gute Übersicht über die Metamorphose*vorgänge* in verschiedenen Orogenzonen.

Diese Betrachtungsweise unterscheidet sich von der konventionellen Herausstellung eines Höhepunkts der Metamorphose mit einem Gleichgewichtsgefüge. Jene berücksichtigt somit nur einen bestimmten Punkt aus dem P-T-t-Pfad, nämlich die erreichte Temperatur(Druck)-Spitze mit dem unter dem Mikroskop sichtbaren, eingefrorenen Mineralgleichgewicht. Hiernach richtet sich auch die Einstufung in die Mineralfacies.

Den Verlauf eines P-T-t-Pfads erhält man aus einer Kombination von Gefügebeobachtungen, Daten zu Geothermometrie, Geobarometrie und Geochronologie.

Bei der Gefügebeobachtung geht es um das Aufspüren von älteren Mineral- und Gefügerelikten, aus denen sich Hinweise auf Reaktionsgefüge aus vorangegangenen Metamorphosestadien anbieten. Hierzu können Mineraleinschlüsse – besonders auch Flüssigkeitseinschlüsse – in Porphyroblasten, etwa in Granatporphyroblasten, gehören. Auch die Analyse und Interpretation des chemischen Zonarbaus mit Hilfe einer Elektronenmikrosonde in facieskritischen Kristallen kann genützt werden. Aus der Gefügebeurteilung ergeben sich darüber hinaus bereits Anhaltspunkte für den zeitlichen Ablauf, der durch exakte radiometrische Daten bestätigt werden sollte.

Grundlage der Geothermobarometrie sind P,T-Diagramme mit experimentell ermittelten oder thermodynamisch berechneten Reaktionskurven, die den anwesenden Mineralbestand betreffen. An diesen Reaktionskurven kann sich der Verlauf des P-T-t-Pfads orientieren.

Weitere Daten über die Bildungstemperatur einer metamorphen Mineralparagenese lassen sich zudem aus der chemischen Zusammensetzung im Kornkontakt befindlicher (koexistierender) Mineralpaare erbringen. Bei derartigen koexistierenden Mineralpaaren wird davon ausgegangen, daß sich in Abhängigkeit von Temperatur (und Druck) jeweils ein chemisches Kationengleichgewicht einstellt. Dieses wird bei Temperaturerniedrigung eingefroren und als Schließungstemperatur bezeichnet. Schließungstemperaturen sind für verschiedene Kationenaustauschreaktionen und Abkühlungsgeschwindigkeiten ungleich. Im einzelnen kann man so brauchbare Bildungstemperaturen nur erwarten, wenn die Schließungstemperatur höher als die Bildungstemperatur ist. Bekannte Geothermometer dieser Art sind unter anderen: das Granat-Biotit- und das Granat-Pyroxen-Geothermometer sowie das 2-Feldspat-Geothermometer.

Im angloamerikanischen Schrifttum wird in modellhafter Vereinfachung zwischen 2 Typen von P-T-t-Pfaden unterscheiden: einem „clockwise" verlaufenden Pfad und einem „counterclockwise" verlaufenden (Abb. 151). Die Kurven des erstgenannten Typs verlaufen also im Uhrzeigersinn und diejenigen des zweiten Typs entgegen dem Uhrzeigersinn. Unterschiede bestehen darin, daß beim clockwise-verlaufenden P-T-t-Pfad das Druckmaximum C der Metamorphose dem Temperaturmaximum D vorangeht, beim counterclockwise-verlaufenden Pfad hingegen *folgt* das Druckmaximum B dem Temperaturmaximum A. Außerdem liegt zwischen A und B ein deutlich größerer Zeitraum als zwischen C und D im clockwise-verlaufenden Pfad.

Wichtig ist schließlich der Hinweis, daß die beiden gegenläufigen Pfade im vorliegenden Beispiel (Abb. 151) dem gleichen orogenen Ereignis angehören, jedoch aus 2 geographisch verschiedenen Kristallinarealen in Zentralmassachusetts, USA, stammen.

Ein weiterer Typ eines P-T-t-Pfads wird von SCHREYER (Abb. 152) für die Bildung der Hochdruckparagenese Pyrop und Coesit des Dora-Maira-Gesteins (S. 409 f.) vorgestellt. Der Pfad I folgt mit einem sehr kleinen geothermischen Gradienten von ungefähr 7 °C/km dessen linearem Verlauf. (Hochdruckmetamorphose verlangt einen ungewöhnlich niedrigen geothermischen Gradienten.) Mit rund 800 °C und 30 kbar erreicht er die Bildungsbedingungen dieser Hochdruckparagenese. Der aufsteigende Pfad, ausgelöst durch einen Subduktionsvorgang, entspricht einem relativ frühen Stadium der Entwicklung eines Orogens innerhalb einer Kontinent-Kontinent-Kollision.

Auf etwa demselben Weg kann durch folgende tektonische Vorgänge subduzierte Kruste an die Erdoberfläche zurückgeführt werden (Pfad II). Mangel an H_2O auf die-

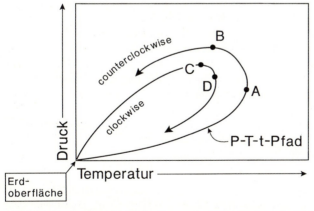

Abb. 151. Zwei unterschiedliche Typen von P-T-t-Pfaden: ein Pfad verläuft clockwise (im Uhrzeigersinn), der andere counterclockwise (entgegen dem Uhrzeigersinn). Die eingetragenen Punkte B und C sind jeweils Druckmaxima, die Punkte A und D Temperaturmaxima. In diesem Beispiel gehören beide Pfade demselben orogenen Ereignis an, stammen jedoch aus 2 geographisch verschiedenen Kristallinarealen in Zentralmassachusetts, USA (auszugsweise nach SCHUMACHER et al., Fig. 9.1 aus ASHWORTH und BROWN, 1990)

sem retrograden P-T-t-Pfad ließ die Hochdruckparagenese im Fall des Dora-Maira-Gesteins mit Pyrop und Coesit teilweise reliktisch überstehen. Auch die besondere Kristallgröße des Pyrops begünstigte hier seine reliktische Erhaltung im Gegensatz zu seinem feinschuppigen Nebengestein. Aus dieser Sicht erscheint das Dora-Maira-Gestein als ein selten günstiger Fall für eine Erhaltung eines tief subduzierten Gesteins aus kontinentaler Kruste.

Eine sehr viel mehr verbreitete Möglichkeit der Rückführung einer Hochdruckparagenese in eine höhere Krustenregion ist in Abb. 152 über einen clockwise verlaufenden, zuerst bogenförmigen Pfad (III) angedeutet. Hier verbleibt die Hochdruckparagenese eine Zeitlang unter tiefer Versenkung. Dabei steigt zunächst die Temperatur am Ende der Subduktion innerhalb verdickter Kruste weiter an. Unter Abnahme des Drucks wendet sich nunmehr der Pfad. Tektonische Vorgänge mögen zu einer gleichzeitigen Verdünnung der Kruste geführt haben. Durch Entwässerungsreaktionen und Einstellung neuer Mineralgleichgewichte war ein H_2O-Überschuß entstanden und eine partielle Anatexis ausgelöst worden. Noch anwesende Hochdruckminerale haben so keine Chance, zu überleben.

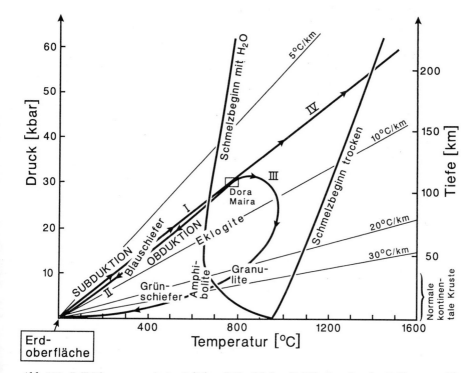

Abb. 152. P, T-Diagramm mit 4 möglichen P-T-t-Pfaden (I–IV). Gesteine der Erdkruste erfahren eine Subduktion (Pfade I, IV) und das Dora-Maira-Gestein anschließend einen Aufstieg (Obduktion) (Pfade II oder III) zur Erdoberfläche. Eingetragen sind außerdem 2 Kurven des Schmelzbeginns eines Alkaligranits unter Anwesenheit von H_2O und trocken sowie die linear verlaufenden Geothermobaren entsprechend Abb. 149. Weitere Erläuterungen im Text (nach SCHREYER, 1988, Fig. 11)

Unter weiterer Abkühlung und Druckerniedrigung gelangt der Pfad schließlich in die höhere Krustenregion. Hier passiert er zunächst Bedingungen der Granulitfacies, dann solche der Amphibolitfacies und erreicht schließlich Bedingungen der Grünschieferfacies. Diese Folge facieskritischer Mineralparagenesen ist allerdings nur in seltenen Fällen lückenlos nachweisbar.

Die Verfolgung des Subduktionspfads (I) in noch größere Manteltiefe bis zu etwa 200 km Tiefe (IV) würde mit steigender Temperatur – in Abhängigkeit von der H_2O-Aktivität – zu einer vermehrten selektiven Aufschmelzung der hochmetamorphen kontinentalen Kruste führen. (Die angenommene Geotherme schneidet die beiden eingezeichneten Schmelzkurven.) Die relativ saure, in diesem Fall wahrscheinlich syenitisch zusammengesetzte Schmelze aus dem sedimentogenen Gestein könnte mit dem umgebenden (ultrabasischen) Mantelperidotit reagieren. In der sich absondernden, durch fortschreitende Kontamination veränderten Schmelze vermutet man den Anfang einer globalen Magmenbildung ausgelöst durch eine Kontinent-Kontinent-Kollision.

13.12 Gefügeeigenschaften und Gefügeregelung der metamorphen Gesteine

13.12.1 Das kristalloblastische Gefüge

Ein *Kristalloblast* ist ein Mineralkristall, der während der Metamorphose eines Gesteins gebildet oder gewachsen ist. Das Suffix *blast* wurde aus dem Griechischen entlehnt: blastein = sprossen, wachsen. Derartige Kristalloblasten bilden in metamorphen Gesteinen ein kristalloblastisches Gefüge. Ein kristalloblastisches Gefüge ist granoblastisch, wenn alle Kristalloblasten eine kornförmige Gestalt besitzen und keine bevorzugte Wachstumsrichtung auftritt. Blatt-, stengel- oder faserförmige Kristalle bilden lepidoblastische, nematoblastische oder fibroblastische Gefüge. Kristalloblasten, die merklich größer sind als die Individuen der Mineralgrundmasse (des Grundgewebes) werden als *Porphyroblasten* bezeichnet. Kristalloblasten, die durch kristallographische Wachstumsflächen begrenzt sind, nennt man *Idioblasten,* im anderen Fall *Xenoblasten.*

Besonders viele Minerale mit silikatischen Inselstrukturen wie Granat, Titanit, Staurolith, Disthen, Andalusit, Zirkon oder Topas neigen zu idioblastischer Ausbildung. Bei Ketten- und Schichtsilikaten kommt es vorwiegend zu einer teilweisen Entwicklung ebener Wachstumsflächen. So weisen Amphibole nicht selten das Vertikalprisma {110}, Glimmer und Chlorit das Basispinakoid {001} auf. Die rhomboedrischen Karbonate bilden als Porphyroblasten das Grundrhomboeder {10$\bar{1}$1} aus.

Kennzeichnend für das kristalloblastische Gefüge ist die Ausbildung von Berührungs*paragenesen.* Dabei gibt es keine ausgesprochene Kristallisationsfolge unter den Gemengteilen wie bei den meisten magmatischen Gesteinen. Dort, wo Mineralfolgen *(Mineralsukzessionen)* im metamorphen Gestein auftreten, ist eine Mehrphasigkeit der Metamorphose angezeigt. Mineralfolgen beobachtet man bei einer aufsteigenden (prograden) oder einer absteigenden (retrograden, retrogressiven) Metamorphose. Mineralfolgen sind bei verschiedenen Metamorphoseakten einer Polymetamorphose die Regel.

Weiterhin läßt die Kristalloblastese keine blasigen oder zelligen Gefüge zu. Auch Skelettwachstum tritt nicht auf. Vorhandene Mineraleinschlüsse sind häufig rein zufällig. Nur selten kommen wie bei magmatischen Gemengteilen Entmischungseinschlüsse vor. Als sog. *Internrelikte* im Innern von Porphyroblasten bilden Einschlüsse mitunter ein älteres, *helizitisches* Gefüge ab. In diesen Fällen ist eine vorangegangene Fältelung oder Schichtung im Kristallinneren erhalten geblieben. Helizitische Gefüge sind für die Aufklärung älterer Vorgänge bei der Gesteinsmetamorphose genetisch wertvoll.

13.12.2 Die Gefügeregelung der metamorphen Gesteine

13.12.2.1 Grundbegriffe

Durch Umkristallisation unter statischen Bedingungen, wie sie i. allg. bei einer thermischen Umkristallisationsmetamorphose vorliegen, entsteht ein richtungslos-körniges Gefüge, bei dem keine bevorzugte Regelung der Kristalloblasten festzustellen ist. Eine thermisch-kinetische Umkristallisationsmetamorphose, die meistens bei den Produkten der Regionalmetamorphose vorliegt, führt zu einer Kornregelung. Die hierbei äußerlich erkennbare Regelung der Kristalloblasten wird speziell als *Formregelung* bezeichnet. Sie tritt vorwiegend als Schieferung in Erscheinung. Deshalb nennt man die Produkte der thermisch-kinetischen Umkristallisationsmetamorphose gelegentlich auch *kristalline Schiefer*. Fehlt eine makroskopisch erkennbare Formregelung, dann liegt zumindest eine *Gitterregelung*, eine Regelung der Kristallgitter der Kristalloblasten vor. Bei vorhandener Formregelung ist natürlich stets auch eine Gitterregelung bei den anwesenden Kristalloblasten vorhanden.

Die Einregelung der Kristalloblasten erfolgt mit dem Ablauf einer Durchbewegung (Deformation), die zur Umkristallisation in einem ganz bestimmten zeitlichen Verhältnis steht. Die Durchbewegung kann *prä-, para-*(syn-) oder *postkristallin* sein, je nachdem sie vor, gleichzeitig mit oder nach der Umkristallisation (Kristalloblastese) stattgefunden hat. Bezogen auf den Akt der Durchbewegung kann die Umkristallisation *post-, para-*(syn-) oder *prätektonisch* ablaufen. Ein Beispiel für eine paratektonische Kristallisation zeigt Abb. 153a, für eine posttektonische Kristallisation Abb. 154. Abb. 153b zeigt in einer schematischen Darstellung den Ablauf des *para*tektonischen Wachstums eines Granatporphyroblasten in einzelnen Stadien (1–5). Anhand von Einschlüssen im Granat, die entgegen dem Uhrzeigersinn (Pfeile) rotiert sind, wird die Drehung sichtbar. Es folgt im Stadium (6) ein *post*tektonisches Wachstum in einem von der Verformung nunmehr unbeeinflußten Randsaum.

13.12.2.2 Kornregelung

Vorherrschende Bewegungsarten innerhalb des Orogens der Faltengebirge sind Faltungen und Überschiebungen. Die überschobenen Decken sind nicht als starre Schollen übereinandergeglitten, sondern es kam innerhalb der Decken zu *Teilbewegungen im Korngefüge*. Im Kristall sind nur einzelne Ebenenlagen als Gleitflächen möglich, d.h. die Translatierfähigkeit der Kristalle ist begrenzt. Deshalb werden bei

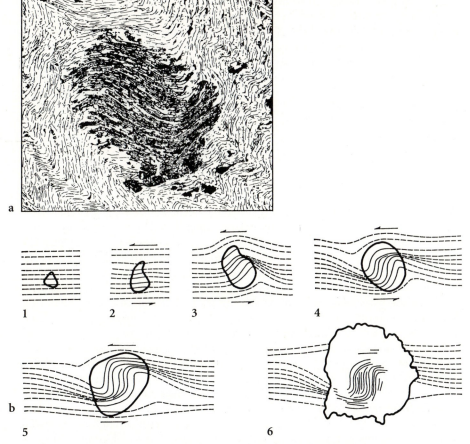

Abb. 153. a S-förmig rotierter Granatporphyroblast, sog. *Schneeballgranat*, im Granatglimmerschiefer aus der Pioramulde, Camperio, Lukmanierstraße (Schweiz). Das Wachstum des Granats ist gleichzeitig mit der Durchbewegung des Gesteins erfolgt (*para* tektonisches Wachstum). **b** Granatporphyroblast, Ablauf seines para(syn)tektonischen Wachstums mit Rotation entgegen dem Uhrzeigersinn *(Pfeile)* in einzelnen Stadien (*1–5*) mit randlichem posttektonischem Weiterwachsen (*6*) in schematischer Darstellung nach SPRY, 1969, Fig. 60

einem aus vielen Mineralkristallen bestehenden Gestein bei einer Verformung die Kristalle so lange verlagert, bis vorhandene Gleitflächen eine für die Verformung günstige Lage haben. Dann ist die Orientierung der Kristalle im Gestein nicht mehr regellos, sondern gewisse Richtungen in ihm werden von ganz bestimmten Kristallrichtungen bevorzugt. Als Ganzes gesehen, ist der Gesteinskörper dann gefügemäßig nicht mehr isotrop, sondern richtungsgeregelt.

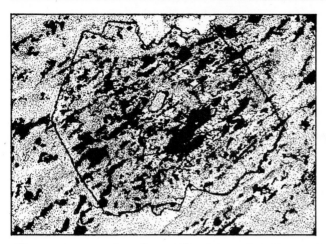

Abb. 154. Granatporphyroblast, *idio* blastisch nach {110} entwickelt, umschließt unverlegtes Grundgewebe. Die Sprossung des Granats erfolgte *nach* der Regelung (und schwachen Umkristallisation) des Grundgewebes. (*Post* tektonisches Wachstum des Granats.) Kontaktmetamorph überprägter Diabastuff aus der Zone der Fruchtschiefer, Theuma (Vogtland) – Vergr. 40 mal

13.12.2.3 Das Gefügediagramm

Denkt man sich von einem ungeregelten, vielkristallinen Gesteinskörper eine bestimmte Kristallrichtung jedes Mineralkorns durch den Mittelpunkt einer Lagenkugel gelegt, so würde die Kugeloberfläche statistisch regellos von deren Durchstoßpunkten besetzt sein. Ist jedoch eine Richtungsregelung vorhanden, so werden sich an bestimmten Stellen die Durchstoßpunkte häufen, an anderen Stellen werden sie fehlen.

Für die Gefügeanalyse benützt man ein flächentreues Projektionsnetz dieser Lagenkugel. In Dünnschliffen, die aus orientiert entnommenen Handstücken angefertigt sind, werden die Lagen der optischen Achsen oder andere optische Bezugsrichtungen mit Hilfe eines Universaldrehtisches an einer genügenden Anzahl, gewöhnlich 200–300, Körner eingemessen und die Achsenpole in das flächentreue Projektionsnetz eingetragen. Bei Mineralen ohne einmeßbare optische Bezugsrichtungen benützt man röntgenographisch ermittelte Gitterbezugsrichtungen. Es ergibt sich ein *statistisches Diagramm,* das die gemessenen Richtungen der einzelnen Kristalle als Punkte zeigt. Ist keine Regelung vorhanden, so sind die Punkte gleichmäßig über das Diagramm verstreut. Bei vorliegender Gitterregelung zeigen die Punkte eine verschieden deutlich hervortretende Massierung in gewissen *Maxima* oder *Gürteln.* Zur Veranschaulichung der Regelung wird die Punktverteilung im Gradnetz durch Auszählung nach Flächeneinheiten zu Zonen verschieden dichter Besetzung zusammengefaßt. Die einzelnen Zonen verschieden dichter Besetzung können noch durch verschiedene Schraffierung besser kenntlich gemacht werden. Zusätzlich werden meistens die tektonischen Koordinaten abc (Abb. 155) in das Diagramm eingezeichnet.

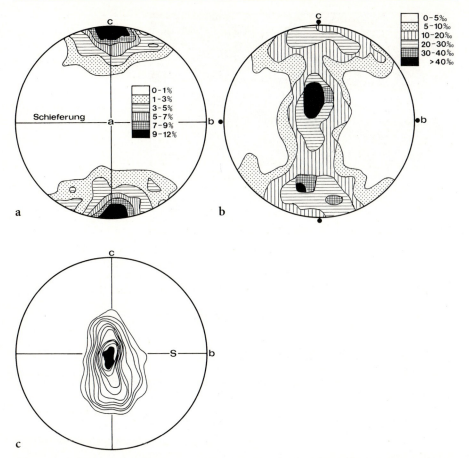

Abb. 155. a Regelungsdiagramm von Glimmer in einem Glimmerschiefer. Das Maximum der Lote von (001) der Glimmer befindet sich rings um den Ausstich der Gefügekoordinaten *c* angeordnet. Die Besetzungsdichten sind durch unterschiedliche Signaturen ausgewiesen. **b** Quarzregelung in einem *ac*-Gürtel (nach SCHMIDT aus BARTH et al., 1939); **c** Quarzregelung nach der γ-Regel [001]//*a*. Das Maximum der c-Achsenpole liegt um *a*. Besetzungsdichte in Prozent: (20–18)–16–14–12–10–8–6–4–2–1–0,5–0 (nach SANDER aus BARTH et al., 1939)

13.12.2.4 Haupttypen der Regelung

Man kann zwischen vorwiegend flächenhaft und vorwiegend linear entwickelten Gefügen unterscheiden. Zwischen beiden Typen gibt es alle möglichen Übergänge. Ihre Unterscheidung erfolgt mit Hilfe von Gefügediagrammen. Die *flächenhaft* entwickelten Gefüge sind bei sog. *S-Tektoniten*, die linear entwickelten bei den *B-Tektoniten* oder *R-Tektoniten* (Nomenklatur nach SANDER) anzutreffen.

1. *S-Tektonite:* Ihr Gefüge wird durch eine Parallelschar von *s*-Flächen (flächiges Parallelgefüge) beherrscht, die makroskopisch deutlich in Erscheinung treten

und im Gefügediagramm meistens ein ausgeprägtes Maximum ergeben. Zu ihnen gehören z. B. die flächenhaft geregelten Glimmerschiefer oder Phyllite. Bei ihnen liegt das Maximum der Lote von (001) der Glimmer dicht um die tektonische Achse c (Abb. 155 a). Das ist mitunter auch bei der Regelung des Quarzes der Fall. Häufiger kommt bei Quarz eine andere Regelung, diejenige nach der sog. γ-Regel vor, wobei das Maximum seiner c-Achsenpole um a liegt (Abb. 155 a). Das bedeutet, daß die Quarzachsen in die Gleitrichtung a eingeregelt sind. In den besprochenen Fällen handelt es sich durchwegs um die Einregelung in eine einzige S-Fläche. Diese Regelung wird deshalb auch als einscharig bezeichnet.

2. *Gürteltektonite:* Hier sind die Gefüge linear ausgerichtet und in den Gefügediagrammen die Achsenpole bzw. Flächenlote zu Gürteln massiert. Bei *einer* Art von Gürteltektoniten, den *R*-Tektoniten, hat man gefältelte und gewälzte Gesteine vor sich, deren Minerale teilweise gerollt sind. Das wird besonders deutlich, wenn sie als Porphyroblasten ausgebildet sind und dazu keine ausgeprägten Translationsebenen besitzen wie z. B. Granat (Abb. 153 a, b). Als Rotationsachse wirkt meistens die tektonische Achse B, die mit der Gefügekoordinate b zusammenfällt. Bei gewälzten Quarz- und Glimmertektoniten besetzen die Achsenpole meistens einen Gürtel in ac, normal auf b (Abb. 155 b). Man erkennt auf diesem Gürtel mehrere Untermaxima. Ihr Auftreten kann verschiedene Gründe haben.

Außer den ac-Gürteln treten auch bc-Gürtel auf mit a als Rotationsachse. Beide Gürtelarten können zusammen vorkommen. Es liegt dann ein Zweigürtelbild vor, wobei die beiden Gürtel in den Ebenen ac und bc senkrecht aufeinanderstehen und sich kreuzen.

13.12.2.5 Homogene und nicht homogene Verformung

Bei der tektonischen Verformung (Deformation) von Gesteinen spielen gleitende Teilbewegungen entlang von Scharen paralleler Gleitebenen, die *laminare Gleitung,* eine besonders wichtige Rolle. Das durchbewegte Gestein gleitet dabei in einzelnen dünnen zusammenhaltenden Lamellen.

Die Unterschiede zwischen *homogener* (affiner, Sander) und inhomogener (nicht affiner) Durchbewegung lassen sich nach Sander, 1950 in folgender Weise anschaulich machen: entsprechend Abb. 156 werden auf dem Schnitt eines dicken broschierten Buchs Figuren aufgezeichnet. Dann wird der Rücken des Buchs wie auf Abb. 156 b nach oben gebogen. Man beobachtet nun die Verformungen der aufgemalten Figuren.

Zunächst betrachtet man nur den rechten, nicht gebogenen Teil des Buchrückens. Jedes Blatt ist gegenüber dem darüberliegenden um einen bestimmten Betrag nach links geglitten. Es herrscht im rechten Teil des Buchrückens eine sog. homogene (affine) Verformung. Die Figuren lassen folgende Merkmale feststellen: „Gerade bleiben bei der Umformung Gerade, Ebenen bleiben Ebenen, Parallelogramme bleiben Parallelogramme, Parallelepipede bleiben Parallelepipede, Ellipsoide bleiben Ellipsoide, ähnliche und ähnlich gelegene Vorzeichnungen gehen in ähnliche und gegeneinander ähnlich gelegene über" (Sander, 1950).

Abb. 156. a, b. Laminare Gleitung an den Blättern eines Buches; **a** unverformt; **b** verformt: *rechts* homogene und *links* inhomogene Verformung (nach SANDER aus BARTH et al., 1939)

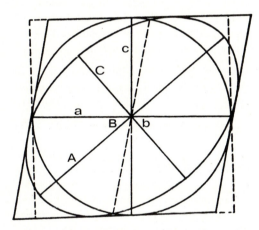

Abb. 157. Verformungsellipsoid bei homogener laminarer Gleichung

Die Einregelung im rechten Teil des Buchrückens ist 1scharig: Kreise werden in Ellipsen, die räumliche Kugel in ein 3achsiges Ellipsoid umgeformt. Die hier stattfindende Verformung wird auch als laminare Gleitung (Scherbewegung, SANDER, 1950) bezeichnet.

Das Verformungsellipsoid (Abb. 157) zeigt im einzelnen, daß der ursprünglich vertikale Durchmesser des Kreises eine Drehung im Uhrzeigersinn machte und sich immer mehr der Gleitebene näherte. Er dehnte sich und ist jetzt die längere Achse A der Ellipse. Die kürzere Achse C wurde mit zunehmender Gleitung immer kürzer und entfernte sich gleichzeitig drehend immer mehr von der Gleitebene. In Richtung und Länge unverändert blieb hingegen der horizontale Durchmesser a in der Gleitebene. Jeder Massenpunkt bewegt sich in der Verformungsebene $A C$. Deshalb wird diese einfache laminare Gleitung auch als *ebene Verformung* bezeichnet. Der Gleitbetrag eines jeden Blatts in unserem Modell dem nächstliegenden gegenüber ist damit derselbe. Es liegt somit eine homogene (affine) Verformung vor.

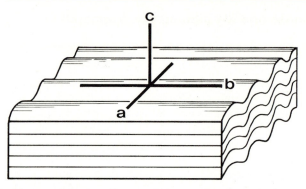

Abb. 158. Gefügekoordinaten *abc* im Handstück mit leichter Fältelung nach der *b*-Koordinaten (Faltungs-B-Achse), *ab* ist Schieferungsebene

abc sind die Lagekoordinaten eines tektonisch verformten Gesteins, eines *Tektonits* (SANDER, 1950) (Abb. 158). Die Gleitebene (Scherfläche) *ab* ist als Schieferungsebene sichtbar. *b* ist Fältelungsachse. Sie steht senkrecht auf *ac*. SANDER hat zur Bezeichnung der verschiedenen Flächenlagen im Achsenkreuz abc die Anwendung von kristallographischen Indizes *(hkl)* eingeführt. Flächen in der Zone parallel zur *b*-Achse werden z. B. als *(h0l)*-Flächen bezeichnet.

Zu den homogenen Verformungen gehören auch *tektonische Plättungsvorgänge,* die durch eine 2scharige Scherung (SANDER, 1950) (reine Schiebung, HELMHOLTZ) zustandekommen. Die Plättung wirkt parallel zur *ab*-Ebene als sog. *Plättungs-s.* Besonders auffällig ist dieser Einfluß bei den Plattenquarzen vieler Granulite.

Im linken Teil des Buchrückens herrscht hingegen *inhomogene* (nicht affine) Verformung, wenn wir auf das Modell Abb. 157b zurückkommen. Man sieht, daß hier Geraden verbogen und Kreise in gekrümmte Figuren und nicht in Ellipsen deformiert worden sind.

Auch die nicht homogenen Verformungserscheinungen sind in der Natur recht verbreitet. Wie in unserem Modell gehen homogene Verformungen leicht in nicht homogene Verformungen über. Hierzu gehören Faltungen durch Biegungen wie die *Biegegleitfalten* (Abb. 157b links). Porphyroblasten beginnen zu rollen. Schichtweise angeordnete helizitische Einschlüsse lassen oft die Ausgangslage des Porphyroblasten erschließen und Rotationsachse und Rotationswinkel bestimmen. Ist die Verformung *parakristallin,* indem sich Kristallisation und Deformation überlagern, so wächst der Porphyroblast gleichzeitig mit der Rotation. Auf diese Weise sind die S-förmigen Einschlußwirbel, wie sie z. B. in Granatporphyroblasten vorkommen (Abb. 153, S. 414), entstanden. Bei *postkristalliner* Verformung werden die helizitischen Einschlußreihen lediglich gedreht. Bei *präkristalliner* Verformung bildet sich die Anordnung der Einschlüsse im Porphyroblasten so ab, gefältelt oder ungefältelt, wie sie war, bevor seine Kristallisation einsetzte.

13.13 Ultrametamorphose und die Bildung von Migmatiten

DAS AUFTRETEN DER ULTRAMETAMORPHOSE

> Ultrametamorphose tritt vorwiegend innerhalb des tiefangeschnittenen Basements der kontinentalen Erdkruste auf. Hier befinden sich ihre Produkte, die Migmatite, im Verband mit metamorphen Gesteinen in hochgradiger Amphibolitfacies. Bereits im Gelände sichtbar sind die engen genetischen Beziehungen zwischen den hochgradigen Metamorphiten und den Migmatiten. So bestehen z.B. große Teile des Fennoskandischen und des Kanadischen Schilds, in Mitteleuropa kleinere Areale des Schwarzwalds und des Bayerisch-Böhmischen Walds aus solchen Produkten der Ultrametamorphose. Echte Migmatite treten gelegentlich auch innerhalb höherer Grundgebirgsanschnitte auf, dort, wo sich unter dem Einfluß einer lokalen Wärmebeule im ehemaligen Orogen Bedingungen einer Ultrametamorphose einstellen konnten. Das ist, um nur ein Beispiel zu nennen, in einem eng begrenzten Raum innerhalb eines örtlichen Wärmeaufbruchs aus der Tiefe im mittleren Odenwald der Fall.

13.13.1 Der Migmatitbegriff

Der Begriff *Migmatit* wurde von SEDERHOLM eingeführt, mit dem Hinweis, daß bestimmte Gneise im Fennoskandischen Metamorphikum wie Mixed rocks aussehen. Migmatite sind makroskopisch außerordentlich heterogene Gesteine mit teilweise metamorphem und z.T. magmatisch aussehendem Gefüge.

Bereits SEDERHOLM erkannte, daß die besonderen Gefügeeigenschaften dieser Gesteine nur durch eine teilweise Aufschmelzung der hochmetamorphen Gneise zu erklären sind. Diese frühe Erkenntnis, daß den Migmatiten teilweise Schmelzbedingungen zugrundeliegen, ist durch das Experiment in den letzten Jahrzehnten voll bestätigt worden. Die hellen Anteile in den Migmatiten, als *Leukosome* bezeichnet, sind von granitartiger Zusammensetzung und stellen fast stets partielle Ausschmelzprodukte dar. Diesen regional großräumig angelegten Aufschmelzungsprozeß bezeichnet man als *Anatexis*. Das veränderte metamorphe Gestein, aus dem das Leukosom ausgetreten ist, nennt man *Restgestein (Restit)*. Im Restgestein sind die dunklen, mafischen Minerale angereichert, wie Biotit, Hornblende, Cordierit, Granat, und Al-reiche Minerale, wie Sillimanit, u.a.

MEHNERT hat im einzelnen *folgende Definitionen* gegeben:
1. als *Paläosom* bzw. *Mesosom* (JOHANNES, 1984) bezeichnet man das unveränderte, hochmetamorphe Ausgangsgestein eines Migmatits (Abb. 159 A).
2. als *Neosom* bezeichnet man das duch selektive Aufschmelzungsprozesse migmatisch veränderte Gesteinsprodukt. Bei ihm wird unterschieden zwischen *Leukosom* und *Melanosom* (Abb. 159 B, C).
   a) *Leukosom:* Es weist einen hohen Gehalt an hellen Mineralen wie Quarz und/oder Feldspat auf vergleichsweise zum Paläosom. Die charakteristischen Züge eines magmatischen Kristallisationsprodukts sind sichtbar.

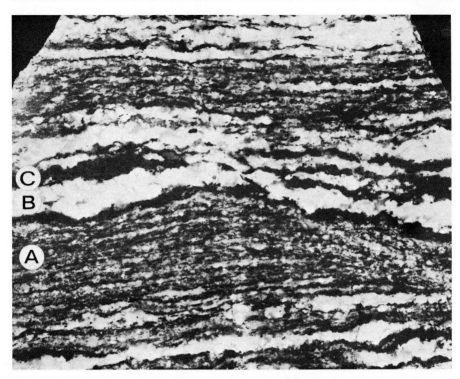

Abb. 159. Metatektischer Gneis: *A* Paläosom (Biotit-Plagioklas-Gneis), *B* Leukosom (pegmatitähnlich grobkörniges Metatekt aus Feldspat und Quarz) mit biotitreichem Saum als Melanosom *C* (Restit), Urenkopf b. Haslach (Schwarzwald) – 2/3 natürliche Größe – Orig. MEHNERT, 1971

b) *Melanosom:* Es enthält hauptsächlich dunkle (mafische) Minerale, die oben bereits genannt wurden. Diese Minerale sind meistens wie im hochmetamorphen Gneis geregelt im Unterschied zu den hellen Mineralen im Leukosom.

Durch die *wechselvolle Anordnung von Leukosom und Melanosom* erhalten die Migmatite oft höchst launenhafte Gefüge, die auf großer Fläche sehr beeindruckend sein können. Das Leukosom kann im Migmatit aderförmig, lagenförmig oder diffus zwischen breccienförmig zerlegtem Melanosom verteilt sein. Das Melanosom ist andererseits im Leukosom nicht selten schlierig verteilt bis zu einer nebelhaften (nebulitischen) Homogenisierung zwischen beiden. Häufig werden ehemalige Faltentexturen als Fließfalten (ptygmatische Falten) abgebildet. Es gibt hier eine Reihe von Fachausdrücken zur Bezeichnung des Gefüges, auf die wir nicht eingehen wollen.

Im Hinblick auf den *Grad der Aufschmelzung bei Migmatiten* unterscheidet man 2 Kategorien von Migmatiten: *Metatexite* und *Diatexite*.

Im *Anfangsstadium* eines partiellen Aufschmelzens bilden sich zunächst *Metatexite* (Abb. 159). Sie bestehen petrographisch aus hellen Metatekten, dem Leukosom, und dunklen Restgesteinspartien, dem Melanosom. Erstere repräsentieren den Schmelzanteil. Der zugrundeliegende Vorgang wird als *Metatexis* bezeichnet.

Abb. 160. Diatexit mit inhomogen-schlierigem Fließgefüge und Resten von unaufgelöstem metatektischem Gneis; Kehre, Höllental (Schwarzwald) – Orig. MEHNERT, 1971

Diatexite waren *nahezu vollständig aufgeschmolzen*. Bei ihnen lassen sich die aufgeschmolzenen Anteile von den nicht aufgeschmolzenen kaum unterscheiden (Abb. 160). Diatexite sind schlierig (nebulitisch) ausgebildet mit Übergängen zu stellenweise nahezu homogenen Gesteinspartien. Innerhalb einer anatektischen Zone des südlichen Schwarzwalds sind z. B. die graduellen Übergänge von Metatexiten zu Diatexiten genau untersucht worden. Der Vorgang, der zur Entstehung von Diatexiten führt, wird als *Diatexis* bezeichnet.

13.13.2 Die Bildung von Migmatiten, experimentelle Grundlagen
(vgl. hierzu 11.1.9.2)

Die Schmelzmenge, die sich aus einem Gneis unter einem gegebenen Druck zu bilden vermag, hängt von einigen Faktoren ab, so von der Höhe der erreichten Temperatur, von der Zusammensetzung der Feldspäte, speziell des Plagioklases, dem Quarz/Alk'feldspat/Plagioklas-Verhältnis und dem zur Verfügung stehenden Wasser.

Bei der partiellen Anatexis aus Gneis unter Anwesenheit von Wasser gehen hauptsächlich Quarz, Alk'feldspat und Plagioklas in die Schmelze ein. Nur sehr geringe Mengen von dunklen Gemengteilen werden in dieser Schmelze gelöst. Sie bilden zusammen mit einem Überschuß an Plagioklas, etwas Quarz und Reaktionsprodukten wie Cordierit, Sillimanit/Disthen, Granat und Pyroxen das kristalline Restgestein (Restit).

Von einiger Bedeutung sind immer noch bereits vor längerer Zeit erzielte experimentelle Ergebnisse an Tonsteinen, Grauwacken und anderen klastischen Sedimentgesteinen. Derartige Gesteine liegen metamorph in der Natur als Paragneise (Sedimentgneise) vor. Die eingetretenen Schmelzerscheinungen sind für die vergleichende Auswertung zwischen den experimentellen Ergebnissen und dem natürlichen Befund besonders geeignet.

Bei einem natürlichen Ton entsteht im Experiment nach WINKLER und VON PLATEN (WINKLER, 1979) unter einem Wasserdruck von 2 kbar eine anatektische Schmelze von leukogranitischer Zusammensetzung bei einer Temperatur zwischen 700 und 720 °C. (Anm.: Das natürliche Krustenniveau, in dem im allgemeinen die Anatexis stattfindet, entspricht wenigstens doppelt so hohen Wasserdrücken oder noch mehr, so daß die aufgeführte Solidustemperatur für die natürlichen Bedingungen eher noch etwas zu hoch liegen dürfte.) Bei 730 °C waren bereits 40–50 % des Tons aufgeschmolzen. Dabei wurde festgestellt, daß die kotektische Erstschmelze stets ärmer an Al_2O_3, jedoch reicher an SiO_2 und Alkalien ist als der ursprüngliche Ton. Mit ansteigender Temperatur ändert die Schmelze ihre Zusammensetzung, indem sie von leukogranitisch über normalgranitisch immer mehr granodioritisch wird. Bei 810° C war bereits aus dem ehemaligen Ton bis zu 80 % Schmelze entstanden. Der nicht aufgeschmolzene (metamorphe) Rest des Tons bestand aus An-reichem Plagioklas und verschiedenen dunklen Gemengteilen als Reaktionsprodukte.

Grauwacken besitzen höhere Alkaligehalte als Tone. Sie begannen deshalb unter dem gleichen Wasserdruck bereits bei 685 °C zu schmelzen, weil sich ihr Qz/Ab/Or-Verhältnis unter einem Druck von 2 kbar näher am Temperaturminimum M (Abb. 109 A, S. 253) befindet. Mit ansteigender Temperatur änderte sich die Zusammensetzung der Schmelze wie im Fall des Tons von leukogranitisch über normalgranitisch, um bei rund 780 °C schließlich tonalitische Zusammensetzung zu erreichen. Dabei waren 70–95 % der ehemaligen Grauwacke aufgeschmolzen.

Ähnliche experimentelle Ergebnisse wurden an metamorphen Gesteinen wie bei verschiedenen biotitführenden Paragneisen (Sedimentgneisen) erhalten. So setzte bei einem Staurolith und Granat führenden Biotit-Plagioklas-Gneis aus dem Spessart die partielle Aufschmelzung unter einem Wasserdruck von 7 kbar bei einer Temperatur von rund 660 °C ein. Das entspricht annähernd der Temperaturhöhe, die man an der Soliduskurve eines Gemenges von Plagioklas (An 30) + Quarz + H_2O im Modellsystem Qz–Ab–An–H_2O bei vergleichbaren Anorthitgehalten im Gneis ablesen kann (Fig. 6.1. in JOHANNES und HOLTZ, 1996).

Für einen Orthogneis (Granitgneis) kann das granitische Schmelzminimum mit schätzungsweise 640–660 °C bei normalem geothermischen Gradienten von 30 °C/km in ca. 20 km Tiefe mit einem Druck von 5 kbar angenommen werden.

Die mit Erreichen der Solidustemperatur in einem Gneis entstandenen Erstschmelzen bilden nach ihrer Auskristallisation als Quarz + Feldspat die Leukosome eines Migmatits. Wie die experimentellen Untersuchungen am einfachen Modell gezeigt haben, sind diese Erstschmelzen an H_2O gesättigt. Mit anwachsender Schmelzmenge unter Temperaturerhöhungen erfahren sie eine immer größer werdende Untersättigung an H_2O (Abb. 111, S. 259). In den Migmatiten kristallisierten diese Schmelzen in-situ aus; in manchen Fällen kam es zu einer Ansammlung, und sie konnten als anatektische Granite in ein höheres Krustenniveau aufsteigen.

Das für diesen partiellen Schmelzvorgang erforderliche H_2O stammt zum Teil aus vorangegangenen Entwässerungsreaktionen („dehydration reactions') bei der aufsteigenden Metamorphose noch unterhalb der Solidustemperatur, zu einem größeren Teil aus Entwässerungsreaktionen im Melanosom während des Aufschmelzens („dehydration melting') oberhalb der Solidustemperatur. Melanosome der Migmatite bestehen so größtenteils aus H_2O-freien Mafiten als Mineralneubildungen neben verbliebenen mafischen Mineralresten des Paläosoms bzw. Neosoms.

Chemisch führt partielles Aufschmelzen im Migmatit zu einem Anwachsen von SiO_2, Na_2O und K_2O im Schmelzanteil, dem Leukosom und gleichzeitig zu einem Anwachsen von FeO, MgO und CaO im Melanosom.

Das Entwässerungsschmelzen beginnt in einem Gneis des mittleren Krustenbereichs in einer Tiefe von 15–30 km unter Drucken von 4–8 kbar etwa bei Temperaturen zwischen 680–630 °C. Unter den gleichen Bedingungen benötigt ein Amphibolit druckabhängig wesentlich höhere Temperaturen, schätzungsweise >800 °C. Dabei bringt ein Amphibolit zudem mengenmäßig weniger Leukosom hervor. Von einigen Forschern wird angenommen, daß sich durch Entwässerungsschmelzen von Amphibolit im tiefen Krustenbereich Pyroxengranulite als Restite absondern können. Unter den genannten P,T-Bedingungen bleiben andere Gesteine – so Quarzite oder

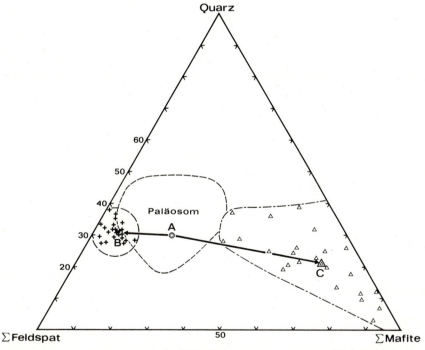

Abb. 161. Die durchschnittliche Mineralzusammensetzung von Metatexiten aus dem Schwarzwald (nach MEHNERT, 1971, Fig. 93). *A* Biotit-Plagioklas-Gneis als Paläosom (Altbestand), *B* pegmatitähnliche Metatekte und *C* dunkle Restgesteinspartien (Restite). Die Mittelwerte liegen auf einer (angenähert) geraden Verbindungslinie B–C. Dieses Ergebnis spricht für einen Sonderungsprozeß $A \rightarrow B + C$ (hierzu auch Abb. 159, S. 427)

Kalksilikatfelse z. B. – von Anatexis verschont. Innerhalb von Migmatitgebieten mit sogar hochgradiger Anatexis trifft man diese Gesteine als kaum veränderte Einschlusskörper, sog. Resisters, an.

13.13.3 Die stoffliche Bilanz bei der Entstehung von Migmatiten

Im allgemeinen ist bei der Bildung der Migmatite bis auf lokale, leicht bewegliche Stofftransporte *kein* großräumiger metasomatischer Prozeß festgestellt worden. Unabhängig davon ist es unumstritten, daß Schmelzen aus der Tiefe häufig bevorzugt in Migmatitzonen eingedrungen sind. Diese Tatsache führt bei Metatexiten im Hinblick auf die einzelnen Metatekte zu Konvergenzerscheinungen. Der Begriff Metatekt ist in dieser Hinsicht völlig *neutral* anwendbar. *Metatekte* können an Ort und Stelle durch eine *Ektexis* entstanden sein, oder sie können fallweise auch von außen her in den betreffenden Migmatit eingedrungen sein und dann auf eine *Entexis* zurückgehen. Für die *Ek*tekte ist im Unterschied zu den *En*tekten zu fordern, daß bei einer stofflichen Bilanz die folgende Beziehung erfüllt ist: *Leukosom + Melanosom = Paläosom* (Abb. 161).

Oft befindet sich zudem beidseitig des Ektektes das Melanosom als sichtbarer dunkler, an Mafiten stark angereicherter Saum im Kontakt mit angrenzendem Paläosom (Abb. 159 C). Bei tatsächlichen Entekten (Injektionen) fehlt ein solcher Saum.

13.14 Metasomatose

ALLGEMEINES

Nur in besonderen, wenn auch nicht seltenen Fällen kommt es im Zusammenhang mit der Gesteinsmetamorphose zu Umsetzungen und Austauschreaktionen mit überkritischen Gasen oder hydrothermalen Lösungen. Sie können lokal einen erheblichen Stoffaustausch bewirken. Eine solche Metamorphose mit beachtlicher Stoffänderung (Stoffzufuhr oder Stoffwegfuhr) wird als *Metasomatose* bezeichnet. Sie ist meistens eine zeitliche Nachwirkung oder räumliche Fernwirkung magmatischer Vorgänge. So findet sie bevorzugt im Bereich einer Kontaktmetamorphose statt und wird dann als *Kontaktmetasomatose* bezeichnet. Hier können die Stoffumsätze lokal sehr groß sein. Haben derartige Vorgänge im Anschluß an die magmatische Kristallisation innerhalb des Magmatitkörpers selbst stattgefunden, so spricht man von einer *Autometasomatose*.

Auch im Anschluß an eine thermisch-kinetische Umkristallisationsmetamorphose (Regionalmetamorphose) und bei der Ultrametamorphose können metasomatische Vorgänge auftreten. Sie sind besonders für ein Grenzgebiet der Ultrametamorphose *unterhalb* der Entstehungstemperatur von Erstschmelzen (Ektexis) typisch.

Nicht zur Metasomatose wird der Austausch von H_2O oder CO_2 gerechnet, da diese mobilen Komponenten bereits bei metamorphen Vorgängen als solche eine Rolle spielen, wie wir gesehen haben. Jedoch besitzt insbesondere H_2O als Transportmittel für weniger mobile Komponenten oder als Reaktionspartner bei der Metasomatose oft eine große Bedeutung.

13.14.1 Kontaktmetasomatose

Bei der Besprechung der periplutonischen Kontaktmetamorphose (S. 350 ff.) sind bereits Beispiele von periplutonischer Kontaktmetasomatose beschrieben worden. Sie werden an dieser Stelle nur kurz erwähnt. Das gilt auch für den Fall einer Bor- und den einer Bor- und Fluormetasomatose mit Bildung von Turmalin und Topas in Kontaktaureolen des westerzgebirgischen Granitmassivs. Hier und in zahlreichen anderen Vorkommen stammen die flüchtigen Bor- und Fluorverbindungen aus den Restdifferentiaten eines Granitplutons. Bekannt sind insbesondere die intensiven Turmalinisierungszonen innerhalb mehrerer Granitanschnitte und deren Kontaktaureolen in Cornwall, Südwestengland. Verdrängungsvorgänge haben hier und an anderen Orten mitunter zu monomineralischen Turmalinfelsen geführt. Turmalin und Topas verdrängen i. allg. nicht nur den Hornfels, sondern auch randliche Teile des Granits und dessen Ganggefolge, besonders Aplit. Hieraus schließt man, daß es sich gegenüber Platznahme, Kristallisation und periplutonischer Kontaktmetamorphose bei dieser Metasomatose um einen nachfolgenden (hysterogenen) Vorgang handelt. Dabei bestehen stets enge Beziehungen zum pneumatolytischen Stadium der magmatischen Abfolge des betreffenden Granitplutons. Deshalb spricht man bei solchen Turmalinisierungs- und Topasierungsvorgängen auch von einer pneumatolytischen *Kontaktmetasomatose*.

Im Unterschied hierzu beobachtet man gelegentlich an den Kontakten von Gabbrokörpern den Einfluß einer *Chlormetasomatose,* die sich in Skapolithisierungszonen (Skapolith, z. B. $Na_8[(Cl_2)/AlSi_3O_8]$) und der Bildung von Chlorapatit und anderen Cl-haltigen Mineralen äußert. Bekannt hierfür ist das Vorkommen von Bamle in Norwegen. Bei dem Skapolithisierungsprozeß muß es gleichzeitig zu einer Na-Zufuhr gekommen sein.

Karbonatgesteine sind besonders reaktionsfähig und dort, wo die Möglichkeit besteht, auch aufnahmefähig für Gastransporte mit Schwermetallen. Dabei entstehen *Skarnlagerstätten.* Auf S. 360 war bereits erwähnt worden, daß kontaktmetasomatisch vorwiegend sulfidische (Pyrrhotin, Pyrit, Sphalerit, Galenit, Chalkopyrit) oder oxidische (Magnetit, Hämatit) Erzminerale in meistens unregelmäßigen Verdrängungskörpern abgeschieden wurden. Daneben kam es anderenorts zur Abscheidung typischer pneumatolytischer Mineralparagenesen mit Anreicherung von W, Mo und Sn. An Stelle von Wolframit tritt in kontaktmetasomatisch bzw. kontaktpneumatolytisch verdrängten Karbonatgesteinen naturgemäß das Ca-Wolframat Scheelit auf.

Auch die teilweise große wirtschaftliche Bedeutung der Skarnlagerstätten war hervorgehoben worden. Erwähnt sei noch, daß in den alten präkambrischen Schilden besonders auch Skandinaviens mehrere wichtige polymetamorph überprägte Skarnlagerstätten mit verschiedenen Metallanreicherungen auftreten. Hier seien besonders sulfidische Lagerstätten, so u. a. diejenigen von Falun in Mittel- und Boliden in Nordschweden angeführt. Aus Finnland sei neben weiteren die Lagerstätte Outukumpu, die zu den wichtigsten Kupferlagerstätten Europas zählt, erwähnt.

Die *Alkalimetasomatose* (Natron- und Kalimetasomatose) besitzt ein besonderes petrologisches Interesse. Vorzugsweise neigen die Magmen der Alkaligesteine zu einem derartigen metasomatischen Stoffaustausch mit ihrer Umgebung. Bekannt hierfür ist besonders das Alkaligesteinsgebiet von Fen in Norwegen. Ihr Nebengestein (Gneise etc.) wurde durch die Bildung von Na-haltigen Mineralen wie Ägirin, Riebeckit und Albit kontaktmetasomatisch verdrängt. Dabei ersetzen Na-Hornblende und Ägirin vorzugsweise Biotit und Albit die Feldspäte, wobei vorhandener Quarz in diese Reaktion mit einbezogen wurde. BRÖGGER, der diese Vorgänge genau untersucht hat, bezeichnete das Endprodukt dieser Natronmetasomatose als Fenit, den Vorgang *Fenitisierung*. Ähnliche Vorgänge sind auch von zahlreichen anderen Stellen beschrieben worden, besonders um Karbonatitkörper.

Bei pyrometamorph veränderten pelitischen Gesteinen kommt es unter dem Einfluß von Alkaligesteinsmagma im Laacher Seegebiet ebenfalls zu einer intensiven Alkalimetasomatose. Das Gesteinsprodukt wird als *Sanidinit* bezeichnet und enthält Na-Sanidin als Hauptgemengteil. Das leuchtend weiß aussehende Gestein tritt im Laacher Seegebiet häufig als vulkanischer Auswürfling auf.

Alkali-, speziell Kalimetasomatose, beobachtet man gelegentlich auch an Granitkontakten oder Einschlüssen (Abb. 162) im Granit. Sie macht sich durch Einsprossungen (Blastese) von Kalifeldspat bemerkbar. Seine Porphyroblasten nehmen an Größe und Menge gegen den Granit hin zu. Sie sind mehr oder weniger idiomorph (idioblastisch) ausgebildet. Eine derartige Kalifeldspatisierung wurde auch an einem Granitmassiv des südlichen Schwarzwalds beschrieben.

Eine *Na-Metasomatose* minderen Grads wird häufig am Kontakt von Lagern oder Lagergängen von Basalt bzw. Diabas im angrenzenden veränderten Tonschiefer beobachtet, obwohl diese Magmen keinen Na-Überschuß aufweisen. Es hat sich reichlich Albit gebildet. Das hornfelsartig dichte und splittrig brechende Gestein

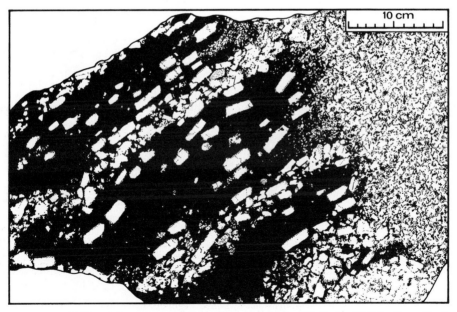

Abb. 162. Kalifeldspatblastese durch Kalizufuhr in einem Amphiboliteinschluß im Granodiorit von Tittling im Bayerischen Wald (nach MEHNERT, 1968, Fig. 114)

mit stärkster metasomatischer Veränderung wird als *Adinolit* (Adinolfels) bezeichnet.

Sehr deutliche, wenn auch in ihrem räumlichen Ausmaß recht begrenzte *metasomatische Effekte* treten am *Kontakt von Granit- bzw. Pegmatitgängen mit Serpentinit* auf. Die im Gelände auffällig dunklen Biotit- und Chloritsäume werden von anglo-amerikanischen Fachwissenschaftlern als *Blackwall-Reaktionen* bezeichnet. Im einzelnen bestehen diese nahezu monomineralischen Reaktionssäume mit zunehmendem Abstand vom Gang aus: (Biotit)Phlogopit-Chlorit-Tremolit-Talk. Daraus läßt sich eine unterschiedlich weitreichende Stoffwanderung K < Al < Ca < Si erkennen. Außerdem kann sich im Granit- bzw. Pegmatitgang der SiO_2-Entzug (Desilizierung) durch einen modalen Verlust an Quarz bis zum Auftreten von Korund bemerkbar machen.

Die Migration von mobilen Nebenelementen läßt innerhalb der Phlogopitzone Apatit, Turmalin oder in einzelnen Fällen auch Beryll entstehen. Das Zusammentreffen von mobilen Be-Verbindungen mit geringen Cr-Gehalten im Serpentinit bietet zuweilen die seltene Gelegenheit zur *Bildung von Smaragd* wie innerhalb der berühmten Smaragdvorkommen im Tokowaja-Tal im Ural (Abb. 163) oder im Habachtal in den Ostalpen. (Farbgebendes Element im Smaragd ist Cr.)

13.14.2 Autometasomatose

Unter Autometasomatose verstehen wir alle stofflichen Umsetzungen innerhalb eines Magmatitkörpers im Anschluß an dessen Auskristallisation. Bei relativ höheren Temperaturen sind es Emanationen aus dem pneumatolytischen Restdifferentiat, die ein-

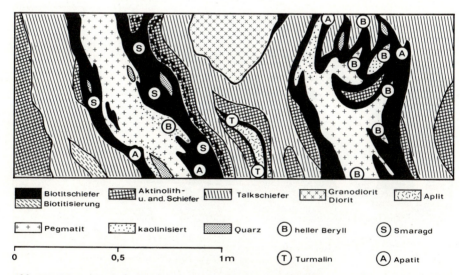

Abb. 163. Metasomatische Reaktionszonen zwischen Pegmatitgängen und Serpentinit. Profil durch eine Smaragdlagerstätte im Ural (nach FERSMAN, 1929, umgezeichnet nach SCHNEIDER-HÖHN, 1961, Abb. 67)

wirken. Dieses Stadium wird auch als *Autopneumatolyse* bezeichnet. Unterhalb der kritischen Temperatur des Wassers sind es überhitzte hydrothermale Lösungen und schließlich < 100 °C Thermalwässer, die einwirken.

Zur Autopneumatolyse gehört insbesondere die *Bildung der Zinnsteinparagenese,* die an die Dachregion granitischer Plutone gebunden ist. Die betreffenden Teile des Granits sind in Greisen (Topasgreisen oder Turmalingreisen) umgewandelt. Befund und Vorgänge der Autopneumatolyse sind auf S. 275 ff. im Zusammenhang mit der magmatischen Abfolge eingehend besprochen worden.

Zur *niedriger temperierten Autometasomatose mit hydrothermalen und thermalen Einwirkungen* gehören unter der Zunahme von H_2S- und CO_2-haltigen Lösungen weitere Vorgänge, so die *Propylitisierung, die Kaolinisierung,* die *Alunitisierung* (unter Bildung von Alaun), die *Zeolithisierung,* gewisse *sulfidische Vererzungsvorgänge, Karbonatisierungserscheinungen, Verkieselungen* und die *autometasomatischen Serpentinisierungsvorgänge.*

Propylitisierung: Dieser spezifisch autohydrothermale Vorgang ist vorzugsweise an Andesit- und Dacitkörper geknüpft. Er findet unter H_2O-Überschuß statt und ist im einzelnen recht komplex. Die dunklen Gemengteile des Andesits bzw. Dacits werden in Chlorit, Calcit und Epidot umgewandelt. Aus dem freiwerdenden Fe entsteht Pyrit. Plagioklas wird in Epidot, Albit und Calcit übergeführt. Aus der teilweise aus Glas bestehenden Grundmasse bilden sich Quarz und Albit. Der Umwandlungsvorgang verleiht dem propylitisierten Gestein eine typische hellgrüne Farbe. Meistens besteht ein Zusammenhang mit einem Vererzungsvorgang, so z. B. mit der Bildung der subvulkanischen Au–Ag-Lagerstätten des Karpatenbogens.

Kaolinisierung: Ein weiterer autohydrothermaler Vorgang betrifft vorzugsweise Granitkörper. So sind z. B. mehrere Granitmassive oder Teile davon in Cornwall in hochwertige Kaolinlagerstätten umgewandelt. Von der Kaolinisierung sind im wesentlichen die Feldspäte betroffen. Aus experimentellen Modellen geht hervor, daß für die Kaolinisierung des Kalifeldspats ein hohes H^+-K^+-Verhältnis in der metasomatischen Lösung erforderlich ist. Im anderen Fall entsteht Muscovit. Als einfache Reaktionsgleichung wird angesehen:

$$2\ K[AlSi_3O_8] + 11\ H^+ \text{ in Lösung} \rightarrow Al_2[(OH)_4/Si_2O_5] + \{2\ K^+ + 4\ Si^{4+} + 7\ (OH)^-\} \text{ in Lösung}$$

Kalifeldspat — Kaolinit

13.14.3 Die Spilite als Produkte einer Natronmetasomatose

Spilit ist ein vulkanogenes, diabas- bzw. basaltartiges Gestein mit Albit und Chlorit anstelle von Plagioklas (An 50–60) und Augit als Hauptgemengteile. Häufig enthalten die Kernpartien des Albits noch Reste von An-reichem Plagioklas, während Augit meistens vollständig durch Chlorit und Calcit verdrängt ist. Spilit unterscheidet sich chemisch von Tholeiitbasalt durch einen viel höheren Na_2O-Gehalt und niedrigere Werte von CaO und MgO.

Spilit tritt als Bestandteil zahlreicher Ophiolithserien zusammen mit mächtigen Sedimentfolgen, Tuffen, Serpentinit etc. und nicht spilitisierten Tholeiitbasalten auf. Er ist geologisch ein Bestandteil von Geosynklinalfüllungen. Aber auch als Gestein des Ozeanbodens wurde Spilit durch Tiefseebohrungen in den beiden letzten Jahrzehnten neben vorherrschendem ozeanischem Tholeiit immer wieder angetroffen.

Von einer überwiegenden Zahl von Fachwissenschaftlern wird der hohe Na-Gehalt des Spilits gegenüber Tholeiitbasalt auf eine Na-Metasomatose zurückgeführt. Dabei sind die Vorstellungen nicht einheitlich. Überwiegend wird der Salzgehalt des einwirkenden Meerwassers, der bei submarinen Ergüssen auf die basaltische Schmelze oder den bereits auskristallisierten Basalt einwirken kann, zur Erklärung herangezogen. Auch autometasomatische Austauschreaktionen duch hydrothermale Lösungen werden angenommen. Schließlich werden eine spätere Metasomatose verbunden mit einer niedriggradierten Metamorphose innerhalb der ozeanischen oder der kontinentalen Kruste als Erklärungen vorgebracht.

Als eine *einfache Teilreaktion für die metasomatische Entstehung des Spilits* ist möglich:

$$2\ Na^+ + Ca[Al_2Si_2O_8] + 4\ SiO_2 \rightarrow Ca^{2+} + 2\ Na[AlSi_3O_8]$$

An-Komponente aus Plagioklas des Basalts — Albit des Spilits

Die Gleichung basiert auf dem Austausch von zugeführtem Na^+ mit dem Ca^{2+} des Plagioklases in einem vorliegenden Basalt und erklärt die Albitbildung im Spilit. SiO_2 wird dabei aus dem umgebenden Sediment oder dem Zerfall des Augits im Basalt abgeleitet.

Vorkommen von Spilit gibt es in Mitteleuropa u.a. in großer Verbreitung in Mittelböhmen, dem Lahn-Dill-Gebiet und besonders auch im alpinen Raum.

13.14.4 Die metasomatische Bildung granitischer Gesteine

Metasomatische Verdrängungsprozesse spielen im Grenzbereich der Ultrametamorphose unterhalb der Entstehungstemperaturen von Erstschmelzen (der Ektexis) eine besondere Rolle. Dabei bleiben gewöhnlich die Konturen ehemaliger Gesteinsgrenzen, ein Lagen- oder Faltengefüge, nebelhaft sichtbar. Vorher vorhandene metamorphe Minerale werden vollständig oder teilweise durch metasomatische Mineralneubildungen ersetzt. (Oft sind es pseudomorphe Umwandlungen der Minerale.) Einen derartigen Vorgang hat man auch als *Transformation* bezeichnet.

Der Stofftransport bei einer solchen Gesteinsmetasomatose wird in erster Linie durch eine fluide Phase besorgt, und die Reaktionen werden innerhalb des Raums *zwischen* den Mineralkörnern, dem sog. *Intergranularraum* (auch als Intergranularfilm bezeichnet), ausgelöst. Demgegenüber ist die Diffusion von Ionen, Ionengruppen etc. *innerhalb* der Körner der anwesenden Mineralphasen weniger wichtig. In *beiden* Fällen verbleibt das betroffene Gestein im wesentlichen im *festen Zustand*.

Es gibt hierüber unter P, T-Bedingungen von geologischem Interesse nur wenige verbindliche experimentelle Untersuchungsergebnisse. So können bei der *intra*kristallinen (innerhalb der Körner befindlichen) Diffusion in Silikatgesteinen immer nur relativ kleine Domänen im Kristall von der Metasomatose erfaßt werden und das auch unter relativ hohen P, T-Bedingungen und über längere geologische Zeiträume hinweg. Viel größer ist indessen die Reichweite einer Metasomatose bei der *inter*kristallinen (im Intergranularraum sich vollziehenden) Migration (Wanderung) von Stoffen anzusetzen. Dabei schreitet bei einer Metasomatose die interkristalline Verdrängung entweder nur an den Korngrenzen voran oder sie breitet sich *frontartig* aus. Die letztere Art der Metasomatose spielt bei der Vorstellung eines durch eine *metasomatische Front* entstandenen Granits eine entscheidende Rolle.

Die metasomatische Entstehung von Granit kann sich im Unterschied zu seiner anatektischen Bildung aus Schmelze bereits bei einer mittelgradigen Metamorphose vollziehen. Sie wird am häufigsten dort stattfinden, wo der ausgehende Stoffbestand bereits einen gewissen Gehalt an sog. granitophilen Elementen aufweist. (Hierzu rechnen insbesondere: K, Na, Ca, Al, Si als Hauptelemente.) Aus einer metamorphen Arkose wird daher ein metasomatischer Granit leichter entstehen können als aus einem reinen Quarzit oder einem Kalksilikatgestein. Hier müßten zu viele Stoffe zugeführt werden. Aus einem metapelitischen Gestein können granitähnliche Produkte im wesentlichen durch Zuführung von K^+ und einer Blastese von Kalifeldspat bei gleichzeitiger Umkristallisation entstehen. Eine solche Blastese bezeichnet man auch als *Kalifeldspatmetablastesis* (Abb. 162).

Der viel seltener in der Natur nachgewiesene metasomatische Granit hat gegenüber dem magmatisch entstandenen naturgemäß besondere Gefügeeigenschaften. Das hypidiomorph-körnige Gefüge und die Mineralausscheidungsfolge nach der ROSENBUSCH-Regel sind im metasomatischen Granit nicht entwickelt. Übrigens entstehen nicht selten ganz ähnliche Verdrängungsgefüge bei autohydrothermal veränderten magmatischen Graniten, durch einen Vorgang, den man als *Endoblastese* bezeichnet hat.

**Teil III Stoffbestand und Bau
von Erde und Mond**

14 Die Erde

14.1 Der Schalenbau

Gegenüber anderen anfänglichen Vorstellungen ist seit den bahnbrechenden geophysikalischen Untersuchungsergebnissen zu Beginn dieses Jahrhunderts der *Schalenbau der Erde* gesichert.

Die bestehenden Schalen werden durch seismische *Diskontinuitätsflächen* (Unstetigkeitsflächen) innerhalb des Erdkörpers begrenzt. Solche Diskontinuitäten sind kenntlich an deutlichen Sprüngen der Laufzeitkurven der beiden wichtigsten Arten von Erdbebenwellen, den P-Wellen und den S-Wellen. (Man unterscheidet P-Wellen, Longitudinalwellen, bei denen die Welle in ihrer Fortpflanzungsrichtung schwingt, von S-Wellen, den Transversalwellen, bei denen die Welle senkrecht zu ihrer Fortpflanzungsrichtung schwingt.) Die am besten ausgeprägten Diskontinuitäten lassen eine deutliche Dreiteilung des Erdkörpers herausstellen, in: *Erdkruste, Erdmantel* und *Erdkern*. Durch weitere, später entdeckte Unstetigkeit läßt sich nach einem Modell von RINGWOOD und anderen (Abb. 164) eine weitergehende Untergliederung vornehmen, so in: *Erdkruste, Oberer Erdmantel, Übergangszone, Unterer Erdmantel, Äußerer Erdkern* und *Innerer Erdkern*.

Als *Erdkruste* wird die Zone von der Erdoberfläche bis zur *Mohorovičic-Diskontinuität* (Moho) definiert. (Sie ist gekennzeichnet durch einen plötzlichen Anstieg der P-Wellen-Geschwindigkeit von ca. 6,5 auf ca. 8,0 km/s.) Hiernach besitzt die Erdkruste eine ungleiche Dicke. Das führt zu einer Unterscheidung zwischen der *kontinentalen Kruste* mit 30–60 km Dicke und der *ozeanischen Kruste* unter dem Ozean mit nur 5–7 km Dicke.

Unter der Erdkruste befindet sich der *Obere Erdmantel*, der sich bis zu ungefähr 400 km Erdtiefe erstreckt. Ihm folgt nach unten hin die sog. *Übergangszone* (transition zone) zwischen 400 und 900 km Erdtiefe. Sie zeichnet sich durch eine auffällig starke Zunahme der beiden Wellengeschwindigkeiten aus. Außerdem befinden sich innerhalb der Übergangszone wenigstens noch 2 weitere, schwächer ausgebildete Diskontinuitäten. Im darunter folgenden *Unteren Mantel* ist zwischen 900 und 2900 km Tiefe die Zunahme der beiden Wellengeschwindigkeiten hingegen stetig und dabei deutlich geringer.

Die Grenze zwischen dem Unteren Mantel und dem Erdkern in einer Tiefe von 2900 km ist für die P-Wellen eine Diskontinuität 1. Ordnung, während die S-Wellen nicht in den Äußeren Erdkern eindringen können. Man schließt daraus, daß sich der *Äußere Erdkern* in einem *flüssigen Zustand* befindet. Der Erdkern gliedert sich in einen flüssigen Äußeren Kern und in einen *Inneren Kern,* der sich wahrscheinlich

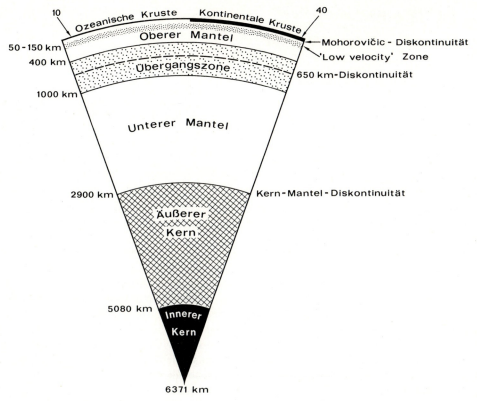

Abb. 164. Gliederung der Erde (aus RINGWOOD, 1979, Fig. 1.2)

Tabelle 41. Volumen, Masse und Dichte der 3 Hauptschalen der Erde

	Vol.%	Masse %	Mittlere Dichte g/cm^3
Erdkruste	0,8	0,4	2,8
Erdmantel	83,0	67,2	4,5
Erdkern	16,2	32,4	11,0
Gesamterde			5,52

in einem *festen Zustand* befindet, weil er wahrscheinlich auch für die S-Wellen durchlässig ist. Die Grenze zwischen beiden befindet sich in einer Tiefe von rund 5080 km.

In Tabelle 41 sind Dichte und Prozentanteil von Masse und Volumen der 3 Zonen Kruste, Mantel und Kern aufgeführt.

Unsere Kenntnis über die Zusammensetzung der Erdschalen beruht mit zunehmender Erdtiefe in zunehmendem Maß auf den Ergebnissen geophysikalischer Methoden. Die so erhaltenen Werte sind häufig mehrdeutig durch gleiches oder ähnliches Verhalten oft ganz unterschiedlicher Gesteine. Zudem sind die Eigenschaften der Materie unter den extremen Bedingungen des Erdinnern noch kaum bekannt. Die experimentell bislang erreichten Höchstdrücke entsprechen derzeit denjenigen im Erdkern.

14.2 Physikalische Eigenschaften und Alter

Über die Zunahme der Dichte informiert Abb. 165, über das seismische Verhalten Abb. 166.

Die *Gesamtdichte der Erde* beträgt 5,52 g/cm³. Im Erdmittelpunkt herrscht ein Druck von etwa 3,4 Mbar, an der Grenze Mantel/Kern von 1,4 Mbar. Die Verteilung der *Temperatur* im Erdinnern ist weniger sicher abzuschätzen. Es wird heute angenommen, daß im Erdmantel großräumige Konvektionsströmungen stattfinden, die durch Energie gespeist werden, welche beim Zerfall der radioaktiven Elemente, insbesondere Uran, Thorium und Kalium, frei wird. So schätzt man die Temperatur im Erdkern auf 3000–5000 °C.

Das *Alter der Erde* im Stadium der Verdichtung aus kosmischer Materie wurde mit 4,6 Mrd. Jahren, das älteste Gestein der kontinentalen Kruste mit 3,8 Mrd. Jahren aus dem Zerfall radioaktiver Elemente wie U^{235} und K^{40} und Th^{232} bestimmt.

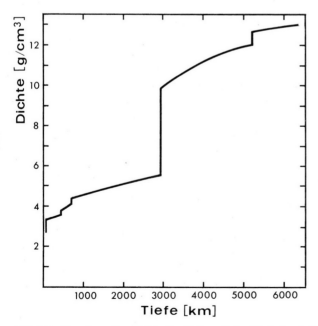

Abb. 165. Zunahme der Dichte der Erde mit der Tiefe (nach Dziewonski et al., aus Ringwood, 1979, Fig. 1.8)

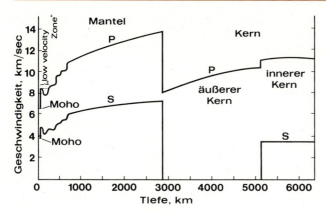

Abb. 166. Seismische Geschwindigkeiten der P- und S-Wellen innerhalb von Erdmantel und Erdkern (aus HART et al., 1977)

14.3 Die Erdkruste

Sie beträgt nur 0,8 Vol.% der Gesamterde. Man unterscheidet zwischen *kontinentaler* und *ozeanischer Kruste*.

14.3.1 Die kontinentale Erdkruste

Die *kontinentale Kruste* wird durch eine nicht überall ausgeprägte Unstetigkeitsfläche, als Conrad-Diskontinuität bezeichnet, in eine *obere* und eine *untere Zone* gegliedert. Die C-Diskontinuität liegt meistens in 15–25 km Tiefe. Das bislang tiefste Bohrloch innerhalb der kontinentalen Kruste auf der Kolahalbinsel in Rußland hat rund 12 km, die kontinentale Tiefbohrung der Bundesrepublik Deutschland (KTB) in der Oberpfalz bei Windischeschenbach nur 9,101 km Tiefe erreicht mit einer Umgebungstemperatur von 275 °C.

Im Alpenraum z. B. nimmt, wie aus seismischen und gravimetrischen Messungen bekannt ist, gegen den zentralen Teil der Alpen die Dicke der Erdkruste ständig zu. Unter dem Penninikum bildet sich eine Krustenwurzel von relativ geringer Dichte, die bis zu einer Tiefe von 55 km hinunterragt. Diese Krustenverdickung ist nach den Vorstellungen der Plattentektonik (vgl. S. 454) eine Folge des andauernden Kollisionsvorgangs zwischen der afrikanischen und der eurasischen Lithosphärenplatte im Alpenraum.

Wir haben jedoch einen relativ umfassenden Einblick in die *obere Krustenzone*, wenn man davon ausgeht, daß die alten, durch tiefreichende Abtragung freigelegten Kontinentalkerne (Kratone) (Fennoskandia, Laurentia etc.) in ihrem jetzigen Anschnitt einer ursprünglichen Tiefenlage von maximal rund 25 km entsprechen dürften. Diese Kontinentalkerne werden petrographisch i. allg. von Gesteinsarealen mit mittel- bis hochgradiger Gesteinsmetamorphose eingenommen, die außerdem durch anatektische und palingen-magmatische Vorgänge stark beeinflußt sind. Zu einem heterogenen Stoffbestand kommen heterogene Strukturelemente. Das *geophysikali-*

sche Verhalten dieser Zone spricht im Mittel für eine Granodioritzusammensetzung. Es besteht eine weitgehende Übereinstimmung mit dem *Sial* älterer Vorstellungen. Si und Al sind die dominierenden chemischen Elemente.

Im unteren Teil der kontinentalen Erdkruste nimmt die Geschwindigkeit der P-Wellen nur leicht zu. Das geophysikalische Verhalten dieser Schicht ist im Hinblick auf ihre Zusammensetzung mehrdeutig. Das führte zu unterschiedlichen Modellvorstellungen. Verbreitet ist die Vorstellung einer Basalt- bzw. Gabbrozusammensetzung. Das entspricht weitgehend dem *Sialsima* der älteren Modelle. Si, Al und Mg sind die überwiegenden chemischen Elemente.

Neuere geophysikalische Befunde in Übereinstimmung mit geologischen und geochemischen wie petrologischen Fakten sprechen zunächst eindeutig dafür, daß auch der untere Teil der Erdkruste eine sehr *heterogene Zone* darstellt. Zahlreiche Wissenschaftler nehmen jetzt hochmetamorphe Gesteine in Granulitfacies mit Restitcharakter und (OH)-freien Mineralparagenesen an. Wahrscheinlich führten polymetamorphe Prozesse und selektive Aufschmelzungen im Lauf sehr langer geologischer Zeiträume zu einer Verarmung oder sogar zu einem weitgehenden Entzug aller flüchtigen Komponenten. Mit dem entbundenen Wasser wanderten u. a. auch radioaktive Wärme liefernde Elemente wie U und Th in höhere Bereiche der Kruste. Stofflich wird jetzt für die untere Kruste eine im Schnitt dem *Andesit* naheliegende Zusammensetzung für sehr wahrscheinlich gehalten.

In einer Tiefe von meistens 30–50 km (unter jungen nicht stark abgetragenen Orogenen bis 60 km) wird die untere kontinentale Kruste durch die *Moho-Diskontinuität* begrenzt, die nach neueren Befunden *eine relativ scharfe Grenze zum Oberen Erdmantel* darstellt.

Nach Ansicht zahlreicher Forscher bietet die steilgestellte metamorphe Serie der *Ivrea-Zone* in den südlichen Alpen den günstigen Fall eines vertikalen Anschnitts u. a. durch den *tieferen Krustenteil* (Unterkruste) *bis an die Moho-Grenze mit Peridotitkörpern*.

Tabelle 42 informiert über die *durchschnittliche chemische Zusammensetzung der kontinentalen Erdkruste* nach wichtigen chemischen Elementen in Gew.%, Atom% und Vol.%. Mit 93,8 Vol.% nimmt der Sauerstoff den größten Raum innerhalb der kontinentalen Kruste ein. Man kann so die Kruste als eine dichte Packung von Sau-

Tabelle 42. Die 8 häufigsten chemischen Elemente der Erdkruste (aus MASON, 1982)

	Gew.%	Atom%	Ionenradius (Å)	Vol.%
O	46,60	62,55	1,40	93,77
Si	27,72	21,22	0,42	0,86
Al	8,13	6,47	0,51	0,47
Fe	5,00	1,92	0,74	0,43
Mg	2,09	1,84	0,66	0,29
Ca	3,63	1,94	0,99	1,03
Na	2,83	2,64	0,97	1,32
K	2,59	1,42	1,33	1,83

erstoff auffassen, in deren kleineren Lücken Si und ein Teil des Al und in deren etwas größeren Lücken sich die übrigen aufgeführten Ionen befinden. Bei den Werten der Vol.% wirkt sich die Größe des jeweiligen Ionenradius drastisch aus (vgl. hierzu auch Abb. 174, S. 474).

14.3.2 Die ozeanische Erdkruste

Die *ozeanische Kruste* beginnt jenseits der sog. Schelfregion, die den überfluteten Kontinentalrand darstellt. Sie besitzt eine völlig andere Zusammensetzung und Struktur als die kontinentale Kruste. Ihre Dicke bis zur Moho-Diskontinuität ist mit durchschnittlich 6 km wesentlich geringer und variiert weniger. Unter einer meistens weniger als 500 m mächtigen Decke ozeanischer Tiefseesedimente befindet sich eine zusammenhängende Gesteinsfolge, die in Abb. 167 dargestellt ist. Die Mächtigkeiten innerhalb dieser Folge ergeben sich aus seismischen Daten. Tektonisch eingeschuppt sind kleinere Körper von Serpentinit, die als hydratisierte Peridotitfragmente des Oberen Mantels angesehen werden. Die ozeanische Kruste ist gegenüber der kontinentalen Kruste relativ jung. Sie bildet sich aus magmatischen Aufschmelz- und Differentiationsprodukten des Oberen Mantels, die in den mittelozeanischen Rücken bzw. Schwellenzonen als basaltische Laven austreten, fortlaufend neu. Auf der Schwellenzone fehlen die Tiefseesedimente. Die unter Wasser erstarrten Basaltlaven zeigen meistens kissenartige Erstarrungsformen, als *Kissen-* bzw. *Pillowlava* bezeichnet. Diese Basalte gehören nach ihrem Chemismus zu den ozeanischen Tholeiiten. Unter den Pillowlaven (Lage 2, Abb. 167) befinden sich gangförmige Intrusionen, als *Sheeted dike complex* bezeichnet, darunter Gabbro und schichtförmige peridotitische *Kumulate*. Der untere Teil dieser Folge ist *niedriggradig metamorph*.

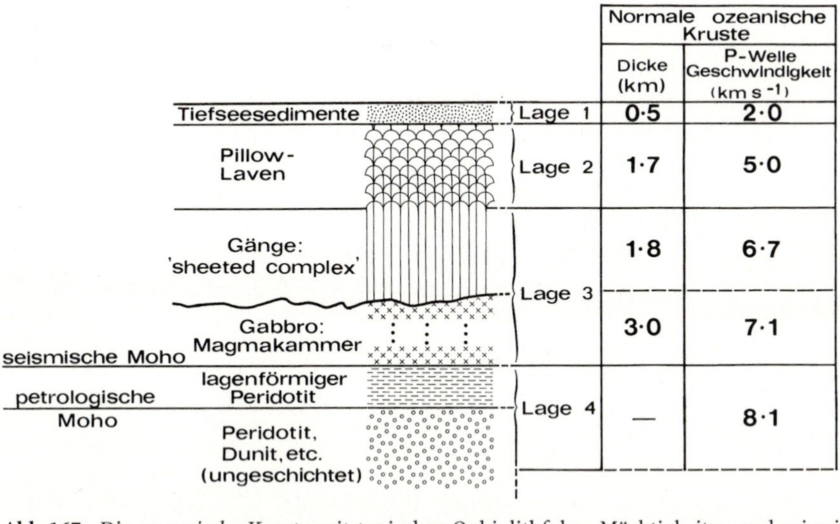

		Normale ozeanische Kruste	
		Dicke (km)	P-Welle Geschwindigkeit (km s^{-1})
Tiefseesedimente	Lage 1	0·5	2·0
Pillow-Laven	Lage 2	1·7	5·0
Gänge: 'sheeted complex'	Lage 3	1·8	6·7
Gabbro: Magmakammer (seismische Moho)		3·0	7·1
lagenförmiger Peridotit (petrologische Moho) / Peridotit, Dunit, etc. (ungeschichtet)	Lage 4	—	8·1

Abb. 167. Die *ozeanische* Kruste mit typischer Ophiolithfolge. Mächtigkeiten und seismische Daten (nach BROWN und MUSETT, 1981, Fig. 7.4)

14.4 Der Erdmantel

14.4.1 Der Obere Erdmantel

Der *Obere Erdmantel* erstreckt sich von der Moho-Diskontinuität bis zu einer Tiefe von 350–400 km. Hierzu die Abb. 164, 166, 168, 170.

Die innerhalb des Oberen Mantels leicht zunehmende Geschwindigkeit der P- und S-Wellen wird in einer Tiefe von 70–150 km sprunghaft rückläufig und erfährt ein ausgeprägtes Minimum. Diese Zone wird deshalb als *Low-velocity-Zone* bezeichnet. Das Verhalten der P- und S-Wellen – verursacht durch Abnahme der Viskosität – wird auf ein *geringes partielles Aufschmelzen* entlang der Korngrenzen im Gestein zurückgeführt.

Die Low-velocity-Zone bildet die untere Grenze der sich im Ganzen starr verhaltenden *Lithosphäre* (Abb. 164, S. 442). Die Lithosphäre bewegt sich in Form starrer Platten auf ihr. Die Bewegung dieser Platten wird als *Plattentektonik* bezeichnet. Nach unten hin schließt sich die weniger starre sog. *Asthenosphäre* an.

Die verschiedenen geophysikalischen Befunde sowie kosmochemische Überlegungen sprechen für eine *Peridotitzusammensetzung des Oberen Mantels* (Abb. 168). Die Korrelation dieser geophysikalischen Daten mit experimentellen Ergebnissen im Modellsystem Peridotit-Gabbro-H_2O macht es außerdem wahrscheinlich, daß sich in diesem Peridotitmantel untergeordnet Lager und Nester von *Eklogit* befinden. Das würde auch mit herkömmlichen petrographischen Feststellungen gut vereinbar sein. *Derartige Beobachtungen sind:*

1. Die (teilweise Diamant führenden) Pipes haben vorwiegend *Peridotit* (hier auch als *Kimberlit* bezeichnet) *als Xenolithe* aus großer Tiefe nach oben gebracht. Für die beabsichtigte Beweisführung ist zudem ihre globale Verbreitung von entschei-

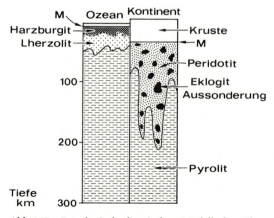

Abb. 168. Petrologisch-chemisches Modell des Oberen Erdmantels unterhalb der ozeanischen *(links)* und unterhalb der kontinentalen Kruste *(rechts)*. Harzburgit (Olivin, Orthopyroxen und Chromit), Lherzolith (Olivin, Klinopyroxen und Spinell), beides Peridotitvarietäten; M = Moho-Diskontinuität (aus RINGWOOD, 1979, Fig. 1.5)

dender Bedeutung. Kimberlit-Pipes treten in allen Erdteilen auf, so in Südafrika, Sibirien, Australien, Brasilien und zahlreichen weiteren Stellen. *Eklogitxenolithe* treten in diesem Pipes weit *weniger häufig* auf. Ist das Ergebnis dieser Probenahmen repräsentativ, dann sollte der Obere Mantel auch hiernach hauptsächlich aus Peridotit bestehen und Eklogit ein relativ untergeordneter Bestandteil sein. Es wird angenommen, daß das Gesteinsmaterial der Kimberlit-Pipes aus einer Tiefe von rund 150 km stammt und daß es in diesen Explosionsröhren unter Entbindung von Gas sehr rasch nach oben befördert wurde.

Nach RINGWOOD läßt sich das am häufigsten in den Pipes geförderte Peridotitmaterial petrographisch einem *Granatlherzolith* (Abb. 169) zuordnen mit einer Durchschnittszusammensetzung von

Olivin	64 Vol.%
Orthopyroxen	27 Vol.%
Klinopyroxen	3 Vol.%
Granat (pyropbetont)	6 Vol.%.

2. Aus offenbar geringerer Tiefe des Oberen Mantels, schätzungsweise 50–70 km, stammen *Einschlüsse von Peridotit* (auch als *Olivinknollen* bezeichnet), die in zahlreichen *Alkalibasaltvorkommen* auftreten. In diesen unter niedrigeren Belastungsdrücken gebildeten Peridotiteinschlüssen ersetzt Spinell den Granat. Petrographisch handelt es sich vorwiegend um Spinellperidotit, speziell um Spinelllherzolith (Abb. 169).

Diese Einschlüsse werden ebenfalls in globaler Verbreitung und in diesem Fall sowohl in der kontinentalen als auch in der ozeanischen Krustenregion beobachtet.

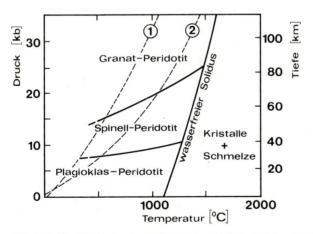

Abb. 169. Verallgemeinertes und experimentell bestätigtes P,T-Diagramm der Stabilitätsfelder verschiedener (H_2O-freier) Peridotite (Lherzolithe) als metamorphe Facies innerhalb von Kruste und Oberem Erdmantel. Eingezeichnet sind der subkontinentale ① und der subozeanische ② geothermische Gradient. Der subozeanische Gradient unterscheidet sich durch eine größere Temperaturzunahme, bedingt durch den erhöhten subozeanischen Wärmestrom aus dem Oberen Mantel (umgezeichnet nach WYLLIE, 1971, YODER, 1976 und ERNST, 1976)

3. Eine weitere petrologische Bestätigung einer Peridotitzusammensetzung des Oberen Mantels kann auch in gewissen *Peridotitkörpern* gesehen werden, die nachweislich als *tektonische Fragmente aus der Tiefe in die kontinentale oder ozeanische Kruste gelangt sind.*
4. Schließlich lassen sich die *Steinmeteorite* (speziell die Chondrite), die als außerirdisches Material aus dem interplanetaren Raum die Erdoberfläche erreicht haben, zur Beweisführung heranziehen. Diese ebenfalls petrographisch zu den Peridotiten gehörenden Gesteine besitzen geochemisch die *gleiche Elementhäufigkeit* wie die Peridotiteinschlüsse der Alkalibasalte.

Es wird als gesichert angesehen, daß die basaltischen Magmen durch partielle Schmelzprozesse aus dem Material des Oberen Mantels entstehen (Abb. 170). Experimentelle Untersuchungen an peridotitischen Modellsystemen haben ergeben, daß basaltische Schmelzen z. B. als eutektische Schmelzen bei der partiellen Aufschmelzung aus geeignetem Peridotitmaterial entstehen können. Jedoch wäre die chemische Zusammensetzung der Peridotiteinschlüsse aus den Kimberlit-Pipes oder aus Alkalibasalten wie auch diejenige der tektonischen Peridotitfragmente in der Erdkruste dazu *nicht* geeignet. Die meisten dieser Peridotitproben enthalten nicht die nötigen Mengen an Na, Ca und Al, um Erstschmelzen basaltischer Zusammensetzung hervorzubringen. Zudem widersprechen weitere geochemische Kriterien einer solchen Möglichkeit. Diese Peridotite besitzen nach ihrem Chemismus eher den Charakter von *Restiten* (Restgesteinen), aus denen basaltisches Magma bereits in einem *früheren Stadium ausgeschmolzen* ist. Es wird deshalb in einer etwas tieferen Region des Oberen Mantels Gesteinsmaterial aus Pyroxen und Olivin (und Granat oder Spinell) vermutet, das die basaltische Komponente noch enthält. Dieses hypothetische Gestein wurde von RINGWOOD als *Pyrolit* bezeichnet. Es besteht nach diesem Forscher potentiell aus *3 Teilen Peridotit* und *1 Teil Basalt*. (Nach diesem Modell soll ein etwas tiefer liegender Teil des Oberen Mantels unveränderten Pyrolit enthalten (Abb. 158, S. 419, Abb. 170).

Im Prinzip sollte die Zusammensetzung des Pyrolits zwischen jener von Basalt und der von Peridotit liegen. Experimentelle Untersuchungen zu dieser Frage lieferten das Ergebnis, daß in Abhängigkeit vom Grad der partiellen Aufschmelzung des Pyrolits komplementär entsprechend verschiedene Glieder der Basaltfamilie entstehen können. So machen nach Untersuchungsergebnissen mehrerer Forscher Olivinnephelinit- und Basanitschmelzen 1–5%, Alkalibasaltschmelzen 5–15%, ozeanische Tholeiitschmelzen 15–30% und Pikrit- und Komatiitschmelzen 30–60% partielles Schmelzen des hypothetischen Pyrolits erforderlich. Komplementär dazu verbleiben als Restite die verschiedenen Glieder der Peridotitfamilie wie Lherzolith, Harzburgit und Dunit (Abb. 108, S. 249). Granat- und Spinellherzolith z. B. repräsentieren hiernach ein Residuum, einen Restit, mit einem relativ geringen Grad partieller Aufschmelzung. Dabei würden als komplementäre Schmelzen solche nephelinitischer, basanitischer bis alkalibasaltischer Zusammensetzung frei.

14.4.2 Die Übergangszone

Innerhalb der *Übergangszone zwischen 400 und 900 km* bestehen mittlere bis kleinere seismische Diskontinuitäten und Dichtesprünge (Abb. 165, 166, S. 443). Wellengeschwindigkeiten und Dichte nehmen stärker zu als zu erwarten wäre. BIRCH konnte

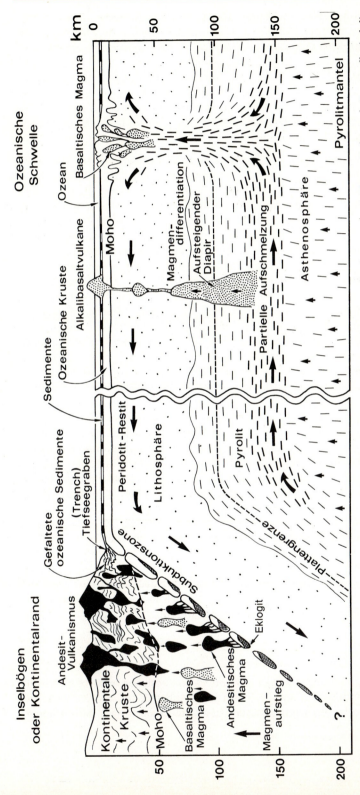

Abb. 170. Petrologisches Modell einer Subduktionszone nach Vorstellungen der Plattentektonik, Schnitt durch Kruste und Oberen Erdmantel. Dargestellt sind die Beziehung einer Peridotit(Lherzolith)- zu einer Pyrolitzone und der Entstehungsort basaltischer und (andererseits) andesitischer Magmen. Aktiver Kontinentalrand (*links*): Längs einer Subduktionszone bewegt sich wasserhaltige ozeanische Kruste bzw. Lithosphäre (*Pfeile*) nach unten, wobei es zu einer Hochdruckmetamorphose und unterhalb der kontinentalen Kruste zu Aufschmelzungsprozessen unter Bildung von andesitischen Magmen kommt. Längs der mittelozeanischen Schwelle Bildung neuer ozeanischer Kruste durch Austreten von basaltischem Magma entlang von Frakturen (ocean floor spreading). Konvektionszellen im Oberen Mantel (*Pfeile*) machen die Platten der Lithosphäre beweglich (umgezeichnet und leicht modifiziert nach RINGWOOD, 1979, Fig. 2.1)

auf geophysikalischer Basis den Nachweis erbringen, daß in erster Linie *Phasenänderungen* hierfür verantwortlich sind, jedoch Änderungen im Chemismus nicht ganz auszuschließen sind. RINGWOOD u. a. haben diese Vorstellung in neuerer Zeit durch Experimente unter sehr hohen Drücken an etwas vereinfachten Modellen bestätigt.

Von besonderem Interesse ist dabei, *welche Phasenänderungen die Minerale des hypothetischen Pyrolits mit zunehmendem Druck innerhalb der Übergangszone erfahren können,* so Olivin $(Mg_{09}Fe_{01})_2[SiO_4]$, daneben Pyroxen und außerdem Granat. Es ist v. a. mit schrittweiser Verdichtung der Strukturen dieser Minerale durch dichtere Packungen der Atome bzw. Ionen und Änderung deren gegenseitiger Symmetriebeziehungen zu rechnen. Im unteren Teil der Übergangszone zwischen 650 und 900 km kommen Änderungen der Phasenzustände unter Erhöhung der Koordinationszahlen der beteiligten Atome hinzu. So sollen in einer Tiefe oberhalb 650 km nach neueren Erkenntnissen $(Mg,Fe)_2SiO_4$-Modifikationen (Ringwoodit) und Granat dominieren, unterhalb davon vorwiegend silikatischer Perowskit und Magnesiowüstit als verbreitetste Phasen auftreten.

Im *Olivin* befinden sich Mg^{2+} und Fe^{2+} in den oktaedrischen Lücken in [6]-Koordination gegenüber Sauerstoff, Si in den kleineren tetraedrischen Lücken der Sauerstoffpackung in [4]-Koordination. Es liegt im Hinblick auf die Packungsdichte der Struktur bereits eine annähernd hexagonal dichteste Kugelpackung des Sauerstoffs vor. Mit zunehmendem Druck nach der Tiefe hin *verdichtet sich die Olivinstruktur* durch polymorphe Umwandlung über eine Zwischenform zu einer *Spinellstruktur,* die sich durch eine kubisch dichteste Kugelpackung ihrer Sauerstoffatome auszeichnet. Diese Struktur des γ-Mg_2SiO_4 weist gegenüber der Olivinstruktur eine rund 10% größere Dichte auf, und das bei unveränderter Kationenkoordination. Im *unteren Teil der Übergangszone* ist schließlich auch die Spinellstruktur des γ-Mg_2SiO_4 nicht mehr beständig. Unter weiterer Verdichtung zerfällt sie im Modell in $MgSiO_3$ + MgO (Periklas). Das gebildete $MgSiO_3$ besitzt die extrem dicht gepackte Perowskitstruktur des $CaTiO_3$ mit [12]-koordiniertem Mg. Diese wichtige Umwandlung wird als Ursache für die Ausbildung der Diskordanz in 650 km Tiefe angesehen.

Enstatit sollte nach dem Modellbefund unter den Bedingungen der Übergangszone in ein Phasengemenge zerfallen, darunter β-Mg_2SiO_4, das bei weiterer Druckerhöhung in γ-Mg_2SiO_4 mit Spinellstruktur und Stishovit übergeht. (Stishovit ist bislang die Höchstdruckmodifikation des SiO_2 mit [6]-Koordination des Si gegenüber O) *Ca- und Al-haltiger Pyroxen* verdichtet sich durch Übergang in die Granatstruktur.

Granat würde schließlich noch innerhalb der Übergangszone durch Umordnung in hochkoordinierte Kristallgitter vom Typ der Ilmenit($FeTiO_3$)-Struktur bzw. der Perowskit($CaTiO_3$)-Struktur und Korund(Al_2O_3) zerfallen.

14.4.3 Der Untere Erdmantel

Der *Untere Erdmantel* besitzt wahrscheinlich wie der Obere Mantel einen Pyrolitchemismus, der sich höchstens unwesentlich davon unterscheidet. Die gemäßigte Zunahme der Wellengeschwindigkeiten und der Dichte (Abb. 165, 166, S. 443 f.) zwischen 900 und 2700 km Tiefe läßt sich weitgehend aus einer normalen Verdichtung von homogenem Material innerhalb des Schwerefelds der Erde erklären. Neuere Untersuchungsergebnisse haben höchstens schwache geophysikalische Anzeichen für

Phasenumwandlungen oder stoffliche Inhomogenitäten erbracht. Das unterscheidet die mächtige Zone des Unteren Mantels deutlich von der Übergangszone.

Im Hinblick auf die *Mineralphasen* bestehen unterschiedliche Meinungen. Vielfach wird die Vorstellung vertreten, daß der Untere Mantel aus einem Gemenge von Oxiden wie MgO, FeO, SiO_2 (Stishovit) und Al_2O_3 (Korund) besteht. Dabei soll MgO zugunsten von FeO nach der Tiefe hin etwas zurücktreten.

Eine andere verbreitete Vorstellung geht davon aus, daß binäre Verbindungen der Übergangszone ihre immer größere Dichte durch immer höhere Koordinationszahlen im Kristallgitter erlangen. Neben dem Perowskittyp gibt es weitere Möglichkeiten, wie Modellversuche in neuerer Zeit belegen.

14.5 Der Erdkern

Man unterscheidet zwischen einem *Äußeren* und einem *Inneren Erdkern*.

Die *Grenze zwischen Erdmantel und Erdkern* bildet eine seismische Diskontinuität erster Ordnung in 2900 km Tiefe (Abb. 166, S. 436). An dieser Stelle sinkt die Fortpflanzungsgeschwindigkeit der P-Wellen unvermittelt zu so niedrigen Werten wie im Oberen Mantel herab. Die S-Wellen dringen überhaupt nicht in den Erdkern ein. Dieser Befund zwingt zu der Annahme, daß der Äußere Erdkern bis zu einer weiteren seismischen Diskontinuität bei rund 5080 km Tiefe sich in einem flüssigen Zustand befindet. Die Dichte springt an der Mantel-Kern-Grenze unvermittelt von 5,5 g/cm³ auf 9,5 g/cm³ (Abb. 165, S. 443).

Die herkömmliche Vorstellung über den Stoffbestand des Erdkerns basiert teilweise auf diesen geophysikalischen Feststellungen und zum anderen Teil auf Analogien zu dem Stoffbestand der Eisenmeteorite. (Die Zusammensetzung der Steinmeteorite, speziell diejenige der Chondrite, entspricht weitgehend dem Material des Oberen Mantels.) Hiernach besteht der *Äußere Kern* aus einer *flüssigen Fe–Ni-Schmelze*, der *Innere Kern* (der wahrscheinlich für S-Wellen durchlässig ist) aus einer *festen Fe–Ni-Legierung*. Infolge des zunehmend höheren Drucks bis zu rund 3,3 Mbar an der Grenze zum Inneren Kern in einer Tiefe von 5080 km verfestigt sich die Schmelze.

Eine andere, ebenfalls begründete Vorstellung geht davon aus, daß Kern wie Mantel aus *Silikaten* bestehen, die unter Einwirkung des immer höheren Drucks in einen *metallischen Zustand* übergehen. In diesem Fall wäre die Mantel-Kern-Grenze keine chemisch-stoffliche Grenze, sondern eine (isochemische) Phasengrenze. Neuere experimentelle Daten auf der Basis von Schockwellen vermindern allerdings die Überzeugungskraft dieser Hypothese sehr stark.

Aus *Schockwellenbefunden* wird geschlossen, daß die Dichte des Äußeren Kerns für eine tatsächliche Fe–Ni-Zusammensetzung etwas zu niedrig ist. Deshalb wird jetzt angenommen, daß der Äußere Kern im Unterschied zum Inneren Kern 5–15% von einem oder mehreren chemischen Elementen mit relativ niedrigem Atomgewicht enthält. Vieles spricht dafür, daß Schwefel oder Sauerstoff dieses Hauptelement mit geringerem Atomgewicht sein könnte. Sauerstoff könnte in Form des FeO enthalten sein bei einer Mischung aus Schmelze von 60% metallischem FeO und 40% Nickeleisen.

15 Magmatismus, erzbildende Prozesse und Plattentektonik

15.1 Zur Theorie der Plattentektonik

Nach dem Muster der bereits im Jahr 1912 von ALFRED WEGENER konzipierten Hypothese der Kontinentalverschiebung ist seit den 60er Jahren eine Theorie der Erde entstanden, die unter dem Stichwort Plattentektonik heute von der Mehrzahl der Erdwissenschaftler akzeptiert wird. Argumente für die neue Theorie lieferten v. a. die damaligen Ergebnisse der Erkundung des bis dahin fast unbekannten geologischen Baus des Ozeanbodens. Dazu kamen neue geophysikalische Erkenntnisse über die mechanischen Eigenschaften, Dichte und Temperaturverteilung in den etwas tieferen Zonen der Erde und speziell die geomagnetischen Daten über die frühere Position der Kontinente zu den magnetischen Polen. Auch die Ergebnisse der fortschreitend entwickelten Hochtemperatur-Hochdruck-Versuche der experimentellen Petrologie lieferten Argumente für den Ausbau der Plattentheorie.

Die frühere Vorstellung einer kontinuierlichen Abkühlung, verbunden mit einer Schrumpfung des Erdkörpers, war durch den sicheren Nachweis einer radiogenen Wärmeproduktion innerhalb der Erde nicht mehr länger zu halten. Diese laufend produzierte Wärme wurde für die laterale Verschiebung von Lithosphärenplatten verantwortlich gemacht, indem sie Konvektionsströme im Oberen Erdmantel in Gang hält. Die Plattentheorie setzt die vorher kaum bezweifelte Lehrmeinung von der Permanenz der Ozeane und Kontinente außer Kraft.

15.2 Platten, Plattenbewegungen und Plattengrenzen

Der äußere Teil der Erde besteht nach der Vorstellung der *Plattentektonik* aus 7 großen, relativ starren *Platten:* Pazifische, Nordamerikanische, Südamerikanische, Eurasische, Afrikanische, Australische und Antarktische Platte. Dazu kommt noch eine größere Anzahl kleinerer Platten. Unter den großen Platten ist die Pazifische Platte fast ausschließlich ozeanisch, die übrigen enthalten kontinentale und ozeanische Kruste. Die Dicke der Platte umfaßt die Erdkruste und den obersten Teil des Erdmantels. Diese Einheit wird auch als *Lithosphäre* bezeichnet. Ozeanische Platten sind wenigstens 60, kontinentale Platten wenigstens 120 km dick.

Diese Lithosphärenplatten bewegen sich auf der seismisch ausgeprägten Low-velocity-Zone der weniger starren *Asthenosphäre.* Abb. 170, S. 450 ist eine schematische Darstellung, wie man sich den Bewegungsmechanismus der Platten vorstellen kann und welche weiteren Vorgänge er innerhalb des äußeren Teils der Erde auslöst. Sie und die Kartenskizze (Abb. 171) bilden für die folgenden Ausführungen eine immer wieder heranzuziehende, anschauliche Vorlage. Als Ursache für die *Plattenbewegungen* werden Konvektionsströme im Oberen Erdmantel vermutet (Pfeile in Abb. 170). Für die angenommenen Konvektionszellen werden Temperaturunterschiede, die mit Dichteunterschieden der Materie verbunden sind, verantwortlich gemacht.

Plattengrenzen sind tektonisch, seismisch und magmatisch aktive Zonen. Neben *divergierenden* (konstruktiven) Plattenrändern unterscheidet man *konvergierende* (destruktive) Plattenränder. An der Nahtstelle von 2 divergierenden Konvektionszellen entsteht nach diesen Vorstellungen der Plattentektonik im Oberen Erdmantel ein aufsteigender Strom von Materie, der längs subozeanischer Riftzonen als basaltische Lava auf dem Ozeanboden austritt. Die Vulkanreihen längs dieser Riftzonen treten morphologisch als *mittelozeanische Rücken* oder Schwellen hervor. Als subozeanische vulkanogene Gebirge ragen sie auch gelegentlich über den Meeresspiegel heraus, wie das z. B. bei Island der Fall ist. Längs dieser subozeanischen Riftzonen befinden sich divergierende Plattengrenzen, an denen ozeanische Plattenteile auseinanderdriften. Dieser Vorgang wird auch als *Sea-floor-spreading* (Spreiten, d. h. Auseinanderdriften des Ozeanbodens) bezeichnet. Am mittelatlantischen Rücken ist der Betrag des Auseinanderdriftens 2 cm/Jahr. Der Vorgang des Auseinanderdriftens wurde insbesondere aus den magnetischen Anomalien geophysikalisch bestätigt. An den divergierenden Plattengrenzen bildet sich neue ozeanische Kruste bzw. Lithosphäre. Die längs der Rifte innerhalb der mittelozeanischen Rücken austretenden Laven werden an beiden Seiten der auseinanderstrebenden Platten angeschweißt. Die älteren Laven treten dabei in größerer Entfernung von der Riftzone auf. Die jüngeren Laven befinden sich unmittelbar am Rift innerhalb des Rückens. Die jährliche Magmenförderung ist, wenn man die geschätzte intrusive Förderung mit einbezieht, an solchen mittelozeanischen Rücken die größte auf der Erde.

Bei den *konvergierenden Plattengrenzen* unterscheidet man im wesentlichen 2 Möglichkeiten: So kann eine in Bewegung geratene ozeanische Platte mit einer kontinentalen Platte bzw. mit dem vorgelagerten Inselbogen zusammenstoßen wie in Abb. 170, S. 450, oder 2 kontinentale Platten können konvergieren, wie z. B. die afrikanische Platte mit derjenigen Eurasiens entlang der orogenen Kette der Alpen über die Karpaten bis zum Himalaya hin.

Wir betrachten die Kollision einer ozeanischen Platte mit einer kontinentalen Platte näher. Die mit der Kollision verbundene Einengung der Kruste gleicht sich dadurch aus, daß die ozeanische Platte wegen ihrer größeren Dichte unter die kontinentale Platte gedrückt wird und in den Erdmantel abtaucht. Dieser Vorgang wird als *Subduktion* (Verschluckung) bezeichnet. Da die Erde nach derzeitigem Wissensstand nicht expandiert, muß die an den divergierenden Plattenrändern neu entstandene Kruste durch Krustenauflösung und Verschluckung um einen entsprechenden Betrag wieder kompensiert werden. Dieses vollzieht sich z. B. entlang konvergierender Plattengrenzen rings um den Pazifischen Ozean.

Die Kollision ist mit Erdbeben verbunden und löst Magmatismus (Plutonismus und Vulkanismus) aus. Längs der Abstiegsfläche, die seismisch als *Benioffzone* bezeichnet wird, treten Erdbebenherde auf mit Epizentren bis zu Tiefen von etwa 700 km innerhalb der Asthenosphäre. Daneben bildet sich zwischen der abtauchenden ozeanischen Platte und der aufgleitenden kontinentalen Platte eine Tiefseerinne.

15.2 Platten, Plattenbewegungen und Plattengrenzen 455

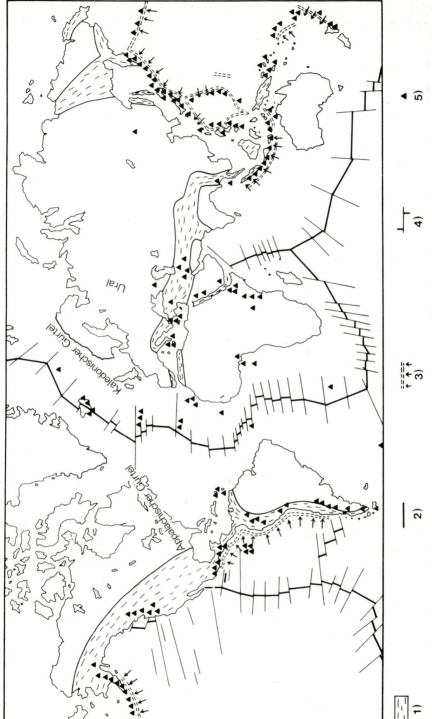

Abb. 171. Globale tektonische und vulkanische Aktivitäten. *1)* Junge Orogengürtel; *2)* Mittelozeanische Rücken (divergente Plattengrenzen); *3)* Konvergente Plattengrenzen (Subduktionszonen, *Pfeilrichtung:* Abtauchen der ozeanischen Kruste); *4)* Transformstörungen mit mittelozeanischem Rücken; *5)* aktive und seit jüngerer Zeit inaktive Vulkane (aus GILLEN, 1982; Fig. 5.1)

Sie ist mit mächtigen Tiefseesedimenten gefüllt und wird als *Trench* bezeichnet. Beim Inselbogentyp entsteht zwischen Kontinent und Inselbogen außerdem ein Randbecken, das sich nach herkömmlichen Vorstellungen mit einem geosynklinalen Trog vergleichen läßt. Zum aktiven Kontinentalrand rechnet auch die junge Orogenkette, die die kontinentale Lithosphäre randlich begrenzt.

Mit der sich abwärtsbewegenden ozeanischen Platte werden ziemlich kühle magmatische und sedimentäre Gesteinsserien in zunehmende Tiefe versenkt. Diese Gesteinsserien erwärmen sich nur relativ langsam, während sich der Druck stark erhöht. Hieraus erklärt sich der außerordentlich niedrige geothermische Gradient der einsetzenden Versenkungsmetamorphose. Mit zunehmender Tiefe bildet sich eine *Hochdruckfaciesserie* entsprechend S. 393 f. aus. Es entstehen unter anderen metamorphen Gesteinen z. B. Glaukophanschiefer, in tieferen Teilen der subduzierten Platte Eklogit, die beide auf Basalt oder Gabbro der ozeanischen Kruste zurückgehen. Die Gesteine der subduzierten Platte können gegenüber früheren Vorstellungen einer geosynklinalen Versenkung sehr viel höheren Drücken ausgesetzt sein. In Tiefen ab 50 km und zugehörigem Druck ab 15 kbar kommt es bei dem niedrigen geothermischen Gradienten zunehmend zu einem Zerfall von metamorph gebildeten Mineralen durch Entwässerungsreaktionen. Das dabei freiwerdende Wasser begünstigt die partielle Aufschmelzung der subduzierten Gesteine. Die einsetzende Anatexis läßt Magmen entstehen, die in die kontinentale Lithosphäre oder in die Inselbögen aufsteigen. Aus tieferliegenden Magmakammern werden Batholithe und Plutone der inzwischen verdickten kontinentalen Kruste gespeist. An der Oberfläche des aktiven Kontinentalrands und derjenigen der Inselbögen kommt es zu Vulkanismus mit explosiven Eruptionen und Austritt von Lava. Das nicht mobilisierte Material der subduzierten Platte wird wahrscheinlich teilweise in noch größeren Tiefen dem Mantelmaterial einverleibt.

Die *kontinentale Kruste* besteht aus inaktiven archaischen metamorphen Kernen, die durch jüngere orogene Kettengebirgsgürtel zu größeren Einheiten zusammengeschweißt worden sind. Die archaischen Kerne, als Schilde oder Kratone bezeichnet, enthalten bereits alte, tief abgetragene Orogenreste. Jüngere, metamorphe und nur teilweise metamorphe Faltengebirge sind ihnen angegliedert. Der jüngste Faltengürtel ist das alpine Orogen aus Kreide und Tertiär. Neben einem mediterran-asiatischen Gürtel besteht ein zirkumpazifischer Gürtel (Abb. 172). Im Sinn der Plattentektonik sind Orogene aktive Zonen an den kontinentalen Plattenrändern.

Innerkontinentale Riftsysteme treten als Einbrüche von Scheiteln von Hebungszonen auf. Als Beispiele seien das ausgedehnte ostafrikanische Riftsystem, der Oberrheintalgraben und der Oslograben angeführt. Diese Grabensysteme sind tektonisch und magmatisch aktive Zonen innerhalb der sonst weitgehend inaktiven kontinentalen Platten.

Inwieweit das Modell der Plattentektonik generell auch auf die alten und sehr alten präkambrischen Vorgänge innerhalb der Lithosphäre übertragen werden darf, ist noch immer umstritten.

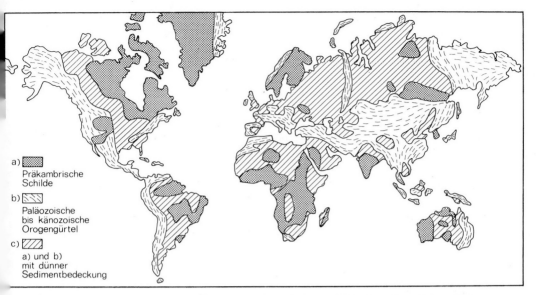

Abb. 172. Kartenskizze der Verteilung der präkambrischen Schilde, der paläozoischen bis känozoischen Orogengürtel und der Gebiete mit Sedimentbedeckung auf der Erde

15.3 Der Magmatismus der mittelozeanischen Rücken

Der tholeiitische Basalt der mittelozeanischen Rücken wird unter dem Gesichtspunkt der Plattentektonik als *Mid-ocean-ridge-Basalt* (abgekürzt MORB) bezeichnet. Als *Ocean-floor-Basalt* (OFB) bedeckt er den Ozeanboden. Petrochemisch bzw. geochemisch werden sie als ol + hy-normative *Low-K-Olivintholeiite* eingestuft. Die MOR-Basalte sind in Spaltensysteme der Riftzonen des Rückens eingedrungen und extrudiert. Ihre heißen dünnflüssigen Laven wurden durch das kühle Ozeanwasser abgeschreckt und weisen so jene typischen kissenförmigen Erstarrungskörper, die sog. *Pillowlava*, auf. Die randliche Zone der Pillows besteht meistens aus Glas, sog. *Sideromelan*. Durch Spannungen bei der plötzlichen Abschreckung ist das Glas splitterig geborsten und befindet sich nun als Einbettungsmittel zwischen den Pillows. Man spricht dann von *Hyaloklastit*. Es kommen subozeanische Pillowvulkane bis zu Höhen von 200 m über dem Ozeanboden vor. In anderen Fällen breitet sich die dünnflüssige Pillowlava eher flächenhaft aus.

An den Riftzonen der mittelozeanischen Rücken findet die größte Magmaförderung der Erde statt. Etwa 3 km^3 extrusive Basaltlava wird der ozeanischen Kruste jährlich hinzugefügt. Hierzu kommt mit 18 km^3 ein noch weit größerer Betrag an *in*trusivem Magma in der Tiefe. Der sehr frische MOR-Basalt mit Olivin und anorthitreichem Plagioklas als Einsprengling in feinkörniger Grundmasse ist ein low-K-Olivintholeiit, der auffallend arm an K und unter den Neben- und Spurenelementen an Ti, P, Ba, Sr, Rb, Zr, Nb, Th, U und den SEE, den sog. inkompatiblen Elementen, abgereichert ist. Durch eindringendes Ozeanwasser werden metasomatische Vorgänge eingeleitet, die andererseits zu einer Anreicherung von Na im Basalt führen. Dabei entsteht durch Metasomatose ein Spilit (s. S. 428). Aus dem Basaltglas Sideromelan bildet sich durch teilweise Entglasung *Palagonit*. Diese Umwandlung vollzieht sich unter Wasseraufnahme und Oxidation des Eisens. Palagonit kann schließlich in ein Gemenge mit dem Schichtsilikat Smectit (zur Montmorillonit-Gruppe gehörig) übergehen.

Weitere Veränderungen der Basaltlava werden einer niedriggradigen Metamorphose zugeschrieben, der Ozeanbodenmetamorphose. Von Rissen aus erfolgt eine Verdrängung des Basalts durch verschiedene Zeolithe, Karbonate und Chalcedon. Der Zeolith Phillipsit zeichnet sich durch seine divergentstrahligen Kristallgruppen aus. Etwas höhere Temperaturen setzt die Bildung der Paragenese Chlorit, Epidot, Titanit, Albit, Calcit voraus. Für ihre Entstehung werden Hydrothermen herangezogen. Bei einer Einstufung als subozeanische Metamorphose wären diese Paragenesen der Zeolithfacies und der Grünschieferfacies zuzuordnen. Unsere genaue Kenntnis des MOR-Basalts und seiner subozeanischen Veränderungen wurde durch Bagger- (deep-sea dredging) und Bohrproben ermöglicht.

Es wird allgemein angenommen, daß das primäre Magma des MOR-Basalts durch einen relativ einfachen partiellen Aufschmelzungsprozeß aus Spinellherzolith im obersten Erdmantel in Tiefen von 30–40 km entsteht. Die geringere Dichte dieses Magmas verglichen mit dem umgebenden Peridotit ermöglicht einen Aufstieg entlang intergranularer Kanäle. Das Magma sammelt sich in Magmakammern unterhalb der mittelozeanischen Rücken. Hier vollziehen sich laufend Differentiations- und Kumulationsprozesse. Das Profil Abb. 167, S. 446 zeigt eine typische Gesteinsfolge, wie sie sich überall innerhalb eines mittelozeanischen Rückens bzw. unter dem Ozeanboden entwickelt. Über einer Peridotitschicht entstehen aus einer leichteren Restschmelze, die aufsteigt, intrusive Gabbrokörper, ein vertikal verlaufender Gangkomplex und darüber auf dem Ozeanboden extrusiv Pillowlava des MOR-Basalts. Über den mittelozeanischen Rücken selbst fehlen meistens die Tiefseesedimente des Ozeanbodens.

Island befindet sich genau auf dem mittelatlantischen Riftsystem. Der mittelatlantische Rücken erhebt sich hier über den Meeresspiegel, und der Riftvulkanismus ist ohne Wasserbedeckung aufgeschlossen.

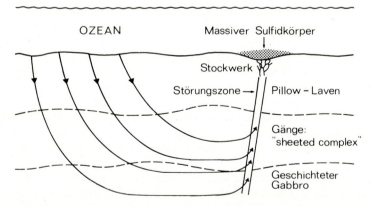

Abb. 173. Modellvorstellung, wie durch Zirkulation des Meerwassers innerhalb erstarrter heißer Basaltlava der ozeanischen Kruste und Lösung von Spurenmetallen wie Cu eine exhalative, kompakte Sulfidlagerstätte vom Zyperntyp entstehen kann (nach EVANS, 1980, Fig. 4.12)

Erzbildende Prozesse: An vielen Stellen der mittelozeanischen Rücken wurden hydrothermale Aktivitäten mit Sulfid- bzw. Oxidabscheidungen besonders der Metalle Fe, Cu, Zn, Co, Ni, Mn festgestellt. Diese Hydrothermen gehen auf zirkulierendes Meerwasser innerhalb der erstarrenden heißen Basaltlava zurück (Abb. 173). Dabei wurden die größtenteils nur als Spurenelemente im Basalt enthaltenen Metalle gelöst, von der Hydrotherme nach oben gebracht und als Sulfide oder Oxide auf dem Rücken ausgefällt. Es besteht eine Ähnlichkeit zwischen diesen teilweise kompakten Sulfiderzkörpern und ihrem Gesteinsverband mit den massiven Sulfiderzlagerstätten vom Zyperntyp, wie er z. B. auf Zypern ansteht. Diese Sulfiderzkörper mit Chalkopyrit, Pyrit und Sphalerit treten innerhalb von Ophiolithzonen auf, die als Relikte ozeanischer Kruste angesehen werden.

15.4 Der ozeanische Intraplattenmagmatismus außerhalb der mittelozeanischen Rücken

Vulkanische Inseln oder Inselgruppen befinden sich auf der ozeanischen Kruste längs etwas unterschiedlicher Spaltensysteme. Der zugehörige Vulkanismus fördert vergleichsweise zu den mittelozeanischen Riften nur relativ geringe Mengen Lava und besitzt keine genetische Beziehung zur ozeanischen Kruste. Zu diesem Vulkanismus gehören auch die sog. Seamounts als kleine submarine Vulkane. Es werden meistens gasreiche, alkalibasaltische Magmen gefördert. Diese Gesteine werden als *Ocean-island-alkalic-Basalte* (OIA-Basalte) bezeichnet. Die OIA-Basalte sind stärker an SiO_2 untersättigt als die MOR-Basalte und schwach *ne*-normativ. Neben etwas Plagioklas bildet Titanaugit charakteristische Einsprenglinge. Olivin befindet sich im Unterschied zu den Olivintholeiiten gewöhnlich nur in der Grundmasse. Mit den OIA-Basalten treten untergeordnet auch Nephelinite oder Leucitite im letzten Stadium der Lavaförderung auf. Ihnen sind als leukokrate Differentiate Phonolithe und Trachyte zugeordnet. Gleichzeitig mit den OIT-Basalten treten auch geringe Mengen von Tholeiitbasalt auf, der als *Ocean-island-Tholeiit* (OIT) bezeichnet wird. Ihm sind mitunter als mesotype bis leukokrate Differentiationsprodukte Kalkalkalivulkanite bis zu Rhyolith als saurem Endglied zugeordnet.

Der ozeanische Intraplattenvulkanismus wurde auf sog. *Hot spots* zurückgeführt, das sind Wärmeaufbrüche, die sich unterhalb der Plattengrenze im obersten Erdmantel befinden. Dieser Vulkanismus hat keinerlei Beziehung zu einer Plattengrenze. Hot spots können mehrere Mio. Jahre an gleicher Stelle bleiben, während die darüberliegende Lithosphärenplatte allmählich über sie hinwegdriftet. So ist z. B. die Kette der Hawaii-Inseln, die zu den ozeanischen Intraplattenvulkanen gehört, dadurch entstanden, daß die pazifische Platte über einen nahezu ortsfesten Hot spot hinweggedriftet ist. Auf diese Weise verlagerte sich der Vulkanismus im Laufe von 3 Mio. Jahren von der Insel Kauai im Nordwesten über Oahu und Maui bis zur großen Insel Hawaii mit rezentem Vulkanismus nach Südosten hin. Hawaii unterscheidet sich durch die große Förderung von Tholeiitbasalten vom Typ OIT von vielen der übrigen ozeanischen Vulkaninseln. Typische ozeanische Inseln mit Alkalibasalten und deren Differentiationsprodukten sind z. B.: die Kanarischen Inseln, Madeira, Jan Mayen, die Kap-Verde-Inseln, St. Helena im Atlantischen Ozean.

Die an SiO_2 untersättigten Alkalibasalte des ozeanischen Intraplattenvulkanismus stammen aus größerer Manteltiefe als die Tholeiitbasaltmagmen, schätzungsweise aus Tiefen von 100–150 km. Diese Manteltiefe gehört zur Asthenosphäre, wie wir aus Abb. 170, S. 450 ablesen können.

15.5 Der Magmatismus der Inselbögen und instabilen Kontinentalränder

An Subduktionszonen ist die Magmagenese recht kompliziert. Die durch aktive Plattenkonvergenz und Subduktion ozeanischer Lithosphäre ausgelösten magmatischen Prozesse verlaufen in beiden Fällen, wenn man die sog. reifen Inselbögen zum Vergleich heranzieht, ähnlich. Unterschiede bestehen darin, daß die kontinentale Lithosphäre durch orogene Vorgänge und durch intrudierte Magmen stark verdickt worden ist. Hingegen befinden sich wahrscheinlich die Inselbögen erst im Entwicklungsstadium von sialischer Kruste.

Ganz am Anfang dieses Entwicklungsstadiums befindliche Inselbögen bauen sich hauptsächlich aus *Inselbogentholeiit* (island-arc tholeiite = IAT) und sog. *basaltischem Andesit* auf. IA-Tholeiit ist weniger mafisch und reicher an SiO_2 als die MOR-Basalte. In einem späteren Stadium kommen wie bei den aktiven Kontinentalrändern intrusive und/oder extrusive Magmatite der Kalkalkalireihe und in einem besonderen Gürtel relativ untergeordnet auch Vulkanite der Alkalireihe vor. Das breite Spektrum der geförderten Magmen erklärt sich nicht nur aus der unterschiedlichen Entstehungstiefe der Stamm-Magmen sondern auch aus einer ausgeprägten Differentiationsfolge, so bei Kalkalkalivulkaniten von Tholeiitbasalt bzw. Andesit über Dacit und Rhyodacit zu Rhyolith. Intrusive Magmen treten in Batholithen besonders als Granit, Granodiorit und Tonalit auf. Innerhalb der Orogenzonen der Kontinentalränder haben diese Plutonite v. a. genetische Beziehungen zu anatektischen Vorgängen der kontinentalen Kruste.

Die meisten *granitischen Plutone* am Kontinentalrand von Subduktionszonen sind vom I-Typ (igneous source rocks) im Sinne von CHAPPELL und WHITE, 1974. Sie haben relativ hohe Konzentrationen an Na und Ca. Hornblende gehört zu ihrem Modalbestand. Geochemisch sprechen für den I-Typ: $Al_2O_3/Na_2O + K_2O + CaO < 1,1$ und ein relativ hohes Na_2O/K_2O. I-Typ-Granite werden auf partielle Schmelzen magmatischer Gesteine der tiefen Kruste zurückgeführt. Im Unterschied zu den Graniten vom I-Typ werden die Granite vom S-Typ (sedimentary source rocks), die in größerem Abstand vom Kontinentalrand innerhalb metamorpher Teile des Orogens auftreten, aus der Anatexis von paragenen Gesteinsserien abgeleitet. Granite vom S-Typ haben hohe Al-Gehalte und führen neben Biotit meistens auch Muscovit. Sie sind stets C-normativ. Die kleineren Granitkörper der Inselbögen werden zum M-Typ (mantle source rocks) gerechnet und aus dem Oberen Erdmantel abgeleitet.

Andesitfördernde Vulkane sind innerhalb des Subduktionszonenvulkanismus am häufigsten. Sie sind i. allg. entlang des Rands der abtauchenden Platte angeordnet und bilden parallele Reihen von imposanten, hochaufragenden Stratovulkanen wie z. B. innerhalb der südamerikanischen Andenkette oder den japanischen Inselbögen. Bei diesem meistens hochexplosiven Vulkanismus werden große Mengen Pyroklastika gefördert. Ignimbrite sind weit verbreitet. Andesitvulkane liefern auch häufig epiklastisch-vulkanische Sedimente, die in den Sedimenttrögen in der Nähe der Kontinentalränder und Inselbögen abgelagert worden sind.

Der reichliche Magmatismus innerhalb der konvergierenden Plattengrenzen wird hauptsächlich auf freiwerdendes Wasser zurückgeführt, das aus Zerfallsreaktionen der Versenkungsmetamorphose der subduzierten ozeanischen Lithosphäre stammt. Es bewirkt eine drastische Schmelzpunkterniedrigung sowohl innerhalb der subduzierten Lithosphärenplatte als auch im umgebenden Mantelmaterial. Auch die in großem Ausmaß auftretenden andesitischen Magmen können bei Anwesenheit von Wasser in einer Tiefe von etwa 60 km aus Mantelperidotit anatektisch entstehen, wie experimentelle Modelle gezeigt haben.

Innerhalb der subduzierten Platte vollzieht sich eine Hochdruckmetamorphose.

Erzbildende Prozesse: Mit der Aktivität des sauren und intermediären Kalkalkalimagmatismus über der subduzierten ozeanischen Platte kommt es innerhalb der Inselbögen und instabilen Kontinentalränder zur Bildung wichtiger Erzlagerstätten. Die enthaltenen Metalle stammen teilweise aus der subduzierten ozeanischen Platte, teilweise aus dem obersten Erdmantel oder der angrenzenden kontinentalen Kruste. Die Abscheidung der verschiedenen Lagerstättentypen erfolgt nach *Metallgruppen in gürtelförmiger Anordnung* mit wachsendem Abstand von der konvergierenden Plattengrenze:

(1) Fe, Cu, Mo, Au → (2) Cu, Pb, Zn, Ag → (3) Sn, W, Ag, Bi.

Im anschließenden Hinterland treten vorwiegend niedrigthermale Lagerstätten mit den Metallen Sb und Hg auf. Diese Anordnung wird teilweise auf unterschiedlich steiles Eintauchen der subduzierten Platte zurückgeführt.

Zur Zone (1) gehören z. B. die wichtigen Kupferlagerstätten vom Typ der Disseminated copper ores, auch als porhyrische Kupferlagerstätten bezeichnet. In diesem Lagerstättentyp befinden sich feinverteilte Erzimprägnationen von Kupfersulfiden und Pyrit innerhalb von Graniten vom I-Typ bis zu Monzoniten und ihrer Umgebung. Cu, Au oder Au, Ag oder Au, W (W als Scheelit) sind an Ganglagerstätten gebunden. Bedeutende Skarnvorkommen, v. a. mit Scheelit, sind vorzugsweise an granodioritische Intrusivkontakte geknüpft.

Mit etwas größerem Abstand von der Plattengrenze treten innerhalb des Gürtels (2) kontaktmetasomatische Lagerstätten mit den Metallen Zn, Pb und Ag in weltweiter Verbreitung auf, so z. B. an der Ostseite der Andenkette von Zentralperu in Südamerika. Die meisten dieser Lagerstätten führen auch Cu. Erzbringer sind vorwiegend isolierte Stöcke von Granodiorit oder Monzonit. Die Erze verdrängen Kalkstein.

Die Sn- und/oder W-Lagerstätten vom Gürtel (3) sind an Granitoide vom S-Typ gebunden. Wichtige Vorkommen treten in Bolivien und im Western Tin Belt von Südwestasien auf. Die wirtschaftlich sehr bedeutenden porphyrischen Molybdänlagerstätten vom Climaxtyp, die neben Mo auch W führen können, sind zusätzlich an Riftsysteme gebunden.

15.6 Die kontinentalen Plateaubasalte (Trappbasalte, continental flood basalts)

Aus großen Spalten stabiler Kontinentalränder extrudierten mächtige Lavaergüsse von Tholeiitbasalt, meistens in großer flächenhafter Ausdehnung. Die einzelnen Decken sind zwischen 5 und 15 cm dick. Durch Überlagerung von zahlreichen Einzeldecken können die Lavakörper bis zu 3000 m mächtig werden. Ihre treppenförmige Morphologie, durch die Erosion noch deutlicher herausgearbeitet, hat ihnen auch die Bezeichnung Trappbasalt eingebracht. Auch kleinere Intrusionen dieses Basalts in Sedimentfolgen als Gänge und Lagergänge kommen reichlich vor.

Zu den wichtigeren Vorkommen zählen: der Deccantrapp (Indien), die ausgedehnten Basaltdecken im Paranábecken (Argentinien) und auf dem Columbia-Plateau (NW-Amerika), der Karroo-Basalt (Südafrika), Vorkommen in Abessinien und die Plateaubasalte in Grönland und Nordeuropa (Island, Schottland, Südschweden).

Gegenüber den ozeanischen Tholeiitbasalten (MORB) sind die kontinentalen Tholeiite alkalireicher und besitzen großenteils höhere Gehalte an Ti und P.

15.7 Der intrakontinentale Alkalimagmatismus an Riftzonen

Innerhalb der Kontinente kommt es durch Zerrungsvorgänge zu großangelegten Horst- und Grabenbildungen, und gelegentlich reißt dabei die kontinentale Lithosphärenplatte auf. Mit dieser tektonischen Aktivität ist neben seismischer auch magmatische Aktivität verbunden. Derartige Grabenbildungen größeren Ausmaßes mit Förderung eines breiten Spektrums von Alkalimagmatiten sind: Das ostafrikanische Riftsystem, das Baikal-Riftsystem, der obere Rheintalgraben, der Oslograben in Südnorwegen. Auch der Vulkanismus der Eifel befindet sich auf diesem NNE-gerichteten Lineament Mitteleuropas, der Mittelmeer-Mjösenzone STILLES. Im Roten Meer hat sich seit dem Miozän an einem aktiven Rift eine Aufspaltung der kontinentalen Platte vollzogen.

Die zugehörigen alkalibetonten Magmen stammen aus relativ tiefliegenden Herden im Oberen Erdmantel. Nach oben hin erfahren diese Magmen innerhalb von Magmakammern vielfältige Differentiationsprozesse. Aus fraktionierter Kristallisation und Differentiation von alkaliolivinbasaltischem Magma bilden sich Trachyt und Alkalirhyolith und aus Olivinnephelinitmagma Nephelinit und Phonolith. Neben Alkalivulkaniten kommen auch sehr verschiedene Alkaliplutonite vor. Fast stets treten in dieser Magmatitassoziation auch Karbonatite auf.

Erzbildende Prozesse: An den Rändern solcher Rifte kam es zur Bildung von Erzen, so an beiden Ufern des Roten Meers zu Pb, Zn-Vorkommen und Mn-Erzbildungen, teils auch synsedimentär innerhalb der Grabensedimente. Für die Pb, Zn-Erze nimmt man an, daß diese Metalle durch aufsteigende Thermen aus dem Nebengestein herausgelöst worden sind nach Art einer Lateralsekretion.

An die Alkalimagmatitkörper der ostafrikanischen Gräben und an andere Grabenzonen sind Lagerstätten von Nb, Ta und U gebunden. Am Oslograben befinden sich Molybdänitvererzungen.

15.8 Die intrakontinentalen Kimberlit-Pipes

Diese eruptiven Durchschußröhren (Diatreme) enthalten eine peridotitische Breccie mit Einsprenglingen in einer feinkörnigen Grundmasse. Die Kimberlit-Pipes sind an tiefreichende Bruchsysteme gebunden und gehen nach der Tiefe hin in Gänge oder Lagergänge über. Die Pipes erreichen nur selten einen Durchmesser von 1000 m. Kimberlit-Pipes treten vorwiegend in präkambrischen Kontinentalkernen auf (Abb. 172, S. 457). Ihr eigenes Alter ist sehr unterschiedlich. Es reicht vom Proterozoikum bis ins Känozoikum. Kimberlit-Pipes sind über fast alle Kontinente verteilt. Die wichtigsten Vorkommen befinden sich innerhalb der Kratone von Südafrika und Yakutien in Ostsibirien.

Kimberlit, nach der bedeutenden Diamantmine von Kimberley in der Südafrikanischen Republik benannt, ist durch seine akzessorische Diamantführung besonders interessant, sowohl wissenschaftlich als auch wirtschaftlich. Jedoch führt nur ein Teil der Kimberlit-Pipes Diamant.

Kimberlit ist ein teilweise serpentinisierter und karbonatisierter Glimmerperidotit. Mineralzusammensetzung und Gefüge des Kimberlits wechseln stark. *Hauptgemengteile* sind: Olivin, häufig serpentinisiert, Phlogopit, Chromdiopsid, ± pyropreicher Granat ± Chromspinell. Dazu kommen primär aus dem Magma ausgeschiedene Karbonate. Akzessorien sind hauptsächlich: Perowskit ($CaTiO_3$), Apatit, Chromit und Ilmenit. Nicht selten finden sich Xenolithe in der Kimberlitbreccie. Am interessantesten sind solche von Eklogit, hier auch als Griquait bezeichnet.

Aufgrund experimenteller Befunde nimmt man an, daß das Kimberlitmagma sich in einer Tiefe von 150–200 km im Erdmantel durch teilweise Aufschmelzung von peridotitischem Mantelmaterial in Anwesenheit von CO_2 gebildet hat. Der anschließende Vorgang des Kimberlitaufstiegs ist noch nicht eindeutig geklärt. Wahrscheinlich spielt die weitgehende Unmischbarkeit von silikatischer und karbonatischer Schmelze im Erdmantel bei großer Mobilität des gasreichen Karbonatmagmas eine Rolle. Diese bewegliche fluide Phase brachte das Kimberlitmagma entlang eines tiefreichenden Bruchsystems zu einem rapiden Aufstieg, ehe ein explosiver Durchschuß unter Entbindung von Gas in einem Schlot, der Pipe, erfolgte. Bei dem rapiden Aufstieg des Kimberlitmagmas kam es zu einer mechanischen Vermengung von Schmelze mit zertrümmertem Nebengestein.

Für die *Bildung des Diamanten* kann man nach dem P, T-Diagramm (Abb. 13, S. 29) im Schittpunkt E der Umwandlungskurve Diamant/Graphit mit dem vermuteten subkontinentalen geothermischen Gradienten einen erforderlichen Mindestdruck von 40 kbar unter knapp 1000 °C als Temperatur ablesen. Dieser Druck entspricht einer Manteltiefe von rund 140 km. Die Tiefe ist gut vereinbar mit der oben angenommenen Entstehungstiefe des Kimberlitmagmas.

15.9 Der Magmatismus der alten Schilde

Ob das Modell der Plattentektonik auch auf die früheste Geschichte der Erdkruste angewandt werden kann, ist noch umstritten. Die jüngeren überprägenden Ereignisse erschweren bei den ältesten Teilen der Kruste erkennbare Zusammenhänge.

a) Die *archaischen* Magmatitabkömmlinge – die Magmatite sind meistens durch Metamorphose verändert – sind als älteste Gesteine über alle Teile der verschiedenen Schilde (Kratone) verteilt (Abb. 172, S. 457). Mächtige Folgen von sog. *Quarz-Feldspat-Gneis,* der im wesentlichen auf Tonalit und Granodiorit zurückgeführt wird, treten zusammen mit einer hochmetamorphen Serie von Sedimentgneisen auf. Innerhalb dieser Orthogneise im Kraton von Westgrönland wurde bei Godthab mit 3,8 Mrd. Jahren das höchste Gesteinsalter auf der Erde bestimmt.

Ebenso mächtig sind die *Greenstone belts* (Grünsteingürtel), die v. a. in Nordamerika, im südlichen Afrika und in Westaustralien auftreten. Sie bestehen aus einem Verband von basaltischen und komatiitischen Vulkaniten und deren Pyroklastika. Pillowabsonderungen belegen, daß ein kleinerer Teil der Laven auch submarin extrudiert ist. Die plötzliche Abschreckung des Komatiits führte zu jener eigenartigen Skelettbildung der sich ausscheidenden Gemengteile, als Spinifexgefüge bezeichnet (Abb. 89, S. 206), und zur Absonderung von Glas. Man unterscheidet peridotitische und basaltische Komatiite. Die Mg-ärmeren basaltischen Komatiite sind mit tholeiitischen Basalten assoziiert. Die basaltischen und komatiitischen Laven werden als partielle Schmelzen aus Mantelperidotit angesehen. Speziell die komatiitischen Magmen setzen dabei einen ungewöhnlich hohen Aufschmelzungsgrad des Mantelperidotits bis zu 60% voraus (vgl. Abb. 108, S. 249). Daraus ergeben sich Liquidustemperaturen des peridotitischen Komatiitmagmas von ~ 1600 °C. Diese hohe Temperatur kann nur durch eine größere Manteltiefe erklärt werden. Das reichliche Auftreten von Komatiit belegt die Existenz von ultramafischen Laven im Archaikum.

Erzbildende Prozesse: An die Grünsteingürtel sind Goldlagerstätten gebunden. Die größte Konzentration des Au befindet sich am Rand der Grünsteingürtel nahe der Berührungszone mit einem Granitpluton.

An die komatiitischen und tholeiitischen Laven und Gänge sind kompakte und eingesprengte Nickel- und Kupfererzkörper geknüpft. Diese Metalle sollen die Laven aus dem Oberen Mantel heraufgeführt haben.

b) Die jüngeren, *proterozoischen Teile der Kratone* sind durch hochmetamorphe Zonen mit Anatexis, Migmatiten und verschiedenartigen Restiten ausgezeichnet. Daneben treten umfangreiche basaltische Extrusionen und Intrusionen auf. Basaltische Deckenergüsse, Schwärme von Basaltgängen und basaltischen Lagergängen sind verbreitet. Ihre Platznahme erfolgte in kontinentaler Umgebung.

Charakteristisch für die proterozoischen Teile der alten Schilde sind außerdem große Anorthositmassive, die einen schichtigen Wechsel von Anorthosit, Gabbro, Norit und Troctolith aufweisen. Auch helle Plutonite bis zu Graniten sind häufig mit derartigen Anorthositkörpern assoziiert. Ein besonders aus Fennoskandia bekannter Granittyp, der Rapakivigranit, gehört nicht selten zur Anorthositassoziation. Charnockit mit seiner trockenen Mineralparagenese ist in diesen jüngeren Teilen der Kratone häufig an die Umgebung von Anorthositkörpern gebunden. Größere Anorthositmassive finden sich v. a. in Labrador im östlichen Kanada, in den Adirondacks im Staat New York, USA, und in Südskandinavien.

Erzbildende Prozesse: An die Basaltdecken sind z. B. die wichtigsten Kupferlagerstätten der Keweenaw-Halbinsel des Oberen Sees in Nordamerika gebunden. Zu den großen Intrusiva zählt der Noritkörper von Sudbury in der Provinz Ontario in Kanada mit seiner sulfidischen Vererzung als eines der bedeutendsten Ni, Cu und Pt-Vorkommen der Erde (Abb. 114, S. 270). Noch ausgedehnter ist der Bushveld-Komplex in Transvaal, Südafrika. Petrographisch ist dieser magmatische Komplex ein schichtiges Differential von hauptsächlich Norit neben Gabbro, Pyroxenit und Anorthosit. Innerhalb dieses lagenförmigen Gesteinsverbands treten Chromitbänder als Kumulate auf. Von besonderer wirtschaftlicher Bedeutung ist das Merensky-Reef, ein Pt-haltiger Pyroxenithorizont mit Sulfiden. Der Bushveldkomplex gehört zu den bedeutendsten Metallanreicherungen der Erde, insbesondere von Cr, Platinmetallen, Cu, Ni. Häufig sind granitische Intrusionen mit den basischen Magmatiten assoziiert.

Es ist nicht gesichert, ob diese beiden großen magmatischen Komplexe aus dem Proterozoikum auf Hot spots im Oberen Mantel zurückgehen. Auch der Deutungsversuch als Meteoritenimpakt ist unternommen worden.

Mit den Anorthositvorkommen sind mitunter enorme Erzkörper von Ilmenit bzw. Titanomagnetit, die reiche Vanadiumgehalte aufweisen, assoziiert. Es sind hier besonders die Erzkörper von Tellnes in Südnorwegen, Taberg, und Routivaara in Schweden anzuführen.

16 Aufbau und Stoffbestand des Monds

ALLGEMEINES

Die erfolgreichen US-Apollo-Missionen haben grundlegende Kenntnisse über den Aufbau des Monds und die petrographische Zusammensetzung der Mondoberfläche erbracht. Der Mond weist wie die Erde aufgrund geophysikalischer Daten einen *Schalenbau* auf. Auch ergibt sich eine Gliederung in *Kruste, Mantel* und *Kern*. Bei einem Mondradius von 1740 km und einer mittleren Dichte von 2,9–3,0 g/cm^3 wird eine Krustendicke von 60–75 km angenommen. Gegenüber dem überaus umfangreichen Mantel wird nur ein *sehr kleiner Kern* wahrscheinlich gemacht, der höchstens etwa 2 % der Masse des Monds ausmachen kann.

Das seismische Verhalten der Mondkruste stimmt mit der tatsächlich angetroffenen mittleren petrographischen Zusammensetzung der sog. Hochländer des Monds überein, nämlich der eines anorthositischen Gabbros. Die seismische Diskontinuität zwischen Kruste und Oberem Mantel wird als eine stoffliche Grenze angesehen. Unterhalb der Mondkruste wird im obersten Mantel zwischen 60 und 150 km Tiefe eine Schicht aus Pyroxen und Olivin angenommen. Der größte Teil des Mondmantels bis zu 1000 km Tiefe verhält sich geophysikalisch wie feste und starre Materie. Mit einer gewissen Analogie zur Erde möchten manche Forscher diesen Bereich auch als *Lithosphäre des Monds* bezeichnen. Die darunter befindliche und bis zum Mittelpunkt reichende rund 700 km mächtige Zone besitzt elastische Eigenschaften und wird deshalb auch als *Asthenosphäre des Monds* bezeichnet. Die P-Wellen-Geschwindigkeit wird ähnlich der Low-velocity-Zone im Oberen Erdmantel rückläufig. Man rechnet deshalb auch im vorliegenden Fall mit einem teilweise geschmolzenen Zustand des Materials. Die geringe mittlere Dichte des Monds mit 3,34 g/cm^3 läßt bei einer Dichte der Mondgesteine der obersten Kruste von 2,9–3,3 nur einen sehr kleinen Eisenkern im Innern des Monds zu.

16.1 Die Kruste des Monds

Die obere Kruste des Monds besteht aus 2 wesentlichen Regionen, den älteren *Hochländern* mit ursprünglichen Gesteinen von plutonitisch-körnigem Gefüge wie Anorthosit, Gabbro, Gabbronorit, Norit, Troctolith und Dunit (untergeordnet) und der Region der *Maria* mit verschiedenen Basalten relativ jüngeren Alters. Obwohl diese

Basalte auf der Erdseite eine beachtlich große Fläche einnehmen, beträgt ihr Flächenanteil insgesamt nur etwa 17% der Mondoberfläche. Ihr Volumenanteil an der gesamten Mondkruste wird auf höchstens 1% geschätzt.

16.1.1 Die Hochlandregion

Auffälligstes Merkmal der Hochlandregion sind die unzähligen *Impaktkrater durch Meteoriteneinschläge*. Die Stoßwellen dieser Ereignisse haben die ursprünglichen Gesteine – im wesentlichen Varianten zwischen Anorthosit und Gabbro – tiefgründig zerrüttet unter Bildung einer breccienartigen, von Staub durchsetzten Schicht. Diese Schuttschicht, als Regolith bezeichnet, kann nach seismischen Daten bis zu etwa 10 km mächtig sein. Sie ist im übrigen über die ganze Mondoberfläche hin verbreitet und enthält große Gesteinsblöcke bis zu vielen Kubikmetern Größe. Mitunter ist der Regolith durch Stoßwellen des Impakts zu einer Gesteinsbreccie verfestigt worden. Oft sind Mineral- und Glasfragmente in eine feinere Grundmasse eingebettet. Die Wirkung der Stoßwellen reicht von Kataklase der Körner bis zu deren vollständiger Aufschmelzung. Dabei bildete sich mitunter Glas in Form winziger Kügelchen. Nicht selten weisen die Breccien auch metamorphes Rekristallisationsgefüge auf.

Das Isotopenalter der Gesteinsfragmente im Regolith wird mit 4,6–4,4 Mrd. Jahren angegeben.

16.1.2 Die Region der Maria

Ihrer chemischen Zusammensetzung nach sind die Gesteine der Hochlandregion gegenüber den Basalten der Maria besonders Al-reich.

Die *Basalte der Maria* des Monds sind den irdischen Basalten der ozeanischen Kruste recht ähnlich. Es handelt sich um *verschiedene Varianten tholeiitischer Basalte*. Die petrographischen Unterschiede werden wie bei den irdischen Basalten aus dem ungleichen Grad der partiellen Aufschmelzung des Ausgangsmaterials im oberen Mondmantel und teilweise auch aus Unterschieden in der fraktionierten Kristallisation beim Magmenaufstieg erklärt. Die Mondbasalte weisen zudem verschiedene Körnigkeit, auch porphyrisches Gefüge auf, auch sind sie mitunter glasig ausgebildet.

Chemisch sind sie den irdischen Tholeiitbasalten gegenüber etwas ärmer an Na und Si, die Oxidationsstufe von Fe ist die niedrigste. Akzessorisch tritt gelegentlich elementares Eisen als Fe, Ni auf, ebenso Troilit (FeS). (OH)- oder H_2O-haltige Minerale fehlen in den Basalten.

Es ist anzunehmen, daß die sehr dünnflüssigen basaltischen Laven der Maria aus Spalten hervorgetreten sind und sich in mehrfachen Eruptionen flächenhaft übereinanderstapelten. Die Dicke der Lavadecken wird im Mittel auf 400 m geschätzt.

Das Alter der Mondbasalte wurde mit 3,2–4,0 Mrd. Jahren bestimmt. Nach einer Periode von rund 800 Mio. Jahren vulkanischer Aktivität unter Füllung der meisten Maria durch Basalt fanden seitdem nur relativ geringe Veränderungen der Mondoberfläche statt. Erosion und Transport von Gesteinsmaterial sind beschränkt auf Meteoriteneinschläge und auf Auswirkungen des von der Sonne kommenden Beschusses durch Protonen, auch als Sonnenwind bezeichnet.

16.1.3 Die Minerale der Mondgesteine

Die Liste der vorgefundenen Minerale in den Mondgesteinen ist relativ umfangreich.

Sehr häufig sind verschiedene Klinopyroxene wie Augit, Titanaugit, Hedenbergit und Pigeonit. Orthopyroxen (Enstatit-Hypersthen) tritt nur untergeordnet in Gesteinen der Hochländer auf. Sehr häufig ist auch anorthitreicher Plagioklas, während Kalifeldspat nur relativ selten aufgefunden wurde. Auch Olivin und Spinell treten reichlich auf. Unter den nicht so häufigen SiO_2-Mineralen überwiegen Cristobalit und Tridymit gegenüber Quarz.

Eisenreiche Akzessorien sind der als untergeordneter Gemengteil sehr verbreitete Ilmenit ($FeTiO_3$), Minerale der Spinellgruppe, neben den gelegentlich auftretenden Mineralen Gediegen Eisen als Fe, Ni und Troilit (FeS). Akzessorisch vorkommender Apatit ist wichtigstes Phosphat.

Auf dem Mond fehlen nach bisheriger Kenntnis Minerale mit H_2O oder anderen flüchtigen Komponenten. So sind Glimmer, Hornblende, Tonminerale oder Karbonate z.B. nicht aufgefunden worden bis auf einen Einzelfund von Goethit (FeOOH). Alle Minerale besitzen (mit Ausnahme von Goethit) niedrige Oxidationsstufen (kein Fe^{3+}, dafür metallisches Fe). Alkalireiche Minerale fehlen oder kommen nur in kleinen Mengen vor. Einige neue Minerale sind auf dem Mond entdeckt worden, die bis jetzt auf der Erde noch nicht angetroffen worden sind.

16.1.4 Bedeutung für unsere Vorstellungen zur Erdentstehung

Mit der enormen Erweiterung und Vertiefung unserer Kenntnisse über den Mond durch die Surveyor- und Apollo-Missionen der NASA und die Luna-Unternehmen der UdSSR sind nicht zuletzt unsere Vorstellungen über die Entstehung und Entwicklung der Erde bereichert worden.

17 Die Meteorite

ALLGEMEINES

Es besteht die begründete Annahme, daß die meisten *Meteorite Bruchstücke größerer Körper des sog. Asteroidengürtels* zwischen Mars und Jupiter sind. Nur Bruchstücke ab einer gewissen Größe können die Erdatmosphäre passieren und auf die Erdoberfläche gelangen.

Von den zahlreichen Meteoritenfällen im Jahr werden immer nur wenige Meteorite tatsächlich aufgefunden. Der größte bekannte Meteorit auf der Erde ist rund 60 t schwer und liegt in der Nähe der Farm Hoba West im nördlichen Namibia. Noch größere Meteorite erleiden bei ihrem Aufschlag durch die freiwerdende Energie des Impakts eine Explosion und verdampfen. Dabei entstehen wie auf der Mondoberfläche Krater, wie z. B. der Krater im Nördlinger Ries in Bayern mit einem rund 25 km großen Durchmesser. Der am besten erhaltene Meteoritenkrater auf der Erde liegt bei Flagstaff in der Wüste von Arizona in den USA mit einem Durchmesser von 1,3 km. An der Einschlagstelle wird das *Nebengestein* durch die *Stoßwellen des Impakts* extrem *stark zerrüttet* (sog. diaplektische Gläser) (Abb. 135, S. 369). Die freiwerdende thermische Energie führt zu *An- und Aufschmelzungserscheinungen*. Es sind dieselben Vorgänge, die zur Entstehung des Regoliths der Mondoberfläche geführt haben. Häufig kommt es im Nebengestein der Meteoritenkrater zur Bildung von ausgesprochenen *Hochdruckmineralen*, so bei SiO_2-reichem Nebengestein zur Bildung von *Coesit* oder *Stishovit*. Bei Aufschmelzungsprozessen entsteht auch Kieselglas, der *Lechatelierit*.

17.1 Einteilung der Meteorite

Man kennt nach ihrer Zusammensetzung 3 Arten von Meteoriten: *Steinmeteorite, Stein-Eisen-Meteorite* und *Eisenmeteorite.*

Zu den Steinmeteoriten gehören die *Chondrite* und *Achondrite,* zu den Stein-Eisen-Meteoriten besonders die *Pallasite* und zu den Eisenmeteoriten die *Oktaedrite* und die *Hexaedrite.*

Die meisten Steinmeteorite sind Chondrite, die eine weitere Unterteilung erfahren. Sie weisen alle sog. *Chondren* auf. Das sind kleine kugelförmige Gebilde, die aus verschiedenen Silikatmineralen bestehen, so insbesondere aus Olivin, Orthopyroxen oder Plagioklas, seltener auch aus Spinell. Die umgebende Grundmasse setzt sich meistens aus den gleichen Mineralen zusammen, wenn auch zuweilen größere Abweichungen davon beobachtet werden.

Bei den viel selteneren Achondriten fehlen die Chondren. Sie erinnern in Mineralbestand und Gefüge stärker an irdische Plutonite.

Die *Eisenmeteorite* enthalten 4–35 % Nickel neben geringen Beimengungen von Co, S, P und C. Die weitaus überwiegende Mehrzahl der Eisenmeteorite sind *Oktaedrite*. Die nach den Oktaederflächen orientierten Lamellensysteme der Oktaedrite können durch Anätzen auf poliertem Anschnitt deutlich sichtbar gemacht werden. Dieses charakteristische, sperrig wirkende Gefüge wird als WIDMANNSTÄTTEN-*Figuren* bezeichnet (Abb. 7, S. 22). Dickere Balken von Ni-ärmerem α-Fe, das Balkeneisen (Kamacit), werden von Ni-reichem γ-Fe, dem Bandeisen (Taenit) gesäumt. Zwischen ihrem sperrigen Gerüst befindet sich das Fülleisen (Plessit). Plessit stellt eine feine Verwachsung von Kamacit und Taenit dar. Es handelt sich bei diesem auffälligen Gefüge um ein *Entmischungsgefüge* einer Nickel-Eisen-Legierung.

Der viel seltenere *Hexaedrit* besitzt ein anderes Verwachsungsgefüge.

Schließlich enthalten die Eisenmeteorite weitere Mineralphasen in wechselnder Menge. Verbreitet ist besonders *Troilit* (FeS).

Die *Pallasite* als *häufigste Stein-Eisen-Meteorite* bestehen aus Oktaedritanteilen mit Olivinkörnern in den Zwischenräumen.

Anhang

1. Übersicht wichtiger *Ionenradien* und der *Ionenkoordination* gegenüber O^{2-} (Abb. 174).

Je nach der Größe der Ionen- bzw. Atomradien ist in einer Kristallstruktur das Zentralteilchen von 3, 4, 6, 8 oder 12 nächsten Nachbarn umgeben. Diese Zahl wird als Koordinationszahl bezeichnet. Koordinationszahl [4] = tetraedrische Koordination, Koordinationszahl [6] = oktaedrische Koordination, Koordinationszahl [8] = hexaedrische Koordination.

2. Lernschemen der *subalkalinen* Magmatite und der *Alkali-Magmatite* sind auf Tafel 1 und 2 gegeben.

Jede dieser Tafeln unterscheidet zwischen Vulkaniten (oben) und Plutoniten (unten). In vertikaler Anordnung befinden sich links die hellen Gemengteile (Plagioklas, Kalifeldspat bzw. Alk'feldspat, Quarz und bei den Alk'gesteinen auch Foide). Nach ihnen richtet sich in erster Linie die Gesteinsbezeichnung. Oben befinden sich in horizontaler Anordnung die dunklen Gemengteile (Olivin, Pyroxen, Hornblende, Biotit und bei den Alk'gesteinen auch Na-Amphibol, Ägirin, Ägirinaugit und Titanaugit). Der vertikal über den Gesteinsnamen befindliche dunkle Gemengteil ist normalerweise in dem betreffenden Gestein enthalten. Bei Granit z. B. Biotit. Es sind fast immer auch andere dunkle Gemengteile möglich. Dann wird das im Gesteinsnamen zum Ausdruck gebracht. Man bezeichnet diesen Granit dann als Hornblendegranit, Augitgranit etc. Gegen den Olivin hin ist das Granitfeld gesperrt. Olivin kann in diesen Tabellen normalerweise nur in Gesteinen der weißen Felder als dunkler Gemengteil vorkommen.

Ein anderes Beispiel: Andesit führt als dunklen Gemengteil meistens Pyroxen (Augit, Hypersthen) (Porphyrit als schwach metamorpher Andesit hingegen Hornblende). Sind in manchen Fällen Hornblende oder Biotit dunkle Gemengteile im Andesit, so bezeichnet man das betreffende Gestein als Hornblende- bzw. Biotitandesit, sind beide enthalten, als Biotit-Hornblende-Andesit. Olivin wäre ungewöhnlich im Andesit.

Ein weiteres Beispiel: Tholeiitbasalt enthält in der Regel Pyroxen (Augit, Hypersthen, Pigeonit) als dunklen Gemengteil. Bei hinzutretendem Olivin ist der betreffende Basalt als Olivintholeiit zu bezeichnen. Der (in Klammern gesetzte) Gesteinsname Melaphyr hingegen bezeichnet einen schwach metamorphen (anchimetamor-

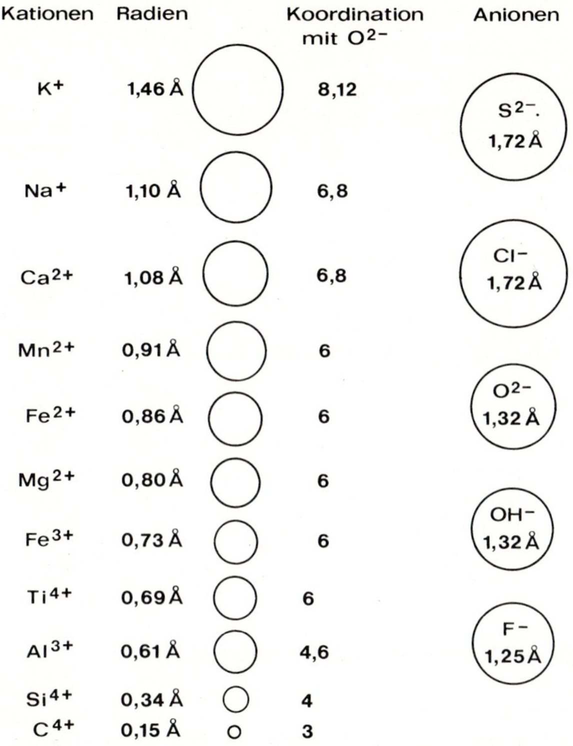

Kationen	Radien	Koordination mit O^{2-}	Anionen
K^+	1,46 Å	8,12	
			S^{2-}, 1,72 Å
Na^+	1,10 Å	6,8	
Ca^{2+}	1,08 Å	6,8	Cl^- 1,72 Å
Mn^{2+}	0,91 Å	6	
			O^{2-} 1,32 Å
Fe^{2+}	0,86 Å	6	
Mg^{2+}	0,80 Å	6	
Fe^{3+}	0,73 Å	6	OH^- 1,32 Å
Ti^{4+}	0,69 Å	6	
Al^{3+}	0,61 Å	4,6	F^- 1,25 Å
Si^{4+}	0,34 Å	4	
C^{4+}	0,15 Å	3	

Abb. 174. *Ionenradien und Ionenkoordination* gegenüber O^{2-} in gesteinsbildenden Mineralen (aus KRAUSKOPF, 1979, Fig. 5.3, nach Daten von WHITTACKER und MUNTIN, 1970). (Diese Werte sind die sog. *oktaedrischen* Radien, ermittelt unter der Annahme, daß das betreffende Ion oktaedrische Koordination besitzt. Oktaedrische Koordination ist für Kationen in den Mineralen am meisten verbreitet. Diese Werte sind außerdem Durchschnittswerte)

phen) jungpaläozoischen Basalt in Mitteleuropa, der normalerweise die Mafite Pyroxen und Olivin führt: Entsprechend ist der Name in der Tafel gesetzt. In Klammern befinden sich alle schwach metamorphen Vulkanite, die früher ohne Einschränkung zu den magmatischen Gesteinen gerechnet wurden, wie z. B. Melaphyr, Diabas, Porphyrit oder Quarzporphyr.

Den *weißen Feldern* gehören an SiO_2 *unter*sättigte Magmatite an, die deshalb an SiO_2 untersättigte Gemengteile führen wie Olivin und/oder Feldspatoide. Die *hellroten Felder* enthalten an SiO_2 *gesättigte* Magmatite ohne freien Quarz. Die *roten Felder* beinhalten Magmatite, die chemisch an SiO_2 *über*sättigt sind und deshalb stets freien Quarz führen. Von links oben nach rechts unten nimmt bei den aufgeführten Magmatiten der SiO_2-Gehalt entsprechend zu.

Latit als erwähnenswerte Vulkanitbezeichnung ist in diesem Schema nicht aufgeführt. Er kann seinem Mineralbestand nach als Vulkanitäquivalent des Monzonits angesehen werden.

Anhang 475

Tafel 1
Subalkaline Vulkanite

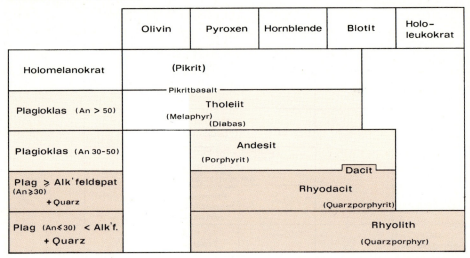

Subalkaline Plutonite

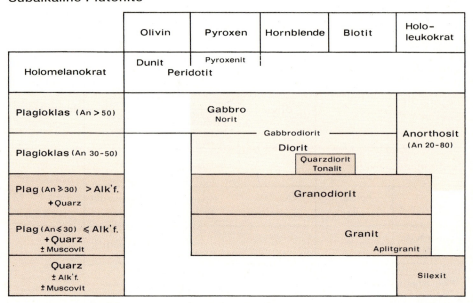

Tafel 2

Alkali-Vulkanite

		Olivin	± Biotit (Lepidomelan) c		Hololeukokrat
			Na-Pyroxen ± Titanaugit ±diopsidischer Augit	Na-Amphibol Hornblende	
Holomelanokrat					
Plag (An 50-70) ⩒ Alk'f.	Foide		Nephelinit Leucitit Nephelinbasanit Leucitbasanit Nephelintephrit Leucittephrit Alkaliolivinbasalte tephritischer Phonolith		
Alkalifeldspat			Phonolith Noseanphonolith Leucitphonolith		
Alk'f. >Plag (20-30)			Trachyt		
Alk'f. ≫Plag +Quarz			Pantellerit Comendit Alkalirhyolith		

Alkali-Plutonite

		Olivin	± Biotit (Lepidomelan)		Hololeukokrat
			Na-Pyroxen ± Titanaugit ±diopsidischer Augit	Na-Amphibol Hornblende	
Holomelanokrat			Jacupirangit		
	Foide: Nephelin		Foidit Ijolith		
Plag (An 40-60) ± Alk'f.	Nephelin			Theralith	
Plagioklas ⩾Alk'f.			Essexit Monzonit		
Alkalifeldspat	Nephelin Foide: Sodalith		Shonkinit Nephelinsyenit Foyait Sodalithsyenit		
Alk'f. ≫Plag			Larvikit (Alkali)syenit Nordmarkit		
Alk'f. ≫Plag +Quarz			Alkaligranit		

Literatur- und Quellenverzeichnis

(*) Zur Ergänzung oder anschließenden Weiterbildung geeignet

Einführung und Teil I (allgemeine, spezielle und angewandte Mineralogie)

*Bambauer HU (1988) Feldspäte – Ein Abriß. Neues Jahrb Mineral Abh 158: 117–138
*Bank H (1971) Aus der Welt der Edelsteine, 2. Aufl. Pinguin, Innsbruck
*Betechtin AG (1957) Lehrbuch der speziellen Mineralogie, 2. Aufl. VEB Technik und Porta-Verlag, Berlin München
  Blankenburg HJ (1978) Quarzrohstoffe. VEB Deutscher Verlag für Grundstoffindustrie, Leipzig
*Borchardt-Ott W (1993) Crystallography. An introduction (translated from the German by RO Gould). Springer, Berlin Heidelberg New York
  Bundesanstalt für Geowissenschaften und Rohstoffe (1980) Rohstoffwirtsch Länderber XXV, Hannover
  Burns RG (Hrsg) (1979) Marine minerals. Rev Mineral, Bd VI. Mineral Soc Am Washington
*Correns CW (1968) Einführung in die Mineralogie, 2. Aufl. Springer, Berlin Heidelberg New York (Nachdruck 1981)
  Eppler W (1989) Praktische Gemmologie, 3. Aufl. Rühle-Diebener-Verlag, Stuttgart
  Ernst WG (1976) Petrologic phase equilibria. Freeman, San Francisco
*Evans RC (1964) An introduction to crystal chemistry, 2 nd edn. Cambridge University Press, Cambridge
  Flörke OW, Graetsch H, Miehe G (1985) Die nicht- und mikrokristallinen SiO_2-Minerale – Struktur, Gefüge und Eigenschaften. Mitt Österr Miner Ges 130: 103–108
  Goldschmidt V (1913–1923) Atlas der Kristallformen, Bd. 9. Carl Winter, Heidelberg
  Goldsmith JR, Heard HC (1961) Subsolidus phase relations in the system $CaCO_3$-$MgCO_3$. J Geol 69: 45–74
  Grim RE (1953) Clay mineralogy. McGraw-Hill, New York
*Heim D (1990) Tone und Tonminerale. Enke, Stuttgart
*Hochleitner R, von Philipsborn H, Weiner KL, Rapp K (1996) Minerale Bestimmen nach äußeren Kennzeichen, 3. Aufl. E. Schweizerbart'sche Verlagsbuchhandlung, Stuttgart
  Hurlbut CH (1959) Dana's manual of mineralogy, 17th edn Wiley, New York
*Hurlbut CS Jr, Klein C (1977) Manual of mineralogy, 19th edn Wiley, New York
*Kleber W (1990) Einführung in die Kristallographie, 17. Aufl. Verlag Technik, Berlin
  Klemd R (1989) Flüssigkeitseinschlüsse (Hinweise auf die Bildungsbedingungen von Lagerstätten). Geowissenschaften 6: 182–186
  Klemd R, Bröcker M, Schramm J (1995) Characterisation of amphibolite-facies fluids of Variscan eclogites from the Orlica-Snieznik dome (Sudetes, SW Poland). Chem Geol 119: 101–113
*Kommission für Technische Mineralogie (1973) Mineralogie und Technik. Dtsch Ges Mineral (Hrsg), Bonn
  Leeder O, Thomas R, Klemm W (1987) Einschlüsse in Mineralien. Enke, Stuttgart
*Liebau F (1985) Structural chemistry of silicates, structure, bonding, and classification. Springer, Berlin Heidelberg New York
  Morimoto N (1988) Nomenclature of pyroxenes. Min Mag 52: 535–550
  Morse SA (1970) Alkali feldspars with water at 5 kb pressure. J Petrol 11: 234

*Nickel E (1992) Grundwissen in Mineralogie, Teil 1. Grundkursus, 4. Aufl. Ott, Thun, München

Niggli P (1927) Tabellen zur allgemeinen und speziellen Mineralogie. Gebr Borntraeger, Berlin

Philipsborn H v (1955) Sprachfragen in der Kristallographie und Mineralogie. Sprachforum. Z Angew Sprachwiss F 3/4: 245–257

*Phillips WJ, Phillips N (1980) An introduction to mineralogy for geologists. Wiley, New York

*Ramdohr P, Strunz H (1978) Klockmanns Lehrbuch der Mineralogie, 16. Aufl. Enke, Stuttgart

*Rath R (1990) Mineralogische Phasenlehre. Enke, Stuttgart

Referat Presse und Information (1979 a) Mineralogische Rohstoffe. Bundesminist Wirtsch (Hrsg), Bonn

Referat Presse und Information (1979 b) Keramische Rohstoffe – Steine, Erden und Industrieminerale. Bundesminist Wirtsch (Hrsg), Bonn

Ribbe PH (Hrsg) (1974) Sulfide mineralogy, Bd I. Rev Mineral. Mineral Soc Am Washington

Robinson DN (1978) The characteristics of natural diamond and their interpretation. Minerals Sci Eng 10 (2): 56–72

Roedder E (1984) Fluid inclusions, reviews in mineralogy. Mineral Soc Am 12

*Rösler HJ (1991) Lehrbuch der Mineralogie, 5. Aufl. Enke, Stuttgart

*Rykart R (1971) Bergkristall. Ott, Thun, München

*Schröcke H, Weiner KL (1981) Mineralogie. Ein Lehrbuch auf systemischer Grundlage. de Gruyter, Berlin

Schreyer W (1976) Hochdruckforschung in der modernen Gesteinskunde. Rhein Westf Akad, Westd Verlag, Opladen, Vorträge N 259

*Schüller A (1960) Die Eigenschaften der Minerale, I. Teil, Mineralbestimmung. Akademie-Verlag, Berlin

*Schüller A (1954) Die Eigenschaften der Minerale, II. Teil, Mineralchemische Tabellen. Akademie-Verlag, Berlin

Searle AB, Grimshaw RW (1959) The chemistry and physics of the clays, 3 rd edn. Ernest Benn Limited, London

Shepherd TJ, Rankin AH, Alderton DHM (1985) A practical guide to fluid inclusion studies. Blackie, Glasgow London

Smith JV (1974) Lunar mineralogy: a heavenly detective story presidential address, part 1. Am Mineral 59: 231–243

Smith JV (1988) Feldspar minerals, Bd I, II, 2 nd edn. Springer, Berlin Heidelberg New York

Smyth JR, Bish DL (1987) Crystal structures and cation sites of the rock-forming minerals. Allen & Unwin, London

*Strübel G (1995) Mineralogie, Grundlagen und Methoden. Eine Einführung für Geowissenschaftler, Chemiker, Physiker, Berg- und Hüttenleute, 2. Aufl. Enke, Stuttgart

Strunz H (1957, 1978) Mineralogische Tabellen, 3, 7. Aufl. Akademische Verlagsges Geest & Portig, Leipzig

Tröger WE (1969) Optische Bestimmung der gesteinsbildenden Minerale, Teil 2, Testband. E Schweizerbart'sche Verlagsbuchhandlung, Stuttgart

Wilke KTh (1973) Kristallzüchtung. VEB Verlag, Berlin

Winkler HGF (1955) Struktur und Eigenschaften der Kristalle, 2. Aufl. Springer, Berlin Göttingen Heidelberg

Whittacker RA, Muntin R (1970) Ionic radii for use in geochemistry. Geochim Cosmochim Acta 34: 952–956

*Zemann J (1966) Kristallchemie, Bd 1220/1220 a, Sammlung Göschen. de Gruyter, Berlin

Teil II (Petrologie, Lagerstättenkunde, Geochemie)

Amstutz GC (1974) Spilites and spilitic rocks. Springer, Berlin Heidelberg New York

Ashworth JR, Brown M (Edit) (1990) High-temperature metamorphism and crustal anatexis. Unwin Hyman, London

Bailey DK, MacDonald R (1976) The evolution of the crystalline rocks. Academic Press, London New York
*Barker DS (1983) Igneous rocks. Prentice-Hall, Englewood Cliffs
Barnes HL (1979) Geochemistry of hydrothermal ore deposits, 2nd edn. Wiley, New York
Barth T, Correns CW, Eskola P (1939) Die Entstehung der Gesteine. Springer, Berlin
Barth TFW (1951) Theoretical petrology. Wiley, New York
*Baumann L, Nikolsky IL, Wolf M (1979) Einführung in die Geologie und Erkundung von Lagerstätten. Verlag Glückauf, Essen
Beck R (1959) Ozeanische Salzlagerstätten. Gebr Borntraeger, Berlin
*Best MG (1982) Igneous and metamorphic petrology. Freeman, San Francisco
Borchert H (1959) Ozeanische Salzlagerstätten. Gebr Borntraeger, Berlin
Bowen NL (1956) The evolution of the igneous rocks. Dover Publ, New York
*Braitsch O (1962) Entstehung und Stoffbestand der Salzlagerstätten. Springer, Berlin Göttingen Heidelberg
*Brownlow AH (1979) Geochemistry. Prentice-Hall, Englewood Cliffs
*Bucher K, Frey M (1994) Petrogenesis of metamorphic rocks, 6th edn. Springer, Berlin Heidelberg New York
Carmichael JSE, Turner FJ, Verhoogen J (1974) Igneous petrology. McGraw-Hill, New York
Correns CW (1968) Einführung in die Mineralogie, 2. Aufl. Springer, Berlin Heidelberg New York (Nachdruck 1981)
Deer W, Howie RA, Zussman J (1978) Rock-forming minerals, vol 2A: Single-chain silicates, 2nd edn. Longman, London – (1982) vol 1A: Orthosilicates. Longman, London New York – (1986) vol 1B: Disilicates and ring silicates, 2nd edn. Longman, London New York – (1991) 1st edn
*Degens ET (1968) Geochemie der Sedimente. Enke, Stuttgart
Ebadi A, Johannes W (1991) Beginning of melting and composition of first melts in the system Qz–Ab–Or–H_2O–CO_2. Contrib Mineral Petrol 106: 286–295
*Ehlers EG (1972) The interpretation of geological phase diagrams. Freeman, San Francisco
Engelhardt W v (1960) Der Porenraum der Sedimente. Springer, Berlin Göttingen Heidelberg
Engelhardt W v (1973) Teil III. Die Bildung von Sedimenten und Sedimentgesteinen
Engelhardt W v, Füchtbauer H, Müller G (1973) Sediment-Petrologie. E Schweizerbart'sche Verlagsbuchhandlung, Stuttgart
Ernst TH, Schorer G (1966) Die Pyroxene des "Maintrapps", einer Gruppe tholeiitischer Basalte des Vogelsberges. Neues Jahrb Mineral Monatsh 108–130
Ernst WG (1975) Metamorphism and plate tectonic regimes. Dowden Hutchinson Ross, Stroudsberg Pa
*Ernst WG (1976) Petrologic phase equilibria. Freeman, San Francisco
*Ernst WG (1977) Bausteine der Erde. Geowissen Kompakt, Bd III (aus dem Engl übersetzt von H Jeziorkowski). Enke, Stuttgart
Erzinger J (1989) Chemical alteration of the oceanic crust. Geol Rundsch 78: 731–740
Evans AM (1980) An introduction to ore geology (Geoscience texts, Bd 2). Elsevier, Amsterdam New York
*Evans AM (1992) Erzlagerstättenkunde (aus dem Engl übersetzt von U Neumann & G Larsen). Enke, Stuttgart
*Fisher RV, Schmincke H-U (1984) Pyroclastic rocks. Springer, Berlin Heidelberg New York
Fitton JG, Upton BGJ (1987) Alkaline igneous rocks. Geol Soc Spec Publication No 30. Blackwell, Oxford London
Flint RF, Skinner BJ (1974) Physical geology. Wiley, New York
Friedman GM, Sanders E (1978) Principles of sedimentology. Wiley, New York
Fritsch W, Meixner H, Wieseneder H (1967) Zur quantitativen Klassifikation der kristallinen Schiefer. Neues Jahrb Mineral Monatsh 364–376
Füchtbauer H (1988) Sedimente und Sedimentgesteine, 4. Aufl
*Gill RCO (1993) Chemische Grundlagen der Geowissenschaften. Enke, Stuttgart

*Gillen C (1982) Metamorphic geology: an introduction to tectonic and metamorphic processes. Allen & Unwin, London
Goldschmidt VM (1911) Die Kontaktmetamorphose im Kristianiagebiet. Vidensk Skr I. Mat-Naturwiss Kl 11: 405
Gottardi G, Galli E (1985) Natural zeolites. Springer, Berlin Heidelberg New York
*Greensmith JT (1978) Petrology of the sedimentary rocks, 6. Aufl. Allen & Unwin, London
Grubenmann U, Niggli P (1974) Die Gesteinsmetamorphose, 1 Allg Teil. Gebr Borntraeger, Berlin
Guilbert JM, Park CF Jr (1986) The geology of ore deposits. Freeman & Co, Oxford New York
*Hall A (1996) Igneous Petrology, 2nd edn. Longman, London
*Hamblin WK (1992) Earth's dynamic systems: a textbook in physical geology, 6th edn. Macmillan Publishing Company, New York
Harker A (1932) Metamorphism. Methuen, London
*Hatch FH, Wells AK, Wells MK (1972) Petrology of the igneous rocks. Murby, London
*Herrmann AG (1981) Grundkenntnisse über die Entstehung mariner Salzlagerstätten. Aufschluß 32: 45–72
Hess PC (1989) Origin of igneous rocks. Harvard Universität Press, Cambridge, Massachusetts
Holtz F, Behrens H, Dingwell DB, Taylor R (1992) Water solubility in aluminosilicate melts of haplogranitic compositions at 2 kbar. Chem Geol 96: 289–302
Hurblut CS Jr, Klein C (1977) Manual of mineralogy, 17th edn. Wiley, New York
*Hyndman DW (1972) Petrology of igneous and metamorphic rocks. McGraw-Hill, New York
Irvine TN (1982) Terminology for layered intrusions. J Petrol 23: 127–162
Jensen ML, Bateman AM (1979) Economic mineral deposits, 3rd edn. Wiley, New York
Johannes W (1984) Beginning of melting in the granite system Qz – Or – Ab – An – H_2O. Contrib Mineral 86: 264–273
Johannes W (1988) What controls partial melting in migmatites. J Metamorph Geol 6: 451–465
Johannes W, Holtz F (1996) Petrogenesis and Experimental Petrology of Granitic Rocks. Springer, Heidelberg Berlin New York
*Karl Fr (1964) Anwendung der Gefügekunde in der Petrotektonik. Ellen Pilger, Clausthal-Zellerfeld
*Krauskopf KB (1979) Introduction to geochemistry, 2nd edn. McGraw-Hill, New York
Kühn R (1956) Die Nitratgesteine der chilenischen Salpeterwüste. Kali-Briefe, Fachgebiet 17, 8. Folge, Bern
Kühn R (1979) Diagenese in evaporiten. Geol Rundsch 68: 1066–1075
Kushiro I (1972) New method of determining liquidus boundaries with conformation of incongruent melting of diopside and existence of iron-free pigeonite at 1 atm. Carnegie Inst Washington Yearb 71: 605, Fig 144
Lippmann F (1977) Diagenese und beginnende Metamorphose bei Sedimenten. Bull T LVI Acad Serbe Sci Arts Sci Nat No 15
Luth WD, Jahns RH, Tuttle OF (1964) The granite system at pressures of 4 to 10 kilobars. J Geophys Res 69: 759–773
Le Maitre RW (ed) (1989) A classification of igneous rocks and glossary of terms, recommendations of the International union of geological sciences, subcommission on the systematics of igneous rocks. Blackwell, Oxford London
*Mason B, Moore CB (1982) Principles of geochemistry (deutsche Übersetzung und Bearbeitung Hintermaier-Erhard G (1985) Grundzüge der Geochemie). Enke, Stuttgart
*Mason R (1989) Petrology of the metamorphic rocks, 2nd edn. Unwin Hyman, London
*Mehnert KR (1971) Migmatites and the origin of granitic rocks, 2nd edn. Elsevier, Amsterdam New York
Mehnert KR (1972) Granulites. Results of a discussion II. Neues Jahrb Mineral Monatsh 139–152
*Middlemost EAK (1985) Magmas and magmatic rocks. An introduction to igneous petrology. Longman, London New York

*Miyashiro A (1973) Metamorphism and metamorphic belts. Allen & Unwin, London
Miyashiro A (1980) Metamorphism and plate convergence. In: Strangway DW (ed) The continental crust and its mineral deposits. Geol Assoc Can Spec Pap 20
*Miyashiro A (1994) Metamorphic petrology. UCL Press, London
*Möller P (1986) Anorganische Geochemie, Eine Einführung. Heidelberger Taschenbücher, Bd 240. Springer, Berlin Heidelberg New York
*Morse SA (1980) Basalts and phase diagrams. Springer, Berlin Heidelberg New York
Mueller RF, Saxena K (1977) Chemical petrology. Springer, Berlin Heidelberg New York
*Müller G, Braun E (1977) Methoden zur Berechnung von Gesteinsnormen. Ellen Pilger, Clausthal-Zellerfeld
*Nickel E (1983) Grundwissen in Mineralogie, Teil 3, Aufbaukursus Petrographie, 2. Aufl. Ott, Thun, München
Niggli P (1937) Das Magma und seine Produkte, Teil 1. Akademische Verlagsges, Leipzig
Nockolds SR (1954) Average chemical composition of some igneous rocks. Bull Geol Soc Am 65: 1007–1032
*Nockolds SR, Knox RWO'B, Chinner GA (1978) Petrology for students. Cambridge University Press, Cambridge
*Park ChF, Mac Diarmid RA (1975) Ore deposits, 3 rd edn. Freeman, Oxford
*Petrascheck WE, Pohl W (1992) Lagerstättenlehre, 4. Aufl. E Schweizerbart'sche Verlagsbuchhandlung, Stuttgart
*Pettijohn FJ (1975) Sedimentary rocks, 3 rd edn. Haper & Brothers, New York
*Philpotts AR (1990) Principles of igneous and metamorphic petrology. Prentice Hall, Englewood Cliffs
*Pichler H, Schmitt-Riegraf C (1993) Gesteinsbildende Minerale im Dünnschliff, 2. Aufl. Enke, Stuttgart
Piwinskii AJ, Wyllie PJ (1970) Experimental studies of igneous rock series: Felsic body suite from the Needle Point Pluton, Wallowa Natholith, Oregon. J Geol 78: 52–76
Ringwood AE (1979) Origin of the earth and the moon. Springer, Berlin Heidelberg New York
*Rittmann A (1981) Vulkane und ihre Tätigkeit, 3. Aufl. Enke, Stuttgart
Rosenbusch H, Osann A (1923) Elemente der Gesteinslehre. E Schweizerbart'sche Verlagsbuchhandlung, Stuttgart
Sander B (1950) Einführung in die Gefügekunde der geologischen Körper, 2. Teil: Die Korngefüge. Springer, Wien
Sawarizki AN (1954) Einführung in die Petrochemie der Eruptivgesteine. Akademie-Verlag, Berlin
*Sawkins (1990) Metal deposits in relation to plate tectonics, 2 nd edn. Springer, Berlin Heidelberg New York
*Scharbert HG (1984) Einführung in die Petrologie und Geochemie der Magmatite. Bd I: Allgemeine Probleme der magmatischen Petrologie und Geochemie. Franz Deutiche, Wien
*Scheffer Fr (1966) Lehrbuch der Bodenkunde, 6. Aufl. Enke, Stuttgart
Schmincke H-U (1982) Vulkane und ihre Wurzeln. Rhein Westf Akad Wiss, Westd Verlag, Opladen, Vorträge N 315: 35–78
*Schmincke H-U (1986) Vulkanismus. Wissenschaftl Verlagsges, Darmstadt
Schneiderhöhn H (1941) Lehrbuch der Erzlagerstättenkunde, Bd I. Lagerstätten der magmatischen Abfolge. Fischer, Jena
Schneiderhöhn H (1961) Die Erzlagerstätten der Erde, Bd II. Die Pegmatite. Fischer, Stuttgart
Schneiderhöhn H (1962) Erzlagerstätten, Kurzvorlesungen zur Einführung und zur Wiederholung, 4. Aufl. Fischer, Stuttgart
Schreyer W (1973) Whiteschist: a high-pressure rock and its geologic significance. J Geol 81: 735–739
Schreyer W (1976) Hochdruckforschung in der modernen Gesteinskunde. Rhein Westf Akad, Westd Verlag, Opladen, Vorträge N 259
Schreyer W (1988) Subduction of continental crust to mantle depth: petrological evidence. Episodes 11: 97–104

Schröcke H (1973) Grundlagen der magmatischen Lagerstättenbildung. Enke, Stuttgart
Seifert F (1978) Bedeutung und Nachweis von thermodynamischem Gleichgewicht und die Interpretation von Ungleichgewichten. Fortschr Mineral 55: 111–134
*Sood MK (1981) Modern igneous petrology. A Wiley interscience publication. Wiley, New York
*Spry A (1969) Metamorphic textures. Pergamon Press, Oxford
Stanton RL (1972) Ore petrology. McGraw-Hill, New York
Streckeisen A (1967/1974/1976/1980) Classification and nomenclature of igneous rocks. Neues Jahrb Mineral Abh 107: 144–214, Geol Rundsch 63: 773–786, Geol Rundsch 69: 194–207, Earth Sci Rev 12: 1–33
Thompson JB (1957) The graphical analysis of mineral assemblages in peltic schists. Am Mineral 42: 842–858
Tröger WE (1935) Spezielle Petrographie der Eruptivgesteine. Ein Nomenklatur-Kompendium. Berlin: Dtsch Mineral Ges (Neudruck 1969 mit Nachtrag, Verlag Schweizerbart in Komm)
*Tröger WE (1969) Optische Bestimmung der gesteinsbildenden Minerale, Teil 2, Textband. E Schweizerbart'sche Verlagsbuchhandlung, Stuttgart
*Tucker ME (deutsche Übersetzung: M Schöttle) (1985) Einführung in die Sedimentpetrologie. Enke, Stuttgart
Turekian KF (1976) Oceans, 2nd edn. Prentice Hall, Englewood Cliffs
*Turner FJ, Weiss LE (1963) Structural analysis of metamorphic tectonites. McGraw-Hill, New York
*Turner FJ (1968) Metamorphic petrology. McGraw-Hill, New York
Tuttle OF, Bowen NL (1958) Origin of granite in the light of experimental studies in the system $NaAlSi_3O_8 - KAlSi_3O_8 - SiO_2 - H_2O$. Geol Soc Am Mem 74: 1–153
Usdowski H-E (1967) Die Genese von Dolomit in Sedimenten. Springer, Berlin Heidelberg New York
Valeton I (1972) Bauxites. Elsevier, Amsterdam New York
Velde B (1995) Origin and Mineralogy of Clays. Clays and the Environment. Springer, Berlin Heidelberg New York
Vernon RH (1976) Metamorphic processes. Allen & Unwin, London
Waard D de (1973) Classification and nomenclature of felsic and mafic rocks of high-grade regional-metamorphic terrains. Neues Jahrb Mineral Monatsh 381–392
*Wedepohl H (1967) Geochemie, Bd 1224/1224a/b, Sammlung Göschen. de Gruyter, Berlin
Wedepohl KH (1969) Composition and abundance of common igneous rocks. In: Wedepohl KH (ed) Handbook of geochemistry. Springer, Berlin Heidelberg New York
Weise E, Uhlemann A (1914) Geologische Karte von Sachsen, Bl. Nr. 143
Will Th (1998) Phase Equilibria in Metamorphic Rocks. Thermodynamic Background and Petrological Applications. Springer, Berlin Heidelberg New York
*Wilson M (1989) Igneous petrogenesis. Unwin Hyman, London
*Wimmenauer W (1985) Petrographie der magmatischen und metamorphen Gesteine. Enke, Stuttgart
*Winkler HGF (1979) Petrogenesis of metamorphic rocks, 5th edn. Springer, Berlin Heidelberg New York
Wyllie PJ (1971) Experimental limits for melting in the Earth's crust and upper mantle. Geophys Monogr Ser 14: 279–301
Yardley BWD (1989) An introduction to metamorphic petrology. Longman, London New York
*Yardley BWD, Mackenzie WS, Guilford C (1992) Atlas metamorpher Gesteine und ihrer Gefüge in Dünnschliffen (aus dem Engl übersetzt von L Franz & B Bühn). Enke, Stuttgart
*Yoder HS Jr (1976) Generation of basaltic magma. Nat Acad Sci, Wasghinton DC
Yoder HS Jr (Hrsg) (1979) The evolution of igneous rocks. Princeton University Press, Princeton
Yoder HS, Tilley CF (1962) Origin of basaltic magmas: an experimental study of natural and synthetic rock systems. J Petrol 3: 342–532

Teil III (Erde, Mond, Meteorite)

Bell PM (1979) Ultra-high-pressure experimental mantle mineralogy. Rev Geophys Space Phys 17: 788–791
Brown GC, Musett AE (1993) The inaccessible Earth. 2nd edn. Chapman & Hall, London
Chappell BW, White AJR (1974) Two contrasting granite types. Pac Geol 8: 173–174
*Engelhardt W v (1982) Die Gesteine des Mondes. Sterne 58 H 6: 339–351
Ernst WG (1976) Petrologic phase equilibria. Freeman, San Francisco
Evans AM (1980) An introduction to ore geology. Geoscience texts, vol 2. Elsevier, Amsterdam New York
Fielder G, Wilson L (1975) Volcanoes of the earth, moon, and mars. St Martin's Press, New York
*Frisch W, Loeschke J (1993) Plattentektonik, 3. Aufl. Wissenschaftliche Buchhandelsgesellschaft, Darmstadt
Gillen C (1982) Metamorphic geology: an introduction to tectonic and metamorphic processes. Allen & Unwin, London
*Guest JE, Greeley R (1979) Geologie auf dem Mond (übersetzt von W v Engelhardt). Enke, Stuttgart
*Heide F (1988) Kleine Meteoritenkunde, 3. Aufl. Springer, Berlin Heidelberg New York
*Mason B, Melson G (1970) The lunar rocks. Wiley-Interscience, New York
*Nisbet EG (1987) The young earth. An introduction to archean geology. Allen & Unwin, London
*Press F, Siever R (1982) Earth, 3rd edn. Freeman, San Francisco
*Ringwood AE (1975) Composition and petrology of the earth's mantle. McGraw-Hill Int Ser Earth Planet Sci. McGraw-Hill, New York
*Ringwood AE (1979) Origin of the earth and moon. Springer, Berlin Heidelberg New York
Ringwood AE (1982) Phase transformations and differentiation in subducted lithosphere: implications for mantle dynamics, basalt petrogenesis, and crustal evolution. J Geol 90: 611–643
*Sawkins FJ (1984) Metal deposits in relation to plate tectonics (Minerals and rocks, vol 17). Springer, Berlin Heidelberg New York
Smith JV (1974) Lunar mineralogy: a heavenly detective story presidential address, part 1. Am Mineral 59: 231–243
Smithson SB, Brown StK (1967) A model for lower continental crust. Earth Planet Sci Lett 35: 134–144
*Strobach K (1991) Unser Planet Erde. Ursprung und Dynamik. Gebr Borntraeger, Berlin
Taylor StR (1975) Lunar science: a post-apollo view. Pergamon Press, New York
*Wyllie PJ (1971) The dynamic earth: textbook in geosciences. Wiley, New York

Sachverzeichnis

A-Horizont 308
A-Typ-Granit 251
Aa-Lava 221
Ablagerung 320 ff.
ACF-Diagramm 386, 388 f., 397 f., 403
–, Epidot-Amphibolitfacies 398
–, Gesteinsgruppen 398
–, Granulitfacies 403
–, Grünschieferfacies 398
–, hochgradierte Amphibolitfacies 403
–, Hornblende-Hornfelsfacies 403
–, niedriggradierte Amphibolitfacies 398
–, Pyroxenhornfelsfacies 388
Achat 68, 206, 298
Achatgeode 298
Achatmandel 298
Achondrit 472
Acmit 130, 135 f., 193, 250
Additionsmischkristalle 82
Adinolfels 362, 434
Adinolit 362, 368, 434
Adular 151, 160, 163
Adulartracht 163, 324
Affine Durchbewegung 423
AFM-Diagramm 489 ff.
AFM-Dreieck 230
AFM-Projektion 391
Agglomerat 214
Ägirin 130, 136, 250
Ägirinaugit 130, 136
Akanthit 32 f., 289, 292, 311, 315
A'KF-Diagramm 386 f., 391, 397 f., 403
–, Epidot-Amphibolitfacies 398
–, Gesteinsgruppen 397
–, Granulitfacies 403
–, Grünschieferfacies 398
–, hochgradierte Amphibolitfacies 403
–, Hornblende-Hornfelsfacies 403
–, niedriggradierte Amphibolitfacies 398
Akkumulation 224, 267 f.
Aktinolith 67, 137 f.
Al-Hydroxidlöslichkeit 306

Al_2SiO_5-Gruppe 113, 119 f., 385
Albit 136, 151, 153 ff., 164 f., 187, 193 f., 225, 227, 236 f., 239, 244, 252, 272, 324, 339, 383, 385, 394, 398 f., 407, 435
–, Mischkristallreihe 164
Albit-Epidot-Amphibolitfacies 393
Albit-Epidot-Hornfelsfacies 393, 404
Albitgesetz 159, 162, 164, 198 f.
Albitphyllit 369
Albittyp 165
Alkalibasalt 210, 245, 408
–, Schmelzbeginn 261
Alkalibasaltschmelze 449
Alkalibasaltvorkommen 448
Alkalifeldspat 151 ff., 161 f., 181, 185, 187, 190, 207 f., 227, 254 ff., 324
Alkalifeldspatgranit 186, 207
Alkalifeldspatrhyolith 186
Alkalifeldspatsyenit 186, 188, 207 f.
Alkalifeldspattrachyt 186, 188
Alkaligabbro 208
Alkaligranit 207, 273, 476
Alkalimagmatismus an Riftzonen 462
Alkali-Magmatite 196, 206 ff., 210, 473, 476
Alkalimetasomatose 361, 432 f.
Alkaline Serie 229
Alkaliolivinbasalt 210, 249, 476
Alkaliolivinbasaltisches Magma 247, 249
Alkaliplutonit 476
Alkalireihe 195
Alkalirhyolith 476
Alkalisyenit 207, 476
Alkalivulkanit 476
Allitische Verwitterung 309
Allochemisch 355
Allochromatisch 79
Allochthon 308
Allophas 353
Almadén 293
Almandin 118, 401 f., 403 f.
Alnögebiet 212
Alte Schilde 364, 456, 463 f.

Altenberger Zwitterstock 276 f.
Altersbestimmung 8, 117
Aluminat 111
Aluminatspinell 76
Alumogel 305
Alumohydrosilikat 307
Alunitisierung 435
Amalgam 15, 22
Amazonenstein 162
Amblygonit 274
Amethyst 67
Amphibol 67, 128f., 131, 137, 139, 181, 187, 209, 212
Amphibol-Gruppe 112, 137
Amphibolasbest 67
Amphibolit 263, 371, 399, 400ff., 430
Amphibolitfacies 393ff., 400ff., 418, 426
Analcim 169
Anatas 72
Anatexis 247, 251, 257ff., 351, 417, 426ff., 464
Anchimetamorphose 351
Andalusit 113, 119f., 181, 250, 367, 382ff., 403, 405
Andalusit/Sillimanit 384
Andesin 152, 165, 227
Andesit 186, 188, 191, 202, 204, 229, 460, 475
Andesitmagma 228
Andradit 118
Anglesit 97, 99, 316
Anhydrit 97, 99f., 324, 345
Anhydritgestein 80
Anionengruppen 13
Ankerit 83, 94, 295
Annabergit 48
Anorthit 151, 157, 164, 166, 193, 226, 234ff., 252, 260
Anorthoklas 152, 159f., 164, 187, 207ff.
Anorthosit 188, 189, 199, 268, 464, 475
Anthophyllit 112, 137f., 403, 405
Anthophyllitasbest 138
Antigorit 143, 146f., 383, 396, 405
Antigoritstruktur 147
Antimon 15, 22, 23, 292f.
Antimon-Quecksilber-Lagerstätten 285, 293
–, hydrothermale 285
Antimonfahlerz 50f.
Antimonglanz 41, 293
Antimonit 41f., 284, 293
Antimonsilberblende 49f.
Antiperthit 152
Antiperthitische Entmischung 154
Antistreßmineral 354
Apatit 105f., 181, 187, 193, 198, 199, 205, 207ff., 274, 325

Aplit 184, 190
Aplitgranit 258, 475
Apomagmatisch 280
Apophyllit 288
Aquamarin 125
Aragonit 83, 89f., 345, 407f.
–, Stabilität 91
Aragonitreihe 83, 89
Arfvedsonit 137, 140, 208
Argentit 32f., 289, 292
Argyle Mine 26
Arkose 318, 326
Arsen 15, 23, 292
Arsen-Gruppe 15
Arsenat 14, 105ff.
Arsenfahlerz 50f.
Arsenid 14, 31, 34f., 41f., 49, 293
Arsenkies 41, 46
Arsenopyrit 16, 41, 46, 282, 284, 288
Arsensilberblende 49f.
Asbest 140
Asbolan 311
Aschentuffe 214
Assimilation 232
Asteroidengürtel 2, 471
Asthenosphäre 453f.
Atlantische Sippe 195
Atombindung 31
Aufschmelzung
  von Mantelmaterial 231, 246ff.
–, selektive 418
A-Type-Granit 251
Augit 130, 134f., 190, 198, 199, 203ff., 209, 210, 242ff.
Augitdiorit 199
Augitgranit 198
Auripigment 52
Ausblühung 305
Ausscheidungssediment 318
authigen 163
autochthon 308
Autometamorphose 355
Autometasomatose 355, 431, 434f.
Autopneumatolyse 435
Aventurinquarz 68
Azurit 83, 95, 313

B-Horizont 308
Babylonquarz 67
Bad Grund 289
Balkeneisen 21, 472
Ballarat-Goldfeld 284
Bandeisen 21, 472
Bandjaspis 68

Bangka 277
Barkevikit 209
Barrentheorie 347
Barrow-Modell 374, 399, 402
Baryt 97 ff., 295 f., 324
Barytrosen 98
Basalt 181, 186, 188, 191, 243 ff., 245 ff., 397, 446, 449, 468
–, Verbreitung, globale 245
Basalteisenstein 310 f.
Basaltische Schmelzen 246
basaltischer Andesit 460
Basaltischer Augit 135
– Hornblende 139
Basaltjaspis 361
Basaltmagma 228, 249
Basaltmandelstein 205
Basaltsystem 236, 244
Basalttetraeder 210, 243 f.
Basanit 186, 210, 245
Basanitschmelze 449
Bastit 147
Batholith 184, 219
Baueritisierung 304
Bauxit 57, 307, 309 f.
Bavenoer
– Gesetz 159, 162, 164
– Zwilling 160
Beerbachit 367
Bendigo-Goldfeld 284
Benioffzone 364, 454
Bentonit 150, 215, 309
Berggold 17, 329
Bergkristall 6, 66
Berührungsparagenese 379
Beryll 124 ff., 273
Beryllpegmatit 273
Besshi-Typ 299
B-Horizont 308
Biegegleitfalten 425
Bilbao 295
Billiton 277
Bimsstein 204, 213 f.
Bindungskräfte in der Kristallstruktur 31
Bingham, Utah 287
Biotit 143, 145, 190, 194, 198 f., 203 ff., 206 ff., 209, 227 f., 272, 396 f., 399 ff., 402, 404 ff., 434
Biotitgabbro 199
Biotitzone 397
Bischofit 346
Bismuthin 291
Bitterspat 93
Blackbands 341
Blackwall-Reaktionen 434

Blastomylonit 363
Blätterserpentin 146 f.
Blätterspat 86
Blätterzeolith 170
Blattsilikat 140
Blauquarz 68
Blauschiefer 373
Blauschieferfacies 393, 406
Blauschlich 332
Blei-Silber-Zink-Lagerstätten 288
–, mesothermale 288
Bleiglanz 34
Bleischweif 34
Blenden 31
Blitzröhre 70
Blöcke 214, 319
Blocklava 221
Boden 148, 301, 308, 317
Böhmit 306 f., 309
Boliden 432
Bomben 214
Bor, Jugoslawien 287
Borate 345
Borax 345
Bormetasomatose 360, 432
Bornit 32 f., 39, 287, 288, 311, 314, 334
Bort 27
Boulder-Batholith 287
Bowen, Reaktionsprinzip 225 ff.
Brasilianer Gesetz 66
Braunbleierz 106
Brauneisenerz 310, 312, 317
Brauner Glaskopf 77, 310, 312, 317
Braunspat 94, 289
Braunstein 55, 74
Breccien 214, 318, 324 f., 362
–, In-situ- 362
–, pyroklastische 214
–, tektonische 362
Breunnerit 89
Brillantschliff 27
Broken Hill 299
Bronzit 130, 199 ff., 206, 374
Brookit 72
Bruchtektonik 219
Brucitschicht 146
B-Tektonit 422
Buchit 361
Buntkupfererz 311, 314
Buntkupferkies 32
Bushveld-Areal 268
Bushveld-Komplex 225, 465
Butte, Montana 287
Bytownit 152, 166, 227

C-Horizont 308
CAB 245
Calciostrontianit 91
Calcit 83f., 86f., 91, 175, 193, 205, 282, 324, 335, 338ff., 345, 379f., 396, 398ff., 458
–, Stabilität 91
Calcitmarmor 400
Calcitreihe 83ff.
Caliche 345
Carbonado 27
Carnallit 346
Carnallitit 347
Carnallitzersetzung 348
Carnotit 311
Cerfluorit 82
Cerussit 83, 91f., 316
Chabasit 151, 171, 209
Chalcedon 68, 205
Chalkopyrit 34, 38f., 45, 269f., 282, 284, 285, 287f., 294, 299, 312ff., 333f., 360, 432, 459
–, Kristallstruktur 39
Chalkosin 32, 39, 288, 313f. 315f., 334
Chamosit 146, 339
Charnockit 199, 371, 464
Chiastolith 119, 359
Chingolobwe 291
Chloanthit 41, 48
Chlorapatit 106
Chlorargyrit 311, 316
Chloride 297, 345
Chlorit 143, 146, 181, 205, 324, 334, 368, 373, 396ff., 399ff., 407f., 458
Chlorit-Gruppe 143, 146
Chloritoid 354, 397f.
Chloritzone 397
Chlormetasomatose 432
Chondren 471f.
Chondrit 449, 452, 471
Chromdiopsid 463
Chromeisenerz 55, 77
Chromeisenstein 77, 268
Chromit 55, 76f., 201, 212, 268, 463
Chromspinell 76, 201, 207, 268, 463
Chrysolith 115
Chrysopras 68
Chrysotil 143, 146f.
Chrysotilasbest 147f.
Chrysotilstruktur 147
Chuquicamata 287
Cinnabarit 34, 41, 293
CIPW-Norm 190f., 193
–, Standardminerale 193
Citrin 66
Clausius-Clapeyron-Gleichung 63, 383

Clausthaler Gangrevier 289
Claybands 341
Climax-Mine 278
Clinton-Eisenerz 340
Cobalt 293
Cobaltin 41, 47
Cobaltin-Chloanthit 292
Coelestin 97, 99
Coesit 59f., 70, 354, 363, 368, 395, 409f., 471
Colemanit 345
Columbit 273
Comendit 476
Comstock-Lode 286
Conrad-Diskontinuität 444
Cooperit 270
Cordierit 125f., 250f., 357, 367, 388, 403, 405f., 428
Covellin 33, 34, 39, 40, 288, 314f.
Cripple Creek 286
Cristobalit 59, 70, 134, 209, 240f., 242, 341, 469
Cu, Fe-Erze 299
Cummingtonit 137f., 398, 400
Cummingtonit-Grünerit-Reihe 137f.
Cuprit 39, 55f., 314ff.
Cyclosilikat 14, 111, 125f.

Dacit 186, 191, 204, 475
Dampfspannungskurve 265
Dauphinéer-Gesetz 64
Deccan-Trapp 216
Deformation 419, 423
Dehydratisierungsreaktion 382
Dekarbonatisierungsreaktion 354, 382
Demantoid 118
Dendriten 74
Desilizierung 233, 434
Desmin 151, 171, 395
Desmosit 362, 368
Detritus 324
Diabas 205, 298, 475
Diabasmandelstein 205
Diagenese 317, 322ff., 325, 334, 340, 348, 395
–, Kalkstein 340
–, Spätstadium 334
Diamant 15, 25ff., 218, 410, 463
–, Stabilität 29
–, Synthese 28
Diamantstruktur 26f.
Diaphthorese 355
diaplektische Gläser 369, 471
Diaspor 78, 306ff., 309
Diatexis 428
Diatexit 428

Diatomeenerde 342
Diatomeenschlamm 332
Diatomeenschlick 342
Diatreme 218, 463
Diffusion 252, 436
Diopsid 129 f., 134 f., 193, 207, 212, 234 ff., 240 f., 250, 367, 400 f., 405 f.
Diopsid-Hedenbergit-Reihe 130, 370
Dioptas 316
Diorit 181, 186, 188, 191, 197, 204, 475
Diskontinuierliche Reaktionsreihe 225
Diskontinuität 452
–, seismische 452
Diskontinuitätsfläche 441
Dislokationsmetamorphose 354, 362 f.
Disseminated copper ores 287, 461
Disseminated-ore-Typ 283
Disthen 354, 370, 383, 400, 409, 413, 428
Disthen-Almandin-Muscovit-Subfacies 400
Disthenzone 400
divariant 378, 380
Dolerit 205, 210
Dolomit 83, 93 f., 181, 324 f., 339, 345
Dolomitreihe 83, 93 ff.
Dolomitgestein 318
Dolomitmarmor 396
Doppelkettensilikat 111, 128
Doppelspat 86
Dora-Maira-Gestein 416
Dora-Maira-Massiv 409 f.
Dravit 128
Dreischichtstruktur 142 f.
Drilling 48, 70, 89, 91 f.
Drillingsverwachsung 46
Druck 365
–, gerichteter 365
Druckzwilling 86, 93, 99, 363
Druse 5
Dunit 115, 181, 189, 199, 247, 268, 446, 449
Durchbewegung 423
Durchdringungszwilling 43
Durchkreuzungszwilling 50, 81, 100, 122, 126, 171
Durchläufermineral 296
Durchschlagsröhre 218
Dynamometamorphose 356, 362
Dyskrasit 292

Edelopal 71
Edelsteinpegmatit 273
Edelsteinseifen 57, 329
Edler Spinell 76
Edukt 354
Egeran 124

Eh-Wert 279, 315, 339
Einkristall 3
Einsprenglinge 4, 185, 202
Einsprossung 433
Eisen 15, 20 f.
Eisen-Gruppe 15
Eisen-Mangan-Lagerstätte 294
–, hydrothermale 294
Eisenformation 341
Eisenglanz 55, 57 f.
Eisenglimmer 58, 294
Eisenkies 41, 43 f.
Eisenkiesel 68, 294
Eisenmeteorit 471 f.
Eisenrahm 294
Eisenspat 87 f.
Eisenstein (ironstone) 340
Eiserner Hut 313
Eklogit 70, 136, 248, 371, 394, 408 f., 447, 463
–, Schmelzbeginn 261
Eklogitfacies 393, 408 f.
Ektexis 431
Eläolith 167, 208
Elektrum 17, 286
Elemente 14 f.
Eluvium 317
Ems 289
Enargit 49, 51, 287
Endoblastese 198, 437
Enhydros 68
Enstatit 130, 132, 134, 200, 206, 226, 367, 451
Enstatit-Ferrosilit-Reihe 130
Entekt 431
Entexis 431
Entkieselung 233
Entmischung 136, 154, 197, 233, 268 ff.
Entmischungsgefüge 472
Entmischungslamelle 59, 161, 166
Entropie 63
Entwässerungskurve 383
Entwässerungsreaktion 262, 354, 382 ff., 430, 456
Entwässerungsschmelzen 263
Epidot 123, 279, 367, 370 f., 396, 398, 407, 458
Epidot-Amphibolitfacies 400 f.
Epithermal 264, 292 f.
Epizone 374
Epsomit 345
Erbsenstein 90, 298
Erdbebenwelle 439
Erde 439 ff., 443
–, Alter 443
–, physikalische Eigenschaften 443

Erde
—, Schalenbau 439
—, Stoffbestand 444 f.
Erdkern 2, 21, 439, 443, 452
Erdkruste 2, 4, 6, 21, 62, 180, 248, 255, 353, 409, 444 f.
—, basaltische 231
—, häufigste Elemente 445
—, kontinentale 2, 180, 444 f.
—, ozeanische 2, 248, 446 f.
—, Subduktion 409
Erdmantel 2, 6, 62, 246 ff., 364 ff., 408, 441, 443, 445, 447 f., 451 ff.
Ergänzungszwilling 64, 102
Eruptivgestein 183
Erythrin 48
Erz 7, 281, 312
Erzberg 295
Erzbildende Prozesse 459, 461, 464
—, an instabilen Kontinentalrändern 459, 461
— —, Riftzonen 462
Essexit 186, 208, 476
Ethmolith 218
Eugeosynklinale 364
Eutektikum 133, 253
Eutektische Ausscheidung 134
eutektischer Punkt 134, 156, 234
Eutektisches System 234 f.
Eutrophierung 343
Evaporite 318, 344 ff.
—, kontinentale 344 f.
—, marine 345 f.
—, —, als Rohstoffe 349
—, —, Diagenese 347 f.
—, —, Entstehung 347
—, —, Kristallisation, primäre 347 f.
—, —, Metamorphose 348
—, —, Minerale 346
—, terrestrische 345
Extexis 431

Facies 392, 394
—, metamorphe 392, 394
Faciesserie 393 f.
Fahle 31
Fahlerz 49 ff., 287, 288
Fahlerzreihe 50 ff.
Fairbanks 330
Falkenauge 67
Falten
—, nebulitische 427
—, ptygmatische 427
Falun 432

Fasergips 100
Faserserpentin 146 f.
Faserzeolith 170
Fayalit 113 ff.
Feldspat 151 f., 159 f., 185, 326
—, Hochtemperaturform 152
—, Mischkristallbildung 153
—, spezielle Mineralogie 159
—, System 151 ff.
—, Zwillingsgesetz 159 f.
Feldspat-Gruppe 151
Feldspatoid 151, 166, 187, 208 f.
Feldspatpegmatit 273
Feldspatvertreter 151, 166, 187
Felsnadel 217
Femische Gruppe 193
Fen-Distrikt 212
Fenit 433
Fenitisierung 433
Fensterquarz 67
Ferberit 103
Ferritspinell 76
Ferrohypersthen 130
Ferrosilit 130 f.
Festländischer Kalksedimente 337
Feueropal 71
Feuerstein 68, 342
Fibrolith 120
Fladenlava 221
Fleckschiefer 356, 367
Fließfalten 427
Fließgefüge 204
Fließtektonik 219
Flint 68, 342
Fluidalgefüge 204, 209
Fluorapatit 106, 198, 271
Fluorit 79, 81 f., 275, 295
—, Kristallstruktur 82
Fluormetasomatose 360, 432
Flüssigkeitseinschlüsse 173, 415
Flußspat 81
Foide 151, 166, 187, 210
Foidmonzodiorit 186, 208
Foidmonzogabbro 208
Foidolith 186
Forellenstein 199
Formregelung 420
Forsterit 113 ff., 132, 134, 225, 240 ff., 383
Foyait 186, 208, 476
Freiberg 289
Freibergit 51
Freigold 17
Freiheitsgrad 377 f.
Friktionswärme 353, 362

Frittung 217, 361
Frostsprengung 301
Frostverwitterung 302
Fruchtschiefer 356, 357, 367
Fulgurit 70
Fülleisen 22, 472
Fumarolen 297 f.

Gabbro 181, 188, 189, 191, 197, 199, 204, 208, 268, 397, 458, 465, 475
Gabbrodiorit 199
Gabbronorit 189
Galenit 33, 34 f., 37, 282, 286, 288, 289 f., 292, 333 f., 360, 432
Galmei 88, 317
Gangart 282, 291
Gänge 218, 282, 356, 361
Gangformation 283
Ganggesteine 184, 188, 190
Gangveredlung 292
Garbenschiefer 367
Garnierit 148, 311
Gefüge 185, 239, 273, 418 f.
–, granoblastisches 418
–, graphisches 273
–, helizistisches 419
–, kristalloblastisches 418 f.
–, lepidoblastisches 418
–, nematoblastisches 418
–, ophitisches 239
–, pophyrartiges 185
–, porphyrisches 185
Gefügediagramm 421 f.
Gefügeeigenschaften 418
Gefügekoordinaten 425
Gefügeregelung 418
Gefügerelikt 415
Gehlenit 111
Gekoppelte Substitution 157
Gel 306, 316
Gelmagnesit 88
Gemeine Hornblende 139
Gemeiner Augit 135
Gemeiner Beryll 125
– Opal 71
Gemengteil
–, felsisches 187, 197
–, matisches 187, 198, 426 f.
Gemischte Vulkane 217
Geobarometer 412 f.
Geochemie 8
Geoden 5, 67
Geologisches Thermometer 63, 93, 381
Geosynklinale 364

Geothermischer Gradient 29, 248, 366, 394, 456
Geothermometer 415
Gepanzerte Relikte 226
Gerüststrukturen 112, 150
Gesteine 2, 181, 192, 212, 344, 352, 374 ff., 419 ff.
–, Häufigkeit 181
–, Heteromorphie 192
–, lamprophyrartige 212
–, metamorphe 344, 352, 374 ff., 419 ff.
Gesteinsbegriff 6
Gesteinsmetamorphose 351 ff., 355 f., 395
–, Arten 356
–, Auftreten 356 f.
–, auslösender Faktor 352
–, Chemismus 355
–, Druck 352 f.
–, Einteilung nach P,T-Bedingungen 411
–, Temperatur 352
Gesteinsprovinz 195
Gesteinssippe 195
Geyserit 71
Gibbs-Phasenregel 377 ff.
Gibbsit 306 f., 309
Gips 97, 100 f., 325, 345, 349
Gipsgestein 80
Gipshut 349
Gitterregelung 419
Glanze 31
Gläser 3, 243, 363, 369, 468
Glasopal 71
Glaubersalz 345
Glaukonit 321
Glaukophan 137, 140, 365, 407
Glaukophangestein 407
Glaukophanschiefer 140, 373, 409, 456
Glaukophanschieferfacies 393, 406 f., 409
Gleichgewicht 376
–, thermodynamisches 376
Gleitebene 424 f.
Gleitfläche 420
Gleitzwilling 34
Glimmer 143 f., 150, 181, 187, 305
Glimmer-Gruppe 143 f.
Glimmerpegmatit 273
Glimmerperidotit 463
Glimmerschiefer 369, 402
Glimmerstruktur 144
Globigerinenschlamm 332
Gneis 370, 373, 427 f., 464
–, metatektischer 427
Goethit 77, 310, 317, 337, 469
Gold 15 ff., 284 f., 286, 313, 329

Gold-Quarz-Gänge 284 f.
Gold-Silber-Lagerstätten 284 f.
Goldberyll 125
Goldseifen 329
–, fossile 330
Goldselenid 286
Goldtellurid 286
Granat 117 f., 181, 201, 209, 212, 246, 250, 277, 354, 370 f., 399 f., 408 f., 451, 463
Granat-Gruppe 113
Granatlherzolith 249, 448 f.
Granatperidotit 201, 249, 448
Grandit-Gruppe 113, 118
Granierit 148
Granit 5, 181, 183, 186, 191, 197, 232, 250 f., 252 ff., 256, 260 f., 262 f., 276, 383, 397, 428, 437, 460, 475
–, Einteilung
–, –, genetische 250
–, –, geochemische 250
–, Genese 252 ff.
–, Herkunft 250
–, nichtmagmatisch 263 f.
–, Schmelzbeginn 261
–, Soliduskurve 383
–, System 252 ff.
Granitgneis 251, 260, 262
Granitisation 263
Granitische Schmelze 252, 255, 261, 429
Granitsystem 252
Granittektonik 219
granoblastisch 418
Granodiorit 181, 186, 191, 197 f., 204, 252, 260, 397, 475
–, Schmelzbeginn 261
Granodioritische Schmelze 429
Granulit 262, 370, 404, 412
Granulitfacies 393, 405 f., 445
Graphisches Gefüge 273
Graphit 15, 25, 28 f., 370
–, Stabilität 29
Graphitstruktur 27
Graptolithenschiefer 333
Graupen 72
Grauwacken 260, 318, 326, 328, 395, 428
Gravitative Akkumulation 267 ff.
Gravitative Kristallisationsdifferentiation 267 ff.
Great Dyke 268
Greenalith 148
Greisen 275 f., 435
Grignait 463
Grossular 118, 367, 388, 406
Grünbleierz 106

Grünerit 137
Grünschiefer 373
Grünschieferfacies 393, 396 f., 407
Grünschlick 332
Grünstein 205
Grünsteingürtel 208, 284, 464
Guano 106, 343
Gürteltektonit 423

Habitus 9, 84 f., 159
Hagendorf 274
Halbmetall 15, 22
Halit 79 f., 80, 303, 344 f., 346, 349
Halitit 347
Halloysit 143, 149, 306 f.
Halogenide 14, 79 ff.
Hämatit 55, 57 f., 193, 271, 275 f., 285, 294, 297, 339
Hämatitgänge 294
Haplogranit 252, 256, 258
Harpolith 218
Hartmanganerz 74, 294
Hartsalz 347
Harzburgit 189, 199, 247, 249, 447, 449
Hauptkristallisation 265
Hausmannit 294
Hauyn 151, 169, 187, 209
Hawaii-Inseln 459
Hedenbergit 130, 134 f., 368
Heliotrop 68
Hellglimmer 144, 324, 334, 369, 373
Hemimorphit (Kieselzinkerz) 317
Henderson-Mine 278
Hercynit 76
Heteromorphie der Gesteine 192
Heulandit 395
High-alumina-Basalt 229
–, Schmelzbeginn 261
High-K-Serie 231
High-pressure-Faciesserie 393, 406
Himbeerspat 87
Hoch-Chalkosin 287
Hoch-Cristobalit 60, 70
Hoch-Quarz 60, 62, 69 f., 203
–, Strukturen 62 f.
Hoch-Tridymit 60, 70
Hochdruckfaciesserie 393, 456
Hochdruckmetamorphose 409, 461
Höchstdruckparagenese 409 f.
Hochtemperaturalbit 154, 161
Hochtemperaturmetamorphose 361
Hochtemperaturplagioklas 157
holokristallin 185, 198
Holzappel 289

Holzopal 71
Holzzinn 291
homogene Durchbewegung 423
Homogenität 2
Honigblende 36
Hornblende 137, 139, 190, 194, 198 f., 201, 232, 246, 250, 367 f., 399, 404
Hornblende-Gabbro 199
Hornblende-Hornfelsfacies 391, 404 f.
Hornblendefels 371
Hornblendeperidotit 201
Hornblendeschiefer 371
Hornblendit 186
Hornfels 359, 367
Hornfelsfacies 404 f.
Hornfelsparagenese 392
Hornstein 68, 341
Horsetail-Struktur 287
Hot spots 459, 465
Hübnerit 103
Hüttenberg 295
Hyalin 185
Hyalit 71
Hyalomylonit 363
Hyazinth 117
Hydrargillit 306 f.
Hydromuscovit 144, 150
Hydrophan 71
hydrophile (lyophile) Sole 306
Hydrothermale Bildungen 279 ff.
–, Einteilung 280 ff.
–, –, Elementarparagenese 285
–, –, Gänge 281, 291, 294
–, –, Imprägnationslagerstätten 281
–, –, Lösungen 279
–, –, Mineralgänge 281, 285
–, –, Mineralparagenese 285
–, –, Temperatur 285
–, –, Verkieselungen 296
– Lagerstätten, intrakrustale 281
Hydrothermales Stadium 264, 266, 279 f.
Hydrotherme 280
Hydroxid 14, 55 ff., 77 ff.
Hydroxylapatit 106
Hypersthen 130 f., 193, 199 f., 205, 242 f., 388, 404, 406
Hypidiomorph 198
Hypokristallin 185
Hypothermales Stadium 264
Hysterogen 432

I-Typ-Granit 251, 460
IAT 245, 460
Idar-Oberstein 298

Idioblast 418
Idioblastisch 433
Idrija 294
Iglesias 285
Ignimbrit 214 f., 460
Ijolith 476
Ilfeld 295
Illit 143 f., 150, 305, 324, 334, 351
Illitkristallinität 334, 351
Ilmenau 295
Ilmenit 55, 59, 187, 193, 205, 268, 298 f.
Impakt 363, 471
Impaktglas 364
Impaktkrater 363, 471
Impaktmethamorphose 363
Imprägnation 275, 288
Imprägnationshorizont 293
Imprägnationslagerstätte 281, 283, 286
In-situ-Breccie 362
Indexmineral 374, 410
Indigolith 128
Inhomogene Verformung 425
Initialdurchbruch 217
Inosilikat 14, 111, 128
Inselbogen 456, 460
Inselbogentholeiit 460
Inselstrukturen 111, 113
Insolation 302
Interkristallin 437
Intergranularfilm 436
Intergranularraum 436
Internrelikt 419
Intrakristallin 436
Intraplattenmagmatismus 459
Invariant 377
Ionenbindung 31
Ionenkoordination 473
Ionenradius 473
Ironstone 340
Isochemisch 355, 360
Isochore 176
Isograd 374, 411
Isophas 353
Isoplethen 414
Itabirit 341
I-Typ-Granit 251
Ivrea-Zone 445

Jachymov 291
Jacupirangit 476
Jadeit 130, 136, 373, 383, 385, 407
Japaner Gesetz 66
Japaner-Zwillinge 66

Jaspis 68
Jaspis-Gruppe 68

Kainit 346
Kainithut 349
Kakirit 362
Kalifeldspat 153, 155, 193, 197f., 251, 324, 382, 399, 433
Kalifeldspatblastese 433
Kalifeldspatisierung 433
Kalimetasomatose 432
Kaliophilit 193
Kalisalpeter 345
Kalkalkalimagmatit 197, 473
kalkalkaline Serie 229
Kalkalkaliplutonit 475
Kalkalkalireihe 195, 202
Kalkalkalivulkanit 475
Kalkbauxit 309
Kalkbildung 335f.
Kalkglimmer 146
Kalklutit 338
Kalkrudit 338
Kalksandstein 326
Kalksilikatfels 360, 370, 396, 400
Kalksilikatgesteine 370, 396, 400
Kalksilikatschiefer 370, 396, 400
Kalksilitite 338
Kalksinter 87, 298, 337
Kalkspat 84
Kalkstein 318, 336f., 339
Kalktuff 336
Kamacit 15, 21, 472
Kammkies 45
Kaolin 148, 308f., 338
Kaolinisierung 435
Kaolinit 142f., 148, 304, 307f., 313, 324, 334, 382, 435
Kaolinitstruktur 149
Kappenquarz 67
Kaprubin 119
Karbonat-Fluor-Apatit 343
Karbonatapatit 106
Karbonate 13, 83ff., 324, 345
Karbonatische-Schmelze 183
Karbonatisierung 435
Karbonatit 87, 190, 212, 462
Karlsbader
– Gesetz 159, 162, 164, 198
– Zwilling 160
Karneol 68
Karstbauxit 310
Kassiterit 55, 72f., 274f., 277f., 285, 290, 329f.

Kataklase 362, 468
Kataklasit 362
Kataklasten 362
Katathermal 264, 266, 284
Katathermale Paragenesengruppen 284ff.
Katazone 374
Katzenauge 67
Keiko-Cu, Fe-Erze 299
Keratophyr 298
Kernit 345
Kersantit 190
Kettensilikat 111, 128
Keweenaw-Halbinsel 288
Kies 31, 319, 325
Kieselglas 70
Kieselgur 71, 342
Kieselsandsteine 326
Kieselschiefer 71, 318, 342
Kieselsinter 298
Kieselzinkerz 88, 317
Kieserit 346
Kieslager 44
Kieslagerstätte 299
Kiesstöcke 39
Kimberlit 26, 30, 212, 408, 447
Kimberlit-Pipes 248, 448, 463
Kimberlitbreccie 218
Kinkbänder 363
Kirkland-Lake 284
Kiruna 271
Kissenlava 446
Klassifikation (IUGS-Vorschlag)
– Plutonite 187, 189
– Vulkanite 187
Klinoamphibol 137
Klinoenstatit 129, 131, 136
Klinoferrosilit 136
Klinohypersthen 129
Klinopyroxen 130, 132, 199, 212, 244, 404
Klinopyroxenit 189
Klinozoisit 123
Klondike 330
Kluftantigorit 147
Kniezwillinge 71
Knotenschiefer 356, 357, 367
Kobaltarsenid 292
Kobaltblüte 48
Kobaltglanz 41, 47
Kohleneisenstein (blackbands) 341
Kohlenstoff 29
– Druck-Temperatur-Diagramm 29
Kolahalbinsel 208, 274, 444
Kolar-Distrikt 284
Kollisionsvorgang 444

Komagmatisch 196
Komagmatische Schmelze 233
Komatiit 207, 464
Komatiitschmelzen 449, 464
Kompaktion 323, 333
Komplexe Sulfide 49 ff.
Komponenten 377 ff.
–, mobile 379
Konglomerat 318, 324 f., 331
Kongruentes Schmelzen 132
Kongsberg 292
Konjugationslinien 287
Konkretionen 310, 321, 325
Konkretionszone 310
Konoden 380, 389
Kontaktaureole 356, 375, 432
Kontakthof 356
Kontaktmetamorph 367
Kontaktmetamorphose 353, 356 f., 361 f., 393, 404, 432
–, an magmatischen Gängen und Lagergängen 361
– an Plutonen, progressive 356
–, Gestein 356, 367
–, progressive 356
Kontaktmetasomatose 355, 360, 432 f.
–, pneumatolytische 432
Kontaktpneumatolytisch 361
Kontaktsaum 356, 361
Kontamination 232 f.
Kontinent-Kontinent-Kollision 251, 366, 408 f., 418
Kontinentale Kruste 444 f., 456
Kontinentale Tiefbohrung (KTB) 444
Kontinentalkerne 180, 364, 444
Kontinentalrand, aktiver 287, 456, 460
Kontinentalverschiebung 453
Kontinuierliche Reaktionsreihe 226
Konvektionsströme 453 f.
Koordinationszahl 16
Korngrößeneinteilung 185, 319
Korngrößenverteilung 321
Kornregelung 419 f.
Korund 55 ff., 193, 382
Korund-Ilmenit-Gruppe 55 f.
Kotektische Kurve 236, 253 ff.
Kounrad 285, 287
Kratone 444, 456, 463 f.
Kreide 337
Kreuzreaktion 380, 410
Kreuzschichtung 319
Kristallaggregat 9
Kristallakkumulation 224
Kristallchemie 7

Kristalldruse 5
kristalline Schiefer 365, 368
Kristallisationsdifferentiation 224 f., 229, 267 f.
– gravitative 224, 267
Kristallkumulat 224
Kristallmagnesit 88
Kristalloblast 418 f.
Kristalloblastese 419
Kristallographie 7
Kristallphysik 7
Kristallpolyeder 3
Kristallrasen 5, 66
Krivoj Rog 341
Krokydolith 67, 140
Kruste 262
Krustenverdickung 444
Kryptoperthit 155
Kugelpackung 16
Kugelpackung, dichte 16
Kumulate 267, 446
Kumulatgefüge 225, 267
Kumulation 458
Kupfer 15, 19 f., 288, 299, 314 f.
Kupfererz 311
Kupferglanz 32, 314
Kupfergürtel
– afrikanischer 334
Kupferindig 34, 40
Kupferkies 34, 38
–, Kristallstruktur 39
Kupferlagerstätten 286 f.
–, hydrothermale 286 f.
Kupferlasur 95
Kupferpecherz 39, 314 f.
Kupferschiefer 334
Kuroko-Pb, Zn-Erze 299
Kursk 341
Kyanit 119 f., 354, 384

Laacher Seegebiet 210, 361, 433
Labradorisieren 166
Labradorit 152, 165
Lagergänge 217, 356, 361
Lagerstätten 7, 268 f., 284 f., 293, 295, 311, 315, 321 f., 329, 345, 360
Lagerstättenbildung 264 ff.
Lagerstättenkunde 8, 179 ff.
Lahar 215
Lahn-Dill-Gebiet 298
Lakkolith 218, 269
Laminare Gleitung 423
Lamproit 212
Lamprophyr 184, 190

Langesundfjord 274
Lapilli 214
Lapillisteine 214
Lapillituff 214
Lapislazuli 169
Larvikit 207, 476
Lasurit 169
Lateraler Facieswechsel 283
Lateralsekretion 91, 280, 295
Laterit 307, 310
Lateritbauxit 309
Lateriteisenerz 310
Latiandesit 188
Latibasalt 188
Latit 186, 188
Laumontit 365, 395
Laurion 290
Lava 184, 219 ff., 222 f., 231
–, leucitische 233
–, Temperatur 223
–, Viskosität 220 ff.
Lavablock 213
Lavadecke 215
Lavaschild 216
Lavavulkan 215 f.
Lawsonit 365, 373, 407
Layered intrusion 225
Leadville 290
Lebererz 41
Lechatelierit 3, 60, 70, 368, 471
Lepidoblastisch 418
Lepidokrokit 78
Lepidolith 143, 145, 275
Lepidomelan 145, 208, 250
Leucit 151, 154, 166 f., 187, 193, 209 ff., 222, 253, 354
Leucitbasanit 210, 231, 476
Leucitit 186, 210, 231, 476
Leucititische Lava 233
Leucitoeder 166
Leucitphonolith 209
Leucitsyenit 208
Leucittephrit 210 f., 476
Leukokrat 188
Leukosaphir 57
Leukosom 426 f., 429 f.
Lherzolith 189, 201, 246 f., 447, 449
Limburgit 210
Limonit 313, 316, 341
Linares 290
Linksquarz 64
Liparit 203
Liquation 268 f., 271
Liquidmagmatisches Stadium 265

Liquiduskurven 258 ff.
Liquidus-solidus-Beziehungen 154
Liquidustemperatur 115
Lithosphäre
– Erde 444, 453 f., 460
– Mond 467
Lithosphärenplatten 453
Lizardit 143, 146 f.
Lockergestein 317
Löllingit 41, 47
Löß 332
Lösungsmetamorphose 348
Low-grade-Metamorphose 412
Low-K-Olivintholeiit 457
Low-pressure-Facieserie 393, 404
Low-velocity-layer 248
Low-velocity-Zone 248, 447, 453
Lydite (Kieselschiefer) 442

M-Typ-Granit 251, 460
Mafite 187 f., 431
Magma 183, 219 f., 249, 257, 262 f., 351, 357
–, Gase 223 f.
–, granitisches 263
–, leucitisches 233
–, nephelinitisches 233
–, Temperatur 222 f.
–, tonalitisches 263
–, Viskosität 220
Magmakammern 184, 231
Magmatische
– Abfolge 183, 264 f.
– Ausscheidung 34
– Differentiation 224
– Gesteine 180, 183 ff.
– Provinzen 196
Magmatisches Frühstadium 264, 267
Magmatisches Hauptstadium 264, 271
Magmatismus 460
Magmatite 180, 183 ff., 196 ff.
–, Klassifikation 184 f.
–, Petrographie 196 f.
–, ultramafische 188
Magmenbildung 229 ff.
Magmengruppe 195
Magmenkammer 233
Magmenmischung 233
Magmentypen 192, 194
Magnesit 83, 88 f., 296
Magneteisenerz 55, 76
Magnetit 55, 76, 181, 187, 193, 198, 201, 207, 209, 210, 271, 288, 339
Magnetkies 34, 39 f., 199, 269 f.
Maidan Pek 288

Makroperthit 154
Malachit 83, 95, 311 f., 316
Malachit-Azurit-Gruppe 83, 95 ff.
Manebacher
– Gesetz 159, 162, 164
– Zwilling 160
Manganit 294
Manganknollen 74, 321
Manganomelan 74
Manganspat 87
Mantelperidotit 246 f., 464
Margarit 146
Marienglas 100
Markasit 41, 45, 290, 325, 333
Marmor 353, 370, 396
Martit 58, 76
MASH-System 412 f.
Massengesteine 183
Mediterrane Sippe 195
Medium-grade-Metamorphose 412
Medium-pressure-Faciesserie 393
Meerwasser 345
Meggen 300
Meigensche-Reaktion 90
Melanit 118, 209
Melanokrat 188
Melanosom 427, 430
Melaphyr 206, 475
Melaphyrmandelsteine 206
Melilith 111
Merensky-Reef 269, 465
Mergel 318, 333, 338, 397
Mesabi-District 341
Mesosom 426
Mesothermal 264, 266, 288
Mesotyp 188
Mesozone 374
Meta- 352
Metaarkose 262
Metabasit 396, 400, 402, 405
Metagranit 400
Metagrauwacke 262
Metalle 14 f.
Metallische Bindungskräfte 16
Metallkonzentrationen am Ozeanboden 321
Metalloid 15, 22
metaluminous 260, 262
Metamorphe Gesteine 180, 344, 352, 366, 374 f., 379, 392, 418 ff.
–, Gefügeeigenschaften 418 f.
–, Gefügeregelung 418 f.
–, Gleichgewichtsbeziehungen 376
–, Klassifikation 392

–, Reaktionen 379
–, Zuordnungsprinzipien 374
Metamorphite 180, 351
Metamorphose 184, 322, 334, 348, 351 f., 354 f., 363 f., 366, 418
–, allochemische 355
–, Chemismus 355 f.
–, Definition 351
–, Druck 352
–, isochemische 355
–, kinetische 354
–, niedriggradige 334, 446, 458
–, prograde 418
–, progressive 355
–, regionale 364
–, retrograde 355, 418
–, Temperatur 352
Metamorphosevorgänge 415
Metapelit 262, 402, 405, 409
Metasomatische Front 437
Metasomatische Lagerstätten 286, 295
Metasomatose 283, 355, 431 f., 458
Metatekte 431
Metatexis 427
Metatexit 427 f.
Meteorite 6, 21, 40, 131, 363, 471 f.
–, Einteilung 471 f.
Meteoritenkrater 3, 70, 368, 471
Mid-ocean-ridge-Basalt 233, 457
Migmatit 426, 428 ff.
–, experimentelle Grundlagen 428
–, stoffliche Bilanz 431
Migmatitbegriff 426
Migration 437
Mikrobreccien 362
Mikroklin 151, 153, 162, 187 f., 197, 272 f., 299
Mikroklinperthit 162, 188, 207, 272
Mikrolith 361
Mikroperthit 155
Milchopal 71
Milchquarz 67
Mimetesit 105, 107 f., 316
Mimetische Zwillinge 171
Minas Geraës 273
Mineral 1, 3 f., 7 ff., 13 ff., 181, 187, 405, 426
–, amorphes 3
–, Arten 4
–, Bestimmung mit einfachen Hilfsmitteln 9
–, Definition 1
–, Flüssigkeitseinschlüsse 173 ff.
–, Häufigkeit 181
–, Klassifikation 13
–, kritisches 405
–, organisches 13

Mineral
–, Systematik   13
–, typomorphes   374
–, Vorkommen   4
Mineralaggregat   5
Mineralbildung   264 f.
Mineraleinschlüsse   415
Mineralfacies   375 f., 392
–, metamorphe   374
–, Prinzip   375
Mineralfolge   418
Mineralneubildungen   316 f., 324, 362
Mineralogie   1, 7
–, angewandte   7
–, technische   7
Mineralogisches Thermometer   223
Mineralogische Phasenregel   378
Mineralogische Wissenschaften   7
Mineraloide   3
Mineralparagenese   264 f., 267, 278, 282, 351, 355, 375, 386 f., 402, 405 f.
–, graphische Darstellung   386 f.
–, kritische   405
Mineralreaktion   405
–, kritische   405
Minerallagerstättenbildung   264
Mineralsukzession   418
Mineralsynthese   1
Mineralvarietäten   3 f.
Minette   78, 190
Minetteerz   340
Minettetyp   340
Mirabilit   345
Mischkristall   2, 111, 114, 153 ff., 169, 226, 236, 240, 408
Mischkristallbildung   15
Mitteldruckfaciesserie   393
Mittelozeanische
– Rücken   231, 454 ff.
– Schwelle   450
Mitterberg   287
mixed-layer clay minerals   396
Mixed-layer-Minerale   150, 305
Modaler Mineralbestand   185
Modellsysteme   234
Moho-Diskontinuität   248, 445
Mohorovičić-Diskontinuität   248, 441
Molybdänglanz   41 f., 274
Molybdänit   41 ff., 274, 278, 287, 288, 462
Molybdänlagerstätten   278 f.
Monalbit   154, 159, 164
Monazit   274
Mond   2, 6, 467 ff.
–, Aufbau   467 ff.

–, Hochlandregion   468
–, Kruste   467 ff.
–, Stoffbestand   467 ff.
Mondbasalt   21, 468
Mondgesteine   467
Mondstein   163
Monomikt   325
Monotrop   90
Monte Amiata   294
Monticellit   212
Montmartre-Zwillinge   100
Montmorillonit   143, 149 f., 215, 305, 307, 309, 334
Monzodiorit   186, 188
Monzogabbro   186, 188
Monzonit   186, 188, 191, 208
Moosachat   68
MORB   231, 233, 245, 457
Morion   66
Mörtelkränze   362
Mother Lode   285
M-Typ-Granit   251, 460
Mullit   385, 406
Muscovit   144, 150, 190, 194, 198, 272, 367, 369 f., 382, 399, 401, 405 f., 414
Muscovitstruktur   142
Mylonit   363

Na-Metasomatose   362
Nadeleisenerz   77, 310, 317
Nadelzinn   72, 278, 290
Nagelfluh   326
Natrit   345
Natrolith   151, 170, 209
Na-Amphibol   209
Natronamphibol   207, 209, 250
Natronamphibolreihe   137, 140
Natronfeldspat   136
Natronmetasomatose   433, 435 f.
Natronpyroxen   207, 209, 250
Natronpyroxenreihe   130
Natronsalpeter   345
Nebulitisch   427 f.
Neosom   426, 430
Nephelin   151, 167 f., 187, 190, 193, 208, 209, 244, 354, 385
Nephelinbasanit   210
Nephelinit   186, 210, 245
Nephelinphonolith   209 f., 211
Nephelinsyenit   208 f., 274, 476
Nephelintephrit   210, 476
Nephrit   139
Nesosilikate   14, 111, 113 f.
Netzwerkbildner   227

Netzwerkwandler 227
Neudorf 291
New Idria 294
Niccolit 40
Nicht affine Verformung 425
Nichtmetalle 15, 23
Nichtmetallische hydrothermale Lagerstätten 295
Nickelarsenid 292
Nickelblüte 48
Nickeleisen 22
Nickelhydrosilikaterz 311
Nickelin 34, 40
Nickellateriterz 311
Nickelmagnetkies 40, 269
Nickelarsenid 292
Nickelserpentin 148
Nickelskutterudit 41, 48
Niggli-Werte 190, 192, 194
Nižnij Tagil 268
Niobat-Tantalat-Pegmatite 273
Niobit 273
Nitrate 345
Nitrokalit 345
Nitronatrit 345
Nördlinger Ries 70, 471
Nordmarkit 476
Norilsk 269
Norit 189, 199, 269, 464, 475
Normalengesetz 159
Normativer Mineralbestand 192
Nosean 151, 169, 187, 209
Noseanphonolith 209, 476
Nuggets 17, 20

Obduktion 410
Obsidian 3, 183, 204, 209, 222
Ocean-floor-Basalt (OFB) 457
Ocean-floor(Ozeanboden)-Metamorphose 366
Ocean-island-alkalic-Basalt 459
Ocean-island-Tholeiit (OIT) 245, 459
OFB 245, 457
Offset deposits 269
OIA-Basalt 245, 459
OIT 459
Oktaedrit 472
Oligoklas 152, 165, 227
Olivin 113f., 181, 187, 189, 192f., 199, 200, 201, 203, 205, 206f., 210, 212, 223, 225f., 228, 244, 367, 405, 451
Olivindiabas 205
Olivingabbro 189, 199
Olivinklinopyroxenit 189

Olivinknolle 113, 448
Olivinnephelinitschmelze 449
Olivinnorit 189, 199
Olivinstruktur 113 f., 451
Olivintholeiit 203, 210, 383
–, Schmelzbeginn 261, 383
Olivintholeiitisch 245
Olivinwebsterit 189
Ölschiefer 333
Omphacit 130, 136, 371, 408
Ontario 293
Onyx 68
Ooide 337, 340
Oolith 337
Opal 60, 64, 70, 205, 298, 341
–, Varietäten 71
–, Wassergehalt 71
Opalisieren 71
Opalsinter 298
Ophiolith 299
Ophiolithfolge 446
Ophiolithserie 435
Ophitisches Gefüge 205, 239
Orogengürtel 456
Ortho- 352
Orthoamphibol 137, 406
Orthogen 370
Orthogneis 400, 429
Orthoklas 151 f., 154, 160 f., 187, 197, 207, 402, 406
Orthopyroxen 130, 200, 212, 242, 406
Orthopyroxenit 189
Ortstein 308
Oszillationsrippeln 319
Outukumpu 299, 432
Oxidationszone 312, 316 f.
Oxide 14, 55 ff.
Ozeanboden, Metallkonzentration 321 f.
Ozeanbodenmetamorphose 458
Ozeanische Kruste 262, 444, 446 f.
Ozeanische Tholeiite 446

P-T-t-Pfad 415 f.
P-Wellen 441, 452
P,T-Diagramm 415 f.
Pahoëhoë-Lava 221
Palagonit 458
Palagonittuffe 215
Paläosom 426, 430
Pallasit 471
Pantellerit 476
Para 352
Paraamphibolit 400
Paragen 370

Paragenese 282 f., 407 f.
Paragneis 400, 402, 428
Paragonit 143 f., 369
Parakristalline Verformung 425
Partielle Aufschmelzung 449
Pazifische Sippe 195
Pechblende 74
Pechstein 183, 204, 222
Pegmatit 190, 260, 266, 271 f.
–, Schmelzbeginn 261
Pegmatitgang 272 f.
Pegmatitisches Stadium 264, 271 f.
Pegmatoide 274
Pelite 260, 318, 331
–, Einteilung 331
Pentlandit 32 f., 269 f.
peraluminous 260, 262
Peridot 115
Peridotit 181, 186, 189, 191, 197, 200 f., 225, 249, 397, 447 ff., 458, 475
Periklas 132
Periklingesetz 159, 162, 164, 198
Periklintracht 165
Periklintypus 165
Perimagmatisch 280
Peristeritlücke 157
Peritektische Reaktion 133, 155, 234
Peritektische Temperatur 132, 156
Perlit 204
Perowskit 212, 451, 463
Perowskitstruktur 451
Perthit 152, 161, 187, 207
perthitische Entmischung 154, 197
Petrographie 7
Petrologie 7, 179 ff.
Petsamo 269
Pfahl 296
Pflastergefüge 367
pH-Wert 279, 306, 315 f., 336, 339, 342
Phacolith 218
Phase 377
Phasenregel 352, 376 f.
Phengit 144, 414
Phillipsit 151, 171, 215, 458
Phlogopit 143, 145, 201, 206, 212, 246, 370, 396, 406, 414, 463
Phonolith 186, 191, 209, 216, 476
Phosphate 14, 105 ff., 343
Phosphatgesteine 318, 343
Phosphatpegmatit 274
Phosphorit 105, 343
Phyllit 369, 396
Phyllonit 363
Phyllosilikate 14, 112, 140, 305

Picotit 76, 201, 207
Piemontit 123
Pigeonit 130, 135 f., 205, 241 ff., 469
Pikrit 202, 206 f., 475
Pikritbasalt 475
Pikritschmelze 449
Pillowlava 205, 409, 446, 457
Pinit 127
Pipes 26, 70, 218, 448
Pisolith 90, 298
Pistazit 123
Plagioklas 151 f., 157, 164, 181, 186 f., 197 ff., 201, 203 ff., 206 f., 209 ff., 226 ff., 237, 239, 244, 260, 291, 367, 388, 404, 406, 428 f.
–, Mischkristallreihe 164
Plagioklas-Peridotit 448
Plagioklasbasalt 204
Plagioklasit 189, 199
Plagioklasreihe 151
Plasma 68
Plateaubasalte 216, 245, 454, 462
Platin 15, 20
Platin-Gruppe 15
Platinmetalle 268, 465
Platinseifen 330
Plattenbewegungen 453 f.
Plattengrenzen 453 f.
Plattenkollision 444
Plattenquarz 371
Plattenquarze 425
Plattentektonik 231, 233, 249, 453 f.
Plättungs-s 425
Plättungsvorgänge 425
Pleonast 76
Plessit 21, 22, 472
Plumes 231
Plutone 184, 218 f., 262, 356
–, kontaktmetamorphose 356
Plutonit 183 f., 197 ff., 207 ff., 223, 260, 473
– Klassifikation 185 ff.
Pneumatolytische Gänge 276, 278
Pneumatolytische Reaktionen 275
Pneumatolytisches Stadium 264, 266 f., 274 f.
Poikiloblastisch 359
Polianit 74
Polierschiefer 342
Polyhalit 346
Polymetamorphose 351
Polymikt 325
Polysynthetische
– Verzwillingung 57, 59, 159
– Zwillingslamellierung 86
– Zwillingsverwachsungen 162
Porcupine-District 284

Porenlösung 323, 354
Porenraum 323
Porosität 352
Porphyrisches Gefüge 185
Porphyrit 204, 475
Porphyroblast 4, 357, 359, 367, 418, 421, 425, 433
Porphyroblastisch 367
Porphyroklast 362
Porphyry copper ores 287
Porphyry-ore-Typ 283
Porzellanerde 148
Porzellanjaspis 68
Posidonienschiefer 333
Postkristallin Verformung 425
Präkristalline Verformung 425
Prasem 68
Prehnit 288, 396
Prehnit-Pumpellyitfacies 393, 395
Příbram 290
Primärer Teufenunterschied 283, 286
Primärerzzone 312
–, Teufenunterschied, sekundärer 315
Propylitisierung 286, 435
Protoenstatit 132, 226, 240 ff.
Protogingranit 362
Protolith 261, 354
Proustit 49 f.
Proustit-Pyrargyrit 286
Psammite 318, 325 f.
–, Einteilung 325
Psephite 318, 325
–, Einteilung 325
Pseudomorphose 79, 95, 120, 296, 316, 357
Pseudotachylit 363
Psilomelan 74, 294, 317
Ptygmatische Falten 427
Pumpellyit 288, 396, 407, 412
Pyknit 121, 276
Pyralspit-Gruppe 118
Pyrargyrit 49 f.
Pyrigarnit 371, 404
Pyriklasit 371, 404
Pyrit 41, 43 f., 193, 198, 284, 287, 299, 312 ff., 325, 333
–, Goldgehalt 314
Pyrochlor 212
Pyroklast 213
Pyroklastika 184, 212, 213 ff., 317, 460
Pyroklastisches Gestein 184, 213 ff.
Pyrolit 249, 449, 451
Pyrolusit 55, 74, 294, 317
Pyrometamorphose 353, 361, 406
Pyromorphit 105 f., 316

Pyrop 118, 395, 409
Pyrop-Coesit-Gestein 394, 410
Pyrophyllit 143 f., 334, 382, 399
Pyrophyllitstruktur 142
Pyroxen 128, 181, 187, 199 f., 222, 224 ff., 240 f., 279, 428
Pyroxen-Gruppe 129
Pyroxengranulit 404, 430
Pyroxenhornfelsfacies 393, 404 f.
Pyroxenit 186, 189, 269, 465, 475
Pyrrhotin 33 f., 39 f., 199, 269 f., 360, 432

QAPF-Doppeldreieck 185
Quarz 6, 55, 59 f., 64, 66 ff., 175, 181, 186 f., 192 f., 195, 197 f., 199, 201, 203, 204, 205, 207 f., 227, 244, 252 ff., 371, 428 ff.
–, Modifikationen 59 f.
–, Varietäten 66, 71 f.
–, Zwillingsgesetze 64, 73
Quarz-Albit-Epidot-Biotit-Subfacies 397
Quarz-Albit-Muscovit-Chlorit-Subfacies 397
Quarz-Dihexaeder-Einsprengling 69
Quarz-Gruppe 59 f.
Quarz-Rutil-Gruppe 55, 59 f.
Quarzandesit 186
Quarzdiorit 186, 199, 204, 252, 475
Quarzdioritische Schmelze 423
Quarzgabbro 199
Quarzgänge 296
Quarzit 326, 370
Quarzlatit 186
Quarzmonozonit 186, 260
–, Schmelzbeginn 261
Quarzporphyr 203 f.
Quarzporphyrit 475
Quarzsande 326
Quarzsandstein 326, 328
Quarzsyenit 186
Quarzzahl 195
Quecksilber 15, 21, 317
Quellkuppen 216
Quelltuff 337

R-Tektonit 422 f.
Radenthein 296
Radioaktiver Zerfall 75, 353
Radiolarienschlamm 332
Radiolarienschlick 342
Radiolarite 342
Rammelsberg 299
Rammelsbergit 41, 48 f.
Ramsbeck 289
Rapakivigranit 464
Raseneisenerz 341

Rauchquarz 66
Reaktionsisograde 410 f.
Reaktionskurve 415
Reaktionsprinzip, nach Bowen 225 ff.
Realgar 52
Rechtsquarz 64
Red-bed-Typ 311
Redoxpotential 279, 339
Regelungsdiagramm 422
Regionale Versenkungsmetamorphose 364
Regionalmetamorphose 356, 364 f., 393, 431
Regolith 364, 468, 471
Rekristallisation 356, 363
Residualton 308 f.
Resister 431
Restgestein 426, 428, 449
Restit 247, 262, 426, 428, 449
Retrograde Metamorphose 418
Retrogrades Sieden 267
Rhodochrosit 83, 87, 282
Rhombischer Schnitt 159, 162
Rhyodacit 186, 204, 475
Rhyolith 186, 191, 202 ff., 222, 475
Rhyolithmagma 228 f.
Riebeckit 137, 140, 207, 250
Rieskrater 363, 368
Riftsystem 456
Riftzone 457, 462 f.
Ringgänge 217
Ringstruktur 111, 125
Ringwoodit 451
Rio Tinto 299
Rosaberyll 125
Rosenquarz 67, 273
Roteisenerz 57 f., 298
Roteisenstein 58, 294
Roter Tiefseeton 332
Roter Glaskopf 58
Rotgültigerz 49 f.
Rotkupfererz 55 f., 316
Rotnickelkies 34, 40
Routivara 268
Rubellit 128
Rubin 57
Rubinblende 36
Rubinglimmer 78
Rundschotter 324
Rundungsgrad 325
Rutil 55, 71 f., 408, 410
Rutilsynthese 72

S-Tektonit 422
S-Typ-Granit 251
S-Wellen 441, 452

Safflorit 41, 48 f.
Safflorit-Rammelsbergit 292
Salband 271, 282
Salinarer Zyklus 347
Salische Gruppe 193
Salpeter 344
Salzausblühung 344
Salzbildung 344
Salzgesteine 318, 344, 347
Salzgitter 341
Salzkruste 344
Salzmetamorphose 348
Salzpfanne 344
Salzsee 344
Salzsprengung 301 f.
Salzsteppe 344
Salzsümpfe 344
Salzton 409
Sand 319, 324, 326 f.
Sandstein 318, 324, 326, 328
Sanduhrstruktur 135
Sanidin 151, 161, 187, 203, 204, 209, 212
Sanidinit 361
Sanidinitfacies 393, 406
Saphir 57
Saphirquarz 68
Sarder 68
Sardonyx 68
Sassolin 298
Saussurit 205
Schalenblende 36, 290
Schauinsland 289
Scheelit 101 f., 275, 459
Schelfbereich 339
Schelfgebiet 332, 335
Scherbenkobalt 23, 292
Scherbewegung 424
Scherfläche 425
Schichtgebundene Lagerstätten 299
Schichtsilikat 140, 305, 418
Schichtung 318
Schieferungsebene 425
Schilde 364, 456, 463 f.
–, alte 364, 456, 463 f.
Schildvulkane 216, 247
Schlamm 332
Schließungstemperatur 415
Schlotbreccie 214
Schloträumungsbreccie 217
Schlottuffe 214
Schluff 319
Schmelze 183, 252 ff., 428 ff.
Schmelztuff 214
Schneckenstein 360

Schneeballgranat 420
Schneeberg 293
Schockmetamorphose 363, 368
Schockwellen 363
Schörl 128, 278
Schotter 325
Schriftgranit 162f., 190, 273
Schutt 324f.
Schwalbenschwanzzwilling 100
Schwarzer Glaskopf 74
Schwarzschiefer 333
Schwazit 51
Schwebgutfracht 332
Schwefel 15, 23, 297
Schwefelbakterien 25
Schwefelkies 41, 43
Schweißschlacke 213
Schweizer Gesetz 64
Schwermetallseife 329
Schwermineral 324, 328
Schwerspat 98
Sea-floor-spreading 554
Sedimentäres Eisenerz 318, 339
Sedimente 180, 213, 305ff., 317ff., 334ff., 341f.
– Ausscheidungssediment 334
–, chemische 318, 334
–, Definition 317f.
–, Einteilung 318
–, eisenreiche 339
–, Gefüge 312f.
–, karbonatische 335
–, kieselige 341
–, klastische 302, 318f., 429
–, Korngrößenverteilung 321f.
Sedimentgesteine 180, 213, 301ff., 317ff., 335ff., 341
–, chemische 318
–, Definition 317f.
–, Einteilung 318
–, Gefüge 318f.
–, karbonatische 335
–, kieselige 341
–, klastische 302, 318f.
– Trümmersedimente 302
Sedimentgneis 429
Seerze 341
Seekreide 337
Seifen 329
Seifengold 17, 329
Sekundärer Teufenunterschied 315
Sekundärmineral 40
Selektive Aufschmelzung 418
Semimetall 14, 22

Senfgold 316
Serizit 144
Serpentin 142, 190, 200, 206, 209, 384
Serpentin-Gruppe 143, 146f.
Serpentingestein 89
Serpentinisierung 199, 435
Serpentinit 373f., 396
Shaba 334
Shatter cones 363
Sheeted complex 446, 458
Shonkinit 476
Sial 445
Siallitische Verwitterung 308
Sialsima 445
Sichelstöcke 218
Siderit 83, 88, 294, 325, 339f.
Sideromelan 215, 457
Siegerland 287
Silber 15, 18ff., 289, 292f., 311, 315
Silberfahlerz 286, 289
Silberglanz 32f., 286, 289
Silberhornerz 311, 316
Silberschwärze 33
Silbersulfid 18
Silexit 475
Silikatbauxit 309
Silikate 14, 109ff., 304
–, Bau 110
–, Blattstruktur 112
–, Schichtstruktur 112
–, Struktur 109ff.
–, Verwitterung 304f.
Sillimanit 113, 119f., 181, 250, 370, 382, 402, 428
Silimanit-Almandin-Orthoklas-Subfacies 402
Sillimanitzone 402
Sills 217
Silt 319, 332f.
Siltstein 324, 331f., 333
Sinter 298
Sintermagnesit 296
SiO_2 60f., 306, 341
–, Löslichkeit 306, 341
–, Minerale 59ff.
–, Modifikation 63
–, Phasenbeziehung 60f.
Skaergard-Intrusion 225
Skapolith 271, 432
Skapolithisierung 432
Skarn 135, 279, 368
Skarnlagerstätten 279, 360, 432
Skarnvorkommen 461
Skutterudit 41, 48

Smaragd 125, 434
Smectit 150, 315, 458
Smirgel 56
Smithsonit 83, 87, 317
Soda 305, 345
Sodalith 151, 168, 187, 208, 354
Sodalithphonolith 209
Sodalithreihe 151, 168
Sodalithsyenit 208, 476
Soffionen 298
Solfataren 297
Soliduskurven 255, 257 ff.
Solidustemperatur 115, 260, 429
Solvus 154
Solzustand 306
Sonnenbrennerbasalt 169
Sonnenstein 165
Sonnenwind 468
Sorosilikate 14, 111, 123 f.
Spateisenstein 294, 295
Spateisensteingänge 294
Spatmagnesit 88, 296
Speckstein 142
Speerkies 45
Speiskobalt 41, 48
Sperrylith 270
Spessartin 118
Spessartit 190
Sphalerit 34 f., 36, 37 f., 282, 287, 288 ff., 292, 333 f., 360, 432, 459
Sphärosiderit 88
Spilit 298, 435 f., 458
Spilosit 362, 368
Spinell 55, 75 f., 201, 227, 246, 451
Spinell-Gruppe 55, 75 ff.
Spinell-Magnetit-Chromit-Gruppe 75
Spinellgesetz 76
Spinellherzolith 448
Spinellperidotit 448
Spinellstruktur 451
Spinelltyp 55
Spinifexgefüge 206, 207, 464
Spodumenpegmatit 273
Sprödglimmer 146
St. Andreasberg 292
St. Joachimsthal (Jachymov) 291
Stalakmit 336
Stalaktit 336
Stamm-Magma 224, 232 f., 245
Standardminerale 192
Stannin 73, 278, 290
Staubsedimente 332
Staukuppe 216
Staurolith 113, 122 f., 354, 369 f., 400, 429

Staurolith-Almandin-Subfacies 400
Staurolithzone 400
Steatit 142
Stein-Eisen-Meteorit 471
Steinmeteorit 449, 452, 471
Steinsalz 79, 344 f., 349
Steinsalzstruktur 79
Sternquarz 67
Stilbit 395
Stillwater-Komplex 225
Stilpnomelan 396 f., 407
Stinkspat 81
Stishovit 60, 70, 363, 368, 451 f., 471
Stöcke 39, 218
Stockwerksvererzung 278
Stoßkuppe 217
Stoßwellen 468, 471
Stoßwellenmetamorphose 363
Strahlstein 138
Strandseifen 329
Straßberg 289
Stratovulkane 215, 217, 460
Streß 364
Streßminerale 354
Strömungsrippeln 319
Strontianit 83, 91
S-Typ-Granit 251
subalkaline Magmatite 197 ff., 473, 475
Subduktion 409, 417, 454
Subduktionszone 406, 409, 450, 460
Subfacies 376
Subsolidusbereich 154
Substitution 111
Subvulkane 218
Sudbury 34, 269, 465
Suevit 363, 368
Sulfate 14, 97 ff., 297, 345
Sulfide 14, 31, 34 f., 41 f., 49 f., 52 ff., 324, 459
Sulfidische Schmelze 183
Sulfidschmelze, Entmischung 268
Sulfosalz 31, 49 f.
Sumpferz (Raseneisenerz) 341
Suttroper Quarz 64
S-Welle 441, 452
Syenit 181, 186, 188, 476
Sylvin 80 f., 346
Sylvinit 80, 347
Systeme
–, Al_2SiO_5 385
–, $CaMgSi_2O_6$-$CaAl_2Si_2O_8$ 234 ff.
–, $CaMgSi_2O_6$-$CaAl_2Si_2O_8$- $NaAlSi_3O_8$ 236 ff.
–, $CaMgSi_2O_6$-$CaFeSi_2O_6$-$Mg_2Si_2O_6$-$Fe_2Si_2O_6$ 132
–, $CaMgSi_2O_6$-$MgSiO_3$ 242 ff.

–, Cu-H_2O-O_2-S-CO_2 316
–, Diopsid-Albit-Anorthit   236
–, Feldspäte   151 ff.
–, $KAlSi_2O_6$-SiO_2 152, 156
–, $KAlSi_3O_8$-$NaAlSi_3O_8$-$CaAl_2Si_2O_8$ 152
–, MASH   412
–, Mg_2SiO_4-SiO_2 131 ff.
–, $MgSiO_4$-Fe_2SiO_4 113 f.
–, $NaAlSi_3O_8$-$CaAl_2Si_2O_8$ 157, 236 f.
–, $NaAlSi_3O_8$-$KAlSi_3O_8$ 154 f.
–, $NaAlSi_3O_8$-$KAlSi_3O_8$-SiO_2-H_2O 252 ff.

Tåberg   268, 465
Tachylit   363
Taconit   341
Tactit   279, 368
Taenit   15, 21, 472
Tafelvulkane   215 f.
Talk   142 f., 367, 396, 403, 413
Talk-Pyrophyllit-Gruppe   142 f.
Talkschicht   146
Tektonische Reibung   353
Tektonit   422 f.
Tektosilikate   14, 112, 150 f.
Telemagmatisch   280
Telescoping   278, 283
Telethermal   266, 280
(Tele)thermales Stadium   264
Temperaturverwitterung   301 f.
Temporärer Facieswechsel   283
Tennantit   49 f., 287, 288
Tephra   213
Tephrit   186, 245
Tephritischer Phonolith   476
Tetraedrit   49 f., 286, 287, 288
Teufenunterschied, primärer   283, 286
Teufenunterschied, sekundärer   315
Thenardit   345
Theralith   186, 476
Thermales Stadium   266
Thermalwässer   298
Thermen   298
Thermisch-kinetische Umkristallisationsmetamorphose   364 ff., 419, 431
Thermischer Gradient   353
Thermodynamometamorphose   365
Tholeiit   204 f., 210, 239, 245, 446, 475
Tholeiitbasalt   202, 204 f., 243, 245, 435, 468
Tholeiitbasaltisches Magma   247
Tholeiitisch   231
Tholeiitisches Magma   249
Tholeiitische Serie   229
Tholeiitschmelze   449
Thuringit   146

Tief-Chalkosin   311
Tief-Cristobalit   60
Tief-Quarz   60, 62, 64 ff.
–, Strukturen   62
–, Varietäten   66
Tief-Tridymit   60
Tiefdruckfaciesserie   393
Tiefengestein   183
Tiefenstufe   374
Tiefseesediment   446
Tigerauge   67, 140
Tinkal   345
Titanatpegmatit   274
Titanaugit   135, 190, 208, 210
Titaneisenerz   55, 59
Titanit   197, 205, 207, 250, 274, 458
Titanomagnetit   76, 181, 199, 205, 268
Ton   318 f., 324, 326 f., 331 f., 338, 399
Tonalit   186, 199, 252 f., 260, 262, 460, 475
–, Schmelzbeginn   261
Toneisenstein (claybands)   325, 341
Tonerde   193
Tonminerale   148, 150, 181, 215, 305, 308, 324
Tonmineral-Gruppe   143, 148 f.
Tonschiefer   327
Tonstein   318, 324, 326, 331 f., 428
Topas   113, 121 f., 273
Topasbrockenfels   360
Topasgreisen   275, 435
Topasierung   360, 432
Topazolith   118
Tracht   84 f., 159
Trachyt   186, 188, 209, 216, 476
Transformation   429, 436
Translation   16
Transport   320
Trappbasalt   216, 462
Travertin   337
Tremolit   137 f., 372, 396, 400, 405
Tremolit-Ferroaktinolith-Reihe   137 f.
Trench   456
Trepča   290
Tri-State-District   290
Tridymit   59, 62, 70, 156, 209, 240, 469
Trieben   296
Tripel   71, 342
Tripelpunkt   384
Triphylin   274
Troctolith   189, 199, 464, 467
Troilit   40, 468, 472
Trona   345
Trümmereisenerz   341
Trümmersedimente   302, 318

Tschermak-Komponente 408
Tsumeb 288
Tuffe 213, 298
Tuffit 215, 298
Turmalin 111, 125, 127 f., 188, 272 f.
Turmalinfels 432
Turmalingreisen 275, 435
Turmalinisierung 360, 432
Turmalinisierungsvorgänge 432
Turmalinisierungszonen 432
Tyndall-Streuung 67
Typomorphe Minerale 374

Überdruck 354
-, gerichteter 354
Übergangszone 441, 449
Ulexit 345
Ultramafisch 188
Ultramafischen Magmatite 188
Ultramafische Plutonite 189
Ultrametamorphose 351, 426 f., 431, 436
Ultramylonit 363
Umkristallisation 346, 351, 353, 356, 419
Umkristallisationsmetamorphose 353, 364 f., 419, 431
– allophase 353
– isophase 353
Ungleichgewicht 376
Univariant 378, 380
Unstetigkeit 441
Uralit 140, 205
Uran-Radium-Vanadium-Erz 311
Uranglimmer 317
Uraninit 55, 74 f., 291 f.
Uranisotope 74
Uranium City 291
Uranlagerstätte, hydrothermale 291
Uranpecherz 55, 74, 291 f.

van-der-Waals-Bindung 31
Vanadate 14, 105 ff.
Vanadinit 105, 107, 316
Variationsdiagramm 196
Varuträsk 274
Veitsch 296
Verdrängungslagerstätten 279 f., 281
Verdrängungsreaktion 324
Vererzung 281
-, granitgebundene 281
Verformung 423, 425
Verformungsellipsoid 424
Verkieselung 296, 435
Vermiculit 305
Versenkungsmetamorphose 353, 364 f., 395

Verteilungskurven 322
Verwitterung 301 ff., 307, 311 f., 317, 319, 321
-, chemische 302 f.
-, Erzkörper sulfidische 312
-, Lagerstätten 311
-, mechanische 301 f.
-, Silikate 304 f.
-, subaerische 307 f.
-, subaquatische 321
-, Verhalten ausgewählter Minerale 303
Verwitterungsbildung 308
Verwitterungslagerstätte 308
Verwitterungslösung 334
Verwitterungsneubildung 305 f., 320, 321
Verwitterungsreste 309, 319, 328
Verwitterungszone 303
Very-low grade Gesteinsmetamorphose 395
Vesuvian 124, 279, 367, 370
Visiergruppen 72, 276
Viskosität 220 ff., 252
Vizinalfläche 127
Vogesit 190
volatile Komponenten 257
Vulkane 215 ff., 460
vulkanische
– Aschen 213
– Bomben 213
– Gesteine 183
– Glas 183
– Tuffe 184
Vulkanismus, mineralbildende Vorgänge 297
Vulkanite 183 f., 197, 202 ff., 209 f., 215, 298, 473, 476
-, Klassifikation 186 f., 202
Vulkanosedimentäre Lagerstätten 281, 298 ff.

Wachstumsstörungen 2
Wad 74
Wairakit 395
Wärme 248
Wärmebeule 353, 366, 426
Wärmedom 353, 366
Wärmeproduktion, radioaktive 231, 248
Waschgold 17
Wasseraktivität 260
Wasserdruck 253 ff., 429
Wasserstoffionenkonzentration 279, 315, 336, 339
Wechsellagerungstonminerale 150
Wehrlit 189, 201

Weichmanganerz 294
Weißbleierz 91
Weißschiefer 394, 409
Western Tin Belt 461
Whewellit 2
Widmannstättensche-Figuren 21 f., 472
Wismut 15, 23
Wismut-Kobalt-Nickel-Silber-Lagerstätten, hydrothermale 292
Wismutglanz (Bismuthin) 291
Witherit 83, 92
Wittichen 291
Witwatersrand 75, 331
Witwatersrand-Formation 330
Wolframit 101, 102 f., 274 f.
Wolframlagerstätten 278
Wolframverbindungen 97, 101 ff.
Wollastonit 193, 279
Wollastonitreaktion 379
Wölsendorf 81
Wulfenit 316
Würfelzeolithe 170
Wurfschlacken 213
Wurtzit 34, 37 f., 290
Wurtzitstruktur 38
Wüstensalze 344
Wüstit 451

Xenoblast 418
Xenolith 248, 406, 408, 447, 463
Xenomorph 4, 198

Yellowknife 280, 284
Yttrofluorit 81
Yunan 277

Zellquarz 67
Zementationszone 313 f.
Zeolithe 113, 151, 205, 209, 215, 227, 324, 395, 458
Zeolith-Gruppe 151, 174
Zeolithfacies 393, 395, 458
Zeolithisierung 435
Zeolithwasser 170
Zerrklüfte 296
Ziegelerz 56, 314
Zinkblende 34 f., 283, 328
–, Kristallstruktur 37
Zinkspat 87 f., 317
Zinn-Silber-Wismut-Lagerstätten 290
Zinnerzlagerstätten 275 f.
Zinnkies 73, 278, 290
Zinnober 34, 41, 293
Zinnpegmatit 274
Zinnstein 55, 72, 274 f., 277, 290, 330
–, Seifen von 330
Zinnwald 276
Zinnwaldit 273
Zinnzwitter 72
Zirkon 113, 116 f., 187, 198, 207, 274
Zirkoniatpegmatit 274
Zoisit 371, 408
Zonarbau 158, 255, 376
Zuordnungsprinzipien 374
Zweischichtstruktur 140, 143
Zwillinge 18, 25, 36, 46, 49, 65, 72, 76, 89, 100, 103, 120, 123, 135, 139, 144 f., 159 ff., 171
Zwitter 275
Zwitterbänder 277
Zyperntyp 299, 458 f.